当代学术名家精品典藏

中国现当代伦理思潮

唐凯麟 王泽应 著

时代出版传媒股份有限公司
安徽文艺出版社

图书在版编目(CIP)数据

中国现当代伦理思潮/ 唐凯麟,王泽应著.—合肥:安徽文艺出版社,2017.3

(当代学术名家精品典藏)

ISBN 978-7-5396-5922-0

Ⅰ.①中… Ⅱ.①唐… ②王… Ⅲ.①伦理学-研究-中国-现代 Ⅳ.①B82-092

中国版本图书馆 CIP 数据核字(2016)第 263782 号

出 版 人:朱寒冬　　总 策 划:朱寒冬

责任编辑:李　芳　　装帧设计:张诚鑫

出版发行:时代出版传媒股份有限公司　www.press-mart.com

安徽文艺出版社　www.awpub.com

地　　址:合肥市翡翠路 1118 号　邮政编码:230071

营 销 部:(0551) 63533889

印　　制:安徽联众印刷有限公司　(0551)65661327

开本:710×1010　1/16　印张:32.25　字数:540 千字

版次:2017 年 3 月第 1 版　2017 年 3 月第 1 次印刷

定价:50.00 元

唐凯麟（1938— ），湖南师范大学道德文化研究院教授，博士生导师，中国伦理学会会刊《伦理学研究》主编、中央马克思主义理论研究和建设工程重点教材《思想道德修养与法律基础》首席专家、国家基础教育专家工作委员会委员。曾任中国伦理学会副会长、国务院学位委员会哲学学科评议组成员、国家社科基金项目评委等。主要从事伦理学原理和中国伦理思想史教学与研究。出版《个体道德论》《中国伦理思想发展简史》《人口道德》《中国早期启蒙伦理思想研究》《伦理大思路》等著作35部（含为第一作者的合著），在《中国社会科学》《哲学研究》等刊物上发表论文300余篇。先后获国家级教学优秀成果奖2项、教育部人文社科优秀著作奖3项、中宣部“五个一工程”优秀论文奖2项、湖南省社科成果优秀著作或论文奖20余项（其中一等奖9项），是全国师范院校优秀教师“曾宪梓奖”一等奖获得者，并被评为全国优秀教师和全国高等学校国家级教学名师。2010年获中国伦理学会“终身成就奖”。

王泽应（1956— ），湖南师范大学道德文化研究院教授，博士研究生导师，中国伦理学会会刊《伦理学研究》副主编，湖南省政协委员，中共湖南省委特约研究员，中央马克思主义理论研究与建设工程《伦理学》首席专家。主要从事伦理学原理、中国伦理思想史、应用伦理学教学与研究。出版《20世纪中国马克思主义伦理思想研究》《现代新儒家伦理思想研究》《社会主义义利观研究》等著作21部（含合著），参编著作11部，在《哲学研究》《马克思主义研究》等刊物上发表学术论文220余篇。获湖南省社会科学研究成果二等奖、一等奖等多项科研奖励，获湖南师范大学教学最佳奖、湖南省精彩一课一等奖、湖南师范大学教学成果特等奖、湖南省教学成果一等奖和第五届国家级教学成果二等奖等多项教学奖励，1998年被评为湖南省思想品德系列优秀教师，2002年5月获湖南省首届优秀青年社会科学专家称号，2008年入选中央马克思主义理论研究与建设工程《伦理学》首席专家。

目　　录

引　　言

当我们立于人类历史的奥林帕斯山上俯瞰数千年伦理文化的传承、演变与发展之时，最能够吸引我们视线也最激动人心的恐怕莫过于刚刚逝去的20世纪。没有一个世纪能够像20世纪那样使人深感社会的急变而热切地呼唤价值重估和伦理革命，也没有一个世纪能够像20世纪那样使人深感价值重构和伦理文化现代化的需要而不断提出新学说、产生新学派、形成新思潮，同时也没有一个世纪像20世纪那样尖锐地提出伦理文化建设上世界性与民族性、批判性与继承性诸问题以及因两次世界大战、科学技术革命、全球范围内的改革开放所生发的一系列必需解决的伦理道德问题。20世纪是一个人类伦理文化风云际会的伟大世纪，也是一个继往开来的跨越千年的转折世纪，从西向东、从东向西的各民族伦理文化大融合、大沟通在20世纪揭开了崭新的一页，伦理学理论因激荡澎湃的社会生活而获得新的发展契机，不仅形成了系统的规范伦理学、严谨的分析伦理学和丰实的描述伦理学，而且产生了许多为其他世纪闻所未闻的伦理学新学科，如生命伦理学、生态伦理学、技术伦理学、核伦理学、空间伦理学 、管理伦理学、经济伦理学、网络伦理学等等。

20世纪的中国伦理学是20世纪人类伦理学殿堂中最引人注目也最有民族特性和时代特征的伦理学。五千年悠久文明的中国直到20世纪才真正拥有了学理化、系统化的伦理科学，从刘师培的《伦理教科书》，谢蒙的《伦理学精义》，江恒源的《伦理学概说》,谢扶雅的《伦理学》,温公颐的《道德学》,汪少伦的《伦理学体系》,谢幼伟的《伦理学大纲》直到罗国杰主编的《伦理学》等,代表了建构中国特色的伦理学学科体系的不懈努力,汇成20世纪中国伦理学理论建设的滚滚江河。不仅如此,20世纪中国伦理学是面向生活现实、转化社会风习、锻铸国魂、民魂的真正化理论为德性的实践科学和价值科学。从世纪之初"壮士竞言招国魂",改造国民性,中经五四新文化运动时期"反对旧道德、提倡新道德",土地革命战争和抗日战争时期中国共产党领导下的根据地道德建设,到八九十年代建设中国特色的社会主义伦理文化、培养"四有"新人,人们对伦理变革、道德建设的重要性给予了特殊的关注,竞相提出"救国莫先乎救人""伦理觉悟为吾人最后觉悟之最后觉悟""四个现代化首先是人的现代化"等观点,使伦理学改造社会与人心的实践理性得以充分的发挥与拓展。"道德哲学在开放之时代尤要。"①中国伦理学在20世纪开放之时代对于解放思想、变化民质、推动社会进步和人的发展方面起着独特的作用,因此它不仅是时代的产物而且也参与着时代的创造,反映着开放之时代的本质要求和价值理性,并有效地扮演着引导时代和推动时代前进的历史角色,以自己的如椽大笔写下了人类伦理文化的辉煌篇章。

百年沧桑万古情,潮涌中华天地新。风云际会的历史机遇,催生孕育了伦理文化领域新见迭出、思潮竞起的壮观景象。国粹派、东方文化派、甲寅派、新潮派、西化派、新月派、新儒家、马克思主义等活跃在中国伦理文化的大舞台上,演出了一幕又一幕伦理文化的活剧,真可谓"一波才动万波随""万紫千红总是春"。就对中国伦理文化和中国社会影响深远的程度而论,构成20世纪中国伦理思潮主旋律的当推自由主义西化派、现代新儒家和马克思主义三大家,其他诸种流派和学说或者在演进发展的过程中受三大思潮的影响而发生着特有的分化和解体,或者因这样那样地受制于三大思潮而成为其补充或支流,或者被三大思潮融合吸纳而成为其有机的组成部分。自由主义西化派、现代新儒家、马克思主

---

① 毛泽东:《〈伦理学原理〉批注》,《毛泽东早期文稿》,湖南出版社1990年版,第133页。

义三大流派围绕着如何走出中世纪、走向近现代，实现中国伦理文化现代化的核心论题展开着积极的争辩与思想斗争，并在相互辩难论争的过程中又相互吸收、相互渗透，各以其特有的方式求解着中国伦理现代化的路径与方案，表现出特有的价值取向和理论品格。而今，当我们处于新世纪的初始阶段，伦理文化建设面临着新的情势和挑战，批判性地省察三大伦理思潮的发生发展及其当代演变，观照其内在机理及其本质特征，剖判其优长缺失与正误对错，不仅是系统地清理20世纪中国伦理文化遗产的需要，而且也是建构新世纪的新型伦理学说，凝聚和重振中华民族的伦理精神的需要。有人说21世纪将成为中国人的世纪和中国伦理文化的世纪。为了使这一说法成为现实，除了孜孜勤勉于当代的改革开放大业和致力于伦理文化的建构外，也需要我们正视现在和既往，对刚刚逝去的20世纪的伦理文化进行全面的反思与深入的研究。从某种意义上说，只有在系统了解与总体把握20世纪诸种伦理思潮消长盛衰的成因、机缘及其发展趋势的基础上，才有可能找到建构新世纪的新的中国伦理文化的契机和突破口。也许新世纪的伦理建设在向未来探索的行程中内在地包孕有向现实和历史扎根的因素，在探求世界精神文明建设总趋势的路径中必然地涵盖着民族伦理精神传统的弘扬与发展。20世纪是中国伦理文化现代化的创世纪。三大伦理思潮的发生发展及其对中国社会道德和个人价值观念的错综复杂的影响，使得任何关心中国伦理现代化、关心民族道德建设的人们不能不正视它们的存在，不能不生发出探究其内在底蕴及其精神特质的理性冲动或求知热情。

本书立意于建设新世纪先进中国伦理文化的时代使命以及总结百年来伦理文化建设正反两方面的经验教训的特定要求，试图从宏观总体与微观具体相结合的角度审察反思三大伦理思潮，坚持从历史的动态把握中去寻求理论的答案，在理论的分析阐发中展现出历史的轨迹与内容，即史论结合，史思并重，使理论的反思、求解与史料的介绍、叙述兼容一体，实现理论与实践、历史与逻辑的有机统一。考虑到三大伦理思潮内在的历史发展及其传播的特殊情势，本书采用了一种开放式的写作方式，即将我国港台地区、海外一些有代表性的人物的伦理思想置于特定伦理思潮的框架中予以介绍评析，从而使其完整地展现出20世纪中国伦理思潮的整体风貌。我们以为这种写作方式不仅能够较真实地再现20世纪中国伦理思潮在回应西方伦理思想挑战的同时,发展自己进而再传播到西方世界即西学东渐和中学西渐互动的历史情况,而且也使20世纪中国伦理思潮的中国范围更符合中国文化和中国人民的内在特点和内在要求。

我们已经昂首阔步地迈入了新的世纪。全面建设小康社会,实现中华民族的伟大复兴,建设高度的社会主义物质文明、政治文明、精神文明、社会文明和生态文明,建立与社会主义市场经济相适应,与社会主义法律规范相协调,与中华民族传统美德相承接的思想道德体系是摆在我们面前的重要任务。时代已把我们推到一个必须深入地总结20世纪中国伦理思想才能更好地建设新世纪先进伦理文化的交接点上。让我们倾听时代的呼声,做一次20世纪伦理思潮的全面回溯与系统反思吧!

第一章

现当代中国伦理思潮概说

现当代中国伦理思潮是中国伦理思想史和道德史的重要组成部分。透过现当代中国伦理思潮的研究，我们可以从总体上觉解和把握现当代中国伦理文化的本质特点与基本精神。纵贯20世纪全过程并影响到20世纪中国伦理文化架构运作的是自由主义西化派伦理思潮、现代新儒家伦理思潮、马克思主义伦理思潮。这三大伦理思潮的产生和发展既是20世纪中国历史文化背景的效用使然，也同20世纪世界伦理文化的运行密切相关。

一、风云际会的伟大世纪

承续19世纪、启接21世纪的20世纪是中国历史上一个特殊的转折时期，是一个中华民族在屈辱中觉醒并奋起抗争，终于迎来民族新生的伟大世纪，也是一个洗刷耻辱、奋起自强，振兴我们的民族和国家，为实现四个现代化而努力奋斗的伟大世纪。正是这一伟大的世纪呼唤着伟大的伦理学，造就着伦理学的新生与繁荣。

1. 救亡与启蒙的双重任务

从时间的跨度上看，20世纪中国历史的开端一方面以维新变法运动的失败和义和团运动的失败以及由此所产生的凄风苦雨、长夜漫漫为标志，另一方面也以孙中山和他的战友们感慨风云、悲愤时局，孜孜以求救国救民的真理为标志，以救亡与启蒙的相互配合亦即在启蒙中开展救亡和在救亡中开展启蒙进而实现救国与救人的统一为标志。从后一种意义上说，20世纪也正是在救亡与启蒙的双重变奏中拉开自己的历史大幕的。20世纪从一开始就肩负着非同凡响的历史使命，既要开展反帝反封建的民族民主革命以求国家的独立、民族的尊严，又要开展反帝反封建的思想道德革命以启迪人们的心智，健全国民的人格。民族民主革命的进行需要做唤起民众的工作，思想道德革命的进行需要燃起救亡图存的火炬，二者相需相生，书写着20世纪中国历史的开宗明义篇。

1900年八国联军的入侵，深化着近代以来的民族苦难，中华民族面临着亡国灭种的严重危机，诚如陈天华所描述的："俄罗斯，自北方，包我三面；英吉利，假通商，毒计中藏；法兰西，占广州，窥伺黔桂；德意志，领胶州，虎视东方；新日本，取台湾，再图福建；美利坚，也想要，割土分疆！"西方列强以《辛丑条约》的签订为突破口加紧了对中国政治、经济、军事、文化的全面控制与大规模掠夺。以慈禧太后为首的腐朽衰败的清政府对外屈膝投降，拜倒在帝国主义的脚下以求苟延残喘,对内则残酷镇压劳动人民,迫害进步人士,致使中国陷入更黑暗的深渊。神州失色,大地呻吟。“四万万人齐下泪,天涯何处是神州!”戊戌变法的失败,八国联军的入侵,清政府的腐败,像无数根针锥深深地刺激着中国人民特别是渴望中国独立富强的改革志士的心灵。改良不成,必继之以革命。革命的酝酿和发动需要准备,尤其是需要经历一个艰苦的唤起民众的过程。唐才常指出:“欲新民必新学,欲新学必新心。”①从戊戌维新失败到辛亥革命的十余年中,不少改革志士从救国救民的高度深入研究国魂、民族精神、国民性与政治上层建筑变革及中国社会改造的关系,他们在中国封建君主专制的最后寒夜中,办报刊、立学会、著宏文、论时事,举起了照亮人心的火炬,燃起了指引民族前途的灯火。1901 年,宣传革命爱国的《国民报》在日本东京创刊,随后,《湖北学生界》《浙江潮》《新湖南》《20 世纪之大舞台》《20 世纪之支那》《民报》《中国女报》《新世纪》等期刊纷纷问世,这些期刊不约而同地把批判的锋芒指向封建专制和蒙昧所造成的种种愚昧、落后、因循守旧的观念,指向国民劣根性,向人民展示了更为彻底的反封建姿态;同时,这些期刊不断地向国人介绍西方的自由、平等、人权等思想,呼唤“国魂”和“民族精神之再造”。一时东西南北,遥相呼应,蔚成风气。在反封建的思想启蒙和唤起民众的精神大潮冲击下,孙中山、黄兴等实践的改革家们感慨风云、悲愤时局,纷纷成立革命组织,并提出“民族、民权、民生”的三民主义思想,主张通过暴力推翻清王朝的反动统治,建立自由、平等、民主的资产阶级共和国。他们认真地学习法国革命和美国独立的历史经验,组织并发动了湖南萍浏醴起义、潮州黄冈起义、钦廉起义、安庆起义、广州黄花岗起义等一次又一次的武装起义,最后汇成辛亥革命的风云,推翻了两千多年的封建帝制,建立了中华民国。但是,由于帝国主义的猖獗和资产阶级的软弱,辛亥革命的胜利成果不久被代表帝国主义在华利益和封建地主阶级利益的袁世凯所窃取。袁世凯上台后疯狂镇压资产阶级革命志士,下令解散国会,停止参众两院的议员职务,最后竟然恢复帝制,自封为皇帝,致使中华民国成为一块空悬的招牌。袁世凯死后,军阀割据纷争,战患不已,北洋军阀政府愈加敲骨吸髓般地搜刮民脂民膏,残酷

① 唐才常:《唐才常集》,中华书局 1980 年版,第 32 页。

镇压人民的反抗斗争。以孙中山为代表的革命党人先后组织并发动了“二次革命”“护国运动”“护法运动”,然而都失败了。辛亥革命后反动势力在政治上摧残民主、破坏共和的同时,又在思想文化领域掀起一股尊孔复古、恢复和维护封建纲常礼教的逆流。相当多的下层人民震惊于戊戌变法以来的政治变局和辛亥革命的失败,或无所适从、茫然困惑,或意志消沉、自甘萎靡,或自我解嘲、逆来顺受。整个中国再次被拖入了黑暗的深渊。

然而,中国人民是不会屈服于帝国主义的压迫和封建主义的反动统治的,一批先行者倒下去,又一批志士仁人站起来。中国历史在风雷激荡中前进,中国人民在艰苦斗争中觉醒。为了推进民族民主革命,振奋民族精神,以陈独秀、李大钊、鲁迅等为代表的一批热血青年发动了比辛亥革命时期更猛烈也更彻底的反封建的新文化运动。他们总结辛亥革命失败的经验教训,认为民国以来中国之所以有共和之名而无共和之实,原因在于国民素质太差,人们脑子里装满了帝制时代的旧思想,虽经辛亥革命前的思想道德启蒙和辛亥革命的洗礼仍未能从根本上解决问题,唤起民众、改造人心、重铸国魂和民魂的任务远没有完成。他们清醒地意识到,倘使国民性不改造,则无论是专制还是共和,招牌虽换,货色依旧,全不行的,只有从根本上变换全国之思想,从个性的觉醒走向伦理的觉悟,出现一批又一批真正的勇士和强者,我们的民族和国家才有希望。于是他们竞相把目光集注在改造国民性、批判旧文化旧道德、弘扬新文化新道德上。1915 年《新青年》杂志的创立,标志着新文化运动的兴起。吴虞、陈独秀、胡适、李大钊、鲁迅、钱玄同、刘半农等纷纷在报刊上撰文,以彻底的不妥协的精神向封建旧文化挑战,并公开举起“科学”与“民主”两面大旗,“认定只有这两位先生(指德先生和赛先生——作者注),可以救治中国政治上、道德上、学术上、思想上一切的黑暗。若因为拥护这两位先生,一切政治的压迫,社会的攻击笑骂,就是断头流血,都不推辞”①。新文化运动是一次反封建的思想解放运动或启蒙运动,它的兴起为五四运动的爆发做了思想准备。正是在新文化运动的推动与促进下,人们的思想进一步解放,反帝反封建的意识日益增强。五四运动以“中国的土地可

① 陈独秀:《本志罪案之答辩书》,《新青年》第 6 卷第 1 号。

以征服而不可以断送！中国的人民可以杀戮而不可以低头！”和“外争国权、内惩国贼”的口号及其爱国行为谱写了一曲救亡与启蒙同时进行、救亡中渗透着启蒙的因素并以启蒙为精神动力、启蒙有机地同救亡结合在一起并推动和促进救亡的开展的雄壮乐章。尤有意义的是，五四运动促进了马克思主义在中国的传播。马克思主义在中国的传播，使原本属于资产阶级民主革命范畴的新文化运动发生了质的飞跃，过渡到无产阶级领导的新民主主义革命阶段。可以说，马克思主义在中国的传播，揭开了中国历史新的一页，同时也是一次比新文化运动层次更高的思想启蒙。接受了马克思主义的先进知识分子如陈独秀、李大钊、瞿秋白、毛泽东等用无产阶级的宇宙观作为观察国家命运的工具，重新考虑自己国家和民族的前途问题，他们自己也在马克思主义的指导下实现了由民主主义、爱国主义向社会主义、共产主义的转变。他们在学习和传播马克思主义的同时，并以马克思主义来指导反帝反封建的民族民主革命，从而实现了用马克思主义来进行思想启蒙和用马克思主义来指导民族救亡的统一。中国共产党所领导的新民主主义革命既是近代以来救亡运动所达到的崭新阶段，亦是启蒙运动所达到的超越前代的高峰。

2. 革命与建设的艰苦历程

1921 年中国共产党的诞生，给灾难深重的中国人民带来了光明和希望。中国共产党是中国工人阶级的先锋队，是中国各族人民利益的忠实代表。它的诞生是 20 世纪中国历史上开天辟地的大事件。自从有了中国共产党，中国革命的面貌就焕然一新。中国共产党诞生以后，集中力量发动和领导了工人运动，从 1922 年 1 月至 1923 年 2 月，掀起了全国第一次工人运动高潮，在持续 13 个月的时间里，全国罢工斗争达 180 多次，参加人数近 30 万。中国共产党的朝气吸引了孙中山，他在绝望中看到了新的希望。于是在中国共产党的帮助下，孙中山毅然决定改组鱼龙混杂的国民党，确定联俄、联共、扶助农工三大政策，成功地实现了第一次国共合作。国共合作的实现使革命力量如虎添翼，国民革命势力迅速发展到整个长江流域以南，北洋军阀的消灭指日可待。然而，正当北伐战争攻克武汉、南昌，孙、吴军阀相继溃败，工农运动势如破竹的紧要关头，以蒋介石为代表的国民党右派相继发动了“四一二”和“七一五”反革命政变，疯狂屠杀共产党人和革命群众，斩断了国民革命的进程，并在全国范围内建立了中国历史上最后的也是最黑暗的蒋家王朝。面对着国民党反动派赶尽杀绝的政策，年轻的中国共产党表现出大无畏的精神品格，他们从地上爬起来，揩干净身上的血迹，掩埋好同伴的尸体，又继续战斗了。中国共产党先后组织和发动了南昌起义、秋收起义和广州起义，确定了用武装的革命反对武装的反革命的战略方针。以毛泽东为代表的中国共产党认真分析了当时敌强我弱的形势，坚持把马克思主义的普遍真理同中国革命的具体实践相结合的原则，创造性地走出一条将革命力量转移到敌人统治力量比较薄弱的农村，在农村发动土地革命，坚持武装斗争、建立农村革命根据地，最后武装夺取全国政权的道路。随着井冈山革命根据地和苏维埃中央政权的建立，工农武装割据迅速蔓延，全国出现了群雄四起、百川汇流的革命形势。但是由于党内王明“左”倾错误路线排斥毛泽东同志的正确军事路线，采取“全线出击”和“御敌于国门之外”的错误方针，结果导致第五次反“围剿”的失败，工农红军被迫放弃艰苦创建七年的根据地，开始了仓促撤离性质的战略大转移，这便是著名的二万五千里长征。长征开始时，“左”倾冒险主义者又实行退却中的逃跑主义，致使红军损失惨重。1935 年 1 月，中共中央在遵义召开政治局扩大会议，会议结束了王明“左”倾错误路线在中央的统治，确立了以毛泽东为核心的党中央的正确领导。遵义会议在极其危急的情况下挽救了中国共产党，成为中国革命史上一个生死攸关的转折点。遵义会议后，在毛泽东等人的正确领导和指挥下，红军四渡赤水，巧渡金沙江，飞越大渡河，接着又以罕见的毅力和吃苦精神，翻越了终年积雪的夹金山，突破天险腊子口，于 1935 年 9 月顺利到达陕北。

就在国民党反动派在国内穷兵黩武、急不可待地“围剿”红军，试图以青天白日旗统一天下之时，与中国隔海相望的“蕞尔之邦”日本却加紧了对中国的侵略与进攻。1931 年日本帝国主义在沈阳发动“九一八”事变，出兵占领了东北三省，随后又进兵热河，蚕食华北，1932 年在上海挑起“一·二八”事变，向中国驻军发动进攻；1935 年策动“华北自治”，企图吞并华北五省。对于日本帝国主义的步步进逼，国民党反动派采取了“攘外必先安内”的不抵抗政策，致使大片国土沦丧。日本帝国主义的侵略,给中华民族带来了深重的灾难,民族危机又一次空前严重。1936 年 12 月 12 日,张学良、杨虎城两位爱国将领扣押了前来西安指挥"剿共"的蒋介石,要求蒋介石联共抗日,震惊中外的西安事变爆发了。中国共产党以民族大义为重,果断地做出了释放蒋介石的决定,协同张学良和杨虎城和平解决了西安事变,第二次国共合作得以形成。1937 年 7 月 7 日日本帝国主义发动卢沟桥事变,中国驻军奋起抵抗,从此揭开了全民族抗日战争的序幕。从"七七"事变到 1938 年武汉失守,国民党在正面战场上抵制日寇,共产党在敌后开展游击战,国共互相配合,成功地组织了几次大规模的战役,如平型关战役、淞沪会战、太原会战、徐州会战、台儿庄战役等,打击了日军的嚣张气焰,表现了中国军民的抗战决心。武汉失守后,蒋介石集团奉行消极抗战、积极反共的方针,先后发动了三次反共高潮。以毛泽东为代表的中国共产党人坚持有理、有利、有节的斗争原则,成功地挫败了国民党的三次反共浪潮。与此同时,敌后根据地积极开展生产自救运动,把机动灵活的游击战与各个击破的歼灭战结合起来,有效地抵制了日本帝国主义的进攻,经过 8 年的浴血奋战,在国际反法西斯战线的配合下,终于夺取了抗日战争的胜利。1945 年 8 月日本宣告无条件投降。

中国人民经过艰苦卓绝的 8 年浴血抗战,付出了惨重牺牲的代价,他们在战后迫切要求和平、民主、独立,以便休养生息,建设一个统一富强的新中国。然而在美帝国主义的支持和援助下,国民党反动派妄图独吞抗战胜利果实,推行独裁、内战、卖国的政策,以维护大地主大资产阶级的反动统治。1946 年 6 月,蒋介石集团公然撕毁了停战协定和政协决议,以大举进攻中原地区为起点,发动了对解放区的全面进攻,挑起了中国历史上规模空前的内战。解放区军民在中国共产党领导下被迫进行自卫反击,国民党统治区内广大人民群众也开辟了反对蒋介石国民党反动统治的第二战场。从刘邓大军强渡黄河、挺进大别山开始,经过辽沈战役、平津战役、淮海战役以及渡江战役等关系中国前途和命运的大决战,终于于 1949 年 4 月攻克南京,摧毁了大陆地区的国民党反动势力,中华民族获得了独立。1949 年 10 月 1 日,中国共产党领袖毛泽东向全中国、全世界庄严宣告中华人民共和国的成立,中国人民从此站起来了。这是中国共产党和人民群众 28 年浴血奋斗的结果。

中华人民共和国的成立,使历史由此揭开了新的一页。中国人民将在中国共产党领导下告别一个贫穷落后的旧中国,建设一个繁荣富强的现代化国家。然而胜利后的中国下一步怎么走?如何才能迅速医治历史遗留下的累累伤痕?百废待兴,从何着手?百业待举,如何起步?对此,中国共产党人在苦苦思索。早在 1949 年 3 月召开的七届二中全会上,毛泽东就明确指出:夺取全国政权只是万里长征走完了第一步。革命胜利以后的路程更长,任务更艰苦。如果我们在生产工作上无知,不能使生产事业尽可能迅速地恢复和发展,首先使工人生活有所改善,并使一般人民的生活有所改善,那我们就不能维持政权,我们就会站不住脚,就要失败。毛泽东的谆谆告诫旨在提醒全党和全国人民,建设新中国任重而道远。新中国成立以后,在中国共产党的正确领导下,我们成功地进行了土地改革、农业合作化和对资本主义工商业的社会主义改造,通过没收官僚资本、赎买民族资本,建立起了社会主义公有制的经济基础。从 1949 年到 1956 年,工农业生产和经济建设呈现出欣欣向荣、蒸蒸日上的景象,人民安居乐业,生活水平得到明显的改善,中国在国际上的威望与地位日益提高。1957 年以后,由于党的指导思想上出现了"左"倾错误,诱发出一场以"高指标"、"瞎指挥"、"共产风"、"浮夸风"为主要特征的大跃进运动,结果使中国经济陷入了极度困难的局面。60 年代初,刘少奇、邓小平等人对大跃进和人民公社化中的错误开始予以纠正,并对生产关系做出某些调整,先后制定了工农业生产发展六十条,经济逐步得到恢复,综合国力有所增强。但由于"左"的错误并没有真正得到解决,再加上对当时的国际国内形势做了错误的估计,片面强调抓阶级斗争、反修防修,结果导致"左"倾错误大泛滥的"文化大革命"。十年"文化大革命"把中国国民经济拖到崩溃的边缘,使社会主义建设面临严重的危机,一批真诚的共产党人和群众惨遭迫害,本该同西方发达国家缩小的经济差距又被人为地拉大,中国失去了一次发展自己的良好机遇。而毗邻的韩国、新加坡以及我国的台湾地区、香港地区正是在这一时期开始了经济的腾飞。

3. 改革与开放的时代洪流

1976 年,横行一时的江青反革命集团被粉碎,"文化大革命"宣告结束。然而新任中央领导人华国锋却坚持“两个凡是”的错误方针，中国仍在“左”的思想指导下裹足不前。但是“文革”结束后的中国人民盼望改革与建设四个现代化，盼望被林彪、江青反革命集团拖得疲惫不堪的祖国早日振兴，走上繁荣富强之路。1978年5月关于真理标准问题的大讨论，引发人们解放思想，敢于突破林彪、“四人帮”设置的种种禁区，重新恢复和确立了马克思主义实事求是的思想路线，吹响了中国改革开放的号角。1978年12月召开的党的十一届三中全会果断地停止使用“以阶级斗争为纲”这个早已不适合社会主义建设的口号，做出了把党的工作重点和全国人民的注意力转移到社会主义现代化建设上来的战略决策，结束了“文革”后的两年徘徊局面，拉开了中国改革开放的大幕。全会以后，以家庭联产承包责任制为主要内容的农村改革全面展开，1983年底，全国实行联产承包责任制的生产队占生产队总数的99.5%。农村改革打碎了多年套在农民思想上的精神枷锁，受到广大农民的热烈拥护，农业生产迅速增长，乡镇企业飞速发展，我国农村出现了前所未有的好势头。1984年以城市为重点的整个经济体制改革和对外开放全面展开，960万平方公里的土地上到处洋溢着一派以改革促开放、以开放促改革的热气腾腾的景象，建设中国特色社会主义成为全党和全国人民的共识。20世纪80年代末及90年代初，国内发生严重的政治风波，接着出现了东欧剧变、苏联解体等事件，世界社会主义遭遇严重挫折，我国社会主义事业的发展面临空前巨大的压力和困难。在这个决定党和国家前途命运的重大历史关头，党中央紧紧依靠全国各族人民，坚持十一届三中全会以来的路线不动摇，成功地稳住了改革和发展的大局，捍卫了中国特色社会主义伟大事业。邓小平南方讲话后，中国改革开放的步子空前加快，改革开放向纵深发展。1992年10月召开的中国共产党第十四次全国代表大会回顾了十一届三中全会以来的改革开放实践，充分肯定了14年来改革开放给中国带来的天翻地覆的巨变及其所取得的惊人成果，并部署了90年代改革开放的任务和战略目标，提出了建立社会主义市场经济体制，进一步解放和发展生产力的改革目标。十四大以后，长城内外、大江南北改革开放如火如荼，各地出现了抓住机遇大干快上的好势头。广东力争用20年的时间赶上亚洲“四小龙”，到2010年，国民生产总值达到1.5万亿元；深圳在建立特区的第一个10年中，创造了国民生产总值平均增长47.8%的高速度，争取若干年在经济发展上赶上香港；厦门过去11年中人均国民生产总值翻了两番，已达万元，力争15年内赶上台湾地区；洋浦的开发给海南增添了无限活力，其目标是用20年左右的时间再造一个社会主义的香港；上海，随着浦东的开发，其发展大大加快，90年代争取国民生产总值翻两番，再度成为远东的金融与经济中心；山东要在20世纪末实现总产值翻三番，用20年的时间追上并超过韩国；东北正在重塑形象，为成为东北亚的经济中心而努力；北京、天津加快发展，力争用十余年的时间建设国际化的大都市和高科技发展中心；西南、西北、中原等地不甘示弱，也有自己的大动作出台。总之，我们伟大的祖国从东到西、从南到北到处都在深化改革、加快发展。洗刷我们民族的耻辱，实现强国之愿，以平等的身份参与国际经济竞争和政治活动的时代已经到来。中国改革开放所取得的令人瞩目的成就引起国际社会的高度关注。新加坡《联合早报》1992年6月16日以《世界第一流强国意识的确立》为题发表文章，指出中国只要保持现在的发展势头，在大约20年时间内使自己的经济实力仅次于美日而列世界第三并不难。德国《趋势》杂志1992年5月号载文《中国：正在起跳的超级老虎》，文章说，从经济发展的活力与潜力上看，中国是一只正在起跳的超级老虎，它的发展将使全世界产生震动。美国坚决反共的政治家、《大失败》一书的作者布热津斯基也在美国1991年《外交》杂志上发表文章，指出："倘若目前的趋势继续下去，那么到2010年中国将与美国、欧共体及日本共同成为世界四大经济力量。"①

邓小平逝世后，以江泽民为核心的党的第三代领导集体，高举邓小平理论伟大旗帜，坚持深化改革、扩大开放的方针，并成功地实施科教兴国战略和可持续发展战略，不仅卓有成效地抵御了亚洲金融危机的风险，取得了国民经济快速稳定增长的成绩，而且还成功地收回了香港、澳门，洗刷了中华民族近代以来的耻辱，使中华民族以新的形象崛起于世界舞台。与此同时，中国融入全球化的进程进一步加快，以大开放促进大开发，以大开发促进大发展的格局基本形成，中国

---

① 转引自《再造中国：中国百年大走势》，大众文艺出版社1993年版，第257页。

的经济、政治、文化和内政外交等各项工作都开创了前所未有的新局面。

回顾20世纪中国所走过的历史过程,既有催人泪下的悲壮曲折,也有发人深思的经验教训,更有令人振奋的豪迈雄威。20世纪的中国风雷激荡、风云际会、人才辈出。孙中山的愈挫愈奋、孜孜求真,陈独秀的思想启蒙、建党活动,毛泽东的革命胆识、建国功勋,邓小平的务实风格、改革开放,江泽民的继往开来、"三个代表"重要思想,都在中国历史上写下了壮丽的一笔。有人说,20世纪中国最有影响的两件事是,"毛泽东使中国人站了起来,邓小平使中国人富了起来"。20世纪的中国史是一部中国人站起来和富起来的历史。站起来和富起来都是为了完成一桩伟大的历史夙愿,振兴中华,告别苦难、贫穷的过去,实现无数志士仁人梦寐以求的强国富民。为了能够实现强国富民、振兴中华的伟大理想,中国人民进行了孜孜不倦的探索和不屈不挠的斗争,一次斗争和变革失败不久,又一次斗争和变革接踵而来,一批探索者倒下去,更多的探索者站起来。社会主义革命和社会主义建设是前无古人的伟大事业,我们既无经验又无经典可循,每走一步都要靠自己去辛勤摸索。摸索难免会犯错误,但没有失败的探索就难以找到胜利的方向。每一次失败和挫折都在中国共产党的领导下转变为精神财富,换来加倍的补偿和成功。20世纪的中国是中国共产党的创世纪,它不仅创造了农村包围城市的中国特色的革命道路,而且也创造了"一个中心,两个基本点"的中国特色社会主义建设道路。中国革命的正确道路使中国人民从此站起来,中国建设的正确道路使中国人民从此富起来。有中国共产党的领导,中国人民一定能赢得一个全新的属于中国自己的21世纪。

二、东方睡狮的伦理醒觉

曾率军横扫欧洲的法兰西帝国皇帝拿破仑半是敬重半是忧虑地提醒人们,中国是一只睡着的狮子,让它睡去吧,因为它一旦醒来,全世界都会震动。

中国这只东方的雄狮之所以会睡着,是因为中国在古代的高度发达和已经取得的成就本身。正是因为“在近代以前的所有文明中,没有一个国家的文明比中国更发达、更先进”①,东方雄狮没有可以与之竞雄的对手,所以它才摇摇晃晃地睡着了。可是就在它昏昏睡去之时,西方意大利、荷兰、英、法诸国却大步流星地追赶了过来,并在19世纪三四十年代开始了对它的进攻。中国这只昏睡中的雄狮在英国远征军的炮火中惊醒,它睁开惺忪的眼睛面对西方列强的入侵却全然不知所措,并发觉自己已经连中炮弹,浑身在流血,它在惊醒,昔日的百兽之王岂能慑服于小小的豺狼……

1. 冲决封建网罗,力倡道德革命

20世纪初,在日益严重的民族危机刺激下,越来越多的青年知识分子和爱国志士日益清楚地意识到,中国要独立富强就必须推翻清王朝进行革命,而要使革命达到胜利就必须冲破封建道德网罗,进行道德革命。

一些资产阶级思想家、宣传家对封建纲常名教采取坚决否定的态度,认为封建纲常名教是封建统治者出于维护专制统治的需要而制造出来的枷锁、网罗。“中国伦理政治,皆以压制为要义”,它所维护的是下对上、卑对尊的绝对屈从。在纲常礼教的束缚下,人们“一任昏暴者之蹂躏鱼肉、宰割烹醢”,因此,纲常礼教是一把杀人不见血的软刀子,它“杀人于无形”,其害“甚于洪水猛兽”。封建礼教是建立在等级压迫的不平等的基础之上的,必须把它推翻。他们响亮地喊出了“冲决治人者与被治者之网罗”“冲决贵族与平民之网罗”“冲决自由民与不自由民之网罗”“冲决男子与女子之网罗”②的口号,主张实行道德革命,建立起自由、平等、博爱的资产阶级新型道德,要求实现“一国之内无一人不得其平,举国之人无一人不得其所”③的理想。他们针对封建主义只讲义务不谈权利的偏弊,提倡民权并以此振奋民族精神、弘扬民族德行。他们继承并发挥了维新派思想家对奴隶主义人格观、道德观予以猛烈批判的精神,认为奴隶主义的人格、道

---

① [英]保罗·肯尼迪:《大国的兴衰》,世界知识出版社1992年版,第1页。

② 张楠、王忍之编:《辛亥革命前十年间时论选集·说国民》,生活·读书·新知三联书店1960年版。

③ 同上。

德观使民德浅薄,造成对国家民族的兴亡漠不关心、甘于屈辱、乐为奴隶的严重恶果,力主欲求革命,“必先去奴隶之根性”;欲自强保种、振兴中华,必须抛弃奴隶主义的道德观。依据自己关于国民与奴隶区别的见解,许多资产阶级革命家均提倡一种与奴隶道德迥然有别的国民道德,号召人人树立国民的精神,以自由律已,以平等待人。“何谓国民?曰:天使吾为民而吾能尽其为民者也。何为奴隶?曰:天使吾为民而卒不成其为民者也。故奴隶无权利而国民有权利,奴隶无责任而国民有责任,奴隶甘压制而国民喜自由,奴隶尚尊卑而国民言平等,奴隶好依傍而国民尚独立。”①只有根除奴隶主义的道德观,树立国民道德观才能够投身革命,为主义而牺牲。国民道德观是建立在人权论的基础之上的。“人生活于天地之间,自有天然之权利。”“人因保其体肉精神之本分,即有物之权利;人因继续其子孙之本分,即有婚姻之权利;人因干预国政之本分,即有参政权;人因不受他人制缚之本分,即有自由权。”②这些人的天然之权利是“暴君不能压,酷吏不能侵,父母不能夺,朋友不能僭”③的,人生而为人就应当追求和捍卫自己正当的权利。如果不能追求和捍卫自己做人的权利,“以一己之权利,拱手而授之他人;君主以一人而占有权利,我不敢与之争;贵族以数人而私有权利,我又不敢与之争;甚且外人盗我权利、诈我权利,我亦不敢与之争”④,那就不是国民而是奴隶主义的表现。资产阶级革命派认为,人必须拥有人权的观念和意识,并孜孜不倦地追求人权和捍卫人权,才能称得上真国民,才能形成和拥有真正的美德。“汝之权利,被人侵害,汝当恢复之”,在正当的国民权利遭到专制者、侵略者的侵犯时,为捍卫权利而拼死斗争,才是真人格和真美德,因此他们主张,为了捍卫

---

① 张楠、王忍之编:《辛亥革命前十年间时论选集·说国民》,生活·读书·新知三联书店1960年版。

② 张楠、王忍之编:《辛亥革命前十年间时论选集·权利篇》,生活·读书·新知三联书店1960年版。

③ 张楠、王忍之编:《辛亥革命前十年间时论选集·说国民》,生活·读书·新知三联书店1960年版。

④ 同上。

自己的基本人权,“虽力有不敌,智有不足,亦必犯百死以相抗,而勿稍踟蹰”①。这些思想在中华大地上的传播不仅闪烁着冲破封建道德网罗的火光,透露出破块启蒙的灿然倾向,而且唤醒了一代中国人的伦理觉悟,促使着中国伦理道德由传统向近代的蜕变和转型。

在辛亥革命时期道德革命的大潮中,有三位代表人物的伦理思想起了最为关键的作用,他们是章太炎、蔡元培和孙中山。章太炎比较完整地论证了道德革命和革命道德的关系,认为道德状况如何不仅决定国家民族的兴衰,也决定革命的成败。要革命就必须要有革命的道德,而要有革命的道德必须进行道德的革命。中国以往的伦理道德是一种以富贵利禄来腐蚀人的心灵的狭隘的功利主义道德,同时也是一种扼杀人的个性、禁锢人的思想的专制主义道德。在这种道德的影响和桎梏下,人们一方面是追求荣利,热衷竞进于富贵之途;另一方面是毫无个性和独立思想,造成了“艰苦卓厉者绝无,而冒没奔竞者皆是”②的局面。“所以孔教最大的污点,是使人不脱离富贵利禄的思想。自汉武帝专尊孔教以后,这种热衷于富贵利禄的人,总是日多一日。我们要想实行革命,提倡民权,若夹杂着一点富贵利禄的心,就像微虫霉菌,可以残害全身。所以孔教是断不可用的。”③他告诫革命者不要受富贵利禄思想的毒害,要防止它的微虫霉菌侵蚀。在章太炎看来,革命是极为艰巨的事业,要想使革命取得成功,不仅需要破除旧道德的影响,而且需要树立和弘扬革命的道德。革命的道德就是一种不计个人功利,专门为党国和民族献身乃至不惜牺牲一切的道德,是一种不畏艰险、勇猛奋斗、不怕牺牲、团结合作的道德,其具体德目可以概括为“知耻”“重厚”“耿介”“必信”等。章太炎深刻意识到道德在革命中的重要地位和作用,他提出了“无道德者不能革命”“道德堕废者,革命不成之原”的命题,力倡革命的道德,认为有无革命的道德是革命事业能否胜利的关键。“今之革命,非为一己而为中国。

① 张楠、王忍之编:《辛亥革命前十年间时论选集·权利篇》,生活·读书·新知三联书店1960年版。

② 章太炎:《章太炎政论选集》上册,中华书局1977年版,第291页。

③ 章太炎:《演说录》,《民报》第6号。

中国为人人所共有,则战死亦为人人所当有。”①要进行为中国谋求独立和解放、为中华民族谋求繁荣和富强的政治革命,就需要有一种革命的道德作为人们内心的精神支柱和精神动力。没有这种革命的道德,革命就无法取得胜利。章太炎的道德革命和革命道德论标志着资产阶级革命党人的道德觉醒,对推动资产阶级民主革命的发展,推动中国道德观念的转型与更新,起了振聋发聩的作用。

蔡元培在辛亥革命前后亦十分注重道德革命问题,他认为道德革命的核心内容不只是批判封建道德,更是培养和建树公民道德。“何谓公民道德? 曰法兰西之革命也,所标揭者曰自由、平等、博爱。道德之要旨,尽于是矣。……三者诚一切道德之根原,而公民道德教育之所有事者也。”②蔡元培高度肯定自由、平等的道德价值,提出了“自由即美德”的思想,他说:“自由,美德也。若思想,若身体,若言论,若职业,若集会,无不有一自由之程度。若受外界之压制,而不及其度,则尽力以争之,虽流血亦所不顾,所谓‘不自由毋宁死’是也。然若过其度,而有愧于己,有害于人,则为不自由,而谓之放纵。放纵者,自由之敌也。”③自由不是排斥一切约束力的随心所欲,而是来自内在的理智、良心和自律的自我肯定、自我发展,是个性与群体高度和谐统一的道德精神。“自由者,就主观而言之也。然我欲自由,则亦当尊人之自由,故通于客观。”尊重别人的自由则含有平等地待人的因素。“平等者,就客观而言之也。”④自由与平等虽着眼点不同,但其实质是相辅相成、相互贯通的。蔡元培更强调博爱,认为自由、平等的实现需要充分发扬博爱的精神。博爱是他所设想的人道主义伦理思想的重要内容,他把道德的进化顺序和层次分为三个阶段:小己—社会—人道主义。从个人的自由过渡到社会的平等再上升到人道主义的博爱,并使三者合为一体,反映了人类道德的不断前进和超越的趋势。在蔡元培看来,只有形成和发展起了以自由、平等、博爱为核心内容的

---

① 章太炎:《革命之道德》,《章太炎选集》,上海人民出版社 1981 年版。

② 蔡元培:《对于新教育之意见》,《蔡元培全集》第 2 卷,中华书局 1959 年版,第 131 页。

③ 转引自易开运《西学东渐与自由意识》,湖南人民出版社 1988 年版,第 137 页。

④ 蔡元培:《对于新教育之意见》,《蔡元培全集》第 2 卷,中华书局 1959 年版,第 131 页。

公民道德,我们这个民族才能谈得上振兴和富强,革命才有可能成功。

中国资产阶级革命派的伟大领袖、民主革命的先行者孙中山认为,革命是改造旧中国的根本途径,革命不仅包括军事的奋斗,而且也包括感化人群的奋斗和宣传的奋斗,亦即包括道德的奋斗。道德的奋斗就是要减少人身上的动物性而扩充人性,进而造成高尚的道德人格和优秀的道德品质。只有造成高尚的道德人格和优秀的道德品质,才能使革命事业走向胜利。因此“政党之发展,不在乎势力之强弱以为进退,全视乎党人智能道德之高下以定结果之胜负。使政党之声势虽大,而党之智能道德低下,内容腐败,安知不由盛而衰?若能养蓄政党应有之智能道德,即使势力薄弱,亦有发展之一日”①。孙中山把提高道德当作是治党治国、推进革命、推进人类进化的头等大事,认为只要革命党的成员和革命志士均能克服自私自利之心,破除富贵利禄之贪,自觉担负救国救民之责,树立天下为公的真精神,革命焉有不成功之理?!他还从“是故政治之隆污,系乎人心之振靡”的观念出发,把人的道德心视作社会发展、历史进步的决定力量。孙中山主张把西方资产阶级的进步道德和民族固有的优秀道德结合起来,即把自由平等博爱的道德同忠孝仁爱信义和平的道德统一起来,造成一种适乎世界之潮流、合乎人群之需要的新道德。同许多资产阶级革命派一样,孙中山对封建专制主义及其纲常名教进行了尖锐的批判,他指出,封建专制主义及其纲常名教的统治,“堵塞人民之耳目,锢禁人民之聪明”,“养成其盲从之性”,导致的是一种专制主义道德与奴隶主义道德的奇妙结合,流毒所致,贻害无穷。孙中山主张要以“掘地底陈土”的精神连根拔除专制主义道德与奴隶主义道德,救出中国道德文化中那些优秀的合乎社会发展需要的因素,再造国魂和民魂。

从辛亥革命时期众多思想家批判封建道德纲常名教,力主道德革命并把建立革命道德当作革命成功关键的基本趋势上看,中国已经有了对自身固有道德的反思与批判,有了自己的伦理觉醒,一些思想家以提倡自由、平等、博爱的资产阶级道德观念为新道德建设的主要内容,并主张将其同中国优秀的道德传统相结合,反映

---

① 孙中山:《本党同志应努力建设》,转引自胡汉民编《总理全集》第2卷,上海民智书局1930年版,第154页。

了资产阶级革命党人对新道德的积极探索。同19世纪洋务运动和戊戌维新运动对道德问题的探索相比,他们对西方道德的引进与传播是有选择的,对中国传统道德的否定也表现出一定程度的辩证性扬弃的倾向。他们关于道德革命与建立革命道德的思想,对资产阶级民主革命的进行起了积极的推动作用。

2. 呼唤伦理觉悟,致力变化民质

辛亥革命以后,一些激进的革命民主主义者和爱国青年面对着轰轰烈烈的辛亥革命成果被断送、中华民国成为一块空招牌的残酷现实进行着痛苦的理论反思,通过总结辛亥革命以来的经验教训,他们发现辛亥革命后,民主共和制度之所以徒具虚名而且屡遭破坏,是由于革命党人进行的道德革命不彻底,民智未开、民德衰败的原因所致。于是,他们继续着革命党人未竟的事业,掀起了一场深入持久的反对旧道德提倡新道德的伦理启蒙运动,把改造国民性、变化民质、铸造民魂当作这场运动的核心内容。这场伦理启蒙运动无论是从理论的深度还是思想的广度来说,都远远超过辛亥革命时期的道德革命运动,它对于唤醒现代中国人的伦理觉悟,促进伦理道德的现代化,起到了极为重要的作用。

站在这场伦理启蒙运动前头并指导这场运动深入开展的陈独秀、鲁迅、李大钊等人均认为,要建立名副其实的真正的民主共和制度,使中国真正摆脱被动挨打的地位,就必须进行一场全面的深刻的伦理启蒙运动。陈独秀指出:"伦理思想,影响于政治,各国皆然,吾华尤甚。"①先进的伦理思想将导致民族整体精神素质的提高,从而推动社会政治、经济的发展。落后的道德必将造成民族道德素质的衰落,从而阻碍社会政治、经济的发展。"中国之危,因以迫于独夫与强敌,而所以迫于独夫强敌者,乃民族之公德、私德之堕落有以召之耳。即今不为拔本塞源之计,虽有少数难能可贵之爱国烈士,非徒无救于国之亡,行见吾种之灭也。……若其国之民德、民力在水平线以下者,则自侮、自伐,其招致强敌独夫也,如磁石之引针,其国家无时不在灭亡之数。"②中国真正的危机在于它的深刻的道德危机,封建的纲常伦

---

① 陈独秀:《吾人最后之觉悟》,《青年杂志》第1卷第6号,1916年2月。
② 陈独秀:《我之爱国主义》,《新青年》第2卷第2号,1916年10月。

理必然造成社会道德的堕落,即置身于封建纲常伦理桎梏之下的人们都变成了专制制度的牺牲品,丧失了爱国爱民的行为能力和对社会、民族的责任感,而社会道德的堕落又必然导致民族的凝聚力松散和国家的整合力低下,导致国家衰微、民族不振,这就为帝国主义的入侵和独裁者的专权提供了有利的条件。因此要振兴中国,就必须进行道德革命和伦理启蒙,提高全民族的道德意识和道德水平,这才是"持续的治本的爱国主义"。在陈独秀看来,伦理的觉悟为吾人最后觉悟之最后觉悟,现在中国社会和中国人民迫切需要的是伦理的觉悟。伦理问题不解决,则其他一切问题的解决都将无从谈起。那么何谓伦理的觉悟呢?陈独秀认为伦理的觉悟就是意识到道德是社会进化的产物并在实际行动中不断地抛弃旧道德树立新道德。他说:"盖道德之为物,应随社会而变迁,随时代为新旧,乃进化的而非一成不变的。此古代道德所以不适于今之世也。"①在现代,伦理的觉悟表现为肯定科学与民主的伦理价值。以科学精神和民主精神来建构新的伦理价值观。"我们现在认定只有这两位先生,可以救治中国政治上、道德上、学术上、思想上一切的黑暗。"②

在五四前后的伦理启蒙运动中,鲁迅先生一直"以新的装束和武器"战斗在道德革命的最前线,他最为关注的是对国民性的改造。鲁迅认为,由于封建伦理长期影响的结果,在中国形成了根深蒂固的国民劣根性或奴才主义的道德观。他怀着"哀其不幸、怒其不争"的满腔激愤,深刻地揭露了奴才主义道德观的严重弊端,主张彻底砸碎奴才主义的精神枷锁,重铸积极向上、健康有为的民魂。他指出,如果不彻底铲除奴才主义的道德观,即使革命成功也不过是旧戏重演。因此他把救国救民同道德革命联系起来,强调"世界上如果还有真要活下去的人们,就先该敢说,敢笑,敢哭,敢骂,敢打,在这可诅咒的地方击退了可诅咒的时代"③。他倡导一种勇士的人生观和道德观,主张抛弃自轻自贱、欺软怕硬、逆来顺受的奴性,培养自强不息、为民请命和积极向上的人格。他希望全国人民特别是青年都能摆脱冷气,

---

① 陈独秀:《答淮山逸民》,《新青年》第3卷第1号,1917年3月1日。

② 陈独秀:《本志罪案之答辩书》,《新青年》第6卷第1号,1919年1月。

③ 鲁迅:《华盖集·忽然想到之五》,《鲁迅全集》第3卷,人民文学出版社1973年版。

“只是向上走，不必听自暴自弃者流的话。能做事的做事，能发声的发声。有一分热，发一分光，就令萤火一般，也可以在黑暗里发一分光，不必等候炬火”①。鲁迅向往的国民道德是一种爱憎分明、勇于正视人生并能孜孜不倦地走自己的路、为大众谋福利的新型道德。这种道德以“随时为大家想想，谋点利益就好”为本质特征，它所理解的幸福是能够给别人带来幸福的幸福，即“在生活的路上，将血一滴一滴地滴过去，以饲别人，虽自觉渐渐瘦弱也以为快活”②。为了砸碎奴才主义的旧道德，彻底改造国民性，建立同个性解放相吻合的为人类谋福利的新道德，鲁迅整整为之奋斗了一生，他用自己的真精神，为伦理启蒙运动做了一次真正的伦理启蒙。

李大钊致力于青春中国之再造，强调要“变弱者之伦理为强者之人生”，“变‘求’之幸福为‘取’之幸福”③。他认为，法国人的革命之所以能成功，就是因为那些启蒙思想家“振其自我之权威，为自我觉醒之绝叫”。唯其如此，所以法国启蒙思想家才能把民众从沉梦中唤醒过来，使人们认识了“自我之光明”，产生了人权的意识、平等的观念，进而有了明确的革命行动。李大钊热情呼唤中国青年觉醒起来，“以青春之我，创建青春之家庭，青春之国家，青春之民族，青春之人类，青春之地球，青春之宇宙”④。他强调，青春之我即是做自己命运主人之我，即是创造之我，它是文明的象征，进步的标志。“盖文明云者，即人类本期民彝，改易环境而能战胜自然之度也。文明之人，务使其环境听命于我，不使其我奴隶于环境。太上创造，其次改造，其次顺应而友矣。”⑤文明的标志，就在于我做环境的主宰而不做环境的奴隶，我命令环境而不是环境命令于我。李大钊认为，现今的伦理启蒙一是要唤醒人民的天赋理性，使人民认识“自我之光明”，二是要弘扬创造的权威与尊严，

---

① 鲁迅：《热风·随感录四十一》，《鲁迅全集》第 2 卷，人民文学出版社 1973 年版。

② 鲁迅：《两地书》1926 年 12 月 26 日，《鲁迅全集》第 7 卷，人民文学出版社 1973 年版。

③ 李大钊：《晨钟之使命》，《李大钊选集》，人民出版社 1959 年版，第 62 页。

④ 李大钊：《青春》，《李大钊选集》，人民出版社 1959 年版，第 76 页。

⑤ 李大钊：《民彝与政治》，《李大钊选集》，人民出版社 1959 年版，第 55 页。

使人民积极行动起来,再造青春之我。中国人民不应该妄自菲薄、自暴自弃,不应该安于现状、不思创造,而应该觉醒起来,凭借自己理性和意志的力量来改造旧社会和旧伦理,建设新社会和新伦理。在李大钊看来,“人生本务,在随实在之进行,为后人造大功德,供永远的‘我’享受、扩张、传袭,以至无穷”;人类社会和宇宙均是我的扩大,它们是一真切实在而又绵延不息的大瀑流,“吾人的我,吾人的生命,也永远合所有生活上的潮流,随着大实在的奔流,以为扩大,以为继续,以为进转,以为发展”。[①] 李大钊处处洋溢青春的热情、始终充满着革命乐观主义精神的言论和行为,为伦理启蒙运动增添了许多新内容,这也是造成五四前后的伦理启蒙运动深入发展并强烈地震撼中国大地,使更多的热血青年投身革命的一个重要的推力。

参与五四伦理启蒙运动的代表人物,除陈独秀、鲁迅、李大钊等人以外,还有胡适、钱玄同、刘半农、吴虞等,他们在批判旧道德、摧毁封建纲常名教方面也起过相当重要的作用。五四伦理启蒙运动是20世纪中国伦理思想史上的重大事件,它标志着东方睡狮的真正的伦理觉醒,从此中国伦理思想的发展进入了一个崭新的历史阶段。

3. 加强道德建设,推动伦理现代化

五四运动以后,面对着旧道德的维系功能日趋减退、影响日益缩小,如何重建新道德的问题成为人们关注的中心。民主革命时期,以毛泽东为代表的中国共产党人在革命根据地的建设中已经注意到道德建设的重要性,并把建立新型的平等互助的人际关系,树立共产主义的理想和信念,当作道德建设的核心内容。

毛泽东在领导中国人民推翻三座大山,创建民主、自由、富强的新中国的革命实践中,注意把马克思主义伦理观与中国人民的道德生活实践相结合,创造性地探索了一条建设中国特色的共产主义新型伦理的路子。早在井冈山革命斗争时期,他就提出了“三大纪律、八项注意”,对绝对平均主义及流寇思想给予了坚决的抵制和批判。延安时期,他系统地提出了“全心全意为人民服务”的共产主义伦理观。他说:“全心全意地为人民服务,一刻也不脱离群众;一切从人民的利益出发,

---

① 李大钊:《今》,《李大钊选集》,人民出版社1959年版,第95－96页。

而不是从个人或小集团的利益出发；……这些就是我们的出发点。……共产党人的一切言论行动，必须以合乎最广大人民群众的最大利益，为最广大人民群众所拥护为最高标准。”①正是在毛泽东同志和其他老一辈无产阶级革命家的积极倡导和身体力行下，革命根据地内部新道德蔚然成风，出现了被人们所高度肯定的延安精神。

新中国成立以后，道德建设既有成功的经验也有失误的教训。成功的一面表现为我们通过宣传和推行共产主义道德，学习雷锋、焦裕禄等共产主义典范的活动，使整个社会的道德面貌发生了惊人的变化。失误则表现为在相当长的时间内，一味地强调斗私批修和大公无私，忽视了人们正当的个人利益和基本生活需要，严重超越了社会历史发展阶段的要求，致使道德生活出现了畸形发展，潜伏着深刻的道德危机。党的十一届三中全会以来，为适应伟大祖国实现四个现代化的战略步伐，道德现代化被提了出来并成为新时期道德建设的主要内容。邓小平同志作为中国改革开放事业的总设计师十分注重道德现代化问题，他提出了在改革开放时代潮流中培养“有理想，有道德，有文化，有纪律”的四有新人，加强社会主义道德建设的历史性任务。在他的中国特色社会主义理论中，内在地包含中国特色社会主义伦理建设的内容。邓小平同志指出，贫穷不是社会主义，社会主义的本质就是要消灭贫穷，最终实现共同富裕；愚昧、野蛮、落后也不是社会主义，社会主义应当根绝愚昧、野蛮和落后，建设高度的精神文明和道德文明。中国特色社会主义要求在建设高度的社会主义物质文明的同时建设高度的社会主义精神文明。精神文明建设与物质文明建设犹如车之两轮、鸟之两翼，缺一不可。精神文明建设包括思想道德建设和科学文化建设两个方面。道德建设就是要在批判地继承中华民族优秀道德传统的基础上，吸取和借鉴国外先进的伦理思想并将其同我国改革开放的具体实践结合起来，坚持和发展马克思主义伦理思想，用社会主义的集体主义、爱国主义、人道主义教育我们的人民和青年，使之坚定建设中国特色社会主义的信念，增强民族自尊心、自信心和历史使命感、责任感，形成良好的社会道德风尚。以江

① 毛泽东：《论联合政府》，《毛泽东选集》第3卷，人民出版社1991年版，第1094－1095页。

泽民同志为核心的中国共产党第三代领导人也十分注重社会主义的精神文明和道德文明建设，提出要始终不渝地坚持一手抓物质文明建设和改革开放，一手抓精神文明建设和价值导向。道德建设和伦理现代化是一项综合系统工程，需要全社会的重视和各方面的协调合作。在建设社会主义市场经济和民主政治的过程中，要大力弘扬爱国主义、集体主义和社会主义的时代主旋律，树立正确的人生观、价值观和道德观，加强家庭美德、职业道德和社会公德建设，形成和睦融洽、平等互助的新型人际关系和道德风尚。只要我们以中国特色社会主义理论做指导，我们就一定能创造出以马克思主义伦理观为基础的、批判继承优秀历史传统而又充分体现时代精神的、立足本国而又面向世界的高度的社会主义道德文明，为21世纪世界文明的发展做出巨大的贡献。

东方的睡狮终于在伦理上彻底觉醒了！

三、异彩纷呈的伦理思潮

伴随着20世纪中国社会变革、道德革命、伦理启蒙和道德现代化的乐章，围绕着中国传统伦理如何走出中世纪，实现近代化、现代化的历史课题，一批又一批先进的中国人运用自己的伦理思维在苦苦地寻觅和求索，于是在20世纪的中国伦理史上产生了各种伦理思想、流派竞长争雄的奇观，形成了异彩纷呈的伦理思潮。

以哈佛大学史华慈教授为代表的西方学者往往用"激进主义""自由主义""保守主义"的三分法来划分近现代中国和其他国家的思想派别，他们所说的中国的激进主义是指以陈独秀、李大钊、毛泽东等为代表的马克思主义，自由主义是指以胡适、吴稚晖等人为代表的西化派，保守主义则是指以杜亚泉、梁漱溟等为代表的东方文化派和现代新儒家。台湾学者殷海光认为20世纪的中国思想虽然纷繁复杂，但基本上可分为"社会主义""保守主义"和"自由主义"三大类型，他所说的社会主义也是指以陈独秀、李大钊、毛泽东为代表的马克思主义者。大陆学者方克立等人则认为，活跃在20世纪中国思想界的有中国的马克思主义者，自由主义西化派和现代新儒家三大思潮。他说:“如果以走出中世纪、实现现代化为标志来界定现代思想,那么在五四以来的中国思想史上,有三个派别均属于这一范畴,而且它们反映着当今世界发展潮流和国内阶级力量的对比,七十年来虽互有消长但都有不衰的生命力,相互之间展开了错综复杂的思想斗争,有时也有局部的一致、联盟关系,这三派就是中国的马克思主义者,自由主义西化派和现代新儒家。国民党右派哲学无论就其势力和影响或其思想之缺少现代性格来说都不在现代中国思想史上占重要地位。”①

20 世纪的中国伦理思想作为20 世纪中国思想的重要组成部分,我们认为似乎也可区分为马克思主义、自由主义西化派和现代新儒家三大思潮。中国现代伦理思想史上的无数次重大伦理道德问题的论争可以说主要是在马克思主义、自由主义西化派和现代新儒家三派之间发生的,三者的并存与对抗,形成了中国 20 世纪思想史上伦理思潮发展的基本格局和主要趋势。半个多世纪以来,这三大伦理思潮既鼎足而立、互相驳辩论争又相互补充、相互吸收、各自发展。它们都有自己特殊的发展历程和社会特质。研究它们鼎足而立,几十年来传承不断的局势,无疑有助于我们建设新世纪的新型伦理道德体系。有人甚至预言,在中国大陆的现代化没有实现之前,在海内外炎黄子孙对中国伦理文化价值系统的重构没有取得共识之前,三大伦理思潮的并存和对峙的格局就不会消失。

1. 三大伦理思潮的同源并生

史华兹教授在《论保守主义》一文中讲到激进主义、保守主义和自由主义三大思潮由于都生活在同一历史时代,面临着相同的前现代传统的内容和具体的历史处境,因而它们是“在许多共同观念的同一架构里运作”②,具有许多相同或相似之点。我们认为,在马克思主义、自由主义的西化派和现代新儒家这三大伦理思潮的产生和发展中,确实具有在起源上的共同性,所要解决问题的相关性,因而在所提

---

① 方克立:《现代新儒学与中国现代化》,《南开学报》1989 年第 4 期。

② [美]史华兹:《论保守主义》,《近代中国思想人物论——保守主义》,台湾时报文化出版事业有限公司 1980 年版,第 20 页。

出的一些观点上也具有某种互补性。

具体来说:(1)三大伦理思潮的兴起都是当时深刻的民族危机和伦理危机的反映。1840 年鸦片战争以后,随着外国资本主义的入侵,中国一步一步沦为半殖民地半封建社会。随着自然经济的逐步解体,传统中国建立在宗法血缘关系上的人伦关系及其伦理思想也遭受着前所未有的打击,温情脉脉的道德观念及其道德风尚被列强带来的工业文明、商品经济的浪潮所冲毁,与之而生的是深刻的民族危机与伦理道德挑战。面对着不断加重的内忧外患和不断加深的国耻家仇,有良知的中国人都在深沉而痛苦地思索:“中国向何处去?”“中国伦理文化向何处去?”“如何才能寻找到救国救民的真理?”“如何才能使我们的民族伦理尽快走出困境,获得新生?”这些问题吸引着不同的人的思考。马克思主义伦理思潮、自由主义的西化派伦理思潮、现代新儒家伦理思潮正是在对这些问题的深入思考中诞生的,它们的兴起是对当时深刻的民族危机和伦理道德挑战的反映。当时,不仅早期马克思主义的代表人物陈独秀、李大钊认为中国存在着深刻的道德危机,而且自由主义的西化派胡适等人也认为中国社会道德的混乱已经到了不能不正视的时候了,现代新儒家的代表人物梁漱溟、张君劢则为民族道德价值体系的失落、整个社会陷入道德堕落的深渊而忧心忡忡。梁漱溟说他的伦理思想是被当时中国险恶的道德环境逼出来的,胡适、陈独秀的伦理思想又何尝不是有感而发、切时而生呢?! 正因为如此,他们都希望中国走出中世纪,迈向现代化,都希望中国伦理实现由传统向现代的转变,建立适合于现时代要求的新型民族伦理,因此他们都赞成道德革命和伦理启蒙的口号,把加强道德建设、推进中国伦理的现代化当作是自己伦理思考的中心,本质上都具有伦理启蒙的性质和特点。

(2)三大伦理思潮对伦理问题的思索都带有强烈的民族主义情绪。所谓民族主义情绪,一般而言,是指一个民族的各分子对本民族的一种心理体认,或是个人对本民族国家怀有高度忠诚的一种心理状态,具体包括对民族精神的拥护、民族文化的珍惜和对民族命运的关心等等。以中国这一历史上形成的多民族国家为主体,关注着整个中华民族的整体利益和兴衰存亡问题,这是近现代中国民族主义的历史特质。从这个意义上看,三大伦理思潮都带有强烈的民族主义情绪。在他们那里,救亡图存、振兴中华成为压倒一切的共同关心的中心主题,自由主义的西化派对传统伦理的否认和批判以及全盘西化的要求，现代新儒家对儒家伦理传统的认同以及对儒家伦理真义的阐释发挥，马克思主义者的把马克思主义伦理中国化，就其道德动机来看，都是出于振兴民族、救亡图存，为中华民族选择一条富国强民的伦理文化出路的考虑。胡适、陈序经等人之所以极力鼓吹西方启蒙思想中宣扬个性解放与个性独立的内容，就在于他们想借个性解放与个性独立思想的传播来谋求中国的独立和解放，实现民族的复兴和民族伦理的振兴。与西方自由主义将自由视为目的的价值观加以比较，中国自由主义则是将自由视为达到国家富强、民族振兴的一种手段。因此中国式的自由主义宣扬个人主义和个性解放并没有赋予个人主义和个性解放以最高目的的价值，而是将其服从于或服务于民族的救亡图存即民族的振兴大业的。胡适说："争你们个人的自由，便是为国家争自由！……自由平等的国家不是一群奴才建造得起来的！"[①]以梁漱溟为代表的现代新儒家并不反对陈独秀、胡适等人的"启蒙救亡"的思想，他们也正是怀着拯救民族危亡的情感来从事民族伦理文化的复兴运动的。在现代新儒家看来，一个民族的伦理文化，对于这个民族来说，绝不仅仅具有一种象征符号的意义，而是一个民族存在的内在基础。因此欲救民族必须先救民族的伦理文化。正如海外华人学者余英时所描述的："中国人爱自己的民族是因为它创造了自己的文化；中国人爱自己的文化是因为我们只有生活在自己文化所孕育出来的价值系统和行为模式中才觉得自由自在。而我们爱我们的国家则是由于国家为民族文化的存在和延续提供了最基本的保证。"[②]从这种观点出发，现代新儒家的代表人物均有以文化问题作为解决民族问题的手段或将民族问题归结为文化问题来处理的倾向。贺麟认为："民族复兴本质上应该是民族文化的复兴。"[③]中国的马克思主义本身是寻求民族独立和民族复兴真理的产物，它在领导全国人民进行新民主主义革命的伟大实践中始终把反对帝国主义和殖民主义的掠夺与压迫当作革命的主要内容，渗透着民族主义革命的理论要素。中国马克思主义的杰出代表毛泽东思想是马克思主义的普遍真理与

---

① 胡适：《介绍我自己的思想》，参见欧阳哲生编：《胡适文集》第5卷第511－512页，北京大学出版社1998年版。

② 参阅《民族主义》，台湾时报文化出版事业有限公司1982年版，第562页。

③ 贺麟：《儒家思想的新开展》，原载《思想与时代》1941年第1期。

中国革命具体实践相结合的结晶,是在中国革命的土壤上和中国革命的斗争实践中形成和发展起来的,具有典型的中国作风、中国气派等民族特色。毛泽东曾形象地把马克思主义和中国革命比作“矢”和“的”的关系,他说:“我们中国共产党人所以要找这根‘矢’,就是为了要射中国革命和东方革命这个‘的’的。”①毛泽东思想一个极为重要的内容就是要唤醒民族的自觉,号召人民同心同德用革命的手段挽救民族的危机,实现民族的解放。总之,在自由主义的西化派、现代新儒家和马克思主义三大伦理思潮的深处,潜藏着一种深沉的民族主义情结,正是这种情结推动着西化派论者、现代新儒家和马克思主义者去思索,去行动,终于形成了中国现代史上一系列波澜壮阔的反帝反封建的民族主义和民主主义革命运动。

(3)三大伦理思潮都希望中国走出中世纪、迈向现代化,并建设起与现代化相适应的中华伦理文化。以胡适为代表的西化派对中国传统伦理文化的缺点和弊端有着切肤之痛的认识,主张彻底摒弃传统伦理,全盘引进和输入西方伦理,认为只有这样才能实现民族伦理的现代化。胡适说:“有伟大历史的民族,只要有急起直追的决心,终还有生存自立的机会。自然虽然残酷,但他也还有最慈爱的一点:就是后天的变态大部分不致遗传下去。一千年的缠足,一旦放了,仍然可以恢复天足,这是使我们对于前途最可乐观的。”②在胡适看来,为了实现中国传统伦理文化的转型,建设一个文明、繁荣、富强的新中国,今日的国人首先要形成一种新的心理,即敢于认错,承认自己的短处与不足,其次是要“死心塌地地去学人家”。只有先实行全盘西化或充分世界化,才有可能最终实现民族伦理的现代化。以梁漱溟为代表的现代新儒家亦不讳言传统儒家伦理的严重缺陷,他们同样主张吸纳和学习先进的西方伦理并对传统儒家伦理做出新的反思和阐释,以实现其由传统向现代的转型。贺麟认为,思想道德现代化是民族现代化的重要内容。假如思想道德不能实现现代化,单求实业、军事、政治的现代化是不可能的。他说:“为思想道德的努力所建设的经济实业,方是真正的经济实业。不然,未经过思想的计划,道德

---

① 毛泽东:《改造我们的学习》,《毛泽东选集》第3卷,人民出版社1991年版,第801页。

② 胡适:《读梁漱溟先生的〈东西文化及其哲学〉》,《胡适文集》第3卷,北京大学出版社1998年版,第196页。

的努力而产生的物质文明就是贵族的奢侈、贪污的赃品、剥夺的利润、经济生活的病态。”①他主张吸收西洋伦理文化的优长之处以促进儒家伦理的现代化，并且指出：“儒家思想的新开展，不是建筑在排斥西洋文化上面，而乃建筑在彻底把握西洋文化上面。”“真正认识了西洋文化便是超越西洋文化，能够理解西洋文化，自能吸收、转化、利用、征服西洋文化以形成新的儒家思想。”②倘能真正促使儒家伦理的现代化，也就会造成中华民族文化复兴的新机运。以陈独秀、李大钊、毛泽东为代表的马克思主义者更是力主批判地继承人类历史上一切优秀的伦理文化，在马克思主义伦理观的指导下建设现代化的中国伦理文化。李大钊主张建设新的伦理价值观，以“冲决历史之桎梏，涤荡历史之积秽，新造民族之生命，挽回民族之青春”③，进而再造一个“青春中国”。毛泽东强调把马克思主义中国化，主张古为今用，洋为中用，批判继承，推陈出新，建设民族的大众的社会主义的新型伦理文化。在毛泽东看来，建设新型的中国伦理文化的过程是一个对中外道德遗产进行辩证扬弃的过程，“向古人学习是为了现在的活人，向外国人学习是为了今天的中国人”④。“我们接受外国的长处，会使我们自己的东西有一个跃进。中国的和外国的要有机地结合，而不是套用外国的东西。……外国有用的东西，都要学到，用来改造和发扬中国的东西，创造中国独特的新东西。”⑤邓小平同志明确提出把建设高度的社会主义精神文明和道德文明当作建设中国特色的社会主义的主要内容，当作中国现代化建设的重要组成部分，认为能否使我们的各族人民都成为有理想有道德有文化有纪律的社会主义新人关系到中国现代化建设的成败。

此外，三大伦理思潮所思考和企图解决的伦理问题也具有同一性，他们所思考和企图解决的伦理问题是“中国伦理文化向何处去?”“如何才能复兴和光大中华伦理文化?”围绕这一问题，他们在伦理学领域里展开了古今中西之争，从而深入地探讨了“如何对待中国传统的伦理文化?”“如何在向西方寻求伦理现代化建设思

---

① 贺麟：《物质建设现代化与思想道德现代化》，原载《今日评论》3 卷 1 期。

② 贺麟：《儒家思想的新开展》，原载《思想与时代》1941 年第 1 期。

③ 李大钊：《青春》，《李大钊选集》，人民出版社 1959 年版，第 71 页。

④ 毛泽东：《毛泽东著作选读》下册，人民出版社 1986 年版，第 752 页。

⑤ 毛泽东：《毛泽东著作选读》下册，人民出版社 1986 年版，第 751 页。

想武器的同时避免西方伦理文化所暴露出来的种种矛盾和严重缺点?”“如何走出一条中国式的伦理现代化之路?”等问题。总之,20世纪中国三大伦理思潮并不是毫不相干或水火不容的。由于他们处于大体相同的历史时代,面对差不多的民族伦理问题,因而必然决定了他们会有某些同一性。随着三大伦理思潮彼此切磋琢磨、沟通和交流的发展,也许还会形成较多的伦理共识。当然,这绝不是说三大伦理思潮彼此之间就不存在什么分歧和斗争,没有原则的差别和对立。事实上,它们之间的差别和对立较之同一性而言则是更为主要的。

2. 三大伦理思潮的对立斗争

20世纪中国伦理思想舞台上活跃的自由主义西化派、现代新儒家和马克思主义三大伦理思潮由于代表着不同的阶级或阶层利益,观察伦理问题的理论视野和立场不同,对中国伦理现代化所做的设想不同,因而相互间展开过错综复杂的价值论争或伦理问题的斗争。

(1)三大伦理思潮相互间的斗争自产生之日起始终未曾停止过。具体来说,现代新儒家不仅反对自由主义西化派伦理思潮,而且也大肆诋毁马克思主义伦理思潮,自由主义西化派在抨击现代新儒家伦理思潮的同时对马克思主义伦理思潮也竭力非难,马克思主义伦理思潮既反对全盘西化派的民族伦理虚无主义,又反对现代新儒家的伦理保守主义。在错综复杂的伦理思想斗争中,有时是自由主义西化派同马克思主义者结成暂时的联盟共同征讨现代新儒家,有时则是现代新儒家同自由主义西化派结成暂时的联盟一致对付马克思主义者,如此等等。五四前后的东西文化论战拉开了三派斗争的序幕。以杜亚泉、梁启超、梁漱溟为代表的东方文化派坚持东方伦理本位主义的立场,同以陈独秀、李大钊为代表的马克思主义伦理思想和以胡适、陈序经为代表的西化派展开了激烈的斗争。梁启超在《欧游心影录》一书中历述西欧各国科学万能之梦的破灭、社会革命的暗潮起伏、人们精神的萎靡悲观等症状,并宣称西方伦理文化已陷入绝境,指出“大海对岸那边有好几万万人,愁着物质文明破产,哀哀欲绝地喊救命,等着你来超拔他哩……”,因而得出了中国伦理文化优越于西方伦理文化的结论。梁漱溟在《东西文化及其哲学》一书中更认为以意欲向前为主要标志的西洋伦理文化违背生命本性,不可能给人们带来幸福,它已经走上了穷途末路,未来文化的发展是以意欲调和持中为根本精神的中华伦理文化的复兴。与梁漱溟等人对中国伦理文化的高度肯定相反,以胡适为代表的西化派和以李大钊、陈独秀为代表的早期马克思主义则从各自的立场出发,对传统伦理文化的丑陋方面做了淋漓尽致的揭露和批判。胡适认为,中国的传统伦理文化实在是没有什么优点可以炫扬的,其"独有的宝贝"只是"八股、小脚、姨太太、五世同居的大家庭、贞节牌坊、地狱活现的监狱、廷杖板子夹棍的法庭"①。李大钊认为,中国古代伦理文明曾对世界伦理文明做出过伟大的贡献,但自宋明以来中国伦理文明就患有多种疾病,而今"已臻奄奄垂死之期",因此当今的中国人应当正视中国伦理文化发展的现实,看到这种"静的文明"已处于屈败之势,"竭力以受西洋文明之特长,以济吾静止文明之穷"。从总体上讲,在东西文化论战中,马克思主义者和西化派都批判了梁漱溟等人对传统伦理文化过分推崇的观点,揭示了中国传统伦理文化严重的弊端。其所不同的是,全盘西化派对中国传统伦理持全盘否定的态度,而马克思主义则对中国传统伦理的古代发展有一定程度的肯定。五四运动以后,李大钊、瞿秋白等人主张超越偏于"灵"的东方文明与偏于"肉"的西方文明而寻求一种灵肉一致的新型文明。

在东西文化论战中后期还爆发了"科学与玄学"论战以及"问题与主义"论战。科学与玄学的论战又称科学与人生观论战,主要发生在以张君劢为代表的玄学派与以丁文江、胡适为代表的科学派之间。玄学派的立场实际上就是现代新儒家的立场,科学派的主将丁文江、胡适、吴稚晖等人都是自由主义西化派。张君劢认为科学不能支配人生观,伦理价值之学不同于科学事实之学。丁文江、胡适等则针锋相对,认为科学可以支配也应当支配人生观,道德领域亦应受科学真理所支配。马克思主义者陈独秀、瞿秋白、邓中夏等人也介入了科学与人生观论战,他们对双方不是各打五十大板,而是更多地肯定和支持了科学派的进步主张。"问题与主义论战",是在马克思主义者李大钊和西化派胡适之间展开的。胡适从实用主义伦理观的立场出发,认为一切学说的真实与否,完全看它实用上的效果如何而定,真理、道德都是人造的并供人使用的工具,因此研究实际的问题包括道德问题是比侈谈主

---

① 胡适:《信心与反省》,《独立评论》103 期,1934 年 5 月。

义(包括道德学说)更有意义和价值的。为了驳斥胡适的谬论,李大钊论述了问题与主义之不可分割的关系,认为政治、伦理问题的研究离不开一定思想学说的指引,社会问题的解决必须依靠作为社会上多数人的共同理想的主义的宣传,即应该使社会上可以共同解决这个那个社会问题的多数人,先有一个共同趋向的理想或主义。

40 年代,现代新儒家学者创造了新唯识论、新理学和新心学等伦理思想体系,系统地提出了伦理本位主义和复兴儒家伦理思想的理论主张。熊十力的新唯识论伦理思想依据"体用不二"的本体论,把道德事功并重当作儒家伦理学说的基本精神,并由此阐发了"内圣外王"的伦理观,讨论了道德价值的源头,价值源头的贯彻以及理想人格的培养等问题。冯友兰承接程朱理学伦理思想的传统,借用中国古典伦理学的固有范畴,将经过他自己理解的西方新实在论伦理思想,浇铸于程朱理学伦理思想的框架之中,形成了一个融合中西的新理学伦理思想体系,其中境界说是新理学伦理思想体系中最具有特色也是重要的组成部分。贺麟的新心学伦理思想则从"心""理""价值"三个角度出发,提出了道德决定经济和对理念尽忠、理欲调和等主张,并在对三纲五伦做出新的诠释的基础上公开倡导复兴以三纲五伦为核心的儒家传统伦理。针对现代新儒学的诸种伦理学说体系,马克思主义者胡绳、艾思奇、蔡尚思等曾著文和他们展开了论战,对其净习断染的修养论、天地境界的伦理观以及道德决定论进行了坚决的批判与斗争。比如,胡绳在批判冯友兰新理学伦理思想时就指出:"冯先生承认有新道德,也有旧道德,道德既有新旧之分,当然这是变动的,但是冯先生又承认在可变的道德之外,另有一部分的道德是不变的。照冯先生的说法就是,跟着某种社会而来的某种道德是可变的,但跟着社会而来的道德,却是不变的。这种说法看起来是言之成理的,因为这既顾到了社会的变动,而又顾到社会无论怎样变化总还是一个社会,既然总是社会,则其中就应该有共同的规律。但若细加考究,就知道这种说法本身就有很大的矛盾。"[①]在胡适看来,社会生活日新月异的变化不仅使道德的内容发生根本性的变动,而且也使道德的形式发生相应的变动,没有什么永恒不变的伦理道德。

---

① 胡绳:《思想的漫步》(一),原载《群众周刊》8 卷 10、13 期合刊。

50 年代以后,马克思主义伦理思潮在中国大陆取得了伦理价值观的支配地位或统治地位。为了清除西化派伦理思潮和现代新儒家伦理思潮的影响,曾发动过对这两大思潮的各自代表人物胡适和梁漱溟的大规模的思想批判运动。在香港地区和台湾地区等地,西化派和现代新儒家在不断展开斗争的同时也把矛头指向马克思主义伦理思潮。现代新儒家第二代代表人物唐君毅在谈到现代中国伦理文化花果飘零、风雨飘摇的危机时不仅谴责西化派的民族伦理虚无主义,而且也将其归罪于马克思主义对中国伦理文化的摧残。

总之,三大伦理思潮既相互斗争、相互冲撞激荡,又在斗争中结成暂时的联盟以对付另一方,它们之间错综复杂的矛盾形成内外交织、色彩斑斓的思想斗争画面。可以说,马克思主义伦理思潮是在与西化论伦理思潮和现代新儒家伦理思潮的斗争中形成和发展起来的。而西化论伦理思潮和现代新儒家伦理思潮也始终想取代马克思主义伦理思潮成为现代中国伦理文化发展的方向和主流。现代新儒家把马克思主义伦理作为外来伦理加以反对,西化派则把本属于西方伦理文化之重要组成部分的马克思主义伦理学说排斥出了西方伦理文化之外。同时,西化论伦理思潮与现代新儒家伦理思潮也进行过剑拔弩张的斗争,这种斗争从 20 年代一直延伸到当代,例如,60 年代中国台湾地区就发生过西化派李敖同包括现代新儒家在内的传统派之间的激烈论战,80 年代中国大陆就有围绕《河殇》为代表的西化论倾向的批判与斗争。三大伦理思潮的斗争到现在还在继续。正如方克立先生在《现代新儒学与中国现代化》一文中所指出的:“恐怕在整个社会主义初级阶段,在社会主义的优越性还没有充分显示出来之前,即使在国内,不仅全盘西化论总会有一定市场,希望中国走儒家资本主义道路的理论也总会有人欣赏。三大思潮并存和对峙的格局大概还会延续相当长一段时间,我们不能回避和无视这一基本的现实。”①

(2)三大伦理思潮之间的理论分歧与对立。从根本上说来,三大伦理思潮代表着三种伦理现代化模式的不同选择和冲突。自由主义的西化派主张照抄照搬西方伦理文化和死心塌地地去学习和吸取西方伦理文化,并认为西方式的个人本位

---

① 方克立:《现代新儒学与中国现代化》,《南开学报》1989 年第 4 期。

主义和功利主义伦理就是中国伦理现代化的有机构成或必由之路。在胡适等人看来,西方近现代的道德是空前社会化的新道德,西方伦理文明的最大特色是不知足,它较之中国纯粹私人化的旧道德和知足的伦理文明要具有无比的优越性和进步性。既然中国传统的道德和伦理文化不如西方近现代的道德和伦理文化,那么中国的伦理现代化就不能指望复兴旧道德和传统伦理的自然转型来完成,唯一正确的选择只能是实现全盘西化。西方近现代以个人为本位的伦理文化既是过去三四百年人类伦理文化发展的“大潮流”“大方向”,也是今后世界伦理文化发展的大趋势,中国只有走西方伦理文化现代化的道路,才能解放中国的民族精神,造成“有人味的文明社会”,实现中华伦理文化的重建。现代新儒家批判了西化派的中国伦理现代化即是西方化的观点,向往一条东方式伦理文明的新路子,即在弘扬儒家义理之学和心性本体的基础上吸纳西方伦理文化中自由、平等、博爱的思想,实现返本基础上的开新。因此,现代新儒家的伦理现代化是力图在保持以中国传统儒家伦理为本体和主导地位的基础上来接纳和会通西方伦理文化,以回应西方伦理文化的挑战,进而超越和征服西方伦理文化。在现代新儒家那里,吸收和接纳西方自由平等博爱的伦理观念,并不是要以此来重建新的中华伦理文化,而是为了补充和辅助传统的儒家伦理,使之更完善和更全面,进而成功地实现由传统伦理向现代伦理的自我转型或转化。马克思主义在反对伦理现代化就是西方伦理化或东方伦理化的斗争中主张将先进的西方伦理学说与中华民族固有的优秀的道德思想结合起来,走建设中国特色的社会主义伦理文化的现代化道路,即建设一种以马克思主义伦理观为核心,批判地继承民族传统伦理和西方乃至全人类一切优秀的伦理文化,立足本国又面向世界的高度发达的新的社会主义伦理文化。

从伦理价值论上看,三大伦理思潮向往和追求的是三种不同的伦理价值理论类型,代表着三种不同的伦理价值导向。以胡适为代表的自由主义西化派推崇功利主义的伦理价值学说,主张以功利主义的伦理观教育我们的人民,尤其是青年。胡适认为,人的本性是趋乐避苦的,减除人生的痛苦,提高人生的幸福是任何人都为之盼望和追求的,没有人会选择祸害而不选择利益。因此,人类的道德伦理必须建筑在物质功利和效用的基础之上,并以功利效用作为评判善恶的唯一标准。胡适把谋求个人的功利与幸福视为人生的目的,把人类所进行的一切活动,无论是人的行为还是人的意识活动,都看作是追求个人功利与幸福的活动。他说:“第一,人生的目的是求幸福。第二,所以贫穷是一桩罪恶。第三,所以衰病是一桩罪恶。”① 西方文明正是建立在个人幸福的基础之上然后才能获得风驰电掣的发展。胡适严厉谴责宋明理学“存天理,灭人欲”的禁欲主义,认为“崇理而咎欲,故生出许多不近人情的”“甚至吃人的礼教”。② 破除传统伦理贵义贱利、存理灭欲的伦理价值观,需要确立西方功利主义的伦理价值观。以梁漱溟为代表的现代新儒家与以胡适为代表的西化派不同,他们抨击西方功利主义的伦理价值学说,主张恢复和弘扬传统儒家重视道义和精神境界的伦理价值学说。梁漱溟认为,西方以功利为主要价值取向的伦理文化虽在改造人类的物质生活条件方面取得了很大的成就,但在精神上却因此受了伤,道德上产生了危机,“这是十九世纪以来不可掩的事实!”③ 正因为西洋人把人生放在欲望上面,“以为人生不外乎种种欲望之满足”,“一味向外追求”,因此,西洋无论什么人“都要聚精会神在经济竞争上:小心提防失败、贫困、地位降低,而努力刻意营求财货,时时刻刻算账并且抑制活泼的情感,而统驭着自己”,其结果是陷入了道德沦丧的悲惨境地。反之,儒家“正其谊不谋其利”“顺天理而无私欲”的伦理价值学说却表现出随遇而安、无往而不恬然自得的品格,产生出人与人之间的和谐和人与自然之间的和谐。中国人那种人与人、人与自然融洽游乐的态度实在是令人羡慕不已的,也是西方伦理文明发展所应走的唯一正确道路。马克思主义主张一种革命的功利主义,要求把全心全意为人民服务、为绝大多数中国人谋利益当作自己行动的出发点和最终目的。毛泽东批判了现代新儒家割裂功利和道义的关系、宣扬一种超功利的绝对道义论的思想倾向,他指出:“世界上没有什么超功利主义,在阶级社会里,不是这一阶级的功利主义,就是那一阶级的功利主义。我们是无产阶级的革命的功利主义者,我们是以占全人口百分之九十以上的最广大群众的目前利益和将来利益的统一为出发点的,所以我们是以最广和最远为目标的革命的功利主义者,而不是只看到局部和目前的狭隘的功利主

---

① 胡适:《我们对于西洋近代文明的态度》,《现代评论》第4卷,第83期(1926年7月)。

② 同上。

③ 梁漱溟:《东西文化及其哲学》,商务印书馆1922年版,第63页。

义者。”[①]这种革命的功利主义摆脱了资产阶级功利主义的狭隘性，熔铸着革命道义论的精神，无疑是一种崭新的伦理价值学说。

此外，三大伦理思潮的对立还表现在对伦理道德作用的不同认识上。虽然五四时期三大思潮都有强调道德伦理的革命优先于政治、社会和经济的改革的一面，都有“借思想文化以解决问题”的倾向，但从三大伦理思潮发展的总体上看，现代新儒家过多地强调伦理道德的社会作用，是一种典型的道德决定论。西化派则主张弱化道德，认为道德的本质不过是供人使用或借以达到幸福生活的工具，如果无助于增进人的幸福，道德就不仅没有什么积极作用反而有害。马克思主义既反对道德决定论，也反对道德无用论，认为由一定经济基础所决定的道德对经济基础有反作用，先进的道德对经济基础的发展与变革起促进作用，落后的道德对经济基础的发展与变革起阻碍作用。一般地讲，道德不仅有反映现实社会状况及预测其历史趋势的认识功能，也有协调人的行为及其诸种社会关系的调节功能，还有褒贬人的行为及其道德现象的评价功能以及规劝人们趋善避恶、改恶从善的教育功能，等等。

总之，一般来讲，现代新儒家代表着中国现代文化史上的人本主义思潮，西化派则代表着科学主义思潮，马克思主义是一种独立的社会伦理思潮，其中既包含着科学主义的因素，又具有人本主义的倾向。现代新儒家从一开始就站在人本主义的立场上，否定科学万能，主张划清科学与人生哲学的界限，认为科学不能支配人生观，不能解决伦理道德问题，揭示人生真谛、解决生命意义及社会道德问题只能依靠伦理学和人生哲学。他们把西方的人本主义和中国儒家传统的人本主义思想结合起来，走上一条与科学和事实之学相抗衡的人本的道德形上学的道路。西化派大都是一些程度不同的科学主义者，他们力图把伦理学纳入科学的范畴中，认为科学不仅能解释事实世界也能解释价值世界，它能够解决人生问题和伦理道德问题，因此走上了一条以工具理性为主要特征的科学的道德实用化的道路。马克思主义者意识到科学主义思潮与人本主义思潮各自的独特蕴意及其优缺点，主张在

---

① 毛泽东：《在延安文艺座谈会上的讲话》，《毛泽东选集》第3卷，人民出版社1991年版，第864页。

中国大力提倡和尊重科学,同时又要注意防止对科学的滥用与迷信,避免产生奴役现代人的科学迷信和技术图腾,努力把科学的理性精神和对人主体地位的尊重有机地结合起来,建设高度的社会主义物质文明和社会主义精神文明。

3. 三大伦理思潮的主要内容

三大伦理思潮围绕着如何走出中世纪走向现代化,以及如何实现中国伦理文化的转型与现代化等问题展开了长期的辩难与论争,其中既有相互吸收、相互补充、相互渗透或相互贯通的地方,也有激烈的对抗和彼此之间不调和的斗争。中国伦理现代化并不是一个单向的历史过程,它是外部刺激与内部回应两者相结合的过程,即西方近现代伦理文化的冲击与中国伦理文化做出反响与回应的错综复杂的过程。中国伦理现代化是在近代以来所萌生和拓展的古今中西之争以及伦理革命、道德启蒙的运动中拉开自己的序幕的,它始终面临着既要跟上伦理文化的世界潮流又要保持伦理文化的民族特性、既要学西方又要抗击殖民文化、既要肯定自己伦理文化的根柢又要超越自己以往的陈旧传统等这样一些错综互渗的文化难题。三大伦理思潮即是为解决这些文化难题、寻觅中国伦理现代化的出路而兴起并在披荆斩棘、筚路蓝缕中向前发展的。它们所研究的伦理问题既带有共同性又具有自己的独特性。其共同性表现在,主张对西方伦理文化的输入与传播所造成的震荡与冲击做出反响与回应,以应战对付挑战,主张吸纳和学习西方伦理文化以改造自己民族的传统伦理文化,渴望中国伦理文化走出中世纪走向现代化等等。其独特性表现在,三大伦理思潮对中国伦理现代化的路径理解各不相同,它们在怎样向西方学习和如何向西方学习上存在着极大的分歧,在对待传统伦理文化的态度上则如同冰炭,这就决定了它们的伦理构建及其研究内容和置重等问题亦各不相同。

自由主义西化派所理解的中国伦理文化现代化即是全盘西化,认为只有西方近现代伦理文化能够解救中国伦理文化的危机,使中国伦理文化走出中世纪走向现代化。在自由主义西化派看来,西方近现代的伦理道德是空前社会化的新道德,它较之中国传统私人化内心化的道德要具有无比的优越性和进步性;西方近现代伦理文明的最大特色是不知足,它较之以知足为主要特征的中国传统伦理文化更能够促进社会的发展和个性的完善;西方近现代伦理价值系统倡言自由、平等、人权,注重个人的利益、尊严和价值,其个人本位主义和功利主义比之中国传统伦理价值家族本位、群体至上、重义轻利更能够发展个人的道德意识和道德创造性;其趋乐避苦的自然人性论比之中国传统伦理道德的德性主义人性论也更要适于人的生存和发展,更具有现实的合理性。因此,必须承认我们自己在伦理道德上的落后,彻底抛弃传统伦理,一心一意地走世界化亦即全盘西化的路子,死心塌地地去学人家。西化派指出,西方近现代以个人为本位,以自由平等为核心,以功利效用为目的的伦理文化既是过去三四百年人类伦理文化发展的"大潮流""大方向",也是今后世界伦理文化发展的大趋势。中国伦理现代化断不能指望传统伦理的自然转型来完成,唯一正确的出路即是一心一意走全盘西化的路子。基于此种认识,他们一方面猛烈抨击中国传统的伦理道德,认为中国传统伦理道德是造成中国衰败落后的根本原因,是使中国人不成其为人的罪魁祸首,依靠中国传统伦理道德绝对造就不出具有现代伦理觉悟和道德意识的公民或好国民,最多只能造就出安于现状、不思进取的驯民和毫无人格尊严的奴隶;另一方面竭力传播介绍西方近现代的伦理道德,主张以自然主义来对抗德性主义,以个人本位来取代家庭本位,以功利主义来取代义务主义,以自由平等来取代等级服从,认为只有树立起了自然主义的伦理观,才能从根本上解除中国伦理道德的沉疴,造就健全的个人和健全的社会,才能解放中国的民族精神,实现中华伦理文化的现代化。可以说,西化派伦理思想的主要内容就是上述两个方面的展开与运作。

与自由主义西化派伦理思潮关于中国伦理文化现代化的思路与价值取向大异其趣,现代新儒家则主张以中国伦理文化为本体去汲纳西方伦理文化,实现在返本基础上的开新。现代儒家主张把中国传统伦理文化当作仍然活着的病人来对待,主张从西方伦理文化寻求的应是医治中国传统伦理文化病疴的药方,亦即吸取西方伦理文化之长以补中国伦理文化之短,实现以中国伦理为本位的中西伦理文化的融会调和。在现代新儒家看来,以孔孟为代表倡言仁义的儒家伦理文化,如能吸收、利用西洋伦理文化是可以获得创造性的转化和实现自身的现代化的。"能够理解西洋文化,自能吸收、转化、利用、征服西洋文化以形成新的儒家思想。新的民族文化,儒家思想的新开展,不是建筑在排斥西洋文化上面,而乃建筑在彻底把握西洋文化上面。”[①]只有在维护儒家内倾的道德精神、天人合德的伦理信念、忠孝慈让的价值体系、重义轻利的伦理原则的基础上来接纳西方伦理文化，才能够真正实现中国伦理文化的现代化。现代新儒家认为，孔孟儒家的伦理学说其基本精神无论如何都是对的，是我们解除当今世界道德之弊、避免走西方伦理文化老路的救世良方。儒家道德伦理强调人与人、人与社会之间的和谐，强调以他人和集体为重、克己奉公、精忠为国，强调见利思义、义然后取和先义后利，这无疑有助于弥补西方工业社会的精神空虚，调适西方人尚利好斗而产生的种种偏弊。现代新儒家强调儒家伦理文化的世界意义和精神价值，发掘和弘扬儒家伦理文化的德性主义、群体主义和义务主义的现代合理性，认为儒家伦理文化“其价值原自有光芒万丈，举世非之而不减，举世誉之而不增”[②]。同时，他们也肯定西方近现代伦理文化中自由精神、平等原则以及科学、民主的道德价值，主张吸收和接纳西方伦理文化中的自由、平等、科学、民主等思想以充实和光大儒家伦理文化，使其实现内圣与外王的合一，达成返本基础上的开新。基于此种认识，现代新儒家深入而且非常注意探讨西方自由、平等、科学、民主与儒家伦理道德的关系以及二者的结合等问题。这些便构成了现代新儒家伦理思潮的主体内容。

马克思主义伦理思潮既反对全盘西化派的民族伦理虚无主义，又反对现代新儒家的伦理保守主义，主张超越二者的对立，走一条融会和扬弃中西伦理文化进而构建一种与中国现代化运动相适应的新的中国伦理文化的现代化道路。第一次世界大战和十月革命使一部分先进的知识分子在对中国传统伦理文化进行批评之后又带来了对西方伦理文化的失望，因此造就了于中国传统伦理文化和西方近现代伦理文化两种取向之外选择一种更新的伦理文化的可能。马克思主义的输入使精神上徘徊苦闷的中国知识分子欢欣鼓舞，这加速了人们对马克思主义的选择过程。李大钊、瞿秋白、毛泽东等人均意识到中国传统伦理文化“不切于实际生活”，西方

① 贺麟：《儒家思想的新开展》，载《思想与时代》第1期。

② 唐君毅：《花果飘零与灵根自植》，见《文化意识宇宙的探索》，中国广播电视出版社1992年版，第456页。

近现代伦理文化“亦未必尽是,几多之部分亦应与东方思想同时改造也”。[①] 在伦理道德问题的研究上,中国马克思主义者既反对仅仅从自然属性上谈论人性的自然主义,亦反对仅仅把人性归结为道德属性的德性主义,认为不能离开人的社会存在和社会关系来抽象地谈论人性问题;既反对仅仅以个人作为伦理本位的个人主义,又反对以家族或群体作为伦理本位的家族主义或群体主义,主张将个人与他人、个人与社会群体联系起来作一体化思考,人我兼顾、己群诸重;即反对重义轻利的道义论,又反对重利轻义的功利论,主张把功利与道义结合起来,义利并重,义利兼顾。针对自由主义西化派和现代新儒家抽象地谈论人性及道德问题,马克思主义主张具体的现实的人性论和革命的功利主义,主张为无产阶级和广大劳动人民服务,并就此探讨了道德与利益的关系以及个人利益与社会集体利益的关系。马克思主义伦理思潮肯定道德对经济利益的依赖关系,将伦理原则引向一种个人与社会和谐发展的价值目标即新型的集体主义。在对待中西伦理文化遗产上,马克思主义者强调贯彻批判继承的方针,主张吸收其精华,抛弃其糟粕,“古为今用,洋为中用”,以马克思主义伦理观为指导和基础,批判继承民族传统伦理的优良成分,吸收西方近现代伦理的合理因素,建立起一种既立足本国而又面向世界,既有民族性又有全球性,融公平与效率、活力与秩序于一身的新的社会主义伦理文化。

需要说明的是,三大伦理思潮所研究的内容既互相启发又互相补充,而且呈现出一定的阶段性,即革命战争阶段与和平建设阶段在伦理价值观念的倡导与研究、思维取向和着力重点上均不相同,各自经历着自己特有的曲折发展历程。三大伦理思潮的某些代表人物在特定的历史文化情势下也经历着特有的转折与分化,故而其思想亦有前后之分。严复、梁启超、章太炎、陈独秀、李大钊、毛泽东、贺麟、冯友兰等在伦理思想的发展中都经历了由一种思潮向另一种思潮的转化。比如五四后期,由于第一次世界大战和十月革命,西方资本主义文明暴露了各种问题,使得当时中国思想界面临一个大转折,曾经讴歌过西方近现代伦理文明的梁启超从欧洲旅游归来,对西方近现代伦理文明的幻想破灭了,于是转而求助于传统伦理文

---

① 毛泽东:《致黎锦熙信》(1917 年 8 月 23 日),见《毛泽东早期文稿》,湖南出版社 1990 年版,第 86 页。

化,掀起了东西文化论战的新波澜;曾经鼓吹过西方的民主自由的陈独秀、李大钊等则从早期的西化派转向了俄国社会主义新文明,选择了马克思主义,引起了新文化运动的大分化。再比如,新中国成立以后的冯友兰、贺麟等都在党的领导和帮助下开始清算和批判自己过去的新儒学思想,把马克思主义作为一种新的理论来接受。贺麟后来还加入了中国共产党。这些错综复杂的情况,要求我们在谈论三大伦理思潮的研究内容时,必须注意历史和阶段性,予以具体的实事求是的分析。

第二章

自由主义西化派伦理思潮(一)

从发生学的角度考察,自由主义西化派伦理思潮是肇始于鸦片战争以来因西学东渐而造成的中国传统伦理文化深刻危机所引发的一种价值思考,它最早可以追溯到早期改良派冯桂芬、郭嵩焘等人。维新变法时期则渐趋形成,至五四新文化运动时期获得较大发展。它从对中国传统伦理文化的猛烈批判与全盘否定起步,宣扬和推崇西方自由主义或个人主义的伦理价值观,并认为只有全盘西化才能复兴我们的民族和国家,使之走向现代化。从理论特征上讲,自由主义西化派伦理思潮从一开始就具有科学主义、个人主义、功利主义和道德相对主义的特质和特点,它在激烈地反传统伦理文化与全盘地认肯西方伦理文化的特殊架构里运作,并将二者视为中国伦理文化现代化的有机构成。

一、自由主义西化派伦理思潮概论

自由主义西化派伦理思潮在五四新文化运动之前一直同近代中国的道德革命与古今中西之争密切地联系在一起,反映着资产阶级要求冲破封建束缚、自由发展资本主义、实现自己权益的愿望,反映着资产阶级要求实现独立发展和个性解放的愿望以及试图以利己自私来激发民族活力、刺激社会发展的愿望。五四新文化运动以后,它同现代新儒家与马克思主义处于鼎足而三的地位,受到保守主义与激进主义的双重挤压,理论性格和致思趋向也发生着一定的变化,改良主义的政治主张与激进主义的反传统、倡西化的文化观念,民族主义的价值目标与非民族主义的运作手段奇迹般地结合在一起,使得自由主义的西化派伦理思潮表现出特有的尴尬与困惑。它或者无力地唱着以前的挽歌流落十字街头;或者震惊于时局的变故走入象牙之塔;或者遇到适度的气候又活跃再起,而事过境迁之后又陷入新的沉寂;如此等等。自由主义西化派伦理思潮内在而特有的矛盾决定了它在20世纪中国独特的理论风格及其历史命运,也决定了它自以为满腔热血的救国方略总是不可避免地走向反面的二重性效果。

1. 自由主义西化派伦理思潮的形成

如前所述,自由主义西化派伦理思潮萌生于鸦片战争后的西学东渐和向西方学习的洋务运动,形成于戊戌变法时期的维新自强运动。自由主义西化派伦理思潮的形成一方面同鸦片战争以来空前严重的民族危机联系在一起;另一方面也同西方的科技文化潮水般地涌向中国的西学东渐密切相关;同时也反映着当时先进的中国人向西方寻找救国救民真理的孜孜求索。也许正因为如此,在它的萌生、孕育和形成时期就深得一部分睁开眼睛看世界的先进人士的认同,从而使其具有"开一代风气"的思想解放意义,这与它后来的社会功用和历史命运是迥然不同的。

目睹着两次鸦片战争的惨痛失败,以冯桂芬、王韬、郑观应、郭嵩焘等为代表的一批先进的知识分子忧心如焚，异常震惊，竞相认为以广远万里而为地球第一大国的中国受制于夷，实为“天地开辟以来未有之奇愤”，凡有血气心知者，莫不冲冠发指。那么，究竟是什么原因使中国人受制于西方人呢？冯桂芬等人认为，除了科技落后、军事装备差的原因外，还有政治和文化上的原因。冯桂芬指出，中国有四不如夷，“人无弃才，不如夷；地无遗利，不如夷；君民不隔，不如夷；名实必符，不如夷”①。他明确地主张向西方学习，走西方工业化、民主化、科学化的道路。郭嵩焘通过中西道德的比较，得出了西方道德优于中国道德的结论，认为中国传统道德在仁义礼智信五个方面都不及西方。在仁的方面，西方道德倡平等博爱、视人犹己，而中国传统道德“不欲以兼爱乱人道之本，其道专于自守”。在义的方面，“中国言义，虚文而已，其实朝野上下之心无一不骛于利，至于越礼反常而不顾。西洋言利，却自有义在”。在礼的方面，西方“彬彬焉见礼之行焉”，“中国不能及远矣”。在智的方面，“西洋以智力相胜”，“中国由周以来两千余年无知讨论”。在信的方面，西方以“信义为先，尤重邦交之谊，致情尽礼，质有其文，视春秋各国殆远胜之”②。在区分中西道德优劣的前提下，郭嵩焘明确提出“彼之所长，循而习之，我之所短，改而修之”的惊世骇俗之论。郑观应在自己所著的《盛世危言》中公开认为，中国不如西方者不惟军事、经济、科学技术，而且也体现在风俗礼仪、伦理道德方面。在郑观应看来，西方伦理道德重人格独立、自由平等，人与人之交往朴实无华、简朴不饰；而中国伦理道德则以人身依附、等级服从为特征，人与人之交往华而不实，颇多虚伪。郑观应指出，在中国，“卑幼之于长上，属僚之于上官，小民之于官长，僮仆之于主人，皆动辄跪拜，罕复答礼。夫不论其中藏诚敬之实意，而徒责其外貌卑抑之虚文，是相率而以伪接也。故上以此求，即下以此应；或面呈巧令，转背即肆讪谤，或外作足恭腹诽，甚于轻侮，则亦何益之有哉？”③更荒谬绝伦的是，中国伦理道德甚至为阉宦制度和女子裹足辩护。郑观应认为，中国的阉宦制度残酷至极，“为合地球所共无者”。“至妇女裹足，合地球五大洲，万国九万余里，仅有中国而

---

① 冯桂芬：《校邠庐抗议·收贫民议》，光绪十年豫章刊本。

② 《郭嵩焘日记·光绪三年十一月》。

③ 郑观应：《盛世危言·典礼》，《郑观应集》上册，上海人民出版社 1982 年版，第 375 页。

已。……人生不幸而作女子身,更不幸为中国之女子,戕贼肢体,迫束筋骸,如膺大戳,如负重疾"①,"真所谓戕贼人以为仁义"。通过中西伦理道德的比较分析,郑观应看到了"中国之文有不如泰西之质者矣,中国之华有不如泰西之实者矣"②。为了解救中国伦理道德的危机,有必要走西方伦理道德之路。19 世纪早期改良主义者们对中西伦理道德的比较分析已经蕴含着自由主义西化派伦理思潮的许多因素,为戊戌维新时期自由主义西化派伦理思潮的形成准备了理论条件。

1895 年至 1898 年的维新变法运动是一次从下至上发动又从上至下进行的具有政治改革和思想道德启蒙双重意味的运动,是一次在西学的冲击下展开的大规模学习西方政治法律制度和伦理道德的以"言政"为核心兼及"言教"的自强维新运动。正是在维新变法运动中,西方自由主义思潮被大量引介到中国来,从而催生了中国自由主义西化派伦理思潮的形成。以康有为为代表的变法派和以严复为代表的维新派,不仅对中国的政治法律制度进行了全面的反省与批判,而且对民族文化心理、国民性格、价值系统等进行了深刻的剖析与反思。在这种对政治制度和文化心理的批判反思中,他们已经意识到中国传统文明所暴露出来的严重缺陷,不仅"从器物上感觉不足",而且"从制度上感觉不足",更"从文化根本上感觉不足"③,于是他们竞相把救亡图存、振兴中华的希望寄托在向西方文明的学习和传播上,政治上推崇英国的君主立宪制度,思想上推崇以洛克、卢梭、密尔为代表的自由主义观念和思潮。

严复认为,洋务派所见的外国的汽机兵械,不过是西方文化中的"形下之粗迹"。西方所以炮利船坚,所以在经济军事政治方面较之中国优越精良,根本的就在于它有近代的自然科学和哲学社会科学作为其基础和依据,特别是自由主义的政治伦理学说。从一定意义上讲,自由才是西方近代文明的核心和根本,是西方资本主义的实质。"夫所谓富强云者,质而言之,不外利民云尔。然政欲利民,必自民

---

① 郑观应:《盛世危言·女教》,《郑观应集》上册,上海人民出版社 1982 年版,第 288 页。

② 郑观应:《盛世危言·典礼》,《郑观应集》上册,上海人民出版社 1982 年版,第 380 页。

③ 梁启超:《五十年中国进化概论》,《饮冰室合集·文集之三十九》。

各能自利始。民各能自利,又必自皆得自由始。"[①]正是个人自由的观念,才使得西方人在平等的条件下相互竞争,发挥各自的禀赋、才智与所长,形成国家民主、民族富强的形势。"彼西人之言曰:唯天生民,各具赋界,得自由者乃为全受,故人人各得自由,国国各得自由。"[②]由于人人享有自由,"人人得其意,申其言,上下之势不相悬隔,君不甚尊,民不甚贱,而联合一体"[③]。在严复看来,中国伦理道德所最缺乏的即是关于自由的观念和意识,"夫自由一言,真中国历古圣贤之所深畏,而从未尝立以为教者也"[④]。"西之教平等,故以公治众而贵自由。自由,故贵信果。东之教立纲,故以孝治天下而首尊亲。尊亲,故薄信果。然其流弊之极,至于怀诈相欺、上下相遁,则忠孝之所存,转不若贵信果者之多也。"[⑤]中国欲求自己富强,必须大力引进和吸收西方自由主义的政治伦理思想,使人人树立起自由平等的观念或意识。严复认为,只有培养出有独立人格的国民才能形成一个真正的有战斗力的整体。中国的出路在于"以自由为体,以民主为用",亦即大胆地学习和汲纳西方的自由主义学说、民主主义的观念。

与严复相似,梁启超也从救亡图存的时代课题出发,大力宣扬自由主义的政治伦理学说。他把自由视作"欧美诸国民所以立国之本原",认为西方四百年来的进步实乃自由精神的伟大胜利。"今日欲救精神界之中国,舍自由美德外,其道无由。"[⑥]在梁启超看来,西方人追求自由,有"不自由毋宁死"的气概,而中国人却常常沦为古人、世俗、境遇和情欲的奴隶。西方人能从个人的自治达到群体的自治,而中国人却缺乏自治的能力,唯知事事处处依赖,生利之力少,不劳力而分利者多。西方人具有自尊和权利的观念,凡事均依自己的努力,自我意识发达,形成了独立人格,而中国人多缺乏自尊性质,且自古以来不知权利为何物,故始终没有形成独

---

① 严复:《原强》,载《直报》1895 年 3 月 4 – 9 日。

② 严复:《论世变之亟》,载《直报》1895 年 2 月 4 – 5 日。

③ 严复:《原强》,载《直报》1895 年 3 月 4 – 9 日。

④ 严复:《论世变之亟》,载《直报》1895 年 2 月 4 – 5 日。

⑤ 同上。

⑥ 梁启超:《十种德性相反相成义》,《梁启超哲学思想论文选》,北京大学出版社 1984 年版,第 51 页。

立人格、责任观念,“一国之人,各个放弃其责任,而惟依赖之是务”①。梁启超还认为,以自由为核心的西方政治伦理形成了注重公德的传统,人们由利己而走向爱群,而缺乏自由观念的中国传统道德则偏于私德而缺于公德。中国数千年来,德育的中心点是束身寡过主义,道德的范围日缩日小,如果有人想对本群本国的公利公益有所尽力,那么马上就有曲士贱儒援引“不在其位,不谋其政”的圣贤遗训来加以干预、诽笑、排挤,使人们想爱国都苦于无奈而无从去爱,于是造成知小我而不知有大我,“不知群之物为何物,群之义为何义”的可怜后果,“人人心目中但有一身之我,不有一群之我。……于是四万万人,遂成为四万万国焉。亡此国而无损于我也,则束手以任其亡,无所芥蒂焉”②。通过中西伦理道德的比较,梁启超主张大胆地吸收和学习西方伦理道德,主张抓住社会发展的进化公例给予中华民族重新崛起的良机,“张灯置酒,迓轮挨门,三揖三让以行亲迎之大典。彼西方美人,必能为我家育宁馨儿,以亢我宗也。”

维新变法时期,不仅严复、梁启超大力宣传和介绍西方自由主义的政治伦理学说,而且康有为、谭嗣同也在自己的著作中倡导和宣扬自由主义的价值观念。谭嗣同在《仁学》中所阐发的自由主义思想,不仅是严复的自由主义思想的直接补充,而且也对推动中国自由主义政治伦理思潮的形成起着重大的作用。在近代中国,谭嗣同是少数几个将个体自由与个体价值发挥到极点且理论上较为一致的思想家。他强调“仁—通—平等”,把冲决封建伦理之网罗与向西方学习、引进西方自由平等的伦理观念相提并论,主张顺乎时代潮流,“画此尽变西法之策”③,“舍己从人,取于人以为善”④。在谭嗣同看来,“今中国之人心风俗政治法度,无一可比数于夷狄,何尝有一毫所谓夏者!”⑤他驳斥封建顽固派,“动辄诋西人无伦常”的谬

① 梁启超:《十种德性相反相成义》,《梁启超哲学思想论文选》,北京大学出版社1984年版,第49页。

② 梁启超:《中国积弱溯源论》,《饮冰室合集·文集之五》。

③ 谭嗣同:《谭嗣同全集》,中华书局1981年版,第227。

④ 同上。

⑤ 谭嗣同:《谭嗣同全集》,中华书局1981年版,第225页。

论，鞭笞中国封建社会三纲五伦之惨祸烈毒，认为“西人最讲究伦常，且更精而更实”①。谭嗣同指出，西方的近代道德实在不知要比中国的封建道德高出多少倍。西方人的婚姻为男女平等基础上的一夫一妻。“自君至民，无置妾之例，又皆出于两相情愿，故伉俪笃重，无妒争之患，其子孙亦遂无嫡庶相猜忌之患。”②父子兄弟之间和睦融洽，人人不能不求自立之道，“不似中国转累父母养之忧之，使父母有‘多男多惧’以及‘汝曹催我老’之叹也”。“祖父之产，身后不悉归于子孙，犹然民主之法之推也，是永无兄弟骨肉争产之讼，与夺嫡争继之讼。”③在交友之方面，“朋友则崇尚风义，讲信修睦，通财忘势而相赴难”④。谭嗣同主张，学习西方不只是学习西方的科学技术问题，更重要的是学习西方自由平等的政治伦理学说和道德观念。针对当时流行的割裂“道、器”、“体、用”的中体西用论，谭嗣同论述了道器体用的辩证关系，阐明了改变中国封建伦理纲常的必要性。他说：“故道，用也；器，体也。体立而用行，器存而道不亡。自学者不审，误以道为体，道始迷离倘恍，若一幻物，虚悬于空漠无朕之际，而果何物也耶？于人何补，于世何济，得以何益，失之何损耶？将非所谓惑世诬民异端者耶？夫苟辨道之不离乎器，则天下之为器亦大矣。器既变，道安得独不变？”⑤谭嗣同向往全面而彻底的西方化，认为中国传统的伦理道德实在祸国殃民，不可不变。正是出于对西方伦理文化的热烈憧憬和对中国封建的纲常名教的深恶痛绝，不仅使他为改革维新事业死不旋踵，慷慨赴难，而且也使他成为自由主义西化派伦理思潮的伟大旗手和早期代表。经由他及其他维新派思想家的共同努力，自由主义西化派伦理思潮终于得以形成，并为维新变法运动做了理论上的准备。

2. 自由主义西化派伦理思潮的发展

戊戌变法的失败，强烈地震撼着中国的改革志士，他们更清醒地意识到改变封

---

① 谭嗣同：《谭嗣同全集》，中华书局 1981 年版，第 225 页。

② 谭嗣同：《谭嗣同全集》，中华书局 1981 年版，第 206 页。

③ 同上。

④ 同上。

⑤ 同上。

建政治制度和伦理道德的艰巨性，意识到改造国民性和改造旧伦理道德任重道远。从戊戌变法失败到辛亥革命前的十多年中，不仅改良派的启蒙学者们在继续进行反封建的思想道德启蒙，而且许多资产阶级革命派中的有识之士也都格外注重道德革命和呼唤国魂的伦理启蒙工作。邹容、陈天华、唐才常等在中国封建专制的最后寒夜中，高举起照亮人心的火炬，把改造国民性、改造道德同政治革命有机地联系起来。他们认为，中国封建社会后期民族的精神气质、伦理道德明显地落后于西方，人们自治力之薄弱、公德心之缺乏、共同心之短少达到了无以复加的地步。"德人知有日耳曼祖国焉，法人知有佛朗克大帝国焉，英人知英旗之所在无往非彼族之占领地焉。彼其泣于斯、歌于斯、崇拜馨香于斯者，其心目中恍若有神使鬼差、颠倒其间者，故能游心大宇，发为勇猛踔厉，发挥刚毅之气，……而返观吾国今日之现状，则可谓腐败空虚，种种奇异谬悠之态，几无足自存于大地，则虽谓吾族之精神已死可也。"[①]邹容在《革命军》中通过中西比较，认为中国要实现推翻封建君主专制的革命，建立资产阶级的民主共和国，就必须通过道德革命、思想启蒙运动，造就无数华盛顿、拿破仑式的"革命之健儿"。美国革命和法国革命之所以成功，就在于革命前进行了"倡言自由，力尊自治"的革命启蒙教育，造就了千百万在道德、知识、能力诸方面都达到很高境界的革命健儿。"试读其革命时代之历史，所以鼓舞民气，宣战君主，……一时所谓革命之健儿，建国之豪杰，流血之巨子，其道德，其智识，其学术，均具有振衣昆仑顶，濯足太平洋之概焉。"[②]邹容主张向西方学习，"倡言自由，力尊自治"，破除奴隶道德，树立国民道德，培养起"自治之才力""独立之性质""参政之公权"，并主动去追求"自由之幸福"。西方人的伦理道德即是一种国民道德，而中国人的伦理道德则是一种只知道依赖和服从的奴隶道德，"既无自治之力，亦无独立之心，举凡饮食男女，衣服居处，莫不待命于主人，而天赋之人权，应享之幸福，亦莫不奉之主人之手，衣主人之衣，食主人之食，言主人之言，事主人之事，依赖之外无思想，服从之外无性质，谄媚之外无笑语，奔走之外无事业，伺侯

---

① 《民族精神论》，《江苏》杂志 1904 年第 7、8 期。

② 邹容：《革命军》，参阅张楠、王忍之编：《辛亥革命前十年间时论选集》第 1 卷下册，生活·读书·新知三联书店 1960 年版。

之外无精神,呼之不敢不来,麾之不敢不去,命之生不敢不生,命之死不敢不死”①。这种奴隶道德以主人的喜怒为喜怒,以主人的哀乐为哀乐,“得主人之一盼,博主人之一笑,如获异宝登天堂”,“及撄主人之怒,则俯首屈膝,气下股慄”②,全然不知自己之为人。在西方伦理文化中,奴隶主义的道德是普遍地受到人们的鄙视的,绝大多数人都把奴性看作奇耻大辱。邹容尖刻而深邃地揭露了中国传统道德的落后性与愚昧性,他寄希望于西方国民道德的全方位输入,以洗涤中国传统道德所造成的漫天尘埃。邹容的西化论伦理思想同呼唤新国民之造就密切相关,代表了戊戌维新到辛亥革命期间自由主义伦理思潮的基本精神。

五四新文化运动时期是自由主义西化派伦理思潮发展的高峰时期。以陈独秀、吴虞、胡适、易白沙等为代表的一批青年知识分子,鉴于辛亥革命的失败和民国初年的复古倾向,发动了一场声势浩大的反对旧道德提倡新道德、反对旧文化提倡新文化的思想启蒙运动。易白沙、吴虞提出了“打倒孔家店”的口号,指出以孔子为代表的儒家伦理是帮助统治者吃人的,其目的无非是要把中国弄成一个“制造顺民的大工厂”。儒家伦理道德立于血缘宗法关系和家庭制度之上,以忠孝为核心,把尊卑贵贱的区分看成是“理”的规定而不可逾越,把尽忠尽孝看成是自然的合理行为。在《吃人与礼教》一文中,吴虞大胆地提出“吃人的就是讲礼教的,讲礼教的就是吃人的!”为了冲决封建道德的网罗,反对纲常名教,他奋力疾呼:我们不是为君主而生的! 不是为圣贤而生的! 也不是为纲常礼教而生的! 我们应当为自己而生,做自己命运的主人。他向往行为自由、言论自由和个性解放,并认为只有个体行为与言论有了自由才有真理和正义,才有真正的道德。他表示“吾愿抠衣执鞭,以从其后,而鼓舞言论思想自由之风潮也”③。

陈独秀在《〈新青年〉罪案之答辩书》一文中公开竖起科学与民主两面大旗,认为只有提倡科学与民主,拥护“赛先生”和“德先生”才能救中国。“要拥护那德先生,便不得不反对孔教、礼法、贞节、旧伦理、旧政治;要拥护那赛先生,便不得不反

---

① 邹容:《革命军》,参阅张楠、王忍之编:《辛亥革命前十年间时论选集》第1卷下册,生活·读书·新知三联书店1960年版。

② 同上。

③ 吴虞:《辨孟子辟杨墨之非》,见《吴虞集》,四川人民出版社1985年版。

对旧艺术、旧宗教;要拥护德先生又要拥护赛先生,便不得不反对国粹和旧文学。”①“我们现在认定只有这两位先生,可以救治中国政治上、道德上、学术上、思想上一切的黑暗。若因为拥护这两位先生,一切政府的迫害、社会的攻击笑骂,就是断头流血,都不推辞”②,表现了他同传统伦理彻底决裂以及追求自由主义真谛的大无畏精神。在陈独秀看来,西洋民族以个人为本位,东洋民族以家庭为本位。西方举一切伦理道德,社会之所向往、国家之所祈求均以个人为本位,把个人的自由与幸福看得无比重要。“思想言论之自由,谋个性之发展也,法律之前,个人平等也。个人之自由权利,载诸宪章,国法而不得剥夺之,所谓人权是也。人权者,成人以往,自非奴隶,悉享此权,无有差别,此纯粹个人主义之大精神也。”③东洋民族以家庭为本位,一家之人,听命家长,个人无权利;一国之内,听命于君主,人民无权利。在这种宗法家族制度下,人不是被当作人来看待,而是被当作奴役的工具来使用的,从而造成了严重的弊端,“一曰损坏个人独立自尊之人格,一曰窒碍个人意志之自由,一曰剥夺个人法律上平等之权利,一曰养成依赖性,戕贼个人之生产力”④。中国要振兴、要发展就必须“以个人本位主义易家族本位主义”。在陈独秀看来,建立个人本位主义的伦理价值观,承认和尊重个人独立自由的人格,这是新道德的核心。中国欲摆脱积贫积弱、萎靡不振的困境,就必须批判自己的传统道德,努力学习和吸收西方近代以个人为本位的伦理文明。他指出:“国人而欲脱蒙昧时代,羞为浅化之民也,则急起直追,当以科学与人权并重。”⑤“若事之无利于个人或社会现实生活者,皆虚文也,诳人之事也。诳人之事,虽祖宗之所遗留,圣贤之所垂教,政府之所提倡,社会之所崇尚,皆一文不值也。”⑥陈独秀以他对东西方根本思想差异的理解,对近代中西文化冲突、融合过程的反思,将自由主义的伦理价

① 陈独秀:《本志罪案之答辩书》,《新青年》第6卷第1号(1919年1月)。

② 同上。

③ 陈独秀:《东西民族根本思想之差异》,《青年杂志》第1卷第4号(1915年12月)。

④ 同上。

⑤ 陈独秀:《敬告青年》,《青年杂志》第1卷第1号(1915年9月)。

⑥ 同上。

值学说推向一个新的高峰，对于辛亥革命后陷入失望、愤懑乃至绝望的人们来说，不啻是一声石破天惊的春雷，具有破块启蒙、催人警醒的积极作用。

就自由主义思潮在中国的发展来看，新文化运动可视为伦理文化批判的时期，从积极意义上说是要介绍、传播和倡导西方自由主义的伦理价值观念，建立以西方近代伦理价值观为核心的中国伦理文化新体系；从消极意义上讲就是要批判中国传统伦理观念，揭示其吃人的反动本质，进而为建立以个人为本位的新型伦理观铺平道路。在这两种意义上，胡适都发挥了重要的作用，较之陈独秀，他对西方式的自由主义有着更为深刻的理解，因此他对自由主义的传播与宣扬也更为得力。他主张重新估价一切伦理文化的价值，推倒贞操、孝道和孔教的樊篱，提出"孔子之道不合现代生活"，并坚持"凡事要重新分别一个好与不好"。"仔细说来，评判的态度包含有几种特别的要求：(1)对于习俗相传下来的制度风俗，要问'这种制度现在还有存在的价值吗？'(2)对于古代遗传下来的圣贤教训，要问'这句话在今日还是不错吗？'(3)对于社会上糊涂公认的行为与信仰，都要问'大家公认的就不会错了吗？人家这样做，我也该这样做吗？难道没有别样做法比这个更好、更有理、更有益的吗？'"①胡适认为，重新估定一切价值便是评判的态度的最好解释。他举例说，从前的人以为妇女的脚越小越美，现在我们不但不认小脚为美，而且认为这是惨无人道的；十年以前，人们和店家都用鸦片烟敬客，现在鸦片烟变成犯禁品了；二十年前，康有为是洪水猛兽一般的维新志士，现在却变成老古董和保守派人士了。时代在变，社会在变，风俗道德也在变，因此没有什么一成不变、永恒常存的真理和价值。在胡适看来，习俗相传下来的制度风俗，古代遗传下来的圣贤教训，社会上公认的伦理准则，都要接受理性和良知的审判，人们应当以自由的精神和现实的态度大胆地怀疑以往的孔教伦理，开动脑筋多问几个为什么，这样才能够突破旧道德创建新道德。胡适极力反对和抨击三纲五常的宗法等级道德和纲常名教，向往一种健全的个人主义，主张把发展人的个性、自己拯救自己当作新道德的核心。

五四新文化运动后，自由主义阵营发生了严重的分化，一批曾接受或信奉自由

---

① 胡适：《新思潮的意义》，《胡适文集》第2卷，北京大学出版社1998年版，第552页。

主义的知识分子转而接受马克思主义，另有一批自由主义者堕入保守主义的泥潭。随着马克思主义思潮在中国的迅速发展，自由主义与马克思主义在改造中国的道路和建立什么样的伦理价值观等问题上产生分歧；同时面对着玄学派的挑战，自由主义者不得不出面捍卫理性的尊严和科学的价值。在"问题与主义"的论战中，胡适借反对空谈主义来反对马克思主义在中国的传播。胡适指出："我们不信根本改造的话，只信那一点一滴的改造，所以我们不谈主义，只谈问题；我们应该把平常对政治的大奢望暂时收起，只存一个得尺进尺，得寸进寸的希望，然后可以冷静地估量那现实的政治上的变迁。"在伦理价值观上，他推崇杜威的实用主义，反对马克思主义的革命道德观，尤其不赞同马克思主义的以集体主义为核心的道德学说。与此同时，面对着梁启超、梁漱溟等人对西方近代伦理文化的攻击与挑战，胡适挺身而出，专门著文反驳梁漱溟的伦理保守主义观点，认为西方不仅有物质文明，而且有比中国更高的精神文明。西方文明绝不是唯物的文明，在根本精神上与西方截然对立的东方文明倒是真正唯物的文明，"这种文明只可以遏抑而决不能满足人类精神上的要求"①。

丁文江在科学和玄学论战中继承和发扬了五四时期自由主义的传统，竭力为科学辩护，认为科学不仅可以认识自由，而且也可以认识社会和人生。科学规律对人们改造自然有好处，对人们改造社会和改造自己亦有好处。他说：科学"是教育同修养最好的工具，因为天天求真理，时时想破除成见，不但使学科学的人有求真理的能力，而且有爱真理的诚心。无论遇见甚么事，都能平心静气去分析研究，从复杂中求简单，从紊乱中求秩序；拿论理来训练他的意想，而意想力愈增；用经验来指示他的真觉，而直觉力愈活。了然于宇宙生物心理种种的关系，才能够真知道生活的乐趣"②。在丁文江看来，人生观离不开科学知识的指引与规约，一个人的人生观是他的知识情感同他对于知识情感的态度。情感虽不是直接的知识和理性，但它同知识和理性密切相关，以至完全可以说"情感是知识的原动，知识是情感的

---

① 胡适：《我们对于西洋近代文明的态度》，《胡适文集》第4卷，北京大学出版社1998年版，第13页。

② 丁文江：《玄学与科学——评张君劢的人生观》，参阅《科学与人生观》，山东人民出版社1997年版，第53－54页。

向导”。科学精神讲求实事求是,注重功利和效益,而善和道德也不过是有利于最大多数人和社会的行为。丁文江在自由主义思潮发展史上的独特地位,莫过于在科学主义与功利主义之间架起了一座可以直达的桥梁。王星拱认为,真实的不仅是善的而且也是美的,凡是我们觉得善与美的东西总是和我们的智慧相关联的,无论善和美是什么东西,它的根本总是有利和秩序,它的精义总是公正与和谐。科学能替人类增加许多幸福,把人类的生活从野蛮变成文明,从不美变成美,因此科学本身是有益于人类的。“科学既是有益于人类,那不就是善的吗?”①科学不仅是善,而且还能使道德具有真切实在的意义。是科学的知识唤醒并提高了人们辨别善恶荣辱的意识和能力,从而使盲从主义的道德、使宗教道德日益缩小其地盘,同时为人本主义的道德和主体自律的道德开辟了广阔的领域。怎样才能使人有道德呢?王星拱强调首先必须使人有知识,只有知道善然后才能去行善;其次必须使人有人格和自由意识,缺乏人格和自由意识就很可能陷入奴隶主义或他律主义的道德困境中;再次必须注意功利和效用,反对空谈伦理道德。离开了功利和效用的道德只能是虚无缥缈、不切实际的教条。

吴稚晖看到科学和玄学论战中张君劢等人的保守主义伦理观竟能得到许多人的认可,止不住情绪激动,愤然以科学派的一员参与论战,先后发表了《箴八股化之理学》与《一个新信仰的宇宙观及人生观》等文章,激烈批判封建伦理道德,主张全盘接受西方的科学、民主与道德。他继承并发挥了西方资产阶级的自然人性论,提出了一种人欲横流的自然主义人生观,把“吃饭”“生小孩”“招呼朋友”说成是人生的全部内容。吴稚晖尖刻地嘲讽保守主义的“精神文明至上论”,认为这一观点乃是对“牛羊生活”的美化。他从精神物质双方并进、互相促成的观念出发,得出了“物质文明愈发达,道德水平便愈高”的结论,进而他贬低中国伦理文化,高度肯定和赞美西洋伦理文化,并指出中国要摆脱自己的道德危机,唯一的出路是全盘接受西方的伦理道德文化。

20世纪30年代前后,张东荪出版了《伦理学纲要》《道德哲学》和《现代伦理学》等著作,一方面反对保守主义的道德本位论和道义论伦理学,另一方面又向马

---

① 王星拱:《科学的起源和效果》,《新青年》第7卷1号(1919年10月)。

克思主义的伦理观开战。张东荪的伦理学虽然自诩为“综合的伦理学”,具有折中调和的性质,但主要倾向依然是自由主义的。他认为马克思主义伦理观虽然有强调整体福利的优点,但却会对人的自由和个性发展造成危害;而梁漱溟等人的新儒学伦理观虽然有突显人的精神境界的一面,但本质上落后于时代,显得迂腐、陈旧和不切实际,因此只有他的“既不是个人主义快乐论,又不是普遍主义克己论”“既不是结果论,又不是动机论”的综合创造论才是符合中国实际、既不激进又不保守的伦理学理论。

20世纪30年代末,温公颐以近现代西方伦理学原理为基础编撰成《道德学》一书,对西方近现代各种伦理思潮和流派做了较为全面的介绍与评析。他推崇实证科学的方法,认为道德同人的意志自由有着密不可分的关系,道德的本质是人类精神的自律而非他律,真正符合道德的生活是同人的人格信念和自由精神相关的生活,因而也是一种以人为本,重视人的生存发展权益的生活。

20世纪40年代,中国的自由主义思潮曾在政治上致力于第三条道路的选择,提出了“和平—改良”的救国方案,希望通过政治层面的改革、扩大政治自由来达到经济平等的目的,但是国共两党在战场上用武力来决定中国政治前途的时势使得自由主义的理想目标无力实施也无法实现,自由主义思潮不得不转入沉寂或走入象牙之塔。这种现实困境的产生,与其说是由于他们错误地选择了自由主义,不如说是由于他们错误地选择了实现自由主义的时机。正如格里德所说:“自由主义之所以失败,是因为中国那时正处在混乱之中,而自由主义所需要的是秩序。……它的失败是因为中国人的生活是由武力来塑造的,而自由主义的要求是,人应靠理性来生活。简言之,自由主义之所以会在中国失败,乃因为中国人的生活是淹没在暴力与革命之中的,而自由主义则不能为暴力与革命的重大问题提供什么答案。”①

20世纪50年代以后,中国自由主义思潮的中心移到台湾地区。在胡适等人的鼓励与支持下,《自由中国》继续宣传和介绍西方民主政治的理想和西方近现代伦

---

① [美]丁·格里德:《胡适与中国的文艺复兴》,江苏人民出版社1989年版,第368页。

理文化,鼓吹个人本位主义和功利主义的伦理价值学说。被人们视为自由主义第二代中坚人物的殷海光毕生以弘扬五四反传统精神为己任,他不遗余力地批判传统道德文化,传播和肯定西方伦理文化。他的学生林毓生在《殷海光先生一生奋斗的永恒意义》一文中指出,殷海光先生深切地感受到,只有自由的民主制度最能满足道德的要求,也只有自由的民主制度是最能维护个人尊严的制度。而自由与民主的建立,则必须靠道德自主性观念的养成。殷先生在他逝世前的20年中,以无比的道德勇气,不避横逆、挺身而出,呼唤自由主义,肯定个人尊严,力主道德重建,在中国与世界争自由争人格的历史上都是不朽的。

韦政通是台湾地区20世纪五六十年代自由主义的杰出代表,殷海光曾经指出:“就我迄今所知,对于儒家的批评超过吴又陵及陈独秀这些民初人物的是韦政通。韦政通围绕着儒家思想对中国传统文化做了初步的解析。从他的解析,我们可以约略知道儒家的泛道德主义对于文学发展的桎梏,对于政治的恶劣影响,对于经济的空疏思想之形成,以及儒家道德思想的种种根本缺陷。”[①]韦政通认为,儒家道德思想以先验原则为出发点,其心性之超越无对性,道德判断诉诸直觉一念,道德功夫只靠个人体悟以及不重视人的现实生活中的遭遇等特质,使儒家的道德思想与基督教道德思想比起来,对生活的体会肤浅,道德工夫流于玄虚,造成泛孝主义的形成和外王的消除,因而儒家道德思想不仅与知识相冲突,而且也与民主精神相违背。建设现代伦理文明,显然不能依靠复兴传统儒家伦理来实现,只能走西方伦理现代化的道路。

20世纪60年代,活跃在台湾地区思想文化界的自由主义代表人物,除了殷海光、韦政通以外,还有柏扬、李敖等人。柏扬对西方文化顶礼膜拜,对中国传统伦理文化则主张彻底批判,号召砸烂中国伦理文化这口“酱缸”。在柏扬看来,中国伦理文化像一口沉积了许多死鱼、死耗子的酱缸,发酸发臭,而且愈久愈腐,受中国伦理文化影响的中国人是丑陋无比的。中国伦理文化的明显特征和主要内容有:脏、乱、吵,窝里斗,死不认错,自我膨胀,自私,猜忌等。为了猛撞和砸烂中国伦理文化

---

① 殷海光:《道德的重建》,《文化危机与展望》下册,中国青年出版社1989年版,第163页。

这口酱缸，柏扬主张全盘接受西方伦理文化，欢迎帝国主义对中国的侵略，甚至说："我们应该感谢鸦片战争，……这个国耻纪念，实际上是对我们酱缸文化的强大冲击，没有这一次冲击，中国人还一直深深地酱在酱缸底层，最后可能将窒息而死。""如果鸦片战争提早300年发生，也许中国改变得更早一些，再往前推到1000年前发生的话，整个历史就完全不一样。"①李敖比柏扬的全盘西化论更为彻底和激进，他提出死心塌地地剪断传统脐带的观点，认为不想推翻固有的传统伦理文化又想学到先进的西方伦理文化是根本行不通的，因此只有痛下决心彻底抛弃传统伦理文化才能够更好地移植和学习西方伦理文化。在李敖看来，传统伦理文化"不但成事不足，并且败事有余"，"在新时代中，一切中国旧时代的产品……都不能配合现代的机器。它们只好送进了博物院"②。在60年代台湾地区的中西文化论战中，李敖以反传统的干将自居，猛烈抨击现代新儒家的伦理文化观，指出依照现代新儒家的伦理文化观，中国伦理文化将永无现代化的一天。他认为，要实现中国伦理现代化，就必须彻底破除传统伦理文化，扫荡由这种伦理文化培养出来的各种各样的病态人格，只有不受传统的伦理影响的人，才有可能成为真正的现代人。

20世纪80年代以来，伴随着中国大陆思想理论战线上的拨乱反正以及对新中国成立三十年特别是"文革"十年的深刻反思，随着中国改革开放的发展和特定国际环境的影响，一些理论工作者或基于新中国成立三十年社会主义建设的曲折和失误，或依凭自己坎坷辛酸的生活经历，在批判"两个凡是"、解放思想的过程中走上了怀疑社会主义优越性，否定马克思主义、毛泽东思想，激烈抨击传统文化和主张全盘西化的道路。他们认为，现代化就得西方化，黄色文明必然要为蓝色文明所取代，"西体中用"是中国文化发展的唯一的选择，因此主张"要横的移植，不要纵的继承"，坚持文化建设上的充分世界化和西方化方针，以打破此疆彼界的文化樊篱，实行新的思想和文化启蒙。

方励之声称他"欣赏全盘西化的观点"，他认为，全盘西化包括学习西方的科学、技术、文化、政治、经济、意识形态、道德、价值观念，中国要甩开封建主义的包

---

① 柏扬：《丑陋的中国人》，花城出版社1986年版，第31页。

② 李敖：《为中国思想趋向求答案》，文星书店1964年版。

袱，避免第二次文化大革命就必须实行全盘西化，只有全盘西化才能救中国，因此他主张让西方的文化和伦理价值观念“全面地冲击中国”，中国的希望和光明在实现全盘西化。王若望认为，现代化就是要西方化，中国的出路在于“运用资本主义的几乎所有的东西”，“包括他们的科学、技术、文化意识”。中国之所以长期落后，近代之所以多灾多难，革命成功了还会出现十年“文革”的悲剧，就在于中国封建主义的东西太多太多，资本主义的东西太少太少，因此我们应尽心竭力地实行全盘西化，向西方学习，“越学得多，学得好，我们就富得越快，发展得越快”。刘晓波更认为，“要过人的生活就要选择全盘西化，没有和稀泥及调和的余地”。他认为中国近几十年的历史告诉人们，马克思主义不能救中国，传统文化也不能救中国，只有死心塌地地全盘西化才能救中国。他甚至替殖民主义和帝国主义辩护，认为香港正是有幸成为英属殖民地才能换来今日的繁荣与富庶。李泽厚提出“西体中用”的文化建设理论。他所说的“西体”，就是西方资本主义的社会经济、政治、文化制度，他所说的“中用”，就是把西方资本主义的所有东西运用到中国来。他说“我们今天的意识形态、文化观念以及上层建筑便应输入这些东西来作为主体，作为基本，作为引导”。李泽厚的“西体中用”论实质是变相的全盘西化论，但又比全盘西化论更为思辨和抽象。与“西体中用”相互配合呼应的是他所提出的“救亡压倒启蒙”说。在李泽厚看来，五四新文化运动的主题是思想伦理启蒙，五四以后一直到全国解放的主题是民族救亡，五四以来中国共产党领导的革命运动搅乱了历史固有的序列，造成了以人为主题的启蒙运动被急促的革命运动所代替，形成“救亡压倒启蒙”的历史窘境，结果“救亡”使中国多了一场农民战争而少了一个资本主义，使中国选择了社会主义和马克思主义而“错过了资本主义的洗礼”；“救亡”留下了“革命的后遗症”，使五四提出的民主与科学到现在还不成功。总之，“救亡”救了一个旧文化，把中国引向了非现代化的歧路。他呼唤中国的现代化需要新启蒙，主张“接续断裂，重新发展”，再一次把资本主义精神召唤到中国大陆上来，实现所谓救国与救人、爱国与爱人的统一。

刘再复、金观涛、包遵信等人把全盘西化与激烈反传统联系起来，认为只有彻底否定和摧毁民族的传统文化，才能够迈开全盘西化的步伐，于是他们把精力集中在对传统文化的批判上。刘再复认为，我国传统的伦理文化已经步入困境，马克思主义举步维艰,只有自由主义才显示出旺盛的生机与活力。他力倡主体性哲学和主体化文化。包遵信在竭力攻击马克思主义的同时也把矛头对准现代新儒家,认为亚洲四小龙的经济崛起并不是儒家伦理文化的奇迹,事实上在东亚经济圈内支配人们经济行为和工作态度的恰恰不是儒家伦理,而主要是西方近现代伦理。因此中国要追赶亚洲四小龙,就必须全方位引进西方近现代伦理文化,以自由、平等、博爱和个人主义唤醒民众觉悟,改造民质,变化民魂,只有这样才能实现中国的现代化。

20 世纪 80 年代中国大陆的自由主义西化派伦理思潮到电视剧《河殇》的发表与演播形成一个高潮。《河殇》播出后,一时间中国大陆关于彻底反传统全盘西方化的议论沸沸扬扬。有人认为《河殇》靠着自己的理性与思考,打动了不仅一个层次的观众,而且扣动着国人的心弦;有人认为《河殇》的出现乃是一件大好事,它逼迫我们去反省自己的历史,去面对民族的苦难,去改变阿 Q 式的怀旧恋古。在《河殇》第六集《蔚蓝色》中,作者耸人听闻地指出:这片土黄色的大地不能教给我们什么是真正的科学精神;肆虐的黄河也不能教给我们什么是真正的民主意识。单靠这片黄土和这条黄河,已经养育不起日益膨胀的人口,已经孕育不了新的文化,它不再有过去的营养与精力。儒家文化或许有种种古老完美的法宝,但它几千年来偏偏造就不出一个民族的进取精神、一个国家的法治秩序、一种文化的更新机制;相反,它在走向衰落之中,不断摧残自己的精华,扼杀自己内部有生命力的因素,窒息这个民族的一代又一代精英。历史证明,儒家文化不能根本性地赋予整个民族以一种强大的文明活力,在中国走向现代化的过程中以儒家文化为主干的整个传统文化都已变为沉重的包袱。只有西方蔚蓝色的海洋文明才能拯救古老的黄河文明。“蔚蓝色的天空深邃而神秘”,“黄河命定要穿过黄土高原,黄河最终要汇入蔚蓝色的大海”。

总之,自由主义西化派伦理思潮有着自己特有的发展进程,它时而活跃,时而沉寂,纵贯于 20 世纪中国伦理文化史的全过程,与马克思主义伦理思潮、现代新儒家伦理思潮处于鼎足而三的地位。也许可以说,只要中国的现代化还没有获得完整的实现,只要中国的现实需要反封建和弘扬科学、民主精神,需要独立人格和自由观念,那么西化派伦理思潮总会有人欣赏和提倡,因之将不断存在下去。

3. 自由主义西化派伦理思潮的基本特征

探讨自由主义西化派伦理思潮的基本特征,可从两个基本维度运思:一是通过与现代新儒家、马克思主义伦理思潮的比较分析来揭示其独特的理论风格和价值追求;二是通过与西方自由主义伦理思潮的比较鉴别来观察其独特之处。两个方面的比较有可能较为完整地彰显出中国自由主义西化派伦理思潮的基本特征。

与现代新儒家置重整体主义、马克思主义强调集体主义的伦理原则比较而言,自由主义的西化派伦理思潮推崇个人主义的伦理原则和价值观念。自由主义西化派认为,社会是无数个人的集合体,只有造就出无数具有个性自由、独立人格的个体,才能谈得上解救民族危机,推动社会发展。因此真实的为我便是有益的为人,一个连自已的个人利益、生存权益都不甚了解的人,就不可能很好地去利他利群。谁要想有益于社会,最好的法子莫如把自己这块材料铸造成器。自由主义西化派伦理思潮坚持认为,个人主义伦理原则的核心即是充分发展自由的个性,实现自我肯定、自我发展和自我完善。只有在中国大张旗鼓地推行个人主义,才有可能造就出"无数爱自由过于面包,爱真理过于生命的特立独行之士"[①],才能使中国的民族精神、道德面貌发生一个根本的变化。个人主义是人类一切美德的基础和原点,中国伦理文化现代化的唯一出路在于全方位地引进西方式的个人主义,使人人都意识到自己是人,是国民,是不可侵犯、不可剥夺的独立成员。

与推崇个人主义的伦理原则和价值观念密切相关,自由主义西化派伦理思潮坚持功利主义的价值立场和评价标准,认为功利主义"放诸四海而皆准,俟诸百世而不惑"[②],道德专以产出乐利预防苦害为目的,伦理以使人获得最大满足和幸福为职志,因此,凡是能给人们带来利益的行为即是善的、道德的,反之则为恶或不道德。针对东方文化派的某些人物指责功利主义,陈独秀等人挺身而出,为西方资产阶级的功利主义伦理观辩护,并响亮地提出"人世间去功利主义无善行"[③]的口号,

---

① 胡适:《介绍我自己的思想》,《胡适文集》第5卷,北京大学出版社1998年版,第511页。

② 梁启超:《乐利主义泰斗边沁之学说》,《新民丛报》1902年9月2日。

③ 陈独秀:《质问东方杂志记者》,《新青年》第5卷第3号(1918年9月)。

表示要"彻头彻尾颂扬功利主义"①,以功利主义作为判断人们一切善恶是非的标准。与马克思主义者主张一种革命的功利主义相歧异,自由主义的西化派伦理思潮所推崇的功利主义是一种狭隘的资产阶级功利主义,是一种建立在个人主义基础之上的功利主义。

如果说现代新儒家伦理思潮主要是一种人本主义伦理思潮,那么自由主义的西化派伦理思潮无疑具有科学主义的特征。他们公开撑起科学主义的大旗,认为科学可以支配人生观和决定人们的道德行为,主张用道德理性和科学精神来反思中国的传统道德,重新估价一切价值。在西化派伦理思潮看来,善必须以真为基础并受制于真,只有真的才是善的,没有离开真的善。一切先进的伦理道德都必须以道德意识的自我觉醒为前提,都必须立于科学主义的基础之上,不愚昧、不盲从,敢于怀疑与批判。自由主义的西化派伦理思潮一度出现唯科学主义和科学万能的倾向,把科学当作一种崇拜的对象,从而在某种意义上走上科学精神的反面。

此外,自由主义的西化派伦理思潮坚持道德相对主义,肯定道德是变化不已的,没有什么一成不变的永恒的道德标准。

自由主义的西化派伦理思潮的基本特征还可从另外一个视角来审视,即通过与西方的自由主义伦理思想的比较对照来观察,也许这是深入认识其基本特征的一条十分有效的途径。我们知道,中国历史上没有自由主义的思想传统,自由主义本质上是西方近代所产生的社会伦理思潮。中国近代自由主义是西方文化传入中国以后与中国本土文化相碰撞的产儿,其思想源头主要来自西方。因此要揭示中国自由主义伦理思潮的基本特征,必须先对西方自由主义思潮的本质特征作一通观的了解。

西方自由主义思潮发生于17世纪的英国,中经18世纪的美国独立战争和法国大革命,到19世纪形成一股全球性的思潮和政治伦理思潮。自由主义思潮在其发展过程中,产生了众多的流派,出现了各种各样的学说,它的思想主流经历了一个从17到18世纪主张自由放任和具有极端个人主义倾向的古典自由主义发展为19世纪以边沁、穆勒为代表的功利主义,再到20世纪演变为新古典自由主义的发

---

① 陈独秀:《质问东方杂志记者》,《新青年》第5卷第3号(1918年9月)。

展历程。西方自由主义思潮究竟具有什么特征？人们对之认识也不一致。丁·格雷在《自由主义》中认为，西方自由主义思潮具有四大特征：第一，个体主义的（individualist）；第二，平等主义的（equalitarian）；第三，普同主义的（universalist）；第四，淑世主义的（meliorist）。其中个体主义是自由主义思潮的核心观念和本质特征，因此可以说，自由主义就是一种以个体主义为根本特征的社会价值观及与其相适应的一整套社会政治伦理思想。从伦理学上考察，西方自由主义同其整个思想文化传统尤其是宗教伦理文化传统有着一种天然的联系。它不只具有代表中产阶级利益和愿望的工具合理性，而且具有价值合理性，亦即它所导致的不只是一种责任伦理，更多的则是一种信念伦理。信念伦理中的自由是被当作一种目的和本体而存在的，自由本身被视为目的，它是一种自为的存在。人之需要自由不是出于某种理性的思考和现实的需要，而是出于一种信念和目的性的追求。

中国的自由主义形成于19世纪末叶的维新变法运动。1895年当维新变法运动走向高涨之际，严复在天津《直报》上发表文章，宣传变法，同时介绍西方的自由主义学说。后来，在《论世变之亟》中，严复更力主引进西方的自由主义，他把自由的价值提到前所未有的高度，认为中西文化的差异本质上可归结为西方人重视个体自由而中国却欠缺个体自由。“夫自由一言，真中国历古圣贤之所深畏，而从未尝立以为教也。彼西人之言曰：唯天生民，各具赋畀，得自由者乃为全受。”①为了摆脱中华文化的危机，为了更好地开启民智和救亡图存，严复主张大规模地输入和传播西方自由主义。由于西方自由主义观念是作为救亡图存的工具与手段而被引进的，民族自救于是成为中国近代自由主义思想中不可或缺的内容。不仅维新运动期间严复式的自由主义是如此，以后整个中国自由主义的思想发展轨迹亦是如此。五四时期的胡适把引介和宣传杜威式的功利自由主义作为解决中国文化和社会问题的工具，并寄希望于全盘西化。由于自由主义是作为工具理性被引入中国的，加之中国近现代特殊的社会历史条件及其文化传统的制约与影响，使得其传入中国后变成了中国式的自由主义，与西方的自由主义存在着很大的差异。

从发生的机制上考察，西方自由主义是其社会历史发展演进的产物，同其文化

---

① 严复：《论世变之亟》，《严复集》第1册，中华书局1985年版，第3页。

传统特别是宗教伦理文化传统有一种内在的渊源关系,它与其被认为是西方近代文明的原因,不如说是西方近代文明的结果更为恰当。中国自由主义是西方文化东浸和中国文化遭受西方文化挤压条件下的产物,它与自由的文化传统并无直接的联系,因此缺乏一定的文化根基。同时,由于中国自由主义并不是中国社会历史发展的必然产物,它从一开始就被视为是引进的外来文化观念,是作为创建近代文明的始因而为人们所关注的。

从价值的取向上考察,西方自由主义是把自由主要当作一种价值理性来看待,置重的是自由的内在价值。在西方近代的历史发展上,自由主义不是与救亡与救贫联系在一起的,而恰恰是与人的本性、生活本身的要求以及人生存发展的权利联系在一起的。中国的自由主义是把自由当作一种工具理性来看待,置重的是自由的外在价值及其效用性。在中国自由主义者眼里,西方自由主义正是作为达到一种合理的目的——救亡图存和国家富强——的工具和手段加以使用的。他们认为,自由主义这一目标的实现,将会使近代中国面临的种种社会和文化问题获得圆满的解决,因此他们对西方自由主义思想的接纳与介绍,是出于一种工具合理性的要求,是将其与救亡、救贫等联系在一起的。

从伦理的类型上考察,西方自由主义把自由主义视为一种信念伦理,中国的自由主义则把自由主义视为一种责任伦理。信念伦理主张,一种行为的伦理价值在于行动者的心情、意向、信念的价值,它使行动者有理由拒绝对后果负责,而将责任推诿于上帝或上帝所容许的邪恶。责任伦理则认为,一种行为的伦理价值只在于行为的后果,它要求行动者义无反顾地对后果承担责任,并以后果的善补偿或抵消为达成此后果所使用手段的不善或可能产生的副作用。信念伦理属于主观的价值认定,行动者只把保持信念的纯洁性视为责任;责任伦理则要求行动者通过对客观世界及其规律性的认识,审时度势做出选择。信念伦理以价值合理性为目标,责任伦理以工具合理性为鹄的;信念伦理注重思想理论的内在价值,注重思想理论与历史上思想文化的传承,由此突出思想观念的人文精神,责任伦理注重思想理论的实际运用,故注重理论如何与现实合一,追求理论的科学精神,这就是说,信念伦理带有较多的人文主义色彩,中国的自由主义则呈现出较多的科学主义因素。正是因为将自由主义同科学方法和科学精神联系起来,使得中国的自由主义者产生了一种理性崇拜的倾向,即视科学理性为解决一切社会问题和伦理道德问题的良方,相信理性是人类历史发展的基本动力和社会改造的根本工具,唯有运用理性和使理性得到充分发展,社会才会逐渐进步并最终臻于完善。

此外,就理论和行为的关系而言,西方自由主义首先表现为人对自由的追求及其行为,然后才上升到一种自由主义的思想与理论,故理论是行为和实践的总结,因此西方自由主义思潮有着深刻的行为和实践基础,同人们的生活态度和行为密切相关。中国的自由主义则首先表现为一种思想学说,然后才表现为一种社会实践要求,企图借自由主义的思想来解决中国的实际社会问题,但由于中国特有的伦理文化传统及人们行为方式的限制,使得中国的自由主义产生理念与行动的对立,即思想上信奉自由主义,行为上却仍停留在传统主义或保守主义的水平上。最典型的例子莫过于胡适,他在理论上不遗余力地宣传和介绍自由主义,鼓吹个性解放、恋爱自由,但在行为方式和生活态度上却是十分保守和恪守传统的。正因为如此,自由主义的第二代代表殷海光不得不承认,行动人物和观念人物的这种分化实在是不易避免的结果。中国的自由主义者似乎注定与行动人物无缘。这种信念与行动的对立造成中国的自由主义者人格的分裂,最后一边唱着自由的挽歌流落十字街头,一边又无可奈何地躲进了思想文化的象牙之塔。

总体来看,自由主义西化派伦理思潮因其全盘西化的价值选择与民族救亡复兴的价值目标,表现出一种如同钱穆先生称之为的"特殊的二律背反运动",一方面急切地渴望走出中世纪迈向现代化,求民族的生存和发展;另一方面在文化与道德上做不遗余力的自我否定,即肯定民族存续的价值与否定民族伦理的价值,似乎救出中华民族的物质生命必须以继绝它的精神生命为前提。这种理论的二律背反还表现在肯定个人主义的道德原则与强调民族主义的整体奋斗和救亡图存方面,表现在全盘西化的价值选择与重估一切价值的科学批判方面,等等。自由主义的西化派伦理思潮因其特有而内在的理论矛盾决定了在20世纪中国的尴尬与困窘,它过于自信地摧毁了中国传统道德,但却未能过于自信地建构起新的与现代化相吻合的现代新型道德。

二、胡适伦理思想

胡适(1891—1962)是现代中国文化的奠基人之一,也是自由主义西化派伦理思潮的主要代表人物。原名胡洪骍,安徽绩溪人。留美回国后,深感中国传统文化惰性太大,进三步,退两步,为了实现中国伦理文化现代化,必须采取以反求正的变革方式,此后他便致力于中国传统伦理文化的全面性批判工作,并在此基础上阐发了全盘西化或充分世界化的理论。

1. 对传统伦理文化的猛烈批判

胡适是五四新文化运动时期批判旧道德、提倡新道德的伟大旗手。他对封建的贞操、孝道和儒家纲常礼教进行了辛辣的嘲讽和猛烈的抨击,主张重新估定一切价值,倡导用理性的精神、怀疑的态度省察和反思传统伦理文化。

抨击传统贞操论　中国传统伦理以男尊女卑、男主女从为特点而倡导女性贞操,宣扬“三从四德”,在把女性视为被奴役对象的同时还要对其灌输封建的纲常礼教,使妇女不仅受男性经济、政治的支配还要受男性伦理道德的宰割。发展到宋明时代,理学家更把儒家伦理的贞操论推向极端,提出妇女“饿死事极小,失节事极大”。在传统贞操论的规范影响下,无数女子带着青史上留名的梦幻或从一而终,恪守妇道,或为夫守丧,殉夫从子,造成了人间无数悲剧。迨至民国,这种传统贞操论仍很有市场,受到很多人推崇与肯定。1918 年 7 月,北京《中华新报》登出海宁朱尔迈的《会葬唐烈妇记》,介绍唐烈妇在丈夫死后的九十八日内,自尽九次,最后才得以为夫殉葬。同文又引一件“愈氏女守节”的事来替唐烈妇作陪衬,说愈氏女在没见面的未婚夫死后也要为夫殉葬,寻死不成,到夫家服丧,其贞操可歌可泣。不久,上海报上又登出“陈烈女殉夫”,上海县知事除给陈烈女送“贞烈可风”的匾额外,还请求江苏省长“按例褒扬”。这一切都引起受到西方文明洗礼的胡适的无比愤怒与不满,他决意作第一声狮子吼,向传统的贞操观发起攻击。在胡适看来,传统的贞操论无视青年男女的爱情与幸福,鼓励无知女儿作烈女,实在是罪大恶极,"等于故意杀人","以近世人道主义的眼光看来,褒扬烈妇烈女杀身殉夫,都是野蛮残忍的"①。针对传统贞操观对为强暴所污的弱女子不肯同情和原谅的弊端,胡适义愤填膺,他认为女子被强暴所污实在是一种"害之中取小"的事情,犹如男子夜行遇盗被迫交出银钱一样,社会没有理由责怪她,本人也不应为此感到无脸见人。胡适倡导,对为强暴所污的女子"社会上的人应该怜惜她,不应该轻视她"。胡适认为,"贞操是男女相待的一种态度,乃是双方交互的道德,不是偏于女子一方面的"。传统伦理的贞操论是偏于女子一方面的贞操论,因而是不合人情、违背公理的腐朽理论,是"全无心肝的贞操论"。他深刻揭露了封建贞操论和封建礼教对中国妇女的残酷压迫,指出:"'把女子当牛马',这句话还不够形容我们中国人待女人的残忍和残酷。我们把女人当牛马,套上牛轭,上了鞍辔,还不放心,还要砍去一只牛蹄,剁去两只马脚,然后赶他们去做苦工!全世界的人类里,寻不出第二国有这样的野蛮制度!"②胡适主张,男女平等,恋爱自由,婚姻应当以爱情为基础,"要把异性的恋爱做一个中心点。……若没有一种真挚专一的异性恋爱,那么共同生活便成了不可终日的痛苦"③。只有以异性的互相爱慕为基础的婚姻关系才是合乎道德的,"没有爱情的夫妇关系,都不是正当的夫妇关系,只可说是异性的强迫同居"。胡适对封建贞操论的揭露和批判,在当时起了振聋发聩的积极作用,对于推动思想解放、跨越中世纪的婚姻家庭关系,建设新颖的婚姻家庭关系,无疑具有重大的伦理启蒙意义。

抨击封建孝道　儒家伦理以孝为仁之本,"宣扬孝为百行之首",认为"天之所覆,地之所载,人之所履,莫大于孝"。后期儒家推出《二十四孝》,把封建孝道推向极端,甚至出现"父叫子亡,子不敢不亡"的所谓孝。胡适认为,封建孝道是一张束缚人们个性发展和健康成长的无形的网,弊端无穷。在封建孝道的支配下,子女没

---

① 胡适:《贞操问题》,《胡适文集》第1卷,北京大学出版社1998年版,第51页。

② 胡适:《祝贺女青年会》,《胡适文集》第4卷,北京大学出版社1998年版,第641页。

③ 胡适:《论贞操问题》,《胡适文集》第1卷,北京大学出版社1998年版,第512页。

有人格的独立和人性的尊严,他们有的只是一味地服从父母和使父母开心高兴的义务,于是"家"成了人们精神上的枷锁或囚牢,可以说封建孝道是造成人的个性软弱、依赖性强、缺乏责任感的根源。胡适尤其不赞成把"儿子孝顺父母"作为一种信条,他说:"一个孩子应该爱敬他的父母,是耶教一种信条,但是有时未必适用。即如阿尔文一生纵淫,死于花柳毒,还把遗毒传给他的儿子欧士华,后来欧士华毒发而死。请问欧士华应该孝顺阿尔文吗?若照中国古代的伦理观念自然不成问题,但是在今日不能不成问题了。假如我染着花柳毒,生下儿子又聋又瞎,终身残废,他应该爱敬我吗?又假如我把我的儿子应得的遗产都拿去赌输了,使他衣食不能完全,教育不能得着,他应该爱敬我吗?又假如我卖国卖主义,做了一国一世的大罪人,他应该爱敬我吗?"①胡适认为,显然不能。在胡适看来,做父母的也是人,也会犯错误甚至犯罪,"天下无不是的父母"是极端荒谬的,对于不仁不义的父母行绝对服从之孝是十分愚昧的。因此,行孝是有条件的,而中国传统的孝道常常无视这一点,片面要求儿子尽孝而不要求父母尽慈,这样孝道也就失去了生机,成为社会生活中僵化的教条,而一些虚伪之士也打起孝的旗号,欺世盗名。胡适痛陈社会生活中人们不注重孝的实际内容而仅关注孝的形式的症状,"现在孝子两个字究竟还有什么意义?现在的人死了父母都称孝子。孝子就是居父母丧的儿子,无论怎样忤逆不孝的人,一穿上麻衣,带上高梁冠,拿着哭丧棒,人家就称他作孝子"②,这难道不是孝道成为僵化教条的证明吗?!胡适认为,父母生育儿女不应该使父母成为向儿女放高利贷的债主,更不应以此作为条件要求儿女一辈子对其孝顺服从,生育本身既是动物繁衍本能的再现,又是一种义务,父母没有权利要求儿女对自己唯唯诺诺,言听计从,甚至牺牲儿女的切身利益和幸福来报答自己。生育儿女应该同对儿女负责,关心儿女的成长与幸福结合起来,这样的父母才是真正的有良心的父母。当然,儿女对待父母亦应当实行合乎理智的亲敬与孝顺,但绝不应实行不讲理性的愚孝。封建孝道是一种愚昧至极的孝道,因此无疑当在革除扫荡之列。

抨击孔教纲常　胡适认为,封建的贞操、孝道主要是由以孔子为代表的儒家伦

---

① 胡适:《我的儿子》,《胡适文集》第1卷,北京大学出版社1998年版,第524页。

② 胡适:《我的儿子》,《胡适文集》第1卷,北京大学出版社1998年版,第523页。

理所衍生、所孵化出来的,批判封建的贞操孝道必然要求与对孔教纲常的批判结合起来。胡适盛赞吴虞、陈独秀等人反孔的意义,称吴虞为"中国思想界的一清道夫"。胡适指出,吴虞"站在那望不尽头的长路上,眼睛里,嘴里,鼻子里,头颈里,都是那迷漫扑人的孔渣孔滓的尘土,他自己受不了,又不忍见那无数行人在那孔渣孔滓的尘雾里撞来撞去,撞得破头折脚。因此,他发愤做一个清道夫,常常挑着一担辛辛苦苦挑来的水,一勺一勺地洒向那孔尘迷漫的大街上"①。吴虞的反孔具有涤浊扬清、振聋发聩的积极作用。孔教所维护的是纲常名教和封建等级制度,要反对封建旧道德,推翻封建等级制度,实现平等自由,就必须反孔。胡适接过陈独秀等人"孔子之道不适合现代生活"的口号,不仅证明了孔子之道不合现代生活,而且撕下了尊孔的面纱。他说:"何以那种种吃人的礼教制度都不挂别的招牌呢?正因为两千年吃人的礼教法制都挂着孔丘的招牌,故这块孔丘的招牌——无论是老店,是冒牌——不能不拿下来,捶碎、烧去!"②孔子作为一块招牌已成了封建、保守、虚伪的象征,那些高叫尊孔的人,大多是一些伪君子、假道学。孔教纲常"实为吾华民德堕落之源泉"。胡适把强化孔教纲常的招牌,同时又"因袭了中古宗教的种种不近人情的教条",视为"以理杀人"的罪魁祸首。胡适从对孔教纲常的批判进而发展为对整个中国传统文化的批判,认为以知足守旧为主要特征的中国传统文化已经走到了它的尽头,越来越暴露出它的日益严重的弊端,因此建设中华新文化必须彻底抛弃传统文化,一心一意地实行全盘西化,以实用主义的道德观和人生观为核心建设现代的中华伦理文化。

2. 实用主义的道德观和健全的个人主义

胡适的伦理道德思想是以欧美的个人主义为文化背景,直接继承了杜威的实用主义和工具主义。胡适自己指出,对他影响最大的有两个人,一是赫胥黎,一是杜威。赫胥黎的进化论和杜威的实用主义在他伦理思想形成与发展的过程中起过

---

① 胡适:《〈吴虞文录〉序》,《胡适文集》第1卷,北京大学出版社1998年版,第608页。

② 胡适:《〈吴虞文录〉序》,《胡适文集》第1卷,北京大学出版社1998年版,第610页。

非常深刻而又重大的作用,他就是沿着生存竞争和应付环境的理论界标前进的。

实用主义的道德观　杜威的实用主义伦理观强调方便和实用的价值并以此作为判断善恶是非的标准,认为道德是人造出来的使人们应付环境的工具,道德的价值就在于能够对人有用和增进人的福乐功利,因此无用和不能带来福乐功利的道德不是真正的道德。胡适发挥了杜威的实用主义道德观,认为人的发展与完善、快乐与幸福是目的,道德是为实现人生目的服务的手段和工具。如果道德不能有助于实现人生目的或给人带来好处,那么人就可以不讲道德和不要道德。道德像衣服鞋袜一样也有一个穿新换旧的问题,衣服破了该换新的,道德旧了也应该换新的。没有什么永远有用的道德,因此人们应当根据自己的需要和利益,不断地在道德上除旧布新,使道德同自己的需要和利益完全合拍。依据杜威的实用主义道德论,胡适提出了"道德兴趣说",认为道德既然是人们应付环境的手段和工具,是服务于人们的福乐功利的,那么它就是一种趣味和一种美感。胡适说:"道德本可当作一种信仰,一种趣味,一种洁癖。""人人都把道德当作一种趣味,一种美感,岂不很好吗?"①在胡适看来,也许只有将道德视作一种兴趣、一种美感的时候,道德才会真正获得它的尊严和崇高,才是可爱的和值得追求的。胡适还认为,人的道德责任心在很大程度上也只是一种兴趣,譬如一个医生,当鼠疫盛行的时候,他亲自天天到疫区去医病救人,我们一定说他很有责任心。其实他只不过觉得这种事业是他自己的活动的一部分,所以冒险去做。他若没有这种兴趣,若不能在这种冒险救人的事业里面寻出兴趣,那就随书上怎么把责任心说得天花乱坠,他也决不肯去做。如此看来,真正的责任心只是一种兴趣。不同兴趣相关的责任心即使有也很难持久,同时也不见得就是合乎道德的。总之,在胡适看来,道德原来是人造的,是为了人造的,是人造出来供人用的,道德是因为对人们有用所以人们才给它以道德的美名,效用与功利是道德的本质属性,因此我们应当处处用功利效用来验证道德,效用是道德的唯一试金石。胡适的怀疑主义和重新估定一切价值处处体现着重视功利效用的色彩。

---

① 胡适:《论贞操问题》,《胡适文集》第 1 卷,北京大学出版社 1998 年版,第 513－514 页。

健全的个人主义　从实用主义的道德观出发，胡适提出了一种健全的个人主义的伦理哲学。在胡适看来，人生的目的是求幸福，但幸福并不是可以轻易取得的，而是要依靠健全人格的人们去奋斗和努力才能获得。“最大多数人的最大幸福，不是袖手念佛可以得来的，是必须奋斗力争的。”①为此，他把谋求幸福的希望寄托在追求健全的个人主义理想人格上。什么叫作健全的个人主义？胡适认为易卜生的这样一段话是健全的个人主义的最好表述：“我所最期望于你的是这样一种真实纯粹的为我主义。要使你有时觉得天下只有关于你的事最要紧，其余的都算不得什么。……你要想有益于社会，最好的法子，莫如把你自己这块材料铸造成器，……有的时候我真觉得全世界都像海上撞沉了的船，最要紧的还是救出自己。”②胡适对易卜生的这一段名言深表赞同。在胡适看来，一个人只有先救出自己，把自己这块材料铸造成器，才能谈得上帮助别人和有益于社会。帮助别人和有益于社会是有条件的，并不是一切人都能帮助别人和有益于社会的，有些人自己都救不了自己，他又怎么能去救别人呢？要是世界上的人都能够奉行一种真实纯粹的为我主义，自己救自己，那这个社会就不会充满如此多的弊端和罪恶。“易卜生的戏剧中，有一条极显而易见的学说，是说社会与个人互相损害：社会最爱专制，往往用强力摧折个人的个性，压制个人自由独立的精神，等到个人的个性都消灭了，等到自由独立的精神都完了，社会自身也没有生气了，也不会进步了。”社会对于那班服从社会命令、维持陈旧迷信、传播腐败思想的人，一个一个的都有重赏，有的升官了，有的发财了，有的成名了。而那些志行高洁、特立独行之士则为社会所不允许，“大多数人都骂他是捣乱分子，都恨他扰乱治安，都说他大逆不道”，并用专制手段去压制他们，把他们钉在十字架上，把他们捆在柴草上活活烧死。“社会最大的罪恶莫过于摧折个人的个性，不使他自由发展。”③胡适渴望建立一种新的健全

① 胡适：《我们对于西洋近代文明的态度》，《胡适文集》第 4 卷，北京大学出版社 1998 年版，第 12 页。

② 胡适：《易卜生主义》，《胡适文集》第 2 卷，北京大学出版社 1998 年版，第 484 页。

③ 胡适：《易卜生主义》，《胡适文集》第 2 卷，北京大学出版社 1998 年版，第 484 页。

的个人主义来促进人的解放与发展。他说,真实为我的个人主义,它的特点有二,一是独立思想,不肯把别人的耳朵当耳朵,不肯把别人的眼睛当眼睛,不肯把别人的脑力当自己的脑力;二是个人对于自己思想信仰的结果要负完全责任,不怕权威,不怕监禁杀身,只认得真理,不认得个人的利害。胡适认为,处理个人与社会关系的前提是这种真实为我的个人主义,用这种健全的个人主义处理个人与社会的关系就能使二者的关系统一起来,使社会成为促进个人发展的集合体,使个人成为推动社会进步的有生气的个体。胡适曾把社会与个人的关系描述为大我与小我的关系,认为小我构成了大我,大我由无数小我所组成,没有离开小我的大我,也没有脱离大我的小我。小我是会消灭的,而大我则是不朽的。大我的不朽要求小我对自己的行为负责任,"我这个现在的'小我',对于那永远不朽的'大我'的无穷过去,须负重大的责任;对于那永远不朽的'大我'的无穷未来,也须负重大的责任。我须要时时想着,我应该如何努力利用现在的'小我',方才可以不辜负了那'大我'的无穷过去,方才可以不贻害那'大我'的无穷未来?"[①]胡适把社会的不朽寄托在个人对自己行为的负责上,同时又认为"每一个'小我'的一切作为,一切功德罪恶,一切语言行事,无论大小,无论是非,无论善恶,一一都永远留存在那个'大我'之中。……这个'大我'是永远不朽的,故一切'小我'的事业,人格,一举一动,一言一笑,一个念头,一场功劳,一桩罪过,也都永远不朽"[②]。这样看来,社会的不朽实质是个人的不朽。正是基于这一认识,胡适指出,多救出一个人便是多备下一个再造新社会的分子,"争你们个人的自由,便是为国家争自由!争你们自己的人格,便是为国家争人格!"[③]胡适的健全的个人主义在五四时期起了思想启蒙的作用,对于批判封建专制主义,唤醒人的个人意识和主体意识,推动道德革命,不啻是一声响彻长空的惊雷。但是,他无限地夸大了个人的主观能动性,否定社会对个人的制约性,他这种主张以个人为本位为核心重建个人主义的伦理观则又是十分片面

---

① 胡适:《不朽》,《胡适文集》第1卷,北京大学出版社1998年版,第532页。

② 胡适:《不朽》,《胡适文集》第1卷,北京大学出版社1998年版,第529-530页。

③ 胡适:《介绍我自己的思想》,《胡适文集》第5卷,北京大学出版社1998年版,第511页。

和错误的。

3. 自然主义的人性论和科学主义人生观

针对宋明理学存天理灭人欲的禁欲主义弊端，胡适提出了一种自然主义的人性论。他单纯从生物学意义上把人仅仅看作是一种动物，认为人和别种动物只有程度的差别并无种类的差别，人的基本属性即是人的自然属性。如果不能使人的自然属性获得正常的实现与满足，那就是“逆天而拂性，必至于养成懒惰的社会，多数人不肯努力以求人生基本欲望的满足，也就不肯进一步以求心灵上与精神上的发展了”①。胡适深信人是自然的动物，人的自然性以及对感官情欲的追求是人的一切活动的原动力。“精神的文明必须建筑在物质的基础之上。提高人类物质上的享受，增加人类物质上的便利与安逸，这都是朝着解放人类的能力的方向走，使人们不至于把精力心思全抛在仅仅生存之上，使他们可以有余力去满足他们的精神上的要求。”②胡适主张尊重人的自然性，想方设法满足人的自然需要及其欲望，主张要“充分运用人的聪明智慧来寻求真理以解放人的心灵，来制服天行以供人用，来改造物质的环境，来改革社会政治的制度，来谋人类最大多数的最大幸福”③。为此他严厉谴责宋明理学的禁欲主义伦理观，认为理学家教人“乐天、安命、知足、安贫”乃是一种自欺欺人的催眠药，“崇理而咎欲，故生出许多不近人情的”“甚至吃人的礼教”④，使人生观变成了“人死观”。胡适认为，清代进步思想家戴震“欲根于血气，故曰性也”的观点十分有用，所以，他很推崇戴震的自然人性论，指出人正是“因为有情有欲，故有生养之道，故有事业，有道德，道德不在情欲之

---

① 胡适：《我们对于西洋近代文明的态度》，《胡适文集》第 4 卷，北京大学出版社 1998 年版，第 5 页。

② 同上。

③ 胡适：《我们对于西洋近代文明的态度》，《胡适文集》第 4 卷，北京大学出版社 1998 年版，第 13 页。

④ 胡适：《几个反理学的思想家》，《胡适文集》第 4 卷，北京大学出版社 1998 年版，第 77 页。

外”①,其本质是同情欲相一致的。

依据自然主义的人性论,胡适在 1923 年科学与人生观论战中阐发了科学主义的人生观,认为人生观不是独立于科学之外的神秘抽象物,而是由科学支配的体现着自然规律的处世之道。他在给上海亚东图书馆 1923 年 12 月出版的《科学与人生观》一书写的序言中,提出了自己的纯物质纯机械的人生观或自然主义的人生观,并认为这是基于二三百年的科学常识而提出的“科学的人生观”。胡适认为,历时六个月的科学与玄学论战是空前的思想界大笔战,梁启超高唱欧洲科学破产的调子,在国内替反科学的势力助长不少的威风,张君劢一流人,打着柏格森等人的旗号推波助澜,处处排斥科学,丁文江等坚决批评张君劢,是在为科学而战。胡适表明自己是站在科学派一方的,坚信那光焰万丈的科学,绝不是张君劢、梁启超几个玄学鬼摇撼得动的。胡适盛赞吴稚晖提出的《一个新信仰的宇宙观及人生观》,认为吴所宣布的自己信仰“漆黑一团的宇宙观”和“人欲横流的人生观”,一笔勾销了上帝,抹杀了灵魂,戳穿了人为万物之灵的玄秘。胡适认为他所提出的自然主义人生观是在吴稚晖所提出的新信仰的人生观基础上的“扩充和补充”。这种自然主义的人生观不像唯心论那样否认自然界的客观存在,也不像不可知主义那样认为宇宙有应当存疑而不能去探索的不可知的部分,相反地,它认为根据自然科学的知识,人们可以认识宇宙,认识人生,从而确立起科学主义的人生观。这种科学主义的人生观,有十个要点:(1)根据于天文学和物理学的知识,叫人知道空间的无穷之大。(2)根据于地质学及古生物学的知识,叫人知道时间的无穷之长。(3)根据于一切科学,叫人知道宇宙及其中万物的运行变迁皆是自然的——自然如此的——正用不着什么超自然的主宰或造物者。(4)根据于生物学的知识,叫人知道生物界的生存竞争的浪费与残酷——因此,叫人更可以明白那有好生之德的主宰的假设是不能成立的。(5)根据于生物学、生理学、心理学的知识,叫人知道人不过是动物一种,他和别种动物只有程度的差异,并无种类的区别。(6)根据于生物学及社会学的知识,叫人知道生物及人类社会演进的历史和演进的原因。

---

① 胡适:《几个反理学的思想家》,《胡适文集》第 4 卷,北京大学出版社 1998 年版,第 79 页。

(7)根据于生物的及心理的科学,叫人知道一切心理的现象都是有原因的。(8)根据于生物学及社会学的知识,叫人知道道德礼教是变迁的,而变迁的原因都是可以用科学方法寻求出来的。(9)根据于新的物理化学的知识,叫人知道物质不是死的,是活的;不是静的,是动的。(10)根据于生物学及社会学的知识,叫人知道个人——"小我"——是要死灭的,而人类——"大我"——是不死的,不朽的;叫人知道"为全种万世而生活"就是宗教,就是最高的宗教;而那些替个人谋死后的"天堂""净土"的宗教,乃是自私自利的宗教。① 胡适的自然主义人生观认为科学可以使我们更好地认识世界和人生,包含着不少合理的因素,但由于受"秃头的历史观"的影响,使得他把人生观视为多元因素影响的结果,导致了错误的以多元史观为基础的人生论哲学,从而使他的科学主义人生观成为非科学的人生观,这是胡适所始料未及的。

4. 中西文化比较与全盘西化论

胡适站在实用主义立场上看待文化问题,并通过中西文化的比较形成了全盘西化论的文化观。他深刻批判了东方文化派把物质文明与精神文明截然分割开来,认为西方文化物质文明发达、东方文化精神文明优越的观点,指出这纯属无稽之谈。在胡适看来,凡一种文明的造成,必有两个因子:一是物质的,包括种种自然界的势力与质料;一是精神的,包括一个民族的聪明才智、感情和理想。"凡文明都是人的心思智力运用自然界的质与力的作品;没有一种文明是精神,也没有一种文明单是物质的。"②西方文明不仅拥有高度发达的物质文明,而且也拥有高度发达的精神文明。西洋文明的最大特色是不知足,中国文明的最大特色是知足。不知足的西方人充分承认物质享受的重要性,不断追求更新更好的生活,他并不忽视人类精神上和心灵上的要求。在胡适看来,与其把西方文化说成是物质的,还不如说只有这种文化才是精神的。"西洋人由于物质上的不知足产生了今日的钢铁世界、

---

① 胡适:《〈科学与人生观〉序》,《胡适文集》第 3 卷,北京大学出版社 1998 年版,第 163-164 页。

② 胡适:《我们对于西洋近代文明的态度》,《胡适文集》第 4 卷,北京大学出版社 1998 年版,第 3 页。

汽机世界、电力世界,理智上的不知足产生了今日的科学世界,社会政治制度上的不知足产生了今日的民权世界、自由政体、男女平权的社会劳工神圣的喊声、社会主义的运动。神圣的不知足是一切革新一切进化的动力。"[①]西方文明使精神文明建筑在物质的基础之上,使人们不至于把精力心思全抛在仅仅生存之上,使他们可以有余力去满足他们精神上的要求,因此西方文明"是真正理想主义的文明",而绝不是什么单一的物质文明。与西方文明相反,"知足的东方人自安于简陋的生活,故不求物质享受的提高;自安于愚昧,自安于'不识不知',故不注意真理的发现与技艺器械的发明;自安于现成的环境与命运,故不想征服自然,只求乐天安命,不想改革制度,只图安分守己,不想革命,只做顺民"[②]。因此中国文明既无物质文明可言亦无精神文明可以炫耀。1934 年他在《信心与反省》的文章中指出:"我们固有的文化实在是很贫乏的,谈不到太丰富的梦话。……至于我们所独有的宝贝,骈文、律诗、八股、小脚、太监、姨太太、五世同居的大家庭、贞节牌坊、地狱活现的监狱、廷杖、板子夹棍的法庭,……究竟都是使我们抬不起头来的文物制度。"[③]"中国几千年之久的固有文化是不能迷恋的,是不能引我们向上的。那里面浮沉着几个圣贤豪杰,其中当然有值得我们崇敬的人,但那几十颗星儿终究照不亮那满天的黑暗。"[④]在胡适看来,我们的祖宗罪孽深重,中国的文化满天黑暗,那么出路在哪里呢? 出路在于全盘西化和充分世界化。我们必须承认我们百事不如人,不但物质机械上不如人,不但政治制度不如人,并且道德不如人,知识不如人。因此我们应当死心塌地地学习西方文化,一心一意地走全盘西化的道路。胡适认为,只有全盘西化,"虚心接受这个科学工艺的世界文化和它背后的精神文明","借它的朝气锐

---

① 胡适:《我们对于西洋近代文明的态度》,《胡适文集》第 4 卷,北京大学出版社 1998 年版,第 13 页。

② 胡适:《我们对于西洋近代文明的态度》,《胡适文集》第 4 卷,北京大学出版社 1998 年版,第 12 页。

③ 胡适:《信心与反省》,《胡适文集》第 5 卷,北京大学出版社 1998 年版,第 388 页。

④ 胡适:《再论信心与反省》,《胡适文集》第 5 卷,北京大学出版社 1998 年版,第 396 页。

气来打掉中国旧文化的惰性和暮气”，中国文化才会有光明的未来。1935 年 6 月，胡适又写了《充分世界化与全盘西化》一文，对全盘西化论做了某些修正，主张以充分世界化的概念来代替全盘西化的概念，用资本主义文化代替封建文化。正因为这种修改，胡适受到后来主张全盘西化论者的某些不满和批评，但其基本倾向仍然是西化论的。

5. 胡适伦理思想的初步评价

胡适是一个思想与经历复杂，具有重大历史影响且一度蜚声遐迩的中国现代思想家，作为自由主义的全盘西化伦理思潮的开山鼻祖，胡适的伦理思想在 20 世纪的中国伦理思想史上占有着极为重要的地位。他对中国传统伦理文化的猛烈抨击与批判是五四伦理启蒙运动的重要组成部分，他对健全个人主义的介绍与提倡对于新道德运动亦是一个极大的推动，他的自然主义人生观的提出对于捍卫科学这面旗帜具有一定作用，乃至他的全盘西化的文化观虽也偏激片面，但对清除传统伦理文化的消极影响，对克服夜郎自大的守旧心理仍不失为一副净化剂和清醒剂。

胡适是在中国传播杜威实用主义道德观的第一人。他在继承和发展杜威实用主义道德观的过程中所提出的重新估定一切价值，处处以效果检测一切道德价值，以及所运用的理性批判精神和科学评判态度，对于一贯以空谈心性义理、重道义轻功利为时尚的中国传统伦理文化来说，不仅具有批判否定的意义，而且具有激浊扬清、摧枯拉朽的历史作用，对于新伦理的重建亦不无借鉴启迪之处。胡适的批判重估犹如尼采的重新估价一切价值一样开创了一个道德相对主义的时代，标志着中国伦理绝对主义梦幻的破灭，取而代之的是关于人类道德实存状态、个人生活意义等问题的重新思考。可以说，胡适是现代中国伦理文化的奠基人之一，中国伦理文化通过胡适开启了从传统形态向现代形态的转变，“他没有完成什么，却几乎开创了一切”①。

胡适伦理思想的意义就在于他自觉地运用历史的眼光和理性批判精神，把中国伦理文化纳入世界伦理文明发展史的总过程中作整体思考，主张中国伦理文化

---

① 《北大校长与中国文化》，生活 · 读书 · 新知三联书店 1988 年版，第 49 页。

建设应当实行充分的世界化。胡适并不是民族伦理虚无主义者,他始终保持着对民族未来的希望,思忖着如何建立中华民族新的伦理文化,他关注的是未来而不是过去,对民族伦理未来的希望使他对民族伦理的过去与现在痛之切、责之深,恨铁不成钢,他决意撕破传统伦理优越的面纱,直陈其弊端。胡适认为:"人生的大病根在于不肯睁开眼睛来看世界的真实现状,明明是男盗女娼的社会,我们偏说是圣贤礼仪之邦;明明是赃官污吏的政治,我们偏要歌功颂德;明明是不可救药的大病,我们偏说一点病都没有!却不知道:若要病好,须先认有病;若要政治好,须先认现今的政治实在不好;若要改良社会,须先知道现今的社会实在是男盗女娼的社会!"① 胡适正是本着这种精神,对中国传统伦理文化进行了深刻的揭露与批判,旨在为中国新伦理文化的建设提供理论突破口和努力方向。

胡适伦理思想的缺陷在于,他对中国传统伦理文化的批判并没有区分其精华与糟粕,在倒洗澡水的同时把小孩也倒掉了;他对西方伦理文化做了过于理想化和美化的渲染,把西方伦理文化的缺点也当作优点来歌颂。这种对民族传统伦理文化的全盘否定倾向与对西方近现代伦理文化的全盘肯定倾向,使他得出外国的月亮比中国圆的错误结论,从而客观上开启了民族伦理文化虚无主义的通途。此外,他把个人与社会绝对对立起来,只肯定个人的无上价值,而否认社会的存在价值,并没有为正确处理个人与社会的关系提供什么帮助,相反具有把个人从社会中连根拔起、游离开来的恶果;再则,他的科学主义人生观本意是要弘扬科学的价值,但由于他把科学同人的自然欲望、功利情感等同起来,结果使科学主义的人生观变成非科学的人生观,凡此等等都说明了胡适伦理思想的严重缺陷与不足。胡适的伦理思想并没有避免他那个阶级和时代给予他的限制,尤其是他对马克思主义伦理思想的攻击与污蔑,无疑是我们所要加以重点批判的。

---

① 胡适:《易卜生主义》,《胡适文集》第2卷,北京大学出版社1998年版,第476页。

三、吴稚晖、丁文江伦理思想

20世纪20年代紧随胡适自由主义西化派伦理思潮并不惜冲锋陷阵、勇于作战的是吴稚晖和丁文江，他们既是自由主义伦理思潮的忠诚信徒，又是自由主义伦理思潮第一代的代表人物。

1. 吴稚晖伦理思想

吴稚晖(1865—1953)，原名朓，幼名纪灵，后改名为敬恒，因景仰南北朝大诗人谢玄晖取字稚晖，江苏武进人。吴稚晖早年信奉无政府主义，第一次世界大战的爆发使他的思想发生急剧变化。鉴于时局的回旋动荡，他认为人类的公德心决非短期内所能养成，理想的无政府社会非三千年或三万年不能实现，于是转而信仰西方资本主义文化并狂热地宣扬全盘西化。吴稚晖反对封建复古派和东方文化派的中西文化观，认为中国文化不是精神文明，西方文化也不是物质文明，任何一种文化都有物质与精神两个方面，“精神离不了物质”，“精神物质是双方并进，互相促成”，“物质文明为精神文明所由寄之而发挥”。道德是文化的产物和结晶，它的根基系在物质文化与精神文化的发展上，没有“文化高而道德反低下者”。西方拥有高度的物质文明就必然会有高度的精神文明和道德文明，中国缺乏高度的物质文明势必缺乏高度的精神文明和道德文明，二者是相辅相成、相互为用的。

他针对梁漱溟文化三路向说为中国文化辩护的观点做了猛烈的批评，认为西方向前、中国持中、印度向后的文化三路向，唯有西方文化的路向是正确、可取的，因为它合乎宇宙日新又新、步步上升而又永不止息的进化大势。如果不能走上西方文化日新又新的进化之路，则与其走那不死不活的第二条路，不如干脆走上绝灭的第三路。吴稚晖把人类文化区分为四大种类，即白种亚利安民族的西洋文化，白种阿拉伯人的阿拉伯文化，黄白合种印度人的印度文化，黄种中华民族的中国文化。他认为，阿拉伯和印度民族，“一为神秘，一为虚玄，简直是半人半鬼的民族”，他的圣贤皆懒惰邋遢，专说玄妙空话，“所以他的总和，道德最劣”。中华民族稍优于前二者，但其文化道德依然低浅。他说：“中国古代，最特色处，实是一老实农民。没有多大空想，能建宗教。止祈祷疾病等，向最古传下来的木石蛇鼠，献些虔诚，至今如此。……他是安分守己，茹苦耐劳。惟出了几个孔丘、孟轲等，始放大了胆，像要做都邑人，所以强成功一个邦国局面。”①但照大多数老百姓的意思，仍是要“剖斗折衡，相与目逆”，以“多收十斛麦，含餔鼓腹”为生活的最高理想，“这种民族的真相，还是止晓得擎了饭碗，歇工时讲讲闲话，完工后破被里一攒；一觉黄粱，揩揩眼眦再做工”②。局董们虽也有什么洒扫应对、礼乐御射，许多空章程贴着，“他们止是着衣也不曾着好，吃饭也不像吃饭，走路也不像走路，鼻涕眼泪乱迸，指甲内的泥污积叠。所以他们的总和，道德叫作低浅”③。另一方面，那个被梁漱溟称之为算账的民族，却无论什么仁义道德、孝悌忠信、吃饭睡觉，无一不比中国优越和先进，他们“出门与父亲亲嘴（孺慕），上车替舅娘提包（服劳）。饭是摊着桌毯吃，还一粒饭颗不掉；痰是隐在手巾唾，莫说骯髒痰盂宜设；指甲修得精光，须根刮得皓白（洒扫应对进退之节）”④。此外，“朋友托孤，可千万家财，代管二十年，增产两三倍，积起账簿数箱，一一编号而交付。海轮触冰，顷刻要沉，送妇孺稳上端艇，二千人作乐唱歌，谈笑而共逝”⑤。所以结论是，西方人的道德叫作“较高明”⑥。基于这种中西文化比较观，吴稚晖主张全盘西化，力倡迎受西方文化的赛先生（科学），请他兴学理财，迎受德先生（民主），请他经国惠民。此外还要把西方文化的“穆姑

① 吴稚晖：《一个新信仰的宇宙观及人生观》，参阅《科学与人生观》，山东人民出版社1997年版，第408－409页。

② 吴稚晖：《一个新信仰的宇宙观及人生观》，参阅《科学与人生观》，山东人民出版社1997年版，第409页。

③ 同上。

④ 吴稚晖：《一个新信仰的宇宙观及人生观》，参阅《科学与人生观》，山东人民出版社1997年版，第412页。

⑤ 同上。

⑥ 吴稚晖：《一个新信仰的宇宙观及人生观》，参阅《科学与人生观》，山东人民出版社1997年版，第410页。

娘”(道德)一并请来,以充孔圣人的续弦,让她“来主中馈,亦且无妨牝鸡司晨”①。总之,他认为中国文化的出路在全盘西化,中国人应当不受梁漱溟的拖累,专心致志地在第一条路上向前进、开步走! 只有这样,中国人才能进化,中国文化才能发展,中国伦理才能进步。

在人生观上,吴稚晖继承西方资产阶级自然主义的人性论,提出了一种人欲横流的人生哲学理论。在吴稚晖看来,人本质上与动物没有什么区别,只不过是“质与力之构造及反应,各个不同罢了”。“人便是外面只剩两只脚,却得到了两只手,内面有三斤二两脑髓,五千零四十八根脑筋,比较占有多额神经系质的动物。”②人作为一种动物,自然以动物界的准则为准则,遵循着他的自然属性,演出类似苍蝇、蚂蚁的生存剧目。“所谓人生,便是用手用脑的一种动物,轮到宇宙大剧场的第亿垓八京六兆五万七千幕,正在那里出台演唱。请作如是观,便叫作人生观。”③人生这幕戏的主要节目有三,吃饭、生小孩、招呼朋友。吃饭是维持个体生命的存在,生小孩则是维持人种的绵延,招呼朋友是照顾自己以外的一切存在。为什么人生之戏包括这三大节目呢? 吴稚晖写道:“我们的老祖宗爷爷,那位漆黑一团先生,摇身一变,今天变,明天变,这样变,那样变,变的日子已经没有法子数得清,变的东西亦是没有法子数得完。内中有个我,我将占着号称的一百年。……然我没有吃饭,七天便死了。”④为了使这个变的进程不致中断,必须请人来自己创造,“这个创造义务,叫作生小孩”⑤。在同一百年里,宇宙不是只造一个我,也不是要我专门来生小孩,我以外还有他人,他人也都要吃饭、生小孩,我若不能处理好同他人的关系,便无法生存。处理好我与他人的关系,这便叫“招呼朋友”。在人生的三大节目里,

① 吴稚晖:《一个新信仰的宇宙观及人生观》,参阅《科学与人生观》,山东人民出版社 1997 年版,第 411 页。

② 吴稚晖:《一个新信仰的宇宙观及人生观》,参阅《科学与人生观》,山东人民出版社 1997 年版,第 354 页。

③ 吴稚晖:《一个新信仰的宇宙观及人生观》,参阅《科学与人生观》,山东人民出版社 1997 年版,第 359 页。

④ 吴稚晖:《一个新信仰的宇宙观及人生观》,参阅《科学与人生观》,山东人民出版社 1997 年版,第 362 页。

⑤ 同上。

最重要的还是吃饭、生小孩。吃饭、生小孩书本上叫作饮食男女，再包括紧一点，也可以叫作食色。人的“食的性，色的性，恻隐羞恶辞让是非的性，并没有什么善恶，无非漆黑一团先生变动绵延，要扮演万有的作用罢了”①。

从这种自然主义的人性论出发，吴稚晖主张吃饭要有“清风明月的嗜爱”，生小孩要有“鬼斧神工的技巧”，进而鼓吹一种“清风明月的吃饭人生观”，“鬼斧神工的生小孩人生观”。吴稚晖指出：“吃饭罢，食罢，原不过维持个体存在的代名词。个体存在的需要，类乎饭的很多。譬如饱吃白米饭，固然肥头胖耳，但饱看明月，饱领清风，亦神清气爽。白米饭同清风明月，在生命上同一重要。……我虽忘不了吃饭，却也极崇拜清风明月，故愿意两全了。”②为了使吃饭能够像清风明月一般取之不尽、用之不竭，吴稚晖主张发展科学技术和物质文明，“想出许多饭来给人吃”。关于如何圆满地生小孩，吴稚晖认为必须要运用一点鬼斧神工的技巧，所以他便提倡一种“鬼斧神工的生小孩人生观”。这种人生观，简单地讲，便是“生小孩科学化”，也就是把更多的理智引进生小孩这件原本几乎完全受着强力情感支配的事情上，使他们的“精虫孕蛋，不肯盲目多撞，而无限制”，“于是甲则偏存阴性，乙则偏存阳性，及䌷缊洋溢，有需于醇化，必得两物相遇，方可实行，其实恰可救济早衰，得生命之向上”③。根据鬼斧神工的生小孩人生观，吴稚晖认为男女之间根本不存在真挚深刻的爱情，“男女之爱，纯粹只有性欲，可不问其为胡同里之老爷，为游艺园之姨太太，为高尚之夫人，为同死之情人”，统统都是如此。人们所谓爱情，“其实只因精虫起了䌷缊，要寻找孕蛋来醇化。孕蛋也起了䌷缊，要寻找精虫来醇化。一如饥之择食，寒之择衣，皆一种需要时的反应作用”④。

此外，与清风明月的吃饭人生观和覆天载地的招呼朋友人生观相对应，吴稚晖

① 吴稚晖：《一个新信仰的宇宙观及人生观》，参阅《科学与人生观》，山东人民出版社 1997 年版，第 363 页。

② 吴稚晖：《一个新信仰的宇宙观及人生观》，参阅《科学与人生观》，山东人民出版社 1997 年版，第 366 页。

③ 吴稚晖：《一个新信仰的宇宙观及人生观》，参阅《科学与人生观》，山东人民出版社 1997 年版，第 376 页。

④ 同上。

提出了自己的吃饭和招呼朋友的道德观。他认为,吃饭的道德表现在:(1)吃饭要用自己的劳力换得;(2)我的吃饭,不阻碍别人的吃饭;(3)化了劳力吃不到饭,还是不愿夺别人的饭来吃;(4)想出许多饭来给人吃。生小孩的道德表现在性欲节啬、优生优育。招呼朋友的道德表现在:“我以外便是朋友,朋友乃是我的别号”,用孟子的恻隐、羞恶、辞让、是非之心去招呼朋友,等等。

总之,吴稚晖的伦理思想以自然主义的人性论为基础,以人欲横流的人生观为核心,以伦理文化的西化论为旨归,宣扬科学主义的道德观,并在其中论述了物质文明决定精神文明、没有离开物质文明的精神文明的观点,从而使其成为科学与玄学论战中科学派伦理思想的重镇,受到胡适等人的高度认肯与评价。吴稚晖的伦理思想不买传统主义和玄学派的账,以偏激的态度与玄学派相抗衡,虽有批判封建道德、反对保守主义和讴歌科学、民主价值的某些积极作用,但由于把中国传统伦理文化与封建道德混同起来,进而走上了一条民族虚无主义的道路,在一定程度上丑化了中国伦理文化和中国人民,伤害了民族自尊心,其消极意义不容低估。

2. 丁文江伦理思想

丁文江(1887—1936),字在君,江苏泰兴县人。丁文江是中国现代地质事业的开拓者和创始人,为发展中国地质事业做出了重大的贡献。同时他又是中国现代哲学史上宣扬科学哲学的著名人物,在1923年的科学和玄学论战中他代表科学派同张君劢展开论战,写出了《玄学与科学》《玄学与科学——答张君劢》《玄学与科学的讨论的余兴》等文章,宣扬科学主义的伦理观和价值观。针对张君劢科学不能解决人生观问题的论断,丁文江明确主张科学万能的观点,认为科学不仅能支配自然而且能支配社会、支配人生观。他说:“科学的万能,科学的普遍,科学的贯通,不在他的材料,在他的方法。”[①]科学作为认识方法具有普遍的意义,所适用的范围既包括自然万物也包括社会人生,没有任何限制。人生观作为一种社会心理现象,当然不能排除在科学研究的范围之外,科学完全能够解决人生观问题。在丁文江看

---

① 丁文江:《玄学与科学——评张君劢的人生观》,参阅《科学与人生观》,山东人民出版社1997年版,第53页。

来，科学能排除个人主观的成见，求得人们对于真理的共识，能排除人们对人生的误解与偏见，帮助人们树立正确的人生观；科学是人们进行自我教育和品性修养的最好工具，它可以帮助人在求真的基础上求善，提高人的审美情趣，陶冶人的道德情感；使人养成爱真理的诚心，体味宇宙的伟大，了解生活的乐趣。他说，只有拿望远镜仰察过天空的虚漠，用显微镜俯视过生物的幽微的人，才能体味到活泼的心境和人生的真正含义。丁文江认为，人生观不是别的，乃是一个人的知识情感同他对于知识情感的态度。因此人生观的核心是科学知识和对科学知识的态度。从这一认识出发，丁文江主张以科学理性和知识作为人生的伦理价值导向，并把善界定为“以有利于社会的情感为原动，以科学知识为向导”的良好的行为或现象。科学理性的普遍性公则落实到伦理道德领域就是坚持最大多数人的最大幸福原理，贯彻人人生而自由、平等的精神定律。在丁文江看来，人是不能脱离社会而独立存在的，所以善恶只能是社会的善恶，有利于社会的就是善，反之则为恶。“凡能够满足最大多数人最大部分的欲望的行为，就是有利于社会的行为”①，就是善的。他主张用社会功利标准来检验道义和评价具体的道德现象，指出：“拿这个标准来测量目前的许多问题，我们不难得到具体的结论了。譬如男女问题，阶级问题，都可以拿这块试金石来验一验的。为满足男子欲望而牺牲女子的欲望，为满足少数资产阶级的欲望而牺牲多数劳动者的欲望，都与上面的定义不符，都是不利于社会的。”②

丁文江严厉批判了张君劢“知礼节而后衣食足，知荣辱而后仓廪实”的理学伦理观，认为这是一种本末倒置的腐朽的伦理思想，也是一种误国害民的反动伦理学说。丁文江指出，崇尚“存天理，灭人欲”信条的南宋士大夫空谈心性义理，不知经邦济世、治国理财，他们“没有能力，没有常识”，“令人骇怪”，结果是失去了江山。明朝的理学家“终日讲危精微益之说”“不知古又不知今”，“养成娇弱，一无所用。有起事来，如痴子一般，毫无办法”。丁文江辛辣而又冷峻地诘问：“这种精神文明

① 丁文江：《我的信仰》，《大公报》1934 年 5 月 6 日。

② 同上。

有什么价值？配不配拿来做招牌，攻击科学？”[①]他谴责张君劢“不肯承认所谓经济史观，也还罢了，难道他们也忘记了那‘衣食足而后知礼节，衣食足而后知荣辱’的老话吗”[②]？在丁文江看来，伦理价值观念是物质生产和经济发展的产物，先有物质生活而后才有精神生活。物质生产和经济的发展必然推动和导致人们道德观念的变化。任何道德都不能离开物质生活的经济条件。离开物质生活和经济条件的道德就是玄学。“言心言性的玄学，……最合懒惰的心理，一切都靠内心，可以否认事实，可以否认论理与分析。顾亭林说的：‘……躁竞之徒，欲速成以名于世，语之以五经，则不愿学；语之以白沙阳明之语录，则欣然矣。以其袭而取之易也。’我们也可套他的话，稍微改动几个字，来形容今日一班玄学崇拜者的心理：‘今之君子，欲速成以名于世，语之以科学，则不愿学；语之以柏格森杜理舒之玄学，则欣然矣。以其袭而取之易也。’”[③]那些宣扬玄学伦理思想的人其内心追求的则是功名利禄，只不过他们要借玄学伦理思想来愚弄人罢了。

此外，针对张君劢、梁启超等人科学破产的论调，丁文江主张将资本主义社会的弊病与科学本身的作用区别开来。他认为欧洲近代文化的破产并不是科学的破产。他还驳斥了张、梁等人科学发展引起世界大战的谬论，指出：“欧洲文化纵然是破产（目前并无此事），科学绝对不负这种责任，因为破产的大原因是国际战争。对于战争最应该负责的人是政治家同教育家。这两种人多数仍然是不科学的。”“欧洲的国家……因为战争破了产了。然而一班应负责任的玄学家、教育家、政治家却丝毫不肯悔过，反要把物质文明的罪名加到纯洁高尚的科学身上，说他是‘务外逐物’，岂不可怜！”[④]丁文江认为，科学是纯洁的也是无辜的，万能的科学永远不会破产，能够破产的只会是玄学也应该是玄学！

丁文江的伦理思想极力为科学辩护，热情赞颂科学，维护科学的威信，主张把

---

① 丁文江：《玄学与科学——评张君劢的人生观》，参阅《科学与人生观》，山东人民出版社 1997 年版，第 58 页。

② 同上。

③ 丁文江：《玄学与科学——评张君劢的人生观》，参阅《科学与人生观》，山东人民出版社 1997 年版，第 59 页。

④ 同上。

科学与道德统一起来,无疑具有十分重要的思想解放的作用,实际上是对中国传统的封建主义、教条主义陈腐观念的冲击,对于中国人民思维方式的变革具有促进意义。丁文江伦理思想的失足之处在于,他并没有意识到求真与求善、事实与价值之间的区别,错误地将善纳入真的范围甚至以真代善,这就使他的伦理思想明显地具有认识主义或逻辑实证主义的缺陷,犯了把事实和价值、现有和应有混同起来的自然主义的错误。总起来看,他的伦理思想并没有多少独创性的东西,他提出了科学的人生观,但究竟何为科学的人生观,丁文江始终未能说清楚。而对于利益与道德等问题,他也只是重复了别人的观点,这种情况是与中国当时自由主义西化派激进而又理论准备不足的素质密切相关的。

四、张东荪伦理思想

张东荪(1886—1972),原名万田,字圣心,浙江杭县人(今杭州市)。他是自由主义阵营中少数几个建立了思想体系的人,先后著有《人生观 ABC》《道德哲学》《现代伦理学》等多部著作。虽然张东荪自称自己的伦理学是“综合的伦理学”,“既不是纯粹的自然主义,又不是孤悬的人本主义”;“既不是主张无道德的随便主义,亦不是主张有万世不变的道德的道德主义”;“既不是个人主义快乐论,又不是普遍主义克己论”;“既不是结果论,又不是动机论”,但他的“综合的伦理学”其本质上则是自由主义的,有着自由主义伦理思潮所共具的特征。

1. 对西方伦理文化的系统介绍

张东荪是在中国系统地介绍西方伦理思想的早期代表人物之一,他对自苏格拉底、亚里士多德以来直至哈特曼、冯特的西方伦理思想有较为明晰的了解。他写作的《道德哲学》自序“根据原著提取需要”,“藉问题之迭变以明思想之进化”,介绍了西方历史上颇有代表性的众多伦理思想家的伦理道德学说,可谓是一种按问题写成的西方伦理思想史著作。

张东荪认为,道德哲学的鼻祖或奠基人当推苏格拉底,所以他以苏格拉底作为他的《道德哲学》的理论起点,在其导论中介绍了苏格拉底的伦理思想,并探讨了苏拉底提出"认识你自己"和"知识即美德"的命题,倡导对人生的反省,奠定了西方伦理思想的发展方向。苏格拉底所以为道德哲学之始祖,主要原因有三:"一曰不视德为一种技能,而视为一种了解。于是道德乃完全异于品物……德既非技能,则德之成也亦必决不若技能之所以练习而得",道德的获得和拥有要靠觉悟,"夫觉悟者知识上所有事也";"二曰苏格拉底不视知识为主观印象,而乃视为客观条理。所谓知非摄取对象之影,实为自己与条理相契合耳";"三曰苏格拉底不仅以道德建立于形而上学上,而且于其反面复注重于实践。彼之晚年甘受诬而死,不求枉法而生。其所行事足以代表其人生观。盖彼以为人而既了悟矣,则所行无不为善"。[①] 苏格拉底把道德奠定在知识的基础之上,推崇认识和觉悟的价值,开启了理性主义伦理思想的先河,影响了后来西方伦理思想的发展进程。

苏格拉底死后,以亚里斯戴布斯(Aristippus,公元前435—350年)为代表的一派发展了苏格拉底福德合一的思想,创立了快乐主义的伦理观,伊壁鸠鲁把快乐主义的伦理观推向一个新的阶段。而以安第斯蒂尼(Antisthenes,公元前444—366年)为代表的犬儒学派则发展了苏格拉底理想主义的一面,创立了克己主义的伦理观,斯多亚学派更使克己主义的伦理观日趋完善。西方近代以霍布斯、边沁、密尔、席其维克为代表的功利主义本质上是快乐主义伦理学说的延伸与发展,而以克拉克、普莱斯、沙甫兹伯里、赫起逊等为代表的直觉论亦是古代克己主义伦理思想的转译与开新。在快乐主义与克己主义之间还有以亚里士多德为代表的完全派,他们发展了苏格拉底自我实现的思想,主张一方面吸收个人福利之快乐论,另一方面又采纳抑止情欲之克己论,造成一种完整的人格。西方近代的黑格尔、布拉德雷、格林等人的自我实现论则是亚里士多德完全论思想的总结与升华。张东荪的《道德哲学》以苏格拉底为起点,较为详细地介绍和阐释了西方伦理思想史上的这三大伦理思潮,并对亚当·斯密和大卫·休谟的同情论与达尔文、斯宾塞、克鲁泡特金

---

① 张东荪:《道德哲学》,《民国丛书》第2编第9册,上海书店1990年影印版,第35-37页。

的进化论,以及以柏拉图为代表的超越主义和以康德为代表的自律论一一做了介绍。通过对西方伦理思想的这种全面而系统的介绍,张东荪最后把以冯特为代表的综合论作为自己道德哲学的理论归宿,提出一种"综合的伦理学"的设想,试图建立一种融合西方伦理诸家学说而又折中其间的伦理学理论,并以此作为批判中国传统伦理文化,重建中国新伦理的基础。

2. 对马克思主义伦理学说的批判

为了创建一种"综合的伦理学",张东荪对马克思主义伦理学说做了尖锐的批判。在张东荪看来,马克思主义伦理学鼓吹阶级斗争和道德革命,违背了以苏格拉底为代表的西方伦理思想的基本精神,属于西方伦理思想史上的异端,"为居心不良之谬误",是存心破坏人类道德。张东荪认为,道德只有进化而无革命。"道德必为长期之进化……其变不以革命之方法出之",道德革命的主张是不合于事实的。"马克思之道德论止可谓为一种推翻道德论。"①这种"推翻道德论"旨在挑起人类集团之间的仇恨与冲突,使道德成为刀光剑影的工具。在张东荪看来,马克思主义的唯物史观有四大谬误,其一为"歧义之谬误",其二为"分合之谬误",其三为"言辞之谬误",其四为"居心不良之谬误"。② 他对考茨基阐发的马克思主义伦理学的四个基本观点进行了逐一批判,认为马克思主义伦理学的第一个观点"道德由进化而出,在动物为本能,在人类为风俗,皆以谋生存为背景","不过窃取达尔文与斯宾塞一流之进化论而已,固未尝有何创见。惟进化论仅谓道德之起源在于本能,其演出由于风俗,而非谓本能与风俗足以尽之也。唯物史观之论者不审此义,致谓道德与风俗完全同一,风俗以外无道德。以风俗之随民族而变,视时代而异也,遂谓一切道德止为相对的存在"。③ 实际上,道德与风俗是有区别的,风俗只是道德的一种表现形式和最低层次,"道德重在其命意,命意而为道德虽裸体不为伤"。以风俗为道德就会导致对道德的误解,产生道德选择的冲突和道德评价的困

---

① 张东荪:《道德哲学》,《民国丛书》第2编第9册,第617页。

② 张东荪:《道德哲学》,《民国丛书》第2编第9册,第637-641页。

③ 张东荪:《道德哲学》,《民国丛书》第2编第9册,上海书店1990年影印版,第641-645页。

惑。须知“道德初非相对的亦非以革命而生变化。凡此所论足证纯以风俗为道德者实未真知道德之性质也”。[①] 马克思主义伦理学的第二个观点曰“道德随生产关系之社会的经济结构而变”,第三个观点曰“道德止为阶级之工具,故止有阶级道德而无人类道德”,第四个观点曰“社会之变化止为一阶级推翻他阶级,名此曰革命,道德亦然,止有革命而无进化”。张东荪认为,这三个观点同样是不合事实,站不住脚的。“第二点与第三点第四点合为一义,曰现在所通行之道德皆资本阶级欺人之具是已。”张东荪对此深表怀疑。在张东荪看来,道德具有全人类性,它是超阶级的。“试问如诚实(即弗作谎语),自尊(即弗自暴自弃),爱人(即己所不欲,勿施于人),忠尽(即克尽厥职),勤勉(即勿荒嬉),慷慨(即勿吝啬),勇敢(即勿畏葸),公平(即勿偏私),廉洁(即勿妄取)等等,岂在基督教为道德而一至资产阶级即引为不道德乎?抑在资产阶级为道德而一至劳动阶级即为不道德乎?今有一劳动者于此,借贷于另一劳动者,岂即可以不偿还乎?若曰劳动者借得资产阶级之款可以不偿还,则何以借贷于同一阶级必须偿还耶?足见借贷必偿乃系一抽象原则,此原则固未尝摇动也。此原则一日不变则人类道德一日存在。须知道德之应用虽有范围广狭之分而于其原理无亏。”[②]基于这种认识,张东荪认为,马克思主义关于道德阶级性的论断是不对的,是对道德本质的歪曲和对道德作用的践踏。他宣称:“决非诚实、勇敢、勤勉、仁慈、廉洁、公正、直爽等仅能行之于资产阶级而不能行之劳动阶级,实则劳动阶级所需要之德即正为资产阶级所需要之德,故视劳动阶级之道德与资产阶级为两种不同之道德实为根本上不合于事实。”[③]事实上劳动阶级所需要之道德与资产阶级所需要之道德“即为一种”,“纵使劳动阶级推翻资产阶级而道德之内容亦不能有变化,故道德革命之说亦根本悖于事实也”。[④]

通过对马克思主义伦理学的责难,张东荪得出结论:马克思主义伦理学“在学理方面本不为真理,彼之意止在谋有遂其心愿,故彼之说虽貌似高深学理而实则不

---

① 张东荪:《道德哲学》,《民国丛书》第 2 编第 9 册,上海书店 1990 年影印版,第 641 - 645 页。

② 同上。

③ 同上。

④ 同上。

过供其徒党为社会运动之助力而已。盖纯为一种手段也，彼似明知而故为之。余谓此辈之居心不可问即在于此。有郭尔乃依(A. Kolnal)者自精神病学以研究马克思之党徒，彼谓此种心意形态为一种疯癫症，名之曰 Paranoia，盖谓其自造一种统系用以自行迷恋也，吾则以为出于嫉恨而生”①。在张东荪看来，马克思伦理学是一种出于嫉恨而生的类似于疯癫症的东西，故理当在抛弃扫荡之列。为了人类道德的确立与完整，张东荪自言不得不对其进行痛击、批判。张东荪对马克思主义伦理学的批判中所阐发的抽象道德论和道德无革命只有进化的观点，集中反映了自由主义的西化派伦理思潮的价值趋向与基本特征，同时也受到了中国马克思主义者的谴责与回击。

3. 以我为出发点、扩充自我的道德观

张东荪认为，讨论道德问题必须以我为出发点，从自我开始。他说：“任何人，生在世上，其最大的根据即在自己的存在，即所谓有我。所以一切人生问题都是以我为出发点，若无我则一切皆可不成问题。”②以我为出发点不仅是说每一个人都关心自身的存在，以去苦求乐为依凭，而且也是说每一道德都以自我为基点，要求自我尽自己的义务去力行它、创造它。勤勉源于自我，仁慈源于自我，廉洁源于自我，公正、忠诚、贡献亦源于自我。道德生活的第一要义在于认识自我，只有认识自我才能谈得上实现自我和完善自我。而实现自我与完善自我则又与宇宙进行的大潮流相通。

“自我”是随宇宙由物而心的创造进化产生的，它既是宇宙大化、社会人群的一个部分，又是个人生命独一无二的真实本体。真正的道德应当从肯定自我走向肯定社会人群，进而要求每一个自我奋发向上，创造适乎自我和社会人群的生活。在张东荪看来，生活的意义就在于顺乎宇宙进化和文化发展的潮流而有所创造。一天生活即一天创造，这就是生活的意义。人要实现自我的价值，就要改造环境以

---

① 张东荪:《道德哲学》,《民国丛书》第 2 编第 9 册，上海书店 1990 年影印版，第 646 页。

② 张东荪:《人生观 ABC》，世界书局 1929 年版。

适应自己的要求,改造自己以实现自己的理想。自我并不是孤立的存在,每一个自我总要与其他的自我发生影响,与社会人群发生往来,一个人的生活如果既能满足自我又能促进社会人群的进步,其人生就是有意义和价值的。张东荪又利用时间与空间的坐标来说明生活及其意义,认为人的生活本身是当下经历的具体事实,表现在时空的坐标上为"时空的交切点"。"在时空交切点之生活以其为独一无二,以其不能重复,我名之曰生活之本身,换言之亦即生命之自身也。至于其放大之范围,以其为所必需,我名之曰生活价值。……以生活之自然趋势即为超出此交切点,故超出即为满足其自然之趋势,自满足生活之必然的要求而言,当可名之曰价值,且其超出之范围愈广,则价值亦愈大。故人生之意义与价值纯视此放大之范围。"[①]放大时空交切点即是扩充自我,将自我与社会人群联系起来,即是通过自我创造去推动社会人群的进步,使小我在大我的绵延承续中获得不朽。

张东荪还从自我与文化的角度来说明扩充和放大自我的必要性。他认为,道德自我是人类文化的产物,人一生下来就享受文化,靠文化生存和陶冶自己、醇化人性,如果没有文化的熏陶与沐浴,就不可能有道德自我或道德生活。那么享受了文化的道德自我是不是只能永远停留在享受文化的层面呢?如果那样的话,文化就不能发展,道德自我亦不能进至完全或生动活泼。要使道德自我得以发展与完善,个人就必须在享受文化的同时参与文化的创造,不断地以自己的积极作用贡献于文化,"求于享受文化以外另有所补益于文化"。在张东荪看来,"文化之道德方面亦不能自行进步,而必有待于道德家之个人精神为之代表"[②],应当使道德家的个人精神参与文化主流的创造,使人类的道德文化源远流长、博大精深。

张东荪又从人欲的满足与抑塞方面来说明自我的扩充与完善。他认为,自我无论如何不能没有欲望的满足,人的种种欲望是满足其生命有机体存续与发展的必要条件,也是健康的精神生活所必需的。如果否定人的欲念,过分抑塞本能,像苦行主义和禁欲主义那样去遏欲,就会消融人的个体自我,使天命本身成为毫无生

---

① 张东荪:《道德哲学》,《民国丛书》第 2 编第 9 册,上海书店 1990 年影印版,第 567 – 568 页。

② 张东荪:《道德哲学》,《民国丛书》第 2 编第 9 册,上海书店 1990 年影印版,第 584 页。

气和活力的苍死之物,此则无异于自我戕残,自我戕残带来的恶果就会使人缺乏创造文化和贡献人群的能力,就会从根本上取消道德。同时,如果过分放纵人的本能欲念,任凭享受的欲念泛滥流行,像享乐主义和纵欲主义那样对欲望不加任何限制,就会腐蚀人的个体自我,使个体自我沉溺于感官的享乐之中,丧失对社会人群的责任感,使个体生命成为毫无意义和价值的行尸走肉,此则无异于自我毁灭。自我毁灭不仅使人成为反道德的动物,而且也给社会人群布下了祸根。总之,对本能欲望太抑塞不利于个体自我的生存,太放纵也不利于个体自我的生存。他说:“一个人在世界上最大的问题莫过于这个对付本能的问题:太放则驰,太抑则抗。”①为了不“放”也不“抑”,不“驰”也不“抗”,也为了个体自我的发展与完善,张东荪主张在满足基本欲望的同时利导欲念,使个人欲念与文化大流的方向一致。“我以为一方面不宜太放纵,他方面不宜太抑塞;同时须有宣泄之道,好像导河一样,须另辟一块地方使水得注入,而不致决堤。”②另辟一块地方即是参与道德文化的创造,修正文化的弊病,使人类道德文化永葆青春活力,即是扩充和放大自我,使自我在有利于人群的过程中闪光。与此相适应,张东荪还把道德区分为伸张的道德与拘束的道德,认为伸张的道德实即创造的道德,拘束的道德实即抑止的道德,人生需要创造也需要抑止,故于道德上一方面需要伸张的道德,另一方面需要拘束的道德。从总体上讲,张东荪认为,拘束的道德不是目的而是为了使人更好地参与道德文化的创造,伸张的道德比之拘束的道德对自我的实现与完善作用要更为明显,意义要更加重要。张东荪主张以伸张的道德为主,以拘束的道德为辅,使二者统一并服务于自我实现与自我完善。

4. 张东荪伦理思想的小结与评价

张东荪的伦理思想除了以上所述的三个主要方面以外,他还提出了道德起源不可知以及把道德视为文化之一部分的观点,道德进化三阶段(习俗道德、个人道德、理性道德)的观点,等等。张东荪的伦理思想以批判马克思主义伦理学为要义,

---

① 张东荪:《人生观 ABC》,世界书局 1929 年版。

② 同上。

以全面介绍和阐发西洋诸家伦理学说为表现形式，最后归宗于以冯特为代表的综合论，倡导利己与利他、肯定自我与完善自我的统一，包孕有合理利己主义和规则功利论的因素。张东荪的"综合的伦理学"主要是折中综合西方伦理学特别是西方近代资产阶级伦理学的产物，他渴望通过这种对西方资产阶级伦理学的综合折中来为中国新伦理文化的构建找到一条出路。作为自由主义伦理思潮的代表人物，张东荪一方面不满于中国传统伦理文化，主张用西方伦理文化来教育青年和改造中国；另一方面又不满于马克思主义伦理学，主张对马克思主义伦理学予以迎头痛击，而把中国伦理道德的重建寄托在西方近代资本主义伦理文化的全面引进与传播上。在张东荪看来，中国传统伦理文化过于保守，无疑具有许多压抑人性、不利于社会进步的因素；马克思主义伦理学过于偏激，被名之曰是一种破坏道德的理论，只有综合西方资产阶级伦理学的、他所谓的新的创造论才是一种健全而合理的道德理论，才能既使道德日渐进化又使道德不遭到破坏。张东荪反对道德革命赞同道德改良的思想突出地表现了他徘徊于激进主义与保守主义之间的自由主义思想倾向，反映了伦理自由主义关于伦理选择及道德评价的基本态度。

关于张东荪伦理思想的评价，早在 20 世纪 30 年代即已开始。全增嘏认为，张东荪并没有解决道德哲学的根本问题，所建立的理论体系是失败的，但他肯定张东荪伦理思想在很多方面还是有价值的。黄子通认为，张东荪用文化做目标去解决道德问题，沟通了个人与社会，他对西方伦理各家学说的叙述是公允而又清明的。叶青则著文批判张东荪的道德哲学，认为张东荪对道德哲学对象的确立是含糊的，对道德哲学的定义是不清楚的，对道德哲学任务的界说是混乱的。张东荪的《道德哲学》和《现代伦理学》不过是西方伦理学的"流水账簿而已，除供给材料外，没有丝毫科学价值"。"张东荪底综合论，是各种道德学型之东抄西袭的杂凑。这只要把他叙述他底综合的道德哲学中注明了抄袭来源的语句录出，便可见得了。"①

我们认为，张东荪对马克思主义伦理学的攻击是别有用心的，对抽象道德论的宣扬是非科学的，他的综合的伦理学确乎有东拼西凑的抄袭之嫌，他的道德哲学理论体系的建构也是不成功的，他反对道德革命、幻想以道德改良求道德进化亦是行

① 叶青：《张东荪道德哲学批判》，原载《二十世纪》2 卷 8 期，1934 年。

不通的。张东荪伦理思想从总体上说是民族资产阶级在追随大资产阶级叛变革命后社会心理和伦理意识的反映，一方面激烈攻击马克思主义，另一方面又向帝国主义封建主义妥协投降。

但是，透过张东荪伦理思想的本质，我们还是可以发现某些有一定参考价值的观点和主张。他强调从文化进化的角度去研究道德无疑是有新意的，他把道德价值确定为超越生活本身、对人类文化有所创造和贡献也不无一定的道理。更为难得的是，他提出了“享受最低、贡献较高”的做人之道，倡导个人享受方面要知足、贡献于社会方面要不知足，这种伦理主张只要我们坚持用马克思主义伦理观为指导，剔除其资产阶级的精神实质，是可以转化为现代精神文明的内容的。他关于既不能禁止欲望亦不能放纵欲望，最好是利导欲望的思想也值得我们批判地借鉴与吸取。此外，张东荪对西方伦理思想的分类尽管不科学，但仍不失为一种尝试，他对西方伦理思想的介绍与叙述亦是富有成效的。

第三章

自由主义西化派伦理思潮(二)

20世纪三四十年代,中国的自由主义西化派伦理思潮因国民党中央政权的专制独裁和共产党马克思主义学说的广泛传播而步入一个风雨飘摇和相对沉寂的时期。面对着暴政与革命的夹击,一些自由主义的代表人物纷纷躲进了象牙之塔或流落十字街头,他们一边温婉地唱着以前的歌,一边寄情于闲适,成为借闲适来婉诉衷肠、聊以度日的隐士,林语堂、周作人、徐志摩、梁实秋等即是这类人物的代表。1949年中华人民共和国的成立,确立了马克思主义在中国大陆的统治地位,自由主义的代表人物或移居欧美,或寓居中国港台地区。伴随港台地区五六十年代的经济现代化建设,他们又一度活跃起来,或针砭时弊,探论新政,或纵论横议、阐发新说,而其要点乃是把现代化同西化联系起来并纳入西化范畴中来思考。他们以继承第一代自由主义者高举科学与民主两面大旗的传统而自诩,充分肯定科学、民主对社会现代化的意义,主张以科学、民主精神来改造伦理,实现伦理现代化。殷海光、韦政通、林毓生、文星派李敖等代表了港台地区第二代和第三代自由主义西化派伦理思潮的基本蕴意及其理论个性。他们一方面猛烈抨击大陆的马克思主义伦理思想,戏称其为“俄化”;另一方面又尖锐批评活跃于港台地区的现代新儒家伦理思潮,戏称其为“儒化”。认为无论是“俄化”还是“儒化”,对中国社会和中国人民都不是一种福音,只能使国人饱受等级压迫和阶级斗争之苦,因此只有“西化”才能导向真正的自由、平等、博爱,实现科学与民主。中国大陆自 70 年代末开始的改革开放和现代化建设,引起了围绕着现代化主旨及其精神实质的讨论,以及对传统文化和西方文化的论争,在论争中产生了自由主义的西化论者,即李泽厚的西体中用论与《河殇》的蓝色文明论。

一、殷海光的道德重建论

殷海光(1919—1969)是台湾地区著名的自由主义思想家,第二代西化派伦理思潮的代表人物,自称是“五四后期人物”,毕生以弘扬五四精神、提倡科学与民主、批判中国传统伦理文化为己任。他的学生林毓生在《殷海光先生一生奋斗的永恒意义》一文中指出:“在近几十年中国内忧外患的社会中,五四精神早已残破不堪。殷先生以一人之力对之做悲剧性的重建,其成绩不可谓不大。”“殷先生在逝世前的20年中,以无比的道德勇气,不避横逆,挺身而出,为自由民主呼吁的千秋之业,在中国与世界争自由争人格的历史上都是不朽的!”①

1. 对中国传统伦理文化的反思与批判

殷海光的道德重建论,植根于对中国传统伦理文化的深入反思与尖锐批判的基础上。他承续并发展了五四时期以胡适为代表的自由主义西化派激烈反传统的思想,强调要对中国传统伦理文化进行全面系统的批判,甚至认为五四时期激烈反传统文化只停留在罗列现象和列举事实的表层上,而未深入到传统伦理文化的内在精神作一透彻本质的实质性批判。他决意把五四反传统的精神发扬光大并推到一个更高的层次,即便不能享受五四时代人物的声华,遭受寂寞、凄凉和横逆②也在所不惜。

在殷海光看来,中国传统的伦理文化建立在一个“天朝模型的世界观”的基础之上,因此是一个自我封闭的系统。“在这个系统里,不仅一切人理建构是优于一切,而且实际的物质生活之所需也无待外求”,似乎中国人的伦理生活不仅能够创

---

① 林毓生:《中国传统的创造性转化》,生活·读书·新知三联书店1988年版,第309-310页。

② 《海光文选自序》,香港,1969年,见林毓生:《中国传统的创造性转化》,生活·读书·新知三联书店1988年版,第314页注①。

造物质上所需要的一切东西，而且能够给中国人以精神上超越其他任何一个民族的优越感和自豪感。似乎只有中国人才拥有真正的伦理生活，才是世界的中心，没有吸收外国文化的必要，中国人也无需向外国人学习。这种“天朝模型的世界观”得出的结论是“中国不独在地理上位于地球中央，而且在文化上也是如此。中国的文字、道德、礼仪、制度，无一不优于四夷”，“中国的道德原则对于一切人民都有效”。① 这种“天朝模型的世界观”使中国伦理文化自溺于世界上独一无二的殊尊地位的深渊而不能自拔，形成了保守而不思进取、崇古而不思创造、孤傲而不重谦虚、封闭而不重交流的伦理文化个性。

殷海光指出，正是由于中国人“长期被封锁在我族中心主义的世界观里，自以为是世界独一至上的文物之邦。等到跟西方势力一交手，不独破绽百出，而且领土几乎不保”②。近二百多年来，西方世界完成了工业革命，实现了从近代到现代的转变，出现了窥探生物世界奥秘的达尔文、窥探物理世界奥秘的爱因斯坦和窥探心理世界奥秘的弗洛伊德，使经济、政治、文化获得了空前的发展。“中国怎样呢？至少在这方面，中国什么也没有。在这一阶段，中国知识分子忙着作八股文，忙着作诗填词，忙着爬官梯。”③殷海光认为，世界各国文化的发展可以比作万米赛跑，中国人最先开始起跑，比其他国家领先。“可是，跑到紧要关头，中国人自己停下来喝茶、吃瓜子。这样一来，本来落在中国后面的人，反而超出中国人甚多。结果，这么一个‘文明古国’，在那些跑到前面的人看来，成为‘落后国邦’，属于‘未开发地区’。他们有那么多的大工厂，那么多科学实验室，那么多坚船利炮、飞机火车。反观中国，只有几座古老的宫殿、苍白的庙宇，点缀在牛耕的无边田野上。黄河溃决了，农民们只有望洋兴叹。旱灾来了，官员只有求雨。几许腐儒，在幽暗的学屋里，袖手谈心性。”④

中国伦理文化由于建立在“天朝模型的世界观”的基础之上，故特别强调家庭血亲情谊。因为“天朝模型的世界观”即我族中心主义的世界观，最先是从家庭发

---

① 殷海光：《中国文化的展望》，中国和平出版社 1988 年版，第 7 页。

② 殷海光：《中国文化的展望》，中国和平出版社 1988 年版，第 304 页。

③ 同上。

④ 殷海光：《中国文化的展望》，中国和平出版社 1988 年版，第 304－305 页。

源的。在中国古代社会里,家庭是个人的经济、安全、教育和游乐中心,是中国社会结构的单元,也是政治组织的基础。同时,家族也是中国传统文化的堡垒。“在传统中国社会里,未成年的小孩子的地位是不受重视的,已届成年而尚未结婚成家立业的单身汉,社会上总觉得他是轻飘飘的没有落根的人。一个人离开家庭背景或门楣的高低来享受何种荣誉或权利,这是一件不易想象的事。”①家族中心主义是“天朝模型的世界观”的母本,家族的封闭性衍生出中国伦理文化的封闭性。也许可以说家族制度是中国民族的唯一障壁,“这种制度支持力量坚固,恐怕万里长城也比不上”②。殷海光指出:“中国的传统家庭,尤其是传统的大家庭,可以说是一个自足体系,或一小宇宙。一个分子生下来,从摇篮到棺材,至少在理论上都由家庭供给。……生产事业也是以家庭为基础,不是以个人为基础的。”③正因为家庭对中国社会文化如此重要,所以人们才产生了家族中心主义的文化心理及其价值观念,强调孝悌忠信和祖先崇拜。正因为中国是用家族伦理作中心的社会,故中国人最爱把家族的情谊硬加到其他社会关系上去,趋向于把家族观念的关系扩大。中国传统的家族制度“温暖中有森严,富于人情味但要付出忍隐的代价,真挚时还有虚套的一面,可以依赖但也得作无条件的奉献”。“中国传统的家族是血缘、生活及感情组织起来的蜘蛛网。在这个网里,浓密的情感核心有一个不可度让和不可侵犯的‘父亲意像’。这个父亲意像辐射出一股权威主义的气氛。父亲说话,儿女只有洗耳恭听。至少在制度上儿女不能同父亲辩论,媳妇更不用说了。即使父亲说错了,因被权威主义的气氛所压,或者为了顾到父亲的尊严,儿女有理也只好往肚里吞。所以,中国一般人很会恭维人,也很会骂人,但却没有养成平等讨论问题的习惯。中国传统的家庭是典型的权威主义之自然的养成所。”④这种权威主义的伦理文化是谈不上有什么个人自由和个性解放的观念的,因而人与人之间的伦理关系也是极不平等的带有专制色彩的伦理关系。这种权威主义伦理关系的膨胀造成了一个权威主义的宇宙和社会,从而大大阻碍了中国社会的进步和中国文化

---

① 殷海光:《中国文化的展望》,中国和平出版社 1988 年版,第 304 – 305 页。
② 殷海光:《中国文化的展望》,中国和平出版社 1988 年版,第 107 页。
③ 同上。
④ 殷海光:《中国文化的展望》,中国和平出版社 1988 年版,第 111 – 112 页。

的发展。

2. 自由的伦理基础探论

基于对中国传统伦理文化的反思与批判,殷海光深切地感到建立在天朝模型世界观基础上的家族主义伦理文化,无法引领中国社会和中国人民走出中世纪迈向近现代,因此必须全方位地吸收和引进西方近代伦理文化,弘扬自由主义精神。在殷海光看来,只有自由的民主制度最能满足道德的要求;也只有自由的民主制度是最能维护个人尊严的制度。而自由与民主的建立,则必须靠道德自主性的观念的养成。换句话说,自由主义的伦理基础正在于这种个人道德的自主性或道德主体性。个人道德的自主性或道德主体性是使人成为人,使道德成为道德的决定性条件。因为人不是别的,正是一种人类主体精神的自律。殷海光认为,个人道德自主性或道德主体性是自由主义的伦理基础,是个人获得尊严、形成人格和拥有人生价值的内在决定条件。

作为一个自由主义的西化论者,殷海光毕生致力于阐释和揭示自由的伦理意义。他深入地考察了人们对自由的种种不同认识,总结概括了自由的诸种含义,并旗帜鲜明地阐发了自己的自由主义伦理观。殷海光指出,自由是许多人恐惧的乌云,也是另外许多人欣喜的朝阳;自由是许多人要扑灭的瘟疫,也是另外许多人需要的滋养。自由是许多人想象的混乱,也是另外许多人欣赏的孤芳。不少人假自由之名以行不义,更有不少的人献身以求实现自由的天堂。他深沉地呼唤与感慨道:"自由啊!你的面目怎么这样变幻无常?我要端详你多方!"①殷海光依据奥本海姆(Felix E. Oppenheim)的自由观对自由的诸种含义做了归纳:(1)选择的自由,它的意义只能是依照吾人的意志决定做某事或不做某事的权力;(2)自由的感觉,所谓自由是一个人能做他所要做的事;(3)自由行动,个人如果不在强制之下,那么他便是自由的,当他受外界的阻力之作用以致不能满足他自然的欲望时,那么他便是不自由的;(4)自由即自决,自由意即个人对他自己生活方式的选择,个人在做这种选择时,不受外界的禁限;(5)自由乃一应享人权,自由是在不伤害别人时

---

① 殷海光:《中国文化的展望》,中国和平出版社 1988 年版,第 516 页。

做任何事的权利;(6)新自由,即人满足基本需要的自由。殷海光对海耶克(F. A. Hayek)的自由观更是给予高度评价,认为海耶克"当着自由的用处有许多时,自由只有一个;只有当着自由缺乏时,诸般自由才出现;当着社会上其他的人不大自由时,自由便成某些团体或个人所可得到的特权或义务的豁免……如果一个人所能做的最大多数的事必须得到准许才能行,那么自由也不复存在。自由和诸般自由之间的分别乃两种条件之间的分别"①等思想不仅深刻而且有力。在殷海光看来,自由既是一基本的人权,也是主体自身自律自决的意志。"一个能自作决定的人才是一个自由人。一个自由人才是他自己的主人。"殷海光强调,个人与自由之间存在着某种确证性,即只有自由的人才是个人,只有个人的自由才是真正的自由。"一个人要成一个自由人,他所作决定必须是出于他自己,而不是出于任何种类的外界力量。"②失去了自由的个人不是真正的个人,自由不附着于个体便不能显示其力量。"自由在从属于个人时,它是个人权能的主柱,它不能从个人拿走。它一从个人拿走,个人便失去了权能而只剩下一副生理的皮囊。"③殷海光谈到了人与人之间自由的互相调整,指出:"只有当这个人和那个人渡共同的生活时,为了各人的实际便利,自由可以到互相调整。例如,进博览会的私人汽车一律靠右开行,出博览会的私人汽车一律靠左开行。不多也不少,这只是为了避免车祸。但是,各个人的自由可以互相调整,并不等于把各个人的自由奉送。自由奉送了,个人就可能变成一任权威摆布的活动机器。"④自由是个人用自己的方法去实现自己认为好的事情,是主体自身自律自决自择自为的行为的集中表现。因此,"自由是不能恩赏的东西,能恩赏的东西不是自由"⑤。殷海光指出,一切仰人鼻息而得到的荣华富贵并不能算是自由。清代和珅搜刮了那样庞大的财富,等到他在政治上失败了,他的财富成了他主人的财富。苏联朱可夫享受将级待遇,一旦他的地位动摇了,他的

① 殷海光:《中国文化的展望》,中国和平出版社 1988 年版,第 518 – 519 页"引文"。

② 殷海光:《中国文化的展望》,中国和平出版社 1988 年版,第 517 页。

③ 同上。

④ 殷海光:《中国文化的展望》,中国和平出版社 1988 年版,第 519 页。

⑤ 殷海光:《中国文化的展望》,中国和平出版社 1988 年版,第 520 页。

特优待遇也露水般地消逝。殷海光认为:“一只每天因讨好主人而吃到牛肉的狼狗,似乎并不比野狗更自由。”[1]就此而论,自由之于人的价值是远远高于荣华富贵和功名利禄的,懂得这一点才能理解“不自由毋宁死”的真实蕴意。

殷海光还谈到了自由与权威的关系问题,认为人类既需要权威也需要自由,自由是推动人类自身及其社会向前发展的动力,权威是维系社会有序运行的必要手段。在人类还没有演进到“满街都是圣人”的情况下,“如果说人类一点权威也不需要,这是不切实际的高调”。[2] 但是就自由与权威的关系而言,自由无疑是第一位的、最有价值的,权威则是次要的。殷海光指出:“就人类要展开一个美好的前途来说,权威这东西还是越少越妙。权威是一‘必要之恶’。人类因有必要而不可能‘除恶务尽’时,那么只有把这一恶约束到确实必要的程度上,过多的权威使人窒息,而且使人的思想被桎梏,并阻滞社会文化的健康发展。”[3]自由则不同,自由是人类最基本也是最根本的价值,没有了自由,“人是否还能算人,实在大成问题”[4]。只有自由才能使人挺立于这个世界上,显示出人之所以为人的尊严。自由的人不盲从权威、不依附任何势力,并能保持对权威的适度怀疑与批判。“这在消极方面可以使他不对权威盲目附和;在积极方面可以养成他的批评能力,并且加深他对事理独立思考和认知的本领。这正是知识和思想进步之不可少的动力,也是推动社会文化进步的真实动力。任何一个人或任何一个社会如果没有这种动力都不可能产生真实的进步。”[5]“盲从权威的人根本就是把自己的大脑活动交给乐队指挥的人。至少,善于怀疑并作合理批评的人是大脑经常清醒的人,世界的前程属于他们。”[6]在殷海光看来,自由对人的进化发展起促进作用,最理想的社会就是人的自由的发展,因此自由是人普遍需求并且乐于追求的价值目标。权威呢?权威只是少数人所追求或所希望的东西。“如

---

① 殷海光:《中国文化的展望》,中国和平出版社 1988 年版,第 520 页。
② 殷海光:《中国文化的展望》,中国和平出版社 1988 年版,第 529 页。
③ 殷海光:《中国文化的展望》,中国和平出版社 1988 年版,第 474 页。
④ 同上。
⑤ 殷海光:《中国文化的展望》,中国和平出版社 1988 年版,第 528 页。
⑥ 殷海光:《中国文化的展望》,中国和平出版社 1988 年版,第 529 页。

果权威真是人类普遍乐于接受的东西,那么它的维持就不必要诉诸那么多的镇制力,足见它不是人类普遍乐于接受的东西。希特勒之攫取政权,主要地是靠着暴力的。权威是一种人造危险品。权威愈多则人愈危险,权威愈膨胀则在其笼罩之下的个人愈缩小。"①自由弘扬和拓展着人的个性,使人成为真实的有个性的个人;权威则抑制和禁锢着人的个性,使人成为权威的工具或偶然的个人。因此一个自由主义者必须在肯定自由价值的同时对权威保持必要的怀疑与批判态度。

3. 如何建构自由民主的新道德

殷海光认为,自由主义并不是不要道德,它所争取和追求的恰恰是同人的本性相符合的真正人的道德。自由主义所谈论的自由不仅适用于自己,而且适用于别人。只有当一个人既追求个人的自由同时又能尊重他人的自由时,亦即既尊重自己的自由又不干涉他人的自由时,他的行为才符合自由主义的要求。自由主义不只属于某一个人,同时也属于每一个人。自由主义的这种本质规定性和普遍适用性决定了它同民主政治和法制社会的内在关联。民主政治和法制社会一方面是自由主义精神发展的必然产物,另一方面又是为更好地保障人的自由与人的尊严服务的。殷海光指出:"如果一个人对他人的任何成就都轻忽,对他人的任何贡献都不承认,那么他恐怕并不是一个自由主义者,这样的人,去妄人不远矣!"②尊重自己的自由与尊重他人的自由的合一即是道义,是人类社会真正的道德。

在殷海光看来,今日中国社会传统的道德规范失去了其调节人之行为的作用,新的自由主义的道德规范体系至今未能有效地建立起来。"今日中国社会文化里道德问题的紧急,丝毫不下于空气缺乏。今日中国社会文化之急需重建道德,正像缺乏空气的人之急需吸收空气一样。"③人类社会一天也不能没有道德。

---

① 殷海光:《中国文化的展望》,中国和平出版社 1988 年版,第 529 页。
② 殷海光:《中国文化的展望》,中国和平出版社 1988 年版,第 530 页。
③ 殷海光:《中国文化的展望》,中国和平出版社 1988 年版,第 540 页。

道德是一个社会运行、人之生活的必要的价值系统。“如果人类的社会文化的生活没有道德，那么势必归于萎废，甚至归于崩解。人类的社会文化生活，小无道德则小乱，大无道德则大乱，全无道德则全乱。”①没有道德的社会是不健康的社会，没有道德的文化是不健全的文化，同时，没有道德的个人亦是不健全的个人。没有道德，社会就会失去价值规范从而就会失去秩序和谐；没有道德，文化就会失去价值目标，从而就会失去导引与激励；没有道德，个人就会失去精神支柱，从而就会失去活力与发展。殷海光指出：“社会生活失去道德规范，于是共同的核心价值亡失。这么一来，人际的互信与互赖的基础濒于倾覆。如果人际的互信与互赖倾覆，则不仅合作极其困难，而且内心陷于孤立状态。个人成为寂寞群众中的寂寞人，个人成为套上纱罩在街上的独行人，个人成为戴上假面具在公共场合跳鬼舞的人。这样的个人，其内心绝对缺乏真实感及安全感。缺乏真实感及安全感的人，绝对的萎弱、畏缩、朝秦暮楚，并茫无所归。这样的人为了满足真实感及去除不安全感，往往多面认同。所谓多面认同，就是把自己投身于传统的或非传统的权威之中，俯伏于直接的或间接的权力之前，以求得护庇和麻醉性的安宁。……实在，他的人格完全撕碎了。他完全暴露在‘绝对的肯定精神’之前，而完全丧失了基本的判断力。谁的金钱多，谁就可以支配他。他成了人世的飘萍，随着浪潮的起伏而浮沉。他化作时代的尘埃，随着气流的冲击而左倾右倒。”②没有道德的人是没有主心骨和判断力的人，这种人投身权威寻求权威的庇护，极有可能成为权威的奴仆或工具。

那么，究竟怎样重建道德呢？我们所需重建的道德又是怎样的道德呢？殷海光既反对五四前后“见古就打”的彻底反传统伦理论者，如陈独秀等人的伦理观，也反对将古人理想化、将古代伦理理想化的伦理复古主义者，如康有为、刘师培、辜鸿铭等人的伦理观，而主张“我们与其费那么大的劲来维古，不如用多的努力来开新”③。殷海光认为，其实古人也是人，我们想不出他们怎么会有那样神

---

① 殷海光：《中国文化的展望》，中国和平出版社 1988 年版，第 539 页。

② 殷海光：《中国文化的展望》，中国和平出版社 1988 年版，第 545 页。

③ 同上。

奇特异的禀赋,使他们得以在两千几百年前能够合理地规划两千几百年后我们的生活。殷海光强调:“唯有在思构时破除古今之界,才足以谈道德重建。谈道德重建时不受民俗情感的牵连,工作才能顺利展开。……我们在重建道德时,所面对的不是那古圣先贤,而是眼前活生生的个人和社群。人并非为道德而存在,道德是为人而建立。所以我们的道德是存在的道德。存在的道德之延伸,才是道德的理想。”①重建道德要立足于现实,考虑眼前活生生的个人和社群的实际需要,应当以社会的进步与文明、个人的发展与完善作为重建道德的主要依据和出发点;要想到我们要重建的道德不是要人为了它服从于它的道德,而是它为了人、服务于人之发展完善的总目的的道德。重建道德的步骤一是对传统伦理文化予以反省与批判,二是总结概括我们当今需要的德目,三是根据伦理现代化的要求对中西道德文化实行整合,最后提取出一种全新的道德文化。

殷海光认为,儒家的道德观至少具有以下几种弊病:(1)儒门德目的阶层性,这一阶层性隐含在君子小人之分、君臣之分等等划分上;(2)重男轻女,把女子视作难养的小人,并严格规定了一系列女性所特有的道德原则和规范;(3)为愚民政策张本,主张民可使由之,不可使知之;(4)独断精神,把不符合孔孟伦理思想基本精神的视为异端;(5)泛孝主义;(6)轻视实务,等等。总之,在殷海光看来:“儒门严于阶层上下之分,讲究定于一尊,主张尊王攘夷,掀起浓厚的权威主义的气氛。这些要素无一不合于君王的口胃,容易用作治理万民的建构框架。”②而今时代不同了,社会变化了,儒家道德观自然地失去了它的合理性。我们要重建道德,首先必须清除儒家道德观的消极影响。

在谈到我们今天所需要的德目时,殷海光提出信用、公正、诚实、仁爱、德操、舍生取义等,并主张对儒家伦理文化进行批判地继承。在殷海光看来,社会文化的发展是有其连续性的,抽刀断水水更流,我们想不出任何实际的方法能将既有传统一扫而空,让我们真的从文化沙漠上建立起新的绿洲。我们固然没有盲目维护传统的必要,可是如果传统里有许多规范和文化要件继续发挥它们的积极

---

① 殷海光:《中国文化的展望》,中国和平出版社 1988 年版,第 545 – 546 页。

② 同上。

功能,那么我们绝对没有理由因着要反传统而把它们反对掉。殷海光强调:"为维护传统而维护传统固然没有意义,为反对传统而反对传统也没有意义。我们在这里对于儒宗所要做的工作,既不是反对又不是拥护,我们是要把它'是山还他一个山,是水还他一个水'。我们要依现代人生的需要来观照他并且选择他,我们尤须把他与权威主义与现实层界的权力分开。"①殷海光认为,儒家伦理文化中诸如"人而无信,不知其可","己所不欲,勿施于人"以及"见利思义""舍生取义"等在今天仍有重要的价值,我们应当对之予以肯定和发展。

明确了我们今天所需的德目再来谈道德重建自会更有针对性。殷海光所设想的道德重建是立于现时代的需求上对东西道德进行重新整合,是以科学、民主为必要的道德动因来融会"孔仁孟义""基督博爱""佛家慈悲"并使之成一个有机整体。殷海光认为,道德重建的核心部位应为科学、民主。科学是建立道德所不可缺少的条件。"道德离开了知识,不是与现实人生毫不相干,便是根本行不通。这样的道德,不是枯死,便是因需假借现实权力来行使而成为虚式。"②民主也是重建道德所需要的。只有在维系和伸张各人的自由的民主制度里,"道德才不致充满了权威主义的气氛而被权威利用作钳制人的工具",才能使道德"成为社会文化以及各个人之有生意的内化的信念与规范"。③ 道德重建应当在以科学、民主精神为其基本动力和核心的基础上吸收、融会"孔仁孟义""基督博爱"和"佛家慈悲"三方面的因素。殷海光指出:"今日要挽人类于浩劫,必须使这三者整合起来以发挥协同的道德力量,再用这深厚而又庞大无比的道德力来推动西方世界自工业革进以来所形成的巨大经济力与器用力,这个世界的危疑震撼局势才能由稳定而改观。"④

殷海光认为,借助于科学民主精神对中西道德进行整合而建构起来的道德本质上是一种新的人本主义或科学的人本主义,这是一种对人类普遍价值的追求的新的道德,是一种"为自由、平等、幸福、友善、正义、合作,增进人类利乐,以

---

① 殷海光:《中国文化的展望》,中国和平出版社 1988 年版,第 559 页。
② 殷海光:《中国文化的展望》,中国和平出版社 1988 年版,第 571 页。
③ 殷海光:《中国文化的展望》,中国和平出版社 1988 年版,第 572 – 573 页。
④ 殷海光:《中国文化的展望》,中国和平出版社 1988 年版,第 577 页。

及尊重个人的生命与尊严等德目的实现而努力”[①]的道德。这种道德的基本精神同罗素“良好的生活是为爱所激发并为知识所指导的生活”的观念不谋而合,因此它既是一种注重科学知识和理性又是一种执着互爱情感和伦理情谊的道德,即“科学的人本主义”的道德。殷海光指出:“科学的人本主义是依自然论的观点来解释人的存在,科学的人本主义是以现世的人为本位,依此出发,它要在地上和现世增进人类的幸福,而不把现世生活看作是达到来世生活的过渡。”[②]“人本主义认为我们可以在科学的基础上找到一些标准,借以适当地联系我们的行动,而且依此个人和社会可以找到更好的方向。人本主义疏远权力,它反对为增加效率而牺牲人,也反对经济的剥削。它要把人的较大成就作为真正努力的目标。”[③]“人本主义的架构是对个人生存权利的肯定,对人的尊严的肯定,对道德价值的肯定,以及因此对开放的心灵和开放的社会之趋进。”[④]

4. 殷海光伦理思想评价

殷海光的道德重建论是第二代自由主义西化派伦理思潮中熠熠生辉的精品,因而也是自由主义西化派伦理思潮中唯一具有建设性的理论成果。以胡适、吴虞为代表的第一代自由主义西化论者,无论是对中国传统伦理文化的批判,抑或是对西方近现代伦理文化的推崇都是粗疏而又十分简单的,他们的伦理思想呈现出破坏性较重而建设性不足、情绪性较浓而理智性淡薄、拿来性较强而分析性欠缺的特点,因而并不能真正承受来自马克思主义和现代新儒家的批评与攻击,并对其挑战做出应有的回应。正如殷海光所指出的,“自由主义者在思想上很少能够应付左右夹攻而始终屹立如山的。之所以如此,时代环境的压力固然是一大原因,自由主义者本身的思想脆弱稀薄也是一重要原因。在这50年来,我们既未看见中国有像穆勒(J. S. Mill)的 On Liberty(论自由)的著作,更没有看

---

① 殷海光:《中国文化的展望》,中国和平出版社1988年版,第560页。
② 殷海光:《中国文化的展望》,中国和平出版社1988年版,第577页。
③ 殷海光:《中国文化的展望》,中国和平出版社1988年版,第579页。
④ 殷海光:《中国文化的展望》,中国和平出版社1988年版,第560页。

见像海耶克(F. A. Hayek)的 The Constitution of Liberty(自由之构成)的著作"①。为了克服第一代自由主义者理论上的局限,殷海光从更为理性的观点出发,将震撼人心的道德热情熔铸于对中国道德文化重建的理性探索之中,终于推出了以科学、民主精神为核心,融会孔仁孟义、基督博爱、佛家慈悲的新人本主义道德系统,使自由主义伦理思想向着具有建设性的方向迈出了一大步。"殷先生对科学、自由、民主的性质、功用、目的的纯理了解,都下过很大的工夫,用过很多的心力"②,他所追求的是一种发展五四内在精神即弘扬科学与民主的精神,克服五四内涵的浪漫的激越与理性的启蒙之间的矛盾并使浪漫的激越服务于理性的启蒙的目标与境界,因此他十分注重理性的启蒙,那种"追求纯理知识的欲望,在他身上表现得非常强烈。这种表现,实是五四内在精神发展的后期征象之一。在五四运动的高潮时期,大家喊口号,随声附和,启蒙的理知追求,是被浪漫的情感激越所掩盖着的。然浪潮过后,启蒙的理知成分,终究不能被情感的激越所代替"③。殷海光决意发掘五四启蒙的理知成分,致力于追求纯理的知识和弘扬科学精神,使道德重建置于被理性精神廓清了氛围的基础之上,从而大大超越了第一代自由主义西化论者的理论视野和学术水平。

作为一个自由主义者,殷海光的伦理思想充分肯定了个人自由与个人尊严的基本价值,并主张从灵魂的深处"去发掘爱、生命的精华、人生的要素",强调要用理智和博爱的光束照耀人生,使人类的个体获得自由的发展,人类的群体充满着合作与友善。这种立于人类命运和解除现代社会道德危机的高度所提出的伦理观点,远不是第一代自由主义者基于人类个体的生存境况所提出的利己主义和功利主义伦理学说能够比拟的。可以说,殷海光的科学的人本主义伦理观已经摆脱了"科玄论战"时期科学主义与人本主义二元对峙的局限,含有在新的基础上把科学主义与人本主义统一起来的因素。这种理论建构是殷海光伦理思

① 殷海光:《中国文化的展望》,中国和平出版社 1988 年版,第 275 - 276 页。

② 林毓生:《中国传统的创造性转化》,生活 · 读书 · 新知三联书店 1988 年版,第 311 页。

③ 林毓生:《中国传统的创造性转化》,生活 · 读书 · 新知三联书店 1988 年版,第 310 - 311 页。

想最为宝贵的地方。正如林毓生所说的,“当我们了解他所代表的五四后期的时代意义以后,我们也就了解他生命中所显示的、超时代的永恒意义。殷先生生命中追求的目标是否及身达成,似乎不是最要紧的事,他追求奋斗、大仁大勇的精神是永恒不朽的。因为殷先生一生为自由、正义、真理的奋斗,实导源于人性中最高贵的成分,只要人性本身是永恒的,这种精神便也是永恒的”①。殷海光的道德重建论使中国自由主义伦理思潮登上了一个新的台阶,他在自由主义西化论派伦理思潮中的地位同唐君毅在现代新儒家伦理思潮中的地位可谓相当,他们都是承前启后、继往开来的著名学者,其对中国伦理文化命运的高度关注和对中国伦理文化重建的不竭努力,以及个人特有的纯真与强烈的道德热情,都是空前的。他们二人在精神个性及道德风格方面所表现出来的一致性烘托出中国知识分子“居天下之广居,立天下之正位,行天下之达道”的襟怀与品格。唐君毅是现代新儒家的一代宗师,殷海光则是现代自由主义的启导人物,是“五四思想的集大成者”(林毓生语)。也许只有发展到殷海光这里,自由主义的伦理思潮才有了“中国的”色彩,进而可以赋予“中国的自由主义”伦理思潮的称谓。殷海光之后,中国的自由主义伦理思潮方有了与西方自由主义真正的不同和个性。

二、韦政通的新伦理观构想

韦政通(1927—　　),原籍江苏镇江,后去台湾地区,曾做过小学、中学教师,靠自学成材。编过杂志,任过台湾师范大学教授,后长期从事中国哲学文化与伦理学方面的研究。撰有《儒家与现代中国》《伦理思想的突破》《中国的智慧》《中国哲学辞典》等著作,还发表了哲学、伦理学、政治学方面的论文数十篇。

---

① 林毓生:《中国传统的创造性转化》,生活 · 读书 · 新知三联书店 1988 年版,第 314 页。

韦政通是台湾地区20世纪五六十年代自由主义伦理思潮的著名代表,其影响延续到现在。韦政通自认为他对传统伦理文化的批判是建立在深入研究、理性需求和切身感受的基础之上的。当然,韦政通的伦理思想前后也有一些不尽相同的地方。

1.儒家道德思想的根本缺陷

殷海光曾说,韦政通是对传统伦理文化进行彻底批判和对自由主义伦理思潮多有贡献的知名学者。事实也的确如此。在20世纪六七十年代乃至80年代的台湾地区学术界,韦政通对中国传统道德文化尤其是儒家道德文化所做的揭露与批判无疑是最有代表性的,也是最为尖刻而又不失其理论性的。他先后写了《儒家道德思想的根本缺陷》《儒家道德与知识——对儒家道德思想的批判》《儒家道德思想与自由》《泛道德主义影响下的传统文化》《中国孝道思想的演变及其问题》等文章,对中国传统道德文化和儒家伦理思想进行深入的检讨、反思与批判。

在韦政通看来,儒家伦理思想至少具有以下几个方面的缺陷:

第一,虽然儒家伦理本质上是一种生命伦理,但儒家对生命的体会是相当肤浅的。他将儒家伦理与基督教伦理进行比较,认为儒家伦理不同于"来自对人类原罪的认识"的基督教伦理,它"来自对人性本善的肯定"。正因为儒家肯定性善,所以从善性流出的一些概念都是正面的,如仁、义、礼、智、信等。他说:"儒家在道德思想中所表现的,对现实人生的种种罪恶,始终未能一刀切入,有较深刻的剖析,根本的原因就是因儒家观察人生,自始所发现者在性善,而后就顺着性善说一条鞭地讲下来。因此儒家的道德思想,对生活安适、痛苦较少的人,比较适合而有效;对生活变动幅度大,且有深刻痛苦经验的人,就显得无力。"①儒家偏于性善而构造的道德观念很难适应现代失望不安和种种复杂情绪的人生,很难与现代人破碎的心灵产生同振与共鸣。反之,基督教伦理:"一刀砍入人类罪

① 韦政通:《儒家与现代中国》,上海人民出版社1990年版,第35页。

恶的渊源,使我们可以认识人类罪恶的真相。"①基督教伦理从原罪流出的一些概念是负面、非理性的,它所指控的一切事实,如邪恶、贪婪、狠毒、凶杀、奸淫、偷窃、诡诈、背约、说谎、仇恨、谗谤、侮慢、狂傲等,对资质醇厚或善于自欺者来说,可能令人毛骨悚然,但这是充满社会生活中的人生真相。韦政通指出,基督教伦理对人类病源的诊断比儒家伦理显然要更为真确和深刻,由此所建立的伦理学说也更能够贴近人生的真实。孔孟儒家伦理"冒在生命的上层",对生命的本相缺乏较深刻的观察。"孔子只强调践仁,孟子的修养工夫主要在依恻隐、羞恶、辞让、是非之心的自然流露处,加以扩充,把修养工夫看得太轻易了。一个精神痛苦的人,在这里会得不到任何启发与鼓舞的。"②

第二,儒家伦理讨论道德修养问题虽多,但所论与现实人生脱节,道德工夫流于虚玄。孔子就谈论过道德修养问题,虽不及宋明理学繁复,但从孔子起,道德工夫的意义已具备。孔子提出"克己复礼","居处恭,执事敬,与人忠","视思明,听思聪,色思温,貌思恭,言思忠,事思敬,疑思问,忿思难,见得思义",都是含有修养意味的话。"不过,这些原则性的话,也只是'涵有工夫意义',并未指出一条实践途径。譬如落在具体的实践中,居处不恭,执事不敬;或恭、敬不能持久时怎么办?又如'克己复礼',怎么克法?'己'的内容包括些甚么?当人视而不能明,听而不能聪时又如何?这才是具体实践中的切身问题。这些问题才能导引出一条实践的途径,这途径在孔子的教义中自是不具备的。"③孟子沿着孔子内圣一面的线索继续向前走,虽已发现生命的负面作用对人们成德达善的影响很大,但仅仅停留在"直道而行"的方式上。"孟子似乎未想到,当良心梏亡,人欲泛滥,四端不能顺利扩充时怎么办?"④降及宋明理学,理学家吸收融合佛老诸说,发展出各自的道德修养学说,尤以程朱系和陆王系为最。程朱一派关于道德修养的理论,以伊川"涵养须用敬,进学则在致知"为纲领,这个纲领被朱子视为"入德之门"。程朱理学的道德修养"侧重在经验一面的磨炼,磨炼的内容,主

① 韦政通:《儒家与现代中国》,上海人民出版社 1990 年版,第 35 页。
② 韦政通:《儒家与现代中国》,上海人民出版社 1990 年版,第 38 页。
③ 韦政通:《儒家与现代中国》,上海人民出版社 1990 年版,第 39-40 页。
④ 韦政通:《儒家与现代中国》,上海人民出版社 1990 年版,第 40 页。

要是读书。所以实际上程朱的道德思想，是要以知识领导行为”①，含有以经验的工夫取代孔孟以来的先验的工夫的意味，并同西方苏格拉底知识即道德的思想也有某些吻合。但是却受到陆王系的猛烈攻击。陆九渊指责朱熹的道德修养学说背离了儒家传统的内圣之学，骂他是“支离”，劝他“先立乎其大”。韦政通又指出“象山能知朱子之非，但象山自己并未能开出一条一般可循的途径来。他留下许多道德形上学的玄论”②，而这些形上学的玄论在实际的人生上，在人欲的泛滥中，是全然无用的。到王阳明才发展出一套简易可行的道德工夫理论。王阳明不以宋儒“以知识为知”为然，而是把“知”摄归内心，提出“致良知”的道德修养学说。但总体上讲，王阳明的“致良知”学说仍未能超越孟子，“在原则上，并未能较孟子进步多少，反而越说越简易，越说越不易把捉，终不免流于虚玄”③。王阳明以后的道德修养理论大多徘徊于程朱与陆王之间，置重于心性义理的玄论，并无多少有益于人性修养的真切之论。韦政通认为：“儒家道德思想虽已发展两千余年，但在对付人欲、对付罪恶的真正人生问题上，几乎仍是一片荒凉。历代的儒者们只是顺着往昔的观念推衍再推衍，一味停止在理想主义的态度上，以为只要保存良心不丧失，一切就有办法，完全未顾到现实人生中的曲折与多变，怎么能使这套工夫不与现实人生脱节？”④

第三，儒家伦理将社会伦理纳入家族伦理之中来思考，强调孝为一切德行的根本，遂有泛孝主义的流弊。韦政通说：“如果把中国文化放入世界各系文化中作一比较，最能代表中国文化特色的，不是践仁而是教孝。故孝不仅为仁之本，且是中国文化的根柢所在。”⑤孔子十分注重以孝来讲道德，他提出了“孝悌也者，其为仁之本与”的命题，以孝来界定仁并以孝来检验仁。孔子把孝视为仁的体现，把不孝视为不仁的象征，当宰我不愿遵循三年之丧的孝道，孔子就责备“予(指宰我)之不仁”。孟子把孝做了无限制的扩大，认为孝道不仅是判断是非的

① 韦政通：《儒家与现代中国》，上海人民出版社 1990 年版，第 40 页。
② 韦政通：《儒家与现代中国》，上海人民出版社 1990 年版，第 41 页。
③ 韦政通：《儒家与现代中国》，上海人民出版社 1990 年版，第 42 页。
④ 同上。
⑤ 韦政通：《儒家与现代中国》，上海人民出版社 1990 年版，第 44 页。

唯一标准，是王道的重要条件，甚至说："尧舜之道，孝弟而已矣。""尧舜之道，象征儒家最高理想，照孟子的说法，人间除了孝弟以外，几无其他有价值之事可为。"①孔孟以后，孝道思想有更进一层的扩张，扩张到使人世间一切事务、一切德行，莫不以孝为中心。《大学》、《中庸》、大小《戴记》以及《吕氏春秋》等，把孝道推到无以复加的高峰，完成了真正泛孝主义的思想体系，对几千年来的中国社会、文化，产生了决定性的作用。韦政通指出：儒家伦理特重家族血亲情谊，把社会伦理纳入家族伦理中来思考，所形成的泛孝主义不仅成为维护封建专制主义的工具，而且也阻碍了中国社会的进化与发展。"历史上的儒者们，似乎总不曾想到，孝德的过分强调而流入泛孝主义，不仅不能逼近人类的共同理想，且正是人类走向理想的阻力。在传统的社会中，家族伦理之情，远高过对国家民族的情感。而家族伦理之情只限于血缘的关系，血缘关系愈疏，所表露的情感也愈淡。这中间正隐含着一个大问题，即家族与国家社会之间的冲突。"②因此如果不冲破人类因原始血亲之爱的固执而形成的伦理私情，就无法建立起真正合理的社会理想，即使出现了合理的共同理想，也会被家族伦理所禁锢，僵持在亲亲的范围里通不出去。儒家"仁民而爱物"的社会理想之所以不能实现，"主要原因就是家庭伦理之情笼罩了一切，不知收煞所造成。另一方面也是因为儒者们始终未曾意识到家族与国家社会之间可能有的冲突"③。儒家伦理的泛孝主义使人只知有家族不知有社会，使社会伦理之情笼罩了一切，因此只能培养忠实于家族的分子而不能培养有个性的独立的个人，从而大大地阻碍了中国社会的进步。韦政通说："我深信中国的家族伦理，实在是使我们停留在农业生产，不能迅速进入资本主义生产之唯一关键。"④

第四，儒家伦理虽以内圣外王统一为最高理想和至善，但由于过分强调内圣的重要性甚至把内圣置于根本的地位，从而导致了内圣与外王的脱节，形成了"外王的消除"的流弊。孔子的外王理想，最初是以周文为内容，到了晚年才知

① 韦政通：《儒家与现代中国》，上海人民出版社 1990 年版，第 147 页。

② 韦政通：《儒家与现代中国》，上海人民出版社 1990 年版，第 45 页。

③ 同上。

④ 韦政通：《儒家与现代中国》，上海人民出版社 1990 年版，第 46 页。

要恢复周制已无望,于是只好在理论上提倡德治,并把德治的基础建立在个人的修养上。孟子在外王理想上绘出了一幅民本仁政的王道图案,但其王道则是“怀义以相接”的产物。《大学》为内圣外王真正建立了一个顺序,但却把齐家、治国、平天下视作在修身基础上的推衍。发展到宋明理学,一味地强调内圣,竟使外王被空前地疏忽了。王阳明的知行合一将行限制在成德一路上,“实际上已将人外在一层的行动性打落了……外王事功,当然连影子也没有了”。在韦政通看来:“中国在宋以后的八百年,积衰殊甚,元明两朝连续亡国,与宋明以后,只偏重于心性一面的讲学风气,不能不说有很大关系。……就宋以来的历史看,其积弱不振,正是由于泛道德主义影响下的传统文化的弊病的结果。”①正是由于儒家伦理轻视外王事功,致使中国传统文化不重视科学知识的价值,不重视政治制度的改造,所以发展不出近代的科学与民主,从而阻抑了中国社会的近代化。韦政通指出:“孔孟之教,以仁义为宗,经过两千余年发展的结局,却只是‘袖手谈心性’,对无告之民,置若罔闻,与原始教义,完全相悖。这铁一般的事实,这悲惨的结局,难道我们还不应该对儒家的道德思想作一番全面的检讨和彻底的反省吗?”②

2. 工业文明的伦理新貌

韦政通认为,中国传统的儒家道德思想本质上是农业文明的体现与反映。他在谈到中国传统伦理的特色时指出中国传统的儒家道德思想同农业社会往往是相互重叠的,由于中国古代人生活在一个相当狭小而又孤立的环境,“主要以家庭及村落为中心,生产方式以农耕为主,以饲养家畜、手工艺为副,村落与村落之间除了姻亲和市集交易之外,很少有其他的联系,基本上过着自给自足的生活”③。因此在人们的伦理观念和道德目标上产生了家族中心主义,可以说中国传统的儒家伦理是建立在家族中心主义的基础之上的,“五伦中有三伦(父子、

① 韦政通:《儒家与现代中国》,上海人民出版社 1990 年版,第 50 页。
② 同上。
③ 韦政通:《伦理思想的突破》,四川人民出版社 1988 年版,第 7 页。

夫妇、兄弟)属于家庭,其余君臣、朋友虽非家庭成员,但基调上完全是家庭化的,国君无异是个大家长,故有'君父'之称,朋友间则称兄道弟,甚至四海皆兄弟。以家庭为中心的伦理,特别重视的是'情',情是维系伦理关系的核心,'家和万事兴',和生于情。'清官难断家务事',因为家庭范围之内用讲理的方式是不适宜的"①。由于传统的儒家伦理建立在农业经济和家族中心主义的基础之上,因此伦理关系限于一对一的关系,道德的实践也是一对一的。在这种伦理体系中,一切普遍的标准并不发生作用,一定要问清了对象是谁、和自己是什么关系之后,才能决定拿出什么标准来。这种一对一的关系所产生出来的伦理规范或道德准则适应面极为狭窄,故是一种十分特殊主义的道德伦理。此外,由于中国古代的农民大多"安土重迁,世世代代都住在同一块土地上"②,故在伦理观上产生了传统主义,不仅认为传统伦理是正当的和最好的,而且使传统伦理成为神圣化的教条。韦政通说:"乡民社会最大的威胁来自自然,只能团结合作才能应付这种威胁,而传统伦理则为团结合作的精神基础。所以传统伦理倾向于传统主义,亦由于社会特性所使然。"③从总体上说,正是由于儒家伦理适应了农业社会的发展及其要求,所以儒家伦理才延续了那么久。只要自给自足的农业经济未发生根本性的变化,那么儒家伦理就会存在并发挥它特有的作用。

在韦政通看来,不同的社会导致不同的道德观念和伦理规范,近代以来,传统的社会日渐解体,社会与伦理的密合遂遭破坏。目前中国社会正处在由传统向现代转型的过程中,新的社会结构已渐形成,"新社会需要新伦理,如何建立新伦理,并使它能有效地运作,是我们目前迫切需要解决的问题"④。韦政通认为,使人类历史进入新阶段的工业文明是经过300多年主要由西方人发展完成的,这一迥然不同于农业文明的工业文明从19世纪中期开始扩张到全球,20世纪成为工业文明主宰全球的世纪。工业文明的主要特征是科学技术居于绝对优势的地位,并渗透到社会的经济、政治、文化、精神诸领域,形成了数量化、标准化、专

① 韦政通:《伦理思想的突破》,四川人民出版社1988年版,第9页。
② 韦政通:《伦理思想的突破》,四川人民出版社1988年版,第7页。
③ 韦政通:《伦理思想的突破》,四川人民出版社1988年版,第10页。
④ 韦政通:《伦理思想的突破》,四川人民出版社1988年版,第11页。

门化,要求人们自动去适应它。工业文明引起了整个社会生产方式、生活方式和人们行为方式、思维方式的巨大变革,造成了科学化、民主化、世俗化等运动,并在清末民初的30年间渐次进入古老的中国,使中国社会结构以及固有的伦理道德观念经受巨大而空前的冲击,因此而发生了史无前例的大裂变、大分化,同时也产生了两种文明与两种伦理之间的对立与冲突。韦政通指出:"儒学、专制、家族主义、农业经济是传统社会的基础,科学、民主、个人主义、资本主义经济则为现代法治社会的基石。而这些(指其现代的形式与内容)在中国传统文化里都是没有的,一旦吸收进来,不仅固有的生活方式会遭到破坏,连社会结构和文化形态都必将有巨大的转变。"①工业文明潮水般冲击中国社会及其固有的伦理文化观念,试图抱残守缺、抵制和抗拒它既是不可能的也是不明智的。唯一正确的态度是积极主动地适应它,并创造出与工业文明相适应的新的伦理道德体系。

随着工业社会的兴起,处理人与人之间的关系再不能依靠一对一的特殊主义的道德规范,也不能一味地重视家族利益而忽视个人利益,它要求一种新的健全的个人主义和合理的利己主义,"承认人际双方都有自我的独特性与人格的完整性,承认当我尊重你的需要时,我也必须尊重自己的需要。这在以往以家族为中心和以上帝为中心的伦理中,都是不被允许的。这种新伦理观建筑在健全的个人主义的基础上,比较能允许发挥各自的潜能,并使人际双方都有机会成长成一真实的人"②。现代工业文明使家庭结构由父子主轴型变为夫妇主轴型,由重老年变为重儿童,夫妇之间由传统的男尊女卑、男主女从向互敬互爱转变,现代的父母对子女的要求已不是要他们一味顺从,而是要求他们能自主、独立。韦政通指出:"生活在现代的社会里,公私生活日益分裂,家庭生活是一套,工作岗位又是另一套。再加上社会多元化,价值观念分歧,每一个家庭成员,都受到来源复杂的影响,以致不协调的思想,互相抵触的观念,比比皆是。因此,要现代家庭相处和谐,仅靠传统的孝、敬已不够,现代家庭最重要的伦理应该是互相尊重,彼此宽容。父母们如肯试用民主的方式去教导子女,必可以增进家庭的和谐气氛,

---

① 韦政通:《伦理思想的突破》,四川人民出版社1988年版,第85页。
② 韦政通:《伦理思想的突破》,四川人民出版社1988年版,第17页。

并容易获得子女发自内心的敬爱。"①现代人生活在一个广泛的社会舞台上，家庭生活只是人生一个很小的部分，一个成年人大部分活动的时间是在工厂、公司、机关、学校，此外还有文化娱乐场所进行的。"在这些场所工作，最重要的条件不是你的道德修养，而是你的专业知识、专业训练，尤其是专业精神。现代的专业精神里可以包括传统的'敬'，传统的'敬'却不能导出现代的专业精神。专业精神中包含着道德的要素，但它要求完成的不是心性修养，而是客观的工作成果。"②因此，现代社会突现着职业伦理的地位，要求人们遵循职业道德的原则和规范，做敬业乐群的模范。此外，现代人生活在一个不断变化的复杂多端的人际网络里，处理各类人际关系要求形成开放的有弹性的心灵结构，"一个人如果有开放的思想，并具有弹性的心灵结构，那么他就能就每一个陌生人本身所具有的特性去欣赏他，而不是根据自己主观的模式去估量对方"③。这样就能应对任何陌生的关系，发展出因应之道。在与工业文明相吻合的新伦理观念中，人们认为道德伦理并不是一成不变、永恒僵死的教条，而是随社会生活的变化而变化的，"除了理性的权威之外，不服从其他任何权威，不信命运"④。不盲目崇拜权力人物，在认同个人自由与尊严的基础上，尊重个性与个人潜能的发挥。新伦理把自由视为人类伦理生活的基本原理，坚持没有个人意志和行为选择的自由就没有真正的伦理道德的基本立场，认为"只有在自由的气氛中，健全的道德精神才容易滋长"⑤。"现代社会伦理问题的重点，不在为各种不同的关系建立不同的规范。一种关系一个规范，规定你只有这样做才是对的，否则便是错的，这是权威主义的伦理，权威主义的伦理不承认人有行动的自由和自决的自由。在现代社会的复杂关系中，只要彼此同意，规范就可以自由订立，公德并不是公众的规范，公众的规范是法律，公德针对传统的私德而言。它代表一种新的态度、新的价值观和新的处理人际关系的方式，而这些只有在自由的价值中，民主的方式中，以

---

① 韦政通:《伦理思想的突破》，四川人民出版社 1988 年版，第 92 – 93 页。
② 韦政通:《伦理思想的突破》，四川人民出版社 1988 年版，第 95 页。
③ 韦政通:《伦理思想的突破》，四川人民出版社 1988 年版，第 96 页。
④ 韦政通:《伦理思想的突破》，四川人民出版社 1988 年版，第 62 页。
⑤ 韦政通:《伦理思想的突破》，四川人民出版社 1988 年版，第 137 页。

及自由、民主的心态中才能培养出来。”①工业社会需要建立的是自由人的伦理即自由主义的伦理。自由是在不伤害别人时做任何事的权利，把所有的人都看作和自己一样，是自由的第一信念。这种第一信念包含了自尊和尊人、自利与利人、自爱与爱人的辩证统一。韦政通指出：“自由是一种价值、一种信念，对任何一个传统的社会，自由是一股破坏的力量，另一方面也是重建的原动力。一个社会如只知在政治上争自由，而不同时把自由的价值引用到全民的生活，去改变他们的态度，改善各种的人际关系，自由不可能在这个社会生根，也不可能建立一个自由社会。把自由引入伦理的范围，就是要朝向这个目标去努力，一个社会在伦理生活中如果不能相当程度地实现自由的价值，就不能普遍提高它的道德水平。”②要把自由价值实现于社会生活，必须同时做一体两面的努力，一面是个人的改造，一面是社会的改造，个人改造“首先必须肯定自由是一个生活的原理，这种生活原理主张人类需要自由生长和自发的演进，反对一切专断权利的使用”③，“个人改造的目的，在使自己成为一个自由人”④。同理，社会改造的目的在于建立一个自由的社会，自由的社会允许人有选择的自由，并保护各个个人的意志自由和行为自由。从个人改造到社会改造，是“新伦理——自由人伦理建立的必经之路，改造的方式须经富有自由、民主精神的教育”⑤。工业文明发展的必然要求就是要建立迥异于权威主义的自由主义伦理。

3. 伦理、民主、科学的三结合

同工业文明相适应的伦理本质上是一种自由主义的伦理，这种自由主义的伦理内含有民主的要求和科学的精神，它能够而且也应该实现与科学、民主的有机结合，从而建立和建构起伦理、民主、科学三结合的中国文化新模式。

(1)民主与伦理。韦政通指出，真正的民主同权威主义伦理是对立的，同自

---

① 韦政通：《伦理思想的突破》，四川人民出版社 1988 年版，第 129 页。
② 韦政通：《伦理思想的突破》，四川人民出版社 1988 年版，第 130 页。
③ 韦政通：《伦理思想的突破》，四川人民出版社 1988 年版，第 135 页。
④ 韦政通：《伦理思想的突破》，四川人民出版社 1988 年版，第 136 页。
⑤ 韦政通：《伦理思想的突破》，四川人民出版社 1988 年版，第 139 页。

由主义伦理则是相互为用的。“当民主与自由分离，民主只是一种形式，这种形式同样可以为极权政治所利用，为极权者服务，以达到极权统治的目的。就伦理而言，民主和自由的意义虽可不同，但二者的关系却密不可分。因要把自由的价值实现于伦理生活，民主是最有效的方式。所以在伦理的意义上，民主只是一种生活方式。极权者可以利用民主形式作为一种政治方法，但绝不会鼓励民主的生活方式，因实践这种方式的人，必须具备民主的性格，而民主的性格是由自由的价值陶养出来的，这种人必然反对极权政治。”①韦政通认为，民主不仅是一种政治运作的方式，而且也是伦理的一种实现方式和普遍的生活方式。一个真正的民主国家不只具有民主的政治形式，更应具有民主的生活方式和民主的性格，这些性格包括思想与行动的自主、独立和自由，而且习惯于尊重个性、容忍异见。只有当民主成为国民的一种性格和普遍的生活方式时，民主才能生根，成为真正的民主。就民主对伦理的作用而言，“民主的性格造成人文伦理，独断的性格造成权威伦理”②。人文伦理就是把人当人看、以人为目的、尊重人的自由和个性的伦理亦即自由人的伦理。“要实现这样的伦理，必须培养民主的性格，民主性格的外显行为是民主的生活方式，民主性格的内在基础是一种特殊的心灵架构。”③具体来说，民主的性格具有开放的态度，能够摆脱传统偏见的约束，能以开放的态度去对待任何新的变化或异质的东西，能够有差异性与多样性去认识世界；民主的性格既不盲从权威，也不盲目地攻击权威，他具有批评的心灵和缜密思考的习惯，不相信强权者可以支配别人的命运，同时凡事的选择与判断能够以理性为准据，等等。

在韦政通看来，民主的性格外显于行为，实践于人际关系，于是有民主的生活方式，民主的生活方式源于个体的自觉，发为尊重个体的行为，这是基本原则。由个体自觉，因而能自尊，自尊故能尽责，做事不圆滑，不敷衍，自己的成败自己负责，故不怨天尤人。因能尊人，故不谈人隐私，对别人的成就不嫉妒，你有本领

---

① 韦政通：《伦理思想的突破》，四川人民出版社 1988 年版，第 139 – 140 页。

② 韦政通：《伦理思想的突破》，四川人民出版社 1988 年版，第 140 页。

③ 同上。

他服,权利义务分明,一分劳力一分收获,虽显得斤斤计较,但没有感情包袱,两不亏欠。因自尊又信任理性,故能守法。因重客观,是什么就是什么,故勇于认错。这就是我们今日要求的新道德与新伦理。① 从某种意义上说,民主的生活方式是最能保持和发展人的良知良能的方式,所有权威主义和教条主义的伦理道德是无法与由民主的生活方式所导出的道德境界和道德水准相比拟的。故凡是能实行伦理民主化的国家,人民的平均道德水准也比较高。

另一方面,民主性格或民主的生活方式的养成也离不开伦理尤其是自由主义伦理的推进与扶植。只有当人们树立起了自由主义的伦理价值观念时才会形成真正的民主性格。没有自由主义的伦理价值观念作依托,民主的性格是难于形成和锻铸出来的,即使产生了民主的性格也会流于形式,变为虚设而不切实际的东西。韦政通指出"民主的性格是由自由的价值陶养出来的"②,只有在自由的精神指导下,人们学会了自我改造与自我教育,拥有自治自律自为自主的能力,才能够滋生健全的民主性格。可见,民主与伦理是相辅相成,密不可分的。

(2)科学与伦理。韦政通认为,深入合理地探讨科学与伦理的关系,必须既反对科学主义又反对道德主义。"科学主义代表对科学的热望,由过度的热望转出对科学偶像式的崇拜。……科学主义是把科学的有限原则,予以普遍应用,使它成为文化定理的一种信念。"③科学主义与道德主义一样都不可能科学地认识科学与道德的关系,只会导致科学决定论和道德决定论,而这两种理论同样都是不正确的。在韦政通看来,科学与伦理之间既相互区别又相互联系。科学的发展深刻地影响了人们的道德生活,改变着人们的道德观念,并提出了许多新的道德问题,开拓出某些新的道德领域,科学的精神也必然影响到人们道德意识的发展和道德品质的提高。韦政通指出:"我们今天思考伦理道德问题,也不能像以往那样的单纯,生活在现代社会,影响这方面的因素要比过去远为复杂,尤其科

---

① 韦政通:《伦理思想的突破》,四川人民出版社 1988 年版,第 143 页。
② 韦政通:《伦理思想的突破》,四川人民出版社 1988 年版,第 178 页。
③ 韦政通:《伦理思想的突破》,四川人民出版社 1988 年版,第 217 – 218 页。

学的进展,其影响无可限量,如医疗的进步,减少了许多人类肉体的痛苦,心理分析到心理治疗这门学问的成立,也相当程度地消除了情绪和精神上的痛苦,这些方面科学的进展,对伦理道德有直接影响。科学的主题是发现真实,如将来对复杂人性的真相有更多的发现,也必定会改变我们的伦理观念。"[①]中国传统的伦理道德由于没有科学的依托,故缺乏理性主义的导引而沦为神秘主义。由于中国人的理智极不发达,所以中国伦理文化对生命体会肤浅,对足以影响人精神的心理和生理问题的知识了解十分贫乏,不能使伦理问题的研究真正发展成为一门科学。"两千多年来,我们只知讲道德,但道德的范围如何?每一个道德概念的内容又如何?从来没有人做过厘定的工作。如果道德概念的内容没有确定,我们又凭什么去判断一个行为是否符合道德规律?"[②]因此,为了使道德发挥自己特有的功能与作用,必须使道德建立在理性的和科学知识的基础上,同时去深入地研究道德本身的范围、对象及其评价标准,研究影响人们道德行为的诸种生理和心理因素。韦政通认为,凡是不能取得知识上证实的,都是人的理智所不能接受的。"凡是能作为生活规范的,必须以能做客观传达者为限,这样知识的信仰和知识的道德(或名之为道德的科学),才有坚实的基础。以往人类道德和宗教之所以失败,最重要的一个原因,就是缺乏这种基础。他们不是以个人为真理,就是把属于个别的经验,迫使他人去遵行。在这样的情形下,修养有成是偶然,多半都会遭到失败,因他所遵循的规范,根本就没有客观的基础。"[③]韦政通强调,现代的伦理道德问题,"绝不再是一个孤立的问题,它与其他的社会科学、人文科学之间,早联成一个网结"[④]。道德问题的认识与解决不能也不应该脱离科学的轨道及科学技术发展的成果。

韦政通批判了那种把科学与伦理截然分割对立开来,由此宣称科学讲求实然、伦理讲求应然,二者本质不同的学说或观点,他深深地赞同科学史家布鲁诺斯基(J. Bronowski)在《科学与人文价值》一书中所提出的科学与伦理统一的观

① 韦政通:《伦理思想的突破》,四川人民出版社 1988 年版,第 219 页。
② 韦政通:《儒家与现代中国》,上海人民出版社 1990 年版,第 64 页。
③ 韦政通:《儒家与现代中国》,上海人民出版社 1990 年版,第 63 页。
④ 韦政通:《儒家与现代中国》,上海人民出版社 1990 年版,第 64 页。

点，认为科学与伦理虽有种种不同，但并不是截然对立、分属于两个世界的。韦政通指出："科学上的观念和伦理学及价值上的观念是否真是属于不同的世界呢？一般的了解总以为科学讲求实然，伦理道德则讲求应然，布氏问：是否讲述事实如何的世界便要接受试验？而那认为应该如何的世界的则不必经过试验呢？他坚决表示，'我不相信是这样的'。布氏的努力，就是要沟通这两个在现代文明中逐渐分裂的世界，就科学活动和人文精神的本质，说明科技心灵与人文心灵本属一体，说明科学上的不确定原理即伦理学中的容忍原理，说明人文方面所崇尚的独立、自由、容忍、尊严等价值，也同样是科学的价值，这些价值在科学活动中也可以导发出来。"①科学与伦理具有共通的价值与精神，自由、独立、容忍这些现代社会所崇尚的伦理价值，不仅是科学实践的条件，而且也是科学精神的标志。科学重视经验、推崇理性、不迷信权威，而这也恰恰是自由主义伦理观的重要表现。

总之，科学、民主与伦理（自由主义的伦理）三者是相互贯通、相互渗透的，三者的有机统一构成现代工业文明的整体内涵。韦政通强调指出："伦理、民主、科学是重建中国文化的三块基石。"②三者离开任何一个单项，都不足以促进中国文化的新生，"必须使三者的精神互相渗透、互依并进，才能促使中国文化整体性的发展"③。

4. 韦政通伦理思想的初步评价

韦政通是20世纪六七十年代台湾地区最著名的自由主义伦理思想家，他同殷海光被誉为第二代自由主义的双子星座。如果说殷海光是自由主义营垒中的"唐君毅"，那么韦政通则是自由主义营垒中的"牟宗三"。也许，现代新儒家和自由主义伦理思潮在20世纪50年代以后的对立和斗争，主要就是以殷海光、韦政通为代表的自由主义同以唐君毅、牟宗三为代表的现代新儒家的对立和斗争。

---

① 韦政通：《伦理思想的突破》，四川人民出版社1988年版，第220页。

② 韦政通：《伦理思想的突破》，四川人民出版社1988年版，第209页。

③ 同上。

第二代自由主义者同第二代新儒家学者一样,同怀着飘零孤岛的悲怆情感,深深地忧虑着国家民族的前途和中国伦理文化发展的命运,在孤寂的条件下进行着动心忍性的奋斗。第二代自由主义者决意弘扬五四运动的真精神,矫饰五四运动所流露出来的激越的浪漫情感和理论准备欠缺的弊端,将满腔的热情融入深沉的学理探求和道德文化的重建工作,展示出继承五四然却又超越五四的开放胸怀。韦政通在谈到自己的治学和人生感受时说:“我常常想,这个时代可以说是活得很不幸,但是也是最幸运的一个时代。对从事思想工作的人来说,很难得遇到这么一个时代,那么复杂、那么多的问题要你去思考,要你去解决。你无论有多大的天赋,多大的能耐都用得上。当然是发挥人潜能最好的一个时代了!所以,我现在的向往是:希望能够重建真正属于现代的中国哲学,可以给现代人生活很多的启发。当然它不能完全离开传统,但是它所建立的条件,一定是超过传统的。这就是我现在的用心所在。”①韦政通主张以中国人的道德精神深入地批判传统和认真地研究西方,建立起充分现代化的中国伦理文化。“把现代种种的哲学训练和传统人格的陶养”有机地结合起来,使研究伦理文化的人在伦理学上像个西方伦理学家,有那么深刻的道德伦理思维和那么现代的伦理文化学养,在人格上又像个中国传统的伦理学家,有那么高尚的道德品质和那么感人的道德行为修养,只有这样才能使别人看到你,觉得你不仅是一个睿智的伦理思想家,又是一个现代中国的道德贤人。韦政通在批判现代新儒家伦理思想时指出:“儒家最重要的,不在学术思想的成就上,而是在人格的塑造上。我想在这一点上新传统主义者是比较失败的。新传统主义者他们还是落在一个大学教授、传播知识的这个层次上。用传统儒家道德人格的光辉来讲,他们还是比较缺乏的。”②新儒家学者没有发扬儒家传统伦理的真精神,没有致力于社会道德的重建和道德风气本身的拨乱反正,同时也没有对儒家伦理学说作真正客观和纯学术的研究,说他们是儒家,他们不是,说他们是儒家学者,那也不是。“从现代学

① 韦政通:《儒家与现代中国》,上海人民出版社 1990 年版,第 268 页。
② 韦政通:《儒家与现代中国》,上海人民出版社 1990 年版,第 263 页。

术的标准来讲,他们只是儒家的牧师,他们是传道,他们不是客观地从知识的意义上,来传达儒家,和人去讨论问题。"①韦政通对新儒家学者的批评诚不免过火之嫌,但他所提出的"儒家最重要的是在人格的塑造上",希望新儒家学者弘扬儒家伦理的真精神,通过身体力行儒家伦理来塑造自己的道德人格,进而感染和带动一大批人,并认为此即为光大儒家伦理文化的最好方式的观点,确是富有启发意义的。

韦政通作为一个自由主义的伦理思想家,注重以自由的精神来探寻自由主义伦理价值的含义,他走的是一条不同于其他自由主义者的思想探险的路子。韦政通认为:"在生命上,每一个人的路子是独特的,在思想上也是一样。没有独特的思想生命,就没有一个思想家。没有一个新思想家的出现,新的思想怎能得到?在别的伟大的思想生命里,得到启发,得到引导,得到磨炼,得到训练,这些是帮助你去试探自己的。"②韦政通的伦理思想从对传统儒家伦理文化的批判起步,但他对儒家伦理文化的批判不同于其他自由主义者只注重政治层面的批判和局限于消极现象的简单描绘,不是激烈反传统主义所掩盖下的情绪化行为,而是立足于工业文明所发展起来的伦理价值系统,对之作一种比较性的剖判,然后揭示出儒家道德思想的特质及其所产生的根本缺陷。可以说,韦政通对儒家伦理文化的批判,既尖锐犀利,又深刻有力,具有鞭辟入里、力透纸背的力量。韦政通在论及工业文明的伦理新貌时,从人类伦理文明发展演变的基本规律和基本趋势上充分肯定了工业文明取代农业文明的必然性和必要性,但也不失时机地揭示出西方工业化过程中所产生的种种弊端,希望中国在实现工业化和现代化的过程中能够扬西方文明之长,避西方文明之短,走出一条比较合理的现代化道路来。韦政通指出:"因工业文明开展的新世纪,是一场历史性的大竞赛,每一个落后的国家,都必须努力使自己成为一个工业文明之国,否则在这场大竞赛中,将不可避免地被淘汰掉,悲剧性地成为工业大国的一部分。"③因此为了摆脱被

---

① 韦政通:《儒家与现代中国》,上海人民出版社 1990 年版,第 263 页。
② 韦政通:《儒家与现代中国》,上海人民出版社 1990 年版,第 270 页。
③ 韦政通:《伦理思想的突破》,四川人民出版社 1988 年版,第 276 页。

淘汰的悲剧性命运,第三世界国家或落后的农业国必须急起直追,迅速实现自己的工业化和现代化,这是历史发展的大趋势所决定的第三世界国家不得不走的历史必由之路。但是,韦政通又指出,西方工业化过程中出现的使人物化、工具化的弊端,无疑是第三世界加速工业化过程必须引以为戒的。他认为,究竟是技术、组织为人服务呢,还是人变成技术、组织的奴隶?这已是我们这个时代最大的困惑。我们既要工业化、现代化,又要避免使人物化、工具化的弊端,使社会的现代化建设获得物质和精神的双丰收。韦政通的伦理思想一个最大的特点在于提出了伦理、民主、科学三结合的中国文化新模式的设想,力图论证伦理与民主、伦理与科学的关系,揭示民主、科学与自由主义伦理之间相互依存、密不可分的联系。他关于民主与自由的论述特别是民主不仅是一种政治制度而且也是一种由自由的价值陶养出来的性格和生活方式的论述,对于我们科学理解民主的整体蕴意以及民主的道德意蕴,无疑提供了有益的思想启示。是的,无论是就中国文化重建抑或是就中国道德重建来说,最关键也最有意义和价值的恐怕莫过于科学地认识伦理、民主、科学之间的关系并将其有机地结合起来,使之相互为用,形成一种优势的互补与功能的整合。然而,韦政通将伦理仅仅局限于自由主义的范畴,则是我们无法苟同的。将伦理局限于自由主义的范畴,说明了韦政通的中国伦理现代化并未脱却全盘西化的窠臼,它将妨碍对中国伦理文化作创造性的转化与吸收,这是以韦政通为代表的第二代自由主义西化派所不容忽视的历史性缺陷。

三、林毓生的自由主义伦理观

林毓生(1934—　　),是自由主义第三代的著名代表,也是使中国自由主义伦理思潮国际化、世界化的知名学者。他是殷海光的得意门生和对中国自由主义伦理思潮作整体分析与回顾研究的代表人物。他 50 年代就读于台湾大学历史系,与殷海光交往甚密,1960 年赴美留学,1970 年获得芝加哥大学哲学博士学位，后在哈佛大学东亚研究中心从事博士后研究，并任弗吉尼亚大学访问助理教授，现任威斯康星大学（麦迪逊）历史系教授，台湾大学客座教授。著有《中国意识的危机——五四时期激烈的反传统主义》《政治秩序与多元文化》《中国传统的创造性转化》等。

林毓生对先师殷海光充满着无比的景仰与崇拜之情，先后写了《殷海光先生一生奋斗的永恒意义》《在转型的时代中一个知识分子的沉思与建议——为纪念先师殷海光先生逝世十周年而作》《两种关于如何构成政治秩序的观念——兼论容忍与自由》等文，以缅怀殷海光的道德人格与学术业绩，并决心继承殷海光的学术遗愿，宏大自由主义的精神与价值，实现中国传统的现代转化。林毓生的伦理思想，受殷海光的影响颇深，同时又表现出一种创造和超越的精神，体现出第三代自由主义者的开放胸怀和融会中西的学术气质。

1. 迈出五四以光大五四

林毓生的自由主义伦理观建基于对五四以来中国自由主义思潮的回溯总结上。在林毓生看来，五四运动无疑是 20 世纪中国史上最为重要的事件，它深深地影响了一代知识分子的心灵和文化价值取向，对中国社会政治生活和文化生活乃至经济生活产生了不可估量的影响，直到现在还构成中国自由主义思想的一个原点或理论源头。因此要推进和光大当代中国的自由主义运动，还必须从对五四运动的重新认识开始。林毓生认为，20 世纪中国思潮的主流是，一方面企盼与要求自由、理性、民主的实现与发展，另一方面则是激烈反传统主义的兴起与泛滥，这一中国现代思想发展的最大矛盾恰恰根源、肇始于五四并同五四密切相关，这一矛盾同时构成中国自由主义内在的最大困扰，制约着中国自由主义思潮的发展。从纯正自由主义的观点来看，自由、理性与民主不能经由打倒传统而获得，只有在传统经由创造的转化而逐渐建立起一个新的有生机的传统的时候才能逐渐获得。林毓生主张，我们今天应当对五四运动做出深刻的反省，使自由主义的价值观念与激烈反传统主义的态度分离出来，只有这样才能弘扬五四精神，将中国自由主义思潮推进到一个新的层次。

首先，林毓生强调纪念五四、光大五四在思想上首要的任务是把五四精神、五四目标与五四思想加以分析，使之分离，只有这样“我们才能创造地继承五四传统而不被其所囿”[①]。那么，什么是五四精神呢？林毓生指出：“那是一种中国知识分子特有的入世使命感。这种使命感是直接上承儒家思想所呈现‘先天下之忧而忧，后天下之乐而乐’与‘家事、国事、天下事，事事关心’的精神的。……这种使命感使中国知识分子以为真理本身应该指导政治、社会、文化与道德的发展。”[②]知识分子看到中国社会和政治的不合理现象便忧心如焚，深觉自己应该加倍努力，应该参与爱国运动，应该把自己的切身利益与国家的前途、民族的命运联系起来。“这种使命感发展到最高境界便是孔子的‘知其不可而为之’的悲剧精神。”[③]林毓生认为，五四精神是一种不自怨自艾也不玩世不恭的积极进取精神，是一种将个人与国家民族紧密联系起来的入世使命感和忧国忧民、爱国爱民精神。五四精神是无可挑剔的也是令人骄傲的。“我们今天纪念五四，要继承这种五四精神，发扬这种五四精神。”[④]那么什么是五四目标呢？林毓生指出：“五四运动最初是一个内除国贼外御强权的民族主义爱国运动。所以它的基本目标是：使国家强盛。”[⑤]五四运动这一使国家强盛的爱国主义运动不同于历史上任何一次爱国主义运动的地方在于，它是在合理、合乎人道、合乎发展丰富文明的原则下进行的爱国运动，“是与自由、民主、法治、科学这些目标分不开的”[⑥]。正因为如此，五四目标具有了高于或先进于历次爱国主义运动的崭新意义。“在今天，我们可以说五四对自由、民主、法治、科学的要求是中国人民一致

---

① 林毓生：《中国传统的创造性转化》，生活·读书·新知三联书店 1988 年版，第 147 页。

② 同上。

③ 林毓生：《中国传统的创造性转化》，生活·读书·新知三联书店 1988 年版，第 147－148 页。

④ 林毓生：《中国传统的创造性转化》，生活·读书·新知三联书店 1988 年版，第 148 页。

⑤ 同上。

⑥ 同上。

的愿望,不是任何统治集团可以抹杀的。"[①]半个多世纪过去了,五四运动所追求的目标并没有过时,而是具有更深刻更丰富的内涵罢了。林毓生倡导:"凡是真正关心国家前途的中国人都应为实现这些五四的目标尽最大的努力。"[②]那么,什么是五四思想呢?林毓生从思想内容和思想模式两方面来回答这一问题,并把思想内容又分为形式的与实质的两个层次,指出:"在形式上,五四人士喊了不少口号,高谈自由、民主、科学、思想革命、文学革命等",但从实质的层面看,他们对自由、民主、科学、文学革命等的认识是非常肤浅、浮泛、片面甚至是错误的。"例如胡适主张的八不主义文学革命论,现在看来是很不通的。他们把科学看成了宗教,对之产生了迷信,这种'科学迷'式的科学主义是很不科学的。最糟糕的是,许多五四人物为了提倡自由、科学与民主,认为非全盘而彻底地把中国传统打倒不可。这是与自由主义基本原则完全违背的。"[③]五四的思想模式是传统一元论,根据他们的一元论所肯定的中国传统为一有机体的观点,"传统中的许多可恶成分都不是单独事件,它们实在都与中国文化的特质有关"[④]。五四时代的反传统主义者认为,中国文化的特质导源于中国最基本的思想,而中国最基本的思想影响及于传统中每一成分。"所以,不打倒传统则已,要打倒传统,就非把它全部打倒不可。"[⑤]林毓生认为,五四运动受一元思想模式的影响而形成的整体性反传统思想,"实际上,犯了形式主义或抽象主义的谬误。这种谬误是一种对于文化与社会之形式建构的了解,犯了这种谬误的人却(不自觉地)以为这种了解是实质的了解。形式主义只是头脑中的建构,但形式主义者却以为这种头

---

① 林毓生:《中国传统的创造性转化》,生活·读书·新知三联书店1988年版,第148页。

② 同上。

③ 林毓生:《中国传统的创造性转化》,生活·读书·新知三联书店1988年版,第149页。

④ 林毓生:《中国传统的创造性转化》,生活·读书·新知三联书店1988年版,第154页。

⑤ 同上。

脑建构实有所指。事实上,它无可避免地把具体事实扭曲化了、简单化了”①。林毓生指出,五四整体性反传统主义之崛起,主要是由于三种因素——输入的西方文化,传统政治秩序崩溃以后所产生的后果,与深植于中国持续不断的文化倾向中的一些态度——相互激荡而成。林毓生还把五四的一元论思想模式界定为“视思想为根本的整体观思想模式”,这种思想模式认为中国传统每一方面均是有机地经由根本思想所决定并联系在一起,因此“当中国传统文化因其架构之崩溃而失去可信性时”,它并不把其中陈腐而邪恶的成分视作彼此隔离的个案,而是视作“整个(产生根本思想的)中国心灵患有病毒的表征”②,认为这种病毒侵蚀了每件中国事物。“因此,如要打倒传统,就非把它全盘而彻底地打倒不可。”③这个极为“意缔牢结”(ideology)式的全盘否定传统运动无疑是五四思想的一大错误。

林毓生强调指出:“我们今天纪念五四,要发扬五四精神,完成五四目标;但我们要超脱五四思想之樊篱,重新切实检讨自由、民主与科学的真义,以及它们彼此之间的和它们与中国传统之间的关系。”④在林毓生看来,五四时代注重个人独立自由的自由主义与全盘性反传统思想搅和在一起,混淆了自由主义价值观念与全盘性反传统思想的本质区别,这是自由主义的价值系统在中国之所以步履维艰的又一个重要原因。林毓生指出:“对于五四自由知识分子而言,获得独立之自由的主要意义在于从传统中国的社会与文化束缚中求得解放。因为,他们认为传统中国社会和文化所加诸个人的压抑实在太过严苛。因此,争取个人独立之自由,对五四自由分子而言,主要是指:从斫丧个人自由的传统中国社会与文化中解脱出来。然而,由传统中国社会与文化压抑下解放出来的自由,并

---

① 林毓生:《中国传统的创造性转化》,生活·读书·新知三联书店 1988 年版,第 154 页。

② 林毓生:《中国传统的创造性转化》,生活·读书·新知三联书店 1988 年版,第 156 页。

③ 同上。

④ 林毓生:《中国传统的创造性转化》,生活·读书·新知三联书店 1988 年版,第 149 页。

不与西方个人自由的观念相同；西方个人自由的观念导自个人价值在伦理上的基设(Presupposition)，而五四时代，个人自由的观念却是随着反抗中国传统社会与文化对个人的压抑而增强的。易言之，五四时代早期，对个人愈形显著的关怀是激烈反传统思想兴起的结果。”①五四时代自由主义是激烈反传统运动的结果，因而五四时代人们所谈论的自由是一种从传统文化压抑下解放出来的自由，不是将自由作目的理解的自由而是将自由作手段理解的自由，亦即不是一种内在的自由而是一种外在的自由。林毓生说，五四时代“很少有人研究西方天赋人权观念的起源与发展，或研读康德所阐述的更深刻的道德自主理论。简言之，中国知识分子所以接受西方个人主义的思想和价值，主要是借它来支持并辩解反传统运动”②。正因为如此，不仅使中国的自由主义命途多舛，始终不能摆脱工具理性的尴尬地位而跃升到价值理性的层次，不能建构起一套完整系统的自由主义价值系统，成为引导中国人民告别中世纪迈向现代的理论武器与价值目标；而且为马克思主义的传播、现代新传统主义的兴起大开了方便之门，提供了许多历史的契机和理论的生长点，使中国社会朝着反自由主义的方向不断前进。林毓生不无悲观地指出：“在五四时代初期盛行的脆弱的自由主义的理想，早已被来自左派与右派的势力所摧毁。”③

总之，林毓生主张“超脱五四的羁绊以达成五四的鹄的”④，强调只有对五四思想作批判性反省与分离才能够光大和弘扬五四精神。他的总体看法是，只有当我们对五四思想的实际内容做了合理的批评以后，我们才会不轻易地受其影响，然后才能自由地为继续作为我们的理想的五四目标而奋斗。

---

① 林毓生：《中国传统的创造性转化》，生活·读书·新知三联书店 1988 年版，第 163 页。

② 同上。

③ 林毓生：《中国传统的创造性转化》，生活·读书·新知三联书店 1988 年版，第 161 页。

④ 林毓生：《中国传统的创造性转化》，生活·读书·新知三联书店 1988 年版，第 80 页。

2. 外在的自由与内在的自由

自由是自由主义价值系统的核心概念,人们对自由主义价值系统的理解如何,常常取决于对自由概念的认识与界定。五四时期的自由主义思想之所以是肤浅的、浮华的,完全在于其对自由的理解是表面的、片面的。正是在于五四人物将自由仅仅理解为从传统文化的压抑下解放出来,因此他们才将全盘性反传统运动视作为自由主义运动,而这则是严重地背离了自由主义思想的真义,曲解了自由主义的内在精神。基于此种认识,林毓生主张超越五四时代对自由的口号式了解的层次,掌握自由的实质内容,并对自由做出深入的分析与科学的界定。

在林毓生看来,自由可分为外在的自由与内在的自由。"外在的自由指个人在社会中的行为所能遭遇的外在的强制压力(coercion),已经减少到了最低程度的境况。"①外在的自由源自英国洛克等人,自由并非人人爱怎样就可以怎样,而是一种在法律许可范围内的自由,自由从来就是一个绝对的观念,如果人们一时高兴就可以支配别人,就谁都没有自由。林毓生指出:"自由当然不包括使别人没有自由的自由。为所欲为的放纵不但与自由绝不相容,而且是自由的大敌。所以自由与法治是不可分的。应用劳尔思(John Rawls)较为积极的话来界定自由,则是:'每个人均平等地享有最广阔的基本自由的权利,但这种享有基本自由的权利必须与别人享有同样的权利是相容的。'另外,自由与责任也是不可分的;如果自由不与责任并谈,则自由的理想便变得毫无意义。一个人如果对自己的行为不能负责,换句话说,他不能根据经验事实以他所能预见或想象得到的行为后果来考虑应该怎样做的话,那么谈论自由的理想实在是一件很可笑的事。"②自由与责任相关是说人不仅要尊重他人的自由,而且要对自己的行为负责任,既然行为是自己选择的,那么敢于承担自己行为的责任当是自由的必然表现。什

---

① 林毓生:《中国传统的创造性转化》,生活·读书·新知三联书店 1988 年版,第 68-69 页。

② 同上。

么是争取外在自由的基本理由呢？林毓生从两个方面做了论述。首先，从肯定人的价值的观点或从道德的观点来看，必须争取外在的自由。“当社会上的每个人，不论贫富、出身、才智、教育程度、性别，均受法律的公平保障，均可不受别人意志的干涉，自己在法律的范围内可以自由自在地做自己所要做的事的时候，这个人才不是别人的工具，他的生命才有道德的尊严。一个人生活在世界上，不应做别人的奴隶，社会中的人际关系应该是一个道德的关系，在这个道德的关系之中，每个人都是目的，不是手段。这个社会就是康德所谓的‘诸目的的王国’（Kingdom of Ends）。”①为了使人成为目的而不是手段，为了建立一个诸目的王国，我们要争取外在的自由。其次，我们之所以要争取外在的自由还在于，只有在自由的社会里才能使文明获得较快的进步，才能促进人类知识的增长。林毓生认为：“自由的社会是最能受惠于知识的社会。换句话说，从有效地享受知识所带来好处的观点来看，自由的社会是一个最有组织、最有效率的社会。”②在自由的社会里，知识与信息可以自由地流通，每个人都可以根据自己的知识、以自己的理智自由地回答所要解答的问题，探寻正确的答案，这就有利于知识的积累与传播，使人本身获得创造性的发展。“从个人的观点来说，他可以自由地做自己所要做的事，不必花时间与精力去做不相干的事，他的情绪容易高昂，可以加倍地努力。”③

内在的自由是指主体自身基于对生命的认识和对生命资源的自知而产生的一种信念和意志的自由。林毓生认为，并不是有了外在的自由，人就会有内在的自由，并不是有了自由的社会，人就能建立主体自身内在的自由。他说：“如果一个人的内在意识被怨恨、恐惧与无知所占据，无论外在自由的架构多么完美，他仍然是没有自由的。一个人只有他对生命有清楚的自觉、对生命的资源有清楚的自知的时候，才能发展内在的自由。换句话说，一个人依据生命的自觉及对于

---

① 林毓生：《中国传统的创造性转化》，生活 · 读书 · 新知三联书店 1988 年版，第 69 页。

② 同上。

③ 林毓生：《中国传统的创造性转化》，生活 · 读书 · 新知三联书店 1988 年版，第 70 页。

生命资源的自知,才能以自由意志去追寻人生中道德的尊严与创造的意义。”① 道德的尊严、创造的意义要靠主体自身去建构、去体悟、去把握。生命如不诉诸理性的省察,这种生命是不值得延续的。人之为人的内在根据在于人能对自己的生命进行认识与反省,能够对生命资源予以自觉的体悟与了解。人生最大的光辉在于人有天生的道德资质,以及在思想上经由反省而能自我改进的理知能力。天生的道德资质包括爱心、同情心、羞恶感、自尊心等。内在的自由即是对天生道德资质的发掘与释放,使人获致道德的尊严与生命的意义。在林毓生看来:“在实质层面,这种道德的尊严与创造的经验是不能在自我封闭系统中获致的;一个人必须与真正的道德的与创造的实例相接触,受其启发,才能去追寻。”②内在的自由同“奇理斯玛”权威(charismatic authority)有一种不可分割的关联性。林毓生指出:“一个人必须在实质层面真正得到启发,才能对人生的意义产生清楚的自觉、对生命的资源产生清楚的自知,才能获致道德的尊严与创造的经验。易言之,他必须有所根据。”③这种根据就是马克斯·韦伯所谓的“奇理斯玛”权威。“奇理斯玛”(charisma)本义是“神圣的天赋”(the gift of grace)。这个字来自早期基督教的语汇,最初指谓得有神助的人物,这种人物登高一呼,万众遵从。后来,马克斯·韦伯在界定权威的不同形态的时候,用来指谓一种在社会不同行业中具有原创能力的人物的特殊资质,他们之所以具有创造力,是因为他们的资源被认为与宇宙中最有力、最实在与最重要的泉源相接触的缘故。爱德华·席尔斯(Edward Shils)更进一步引申“奇理斯玛”这个观念,用以指称与最神圣的泉源相接触的行为、角色、制度、符号与实际物体。根据对“奇理斯玛”权威的溯源索解,林毓生认为:“‘奇理斯玛’是源头活水,是真正的创造能力在社

---

① 林毓生:《中国传统的创造性转化》,生活·读书·新知三联书店1988年版,第73页。

② 林毓生:《中国传统的创造性转化》,生活·读书·新知三联书店1988年版,第82页。

③ 林毓生:《中国传统的创造性转化》,生活·读书·新知三联书店1988年版,第73页。

会上和文化上产生的功能。”[①]“奇理斯玛”无疑是大型的，这是一种涵盖面既深且广的“奇理斯玛”。这种“奇理斯玛”具有重大的原创能力，包括对问题的理性的洞察力与能够对于面对的问题提出适当方案而彻底解决的能力，正因为如此，它才能赢得人心悦诚服的遵从。这种心悦诚服的对“奇理斯玛”的遵从无疑是人的内在自由的一个表征。因此，林毓生指出，人的内在自由的获得并不必然地要以破坏权威、破坏秩序为代价，相反“奇理斯玛”权威还可以启发人们对生命资源的认识，使人们获得道德的尊严与创造的经验。基于这种内在自由与“奇理斯玛”权威关系的认识，林毓生结合五四运动反权威的做法，指出：“个人是不是从压制性的权威与僵化的权威中解放出来以后便可获得自由了呢？换句话说，把这些压制性的权威与僵化的权威打倒以后，我们是不是就可享有个人自由了呢？从形式上去演绎，很易得到肯定的答复。但实际情况，不但不如此简单，而且如果继续抱持这种想法的话，反而会阻碍真正有生机的个人自由的建立。”因此，“无论把压制性的权威与僵化的权威粉碎得多么彻底，它本身并不能直接导引个人自由的获得”[②]。“假若我们一味沉湎于幻觉之中，以为打倒我们厌恶的权威便可获得个人的自由，甚至认为一切权威都是与自由不能相容，所以不能够也不愿意正视心安理得的权威与个人自由的正面关系，那么我们终将无法获得个人的自由。”[③]林毓生的结论是：“有生机的个人自由与心安理得的权威是相辅相成的，合则两美，离则两伤。”[④]正因为有生机的个人自由与心安理得的权威相辅相成，所以依靠自由的原理和价值所建立起来的社会才是一个有秩序的法治社会，而不是一个自行其是、为所欲为的无政府社会和混乱社会。

---

① 林毓生：《中国传统的创造性转化》，生活·读书·新知三联书店 1988 年版，第 84 页。

② 林毓生：《中国传统的创造性转化》，生活·读书·新知三联书店 1988 年版，第 80－81 页。

③ 林毓生：《中国传统的创造性转化》，生活·读书·新知三联书店 1988 年版，第 81 页。

④ 同上。

3. 中国传统的创造性转化

贯穿林毓生伦理思想的一个中心思想是,自由主义的价值系统不能经由打倒传统而获得,只能在传统经由创造的转化而逐渐建立起一个新的有生机的传统的时候才能逐渐获得。因此林毓生批评五四运动全盘性反传统文化的行为,深入地研究外在的自由与内在的自由的含义,倡导对中国传统文化应有一个自由主义的价值关照,进而实现对中国传统的创造性转化。

在林毓生看来,中国传统文化中有自由的语汇,但并没有西方近代自由主义所讲的那种自由。“所以我们说,传统语汇中的自由一词,并不能代表自由主义所说的观念。但如果说自由主义中一个主要的观念是人的道德自主性(the moral autonomy of man),那么儒家的仁的哲学的确蕴涵了这个观念。”[①]遗憾的是,儒家仁的伦理学在历史的发展中受到“许多内在与外在因素的影响,经常与违反自由主义的观念与行为缠绕在一起,以致在传统的中国,它的实质力量并未得到发挥,在一些学派中甚至有倾向或变成形式主义的现象”[②]。尽管如此,儒家仁的伦理学还是可以进行创造性的转化,使之成为中国自由主义发展的一部分基础,“借以与康德哲学的道德自主性的观念相衔接,以期融合而发扬光大之”[③]。儒家没有提出外在的自由,但在仁的观念里已经涉及内在的自由。林毓生肯定性地指出:在内在的自由方面,儒家仁的伦理观念经过创造性的现象阐释是可以与康德的道德哲学汇合而产生正面贡献的。在林毓生看来,中国传统中许多令人厌恶的行为模式与制度,并不完全是由传统的伦理思想与道德价值所造成的。“固然,开倒车式的复古与自由、民主、科学不能相容;硬说中国传统中有现代西洋民主与科学的思想,亦足以斫丧许多传统成分的本身价值。但孔孟思想中仁先于礼的观念,是与汉代以后,受阴阳五行与帝国统治的影响而发展出来的一套

---

① 林毓生:《中国传统的创造性转化》,生活 · 读书 · 新知三联书店 1988 年版,第 287 页。

② 林毓生:《中国传统的创造性转化》,生活 · 读书 · 新知三联书店 1988 年版,第 288 页。

③ 同上。

仁必须在当时特定的礼的形式中完成的思想,颇不一致的。这两种思想蕴涵着很大的冲突。孔孟思想中仁先于礼之道德自主性的观念,虽然与西洋近代自由思想的道德基础——康德的道德自主性观念——并不完全一样,但两者在理论上是可以交融的。"①孔孟儒家所建立的仁学伦理学,强调"为仁由己","我欲仁斯仁至矣",提出了"当仁不让于师"和"无求生以害仁,有杀身以成仁"的命题,充分肯定了人的道德主体性和仁的自觉,奠定了内在的自由的基础。孔孟儒学的仁的观念同西洋近代康德的道德自主性观念是颇为一致的,彼此之间有着相容相摄的成分。我们应当发掘孔孟仁学伦理的精华,重建中国自由主义的伦理基础。林毓生强调:"要实现自由与民主,今后中国有识之士,不应再拾那五四时期(主要因不能从传统一元论的有机思想模式的影响中解放出来所造成的)对中国传统全面否定的牙慧,这种把自己连根拔起,向西洋一面倒的办法,从五四以来的中国思想史上看,不但不易使自由思想在中国泥土上成长,反而使自己成为一个文化失落者。因此,中国自由主义者的现代课题,而是对传统实行创造的转化。"②

那么,究竟什么是中国文化传统的创造性转化呢?林毓生认为,所谓中国文化传统的创造性转化是指运用科学理性和批评精神把中国文化中的符号与价值系统加以改造,使经过改造的符号与价值系统变成有利于变迁的种子,同时在变迁的过程中继续保持文化的认同。中国文化传统的创造性转化是一项无比艰苦而长远的工作,不是任何一个人、一群人或一个时代的人所能达成的。但是我们应当为此而努力。具体来说,我们应当以开阔的胸襟,高瞻远瞩,必须超脱"民族的自尊与自卑及文化的自傲与创伤",根据对未来确定的取向,深入系统地钻研中西文化,力求能对这两个文化传统的来龙去脉有深切的历史认识,对其精神实质乃至优劣长短有明晰的了解与把握,同时要研究近百年来中国自由主义思想

---

① 林毓生:《中国传统的创造性转化》,生活·读书·新知三联书店 1988 年版,第 313 页。

② 同上。

的发展,避免前人所犯的错误。林毓生主张“超越那没有生机的两极”[1],即超越“把过去的腐朽与纤巧当作国粹宣传”的国粹主义或复古主义和盲目崇拜西洋文化的崇洋主义,认为这两种极端都是没有生机与活力的。对中国过去的腐朽与纤巧愈当作国粹来宣传就愈会使人觉得“中国传统中好像只有这种腐朽与纤巧”;“对西洋愈崇拜,愈不能对西洋产生深切的了解,而且愈使自己失去文化创造不可或缺的自我。”[2]林毓生赞同博兰霓(Michael Polanyi)的关于创造的泉源的观点,认为真正创造的泉源是来自个人心中无法表面化的“支援意识”(subsidiary awareness),而不是表面上可以明说的、隐含于内心的、通过文化和教育潜移默化所获得的一种文化素养,这种素养只能在接触丰富、具体而亲切的事例的过程中得来。林毓生指出:“例如:一个想做音乐演奏家的人,在他的集中意识中,无论多么努力(学会了各种演奏技巧,研究了各个名家的传记,听了许多名家的演奏会和唱片,平日勤加练习等等),他还是不能变成大家,但如果他有好运,一朝被一位音乐大师收为门生,经常跟随他一起练琴,偶尔被这位大师相当武断地改正一下姿势或手法(艺术大师通常只知如何‘做’,但却说不出道理),日久天长,在潜移默化中,他渐渐形成了一种无法明说的‘支援意识’,心中产生了如何拉弹才对劲的感觉,最后甚至可能超越大师的作风,自成一家,青出于蓝。”[3]音乐的创造如此,道德的创造、文化的创造亦然。中国传统伦理文化之所以在近代很难实现创造性的转化,一个极为重要的原因就在于我们的“支援意识”相当薄弱、贫乏,因此不能从传统的学习和师友的切磋琢磨中获得创造的动力与泉源。五四时期以全盘性反传统运动来推进自由主义,结果使自由主义陷于干涸的沙滩而举步维艰。林毓生强调指出:“文化的创造最大的动力是与亲切、具体、有生命力的实践相接触;而在我们的精神中,真正使我们产生具体亲切感的,是我们文化的传统宝藏中许多具有艺术与道德生命力的东西。对于许多传统中的

---

① 林毓生:《中国传统的创造性转化》,生活·读书·新知三联书店 1988 年版,第 250 页。

② 同上。

③ 林毓生:《中国传统的创造性转化》,生活·读书·新知三联书店 1988 年版,第 250－251 页。

死东西,如以教条式的态度在'集中意识'中硬要保存,无论如何努力,除了自欺欺人以外,终究是毫无功效的。但如以开放的心灵与我们的文化传统相接触,如果我们在这种接触中真诚地对某些东西产生具体的亲切感,这种亲切感自然会使我们的'支援意识'丰富而活泼,我们文化的创造力也自然会充沛起来。根据这种充沛的自我力量,我们同时也可以超脱过去崇洋的风气。因为,只有在我们对西洋文化与艺术产生了具体而真切的了解以后,我们才能不崇洋,这种具体而非形式的了解必须以我们自己具体而非形式的观念与感受作基础才能获得。"① 林毓生呼唤中国人多一些"支援意识"少一些"集中意识",破除形式主义的谬误,提倡对中西文化进行深入细致的了解与研究,以此开拓出中国自由主义的崭新前途。林毓生公开宣称:"我主张的自由主义是根据文化的素养,对历史的发展有敬意,认为过去的努力不是没有意义,所以肯定文化与价值的连续性,我们对过去的错误要检讨与批评,但我认为人类的历史并不是一个笑语,我不认为过去的人都想错了,只有我才想得通。"②

基于上述认识,林毓生在谈到中国自由主义的前途时指出,自由主义必须与优秀的中国传统文化相结合。不仅"一个自由的社会必须建基于传统"③,而且个人内在的自由也必须借助"奇理斯玛",通过对传统道德文化的接触而获取"支援意识"才有可能实现。"自由的传统性结构不仅与理性的批评及创造性的革新相容,而且是理性的批评与创造的革新的必要条件。"④个人主义的价值观念、自由的价值目标并不必然地同中国传统伦理文化水火不容,因此要以你死我活为代价。林毓生认为,要建构起个人主义的价值观念和自由主义的价值系统,

---

① 林毓生:《中国传统的创造性转化》,生活·读书·新知三联书店 1988 年版,第 251 页。

② 林毓生:《中国传统的创造性转化》,生活·读书·新知三联书店 1988 年版,第 60 – 61 页。

③ 林毓生:《中国传统的创造性转化》,生活·读书·新知三联书店 1988 年版,第 192 页。

④ 林毓生:《中国传统的创造性转化》,生活·读书·新知三联书店 1988 年版,第 193 页。

"依赖整体性反传统思想是不可能的",需要的倒是"对儒家人文主义作创造的转化"。"若对儒学重作一番解释的功夫,我相信儒家道德理想主义与西方自由人文主义之间的新整合有相当可行的可能。无人能预言此一整合之结果,但是,对我而言,似乎仅有这样的整合,自由个人主义始能在中国知识分子的意识里生根。这新的中国自由个人主义当然与西方的自由个人主义不能尽同。但是它有许多要点是与西方自由个人主义相合的。对中国知识分子而言,此一新整合的工作可能在其本身就是一有价值的工作,他们也许因此会发现一个新的认同的意识。"①

4. 林毓生自由主义伦理观的特点与局限

林毓生的自由主义伦理观是中国自由主义伦理思潮发展史上的一个新阶段,是第三代自由主义伦理思想的集中表现。林毓生的自由主义伦理观从对五四精神与五四思想的剖判起步,既肯定了五四精神、五四目标的合理性,又批判了五四思想全盘性反传统文化的错误,提出了"超越五四思想以弘扬五四鹄的"和"迈出五四以光大五四"的命题,从而理顺了自由主义的价值系统与传统文化之间的关系,矫正了多年来将自由主义的价值系统与传统伦理文化对立起来的思想偏向;接着又深入分析了自由的两种类型及自由与权威的关系,探讨了自由的真义及其基本特质,论述了自由主义的价值系统与法治、秩序和道德典范、道德尊严之间的内在关联性;最后又从开拓中国自由主义的前途上提出了将西方个人自由主义与儒家人文主义整合起来的设想,阐释了如何使中国传统伦理文化实现创造性转化的原则及其具体性步骤,为中国自由主义伦理思潮的新发展提出了一份科学精致的设计图案。

林毓生的自由主义伦理观以开放的胸襟和博大的情怀吸引着现代新儒家伦理思潮的合理因素,同时又不讳言中国自由主义伦理思潮的偏弊与过失,试图超越五四以来自由主义伦理思潮与现代新儒家伦理思潮的尖锐对立,力求站在一

---

① 林毓生:《中国传统的创造性转化》,生活·读书·新知三联书店 1988 年版,第 195 页。

个更高的起点上对两种伦理进行吸收和扬弃,主张创造性地阐释孔孟的仁学伦理学,使之与西方近代自由主义的伦理基础——康德的个人道德自主性观念——相融合,赋予中国自由主义伦理思潮以新的内容。林毓生的自由主义伦理观是对中国自由主义伦理思潮的发展和深化。

林毓生的自由主义伦理观同其先师殷海光的伦理思想一样充满着继承和光大五四精神,为自由、民主、科学、法治的实现而不懈奋斗的道德热情。他深感于中国自由主义伦理思潮及其发展的曲折坎坷,决意不避横逆,以一人之力对中国自由主义的精神与价值作悲剧性的重建。他冷峻地审视中国自由主义思潮发展的过去,集中解剖了以胡适为代表的第一代和以殷海光为代表的第二代自由主义的贡献与缺陷,主张以“支援意识”和“奇理斯玛”权威,重振中国自由主义的雄风,为之开拓出第三代自由主义光明灿烂的前景。林毓生自述:“回想自1960年负笈来美以前,其间有许多年对中国现实的许多方面甚感失望,以致变得很是消极——自觉无论个人如何努力,将来终究不会发生多大作用;个人只能在纯学术的范围之内做一点研究工作。可是,即使在最悲观的时候,却绝不能忘却自己同胞的苦难,也总不能不想到中国民族的未来。同胞的苦难与民族的未来需要大家关心,从各方面谋求解救与发展,所以每个人(当然包括我自己在内)都需要站在个人的岗位上,尽一己之力。”①而这一念念不能忘却的情怀致使他孜孜探求“为什么在中国实现多元化的自由主义是那么艰难?”“什么才是我们所需要的真正的自由?”“中国自由主义未来的发展如何?”等问题。在长达二十余年的孜孜求索中,他发现一个令他自己也令中国自由主义思潮为之震惊的认识,即自由主义的价值系统不能经由打倒传统和激烈性批判传统、整体性反传统的运动而形成和建立起来,只能在传统经由创造的转化而逐渐建立起一个新的有生机的传统的时候才能逐渐获得。自由主义需要“支援意识”,也需要真正的“奇理斯玛”权威。自由主义价值系统根据文化的素养,对历史的发展怀抱敬意,肯定文化与价值的连续性。基于这种认识,林毓生认为西方自由主义的理想与中

---

① 林毓生:《中国传统的创造性转化》“自序”,生活·读书·新知三联书店1988年版。

国儒家道德理想主义是可以整合也能够进行整合的，这种整合将使儒家传统发生创造性的转化，同时也将使自由主义发生新的转折，形成真正的中国自由主义。

从自由主义可以分为激进的自由主义或情感性的自由主义与温和的自由主义或理智性的自由主义而言，林毓生的自由主义伦理观无疑属于温和型的自由主义或理智性的自由主义。这种自由主义主张学习西方，深入全面地了解西方文化，但反对崇洋媚外的全盘西化，主张“超越那没有生机的两极”。在对待自己的传统文化的态度上表现得更为冷静和理智，它既反对沉湎传统局限于传统的复古主义和国粹主义，也反对否定传统摒弃传统的民族虚无主义和全盘西化论，它之主张对传统文化进行理性化的批评从而使其实现创造性的转化，确乎是自由主义思潮中殊为难得的清纯之音，传达着自由主义思潮勇于自我修正、自我超越的信息。

林毓生的自由主义伦理观固然也存在着自身的矛盾与不足，比如自由主义的价值取向与儒家伦理思想究竟如何结合以及结合后还是不是自由主义？自由主义的价值系统真的能与传统文化相安无事地融合并结为一体吗？内在的道德自由如何转化为外在的政治自由和行为自由？个人内在的自由仅仅是指道德主体性观念吗？自由主义的价值系统真的能在传统文化的基础上产生吗？如此等等的问题，在林毓生的伦理思想那里并未得到明确的解答与论证。但是从中国自由主义伦理思潮发展的总流程上考察，从对自由主义伦理思潮局限的突破和优点的继承上看，林毓生的自由主义伦理观无疑是一枝奇葩，包含着不少值得我们认真吸取的合理因素和有价值的成分。

四、李泽厚的西体中用论伦理观

李泽厚（1930—）是中国大陆80年代自由主义伦理思潮的代表人物，他的伦理思想反映了一部分经历了新中国成立后多次政治运动冲击及十年“文革”浩劫灾难的知识分子对民族命运、国家现代化、伦理文化建设的认识和主张。他们认识到了马克思主义统治中国几十年所造成的“经济停滞不前,政治动乱不止,文化破坏不息”的症状,主张从思想理论上清理20世纪诸种思潮,重新认识五四启蒙运动的意义和价值,强调继承五四启蒙运动传统并开展新的思想道德启蒙,建设西体中用论的伦理模式,以此把中国的现代化推向前进。

1. 救亡压倒启蒙说

李泽厚认为,五四运动是新文化运动与学生反帝爱国运动的统一,因而启蒙与救亡相互促进,从时间顺序上说则是先有启蒙后有救亡,救亡为启蒙运动之一产物。以陈独秀为代表的革命民主主义者从总结近半个世纪以来中国洋务、变法、革命诸运动的经验教训出发,主张开展国民运动,进行伦理文化和思想道德的启蒙。他们把唤起民众的觉悟来自觉自动地争取民主、人权、自由当作今日中国最首要的问题,强调伦理觉悟为吾人最后觉悟之最后觉悟,并强调改造国民性、批判旧道德提倡新道德。陈独秀在《敬告青年》一文中,以中西文化对比的方式,抨击各种传统观念,提出“自主的而非奴隶的”“进步的而非保守的”“进取的而非退隐的”“世界的而非锁国的”“实利的而非虚文的”“科学的而非想象的”六项主张,鼓吹“科学与人权并重”。在《本志罪案之答辩书》中,陈独秀公开提出科学与民主,认为“要拥护那德先生便不得不反对孔教、贞节、旧伦理、旧政治;要拥护那赛先生,便不得不反对国粹和旧文学”。陈独秀主编的《新青年》以披荆斩棘之姿、雷霆万钧之势,先后发表了易白沙、高一涵、胡适、吴虞、刘半农、鲁迅、李大钊、钱玄同、沈尹默、周作人等人的各种论说和白话诗文,第一次全面地、猛烈地、直接地抨击了孔子和传统道德,使得以道德革命和文学革命为内容的新文化运动汹涌澎湃地开展起来。

李泽厚又认为,五四新文化运动从一开始便包含着或暗中潜埋着政治的因素和要素,“即是说,启蒙的目标,文化的改造,传统的扔弃,仍是为了改变中国的政局和社会的面貌。它仍然既没有脱离中国士大夫以天下为己任的固有传统,也没有脱离中国近代的反抗外侮、追求富强的救亡主线。扔弃传统(以儒学为代表的旧文化旧道德)、打碎偶像(孔子)、全盘西化、民主启蒙,都仍然是为了使中国富强起来,使中国不再受欺侮受压迫,使广大人民生活得更好一些……所有这些并不是为了争个人的'天赋权利'——纯然个人主义的自由、独立、平等。所以,当把这种本来建立在个体主义基础上的西方文化介绍输入以抨击传统打倒孔子时,却不自觉地遇上自己本来就有的上述集体主义的意识和无意识,遇上了这种仍然异常关怀国事民瘼的社会政治的意识和无意识传统"①。在李泽厚看来,当时一些激进的革命民主主义者之所以激烈地抨击孔子批判传统,是与民国初年自袁世凯到张勋都用孔子和传统文化作政治复辟活动工具的政治性倾向分不开的,为了反对袁世凯和张勋的政治复辟活动,因此不得不开展反对孔子、批判传统文化的运动。李泽厚指出:"以启蒙为目标以批判旧传统为特色的新文化运动,在适当条件下遇上批判旧政权的政治运动时,两者便极易一拍即合,彼此支援,而造成浩大的声势。五四运动正是这样,启蒙性的新文化运动开展不久,就碰上了救亡性的反帝政治运动,二者很快合流在一起了。"②发起五四反帝爱国政治运动的主要领导人即是新文化运动的骨干,他们以思想道德的启蒙运动推动反帝反封建的救亡运动,并以"外抗强权,内除国贼"的救亡运动巩固着思想道德的启蒙运动的成果。李泽厚说,五四运动是一次启蒙与救亡相互促进的运动,"启蒙借救亡运动而声势大张,不胫而走。救亡把启蒙带到了各处,由北京、上海而中小城镇"③。启蒙给救亡"提供了思想、人才和队伍。从北京到各地,那些在爱国反帝运动中打前锋做贡献的,大都正是最初接受了新文化运动启蒙的青年学生。这两个运动的结合,使它们相得益彰,大大突破了原来的影响范围"④。五四运动以后,人们尤其是青年学生的思想和行为大为解放,他们努力冲决各种传统网罗,摆脱封建家族主义的束缚,追求个人的幸福、自由、恋爱和婚

① 李泽厚:《启蒙与救亡的双重变奏》,《中国现代思想史论》,东方出版社 1987 年版,第 12 页。

② 李泽厚:《启蒙与救亡的双重变奏》,《中国现代思想史论》,东方出版社 1987 年版,第 13 页。

③ 李泽厚:《启蒙与救亡的双重变奏》,《中国现代思想史论》,东方出版社 1987 年版,第 15 页。

④ 同上。

姻的自主一时蔚成风尚。

李泽厚认为,五四运动以专注于文化批判始,后因马克思主义的传入强化了政治斗争的主题,从而使救亡压倒了启蒙,科学民主的主题让位于救亡爱国的主题,中国共产党的产生使“政治,并且是彻底改造社会的革命性的政治,又成了焦点所在”①。李大钊、陈独秀由启蒙思想家向马克思主义的转变突显了马克思主义高于自由主义的地位,并使马克思主义改造经济改造政治的学说越过了思想启蒙、道德革命的层次一跃而成为人们关注的重心。李泽厚指出:“在共产党的党旗下,一大批知识青年领导工农取得了中国革命的胜利。在这个历史艰难的胜利斗争中,从建党一开始到抗日战争胜利前夕的延安整风,都不断地在理论上和实践中彻底否定了无政府主义鼓吹的那种种绝对个人主义,也否定了自由主义所倡导所追求的种种个体自由、个性解放等属于资本主义启蒙思想体系中的许多东西。而这些否定和批判主要都是救亡—革命—战争的现实要求,而并非真正学理上的选择。总之,对马克思列宁主义的接受、传播和发展,主要是当时中国现实斗争的需要,而不是在书斋中透彻分析研究了西方自由主义理论学术所得的结果。”②中国人接受马克思列宁主义是在一种急于要求改造社会变革政治的特定情形下的产物,是中国近现代救亡主题的迫切现实要求所造成的。五四后期的危亡局势和剧烈的现实斗争迫使救中国于危亡之中的知识分子,几乎是自发性地接受马克思列宁主义特别是阶级斗争学说和无产阶级专政理论。马克思列宁主义被中国人所接受“表明救亡的局势、国家的利益、人民的饥饿痛苦,压倒了一切,压倒了知识者或知识群对自由平等民主民权和各种美妙理想的追求和需要,压倒了对个体尊严、个人权利的注视和尊重”③。五四运动、北伐战争,然后是十年内战、抗日战争、解放战争,人们很自然地将科学民主和道德革

① 李泽厚:《启蒙与救亡的双重变奏》,《中国现代思想史论》,东方出版社 1987 年版,第 26 页。

② 李泽厚:《启蒙与救亡的双重变奏》,《中国现代思想史论》,东方出版社 1987 年版,第 32 页。

③ 李泽厚:《启蒙与救亡的双重变奏》,《中国现代思想史论》,东方出版社 1987 年版,第 33 页。

命、伦理启蒙搁置一旁,无心或没有闲暇没有工夫来思考、研究它们。“在如此严峻、艰苦、长期的政治军事斗争中,在所谓你死我活的阶级、民族大搏斗中,它要求的当然不是自由民主等启蒙宣传也不会鼓励或提倡个人自由人格尊严之类的思想,相反,它突出的是一切服从于反帝的革命斗争,是钢铁的纪律、统一的意志和集体的力量。任何个人的权利、个性的自由、个体的我在这里是渺小的,它消失了。”①在李泽厚看来,中国革命实质上是一场以农民为主力的革命战争,这场战争虽然经过千辛万苦胜利了,而作为这场战争的好些领导者、参加者的知识分子们,也在现实中为这场战争所征服,亦即他们的心理结构和价值观念被农民意识和封建主义观念同化了,并在马克思主义的名义下泛滥开来。“否定差异泯灭个性的平均主义,权限不清、一切都管的家长制,发号施令唯我独尊的一言堂,严格注意尊卑秩序的等级制,对现代科技教育的忽视和低估,对西方资本主义文化的排拒,随着这场实质上是农民革命的巨大胜利,在马克思主义的社会主义或无产阶级集体主义名义下,被自觉不自觉地在整个社会以及知识者中延漫开来,统治了人们的生活和意识。”②“文化大革命”中封建主义越来越凶猛地假借着社会主义的名义来大反资本主义,高扬虚伪的道德旗帜,要求人人破私立公、斗私批修、灵魂深处闹革命,宣称个人主义乃万恶之源,“终于把中国意识推到封建传统全面复活的绝境”③。以至在“四人帮”倒台之后,人们仍然面临着一个严峻的反封建主义的任务。“五四的启蒙要求、科学与民主、人权和真理,似乎仍然具有那么大的吸引力量而重新被人发现和呼吁,拿来主义甚至全盘西化又一次被提出来。”④李泽厚强调指出,即便是在中国进行社会主义现代化建设的今天,我们依然不能忽视封建主义的消极影响,依然需要弘扬和光大五四启蒙精神,进行新的

---

① 李泽厚:《启蒙与救亡的双重变奏》,《中国现代思想史论》,东方出版社 1987 年版,第 33 页。

② 李泽厚:《启蒙与救亡的双重变奏》,《中国现代思想史论》,东方出版社 1987 年版,第 36 页。

③ 李泽厚:《启蒙与救亡的双重变奏》,《中国现代思想史论》,东方出版社 1987 年版。

④ 同上。

伦理启蒙和道德革命。他提出对五四启蒙精神进行创造性的转换和转换性的创造,把社会主义民主提到应有的高度来认识。他说,今天"国家的富强(现代化)虽然仍是中国人的首要课题,但启蒙与救亡的关系毕竟可以不同于军事形势下和革命时期中,今天已不应再是强调统帅意志和绝对服从的战争年月,而是社会主义民主提上迫切日程的建设时代。重视个体的权益和要求,重视个性的自由、独立、平等,发挥个体的自动性、创造性,使之不再只是某种驯服的工具和被动的螺钉,并进而彻底消解传统在这方面的强大惰性,在今天比在近代任何时期,便更加紧要"①。

2. 建立主体性伦理学论纲

李泽厚从"救亡压倒启蒙"的历史分析和对康德伦理学的评述研究出发,强调要继承五四启蒙传统和完成五四未竟的事业,就是要高扬人的主体性,建立起主体性伦理学。所谓主体性伦理学即是以人为道德的主体的伦理学,它意味着任何关于人类道德的解释都必须基于人类主体性的基础,从主体自身的自由意志及其主体性道德关系来解释人类的道德生活现象。主体性伦理学的创立是康德的杰出贡献。可以说,从苏格拉底至近代人道主义伦理学只是主体伦理学诞生的历史前奏,只有康德的伦理建构才是主体伦理学的成功尝试。李泽厚指出:"康德哲学的巨大功劳在于,他超过了也优越于以前的一切唯物论者和唯心论者,第一次全面地提出了这个主体性问题,康德哲学的价值和意义主要不在他的'物自体'有多少唯物主义的成分和内容,而在于他的这套体系把人性(也就是把人类的主体性)非常突出地提出来了。"②

李泽厚认为,伦理学是康德整个哲学体系的一个重要方面。康德在思想发展行程中,由牛顿转向卢梭,由自然科学及其哲学意义的探求转向人的精神世界的探求。康德在构造批判哲学时,虽然先着手认识论,但却把伦理学摆在高于认

---

① 李泽厚:《启蒙与救亡的双重变奏》,《中国现代思想史论》,东方出版社 1987 年版,第 45 页。

② 李泽厚:《康德哲学与建立主体性论纲》,《论康德黑格尔哲学》,上海人民出版社 1981 年版,第 3 页。

识论的地位。康德的“物自体”在认识论中是感性来源、认识界限和理性理念，处于不可到达的彼岸。这个彼岸在道德实践领域，却是康德认为能对现实起作用的彼岸。“限制知识是为了高扬道德。彼岸之难以到达，显示出彼岸的尊严。纯粹理性不能在客观经验世界中，在认识论中实现其无限、完整、统一的理想，以论证上帝、自由和灵魂不朽的存在，于是就在主体精神世界中，在伦理学中实现。理论理性的批判是强调：认识不能脱离经验。实践理性的批判是强调：道德（原则）必需脱离经验。”①康德在伦理学上的所谓哥白尼式革命，正是在于他把道德的基础从经验的外在对象（物）转移到先验的主体（人）的意志中来。康德认为道德伦理上的所谓义务，不仅与任何爱好、愿望、效果无关，而且还正是在与后者的对峙和冲突中，才显示出道德伦理的崇高本质。“为康德所仅仅抓住并极力突出的，就是这种道德行为、道德意识的一般形式特征。这也是康德伦理学的全部核心所在。康德自己说得明白，卢梭教育了他尊重普通人，日常人所谓哲学、理性不是指有多高的学问，而是指控制了情欲愿望的道德即意志。在康德看来，人能自觉控制自己，‘有所不为’，便最能表达这种意志。”②

李泽厚认为，最能集中反映康德主体伦理思想特色的，是他对三条道德律令的系统论证。康德的第一道德律令是所谓普遍道德立法原理，即“不论做什么，总应该做到使你的意志所遵循的准则永远同时能够成为一条普遍的立法原理”。这一律令的真实意义在于，作为理性存在的人的普遍实践原则必须具有绝对的普遍必然性，使纯粹的实践理性的基本法则具有客观权威。康德的第二律令可谓之人是目的律，即“你须要这样行动，做到无论你自己或别的什么人，始终把人当目的，总不把他当作工具”。在康德看来，人是客观的目的，他的存在即是目的自身，没有什么其他只用作工具的东西可以代替它。因此，相对于人与道德律令来说，不是道德律令决定人，而是人成了道德律令的依据。绝对命令所要求的普遍立法，其所以可能，正在于人作为目的是一律平等的，因而才有普遍有效性。康德强调，物品有价格，人只有人格，他不能因对谁有用而获取价格。人作为自

① 李泽厚：《批判哲学的批判》，人民出版社 1984 年版，第 274 页。
② 李泽厚：《批判哲学的批判》，人民出版社 1984 年版，第 284 页。

然存在,并不比动物优越,但人作为本体存在,作为实践理性的主体,是超越一切价格的。人的价值不是利害功用所能估价和计算的,任何物质财富、珍宝贵器都不能与人的存在相比拟。李泽厚指出,康德这个伦理学命题的重要意义在于,"它实际上并不纯粹,而是强烈地反映了一定社会时代阶级的要求和动向,反映了法国资产阶级革命时代的课题和德国资产阶级的进步呼声。康德打出这个纯理性的作为目的的人的旗号,实质上是向封建主义要求独立、自由、平等的呼声"①。康德人是目的的道德律令具有人权、民主的资产阶级实质内容。康德的第三道德律令可谓之意志自律,即"各个有理性者的意志都是颁布普遍律的意志"。意志自律即是自己为自己立法,这一律令是康德主体伦理思想的经典表述。道德的普遍立法形式(律令一)是保证实践理性原则的理论前提,人是目的律(律令二)是道德主体自我立法的内在根据,而作为理性存在的人类主体的目的地位,赋予了主体自我立法的权利,这就是人的意志自由的真谛所在。通过对意志自律的确证,客观的道德立法形式便由一种外在限制形式内化为主体自我规范的积极内容,成为道德主体的至上目的性和崇高自律性的证明。理性给自己立法就是人的自由,自由是纯粹理性在伦理道德上的表现。"自由这个概念是解释意志自律的关键。"自由是纯粹理性体系的"整个建筑的拱心石",是灵魂不朽、上帝存在等其他一切概念的依据。

李泽厚认为,康德的主体性伦理学一方面强调自由是绝对命令的根源和依据,是道德律令的基础和前提,另一方面又认定道德律令是自由意志体现出来的途径,强调自由离开了道德便永远不能被人感觉到。正是基于这种自由与道德关系的认识,康德把自由确定为伦理学的出发点和目的,认为一切关于人类道德的原则都应当是自由意志的自我确立。康德说:"一个人也能够成为我所钟爱、恐惧、惊羡甚至惊奇的对象。但是,他并不因此就成了我所敬重的对象。他的诙谐有趣,他的勇敢绝伦,他的膂力过人,他的位重权高,都能拿这一类情操灌注在我心中,不过我的内心对他总不起敬重之感。芳泰奈尔说:'在贵人面前,我的身子虽然鞠躬,而我的内心却不鞠躬。'我可以还补充一句说:如果我亲眼见到一个

① 李泽厚:《批判哲学的批判》,人民出版社 1984 年版,第 290 页。

寒微平民品节端正，自愧不如，那么，我的内心也要向他致敬，不论我愿意与否，也不论我怎样趾高气扬，使他不敢忽视我的高位。这是因为什么呢？正是因为他的榜样在我面前呈露出一条可以挫沮我的自负的律令（如果我把自己的行为与这个律令作一比较）。”[①]只有人的道德主体性及其人品，才能引起“敬重”的道德感情，这种“敬重”的道德感情建筑在理性判断的基础之上，是对道德主体性及其人品因而是对那个神圣的道德律令耸然高出于自己和自己的自然天性之上，产生一种惊叹赞羡的感情。

在李泽厚看来，康德在伦理学方面的巨大贡献正在于他突出了人的道德主体性。康德的主体性伦理学远远超过了英国和法国的肤浅的功利主义，“康德的伦理学却比功利主义伦理学更深入地接触到道德的本质，接触到人类主体性行为的核心”[②]。康德的主体性伦理学高扬了人的主体地位及其价值，要求人掌握自己的命运和自由，成为自己实践活动的真正主宰，体现着尊重人、把人当人看的人道主义精神。李泽厚强调指出，改革开放的社会实践要求我们建立主体性伦理学，马克思主义伦理学“不能也不应回避或贬斥，相反应该宣扬这些问题（主体性伦理学问题），应该看到个体存在的巨大意义和价值将随着时代的发展而愈益突出和重要”[③]。人是伦理道德的主体和目的，人的主体性是一切道德行为的原动力，道德的本质是人们自我肯定、自我发展、自我实现的社会形式。

3. 西体中用论的伦理文化模式

针对中国近百年来的中体西用论所造成的伦理文化建设成就甚微的症状，李泽厚提出了西体中用的伦理文化模式理论。李泽厚认为，西学东渐或向西方学习经历了“科技—政治—文化”三个阶段，亦即“洋务运动—戊戌、辛亥—五四”三个时期，由船坚炮利振兴实业以富国强兵，到维新、革命来改变政体，到文

---

① 康德：《实践理性批判》，商务印书馆 1960 版，第 78 页。

② 李泽厚：《康德哲学与建立主体性论纲》，《论康德黑格尔哲学》，上海人民出版社 1981 年版，第 11 页。

③ 李泽厚：《康德哲学与建立主体性论纲》，《论康德黑格尔哲学》，上海人民出版社 1981 年版，第 12 页。

化、心理的中西比较来要求改造国民素质,体现了中国人向西方学习的层层深入,也体现了西方文化在中国传播、生根开花的递进性。在言技阶段人们主张“以伦常名教为本,辅以诸国富强之术”,在坚持中国传统伦理文化为本体和占统治地位的情况下学习西方的科学技术和军事技术。洋务派认为西方的工业科技以至政法制度只是拿来便可用的“器”,至于维护中国自身生存的“道”和“本”则只能是儒家的纲常名教。王韬把孔子之道视为万世不变的常道,薛福成主张“取西人器数之学以卫吾尧舜禹汤文武周孔之道”,郑观应提出“道为本,器为末,器可变,道不可变;庶知所变者,富强之权术而非孔孟之常经也”①,张之洞将前人的理论加以概括,提出“中学为体,西学为用”的“中体西用论”。他说:“不可变者,伦纪也,非法制也;圣道也,非器械也;心术也,非工艺也。……法者,所以适变也,不可尽同;道者,所以立本也,不可不一。……夫所谓道、本者,三纲四维是也。”“中学为内学,西学为外学;中学治身心,西学应世事。……如其心圣人之心,行圣人之行,以孝悌忠信为德,以尊主庇民为政,虽朝运汽机,夕驰铁路,无害为圣人之徒也。”②张之洞的道本既指伦常纲纪即封建专制为特征的政治制度和家族本位为基础的社会秩序,又是与孝悌忠信的个体的道德修养联系在一起的,所以它是治身心的内学,不同于应付世俗外事的西学,二者合起来说是儒家传统的内圣外王之学,只是现在这个外王要辅以西学罢了,但由内而外,先内后外,内为主本,外为辅末,却仍是一贯的。在言政阶段,以康有为、梁启超、谭嗣同为代表的维新派和以孙中山、章太炎为代表的革命派试图以西方资产阶级的自由、平等、博爱、民权来改革中国的政治制度或建立西方式的政治制度。尽管比起洋务派和早期改良派来,维新派和革命派所要提倡、宣传、传播的“西学”,是与传统的“中学”混合杂糅在一起的,但他们实质上已经不自觉地转到以“西学”(自由、平等、博爱)为主体这个方向来了。五四新文化运动可谓言道阶段,在这个阶段,西方文化不只具有器、用、辅、末的含义,而且具有道、体、主、本的地位。陈独秀提倡科学与民主,要求打倒忠孝贞节等一切旧道德;胡适主张全盘西

① 郑观应:《危言新编·凡例》。

② 张之洞:《劝学篇·外篇·变法第七》。

化，要求"死心塌地地去学人家，不要怕模仿"；鲁迅说少读或不读中国书，激烈抨击着种种中国的所谓"国粹"；吴虞大讲孔学吃人，指出"孔二先生的礼教讲到极点，就非杀人吃人不成功，真是惨酷极了"。新文化运动的启蒙思想家们推倒张之洞等人提出的中体西用论，以彻底反传统文化，摒弃中学的方式宣扬全盘西化，提出了救中国必须以西方文化为本的西体中用论。

根据对近百年来中西文化碰撞冲突的认识，李泽厚以为今天对体用中西重新作番研讨，仍然有重要的现实价值和理论价值，并据此提出了自己的西体中用论的伦理文化模式。李泽厚指出，首先，应该重新探讨和明确"体""用"范畴的含义。"今天使用'体''用'范畴，要加以明确的规定。我用的'体'一词与别人不同，它包括了物质生产和精神生产，我一再强调社会存在是社会主体。把体说成是社会存在，这就不只包括了意识形态，不只是学。社会存在是社会生产方式和日常生活。这是从唯物史观来看的真正的本体，是人存在的本身。现代化首先是这个'体'的变化。在这个变化中，科学技术扮演了非常重要的角色，科学技术是社会本体存在的基石。因为由它导致的生产力的发展，确实是整个社会存在和日常生活发生变化的最根本的动力和因素。就是在这个意义上，我来规定这个'体'。所以科技不是用，恰好相反，它们属于体的范畴。"①张之洞的中体西用论看技术仅仅是"用"，不知道轮船、火车、汽车之类的东西是与社会生产力、与社会生产方式紧密连在一起，是后者的具体体现。生产力和生产方式的变化必定带来生活方式和意识形态、政治制度的改变。李泽厚说："总之，'学'——不管是'中学''西学'，不管是孔夫子的'中学'还是马克思的'西学'，如果追根究底，便都不是'体'，不能作为最后的'体'。它们只是心理本体或本体意识，即一种理论形态和思想体系。严格说来，'体'应该是社会存在的本体，即现实的日常生活，这才是根本、基础、出发点。忽视或脱离开这个根本来谈体用、中西，都是危险的。就中国来说，如果不改变这个社会存在的本体，则一切'学'，不管是何等先进的'西学'，包括马克思主义，都有被中国原有的社会存在

① 李泽厚：《漫说西体中用》，《中国现代思想史论》，东方出版社 1987 年版，第 331－332 页。

的‘体’——即封建小生产经济基础及其文化心理结构即种种‘中学’所吞食掉的可能。”①在李泽厚看来，现代化首先是要改变小生产的经济基础、生产方式和生活方式。只有商品经济发达，才能有自由主义的意识和“西学”真正生根、发展的基地。现代化是从西方开始并由西方传播到东方到中国来的。“现代大工业生产、蒸汽机、电器、化工、计算机……以及生产它们的各种科技工艺、经营管理制度等等，不都是从西方来的吗？在这个最根本的方面——发展现代化大工业生产方式方面，现代化也就是西方化。我提出的‘西体’就是这个意思。在科学直接成为生产力的今天，这一点更加清楚、明白。”②李泽厚认为，如果承认根本的“体”是社会存在、生产方式、现实生活，如果承认现代大工业和科技也是现代社会存在的本体和实质，那么生长在这个“体”上的自我意识或本体意识的理论形态，即产生、维系、推动这个“体”的存在的“学”，就应该也理当为“主”，为“本”，为“体”。这种“学”当然是近现代的“西学”，而不可能是传统的“中学”。这个西学包括马克思主义但绝不仅仅只是马克思主义，除马克思主义之外，它还包括好些别的思想、理论、学说、学派，如科技工艺理论、政经管理理论、文化理论、心理理论，等等。李泽厚指出：“我们今天的意识形态、文化观念以及上层建筑便应输入这些东西，来作为主体作为基本作为引导。”③不要有了马克思主义就忘乎所以，甚至将马克思主义同现代科学技术理论、政经管理理论、文化理论割裂开来。李泽厚认为，现代社会是一个多元化和多样化的社会，现代的西学亦然。因此在全面了解、介绍、输入、引进过程中，自然会发生一个判断、选择、修正、改造的问题。“在这判断、选择、修正、改造中便产生了‘中用’——即如何适应、运用在中国的各种实际情况和实践活动中。实体与功能即用本不可分，中国传统也讲体用不二：没有脱离‘用’的‘体’，‘体’即在‘用’中。因此，如何把‘西

① 李泽厚：《漫说西体中用》，《中国现代思想史论》，东方出版社 1987 年版，第 332 - 333 页。

② 李泽厚：《漫说西体中用》，《中国现代思想史论》，东方出版社 1987 年版，第 336 - 337 页。

③ 李泽厚：《漫说西体中用》，《中国现代思想史论》，东方出版社 1987 年版，第 333 页。

体'用到中国,是一个非常艰难的创造性的历史进程。"[①]李泽厚强调,在将西体西学介绍、输入、引进中国的过程中,首先不要使西体西学被中国本有的顽强的"体"与"学"——从封建小生产方式、农民革命战争到上层孔孟之道和种种国粹所俘虏、改造或同化掉,相反,要用现代化的西体西学——从科学技术、生产力、经营管理制度到本体意识(包括马克思主义和各种其他重要思想、理论、学说、观念)来努力改造中体中学,转化中国传统的文化心理结构,有意识地改变这个积淀。

李泽厚认为,西体中用论是对"中体西用"和"全盘西化"两者弊端的矫正与克服,是中国伦理文化重建唯一正确而可行的模式,是当代中国人建设现代化的必由之路和价值导向。坚持西体中用论的文化价值取向,就能比较好地改变中国文化的心理积淀和转换中国传统的文化心理结构。"改变、转换既不是全盘继承传统,也不是全盘扔弃。而是在新的社会存在的本体基础上,用新的本体意识来对传统积淀或文化心理结构进行渗透,从而造成遗传基因的改换。这种改换又并不是消灭其生命或种族,而只是改变其习性、功能和状貌。例如,在商品经济所引起的人们生活模式、行为模式、道德标准、价值意识的改变的同时,在改变政治化为道德而使政治成为法律的同时,在发展逻辑思辨和工具理性的同时,却仍然让实用理性发挥其清醒的理知态度和求实精神,使道德主义仍然保持其先人后己、先公后私的力量光芒,使直觉顿悟仍然在抽象思辨和理论认识中发挥其综合创造的功能,使中国文化所积累起来的处理人际关系中的丰富经验和习俗,它所培育造成的温暖的人际关系和人情味,仍然给中国和世界以芬芳,……使中国在现代化过程中高瞻远瞩地注视着后现代化的前景。"[②]李泽厚指出,西体中用的中用既包括西体运用于中国,又包括中国传统文化和"中学"应作为实现西体(现代化)的途径和方式。"在这个'用'中,原来的'中学'就被更新了,改换了,变化了。在这种'用'中,'西体'才真正正确地'中国化'了,而不再是在'中

---

① 李泽厚:《漫说西体中用》,《中国现代思想史论》,东方出版社 1987 年版,第 336 – 337 页。

② 李泽厚:《漫说西体中用》,《中国现代思想史论》,东方出版社 1987 年版,第 338 页

国化'的旗帜下变成了'中体西用'。"[①]李泽厚相信,真正的西体中用"将给中国建立一个新的工艺社会结构和文化心理结构,将给中国民族的生存发展开辟一条新的道路和创造一个新的世界"[②]。

4. 李泽厚伦理思想的影响与困境

李泽厚的伦理思想在中国大陆 20 世纪 70 年代末和 80 年代初乃至中后期有着较大的影响,一部分青年知识分子曾经甚至将其视为"精神导师""思想领袖"。李泽厚所撰写的一些著作如同萨特、尼采、弗洛伊德等西方哲学伦理学大师所撰写的著作一样,曾经在大陆高校各书店出现一次胜过一次的抢购热潮,一时间一些青年以谈论李泽厚的书和文章为荣。正如有人所指出的,李泽厚与当代中国思潮之间有一种互为表里、相辅相成的关系。李泽厚的伦理思想最先对十年"文革"进行反省,对马克思主义伦理思想在中国近几十年的传播与发展进行历史的批判。正是在对马克思主义伦理思想及其中国化的批判反省中,李泽厚得出了中国马克思主义伦理思想与封建主义伦理思想在实践中的某种融合,即马克思主义伦理思想之名与封建主义伦理思想之实的和合的结论,从而主张在批判封建主义伦理思想的同时对马克思主义伦理思想予以正本清源的批评。他关于"救亡压倒启蒙"的理论,系统地论述了马克思主义传入中国并为中国人民所接受仅仅是一种救亡的迫切需要而不是启蒙发展的历史必然,因而隐含着马克思主义对于中国仅仅只具有"工具的合理性"而不具有"价值的合理性"的意义,带有否定马克思主义伦理思想乃至否定共产党所领导的中国新民主主义革命和社会主义革命合理性的倾向。这种理论在 20 世纪 80 年代中国改革开放的特定形势下得到某些人,主要是某些青年的称许和认同是不足为奇的,而它事实上也成为 20 世纪 80 年代几次资产阶级自由化思潮的理论原点,在某种意义上形成对建设中国特色的社会主义的冲击。也正因为如此,它理所当然地受到了

---

① 李泽厚:《漫说西体中用》,《中国现代思想史论》,东方出版社 1987 年版,第 338 页。

② 同上。

坚持马克思主义的伦理学人的批驳,并且随着实践的推移为越来越多的坚持走建设中国特色社会主义道路的人们所识破和抵制,其影响也就不能不江河日下了。

李泽厚的伦理思想从对康德伦理学的阐释中引申出建构主体性伦理学的设想,强调道德是人的自由意志的创造和人自己为自己立法的确证,主张尊重人的价值、人格与自由,就此而论,它无疑反映了人类伦理思想的大趋势,具有一定的积极意义。的确,道德不同于法律、宗教,它是人类实践一精神地把握世界的一种特殊方式,是人类主体精神的自律。但是,李泽厚的主体性伦理学除了阐发、引申康德的道德律令思想以外,多停留在一般的议论或感慨的层面,并无多少实质性的见解。他没有意识到道德主体性是个体主体性与群类主体性的统一,是自由与必然的统一,因而在他那里道德主体性与道德规范性是绝对的对立或水火不相容的,这种道德主体性是使道德成为主观主义和相对主义的潜因或酵母。事实上,道德主体性与道德规范性是辩证的统一,没有离开道德规范性的道德主体性,也没有离开道德主体性的道德规范性。道德规范是群类主体性的表现与确证,也是个人主体性与个人主体性的协同与整合即交互主体性的实现形式,相对于个人主体性来说,虽则具有外在约束力和价值定向功能,但它同时凝聚着个人的价值认定和主体意志,是自律自为的主体意志的外在显现。道德规范是一种社会化的个人道德主体性。个人道德主体性不仅能够将社会的道德规范内化为自己的道德品格,而且在一定的条件下,也能够将自身的道德意识外化为社会的道德规范。

李泽厚的伦理思想在伦理文化建设的总趋势和总目标上主张西体中用,虽然是想避免"全盘西化""中体西用"之类主张的片面性,但由于李泽厚对它的论述并不明晰,内容颇多混乱,事实上并没有能够避免"全盘西化""中体西用论"的理论弊端,相反走入了一种新的"全盘西化论"的深渊而不能自拔。首先,李泽厚在"体""用"的解释上不仅与传统的用法不同,而且本身就自相矛盾。传统意义上的"体""用"有的是从本体论意义上讲的,"体"指本体、实体,"用"指功能、效用;有的是从文化系统的体系结构上讲的,"体"指根本的指导思想,"用"指作用及其表现形式。这两种"体""用"的用法,在各自的领域中都是适当的。李泽厚的"西体中用论"则一方面把"体"看成是社会存在,认为社会存在、生产方式、现实生活是本体和实质;另一方面又把“体”看作是与一定社会存在相应的意识形态。一方面认为本体、实质不只包括了意识形态,不只是学,把社会意识也包括在社会存在之内并同称之为“体”,从而使社会存在成为包容一切存在与意识的综合体,另一方面又把“学”排除于“体”之外,认为“不管是‘中学’‘西学’,不管是孔夫子的‘中学’,还是马克思的‘西学’,如果追根究底,便都不是‘体’,都不能作为最后的‘体’。它们只是心理本体或本体意识,是一种理论形态和思想体系。严格说来,‘体’应该是社会存在的本体,即现实的日常生活。这才是根本、基础、出发点”①。正是这种“水在地上,鲸在水里,地在鲸上”的自相矛盾和前后混乱,使得李泽厚的西体中用论破绽百出,根本不能作为伦理文化建设总目标上的一种价值选择和理论指南。李泽厚的西体中用论其本意是想把现代化等同于西方化,他也直言不讳地提出,“现代化就是西方化,我提出的西体就是这个意思”。而现实告诉我们,现代化绝不等同于西方化,即便是现代化的科学技术也决不仅仅是西方世界所独有的。而西方主要资本主义国家在实际策略和行为实践中也是力图阻碍中国现代化的,西方是不会允许有一个现代化的中国存在于它们卧榻之旁的。因此中国的现代化不能是也不应该是全盘性的西方化。现代化不只是生产力和科学技术的现代化,而且也是生产关系、上层建筑、社会意识和文化心理的现代化。伦理文化的现代化是一个“会通以求超胜”和“综合创新”的过程,因此,必须抛弃中西对立、体用二元的僵固思维模式,排除盲目的华夏中心论与欧洲中心论的干扰,在马克思主义伦理学的基本原理和当代中国社会主义伦理文化建设基础上,以开放的胸襟、兼容的态度,对古今中外的伦理文化系统的组成要素和结构形式进行科学的分析和审慎的筛选,根据中国社会主义现代化建设的实际需要,发扬民族的主体意识和创造精神,才能创造出一种既有民族特色又充分体现时代精神的现代化的伦理文化。李泽厚的西体中用论无法将中华民族的伦理文化现代化引向正确而合理的途径,因而是无法实现中华民族的伦理文化现代化的。

---

① 李泽厚:《漫说西体中用》,《中国现代思想史论》,东方出版社 1987 年版,第 331 – 332 页。

第四章

现代新儒家伦理思潮（一）

现代新儒家是保守主义阵营中的一支劲旅，它站在伦理主义的立场上来思考中国文化现代化的道路，执着地关注人的现实存在及其发展命运，并以建立道德形而上学、弘扬道德本体论来解决人生意义的危机和应付外来挑战，主张以儒家道德为本位来容纳西方的科学与民主，从内圣开出新外王。与自由主义的西化派、马克思主义相比较，现代新儒家始终环绕着儒家道德精神象征来集中他们的思想认同，它的唯一奥蕴即是智慧化的道德精神。现代新儒家伦理思潮产生于20世纪20年代初，其本质是对五四新文化运动激烈反传统的一种保守的回应，也代表了中国传统伦理学力图适应现代、走向世界的一种努力。

一、现代新儒家伦理思潮概论

所谓现代新儒家是指在20世纪中国传统文化受到猛烈批判、西方文化潮水般涌入的特定情境下一种重新肯定儒家的价值系统,力图恢复儒家传统的本体和主导地位并以此来吸纳、融合、会通西学,以谋求中国文化和中国社会的现实出路的学术流派或学派。作为一种伦理思潮,现代新儒家既反对自由主义的全盘西化论,也反对马克思主义的伦理学说,认为儒家伦理文化中所包含的具有普遍意义的道德智慧和伦理精神,一方面不为特定的历史时期和社会政治形态所限定,另一方面也不只是民族的,同时也是世界的,它也必将对世界伦理文化的发展做出自己的贡献。现代新儒家从世界文化发展的高度重新阐释和论证儒家的道德理想和人生境界,发掘儒家伦理的真精神,借以回应西方伦理文化的挑战,弘扬民族的伦理慧命。

1. 东方文化派与现代新儒家伦理思潮的渊源

从本质上讲,现代新儒家是一种文化的保守主义,唐君毅等人甚至公开为保守主义张目正名,认为"人要进步创造,必须先能保守","中华民族之大悲剧,原于失其所守","保守,是本于对我们所依所根以存在者之深度强度的自觉"①。中国文化史上的保守主义可以追溯到明清之际的西学中原说,近代张之洞等人的中体西用论是文化保守主义的集中体现。20世纪以来,保守主义异常活跃,有以章太炎、刘师培为代表的国粹派,以康有为、陈焕章、梁鼎芬为代表的孔教派,以杜亚泉、钱智修、章士钊、梁启超为代表的东方文化派,以吴宓、梅光迪为代表的学衡派,以及以辜鸿铭、林琴南为代表的复古派和以梁漱溟、张君劢为代表

---

① 唐君毅:《中华民族之花果飘零》,见《文化意识宇宙的探索》,中国广播电视出版社1993年版,第444－445页。

的现代新儒家,等等。现代新儒家作为文化保守主义的一支劲旅同保守主义营垒中的其他诸派既有联合又有斗争,他们不赞同国粹派、孔教派及复古派的理论观点,强调批判性地重建儒家伦理传统,重新阐释和发掘传统伦理文化的理论价值。他们同保守主义营垒中的东方文化派有着更多的学术联系,以至从某种意义上说,只有保守主义营垒中的东方文化派才构成现代新儒家的理论起点。东方文化派“不仅确立了现代新儒家的学术方向,同时也揭明了现代新儒家对中西文化观的基本看法及对中国文化道路及整个人类文化前途的基本态度”①。以梁漱溟、张君劢为代表的现代新儒家从东方文化派的理论起步并自觉地承继了东方文化派的基本观点,他们在20年代进行的为现代新儒家思想定位的工作既是对东方文化派思想的发展又是对东方文化派思想的超越。也许还可以这么说,他们本人兼具东方文化派和现代新儒家的双重角色,他们是东方文化派的后继者,同时又是从东方文化派走向现代新儒家的先驱。鉴于这一特定的学术渊源关系,我们认为,现代新儒家伦理思潮的兴起同东方文化派有着不可分割的关系,可以把东方文化派看作是现代新儒家伦理思潮形成的准备阶段。

所谓东方文化派是指五四新文化运动前后集结在《东方杂志》周围的一批以东西文化论战为契机进而倡言东方文化足以救西方文化之弊、主张弘扬和光大东方文化的知识分子及其观点的特称,主要代表人物有杜亚泉、钱智修、梁启超、陈嘉异等。东方文化派与复古派、国粹派在返回传统、尊奉儒学方面颇多类似,但在对待本国固有文化之前途方面又与国粹派、复古派有其殊异。就其文化主张和致思倾向来看,东方文化派的价值眼光主要是前瞻的而非倒退的,他们提出中国文化“今后但当善用我国民性之所长,别开新路”②,主张吸收西方文化以重建中华文明。东方文化派不同于对西方文明知之甚少的复古派和国粹派,他们的代表人物几乎都是些对东西文明的本质差异及其特征有充分了解、并对西方文明的种种弊端和危机有较深入研究的人。例如,杜亚泉(1873—1933)就不仅

---

① 《现代新儒学研究论集》(一),中国社会科学出版社1989年版,第96-97页。

② 梁启超:《历史上中华国民事业之成败及今后革进之机运》,《饮冰室合集·文集》第36卷。

对近代西方的物质文明和科学技术作过长期的研究和有效的传播，他所创办的《亚泉杂志》是我国最早介绍和传播西方近代科学技术的期刊之一，而且对西方近代的伦理文明及其优缺点有较为深入的研究与了解。不仅如此，他对中国伦理文化的长短亦有相当清楚的认识与分析。正是这种熟谙和精通中西伦理文化的学识功底使得东方文化派所提出的理论观点既不像国粹派那样偏执，也不像复古派那样盲目、片面，它在实质上已越出了早年顽固派及辛亥革命后国粹派、复古派、孔教派思想的町畦，形成为一股颇有独特色彩的、含有前瞻、开新涵义的新保守主义思潮。

身为《东方杂志》主编的杜亚泉，笔名伧父，面对着新文化运动中陈独秀、胡适等人激烈的反传统主义和全盘西化的思想倾向，从对中华伦理文化的前途和命运的深切忧虑出发，发表了一系列论述东西文化差异的文章，与陈独秀等人进行了论战，并在论战中逐步奠定了东方文化派的理论基调。在杜亚泉看来，近代以来，东方伦理文化陷入了危机，但西方伦理文化同样也面临着危机，特别是第一次世界大战以来，"西洋诸国，日以其科学所发明之利器，戕杀其同类，悲惨剧烈之状态，不但为吾国历史之所无，亦且为世界从来所未有"①，西方伦理文化在第一次世界大战中所暴露出来的种种弊端以及它所内含的一系列理论矛盾理应使中国人警醒，我们应当对过去盲目崇拜的西方伦理文明进行反省和重新认识，"吾人今后，不可不变其盲从之态度，而一审文明真价之所在"②。他认为，中国文明与西方文明是两种不同性质的文明类型，它们之间不存在高低上下的程度之差。西洋为动的社会，中国为静的社会，动的社会产生动的文明，静的社会产生静的文明，故西洋文明重人为、重外在、重竞争，中国文明重自然、重内在、重和平。"西洋社会既以竞争胜利为生存必要之条件，故视胜利为最重而道德次之；且其道德之作用，在巩固团体内之各分子，以对抗他团体，仍持为竞争之具。……而于个人之行为，则放任自由。凡图谋自己之利益，主张自己之权利，

① 杜亚泉：《静的文明与动的文明》，《东方杂志》第13卷第10号。

② 同上。

享用自己之财产，皆视为正当，而不能加以非难。”①因此西洋伦理文化是一种功利主义和利己主义的伦理文化，其道德观是一种工具主义的道德观。这种功利主义的伦理文化和工具主义的道德造成了人与人之间的冲突、国家与国家之间的对抗，它虽然促成了经济的发展和科学技术的进步，但同时却带来了社会的混乱和道德的堕落，使其文明生出了许多痈疽和病毒。中国伦理文化“往往视胜利为道德之障害，故道德上不但不崇拜胜利，而且有蔑视胜利之倾向。道德之作用在于消灭竞争，而以与世无争，与物无竞为道德之最高尚者。……凡孜孜于图谋自己利益，汲汲于主张自己权利，及享用过于奢侈者，皆为道德所不许”②。中国伦理文化是一种置重道义与人伦和谐的家族本位主义文化，它虽然有拘束身心、清心寡欲所导致的贫血症状，但人与人之间的和睦融洽以及内心生活的恬淡快乐则又是十分宝贵的。“吾国固有之文明，正足以救西洋文明之弊，济西洋文明之穷者。西洋文明浓郁如酒，吾国文明淡泊如水，西洋文明腴美如肉，吾国文明粗粝如蔬，而中酒与肉之毒者则当以水及蔬疗之也。”③他的结论是，西洋文明与吾国文明可以互相补充，取长补短，但是“不可不以静为基础”，“故吾愿吾人对于此静的社会与静的文明，勿复厌弃而一加咀嚼也”④。他告诫中国人，不要受西洋伦理文明的炫惑，应当正视西洋伦理文明的危机和偏弊之处；也不要因中国伦理文化的暂时失势而灰心，从长远来看，只有中国的伦理文化才是“最纯粹最中正”的。我们应当以中国伦理文化作为举国上下衡量是非的统一标准，使中国固有的伦理文化发扬光大。“吾固有文明之特长，即在于统整且经数千年之久未受若何之摧毁，已示世人以文明统整之可以成功。今后果能融合西洋思想以统整世界之文明，则非特吾人之自身得赖以救济，全世界之救济亦在于是。”⑤这就把中国伦理文化当成是济世的唯一良方和世界伦理文化发展的基本趋势，后来梁漱溟的文化复兴论就是沿着杜亚泉的这条路子继续前进的。

---

① 杜亚泉：《静的文明与动的文明》，《东方杂志》第 13 卷第 10 号。

② 同上。

③ 同上。

④ 杜亚泉：《战后东西文明之调和》，《东方杂志》第 14 卷第 4 号。

⑤ 杜亚泉：《迷乱之现代人心》，《东方杂志》第 15 卷第 4 号。

钱智修(生卒年不详)认为,西洋文明是一种功利主义的文明,它之评判美恶以适用于实用与否为标准。西洋文明输入中国,于中国学术文化危害最大的也是这种功利主义。功利主义以现实实用为目的,以个人利益的满足为核心,其所谓最大多数之最大幸福者往往变为空谈,流为势利主义或利己主义。他力陈功利主义的流弊:“是故除功利主义无政治,其所谓政治则一权利竞争之修罗场也。除功利主义无伦理,其所谓伦理,则一崇拜强权之势利语也。除功利主义无学术,其所谓学术,则一高资厚禄之敲门砖也。”[①]功利主义的伦理文化使一切风俗礼仪、典章制度都变得十分浅薄,社会道德空泛无力,个人人生腐朽颓唐,人们“于一切文化制度已看穿,后壁只赤条条地剩一个穿衣吃饭之目的而已”[②]。在钱智修看来,西方的功利主义伦理文化为迷乱现代人心之根源,功利主义不去,中国伦理文化必无精进之希望。从人类伦理文化的总趋势上讲,只有中国讲究崇仁尚礼、务义贵智的伦理文化才是一种较少偏弊和代表人类伦理意愿的文化,因此批判西方功利主义的伦理文化,弘扬和光大中国传统伦理文化,是人类伦理文化发展大趋势赋予我们的光荣使命。

梁启超1918年去欧洲考察,原翼希“把西洋文明带些回去”,结果耳闻目睹欧洲的残破景象和西方人自认“西洋文明已经破产”的悲观论调后,他对中西文化的看法发生根本性的变化。1920年,他从欧洲游历回国后,陆续发表了包括《欧游心影录》在内的一系列文章,宣扬西方文明破产和东方文明救世的思想。在《欧游心影录》中,他利用一个法国人的话来证明中国文化能够拯救欧洲。据他介绍,那个法国人曾对他说:“西方文化已经破产,正要等到中国的文化来救我们,你何必又到我们欧洲来找药方呢?”那个法国人的话,给梁启超以很大的警醒。梁启超认为,西方人过分相信科学万能和深受功利主义价值观的影响,结果在造成外部生活变迁急剧的同时“内部生活随而动摇”,人与人“除了物质的利害关系外,绝无情感之可言”[③],人们“欲望日日加高,百物日日加贵,生活日日加

① 钱智修:《功利主义与学术》,《东方杂志》第15卷第6号。

② 同上。

③ 梁启超:《欧游心影录》上篇七,参阅《梁启超文选》(上),中国广播电视出版社1992年版,第428－429页。

难,竞争日日加烈”,大多数人无恒产,“生活根据飘摇无着,好像枯蓬断根”①。总之,西方伦理文明已经到了走投无路的地步。因此我们再不能把重建中华伦理文化的希望寄托在濒于破产的西方伦理文化身上,而无疑应当把眼光置于自身伦理文化的创造性阐释和转换之上,“把自己的文化综合起来”,并“拿别人的补助他”,造出一种新的伦理文化系统,然后再把这种新的伦理文化系统向外扩充,让全世界都得到好处。为此,首先“要人人存一个尊重爱护本国文化的诚意”,并且要有一种光大和弘扬中华伦理文化的使命感和责任感。梁启超感慨万千地指出:“我们人数居全世界人口四分之一,我们对于人类全体的幸福,该负四分之一的责任,不尽这责任,就是对不起祖宗,对不起同时的人类,其实是对不起自己。我们可爱的青年啊,立正,开步走!大海对岸那边有好几万万人,愁着物质文明破产,哀哀欲绝的喊救命,等着你来超拔他哩,我们在天的祖宗三大圣和许多前辈,眼巴巴盼望你完成他的事业,正在拿他们的精神来加佑你哩!”②

杜亚泉、钱智修、梁启超等人的上述思想较明确地阐述了东方文化派对中西文化及其发展道路的观点立场,并为后来的新儒家思想做了文化观念上的初步定位。以梁漱溟为代表的现代新儒家即是从东方文化派的观点起步,一方面立足于中国文化本位,主张弘扬和光大儒家伦理文化,另一方面又希望通过吸收西方伦理文化的优秀成果以充实儒家伦理文化,从而获得儒家思想之新开展。因此,现代新儒家伦理思潮的形成同东方文化派存在着一种割舍不断的传承关系,一直到三四十年代以后,现代新儒家都始终未能摆脱东方文化派的思想窠臼。所不同的是,现代新儒家伦理思潮执着儒家的心性之学,以接续儒家道统为己任,以服膺宋明儒学为基本特征,力图以儒家伦理学说融合、会通西方伦理文化,而东方文化派虽也有置重儒家伦理文化的倾向,但毕竟不是以儒家伦理文化取代东方伦理文化或中国伦理文化,他们的东方文化救世论显然包含着比儒家伦理文化宽泛得多的内容和领域。也许正因为如此,他们的伦理文化观点远不及

① 梁启超:《欧游心影录》上篇七,参阅《梁启超文选》(上),中国广播电视出版社 1992 年版,第 428 - 429 页。

② 同上。

现代新儒家那样精粹而集中,那样保持一种连贯其中的思想主旨而传承不绝。

2. 现代新儒家伦理思潮的形成与发展

现代新儒家伦理思潮形成于20世纪20年代初,梁漱溟、张君劢、熊十力被认为是现代新儒家伦理思潮的开启者和奠基人。梁漱溟为现代新儒家建立了一个文化伦理学体系,张君劢为现代新儒家建立了一个人学伦理学体系,熊十力则为现代新儒家提供了一个哲学伦理学体系。梁漱溟在当时西化思想盛行的情况下,力排众议,公开替孔子学说辩护,并通过中、西、印三大思想文化系统的比较分析,阐发了儒家伦理文化的现代价值,断言"世界未来文化就是中国文化的复兴"。梁漱溟的新孔学确立了现代新儒家尊孔崇儒的精神方向,奠定了现代新儒家伦理思潮的理论基础。张君劢在科学与玄学论战中坚持科学与人生的二分模式,认为科学不能解决人生观问题,只有儒家心性之学才能矫正人心风俗问题。张君劢对人生问题的重视与突显,开辟了现代新儒家重视人生哲学和道德哲学问题的通途。如果说梁漱溟、张君劢是从文化伦理学和人学伦理学的层面彰显了现代新儒家的进路,那么熊十力则是现代新儒家道德形而上学或哲学伦理学的奠基人。熊十力的新唯识学借助于翕辟成变、体用不二、理气统一等范畴把宇宙观与人生观、伦理观熔冶一炉,建构了一个博大严谨的道德形而上学体系,从伦理哲学上推进了现代新儒学。

20世纪三四十年代现代新儒家伦理思潮获得了充分的发展。抗战时期,现代新儒家的代表人物梁漱溟、熊十力、张君劢、马一浮等先后创办了"复性书院"(四川乐山)、"勉仁书院"(重庆北碚)、"民族文化书院"(云南大理),继承宋明儒者自由讲学之风,仿照中国古代书院的办学形式,专意提倡复兴中国文化,拓展儒家传统,培养了一大批现代新儒家的衣钵传人。抗战时期,冯友兰推出了他的"贞元之际六书",创建了一个直接师承程朱理学的融合了西方维也纳学派经验主义因素的新理学体系,强调以内圣驭外王,以提高人的精神境界、塑造完美的人格为道德哲学的根本任务。贺麟建立的新心学突出道德意识和心性修养的意义,倡导德性的自觉和弘扬人的道德主体性,主张以道德理性统领经济和政治,从儒家伦理中引发出科学民主的外王之果。冯友兰的新理学和贺麟的新心学是对梁漱溟等开创的现代新儒家伦理思潮的继承和发展,在抗日战争时期影响颇大。抗战胜利后,成长中的第二代新儒家也开始活跃于中国现代思想舞台,和他们的老师们一起承担“复活中国历史文化精神”的任务。牟宗三、唐君毅、徐复观、程兆熊、姚汉源等先后创办了《历史与文化》《学原》《理想、历史、文化》等刊物,宣扬中国传统伦理文化,主张对中国近代以来特别是五四以来的各种思潮进行反思,以实现民族文化的自我觉醒。他们还创办了鹅湖书院,牟宗三亲自起草了《鹅湖书院缘起》,明确认定孔孟荀为儒学的第一期,程朱陆王为第二期,现在是第三期,并认为第三期的儒学发展会有全新的含义与前景。

1949 年中华人民共和国的成立,使马克思主义伦理思潮成为中国大陆占统治地位的伦理学说和价值导向,现代新儒家第一代人物或息影学坛,或改弘更张,归宗马列。流亡到港台地区的第二代人物怀着重振儒家伦理文化的学术使命感,进行着动心忍性、孤寂自为的奋斗,终于使现代新儒家伦理思潮在港台地区站稳了脚跟,并一度兴旺高涨。现代新儒家第二期发展两件首要的大事是新亚书院和《民主评论》杂志的创办。1950 年,唐君毅、钱穆、程兆熊、张丕介等人在香港前亚洲文商学院的基础上联合创办了新亚书院。书院仿宋明书院制,旁采欧西大学导师制,上溯宋明儒自由讲学精神,弘扬儒学,开悟青年一代回归孔孟之道,倡导中国伦理文化的灵根自植。新亚书院是现代新儒家第二期发展的一个大本营。《民主评论》是徐复观弃政后于 1949 年在香港创办的,他和唐君毅、牟宗三等人以其所特有的民族文化立场,立誓将其发展成一个复兴中国文化的基地。1958 年元旦,唐君毅、牟宗三、徐复观和张君劢联名发表了《为中国文化敬告世界人士宣言——我们对中国学术研究及中国文化与世界文化前途之共同认识》,又名《中国文化与世界》,它标志着现代新儒家第二代经过历史的巨大转折重新贞定了自己的哲学与文化立场再度活跃于中国现代思想舞台上,同时也反映了现代新儒家力图走向世界的努力和雄心。该宣言共分十二个部分,全面论述了中国传统文化的诠释方法、精神生命、伦理价值、心理意义、长存根据、传统文化与现代科学及民主政治、东西方文化的差异与互补、世界文化的未来趋向等问题。《宣言》首先肯定中国传统文化为一活的生命存在,肯定中国传统文化有一个绵延不绝的统续,认为中国传统文化之所以能够既长且久地延续下来,是因为中国文化中原有种种自觉的人生观念和内在超越的道德理性。《宣言》呼吁以“同情”与“敬意”的心态及其方法研究中国文化，把中国学术文化的核心“义理之学”或道德哲学发扬光大，为世界文化做出贡献。在现代新儒家伦理思潮的第二期发展中，唐君毅的道德自我与灵根自植论，牟宗三的道德理想主义、徐复观的德性主义人性学说以及方东美的生命伦理思想体系均占有着不可或缺的地位，对推动现代新儒家伦理思潮的发展起着十分重要的作用。

20世纪80年代以来，随着国际哲学界对现代新儒学的兴趣与重视的递增，特别是战后日本和东亚四小龙经济的迅速发展，以及泰国、马来西亚、印度尼西亚和菲律宾华人集团在经济上取得的成功，使得人们在重新审视马克斯·韦伯现代化理论的同时不约而同地对儒家伦理发生兴趣，由此大大推动了现代新儒学的第三期发展。唐君毅、牟宗三、钱穆、方东美等第二代新儒学大师的弟子迅速成长。杜维明、成中英、余英时、刘述先、蔡仁厚、王邦雄、曾昭旭等大都留学国外，他们学贯中西，思想更加开放，视野更加开阔，更注意寻求历史与现实的结合点，广泛开展与世界当代学术思潮的对话。经由他们的努力，现代新儒家已经成为一种国际性的伦理思潮。他们认为，儒家伦理是亚洲四小龙经济崛起的精神支柱。目前我们的任务是如何使儒家伦理真正为人类文明的发展做出贡献，使它成为世界伦理文明的重要组成部分和引导人类伦理文明的发展。

3. 现代新儒家伦理思潮的基本特征

现代新儒家是在辛亥革命及五四以来的20世纪的中国现实和学术土壤上所产生的，旨在世界范围内复兴孔孟及宋明儒学思想，并以它们为主体来接受、吸收和改造西方思想和西方哲学以谋求现代化的一个学术思想流派。现代新儒家的思想理论，一方面是产生于对近代以来古今中西之争的总结与反省，另一方面又是中西文化冲突本身的产物。他们把近代中国的民族危机视作一种文化危机，因此特别注重从文化上谋求摆脱危机的出路。为了摆脱文化道德危机，他们决意接续儒家道统，重新阐发儒家伦理的真义。在把儒学分为先秦儒学、宋明儒学和现代新儒学三个发展时期的前提下，宣扬未来的世界文化将是儒学第三期之发扬。现代新儒家的重要代表牟宗三在《儒家学术之发展及使命》一文中，系统地阐发了儒学发展三个时期的理论。他认为,儒学第一期发展为先秦儒学,孔孟荀为其典型代表,其功效表现为汉帝国之建构;第二期为宋明儒学,宋明儒学亦称新儒学,为“彰显绝对主体性时期”,其功效见于移风易俗;第三期为现代新儒学,它“将有类于第一期之形态,将为积极的、建构的、综合的、充实饱满的”,将在坚持儒家的道德精神的前提下促成科学发展和民主建国。

先秦儒学、宋明儒学和现代新儒学均是针对不同的问题、境遇而产生的。先秦儒学是在春秋战国时期由于社会大变革所带来的礼崩乐坏、“诸侯放恣,处士横议”①,“天下之人,各为其所欲焉以自为方”②的社会历史情境下,孔孟荀等人为挽救社会危机、人心不古的局面所创立的一种政治伦理学说。孔孟等人上承周文教化并通过自己的损益创造,把礼乐法规转化为人自觉的道德实践,建立了一个以仁义为中心的仁礼结合的并置重人的心性修养的仁学伦理思想体系,从而奠定了儒家内圣之学的基调。

宋明儒学是指北宋至明代所产生的以阐发儒家经典义理为特征的哲学伦理思潮。面对着魏晋以来佛老泛滥、儒学衰微的局面,以周敦颐、邵雍、程颢、程颐、朱熹、王阳明为代表的理学大师力主扬弃和批判佛老,重建孔孟道统,他们以孔孟为宗,以《论语》《孟子》《大学》《中庸》及《周易》等儒家经典为主要依据,提倡所谓道德性命之学,并从本体论的角度探讨宇宙与人生问题,把伦理道德提到本体论层面,建立了一个以孔孟儒学为基础,熔儒、释、道思想为一炉,以“存天理、灭人欲”为主要特征的哲学伦理思想体系。

现代新儒学是在西风东渐、传统的价值体系不断解体、中华文化花果飘零的历史条件下而产生的一种试图上承宋明儒学进而复归先秦儒学,并通过吸收、消化西方文化来实现儒学现代发展的一种文化伦理哲学。

现代新儒学到底具有哪些基本特征?目前尚无定论。台湾地区学者韦政通在《当代新儒家的心态》一文中曾作过这样的揭示:第一,以儒家为中国文化的正统与主干,在儒家传统里又特重其心性之学;第二,以中国历史为一精神实体,

---

① 《孟子·滕文公下》。
② 《庄子·天下篇》。

历史文化之流程即此精神实体之展现；第三，肯定道统，以道统为立国之本和文化创造之源；第四，强调对历史文化的了解及对历史文化应有的敬意和同情；第五，富根源感，因此强调中国文化的独创性或一本性；第六，有很深的文化危机意识，但认为危机的造成主要在国人丧失自信；第七，富宗教情绪，对复兴中国文化有使命感。[①] 韦政通的这一概述是比较切合实际、言之成理的，但又并不是不可以进一步讨论的。

就作为一种伦理思潮的现代新儒学来说，它主要有以下几个方面的基本特征：

从学脉传承来说，现代新儒学具有尊孔崇儒、以儒家伦理学说为中国伦理文化的正统和主干，以继承儒家道统、弘扬儒家伦理为己任的基本特征。面对着近代以来儒家伦理学说所遭遇到的明暗夹攻与空前厄运，现代新儒家挺身而出，试图维护孔子的真价值，阐扬传统伦理的真精神，以对全盘性反传统伦理的思想与文化运动作直接回应。为着解决传统伦理与现代伦理的关系问题，他们怀着“为往圣继绝学、为万世开太平”的强烈的文化使命感，发挥着各自的学养，动心忍性，孤寂奋斗，冶融中西印，统摄百家，归宗儒家伦理，力图重建儒家的伦理价值系统，使儒家伦理在当今得到第三期之发扬。

从思想格局来看，现代新儒学具有以儒家心性之学为中国学术文化之本源大流，强调以内圣驭外王，以通过提高道德来追求天人合一的精神境界，从而构建新的道德形上学的基本特征。在现代新儒家看来，在新的历史条件下重建儒家道统，最核心的内容就是重建儒家的道德形上学，只有重建儒家的道德形上学，才能从根本上重新确定儒家的人生理想和价值系统。那么，究竟应如何去重建儒家的道德形上学呢？他们认为最重要的莫过于正视儒家心性之学的价值，挖掘心性之学的现代意义，肯定它为儒家伦理文化的根本。只有儒家的心性之学才是具有实践理性意义的道德形上学。在现代新儒家发表的《为中国文化敬告世界人士宣言》里，他们指出：“中国由孔孟至宋明儒之心性之学，则是人之道

---

① 韦政通：《当代新儒家的心态》，台北《中国论坛》第15卷第1期，1982年10月10日。

德实践的基础,同时是随人之道德实践生活之深度,而加深此学之深度的。""此心性之学,乃通于人之生活之内与外及人与天之枢纽所在,亦即通贯社会之伦理礼法、内心修养、宗教精神及形上学等而一之者。"①心性之学即是以心性为本体,以尽心尽性为要义,进而自完其心性,做一个堂堂正正的人,质言之即是儒学的内圣之学。因此现代新儒家都特重儒家内圣之学,强调发挥人的道德主体性,并以此去开新,实现内圣与外王的统一。

从时代风格上看,与援佛入儒的宋明儒学相比,现代新儒学具有援西学入儒的特征,它是在被欧风美雨所浸润的20世纪中国的土壤上所产生的一种力图以儒家伦理思想为主体来吸收、融合、改造西方近现代伦理文化,进而使儒家伦理现代化的伦理文化思潮。它一方面高度认同儒家传统伦理,抱有浓厚的伦理本位主义和我族中心主义的观念;另一方面又能以较为开放的心灵接纳西方近现代伦理文化,强调对传统伦理文化的开新。在充分肯定儒家传统伦理的基本价值和现代意义的同时,现代新儒家亦不讳言它的缺失之处。唐君毅认为,儒家五伦家庭伦理占其三,有太重家庭伦理、轻视社会伦理之嫌;儒家忠诚的伦理观念亦有过分偏狭之弊,等等。因此必须以近现代西方伦理文化中注重社会伦理、强调对国家民族和文化价值尽忠的观念对其予以补充和完善。现代新儒家的代表人物都在不同程上受到西方近现代伦理文化的影响,相当一部分人对西方伦理文化有较深入的学习与研究,也正因为他们对中西伦理文化有较系统和全面的了解与把握才使他们提出了返本开新、重建现代化的儒家伦理文化的命题或目标。总之,"援西学入儒","儒化(华化)西洋伦理文化"是他们共同致力的工作,也是其基本特征之一。

从致思倾向上看,现代新儒学具有推崇内省的道德认识和以直觉为主的道德思维的特点。他们对西方功利主义的道德文化和处处以理智去评量一切道德行为的道德进路颇为不满,认为西方伦理文化的弊病来自"以理智为其唯一重要工具"的致思倾向。这种"尚理智主功利"的伦理文化不仅造成西方人以物质欲

---

① 参阅《当代新儒家》,生活·读书·新知三联书店1989年版,第19页,第21页。

求的充分满足为其人生的最高准则，而且造成西方人以斤斤计较的态度去处理人们之间的相互关系，结果“对人分别界限之清，计较之重，一个个的分裂、对抗、竞争，虽家人父子也少相依相亲之意；像是觉得只有自己，自己以外都是外人或敌人”①。相反中国儒家集注于内省的道德认识和以直觉为主要特征的道德思维，不仅能使人达到对天道的体悟，而且能使人体认生命的奥秘和内在的意义。在现代新儒家看来，这种内省的道德认识和以直觉为主的道德思维是达到超功利主义的绝对乐的生活和形上本体的唯一道德进路。在个体的内省认识和直觉体验中，在豁然贯通的顿悟状态中，人们能够超越功利的感性的存在，使个体的生命与宇宙本体融合为一，从而实现道德的价值和人的自我价值。

此外，从对传统伦理的研究方法上看，现代新儒学推崇同情和敬意的主观研究法，他们一再呼吁研究中国伦理文化的世界人士，不要抱着客观冷静的态度去研究，而要抱着同情尤其是敬意的态度去研究。认为“对一切人间的事物，若是根本没有同情与敬意，即根本无真实的了解”，“此敬意是一导引我们之智慧的光辉，去照察了解其他生命心灵之内部之一引线”，“敬意向前伸展增加一分，智慧的运用亦随之增加一分，了解亦随之增加一分。敬意之伸展在什么地方停止，则智慧之运用亦即停滞不前”。② 在现代新儒家看来，中国传统儒家伦理是一种生命伦理，对生命伦理的研究不应该诉诸科学的研究方法而只能诉诸对生命本身的同情与敬意，如果用科学方法来研究儒家伦理文化只会造成把文化推出生命以外视为外在的材料的纯客观倾向，这样一来则伦理文化毁矣，孔孟儒家死矣。他们主张用同情与敬意来研究儒家伦理文化，“落在生命上，落在生活上。看历史文化是圣贤豪杰精神之表现，是他们精神所贯注；看圣贤豪杰是当作一个道德智慧的精神人格来看”③。在这种同情与敬意的方法支配下，他们对儒家伦理文化的价值做了充分的开掘与拓展，并奠定了伦理保守主义的思想格调。

---

① 梁漱溟：《东西文化及其哲学》，商务印书馆1922年版，第178页。

② 《为中国文化敬告世界人士宣言》，见《当代新儒家》，生活·读书·新知三联书店1989年版，第8－9页。

③ 牟宗三：《道德的理想主义》，台湾学生书局1982年版，生活·读书·新知三联书店1989年版，第227－228页。

二、梁漱溟的新孔学伦理思想

梁漱溟(1893—1988)是为现代新儒家伦理思潮首创山林和奠定学派理论格调的关键人物。他的《东西文化及其哲学》被誉为儒学现代化的第一部论著或开路之作,该书“归宗儒家”,起到了重新阐发儒家伦理的现代价值和世界意义的妙用。梁漱溟所建立的新孔学儒家伦理思想影响了后来一代又一代新儒家学者。

1. 倡导新孔学,主张伦理本位

梁漱溟的新孔学伦理思想是在五四新文化运动后期形成的。面对着五四新文化运动“打倒孔家店”、全盘性反传统的思想倾向的高涨,梁漱溟大惑不解,他抱着阐扬孔子思想、复兴儒家伦理文化的使命感和责任感跨进北大,决心替孔子学说争一席之地。梁漱溟批评新文化运动的倡导者们一味提倡科学与民主,“没有给人以根本人生态度,无根的水,不能成河,枝节的做法,未免不切”①。在梁漱溟看来,“那西洋人的人生态度到现在已经见出好多弊病,受了严重的批评,而他们还略不知拣择地要原盘拿过来”②。因此,五四新文化运动算不得真正的文艺复兴,只有把儒学复兴起来,才是中国式的文艺复兴。梁漱溟指出,五四新文化运动时期的中国是“西方化主张到家”之时,孔子及儒家思想成了箭垛式的靶子、专制政治的替罪羊,中国历史上的全部丑恶现象都栽赃到孔子头上,打倒孔家店、“所有的中国书都不要读,线装书应该丢在茅厕里去”成为最时髦最惊世骇俗的口号。当时的中国,“西学有人提倡,佛学有人提倡,只有谈到孔子,羞涩不能出口”。梁漱溟力图扭转西方化的倾向,力倡孔子学说,主张向东看而不是

① 梁漱溟:《东西文化及其哲学》,商务印书馆1922年版,第205页。
② 同上。

向西看，主张从传统中寻找中国社会破产、衰落的根源，重建儒家以伦理为本位的社会。梁漱溟对孔子学说的提倡与对全盘西化的批评，无疑是现代新儒家的第一声狮子吼，奠定了现代新儒家伦理思潮发展的基本格局与方向。

梁漱溟对孔子伦理思想的提倡与推崇是建立在对中西印三大文化系统的比较分析和综合判断的基础之上的。在梁漱溟看来，西洋文化“以意欲向前要求为其根本精神”，在思维方式上以理智为特征；中国文化“以意欲调和持中”为根本精神，在思维方式方面以直觉为特征；印度文化以意欲反身向后为根本精神，在思维方式方面以现量为特征。以意欲向前要求为其根本精神的西方文化具有科学与民主“两大异彩”。西方人在为人处世方面以科学为指导原则，“起首只是自然界的东西，其后种种的人事，上自国家大政，下至社会上琐碎问题，都有许多许多专门的学问，为先事的研究。因为他总去求客观公认的知识，因果必至的道理，多分可靠的规矩，而绝不听凭个人的聪明小慧到临时去瞎拼，所以拿着一副科学方法，一样一样地都去组织成了学问”[1]。科学方法实际是理智的思维方式。西方人正是基于理智的思维方式，才把自然和社会当成客体，把自己当成主体，把自然和社会作为改造的对象。“当西洋人力持这态度以来，总是改造外面的环境以求满足，求诸外而不求诸内，求诸人而不求诸己，对着自然界就改造自然界，对着社会就改造社会，于是征服了自然，战胜了威权，器物也日新，制度也日新，改造又改造，日新又日新，改造到这社会大改造一步，理想的世界出现，这条路便走到了尽头处！”[2]西方文化凭着向前要求的根本精神推动了生产力的发展，取得了改造自然的巨大成就，但由于它“求诸外而不求诸内，求诸人而不求诸己”，所以也产生了许多弊病，“他们精神上也因此受了伤，生活上吃了苦，这是19世纪以来暴露不可掩的事实！”[3]梁漱溟预言，人类文化发展的趋向将由第一路向转变为第二路向，也就是由西洋态度改变为中国态度。

以意欲调和为其根本精神的中国文化求诸内而不求诸外，求诸己而不求诸

---

① 梁漱溟：《东西文化及其哲学》，商务印书馆1922年版，第27页。

② 梁漱溟：《东西文化及其哲学》，商务印书馆1922年版，第167页。

③ 梁漱溟：《东西文化及其哲学》，商务印书馆1922年版，第63页。

人,因此它最符合人类的生命本性。梁漱溟认为,自孔子以来,中国文化一以贯之的传统是以变化无已的“内界生命”为认识对象,讲究生命与自然的和谐。在孔孟儒家看来,生生不已的生活才是唯一的实在,最好的生活和最有价值的生活亦即是顺着自然道理,顶活泼顶流畅地去生活。宇宙总是向前生发的,万物欲生,即任其生,不加造作,必能与宇宙契合,使全宇宙充满了生意春气。“中国古人却正有见于人类生命之和谐——人自身是和谐底,人与人是和谐底(所谓‘能以天下为一家,中国为一人’者在此,以人为中心底整个宇宙是和谐底)所以说‘致中和天地位焉,万物育焉’,‘赞天地之化育,与天地参’等等,儒家对于宇宙人生,总不胜其赞叹。”①梁漱溟认为,中国文化与西方文化走的是两条完全不同的路向,在人类处于“人对物质的问题之时代”,西方文化尚有一定用处,而今已进入“人对人的问题之时代”,中国文化该大显身手了。在今天,只有以孔子为代表的中国文化所表现的人生态度于现实最合理,它可以拯救西方人在功利竞争中的精神烦恼,因此是最可取的。梁漱溟断言,“世界未来文化就是中国文化的复兴”②,西方人也正在改变向前逐求的人生态度而向中国调和持中的态度靠拢,他们也不得不走“中国的路,孔家的路”。

梁漱溟认为,西方文化所建立起来的社会是以个人为本位的社会,中国文化所建立起来的社会是以伦理为本位的社会。走中国的路就是要建立以伦理为本位的社会。西洋社会以个人为本位,造成人与人之间冷漠和对立,因此不是合理和合乎情谊的制度,只有中国式的以伦理为本位的社会才最合乎情理和生命本性,因此才是最为理想的社会制度。面对着近代以来中国文化坎坷曲折的遭逢和伦理本位的被破坏,梁漱溟力倡重振中国文化,重建儒家伦理本位,发掘儒家伦理的真精神,使其光大于世,使中国伦理文化对世界的发展做出较大的贡献。

2. 开展义利之辨,推崇知足自得

梁漱溟继承和发展了儒家严义利理欲之辨的传统,并在新的历史时期做了

---

① 梁漱溟:《中国文化要义》,路明书店 1949 年版,第 144 页。

② 梁漱溟:《东西文化及其哲学》,商务印书馆 1922 年版,第 199 页。

别开生面的发挥。在梁漱溟看来，西方文化以个人为本位，把人生放在欲望上面，以为人生不外乎种种欲望之满足，故一味向外追求，“贵谈利害”，主功利效用。由于重视功利效用，致使人与人之间的界限划得很清，“开口就是权利义务，法律关系，谁同谁都要算账，甚至于父子夫妇之间也都是如此”①。“夫妇之间各有各的财产，丈夫用了妻子的钱，要还的。妻子出门做什么事，丈夫并不能过问。一言不合，就要离婚。”②处处运用理智、注重功利的西方人自我观念发达，个人利益突出，他们因此而造成了社会的进步但同时也造成了许多弊端，即人情的冷漠、世态的炎凉以及社会道德的衰落。西洋“无论什么人——自低等至高等地位——都要聚精会神在经济竞争上：小心提防失败、贫困、地位降低，而努力刻意营求财货。时时刻刻算账并且抑制活泼的情感，而统驭着自己”，其结果，“完全抛荒了自己，丧失了精神，外面生活富丽，内里生活却贫乏至于零”。③ 受计算和功利之心统驭的西方人“不敢高狂，不敢狷介，不敢慷慨多情乃并不敢恋爱”，一言以蔽之，他们成了金钱的奴隶、物欲的工具，一切人生的乐趣均与他们无缘。梁漱溟不无怜悯地指出：“西洋近百年来的经济变迁，表面非常富丽，而骨子里其人苦痛甚深。”④

与西方以个人为本位、重功利效用的伦理文化相比，中国以伦理为本位、讲究道义人伦的伦理文化却显示出无比的优越性。梁漱溟认为：“孔子的唯一的重要的态度就是不计较利害，这是儒家最显著与人不同的态度，直到后来不失，并且演成中国人的风尚，为中国文化之特异彩色。”⑤以孔子为代表的儒家置重人与人之间的和谐礼让，讲究将心比心推己及人和为对方着想，他们尚情而无我，故能乐天知命，随遇而安，无往而不怡然自得。梁漱溟指出：“中国人初不曾像西洋那样认清了我，初不曾像西洋那样人与自然分离对待，初不曾像西洋那样人与

① 梁漱溟：《东西文化及其哲学》，商务印书馆 1922 年版，第 152 页。
② 梁漱溟：《东西文化及其哲学》，商务印书馆 1922 年版，第 38 页。
③ 梁漱溟：《东西文化及其哲学》，商务印书馆 1922 年版，第 165－166 页。
④ 梁漱溟：《东西文化及其哲学》，商务印书馆 1922 年版，第 151 页。
⑤ 梁漱溟：《东西文化及其哲学》，商务印书馆 1922 年版，第 131 页。

人划清界限。”[1]在西洋人使用理智的地方却使用直觉，在西洋人有我的地方推崇无我。“中国人是不要我的。在母亲之于儿子，则其情若有儿子而无自己；在儿子之于母亲，则其情若有母亲而无自己；兄之于弟，弟之于兄，朋友之相与，都是为人可以不计自己的，屈己以从人的。他不分什么人我界限，不讲什么权利义务，所谓孝悌礼让之训，处处尚情而无我。”[2]这种尚情而无我的生活态度和伦理原则虽然也有一些弊端，“然而家庭里社会上，处处都能得到一种情趣，不是冷漠敌对、算账的样子，于人生的活气有不少的培养，不能不算一种优长与胜利”[3]。梁漱溟充分肯定这种尚情无我的生活态度和伦理原则的价值，认为“中国人的那般人与自然浑融的样子，和那从容享乐的物质生活态度，的确是对的，是可贵的。比较西洋人要算一个真胜利。中国人的那般人与人浑融的样子，和那淳厚礼让的社会生活态度，的确是对的，可贵的，比较西洋人也要算一个真胜利”[4]。正因为以孔子为代表的儒家不计较利害得失，注重自身的内在品性修养，顺天理而无私欲，所以能够面对纷繁的物质世界不为所动，安贫乐道，实现一种极高明而道中庸的伦理境界，赢得了人生的充实与幸福。梁漱溟说，孔子“绝决没有一刻是他心里不高兴的时候，所以他这种乐不是一种关系的乐，而是自得的乐，是绝对的乐。所以烦恼这个东西在他是踪影皆无，而心里无时不乐”[5]。一般中国人虽然达不到孔子乐天自得、安贫乐道的境界，但流风所被以及儒家伦理的熏陶沐浴，也使他们多少养成了随遇而安、知足安命的品质，因此比之内心空虚、精神痛苦的西方人来说，他们的生活也是很快乐的。“中国人以其与自然融洽游乐的态度，有一点就享受一点，而西洋人风驰电掣地向前追求，以至精神沦丧苦闷，所得虽多，实在未曾从容享受。”[6]

总之，梁漱溟认为，重义轻利、尚情无我就能获得人生的快乐与幸福，反之，

---

① 梁漱溟：《东西文化及其哲学》，商务印书馆1922年版，第159页。

② 梁漱溟：《东西文化及其哲学》，商务印书馆1922年版，第152－153页。

③ 同上。

④ 梁漱溟：《东西文化及其哲学》，商务印书馆1922年版，第153页。

⑤ 梁漱溟：《东西文化及其哲学》，商务印书馆1922年版，第137页。

⑥ 梁漱溟：《东西文化及其哲学》，商务印书馆1922年版，第151－152页。

重利轻义、我为中心并不一定能获得人生的快乐与幸福。物质生活的享受并不一定能导致精神生活的充实与健康,而健康的精神生活亦不会在意物质生活的贫乏与缺失。他说:“虽然中国人的车不如西洋人的车,中国人的船不如西洋人的船……中国人的一切起居享用都不如西洋人,而中国人在物质上所享受到的幸福实在倒比西洋人多。盖我们的幸福乐趣,在我们能享受的一面,而不在所享受的东西上,穿锦缎的未必便愉快,穿破布的或许很乐。”①这其中的奥妙究竟是什么,真谛何在? 在梁漱溟看来,这是价值观的力量,是道义对人的影响,仁之所在无贫穷,义之所在无痛苦,仁义道德是人生最为宝贵和最根本的东西,有了它就会超越贫贱痛苦的层次,而进到“得志,与民由之;不得志,独行其道”的志于道、安于道和乐于道的境界,进到与天地参的境界。

3. 置重生命伦理,强调反求诸己

梁漱溟在构建自己的伦理思想体系中注重把儒家伦理与柏格森的生命哲学联系起来,并以柏格森的生命哲学来充实、调整儒家伦理,试图使儒家伦理实现新的转化。梁漱溟指出:“中国儒家,西洋生命派哲学……是我思想所从来之根柢。”②梁漱溟将柏格森的生命绵延纳入儒家生生不息的轨道之中,认定生命是道德的根源,生命本性的直接表现则是本能和直觉。人类依据本能和直觉即能形成道德情感并在此基础上形成伦理关系。在梁漱溟看来,只有靠着人类的本能和直觉,“靠着不分别人物,不计较算账的心理,去做如彼的生活,而后如彼的生活才有可能”③。所谓“如彼的生活”即是指合乎道德的生活。合乎道德的生活不是出于理性的选择,而是出于非理性的本能或源于生命本性的直觉。梁漱溟主张一任本能和直觉,从而尽情地向内探索,去更好地体验生命、欣赏生命。“人自然会走对的路,原不须你操心打量的,遇事他便当下随感而应,这随感而应,通是对的。”“这种直觉人所本有,并且原非常敏锐,除非有了杂染习惯的时

① 梁漱溟:《东西文化及其哲学》,商务印书馆 1922 年版,第 152 页。
② 梁漱溟:《朝话》,商务印书馆 1940 年版,第 137 页。
③ 梁漱溟:《东西文化及其哲学》,商务印书馆 1922 年版,第 159 页。

节。你怎样能复他本然敏锐,他就可以活动自如,不失规矩。”[①]一任本能和直觉含有保持本然敏锐的真情,即是随感而应,不受私心干扰。梁漱溟指出:“完全听凭直觉活动自如,他自不失规矩,合天理。”[②]

梁漱溟认为,本能直觉说可以同孟子的性善说互相印证,“这种求对求善的本能、直觉,是人人都有的;故孟子说,‘人皆有不忍之心’,所以谓人皆有不忍人之心者,今天乍见孺子将入于井,皆有怵惕恻隐之心,非所以内交于孺子之父母也,非所以要誉于乡党朋友也,非恶其声而然也。……此敏锐的直觉就是孔子所谓的仁”[③]。故本能直觉说不仅与孟子的性善说相通,而且与孔子的仁学相连,仁源于直觉,本质上是社会本能的一种体现。仁者安仁,求仁也就是追求情感上的自慰。“直觉敏锐且强的人其要求安,要求平衡,要求调和就强,而得发诸行为,如其所求而安,于是旁人就说他是仁人,认其行为为美德。其实他不过顺着自然流行求中的法则走而已。”[④]梁漱溟认为,孔子的仁学完全是生机主义和直觉主义的,“孔家情志安定都为其生活重心在内故也”,“孔家所以值得特别看重,越过东西一切百家的,只为唯他圆满了生活,恰好了生活。”[⑤]

基于对儒家生命伦理的阐发,梁漱溟提出了“向里用力”“反求诸己”的道德修养论。在梁漱溟看来,既然人人生来就有求对求善的直觉和本能,因此只要使人保持这种直觉和本能,人们就会成为有道德的人。但是,要使人保持这种直觉和本能,并不是一件容易的事。梁漱溟反复强调,直觉原本十分“敏锐明利”,但也可能被欲念所蔽,被私心所染。欲念即兴,直觉即钝,“欲念多动一分,直觉就多钝一分;乱动的时候,直觉钝得到了极点,这个人就要不得了”。“所以唯一重要的就在直觉敏锐明利,而唯一怕的就在直觉迟钝麻疲。所有的恶都由于直觉麻疲,更无别的缘故。”[⑥]梁漱溟认为,道德修养就是一个“向里用力”、“反求诸

---

① 梁漱溟:《东西文化及其哲学》,商务印书馆1922年版,第125－126页。

② 同上。

③ 同上。

④ 梁漱溟:《东西文化及其哲学》,商务印书馆1922年版,第127页。

⑤ 梁漱溟:《东西文化及其哲学》,商务印书馆1922年版,第135页。

⑥ 梁漱溟:《东西文化及其哲学》,商务印书馆1922年版,第130页。

已”、使直觉明利敏锐并借以除去欲念之弊的过程，“修养不过复其本”，其本即是直觉、良知，“孔家全副的东西都归结重在此点，则其必以全力从事于此，盖可知也”。[1] 人的直觉、本能内在于人自身，因此，保持直觉的明利敏锐和本能的自然流畅，毋需向外用功，只需“向里用力”“反求诸已”。“孔子的教训总是指点人回头看自已，在自家本身上用力，唤起人的自省（理性）与自求（意志）。”[2]“儒家没有什么教条给人，有之，便是教人反省自求一条而已。”[3]这种反省自求、向内用功的道德修养，具体做法即是：“如不得于父母者，只有两眼转回来看自家这里由何失爱，反省自责，在自已身上用力，结果如何，不得期必，唯知且尽我心，此为最确实有效可得父母之爱的方法。其他各伦理关系，要亦不出此例。盖关系虽种种不同，事实上所发生问题更复杂万状，然所求无非彼此感情之融和，他心与我心之相顺。此和与顺，强力求之则势益乖；巧思取之则情益离，凡一切心思力气向外用者，皆非其道。”[4]梁漱溟称赞这种反省自求、向内用功的道德修养是真正符合生命本性、开掘生命价值、使人能无窒碍地挺立于天地之间的最好的道德修养，因而也是中国伦理文化优越于西方伦理文化的独特之处，是我们必须弘扬和光大的。

4. 梁漱溟伦理思想的初步评价

梁漱溟是一位有争议的人物，他的伦理思想也引起过广泛的关注和争鸣。自由主义者胡适和马克思主义者李大钊、陈独秀等人均对梁漱溟的新孔学伦理思想进行过尖锐的批评，而一些赞同新孔学伦理思想的人则对其给予高度的评价，如蒋百里称赞梁漱溟的《东西文化及其哲学》为“灼古震今之作”。20 世纪 50 年代，我国学术界曾对梁漱溟组织过专门批判。20 世纪 80 年代以来，人们又开始试图对梁漱溟及其伦理思想做出重新评价。看来从中国伦理文化现代化及

---

① 梁漱溟：《东西文化及其哲学》，商务印书馆 1922 年版，第 131 页。

② 梁漱溟：《中国民族自救运动之最后觉悟》，《梁漱溟集》，群言出版社 1993 年版，第 205 页。

③ 梁漱溟：《中国文化要义》，学林出版社 1987 年版，第 136 页。

④ 梁漱溟：《乡村建设理论》，上海人民出版社 2006 年版，第 237 页。

道德建设的角度,并结合梁漱溟的学术品格及其为人,对梁漱溟伦理思想做出较为公允的评价,是十分必要的。

(1)梁漱溟的伦理思想在西学东渐、西风劲吹以及全盘西化的特定文化背景下肯定了中国伦理文化的价值,特别是肯定了孔子儒家学说的生命和智慧,这就确立了现代新儒家学派尊孔崇儒的精神方向。正如牟宗三所说的:"在新文化运动中反孔鼎盛的时候,……他独能生命化了孔子,使吾人可以与孔子的真实生命及智慧相照面,而孔子的生命与智慧亦能重新活转而披露于人间。"①孔孟儒家伦理是中国伦理文化的集中体现,也是中华民族精神慧命和价值趋向的表征。尽管它在漫长的中国历史和文化的嬗变中产生过消极影响和副作用,但它同封建主义道德和纲常名教还是有很大的区别,梁漱溟的伦理思想在一定程度上意识到了儒家伦理文化同封建道德的本质差异,暗含着批判封建道德而无需反孔家伦理的意蕴,这实际上为弘扬儒家伦理文化接引中华伦理文化的源头活水迈出了重要的第一步。也正因为如此,梁漱溟被人尊称为现代新儒家伦理思潮的开山鼻祖,他所从事的是一种转换理论视角、承前启后、继往开来意义上的伦理创造性工作。关于梁漱溟这种创造性工作的意义,牟宗三评论道:"梁先生在中国近代是一个文化的复兴者,不但身体力行地宣扬了传统的儒家思想,更可以说是接续了清代断绝了三百年的中国文化。清朝三百年着重考据,摒弃宋明理学,阻碍了中国文化进一步发展;后期的公羊学者,虽然有心开出一条方向,但却是不行的,不能适用。民国初年,一方面是章太炎、吴稚晖等人的虚无主义泛滥,想要以佛家的空、无来取消一切,一方面则是胡适、陈独秀的西化,在这些潮流中,只有梁先生敢标举传统文化的旗帜,予以有力的抗衡,这是他的一生最有意义的地方。"②应该说,牟宗三的这一断语基本上是客观的符合事实的。

(2)梁漱溟用柏格森的生命哲学印证和充实儒家伦理,并以意欲、直觉、生命等重要概念来诠释孔孟儒家的伦理学说,开创了"以洋释儒"的学风。梁漱溟绝

① 牟宗三:《生命的学问》,台湾三民书局 1970 年版,第 112 页。

② 牟宗三:《我所认识的梁漱溟先生》,载《中国的脊梁》第 23 页,香港百姓文化事业公司 1990 年版,第 23 页。

不是一个封建复古主义者,他充分肯定西方科学、民主的价值,同时也主张对西方伦理文化进行综合性的批判评析,吸取其有用的成分。冯友兰先生曾经指出:“他是用一种西方哲学的观点对于中国旧文化作一同情的理解。”梁漱溟同国粹派和复古派的不同表现在他并不是一个抱残守缺不思创造的文化保守主义者,他时时关注着儒家伦理文化的现代化,试图从西学中吸取营养来补充、丰富儒家伦理文化,因此他已初步奠定了现代新儒家返本开新论的基础。美国学者艾恺说,梁漱溟“接受西方的政治形式与科技,以致力于保存中国的文化本质,或更精确地说,保存儒家的伦理价值”,他“试着去开创真真正正的中国文化复兴”。[①]所以,他所提倡的孔学已经不是历史上的原初孔学,而是用西方哲学伦理学改造过的新孔学、新儒学。梁漱溟“援西学入儒”的尝试直接影响了往后的冯友兰、贺麟等人,冯贺正是从梁漱溟的尝试中受到启发,而创立新理学和新心学的伦理思想体系的。

(3)梁漱溟的伦理思想第一次把中国伦理文化纳入世界文化架构中来平等地加以讨论,认为中、西、印三大文化系统是根源于人类生存意欲之发用流行,而表现为三种不同的生活态度,走了三条不同的伦理文化路向,从而开拓了比较伦理学研究的新领域。梁漱溟在建立新孔学伦理思想体系时,采用的重要手法就是通过西洋、中国、印度三种伦理哲学的比较,来显示中国儒家伦理哲学的长处。梁漱溟以意欲向前和持中来概括中西伦理文化的特征,认为西方文化崇尚人与自然的对立,故是“有对”的,中国文化崇尚人与自然的合一,故是“无对”的;西方文化崇尚理智,故主功利,中国文化崇尚直觉,故主情谊;西方文化向外用功,故在推动经济发展的同时造成了人性的失落和人生的痛苦,中国文化向里用力,故物质生活贫乏仍不失其精神生活的快乐和内心世界的充实。梁漱溟的这些比较,尽管不符合事实,失之主观臆断,但毕竟提出了一个值得研究的大题目,为比较伦理学的研究提供了一个粗疏然却具有参考价值的思维框架。

(4)梁漱溟是一位独立思考、肯动脑筋,对中华民族及其伦理文化持有深挚

---

① [美]艾恺《梁漱溟——以圣贤自许的儒学殿军》,《当代新儒家》,生活·读书·新知三联书店1989年版,第287页。

的同情与敬意的爱国学人,他用自己的学术品格与为人谱写了一曲儒家伦理的新篇章。梁漱溟的一生是辛酸与爱憎交织的一生,是为复兴中华民族而辛勤耕耘与不懈奋斗的一生,也是中国知识分子不畏强权、铮铮有节的一生。正如韦政通所说:“在中国20世纪的巨变中,没有一个活着的知识分子比他的经历更丰富;在新思潮一波一波的冲击下,也很少像他那样坚守自己的信念,保持独特的风格;在中国面临的重重危机中,他不只是探索孔子的价值,也身体力行,为儒家传统作见证;他虽然曾是一个政治人物,但他一生的信念与理想,是超越现实政治的,他已成为‘文化中国’的一个象征。”①1988年梁漱溟先生逝世后,国内外众多人士都对梁漱溟振兴炎黄后裔、承传华夏文明的贡献给予高度评价,对梁漱溟的人格操守给予充分肯定。人们不论对他的学术思想做何种评价,但对他捍卫中国传统伦理文化和“批林可以,批孔不行”的精神气概与热情,是深表敬意的。出于这种认识,一些人把梁漱溟视为现代中国第一代知识分子的典型,视为民族的灵魂和中国的良心,这种评价虽然有其某种特殊的原因,但毕竟失之偏颇,过于溢美了。

事实上,梁漱溟伦理思想有它自身不可避免的严重局限和缺失。他关于中西印文化三路向说是从他的哲学原则中推导出来的,并没有多少事实根据。应该看到,中国伦理文化亦有向前要求、自强奋斗和制天命而用之的一面,西方伦理文化亦有意欲调和持中、反省内求的一面。梁漱溟抓住文化史上的个别事例,片面地加以夸大,把整个西方伦理文化归结为近代功利主义,把整个中国伦理文化归结为以孔孟为代表的儒家伦理,这样便把十分丰富、错综复杂的伦理文化史简单化了,显然是主观片面的。他把本能和直觉视作道德的根源和基础,把理智视作非道德的始因,从而使他的道德论表现出明显的非理性主义倾向;他关于尚情无我的理想人格同宋明理学“存天理、灭人欲”的禁欲主义伦理观的类似显而易见,他所提出的“穿锦缎的未必便愉快,穿破衣的或许很乐”的命题,割裂了物质生活与精神生活的辩证统一,这就人为地把道德观念与物质利益截然地对立

① 韦政通:《文化中国的象征》,载《中国的脊梁》,香港百姓文化有限公司1989年版,第27页。

起来；另外，他关于以伦理为本位的设想具有把中国封建社会理想化的倾向，抹杀了人与人之间的差异及其阶级对立事实，凡此等等，说明了梁漱溟伦理思想的非科学性和保守性。对此，我们应当运用马克思主义伦理观给予必要的批判，抛弃其错误、消极的成分，使梁漱溟伦理思想的合理因素彰显出来，作为建设中国特色的社会主义伦理文明的借鉴。

三、熊十力的新唯识学伦理思想

熊十力(1885—1968)，原名继智，又名定中、升恒，晚年自号漆园老人、逸翁，湖北省黄冈县人。与梁漱溟相比，熊十力可说是大器晚成，他的《新唯识论》体系成熟并发生影响已经到了抗战前后。但他是被公认的现代新儒家学派的“中心启导人物”和实际的精神领袖。有人称他是“本世纪最具创发性的思想家之一”，“中国当代‘规模广阔，神解卓特’的哲学家”，是“早期新儒家和今天仍活跃于港台二地的新儒家之唯一重要的精神桥梁”。熊十力的伦理思想体大思精、幽深邃密，可谓现代新儒家伦理思潮的奇葩，高岸俊秀，飘逸神清，显现出深刻的奥蕴和宏伟的气魄。

1. 体认内在超越，重建终极价值

辛亥革命的失败，对熊十力的震撼和影响极大，这不仅使他弃政向学，从民主革命的热情志士转而从事哲学理论的冷静钻研，而且认识到革命的成功取决于民众的觉醒和革命者自身素质的提高，进而以异乎寻常的苦学精思进行民魂的塑造和道德价值的重建。他“念党人竞权争利，革命终无善果，又目击万里朱殷，时或独自登高，苍茫望天，泪盈盈雨下，以为祸乱起于群众昏无知，欲专力于学术，导人群以正见”①。在熊十力看来，伦理文化的努力和民智民魂的改造，实

① 熊十力：《十力语要》卷4，明文书局1947年版，第59页。

在是比政治革命更为艰难的工作。“于是始悟我生来一大事,实有在政治革命之外者。”熊十力把唤醒民众的道德人格意识,从民族精神的提升与健全上拯救民族看作是自己义不容辞的责任,他极为欣赏明清之际大思想家王船山“掸清刚粹美之气于两间,阴以为功于造化,圣人尽人事以成天功之极致,唯此为务焉”;“吾虽贫贱,亦有予于人者,亦有取于人者,勿见可为而即为,可欲而即欲,则孤月之明,炳于长夜,充之可以任天下”的名言,决意继承宋明理学家的事业,融会中西,平章华梵,通过对儒家学说的现代诠释来振作民族精神,重建中华民族的伦理价值体系。

与梁漱溟颇为相似,熊十力研究中国伦理文化亦“不是为专家之业”,他并不满足于做那种只追求满足知性的求知欲、以广博知识为尚的学问家,他把能够为人们提供安身立命之道、切中现实人生并为其提供丰厚学养视作读书求学的最终目的。熊十力曾这样说道:“余之学儒学佛,乃至其他,都不是为专家之业,而确是对于宇宙人生诸大问题,求得明了正确之解决。”①这种解决应该是“存在的”而不只是理智的,它必须经过自己的生命体验而彻悟民族的伦理文化精神,把握我们民族苦难的生命历程。

在熊十力看来,我们民族的伦理文化精神即是内在超越的精神,即是推崇心性本体以建立健全人格的思想倾向。心性本体论是熊十力伦理思想的理论基石。他从体用不二、天人合一的本体论出发,赋予道德以本心和本体的含义,强调“仁者本心也,即吾人与天地万物所同具之本体也”②。正是因为本体具有道德属性,所以才使得伦理价值具有内在的特征,使人生不致有虚幻不实的感觉。心性本体是一切道德价值的源头,“学不究体,自人生论言之,无有归宿。区区有限之形,沧海一粟。迷离颠倒,成何意义。若能见体,即于有限而识无限,官天地,府万物,富有日新,自性原无亏欠,本来无待,如何不乐。学不究体,道德无内在根源,将只在己与人或物的关系上,去讲道德规律,是犹立法也,是外铄也”③。

---

① 熊十力:《新唯识论》,商务印书馆 1944 年版,第 1 页。

② 熊十力:《新唯识论》,商务印书馆 1944 年版,第 567 页。

③ 熊十力:《十力语要》卷 1,参阅《现代新儒家学案》上册,中国社会科学出版社 1995 年版,第 478 – 479 页。

道德如果不是建立在心性本体的基础之上，就会使其失却本体的意义而变得无所依傍，就会导致价值无源论。本体亦不是离人或人的心性而独立存在的，本体中涵有道德的属性和内容。熊十力批判了西方伦理文化制造本体界与现象界、事实世界与价值世界对立的错误。他说，西方哲学家“谈本体者，大抵把本体当作是离我的心而外在的物事，因凭理智作用，向外界去寻求。由此之故，哲学家各用思考去构画一种境界，而建立本体，纷纷不一其说。不论是唯心唯物，非心非物，种种之论要皆以向外找东西的态度来猜度，各自虚妄安立一种本体”①。在熊十力看来，万物之本体与吾人之真性实非有二，心性即是宇宙万物的本体。为了进一步说明人性即天性、万物本原与吾人真性不二的道理，熊十力提出了性智与量智的概念并将其严加区分。量智，即一般人所谓的知识或理智，是以见闻之知为基础的理性思维方法；性智，是超越理性思维之上的直觉体悟，是不待外求的本心之自觉自证。性智与量智的关系表现为，性智是冥合证会的本体认识，量智只是一种向外求理的工具；性智是一种无待而绝对自由的精神境界，量智是缘一切日常经验而发展的行为习惯。熊十力认为中西学术文化的差别在于，“中学以发明心地为一大事（借用宗门语，心地谓性智），西学大概是量智的发展，如使两方互相了解，而以涵养性智，立天下之大本，则量智皆成性智的妙用”②。只有做到尊性智而不遗量智，才能既把握本体世界，又认识物理世界，真正达到体用不二。熊十力强调本心的主宰性、绝对性和生命性，提出了性智为体、量智为用的命题，认为量智不过是性智的一种发用流行。我们欲重建中华民族的终极价值，解除意义失落的危机，必须从弘扬和体认性智入手，建构体用不二的心性本体论，使万物本原与吾人真性不二。熊十力说：“新论所谈本体，即此理也，性也，命也，命之而实一”，“反诸自身，识得有个与天地同体的真宰，炯然其中，新论所云性智是也。吾人实证到此，便无物我，内外可分”。③

总之，熊十力在其体用不二的本体论上，建立了一个肯定人生的终极关怀，

---

① 熊十力：《新唯识论》，商务印书馆 1944 年版，第 250－251 页。

② 熊十力：《新唯识论》，商务印书馆 1944 年版，第 678 页。

③ 熊十力：《十力语要》卷 3，明文书局 1947 年版，第 19 页。

并以此为其全部伦理思想、道德学说的出发点与根据。把握住熊十力体用不二的心性本体论,才能透过新唯识论晦涩的语言,剖析其思想体系的真谛,也才能更好地体认中国文化内在超越的传统,理解现代新儒家伦理思潮的价值趋向。

2. 高扬人类中心,推崇内圣外王

熊十力从“体用不二”的心性本体论出发,通过发挥“翕辟成变”的矛盾学说,吸取柏格森的创造进化论,创立了他的人类中心和内圣外王的道德学说。在熊十力看来,整个宇宙就是一翕(凝聚物化的趋势)一辟(至健不息,战胜物化的趋势)的大用流行,它生生不已,分化出天地万物人类,显示出“宇宙之大生命力”。由于有凝聚物化的趋势,生命力表现为物,分化为万有不齐的个体。由于有战胜物化的趋势,生命力潜滋默运,辟以运翕,就能够改造物质世界,由此呈现出从无机物、植物、动物到人类的进化系列。在芸芸品类的生物系列中,人类无疑占据着至高无上的地位。人既来源于自然界,是自然宇宙发展到一定阶段的产物,人类个体的生命与宇宙的大生命是相通的,又超越于自然界,他能够凭借天所赋予人的潜能作对于天,官天府地以裁成万物,为天地立心,做天地自然的主人。人能够而且应该成为宇宙的中心和主宰。熊十力说:“盖生物进化,至人类而为最高。其能直接通合宇宙大生命而为一,以实显本体世界无上价值者,厥为人类。”①人作为二气之精五行之粹的产物,表征着宇宙大生命力的活泼充满,它是宇宙的精华也是万物的灵长。在宇宙的万有不齐的生物品类中,人占据着中心的支配地位。“若乃万方视听随中枢而更化,一如身动而令四周境物从之易态。故身之部分,乃于大器而为其中心。”②人的内身之所以能够成为宇宙的中心,完全是因为人类具有最高的精神力量。“夫是行健以物物而不物于物之自性力,对翕而言则谓之辟,对物而言则谓之心。”③心即是能够改造物、运化物而不被物质世界拘缚同化的精神力量。心有“宇宙之心”和“吾人的本心”,吾人的本

① 熊十力:《新唯识论》,商务印书馆 1944 年版,第 105 页。
② 熊十力:《新唯识论》,商务印书馆 1944 年版,第 97 页。
③ 熊十力:《新唯识论》,商务印书馆 1944 年版,第 99 页。

心是高度发展的宇宙之心在人类身上的体现，它作为人人具有的本然之性，是达到了自觉状况的宇宙之心。只有在人类这里，宇宙之心才摆脱了在自然界中那种暖昧、隐晦的状态，从而也才能够更充分地表现自己的“阳明、健动、开发无穷、升进不已”之德，更自觉地使物随心转，实现对于物的主宰、转化功能。“人类崛兴，精神如旭日高升，殆臻乎最高度。”①人类精神是宇宙之心最为壮丽的日出，人类之所以能够傲居于宇宙的中心地位，之所以能具有无上的尊严和绝对的价值，全在于他具备了自觉状态的宇宙之心，或主宰、利用、改造物质世界的精神慧命。

为了保持人类宇宙中心的地位，弘扬人的本质力量，熊十力强调发挥人之所以为人的内在基质，使人所秉具的精微茂美之处得到有效的凝聚与显现。在熊十力看来，既然吾人的本心是使吾人高出于一切动物之上的东西，那么发挥人之所以为人的内在基质就不是一种向外寻求的工作，而是高扬、充实“吾人之本心”的活动。“吾人一切纯真、纯善、纯美的行，皆是性体呈露。”②本心或性体是一切价值的源头，道德的母体。而这也正是儒家内圣之学的基础。熊十力把本心看作道德价值的源头，因而也就突显了儒家内圣之学的意义。“识得孔氏意思，便悟得人生有无上的崇高的价值，无限的丰富意义，尤其是对于世界，不会有空幻的感想，而自会有改造的勇气。”③在熊十力看来，最能体现儒家内圣之学真义的是孔子关于仁的观念和孟子的四端说。“儒家则远自孔子已揭求仁之旨，仁者本心也，即吾人与天地万物所同具之本体也。至孟子提出四端，只就本心发用处而分说之耳。实则四端统是仁体。”④又说：“《易》以乾元为万物之本体……元在人而名为仁，即是本心。万善自此发现，故曰善之长。逮王阳明作《大学问》，直令人反诸其内在的渊然而寂，恻然而感之仁，而天地万物一体之实，灼然可见。”⑤本心是仁，仁这种本心即是人内在的德性真实，是人成就圣贤人格的内在

① 熊十力：《原儒》下卷，中国人民大学出版社 2006 年版，第 61 页。
② 熊十力：《新唯识论》，商务印书馆 1944 年版，第 389 页。
③ 熊十力：《新唯识论》，商务印书馆 1944 年版，第 348 页。
④ 熊十力：《新唯识论》，商务印书馆 1944 年版，第 567 页。
⑤ 熊十力：《新唯识论》，商务印书馆 1944 年版，第 568 页。

根据,同时它又是“吾人与天地万物所同具之本体”。仁这种本体体现了存在与价值、真与善的内在统一,内圣之学即是体认此仁体和对仁体的追求,“我欲仁斯仁至矣”,仁之所在无贫穷亦无痛苦,“浑在与物同体”的超越心物、人我的界限的乐处来源于对仁的证悟与践履,仁人“乐以忘忧,不知老之将至”的道德也就表现在这里。

依据体用不二的本体论,熊十力提出,内圣的道德价值应当通过外王即经世致用的渠道得以贯彻。他认为内圣与外王并重,把立德与立功统一起来是儒家伦理的基本精神。孔子在评论路由、冉求、公西华等学生的专长时,认为他们可以安邦定国,孔子自己亦主张“修己以敬”,“修己以安百姓”,“可见孔门师弟精神,非如后儒忽略事功”。[①] “儒主入世,故其哲学思想始终伦理实践。……所谓神化不测之妙于庸言庸行之中,此儒术所为可贵也。”[②]可惜的是,孔孟儒学内圣外王的精神在后来并未得到有力的发扬与光大,割裂内圣与外王关系甚至以内圣取代外王的思想倾向在宋明理学家那里占了上风,从而使得中华民族的伦理精神愈益式微。熊十力指出:“孔子内圣外王的精神,庄子犹能识之。至宋明诸师,而外王之学遂废。自此,民族愈益式微。此非我辈今日之殷鉴耶?”[③]在熊十力看来,宋明理学家置重内圣、阐发义理的思想倾向应予肯定,但他们轻视事功、耻谈外王的风习理应得到矫正。时当民族危亡之际,更应当发扬内圣与外王并重的精神。熊十力说:“今世变愈亟,社会政治问题日益复杂,日益迫切。人类之忧方大,而吾国家民族,亦膺巨难而濒于危。承学之士,本实即不可废(本实,指内圣之学),作用尤不可无(作用,谓外王或致用之学)。实事求是,勿以空疏为可安。深知人生责任所在,必以独善自私为可耻。置身群众之外而不与合作,乃过去之恶习。”[④]宋明理学家由于过分强调内圣而忽视外王的错误倾向,致使道德价值源头干涸,失掉活力,无法得以贯彻,未能完全承继儒家精神,结果造成“其于仁体,实只有保任而无推扩工夫。充其保任之功,到极好处,终近于守寂,

---

① 熊十力:《十力语要》卷 1,明文书局 1947 年版,第 68 页。

② 熊十力:《十力语要》卷 2,明文书局 1947 年版,第 5 页。

③ 熊十力:《十力语要》卷 2,明文书局 1947 年版,第 68 页。

④ 熊十力:《十力语要》卷 2,明文书局 1947 年版,第 57 页。

而失其固有活跃开辟的天性，其下流归于萎靡不振而百弊生。宋明以来，贤儒之鲜有大造于世运，亦有儒学家失其真故也”①。熊十力从尊性智而不遗量智的思想出发强调内圣与外王的统一，并主张学习和吸收西方文化的长处，把中国重视内圣之学的传统与西方重视外王之学的传统有机地结合起来。他说：“今谓中西人生态度，须及时予以调和，始得免于缺憾。中土圣哲反己之学，足以尽性至命。斯道如日月经天，何容轻议？至于物理世界，则格物之学，西人所发皇者，正吾人今日所当挹取，又何可恶乎！今日文化上最大问题，而在中西之辨。能观异以会其通，庶几内外交养，而人道亨、治道具矣。吾人于西学，当虚怀容纳，以详其得失。于先哲之典，尤须布之遐陬使得息其臆测，睹其本然，融会之业，此为首基。”②融会中西伦理文化的关键之点在于把中国置重性智的传统与西方置重量智的传统结合起来，使中国发端于内圣的道德价值源头通过外王得以贯彻。

3. 阐发自由平等，强调保任推扩

熊十力认为，真正的内圣之学是同自由平等的伦理精神密切相关的。这是因为，作为本心和本体的仁涵盖和包容着一切人类个体，同时又需要人类个体自由自觉地去体认、证悟与践履。熊十力从自己体用不二的心性本体论直接推导出自由平等的观念。既然万物同源一体，人我同具此仁心本体，那么人与人之间的关系就是平等的。“唯万有为一完整之全体，而无有首出庶物为主宰者。足知，一切物皆是本体呈现，即一切物各个具有圆满无缺的本体。易言之，一切物皆平等，一毁物皆神，一切物皆自主，华严光光相网义，与大易群龙无首义，可互相发明。”③所以平等理所当然是人类社会最正当的伦理关系，而不平等的关系则是反人道的。熊十力认为，周易乾坤二卦的含义即是人人平等自主，共治天下，由此实现其社会政治理想：“持天下为公之大道，荡平阶级，实行民主，以臻天下一家、中国一人之盛。”但是，熊十力认为，平等并不是没有尊卑上下。“平等

① 熊十力：《十力语要》卷4，明文书局1947年版，第42页。
② 熊十力：《十力语要》卷3，明文书局1947年版，第73页。
③ 熊十力：《十力语要》卷3，明文书局1947年版，第68页。

者，非谓无尊卑上下也。然则平等之义安在耶？曰：以法治言之，在法律上一切平等。国家不得以非法侵犯其人民之思想、言论等自由，而况其他乎？以性分言之，人类天性无差别。故佛说'一切众生皆得成佛'，孔子曰'当仁不让子师'，孟子曰'人皆可以为尧舜'，此皆平等义也。"①这里熊十力不仅把平等视作一个法律的范畴，更视作一个伦理的范畴，即人人皆有体认仁心、讲究伦理道德的平等权利。熊十力认为，道德的权利是天赋的，人人都有弘扬自己的德性慧命、体认仁心，使自己与天地参的权利，在道德面前人与人是完全平等的。

结合平等，熊十力谈到了自由。在熊十力看来，道德既是平等的亦是自由的。自觉自为的意志是道德之成为道德的必要前提，它不但是人格的核心，而且也是生命本体。吾人的本心在本质上是无所拘缚的，因此是自由的。当然，自由不是为所欲为的自由放任。熊十力说："自由是相对的名词。在限制之中，而有自强自动自创，以变更不合理的限制底余裕，这才叫自由。若是无限制，又从何见出自由！但是我人如果不受他底固有的不合理的限制，尽可自强起来，自动起来，自创起来，破坏他底模型，变更他底限制，即是另造一新社会，使我和我底同类都展扩新生命。如此，岂不是人生有大自由么？"②熊十力意识到自由是相对于限制而言的，并区分了合理的限制与不合理的限制，肯定不受不合理限制的意义和改造社会的合理性，频频发出革命的火花。当然，熊十力所讲的自由，主要是指道德上自我完善的自由。"自由便顺着他底天性去发展，所以他底生活充实，不受任何逆理的阻碍。至如为我之私，正是生活力欠充实，不受任何逆理的阻碍。至如为我之私，正是生活力欠充实，才落到小己底利害上做计较，这是因为不自由才显现出来的。"③顺着天性去发展同计较小己底利害是不能同日而语的，它的本真意义是指顺着与万物一体、与人类同源的本质规定性去发掘仁心、扩充自觉自为的宇宙之心。故熊十力又说："自由者，非猖狂纵欲，以非理、非法破坏一切纪纲，可谓自由也。"自由的最精之义"则莫如吾夫子所谓'我欲仁斯仁

---

① 熊十力：《十力语要》卷3，明文书局1947年版，第27页。

② 同上。

③ 熊十力：《十力语要》卷4，明文书局1947年版，第20页。

至矣’”①。

基于对自由平等之义的阐发，熊十力谈到了道德修养的问题。同所有的儒家学者一样，熊十力也把成圣看作人生的目的，把解除“染习”的蔽障，恢复本心的本然状态视作道德修养的关键，并建构起了证量、保任、推扩为主要内容的道德修养方法论系统。熊十力认为，人可以而且应该成为宇宙的中心和主宰，但这只是一种可能性。他说：“性有全显之可能，然亦仅曰可能已耳。人因常有心为形役之患，而易为鸟兽之归。心为形役，即阳被阴锢，蒙昧之象也。故必愤悱求通，而后可资先知先觉之启迪，以开其蒙，以复其性。”②如果心为形役，人就会丧失自己在宇宙中的主体地位，从而也就丧失了自己的本性，而沦为“鸟兽之归”。要防止心为物化和主体地位的失落，人就需要一种去染和复性的功夫。熊十力把人们的行为分为净习与染习两种，认为净习与本心相关，为本心“显发之资具”。染习与习心相关，是对本心的侵蚀。一般人往往执着于习心，沉陷于染习，以致于“无从自识性真”。在熊十力看来，净习是善的化身，染习是恶的来源。净染根本对立，它们“相对消长，不容并茂。如两傀登场，此起彼仆”。熊十力的这种看法表现出受宋明理学的影响，但是熊十力并没有走到宋明理学“存天理、灭人欲”的道路上去，他对宋明理学存理灭欲的思想学说是持批判态度的。“儒者亦有把人欲看作天理之敌人而必欲去者，此亦大错。夫欲曰人欲，此亦是人之欲也。人之欲，其可尽去乎？使人之欲而尽去，除非人不生也。人即有生，便不能无人欲，如何尽去得！大抵人欲所应去者，只是不顺理之欲。吾人见得天理透，使天理常作得吾身之主，则欲皆从理，而饮食男女莫非天理中事矣。”③“如果做绝欲工夫，势必专向内心去搜索敌人去杀伐他。功力深时，必走入寂灭，将有反人生的倾向。”④熊十力认为，人欲同生命联在一起，只要生命存在一天，人欲就会存在一天。人欲有顺理不顺理之分，应去的只是不顺理之欲，至于顺理的人欲不仅不应当去除，反而应当尊重。在道德修养问题上，熊十力并没有像程朱那

① 熊十力：《十力语要》卷3，明文书局1947年版，第27页。

② 熊十力：《读经示要》卷3。

③ 熊十力：《十力语要》卷4，明文书局1947年版，第13页。

④ 熊十力：《十力语要》卷4，明文书局1947年版，第42页。

样主张消极的灭欲,而是主张积极地发明本心。

那么,发明本心的真正要义在哪里呢?熊十力提出"证量""保任""推扩"的修养方法。"证量"就是直觉到本心本体,确立体用不二的宇宙观。他解释说:"云何得证量?……此须有修养工夫。真积力久,感当尽净,真体呈现。尔时主人公自明白了,谓之证量。"①"保任"是明心的根本功夫,"保任约有三义:一、保任此本心,而不使惑染得障之也。二,保任的功夫,只是随顺本心而存养之。即日常生活,一切任本心做主,却非别用一心保任此本心也。三、保任的工夫,即是随顺本心,即任此自然之运,不可更起意来把捉此心。……若起意,则是妄念或习心窃发,而本心已故失矣"②。保任实由本体之自明自觉,它把保持性智的纯洁性放在首位,以性智直觉作为道德良知的根据。所谓"推扩"就是以体用不二为准则去向事物上去格量,避免有体无用的倾向。推扩即是推扩良知之明去格量事物,"格者,量度义。良知之明,周运乎事事物物而度量之,以悉得其有则而不可乱"③。"吾人只念念顺从吾知体之明而推扩去,则私欲或习心自不得起。推扩工夫稍歇,则习心便乘间而横溢。"④

熊十力的道德修养论突出了道德主体的能动性和创造性,并在一定程度上肯定了人欲的正当性,确有前儒所不及之处,不失为现代新儒家伦理思潮中一份珍贵的历史文化遗产。

4. 熊十力与梁漱溟伦理理想之比较

熊十力与梁漱溟同是现代新儒家伦理思潮的奠基人,他们的伦理思想既有许多相似之处和共同性,也有许多相异之处和差别性。比较熊十力与梁漱溟伦理思想的同中之异和异中之同,对于我们更好地认识现代新儒家伦理思潮的内在基质,科学地把握现代新儒家伦理思潮的丰厚蕴意成分及其嬗变发展,无疑是有意义和价值的。

---

① 熊十力:《十力语要》卷1,明文书局1947年版,第72页。
② 熊十力:《新唯识论》,商务印书馆1944年版,第565页。
③ 熊十力:《十力语要》卷3,明文书局1947年版,第53页。
④ 熊十力:《十力语要》卷3,明文书局1947年版,第47页。

从总体上讲，熊十力与梁漱溟，两人同援佛入儒，同宗孔孟陆王，同倡新儒学，但一个从文化入手，一个从哲学入手；一个采用通观法，一个采用局部法；一个放眼四海，一个通观百代；一个综合比较，一个分析演绎，一唱一和，遥相呼应，可谓配合默契。就影响和名声言，梁漱溟要大于熊十力。梁漱溟早在五四时期就出版了那本“灼古震今”的《东西文化及其哲学》，其思想受到广泛的社会关注并引发了数十年的文化论争。熊十力较梁漱溟年长，但在学术上成名却较梁漱溟晚得多。他的思想不仅一直被排斥在时代的主流之外，而且也没有像梁漱溟那样在社会上产生广泛的影响。30 年代中期有人曾说熊十力的哲学“在现代中国哲学的势力最小，地位最低，而知道它的人亦最少”①。但就思想的深刻性和严谨性而言，梁漱溟又不及熊十力。梁漱溟从佛改儒，宣扬新孔学是基于一种反对全盘西化和为中国人设想的情感而不是理智的合乎逻辑的推论。梁漱溟说：“我从二十岁以后，思想折入佛家一路，一直走下去，万牛莫挽，但现在则已变。……我反对佛家生活，是我研究东西文化问题替中国人设想应有的结论。……看见中国人蹈袭西方的浅薄，或乱七八糟弄那不对的佛学，却可见其人生的无着落，我不应当导他们于至善至美的孔子路上来吗?”②熊十力从佛改儒，宣讲孔子，并反对浅薄的西化主张，但他是基于一种冷静的理智选择和异乎寻常的苦学精思。在熊十力看来，“佛家生灭不生灭折成二片”，“西哲则实体与现象终欠圆融”，只有以孔孟儒家为代表的中国伦理哲学“脱然超悟吾人与宇宙本来同体，未尝舍吾心而求体于外，其学不遗思辨，要以涵养为本。求心、养心与扩充心德之功日密，去小己之私而与天地万物同于大通，直至内外浑融，始于当躬默识天德，方信万有根源不离吾心而外在，何劳向外推寻哉。此是与西洋学者天壤悬隔处”③。正因为他对中国伦理哲学的推崇与弘扬建基于上下求索、理论抽绎、逻辑探论的基础之上，所以熊十力被人称为“规模广阔、神解卓特”的哲学家和“足以壁立千仞”的新儒家。熊十力“治学立言之根本特点，是不囿陈说，力破

① 孙道升：《现代中国哲学界之解剖》，《北平晨报》，1935 年 10 月 7 日。

② 梁漱溟：《东西文化及其哲学》，商务印书馆 1922 年版，第 2 - 3 页。

③ 熊十力：《新唯识论》，商务印书馆 1944 年版，第 6 - 7 页。

门户，兼综博采，自立权衡。不仅与奔竞浮华的崇洋论者和佝偻近视的国粹论者大异其趣，而且与拉杂比附而浪言融通者亦卓尔不同；与同时代的中西文化论者相比，颇能以高一层次的哲学思路，贯通今古，平章华梵，衡论中西，出入于佛、道、儒各家及宋明、清诸子，而自创《新唯识论》的独特体系”①。熊十力的思想博大精深，体现了一种试图立根于儒学伦理的土壤创立新的思想体系以适应时代的变革要求的努力。

就学术侧重点和思维路径而言，梁漱溟是从文化伦理学入手，通过比较中国、西方、印度三大文明的优长缺失进而归宗孔孟儒家文化；熊十力是从哲学伦理学入手，通过探究潜隐于中国、西方、印度文化深处的本体意识，重建孔孟儒家的心性本体论和道德形上学。梁漱溟伦理思想的特点是执着于意欲的活动方式，从文化角度突出了西方现代生活因异化而带来的困惑、苦恼、失落感等情感方面的问题；熊十力伦理思想的特点则置重于理性的功能分殊，从哲学方面突出了中国现代学术因过分强调性智而忽视量智所造成的疏粗、近视、笼统等知识方面的不足，进而把从内圣开出外王和内圣与外王并重提到中国人思考的案台。因此，从某种意义上讲，梁漱溟的伦理思想主要是从情上立论，而熊十力的伦理思想主要是从智上立论；梁漱溟提出尚情而无我的道德价值标准，把基于血缘关系的伦理情谊视作道德与否的判断依据，熊十力提出保任性智、推扩良知的道德修养学说，把发明本心、致知格物视为能否成圣的关键。梁漱溟认为，人性善的意义在于人生来具有某种先验的道德情感或直觉，“恶”起于直觉的迟钝和理智的勃兴。正是由于理智的分别作用才产生了物我、人我种种计较，私心人欲随之而起。熊十力认为，人性善的意义并不在于人生来具有某种先验的道德情感，而在于本心的明觉特性和它所具有的主宰、统辖人的情感、欲望等感性心理活动的功能。本心的主宰作用可以化解人的自然生命所带来的迷惘、困惑，使人不甘于物欲的沉沦，而去追求更高的人生境界，显发人本有的性体仁德，最终实现人性之善。至于恶的起源，熊十力则将其归结为心为形役的结果。“人因常有心为形役之患，而易为鸟兽之归。”心为形役即是生理欲念统治了本体仁心，这样就会使

① 肖萐父：《序〈熊十力及其哲学〉》，中国展望出版社 1985 年版，第 1 页。

本心沦溺于现实生活中,生发出许多恶来。梁漱溟肯定宋明理学的“存天理、灭人欲”学说,其伦理思想具有禁欲主义的色彩,而熊十力则对人欲做了具体的分析,他用“欲皆从理”的理论取代宋明理学存天理灭人欲的学说,在一定程度上承认了人欲的正当性。

总之,熊十力伦理思想集中地体现了现代新儒家伦理思潮的基本特征,他在一些基本方面为现代新儒学的发展提供了可供参考的致思框架。如果说梁漱溟是从文化伦理学和人生哲学的层面彰显了现代新儒家的进路,那么熊十力则是现代新儒家道德形上学和哲学伦理学的奠基人。熊十力是一位对儒家精神有独特的生命体悟的哲学家和伦理学家,唐君毅、牟宗三等人在哲学伦理学上的建树,都是以熊十力为起点的。诚如成中英在《熊十力哲学及当代新儒家哲学的界定与评价》一文中所说:“综观五四时代西学冲击以来,从事新儒家哲学之创造最有成就者无疑要推熊十力先生,……而事实上,熊氏也确为现代中国创导及发挥中国儒家哲学最有创见及最具影响力者。”①为熊十力《新唯识论》作序的马一浮以熊氏比之为扫除汉代经学烦琐之风、阐发周易哲学大义的王弼和印度大乘佛教中观宗的创立者龙树菩萨,认为熊十力的《新唯识论》“确然有见于本体之流行,故一皆出自胸襟,沛然莫之能御。尔乃尽廓枝辞,独标悬解,破集聚名心之说,立翕辟成变之义,足使生、肇敛乎而咨嗟,奘、基挢舌而不下。拟诸往哲,其犹辅嗣之幽赞易道,龙树之弘阐中观。自吾所谓,世之谈者,未能或之先也。可谓深于知化,长于语变者矣”②。

① 参阅《文化——中国与世界》第 3 辑,生活 · 读书 · 新知三联书店 1987 年版,第 50 页。

② 马一浮:《序熊十力〈新唯识论〉》,见熊十力《新唯识论》,商务印书馆 1944 年版,第 39 – 40 页。

四、冯友兰的新理学伦理思想

冯友兰(1895—1990),字芝生,河南唐县人。如果说梁漱溟、熊十力各以自己的伦理思想开创了现代新儒学尊崇陆王一派的理论先河,冯友兰则不满意于尊崇陆王的思想倾向,他以承继和发展程朱理学为己任,兼采西方新实在论和中国名、道、玄、释诸家思想的有关因素,建立起了一个融会中西的新儒家阵营中独树一帜的新理学伦理思想体系。

1. 理在事先的道德起源论

冯友兰沿袭了朱熹理在事先的思想,认为道德作为社会之理和人之理的一个组成部分,是独立于社会之外的超时空的绝对存在。因此道德既不是人们自由意志随意选择的结果,也不是"神用以惩恶扬善的工具"。道德根源于先天地万物而生的"理","理"内在地包容和涵摄着道德。在冯友兰看来,"理"是物之所以为物、人之所以为人的依据。山之所以是山而不是非山,必因山有山之所以为山,这个所以为山就是山之理,所有这些理就是"理世界",也就是太极。这个理世界或太极在逻辑上而不是在事实上或时间上先于实际的世界,它构成了一个富有无限可能性的所谓"冲膜无朕,万象森然"的洁静空阔的世界。理既是具体事物获得自身特质的根据,又是具体事物达到完满至极程度的标准。一具体事物,如欲完善尽美,必须以某理为最高追求目标。如"方之理是方底物之标准,亦是其极限。方底物,必须至此标准,方是完全底方"①。

冯友兰认为,一切理皆包于宇宙或大全中,人伦道德也不例外。他赞同董仲舒"道之大原出于天,天不变,道亦不变"的命题,认为我们也可以如此说。他说:"某种社会必依照某种社会之理,方可成立,此理是不变底。可变者是依照此

① 冯友兰:《新原道》,商务印书馆 1946 年版,第 54 页。

理之实际底某种社会,而不是此理。"[①]冯友兰把道德界说为是"其行为合乎其社会之理所规定之基本规律者","一社会内之人,必依照其所属于之社会所依照之理所规定之基本规律以行动,其所属于之社会方能成立,方能存在。一社会中之分子之行动,其合乎此规律者,是道德底,反乎此者,是不道德底,与此规律不发生关系者,是非道德底"。[②] 道德同社会之理相关,道德的规律对社会全体成员亦是一视同仁、不可彼此的。那么,究竟如何认识和对待不同社会的不同道德呢?是不是道德的标准是多元的相对的和变动不居的呢?还有,怎样去认识民国以前做忠臣、节妇是一最大的道德行为,而民国以来许多人以为做忠臣是为一姓做奴隶、做节妇是为一人做牺牲,皆是不道德的道德矛盾现象呢?冯友兰认为:"所谓道德底者,并不是一行为合乎某特定底规律,而是社会之分子之行为合乎其所属于之社会之理所规定之规律者,其行为是道德底,反乎此者是不道德底。"[③]道德是社会之理的产物和反映,它反映的是社会存在与发展的一般规律而不是特定规律。在冯友兰看来,大部分的道德是因社会之有而有的,只要有社会,就需要有这些道德,无论其社会是哪一种的社会。仁义礼智信五常是无论什么种的社会都需要的,这是不变的道德。作为社会之理显现和反映的道德本质上是不变的,"无所谓新旧,无所谓古今,无所谓中外"。他批评民初一部分道德革命论者把以前的忠臣节妇之忠节亦看作不道德的思想倾向,认为民初人的这种思想倾向是完全错误的。"他们用一种社会之理所规定之规律为标准,以批评另一种社会的分子之行为;这种看法是不对底。一种社会的分子之行为,只可以其社会之理所规定之规律为标准而批评之。"[④]冯友兰甚至得出了这样的认识,一种道德只要是社会之理的显现与反映,过去是道德的就永远是道德的,我们不能用今天的标准去批评它。即便像"饿死事极小,失节事极大"这样的道德诫命,既然它曾为当时维持社会生存所必需,那么它不仅当时是道德的,而且永远是道德的,只不过由于社会变化,人们不必再遵守它就是了。总之,"理"是完满

---

① 冯友兰:《冯友兰学术精华录》,北京师范学院出版社 1988 年版,第 107 页。
② 冯友兰:《冯友兰学术精华录》,北京师范学院年版社 1988 年版,第 105 页。
③ 冯友兰:《冯友兰学术精华录》,北京师范学院年版社 1988 年版,第 109 页。
④ 冯友兰:《新原人》,商务印书馆 1946 年版,第 18 页。

至极的和绝对正确的,作为社会之理显现和反映的道德亦是永远正确而又合理的,这是理在事先的道德起源论所必然要得出的结论。

2. 知觉灵明的道德觉解论

冯友兰认为,先于具体事物而存在并构成具体事物获得自身特质的根据的"理"是可以被人们认识的。他不同意宋明理学及梁漱溟、熊十力等人关于本体只能靠直觉、证悟去达到的主张,而力主以理性思维作为体认和把握理本体的手段。冯友兰认为,人们认识产生的基础是心性,有了心性就有了知觉灵明,有了知觉灵明就能够体认理和太极。"人之所以能有觉解,因为人是有心底",心是知觉灵明,所以我们专就知觉灵明说心。宇宙间"有了人的心,天地万物便一时明白起来。宇宙间有了人、有了人的心,即如于黑暗中有了灯"①。人心的知觉灵明就像一盏明灯,它能照亮宇宙间的一切,有了人心的知觉灵明,人们就能够认识理和太极,离开了人的知觉灵明,宇宙就陷于昏暗,人们就无从认识理和太极。

冯友兰把由知觉灵明之心所产生的觉解视作人与动物有别的内在规定性,强调人生的意义和目的就在于人能对自己所生活的宇宙和自己的人生有所觉解。冯友兰说:"人是有觉解底东西,或有较高程度底觉解底东西。若问,人生是怎么一回事?我们可以说,人生是有觉解底生活,或有较高程度觉解底生活。这是人之所以异于禽兽,人生之所以异于别的动物的生活者。……人生有其最特出显著的性质,此即是其是有觉解的。""人不但有觉解,而且能了解其觉解,是怎样一回事,并且于觉解时,能自觉其觉解。"②觉即自觉,指的是人对自己理性活动的省察。"我们于有活动时,心是明觉底,有了解的活动时,我们的心亦是明觉底。此明觉的心理状态谓之自觉。"③解即了解,指的是人对事物之理的认识,从性质上说,了解即是以概念为基本要素的普通理性思维活动。觉解二字合起

---

① 冯友兰:《新原人》,商务印书馆 1946 年版,第 8 页。

② 冯友兰:《新原人》,商务印书馆 1946 年版,第 11 页。

③ 冯友兰:《新原人》,商务印书馆 1946 年版,第 24 页。

来是指一种自觉的对宇宙人生的认识和了解。人对于宇宙人生进行反思,了解并觉悟到宇宙人生的意义谓之觉解。宇宙间有了人,有了人对于宇宙对于人生的觉解,整个宇宙整个人生才变得有意义。“觉解是明,无觉解是无明”,有了人的觉解,世界才是光明的。由此可见,觉解是人生的第一要义,它在人生的历程中起决定作用。觉解是第一性的,人的生活历程是第二位的。觉解的内容决定人生的意义,而不是人生的历程决定人生的意义。

如何觉解?冯友兰强调要尽心尽性。人心就是知觉灵明,人发展自心的知觉灵明叫作尽心。人的知觉灵明发展到最高程度即尽心的结果则是最深的觉解或最高的觉解。在冯友兰看来,一般的觉解作为人对事物之理的认识及其反观,只能把握个别的具体事物而不能超出具体事物,只能认识有限的感性自我而不能超出自我。人欲超出物外,把握道体、大全,还必须有一种超出普通觉解之上的高一层觉解。所谓高一层觉解就是以觉解为对象的理性思维活动及其反观。冯友兰把高一层觉解称为“思思”。“思以其自己为对象而思之,谓之思思。思思是最高底思。”①只有思思或高一层的觉解,才是真正的大觉。“若只有觉解,而无高一层的觉解,则其明仍是在无明中,如人在梦中做梦。梦中之梦虽醒,但其醒仍是在梦中。……有高一层底觉解者,可以说是大觉者。”②冯友兰以觉解与高一层觉解比拟科学与哲学,认为科学使人有了解,哲学使人觉解其觉解。“科学底格物致知,所致底知,是与常识在一个层次上底知。哲学底格物致知,所致底知,则是高一层底知。科学底格物致知,不能使人透过梦觉关,而哲学底格物致知,则能使人透过此关。”③哲学的活动或高一层觉解为什么能使人透过梦觉关达到对道体、大全或理的洞彻觉解呢?这是因为它是一种知性的活动。人在这种觉解或思思中,必然会认识到“人性即人之所依照于人之所以为人者,而因以成为人者”④,认识到人性乃人之理的实现,认识到性与理的差距,从而自觉地去尽性,去按照理的标准来塑造完善自己,而当其达到尽性时,便自会同于理,

① 冯友兰:《新原人》,商务印书馆 1946 年版,第 24 页。
② 同上。
③ 同上。
④ 冯友兰:《新原人》,商务印书馆 1946 年版,第 22 页。

达到对理绝对真实的把握。总之,"尽心尽性的最要义,是充分发展人的高一层的觉解"①,通过发挥人的精神力量来实现"人之理"或体现"人之性",做到"人之所以为人",创造出一种道德的心理状态和精神境界。

3. 知性同天的人生境界论

冯友兰依据自己的觉解论提出了自己的人生境界说。在冯友兰看来,人们觉解的程度不同,则宇宙、人生对人们的意义也就不同。觉解的不同程度和宇宙、人生对于人所具有的不同意义,构成了人们所具有的不同的人生境界。所谓境界即是一种建立在事实判断基础上的价值判断,指人们对宇宙人生觉解所达到的水平和宇宙人生对于人所呈现出的意义。冯友兰说:"人与其他动物的不同,在于人做某事时,他了解他在做什么,并且自觉地在做。正是这种觉解,使他正在做的对于他有了意义。他做各种事,有各种意义,各种意义合成一个整体,就构成他的人生境界。"冯友兰认为,宇宙人生作为客体对象,从其存在的角度说,对任何人都是一样的,但人作为认识和判断的主体,却由于对同一宇宙人生有不同认识,而有着不同的价值判断。一个人对宇宙人生的认识或觉解的程度越深,范围越大,宇宙人生对于一个人的意义就越大,其境界也就越高。

冯友兰把由人们对宇宙人生的价值认识所构成的境界按照由低到高的顺序分为四种,即自然境界、功利境界、道德境界和天地境界。

(1)自然境界。这是一种无觉解,从而对宇宙人生没有任何价值判断的境界。处在这种境界中的人,他们的行为是"顺才或顺习底"。所谓顺才的就是依据人的生物的本性自然而行的行为,所谓顺习的就是按照个人的习惯和社会的习俗自然而行的行为。这样的行为可以说是"行乎其所不得不行,止乎其所不得不止"。处在这种境界中的人,"对于其所行底事的性质,并没有清楚底了解。此即是说,他所行底事,对于他没有清楚底意义。所以他的境界,亦只似乎是一种混沌"②。冯友兰认为,原始人,赤子及愚人均是处于自然境界中的人。这些

---

① 冯友兰:《新原人》,商务印书馆 1946 年版,第 22 页。

② 冯友兰:《新原人》,商务印书馆 1946 年版,第 31 页。

人浑浑噩噩地过日子,以近乎本能的状态而行动,他们“少知寡欲,不著不察”,不知有我,对人之理及其中所蕴含的其他理俱无觉解,因此对任何事物均无价值判断。冯友兰说,古诗中“凿井而饮,耕田而食,不识不知,顺帝之则”,“日出而作,日入而息,不识天工,安知帝力”几句最能代表自然境界中的人的心理状态。所以自然境界是一种最低的境界。

(2)功利境界。这是一种有最低程度觉解,从而对宇宙人生有最低价值判断的境界。处在功利境界中的人,他们的行为是“为利”的,这里所谓为利,是为他自己的功利。“在功利境界中底人觉解有我,也可以说我之自觉。……不过在功利境界中底人所觉解底我,是我的较低的一部分,……我之出于人所有之性如生物之性动物之性等底一部分。”①也就是说,处于功利境界中的人,虽有觉解,但其所觉解的只是作为个体的我,是我的生物性动物性本能。冯友兰认为,从总体上看,功利境界的人的人生目的是为己或为我,最终目的只有一个取字。他们求名于朝,求利于市,虽然有的人表面上损己以利人,骨子里却以利人为更利己之手段。就社会现实说,绝大多数人都处于功利境界之中,功利境界是常人的境界。功利境界的人心态各异,所干的事也不尽相同,求利的手段更是五花八门,无奇不有,但他们的人生目的即求取个人的功名利禄则是共同的。冯友兰说:“在功利境界中底人,对于自己及利有清楚底觉解。他了解他的行为,是怎么一回事。他自觉他有如此底行为。他的行为,或是求增加他自己的财产,或是求发展他自己的事业,或是求增进他自己的荣誉。……其行为虽可万有不同,但其最后底目的,总是为自己的利。”②冯友兰认为,功利境界虽不是什么高的境界,但也不宜过分责难。功利境界在主观上是不可取的,但在客观上并非于社会无益。然而,从较为理想的人生境界来看,功利境界是低下的,它不足以保证社会的安定与发展,不足以成就一个理想的人格。

(3)道德境界。这是一种由较高程度觉解而产生的境界。处于道德境界中的人,他们的行为是行义的。行义的行为和为利的行为是完全相反的。为利的

---

① 冯友兰:《新原人》,商务印书馆 1946 年版,第 82 页。
② 冯友兰:《新原人》,商务印书馆 1946 年版,第 32 页。

行为是求个人的利,行义的行为是求社会的利,它的目的是为社会做贡献。处在这种境界中的人认识到“社会是一个全,个人是全的一部分”,认识到社会的制度及其间的道德规律,都是属于“人之所以为人之理中”,属于应有之义。处于道德境界中的人,对宇宙人生具有较高的价值判断,它们虽然也对个体的我有觉解,但他所觉解的是我的较高部分,是我的社会属性、我的真正本质。他们不追求自己的私利,而追求整个社会的公利。比较而言,“在功利境界中,人的行为都是以占有为目的,在道德境界中,人的行为都是以贡献为目的”,“在功利境界中,人的行为目的是取,在道德境界中,人的行为的目的是与”。[①] 处于道德境界中的人,关心社会的生存和发展,自觉地将自己与社会联系起来,他懂得人之性只有在社会生活中才能实现,人在社会中必须履行社会的责任,他不计较成败、顺逆、贵贱、利害,只知遵照道义而行。道德境界是一种较高的人生境界。

(4)天地境界。这是一种由最高觉解产生的境界。处于天地境界中的人,对于宇宙人生具有最高程度的价值判断。他不但觉解“人之性是涵有社会底”,而且觉解人之性源于大全中的人之理。“天地境界的特征是,在此种境界中底人其行为是事天底。在此境界中底人,了解于社会的全之外,还有宇宙的全。人必于知有宇宙的全时,始能使其所得于人之所以为人者尽量发现,始能尽性。”在冯友兰看来,处于天地境界的人不仅能尽人伦人职,而且能尽天伦天职,即能事天、乐天,不但对于社会,人应有贡献,而且对于天地宇宙,人亦应有贡献。天地境界的人,有高于其他三种境界的人的觉解,是一种最高的境界,只有达到这个境界的人,才是圣人,才具有真正的理想人格。只有天地境界的人,才深悟人之所以为人之理,尽人之性,成就一个理想的人格。冯友兰说,处于天地境界中的人,“自同于大全,体与物冥,我与非我的分别,对他已不存在。就所谓我的有私之义说,他是无我底。但自同于大全者,可以说是体与物冥亦可以说是万物皆备于我。由此方面说,自同于大全,并不是我的完全消灭,而是我的无限扩大”。冯友兰认为,道德境界中的人,是以人性的自觉行人道,而天地境界中的人,是以天理的自觉行天道,这样天地境界的人便有了更广大的胸怀与更高尚的气节,真正可以与

① 冯友兰:《新原人》,商务印书馆 1946 年版,第 33 页。

天地比寿,与日月齐光。天地境界即是圣人境界,能否达到天地境界是衡量一个人能否成为圣人的唯一尺度,天地境界的到达最终决定于人的最高觉解,决定于人对宇宙人生最深刻的理性认知和洞见。

4. 冯友兰新理学伦理思想的基本特征

冯友兰所创立的新理学伦理思想既是中国传统伦理现代化的一个新尝试,也是西方伦理中国化的一种新探索。它承接程朱理学之传统,将西方新实在论伦理浇铸于程朱理学的逻辑框架之中,形成了一个融合中西的新伦理思想体系。程朱理学是冯友兰新理学伦理思想直接的继承对象,用他自己的话说,新理学是接着程朱理学讲的而不是照着程朱理学讲的,接着讲就是继承发展,照着讲就是因循守旧,照本宣科。

那么,冯友兰的新理学伦理思想是怎样接着程朱理学讲的呢?它又具有哪些特征呢?

首先,冯友兰的新理学伦理思想同程朱理学一样都宣称理在事先的道德起源论,认为存在着一个绝对超时空超现实的道德本体——理,但是新理学比之程朱理学的对理的认识与分类要更为深入与全面,它在把理区分为天之理、事之理、社会之理和人之理的基础上,强调了道德是社会之理和人之理的显现与反映,提出了以社会之理和人之理所规定之基本规律作为道德价值的标准,并详尽地探讨了道德之理与社会之理的关系,论述了道德无所谓新旧、古今的问题,从而大大发展了程朱理学的伦理思想,使理学伦理思想有了新的含义和发展图式。

其次,冯友兰的新理学伦理思想沿袭了程朱理学的基本精神和基本格局,即将伦理学与本体论、认识论结合起来,使伦理道德本体化、理性化。新理学与程朱理学都是在天人合一的基调上以"天道→人道"这样一个逻辑格局展开的关于人及其伦理道德的哲学。但是,新理学比之程朱理学的融合释道哲理来为其伦理学说寻找本体论的论证更为博大而具有现实性的地方在于,它不仅立意于儒释道三教的相互涵摄和相互吸取,而且更着眼于从西方伦理和人类伦理的角度来阐发儒家伦理,为其寻求新的理论论证和补充。冯友兰的新理学伦理思想表现了极大的开放性和包容性,它试图超越五四时期片面地强调中西文化对立的做法,用平等的眼光看待中西文化,并在此前提下谋求中西伦理文化的融合。

再次,冯友兰的新理学伦理思想和程朱理学伦理思想都有一种廓然大公的圣贤气象,都有一种“为天地立心,为生民立命,为往圣继绝学,为万世开太平”的宏大志节,并且都充满着一种深沉的忧国忧民意识。冯友兰的新理学伦理思想即是在抗日抗争的烽火中孕育,充满着“半壁江山太凄凉”的国破家愁的忧患意识和从伦理文化、民族精神上救国的悲壮心情。他在1942年3月为《新原人》一书所写的自序中说:“‘为天地立心,为生民立命,为往圣继绝学,为万世开太平’,此哲学家所应自期许者也。况我国家民族,值贞元之会,当绝续之交,通天人之际,达古今之变,明内圣外王之道者,岂可不尽所欲言,以为我国家致太平,我亿兆安身立命之用乎?虽不能至,心向往之。”“世变方亟,所见日新,当随时尽所欲言,使国家大业告成,然后汇此一时所作,总名之曰贞元之际所著书:以志艰危且鸣盛世。”正是在这种忧患意识和民族使命感的激励召唤下,冯友兰身居山野、心游太虚,以发乎情、止乎义、感乎世运时势的满腔热情伏案疾书,创建了一个融合中西伦理文化的新理学思想体系。

最后,冯友兰的新理学伦理思想和程朱理学伦理思想一样,均把“极高明而道中庸”视作圣人的最高品格和处理各种伦理关系的最高准则。但是,与程朱理学对此准则的理解一般化相比,冯友兰的新理学伦理思想则是从道体大全、觉解境界等方面来对此予以认识的。在冯友兰那里,所谓极高明就是接受新理学的宇宙观,以真际为精神寄托,自同于大全,与天地共参;所谓道中庸是指基于对真际的信仰而发出的寓高明于中庸之中的行为。圣人不做与众不同的事,这是其“庸”的一面,然而圣人虽做一些平常的事,却能充分体现理的规定,这是其“中”的一面,正因为如此,圣人使平常的事具有不平常的意义,做了圣人依然担水砍柴,但对于圣人来说,担水砍柴,无非妙道。圣人由觉解而入圣域,达到“极高明而道中庸”的天地境界,这就是新理学的基本特征。

此外,冯友兰的新理学伦理思想强调内圣与外王并重,他利用中国传统的道德之理提出了中体西用、建功立德的内圣外王学说。冯友兰认为,从康梁变法之后,经过了五十年的中西文化冲突,人们对中体西用的理解逐步加深。近代文化思潮可以分为三个时期:第一是1898年变法运动时期,基本精神是"按照旧文化来理解和评论新文化";第二是五四新文化运动时期,基本精神是"用新文化批判旧文化";第三是1926年以后的民族运动时期,基本精神是"用一种文化来阐明另一种文化","注意的是中西文化的相互阐明,而不是它们的相互批评"。[①] 若把近五十年来的文化思潮作一总体观察,就会发现一个明显的事实,即在道德方面继往,在知识技术工业方面开来。冯友兰明确地表示赞同中学为体、西学为用的观点,指出:"所谓中学为体,西学为用者,是说:组织社会的道德是中国人所本有底,现在所须添加者是西洋的知识、技术、工业。则此话是可说底。"[②]冯友兰继往开来的中体西用论,是说中国式的现代化道路应该在道德之理上继往,在科学技术上开来,这同他"阐旧邦以辅新命"的学术志向和人生理想是相互贯通的。冯友兰一生最喜欢的两句话是《诗经》上的"周虽旧邦,其命维新"。就他个人的主观愿望说,他一生都在为实现"旧邦新命"而努力。1982年9月,冯友兰在美国哥伦比亚大学赠予他名誉文学博士学位仪式的答词中说:"就现在说,中国就是旧邦而有新命,新命就是现代化。我的努力是保持旧邦的同一性和个性,而又同时促进实现新命。"[③]"阐旧邦以辅新命"既是冯友兰学术志向和人生理想的生动体现,亦是新理学伦理思想继往开来品格的集中反映,是其有别于程朱理学伦理思想的又一基本特征。

"去日南边望北云,归时东国拜西邻。若惊道术多迁变,请向兴亡事里寻。"[④]冯友兰的新理学伦理思想继承了程朱理学伦理思想的基本精神又用自己新的解释和新的论证超越了程朱理学伦理思想。新理学伦理思想产生以后在社会上产生了广泛的影响,同时也受到了来自各方面的批评。可以说,围绕冯友兰的新理学展开的论争,是中国现代学术史上最有影响的公案之一。西化论者批评它过于正统,是保守主义的集大成者;马克思主义者批评它贩卖唯心主义,"旨在维护半封建半殖民地的社会制度";一些现代新儒家学者批评它过于激进,是用西方新实在论套解

---

① 冯友兰:《三松堂学术文集》,北京大学出版社1985年版,第286-289页。

② 冯友兰:《新事论》,《三松堂全集》第4卷,第364-365页。

③ 冯友兰:《冯友兰学术精华录》,北京师范学院出版社1988年版,第8页。

④ 冯友兰:《冯友兰学术精华录》,北京师范学院出版社1988年版,第490页。

中国传统哲学。新中国成立以后,冯友兰的新理学遭到挟裹着政治批判在内的文化理论批判,冯友兰本人亦多次重新评价和反省自己的新理学,其间既有尖锐的甚至过火的自我否定,也有实事求是的诚恳的自我批评。从总体上讲,新理学伦理思想的基本立场、观点和方法是唯心主义的和反科学的,但它所提出的一些重要问题以及对一些重要问题的解释与论证,无疑是具有启发性和参考价值的。新理学伦理思想在现代新儒学的发展史上具有重要的理论意义,占有着不可或缺的地位,它构成现代新儒家伦理思潮发展链条上一个重要的环节。

五、贺麟的新心学伦理思想

贺麟(1902—1992),字自昭,四川金堂县人。他的新心学是20世纪40年代与新理学同时产生的现代新儒学思想。他以陆王直指本心的反省方法宣扬新黑格尔主义,通过理智与直觉的统一,实现知行合一论的动态组合,提出了一系列主观唯心主义的命题与范畴,建立了一个新心学的哲学和伦理思想体系。

1. 对现代新儒家伦理思潮的总结

贺麟把现代新儒家伦理思潮看作中国现代伦理思想的主潮,对现代新儒家伦理思潮做了理论上的回顾与总结,并以此作为建构他的新心学伦理思想的理论起点。

贺麟认为,现代新儒家伦理思潮的奠基人为梁漱溟,他对梁漱溟的新孔学伦理思想评价极高,指出:“新文化运动以来,倡导陆王之学最有力量的人,当然要推梁漱溟先生”,“比较有系统有独到的见解,自成一家言,代表儒家、代表东方文化说话的,要推梁漱溟先生在民国十年所发表的《东西文化及其哲学》一书”。① 梁漱溟在全盘西化的暴风骤雨中力排众议,勇敢地站出来提倡孔子伦理学说,宣扬儒家道

① 贺麟:《当代中国哲学》,胜利出版公司1947年版,第9-10页。

德精神，无疑是现代新儒家的第一声狮子吼。梁漱溟“坚决地站在陆王学派的立场，提出‘敏锐的直觉’以发挥孔子的仁和阳明的良知。他特别看重敏锐的直觉是反功利的，不算账的，不分别人我的，不计较利害得失，遇事不问为什么，而但求此心之所安的生活态度”①。梁漱溟的这些观点是对儒家伦理精神的深彻体悟和人生哲学的全面发展，他的思想可以“使人对整个东方文化的前途，有了无限的乐观和希望”，从而“助长国人对于民族文化的信心和自尊心”。② 在充分肯定梁漱溟新孔学伦理思想的地位和贡献的基础上，贺麟对梁漱溟的伦理思想的缺陷与不足亦有所批评。在贺麟看来，梁漱溟伦理思想重在人生态度方面，缺少对新儒家心性本体论和道德形上学的研究和建构；梁漱溟对东西文化的比较“缺乏文化哲学的坚实基础”，因而无法找到中西文化融为一体的基础；梁漱溟对直觉的理解也存在着含混不清的毛病，他一方面倡导直觉，另一方面又指责直觉“为可疑而不可资以求真实的方法”。从现代新儒学自身的发展来看，贺麟对梁漱溟伦理思想的这种批评是较为公允而又准确的。

熊十力是现代新儒家理论体系的创立者。贺麟对熊十力的新唯识学伦理思想评价很高，认为熊十力“得朱陆精意，融会儒释，自创新唯识论。对陆、王本心之学，发挥为绝对的本体，且本翕辟之说，而发展设施为宇宙论，用性智实证以发挥陆之反省本心，王之致良知。……为陆王心学之精微化系统化最独创之集大成者”③。贺麟指出，熊十力所谓本心“不纯是理智的纯思纯知，而乃即是仁，便充分代表儒家的传统了”④。熊十力所阐发的仁的本体论是其伦理思想中最有价值的部分，而这方面的内容正是梁漱溟伦理思想中所缺少的。熊十力伦理思想的不足之处在于，他“独于‘本心即理，心者理也’一点，似少直接明白的发挥”⑤。

关于冯友兰的新理学伦理思想，贺麟首先肯定它确实有集中国伦理哲学之大成的地方，“我们不能不表示钦佩”，他肯定冯友兰是“抗战期中，中国影响最广名

① 贺麟：《当代中国哲学》，胜利出版公司 1947 年版，第 10 页。
② 贺麟：《当代中国哲学》，胜利出版公司 1947 年版，第 11 页。
③ 贺麟：《当代中国哲学》，胜利出版公司 1947 年版，第 2－3 页。
④ 贺麟：《当代中国哲学》，胜利出版公司 1947 年版，第 1 页。
⑤ 贺麟：《当代中国哲学》，胜利出版公司 1947 年版，第 14 页。

声最大的哲学家”①。“冯先生认为任何事物之所以成为事物,必依照理,必依据气,这是承继朱子认事物为理气之合的说法,而冯先生复特别对于朱子凡物莫不有理之说加以新的发挥。”②但是,贺麟认为冯友兰的新理学伦理思想也有缺点,他对冯友兰的新理学伦理思想基本上持批评的态度,他的这种批评包含了新陆王批评新程朱的意义,但又不能尽归于此,因为贺麟并不反对程朱,而是主张融会程朱陆王。正因为如此,贺麟认为冯友兰的新理学伦理思想没有理解宋明理学的真精神,失之于支离。“我尝说,讲程、朱而不能发展到陆、王,必失之支离。讲陆、王而不能回复到程、朱,必失之狂禅。冯先生只注意程、朱理气之说,而忽视程、朱心性之说,且讲程、朱而排斥陆、王,认陆、王之学为形而下之学,为有点拖泥带水。”③贺麟认为,冯友兰把陆、王学说斥为形而下之学,“恐亦不甚平允,且与近来调和朱陆的趋势不相协合”④。冯友兰对陆、王学说缺乏了解与同情,“离心而言理”,因此没有为其本体论找到坚实的认识论基础,陷入了不可知论的泥潭。此外,贺麟认为,冯友兰新理学的逻辑分析方法固然有可取之处,但这种分析方法毕竟“有趋于支离务外之弊”,因此,光有分析还不够,还必须在分析的基础上进行综合。通过对新理学伦理思想理论得失的总结,贺麟明确了新心学所要解决的主要问题即是如何从新理学的客观唯心主义推进到主观唯心主义,或者说如何从程朱推进到陆王。

2.“心理合一”的伦理哲学

自觉地谋求重视逻辑认知和理性思辨的西方伦理哲学与重视道德评价和直觉体悟的中国伦理哲学相结合,是贺麟新心学伦理思想的基本精神和理论个性。贺麟认为,中西伦理哲学可以融会贯通的根据在于“人同此心,心同此理”。心同此理的心既是主观的心亦是客观的性,既是一般的理则和范型,也是周流遍在、生成发展的客观精神。在贺麟看来,主体就是逻辑意义的心,亦即“心即理”之心,“心即是理,理既是在内,而非在外,则无论认识物理也好,性理也好,天理也好,皆须从

① 贺麟:《当代中国哲学》,胜利出版公司1947年版,第16页。
② 贺麟:《当代中国哲学》,胜利出版公司1947年版,第15–16页。
③ 贺麟:《当代中国哲学》,胜利出版公司1947年版,第36页。
④ 贺麟:《当代中国哲学》,胜利出版公司1947年版,第25页。

认识本心之理着手。不从反省心着手,一切都是支离骛外”[1]。逻辑意义的心既是经验的统摄者和知识的组织者,也是行为的主宰者和价值的评判者。“自然与人生之可以理解,之所以有意义,条理与价值皆出于此心即理的也之心。”[2]贺麟并不讳言自己是唯心论者,他提出一种理想的唯心论观点,试图把西方伦理文化中的道德认知之心与中国伦理文化中的道德行为之心结合起来,用道德认知之心充实和改造道德行为之心。贺麟认为,理想的唯心主义的基本观点是:“合心而言实在,合理而言实在,合意义价值而言实在。换言之,唯心论者,认为心外无物,理外无物,不合理性,不合理想,未经思考,未经观念化的无意义无价值之物,均非真实可靠之物或实在。”[3]所谓“合心而言实在”“合理而言实在”是指一切实在之为人所认识,都必然要经过观念化和理性化的过程。贺麟认为事物的客观实在性应当通过心的实在性得以说明,心是唯一实在的主体,物是依赖于心而存在的,“离心而言物,则此物实一无色相,无意义,无条理,无价值之黑漆一团,变即无物。故唯心论一方面可以说是将一般人之所谓物观念化;另一方面也可以说是将一般人所谓观念实物化。被物支配之心,心亦物也,能支配心之物,物亦心也”[4]。贺麟进一步从心的范畴引申出理的范畴,认为心与理是统一的,心即理,理亦即是心。“理是心的一部分,理代表心之灵明部分,理是心的本质。”心之有理,犹如说刃之有利,耳之有聪,目之有明,二者不可分割。所谓“合意义价值而言实在”,是说实在并不是某种纯客观的物在,它同时应该体现人们的理想和追求,因为人类总是“应用其精神的或理想的观点以解释人生和自然”。贺麟认为,只有对主体有价值的东西才具有实在性。因此理想、儒家倡导的伦理规范就具有实在性。理想是人之价值所自出,是人之所以为人的本则,“吾人理想愈真切,则对事实之认识亦更精细。理想可以制定了解事实之法则和方法,使吾人所搜集之事实皆符合理想的方式,而构成系统的知识。理

① 贺麟:《近代唯心论简释》,重庆独立出版社 1944 年版,第 27 页。

② 贺麟:《近代唯心论简释》,重庆独立出版社 1944 年版,第 1 页。

③ 贺麟:《中国哲学与西洋哲学》,《哲学与哲学史论文集》,商务印书馆 1990 年版,第 129 页。

④ 贺麟:《近代唯心论简释》,重庆独立出版社 1944 年版,第 1 页。

想不唯不违背事实,而且可以补助并指导吾人把握事实"①。至高无上的理想境界即是儒家仁的境界。贺麟赋予儒家伦理规范以实在的意义,使本体论与伦理学合而为一,实现了从理想主义向伦理主义的过渡。贺麟指出:"从哲学看来,仁乃仁体,仁为天地之心,仁为天地生生不已之生机,仁为自然万物的本性,仁为万物一体生意一般之有机关系之神秘境界。简言之,哲学上可以说是有仁的宇宙观,仁的本体论。离仁而言本体,离仁而言宇宙,非陷于死气沉沉的机械论,即流于黑漆一团的唯物论。"②既然儒家伦理规范本身具有实在性,仁为天地万物之心,那么儒家伦理规范或仁就具有至高无上的意义,贺麟由此提出了"道德决定经济"的道德学说。

贺麟认为,道德是经济的主宰,而经济不过是表现道德的工具。任何经济活动都是人的行为,而人的行为总是受一定道德观念所影响和支配的。贺麟说:"不经过自觉的计划或经营——不论出自政府或个人——根本不会有经济;换言之:就经济的性质或意义说来,经济就是为人力所决定的东西,为人类的理智和道德的努力创造而成的东西。由此足见一切经济或一切金钱,其背后均有道德的观念和意识的作用在支配它,更足见经济即是理智的和道德的产物,故即所以代表能产生此经济的主人公的意志、思想或道德观念的工具,故有时一个人的行为虽表面上好似受经济的支配,而其实乃是受那经济背后的主人公的意志的支配。"③贺麟接受了德国社会学家、伦理学家马克斯·韦伯的观点,认为一定的伦理观念是一定的经济形式的内在动力,没有一定的伦理观念就不会有一定的经济形式。在贺麟看来,唯物史观关于经济决定道德的观点其实是非常浅薄的,唯物史观只注重研究一个问题所以发生的外表现象,以为人的思想行为受整个社会经济环境的支配,不从思想本身找原因,而从思想之外去找原因,因而是一种支离的"外观法"。"为经济所决定的道德非真道德(因为由经济充裕而改邪归正、安居乐业的人非真道德,因经济困迫方铤而走险的人非真不道德),而真正的道德或不道德均非经济所能转移,所能决定。为经济所决定的道德,可随经济的改进而改进,可随经济问题的解决而解

① 贺麟:《近代唯心论简释》,重庆独立出版社 1944 年版,第 6 页。

② 贺麟:《儒家思想的新开展》,《文化与人生》,商务印书馆 1988 年版,第 10 页。

③ 贺麟:《经济与道德》,《文化与人生》,商务印书馆 1988 年版,第 29 页。

决,因为其本身既纯是经济问题,而非真正的道德问题。但真正的道德既非经济所能转移,所能决定,故不随经济状况的改进而改进,亦不随经济问题的解决而解决。"①贺麟认为,受经济所决定所支配的道德并不是真正的道德,因此不受经济所决定所支配的道德才是真正的道德;受道德所决定所支配的经济方是真正的经济,而不受道德所决定所支配的经济却是一种徒有其表的经济。从事实看来,天地间没有纯粹的经济,"没有与别的东西不发生关系,离一切而独立的经济自身。这就是说,经济不能自来(不能自天而降),不能自去(不能无故自己衰落),不能自己发达,不能自己活动。唯有有理智的、有善恶观念的人方能使之来,使之去,使之活动,使之发展。简言之,经济是人造的"②。人造的即是人类利用理智的努力和道德的努力所造成的,在经济的背后起支配作用的是人类的道德观念。任何一点经济的建设或物质的文明,都是人们"辛苦的经营、道德的努力的收获"。经济如果不是出于理智的和道德的努力,"则该项资财和物质便终无真正的经济价值","反而有害于国计民生"。③ 基于这种认识,贺麟认为他的新心学的"道德决定经济"的观点是比唯物史观"经济决定道德"更为深刻、合理和全面的观点,因而是一种必须大力弘扬和光大的道德哲学思想。

3. 三纲五伦新论

贺麟认为,五四新文化运动"打倒孔家店"、批判"吃人的礼教",实在有些过分,没有抓住儒学的基本精神。五四新文化运动的倡导者如胡适、吴虞、陈独秀等人常常以程颐"饿死事极小,失节事极大"的言论为例,证明儒家伦理具有吃人的性质,并因此展开对儒家三纲五常学说的批判。贺麟认为,这种批判是十分情绪化而又偏激、片面的,它并没有打倒孔孟的真精神,并没有动摇儒家伦理思想的权威。他挺身而出为程颐辩护,指出"伊川的错误,似乎不在于提出'饿死事小,失节事大'这概括的伦理原则,只在于误认妇女当夫死后,再嫁为失节"。"至于他所提出

① 贺麟:《经济与道德》,《文化与人生》,商务印书馆 1988 年版,第 29 页。
② 贺麟:《经济与道德》,《文化与人生》,商务印书馆 1988 年版,第 28 页。
③ 贺麟:《经济与道德》,《文化与人生》,商务印书馆 1988 年版,第 29 页。

的‘饿死事小，失节事大’这个普遍性的原则，并不只限于贞操一事，若单就其为伦理原则而论，恐怕是四海皆准、百世不惑的原则，我们似乎不能根本否认。”①在贺麟看来，每个人都有其立身处世而不可夺的大节，大节一失，人活着又有什么意义和价值呢？程颐“饿死事小，失节事大”不过是孔孟“杀身成仁、舍生取义”的另一说法，又有什么不对呢？至于说礼教“吃人”，更是搔不着痒处的表面枝节的批评。“我们不能说五伦观念是吃人的礼教，因为吃人的东西多着呢！自由平等观念何尝不吃人？许多宗教上的信仰，政治上的主义或学说，何尝不吃人？”②为了重新恢复孔孟儒家伦理思想的权威，把握住传统伦理观念中的精华，他写了《五伦观念的新检讨》《宋儒的新评价》等文，试图对三纲五伦做出新的诠释与论证。

贺麟认为：“五伦的观念是几千年来支配了我们中国人的道德生活的最有力量的传统观念之一。它是我们礼教的核心，它是维系中华民族的群体的纲纪。我们要从检讨这旧的传统观念里，去发现最新的近代精神。从旧的里面去发现新的，这就叫作推陈出新。”③五伦观念包含四层要义：(1)五伦是五个人伦或五种人与人之间的关系的意思。中国人重视五伦即是注重人与人之间的关系，注重人与人之间的关系便产生道德和注重道德价值。(2)五伦又是五常的意思，五伦观念认为人伦乃是常道，人与人之间这五种关系(君臣、父子、夫妇、兄弟、朋友)乃是人生正常永久的关系，是人所不能逃避，不应逃避的关系，“这就是说人不应规避政治的责任，放弃君臣一伦；不应脱离社会，不尽对朋友的义务；不应抛弃家庭，不尽父子、兄弟、夫妇应尽之道。总而言之，五伦说反对人脱离家庭、社会、国家的生活，反对人出世”④。(3)就实践五伦观念言，须以等差之爱为准。故五伦观念中实包含有等差之爱的意义在内。“泛爱众而亲仁”，“亲亲，仁民，爱物”，就是等差之爱的典型的解释。“说人应履行等差之爱，无非是说，我们爱他人，要爱得近人情，让自己的

---

① 贺麟：《宋儒的新评价》，《文化与人生》，商务印书馆1988年版，第192页

② 贺麟：《五伦观念的新检讨》，《文化与人生》，商务印书馆1988年版，第52页。

③ 贺麟：《五伦观念的新检讨》，《文化与人生》，商务印书馆1988年版，第51页。

④ 贺麟：《五伦观念的新检讨》，《文化与人生》，商务印书馆1988年版，第53－54页。

爱的情绪顺着自然发泄罢了。”[①](4)五伦观念的最基本意义为三纲说,五伦观念的最高最后发展,也是三纲说,而且五伦观念在中国礼教中权威之大,影响之大,支配道德生活之普遍与深刻,亦以三纲说为最。分析了五伦观念的四层要义后,贺麟对之做出了自己的评价。在贺麟看来,三纲五伦不是什么封建观念,而是中华民族道德意识坚不可摧的基石。三纲五伦的观念不仅适用于古代社会,而且适用于现代工业社会。“因为即使在产业革命、近代工业化的社会里,臣更忠,子更孝,妻更贞,理论上事实上都是很可能的。”[②]现代社会同样需要人们不应规避政治的责任,放弃君一伦,不应脱离社会,不尽对朋友的义务,不应抛弃家庭,不尽父子、兄弟、夫妇应尽之道。贺麟指出,五伦观念之所以值得发扬光大,是因为它契合伴随资本主义而来的人本主义精神。在重视人这一点上,五伦观念可以与西方的人本主义相媲美。“西洋自文艺复兴以后,才有人或新人的发现,17 世纪和 18 世纪内,人本主义盛行。足见他们也是注重人和人的关系,我们又何以放弃自己传统的重人伦的观念呢?”[③]贺麟认为,不仅五伦应当提倡,三纲更应当提倡。三纲实为五伦观念的核心,也是中国真正成为大一统的国家的精神支柱。三纲说正式形成于西汉。西汉是有组织的伟大帝国,所以需要一个伟大的有组织的伦理系统以奠定基础,于是将五伦观念发挥为更严密更有力量的三纲说以及以三纲说为核心的礼教。可见,以三纲说为核心的礼教的形成,“实有其本身的理论上的优胜条件,汉武帝之崇儒术罢百家,只是儒教成为礼教的偶然机缘,而非根本原因”[④]。三纲说将人对人的关系转变为“人对理、人对位分、人对常德的单方面的绝对的关系”,“故三纲说当然比五伦说来得深刻而有力量”。贺麟还认为,三纲说与西洋正宗的高深的伦理思想和与西洋向前进展向外扩充的近代精神有相互一致和吻合的地方。“就三纲说之注重尽忠于永恒的理念或常德,而不是奴役于无常的个人言,包含有柏拉图的思想。就三纲说之注重实践个人单方面的纯道德义务,不顾经验中的偶然情景言,包

① 贺麟:《五伦观念的新检讨》,《文化与人生》,商务印书馆 1988 年版,第 54 – 55 页。

② 贺麟:《五伦观念的新检讨》,《文化与人生》,商务印书馆 1988 年版,第 52 页。

③ 贺麟:《五伦观念的新检讨》,《文化与人生》,商务印书馆 1988 年版,第 53 页。

④ 贺麟:《五伦观念的新检讨》,《文化与人生》,商务印书馆 1988 年版,第 60 页。

含有康德的道德思想,……三纲就是把‘道德本身就是目的而不是手段’‘道德即道德自身的报酬’等伦理识度,加以权威化、制度化,而成为礼教的信条。”①“至于三纲说的本质有与西洋近代精神相符合的地方,可任意拈取例证。譬如,西洋近代浪漫主义者之爱女子,即是竭尽其单方面的爱,纵为女子所弃,而爱亦不稍衰。又如西洋近代革命家之忠于主义,对于人民竭尽其片面的宣传启导之责,虽遭政府压迫、群众反对而不失其素守。……总之,我认为要人尽单方面的爱,尽单方面的纯义务,是三纲说的本质。而西洋人之注意纯道德纯爱情的趋势,以及尽职守、尽位分的坚毅精神,举莫不包含有竭尽单方面的爱和单方面的义务之忠忱在内。”②

贺麟认为,三纲五伦中包含着永恒不变的真道德,可惜的是,只有少数儒家或哲人才能发现蕴藏其中的真精神。贺麟倡导,应当把三纲五伦中的真道德,真精神挖掘出来,进一步发扬光大。他说:“现在已不是消极地破坏攻击三纲说的死躯壳的时候,而是积极地把握住三纲说的真义,加以新的解释与发挥,以建设新的行为规范和准则的时期了。”我们要从三纲五伦中“去寻找出不可毁灭的永恒的基石。在这基石上,重新建立起新人生、新社会的行为规范和准则”③。三纲五伦的真精神并没有过时,它可以通过新的解释与发挥而成为新道德的基础,这就是贺麟三纲五伦新论的真正旨意。

4. 贺麟新心学伦理思想的初步评价

贺麟的新心学伦理思想是在总结现代新儒家伦理思潮理论得失的基础上建立起来的,这就使得它具有扬长避短、继往开来的理论特质与个性。新心学伦理思想一方面注意纠正梁漱溟的新孔学伦理思想过分夸大直觉的非理性主义倾向,另一方面也注意纠正冯友兰的新理学伦理思想过分夸大知性思维的形式主义倾向,含有把直觉与理智统一起来的因素。就现代新儒家伦理思潮发展的内在逻辑来看,贺麟的理智与直觉统一论,不仅超过梁漱溟、熊十力,而且也超过了冯友兰。贺麟

① 贺麟:《五伦观念的新检讨》,《文化与人生》,商务印书馆 1988 年版,第 61 页。

② 同上。

③ 贺麟:《五伦观念的新检讨》,《文化与人生》,商务印书馆 1988 年版,第 62 页。

以内省的直觉包含了熊十力的反求本心,以外观的直觉包含了梁漱溟的价值直觉和冯友兰的形上真理,并以程朱的格物致知和豁然贯通沟通了同西方理性主义伦理学的关系,建立了一个"心理合一"的伦理思想体系,构成了现代新儒家伦理思潮中不容忽视的一大分支。

贺麟的新心学伦理思想从"合心而言实在,合理而言实在,合意义价值而言实在"的思想出发,使伦理学与本体论、认识论融为一体,进而探讨了道德与经济的关系,在新儒家伦理思想发展史上第一次较为明晰而完整地试图揭示道德的本质与功能效用,使新儒家的伦理主义获得了深刻的理论论证。贺麟的道德决定论及其对唯物史观的批评固然不足为训,其思想倾向是我们所不能接受的,但他在阐发道德决定经济的原理中所提出的"任何一点经济的建设或物质的文明,其来处亦颇不易,亦是辛苦的经营、道德的努力的收获"的观点,涉及经济的文化价值内涵,无疑具有一定的合理性。

贺麟的新心学伦理思想主张对支配了中国人道德生活几千年的五伦观念进行新检讨,第一次把儒家伦理道德置于现代新儒家省察和重新思考、评价的案台上,对促使儒家伦理的转化,实现儒家伦理的现代化具有重要的意义。诚然,贺麟与梁漱溟、熊十力、冯友兰一样均具有为儒家伦理辩护的一面,但贺麟的辩护是在反省基础上的辩护,因而使得他的辩护带有理性的色彩。在贺麟看来,批评五伦观念应当从本质入手而不能局限枝节,应当避免从实用的观点去批评,"不把中国之衰亡不进步归罪于五伦观念,因而反对之;亦不把民族的兴盛的发展归功于五伦观念,因而赞成之",同时还应当把实现五伦观念的方法同五伦观念本身区别开来,"不能谓实现五伦观念的方法不好,而谓五伦观念本身不好,不能谓实行五伦观念的许多礼节仪文须改变,而谓五伦观念本身须改变"①。总之,批评五伦观念应当建立在深入地考察和理性思辨的基础之上,切忌因噎废食。贺麟认为:"必定要旧中之新,有历史有渊源的新。那种表面上五花八门,欺世骇俗,竞奇斗异的新,只是一时的时髦,并不是真正的新。"②这些观点和思想,乃是贺麟伦理思想中颇具真知灼见

① 贺麟:《五伦观念的新检讨》,《文化与人生》,商务印书馆 1988 年版,第 52 页。
② 贺麟:《儒家思想的新开展》,《文化与人生》,商务印书馆 1988 年版,第 6 页。

的惊人之论，对我们亦不无启迪之处。

此外，贺麟的新心学伦理思想直接提出了“儒家思想的新开展”的问题，因而为现代新儒家伦理思潮如何促成儒家伦理的转型和实现儒家伦理的现代化提出了一个带总纲性的问题，奠定了后期新儒家学者返本开新论的理论基础。贺麟指出，儒家思想能否有新开展，关键在于能否“儒化西洋文化”或“华化、中国化西洋文化”。“如果中华民族不能以儒家思想或民族精神为主体去儒化或华化西洋文化，则中国将失掉文化上的自主权，而陷于文化上的殖民地。”在贺麟看来，为了促使儒家思想的新开展，为了儒化或华化西洋文化，就需要真正彻底、原原本本地了解并把握西洋文化。因为认识就是超越，理解就是征服。“真正认识了西洋文化便能超越西洋文化。能够理解西洋文化，自能吸收转化、利用、陶熔西洋文化以形成新的儒家思想、新的民族文化。儒家思想的新开展，不是建立在排斥西洋文化上面，而是建立在彻底把握西洋文化上面。”①贺麟本人所建立的新心学伦理思想把儒家伦理与柏拉图的本质伦理学、康德的自律伦理学、费希特、黑格尔的道德主体性理论以及18世纪启蒙学者的自由平等学说糅合在一起，使之相互补充，从而为儒家伦理现代化或儒化西洋伦理文化提供了一个范型，这是贺麟新心学伦理思想在新儒家伦理思想发展中的突出贡献。

毋庸讳言，贺麟的新心学伦理思想本质上是非科学的，它对马克思主义伦理思想的诘难与批评有许多情绪化的地方，缺乏科学的证据和客观事实的依据。他的道德决定经济的观点掩盖和歪曲了道德的真正本质，无助于人们正确认识道德的社会根源和社会作用，他的三纲五伦新论，试图把三纲移植到现代中国社会，使之继续发挥维系人心、安定社会的作用，反映了他对三纲五伦认识上的极端片面性和伦理保守主义的思想倾向，他的新论一方面继承了儒家传统伦理思想中的尊卑观念，另一方面又吸收了新黑格尔主义把道德看成绝对自我体现的思想，带有浓厚的专制主义色彩。凡此等等，都说明了贺麟伦理思想的严重缺陷与错误，这是我们不能忽视的。

---

① 贺麟：《儒家思想的新开展》，《文化与人生》，商务印书馆1988年版，第7页。

第五章

现代新儒家伦理思潮(二)

现代新儒家伦理思潮发端于五四运动,其直接动因是对五四新文化运动全盘性反传统和“西方化主张到家”之时尚的一种挑战与回应;兴盛于抗日战争时期,其内在缘由则是对民族存亡的一种伦理文化关切,是同当时兴起的政治救国、军事救国相辅佐的文化救国密切联系在一起的。抗日战争结束之后,随着国共两党政治实力的变化,马克思主义伦理思潮逐步取代现代新儒家伦理思潮,一跃而成为现代中国伦理思想的主潮。中华人民共和国的成立,确立了马克思主义、毛泽东思想的主导和统治地位,第一代新儒家的主要代表人物如梁漱溟、熊十力、冯友兰、贺麟等均留在中国大陆接受了马克思主义,转而程度不同地批判了自己过去宣扬的新儒家学说。与中国大陆现代新儒家伦理思潮息影学坛的历史境况相比较,港台地区的一部分新儒家学者则在进行着动心忍性的继续研究,他们承继第一代新儒家未竟的事业,在20世纪五六十年代掀起了一场大规模的复兴儒学的运动。20世纪80年代以来,海外的一些新儒家学者从东亚经济起飞的事实中探寻儒家伦理的现代合理性,提出了儒学的第三期发展问题以及21世纪中国伦理文化的全面复兴等问题。现代新儒家伦理思潮第二代的苦心经营和第三代的崛起又波及中国大陆,对中国20世纪八九十年代的思想文化界影响日深,目前中国大陆虽无正式的新儒家传人,但对现代新儒家伦理思潮的兴趣与好感却在明显地增强。

本章通过对唐君毅、牟宗三、杜维明、成中英四位有代表性的新儒家学者伦理思想的介绍与阐释,试图揭示现代新儒家伦理思潮第二代和第三代发展的基本线索及其学术品格,以便更好地彻悟港台地区新儒家和海外新儒家的伦理文化使命和道德主体意识。

一、唐君毅灵根自植的文化伦理观

唐君毅(1909—1978),四川宜宾人。他是港台地区新儒家的首要人物之一,被推为现代新儒家的一代宗师,是中国现代哲学史上比较哲学、人文哲学、道德哲学研究的著名学者。涉及伦理思想的主要著述有:《道德自我之建立》《文化意识与道德理性》《孔子与人格世界》《人心与人文世界》《人文精神之重建》等。

1. 灵根自植的伦理重建说

唐君毅是一位有着高度的伦理忧患意识的现代新儒家的代表人物。面对着中国近百年来伦理文化"花果飘零"的现状,他忧心如焚,常常夜不能寐,在"感乎世运时势","不免悲从中来"的悲怆心境的驱使下,每每产生"为天地立心,为生民立命,为往圣继绝学,为万世开太平"的文化救世意识和道德责任感。他立意于中国伦理文化现代化的大目标,决心为光大儒家伦理文化而奋斗。于是在极端困难和窘迫的形势下,他挺身而出,倡导灵根自植,呼唤道德理性,把满腔的忧国忧民之情倾注丁笔端,冶融中西,统摄百家,归宗儒家伦理文化的大本大源,表现了他作为新儒家一代宗师的大家气象和"舍我其谁"的道德自觉。

在唐君毅看来,中国伦理文化在近代之所以命途多舛、坎坷不幸,进而导致现今"花果飘零"的结局,其主要原因一是西方帝国主义的文化侵略和把中国变为文化殖民地的野心,以及由此而来的对中国伦理文化的疯狂践踏;二是五四运动对传统伦理文化的猛烈批判和对西方伦理文化的盲目崇拜;此外还有马克思主义在中国的传播等。他指出,长此以往,"不仅是使中国人不成为中国人,亦使中国人不能真成一个人,更不配成为天下一家之世界中之一分子,而将使中华民族沦于万劫不复之地”①。

基于对中国伦理文化“花果飘零”惨状的认识,唐君毅力倡“灵根自植”,强调坚持自尊自守的伦理文化意识,弘扬自信自强的民族伦理精神,以重建儒家伦理文化系统。在唐君毅看来,要使中国自立于世界民族之林,则“中国文化与中国民族,必须两足同时站立起来,不能跛脚以站立起来”②,不仅要在政治上、经济上拯救中华民族,更要在文化上、精神上拯救中华民族。他对近代以来政治上经济上求民族自存而在文化上道德上作不遗余力的自我否定的矛盾现象十分不解,认为如果不在文化上、道德上站起来的民族亦最终在政治上、经济上站不起来。一个民族如果精神上失其所守,道德上听命于人,没有自己独立的民族人格,那么他就是一个“奴隶的民族”,一个“没有自己尊严和价值的民族”,这样的民族又怎么能自立于世界民族之林呢?! 为此,他提出了“保守”民族伦理文化的口号,主张接续和复兴宋明儒家的心性义理之学,重建儒家伦理文化系统。唐君毅认为,“保守”并非贬义词,一个人,一个民族必须有所保有所守。这个守,不在于所守者为何,亦不在所守者本身之必当守,而在人之能有所守。“故父母死,守庐墓,忠臣守土,贤妻守节,儒者守先王之道。”“唯守而后存者不亡,人生一切事业,一切文化,得绵续不断,达于无疆。唯守而后有操,有操而后有德,以成其人格。”③没有所保没有所守的人是无所依傍而又空虚的人。保守源于人对自己理想的体认和对价值的反省思考。唐君毅说:“此所谓保守,是本于对我们所依所根以存在者之深度强度的自觉。”④

唐君毅之提出保守中国的伦理文化,其外在的原因是出于对“欧风美雨”对中国伦理文化冲击的本能反抗,其内在的原因是出于对中国伦理文化的真挚热爱和

---

① 唐君毅:《中华民族之花果飘零》,见《文化意识宇宙的探索》,中国广播电视出版社 1992 年版,第 424 页。

② 唐君毅:《中华民族之花果飘零》,见《文化意识宇宙的探索》,中国广播电视出版社 1992 年版,第 443 页。

③ 唐君毅:《中华民族之花果飘零》,见《文化意识宇宙的探索》,中国广播电视出版社 1992 年版,第 437 页。

④ 唐君毅:《中国现代社会政治文化思想之方向及海外知识分子对当前时代之态度》,见《中华人文与当今世界》,台湾学生书局 1975 年版。

深度信仰。唐君毅高度肯定中国伦理文化的精神价值,认为中国伦理文化有着人类内在生命的源头活水,“其价值原自有光芒万丈,举世非之而不减,举世誉之而不增”①。在唐君毅看来,中国伦理文化有一脉相承之统绪,几千年来政治上虽有分有合,但在伦理精神上却自成一个体系,具有一本性。这种一本性即是“道统之相传”,“殷革夏命而承夏之文化,周革殷命而承殷之文化,即成三代文化之一统相承”。中国伦理文化不仅具有一脉相承之统绪,而且具有内在超越、实践理性和天人合德的精神特征。唐君毅认为,内在超越的精神是中国伦理文化的伟大精神价值之一。中国的伦理道德有着人的内心精神生活的根据,并包含着宗教性的超越感情,然而它又不是宗教,且超越了宗教,避免了西方因上帝观念而衍生出来的一整套精神负担。“儒家精神,乃似现实而极超越,既超越而又归于现实。”②仁、义、礼、乐等道德精神既内在于我,又超越个体生命的羁绊,与天命流行合于一体。所谓实践理性是指中国伦理文化不言抽象玄虚的理论而始终肯定现实世界、注重伦理道德的实践,依实践而贯彻理性、由理性而指导实践。以孔子为代表的儒家强调“见中和之情而致于万物”,力主通过人伦实践而将中和之情的理性广被于世。实践理性活动必然显示出一定的“理”,这个“理”是以差别应差别之理,亦即于每一事显一事之理,“故事无穷,理亦无穷。事理相乎而不相冒,此之谓理事无碍,事事无碍。而由事理或事事之无碍,即已见人之理性活动本身之超越与涵盖性、普遍性”③。所谓天人合德是说天与人具有德性融通、情感交贯的性质,天富于仁德和体恤之情,人可以承天意、体天理以立人道。唐君毅指出:“孔孟之精神,为一继天而体仁,并实现此天人合一之仁于人伦、人文之精神。由孔孟之精神为枢纽,所形成之中国文化精神,吾人即可说为:依天道以立人道,而使天德流行于人性、人伦、人文之精神仁道。”④中国伦理文化的这些基本特征与个性,具有永恒的精神价值。唐君毅之倡导灵根自植,就是要使已花果飘零的中国伦理文化恢复生机与活力,再

---

① 唐君毅:《花果飘零与灵根自性》,见《文化意识宇宙的探索》,中国广播电视出版社 1992 年版,第 456 页。

② 唐君毅:《中国文化之精神价值》,台湾正中书局 1987 年版,第 416 页。

③ 唐君毅:《中国文化之精神价值》,台湾正中书局 1987 年版,第 220 页。

④ 唐君毅:《中国文化之精神价值》,台湾正中书局 1987 年版,第 478 页。

不致化为游绿飞红或枯枝败叶。唐君毅相信,只要能够着眼于灵根自植的伦理重建,中国伦理文化就一定能化险为夷、转危为安,最终必能对世界和人类做出最伟大的贡献。

2. 反求本心的道德自我论

唐君毅早年曾“泛滥于中西哲学之著作,然于中西思想之大本大源,未能清楚”,“唯继后因个人生活之种种烦恼,而于人生道德问题,有所用心。对‘人生之精神活动,恒自向上超越’一义,及‘道德生活纯为自觉的依理而行’一义有较真切之会悟。遂知人有其内在而复超越的心之本体或道德自我。……同时对熊先生之形上学,亦略相契合”。[①] 中年以后,唐君毅十分关心道德自我的建立问题,并将自己“怀古思来嗟吾生之悠忽”的许多感慨化为笔底波涛,写出了《道德自我之建立》一书。在该书中,他把传统儒学的心性论与现代的心理学、黑格尔的精神现象学结合起来,从道德之实践、世界之肯定、精神之表现三方面论述了道德的本质和道德作用的形式,揭示了道德的主体性和反求本心的伦理精神。

《道德自我之建立》是唐君毅确立自己学术思想中心的著作。“此书之中心,唯是说明当下一念之自反自觉,即超凡入圣之路。”“此真中国哲学之骨髓所在。”唐君毅认为,中国哲学和中国文化的核心即在于如何建立道德自我或心性本体去接物应对,以求天人合一,使之既超越现实世界和现实生活而又表现于现实世界和现实生活。

在该书第一部《道德之实践》中,唐君毅首先指出:“道德生活之本质,即自觉的自己支配自己之生活。”他之所以作此界说,是因为他相信人根本上是一自由自觉的动物。离开了意志自由和理性的自觉,道德就将无从谈起。因此讲道德必须切中人的理性自觉和意志自由。但是道德又不仅仅是意志的自由,而是自由的意志对主体自身行为的一种自觉支配。在唐君毅看来,人对人自己或世界可以有不同之自觉的态度,如了解之态度、欣赏之态度、祈祷皈依之态度与去支配或实践之态度。由了解之态度有科学哲学之生活,由欣赏表现之态度有文学艺术之生活,由

---

① 唐君毅:《中国文化之精神价值》,台湾正中书局1987年版,第3页。

祈祷皈依之态度有宗教之生活，由支配实践之态度有道德、政治、经济之生活。人类的经济生活、政治生活和道德生活都是一种凭借行为上或心理上的实践功夫，去求有所支配有所控制的生活，其中经济生活所想支配的是物或物质财富，政治生活所想支配的是人或我以外的他人，而道德生活所想支配的是我或主体化的我自己。唐君毅指出："我们界定道德生活是自觉的自己支配自己之生活，亦与其他哲学家所谓道德生活是自己主宰自己、自己规定自己之生活，道德生活是自律的生活而非他律的生活之说相同。当然在道德哲学中也有人主他律的道德学说，但依我所说则他律的生活必与宗教生活或是政治生活或是本能生活混淆，不是纯粹的道德生活。我们不能不承认人有纯粹的求自律之生活，我们便名此种生活为纯粹的道德生活。"①道德不同于政治、法律、宗教之处就在于它不是人类精神的他律而是人类精神的自律，是自己为自己确立行为的原则和待人接物的规范，因此从某种意义上讲"道德生活是自觉自己支配自己，是绝对的自律"，因而是一种高度主体化了的法由己出并为自己所遵守的生活。

道德的本质即是在实践中自觉地自己支配自己，以超越现实的自我。但是，人要真求自觉地自己支配自己是十分艰难的。在唐君毅看来，人本质上是理性的动物并不等于人实际上已是理性的动物。人活在这个世界上免不了要受各种各样的诱惑与影响，人自身也会产生各种各样的情感与欲求。仅以支配实践之态度言，"人原始的支配的态度总是想对于世界中之他人或物有所支配。人原始的支配态度是外驰的。人要自觉地自己支配自己，必须将奔驰的态度收回来用之于自身"②，而这并不是一件容易的事。正因为支配自己并不是一件容易的事，所以才显示出它的价值与可贵。唐君毅认为，自己支配自己是一类比支配他人和物更高更可贵的工作，因为"支配世界只表示我们意志力能破除外界之一切阻碍，而支配自己则表示我们能主宰此用以破除外界一切阻碍意志力本身"③。为了更好地自己支配自己，实现和占有道德生活的真正本质，人就必须同自己的各种原欲、本能

---

① 唐君毅：《道德自我之建立·导言》，1946 年上海商务印书馆印行。

② 同上。

③ 同上。

及其他非分之想法进行斗争,“破除快乐主义功利主义及顺生命冲动之人生思想,而归宿于人生之目的在行自己之应当意识对自己下之命令”①。为此,就必须体认和发扬孟子辨义利之精神,汲收和继承康德辨“应”与“要”之精神,见利而思义,遇事讲求“当为”与“不当为”,不因富贵贫贱、生死祸福而易其道。在唐君毅看来,道德的真正价值体现在摆脱物欲的束缚和功名权势的牵累,超越现实自我的限制而进达理想自我的境界。“道德价值表现于现实自我解放之际”,使自我从现实自我的限制与拘束中解放出来,不复有所陷溺。人类的道德心理与道德行为是有共同性的,例如“在坦白、爱真、爱美、向上奋勉、自尊、尊人、乐天安命、自信、信人、信仰、信人之信己、宽大、爱人以德等道德心理中,我们之所以认其皆含道德价值,都是直接自其表现超越现实自我的限制处看出”②。只有自己超越自己,才能达于共同的道德心理,建构起主体的道德自我。因此,道德自我的建立就归结为自己超越现实的自我的限制,从形而下之我的拘束和纠缠中解放出来,反求本心,明心见性,居仁由义,尊道崇德。当人们认清当下自己之责任,坚持自觉的自己支配自己的价值导向,就会了悟道德自我或心之本体,使道德精神日进无疆,人格完善。

3. 返本开新的伦理现代化设想

唐君毅把近百年来中国文化的历史视为西方文化次第征服中国传统文化的历史,因此他一直把根治中国文化花果飘零的衰败,重建现代化的中国伦理文化视作自己义不容辞的责任,几十年来他苦苦思虑着中国伦理文化的价值和缺点,近代以来中国何以沦至如此地位,中国人对西方文化究竟应取何种态度,中国人有无能力创造新文化、怎样创造中国的新文化等问题,提出了一系列独具卓见的主张,其中最有价值的当推他的返本开新的伦理现代化理论。

唐君毅认为,中国伦理文化的再创造是返本与开新的统一,为了开新必须返本,只有返本方可以开新。返本是说中国伦理文化的再创造必须要有自己的根基,

---

① 唐君毅:《道德自我之建立 · 导言》,1946 年上海商务印书馆印行。

② 唐君毅:《道德之实践》,见《文化意识宇宙的探索》,中国广播电视出版社 1992 年版,第 85 页。

应当充分肯定中国伦理文化的基本精神和基本价值，承续儒家道统，维系和高扬中国伦理文化的一本性。他指出："吾人所谓反自中国文化精神之本原上立根基，以接受西方文化，即吾人必须先肯定中国文化之一切价值"，"在评判中西文化之长短时，吾人之标准，亦不能离中国思想之根本信念。"[①]唐君毅认为，中国伦理文化的根本精神"为自觉地求实现的，而非自觉地求表现的"[②]。自觉地求实现的精神，必须在心性之中先具备一个圆满的文化理想的整体，并将人文世界的一切，都看成这一心性的实现或流露，且为这一心性所包覆涵盖。这一求实现的基本精神表现为对人的内在精神生活和内在价值的关注，产生了中国伦理文化置重内在超越和实践理性，讲求融摄精神和天人合德的基本特征。在唐君毅看来，这种自觉地求实现的精神，既可使人我情感交融，超越个体物欲的羁绊，承担人文理想，又可避免现代化社会以及后现代化社会使人物化的危险，从而确保中国伦理文化的特殊价值，使中国人成其为有内在生命活力的人。唐君毅坚信中国伦理文化的内在精神价值不会随时光的流逝而消减或磨灭，"吾决不信此价值可被磨灭，而为人所抹杀"，"吾不信中国历史文化精神，在本原上有何不足"。[③]

在充分肯定中国伦理文化基本价值的前提下，唐君毅并不讳言中国伦理文化发展到现代已明显呈现出的某些不合理性。唐君毅认为，只有敢于正视我们民族伦理文化的缺失之处，才能够便于我们"改过"，找到重建和振兴中华伦理文化的契机或突破口。在由他主笔的《为中国文化敬告世界人士宣言》中，他把中国伦理文化形容为正在生病的病人。由于生病以致"生出许多奇形怪状之赘疣"，因此我们必须要怀着同情与了解的心情为之治病，为之输入新的药物与营养。那么，中国伦理文化发展到现代究竟生出哪些赘疣？缺失和偏弊之处究竟有哪些呢？唐君毅认为：(1)中国伦理文化中的五伦观念，家庭伦理占其三，有太重家庭伦理之失。社会伦理仅为朋友、君臣二项，而且朋友伦理、君臣伦理也以兄弟、父子论，完全家庭化了。这种把社会伦理融于家庭伦理之中的五伦观念妨碍了社会伦理的独立展

① 唐君毅：《中国文化之精神价值》，台湾正中书局1987年版，第491页。

② 唐君毅：《中国文化之精神价值》，台湾正中书局1987年版，第496页。

③ 唐君毅：《中华民族之花果飘零》，见《文化意识宇宙的探索》，中国广播电视出版社1992年版，第431页。

开及其扩大,不利于社会伦理生活的正常化。(2)中国伦理文化中忠诚观念集中表现在对君主一人尽忠,并且这种尽忠在后来被强调到不切实际的高度,带有极大的强制性和不自由性。宋明诸儒把君主作为天意的代表和正义的化身,认为对君主不忠即是对天意不敬和对正义不从,这就在很大程度上助长了君主专制主义的盛行。(3)中国伦理文化中天人合德的思想强调仁民爱物、对物有情,然却不重视对器物的利用和对自然的改造,"不能多制造物以供人文世界之用,使人之人文理想受委屈"。(4)中国伦理文化中"圆而神"的伦理智慧虽有不偏执于任何文化理想、灵活变通、不偏不倚的一面,但它往往受自然生存欲望的牵累而流于圆滑虚伪。(5)中国伦理的人文主义由于过分注重人伦日用,缺少崇高和神圣的宗教意识,没有建造起一座由地达天的金字塔,同时也缺少能经纬人的精神、使人面对痛苦亦不失其执着的十字架。中国伦理文化的上述偏弊和缺失之处,决定了伦理开新的必要性。唐君毅力倡在返本基础上的开新,主张吸纳西方伦理文化的长处以补偏救弊,早日实现中国伦理文化的现代化。

那么,怎样使中国伦理文化实现创造性的转化,开现代化之新呢?唐君毅提出了如下设想和观点。第一,针对中国伦理文化太重家庭伦理的偏弊,他主张尽量扩大和拓展社会伦理的范围,使传统五伦得以根本的改造。具体来说,一是扩大朋友之伦并使朋友之伦所蕴含的自由平等因素渗入父子、兄弟、夫妇之伦理关系中,造成家庭伦理的现代化,一是扩展出新的一伦即"吾现实之我对吾理想之我的关系"。"这样成就自我之宛然二重化,而自我之精神,即增一内在之伸展,吾在依一文化理想或价值向往,以与同道同志同事同业,集成社会文化团体时,依于共同之理想,而吾人之自我与他人之自我精神即相感通。于是吾人之现实自我与他人之现实自我虽差别,而在理想自我上,则可谓有一统一。此理想自我之统一,即使吾人理想自我得普遍化,而有一更高之拓开与伸展。"①第二,把中国伦理文化中那种对君主一人的忠诚转换成对社团、国家和文化理想的忠诚。忠于君主一人是偏狭的忠,但忠于国家、忠于人民却是全面的现代的忠。我们要把古代人敬君之道德转

---

① 唐君毅:《中国未来之文化创造》,见《中国哲学思想论集》现代篇3,台湾牧童出版社1978年版,第226页。

换为“对经济上之公平，对政治上之公正，对学术上之真，对文学艺术上之美善，对宗教中之神圣之企慕爱好与对依文化理想而形成之社团、国家、其他世界性人类组织及其法纪之尊崇，对文化领域中同道同志同事同业，同为一国公民或世界人民之合作精神，对人类未来前途之遥远的爱”①。第三，针对中国伦理文化中天人合德的观念所造成的缺乏观象制器、变化万物之缺失，唐君毅力主吸收西方先进的科学技术，尽快发展我们的经济和文化，提高综合国力，改善人们的物质、文化生活。唐君毅说：“百年来中国之国力，在与西方国家相比较时，处处相形见绌。而我们再把我们同胞的物质生活水准、国防力量与西方国家相比，任一稍有仁心的人都不能不承认，如不发达中国之科学技术外，绝不能解除今日中国人民生活上所受的灾祸与困苦，而使国家盛强。”第四，针对中国伦理文化“圆而神”的精神所造成的某些弊端，唐君毅主张吸纳西方伦理文化中执注于理想、百折不回的求真态度的“方以智”精神，或由“中国文化精神之圆中化出方来”。第五，针对中国伦理文化过分偏重人伦日用、缺乏崇高和神圣的超迈意识，唐君毅主张以开放的心灵接受西方伦理文化，尤其是吸纳神圣的金字塔意识和十字架意识，使每个人“负此十字架以攀彼金字塔而上升，使每个人之精神，皆通过此十字架之四端，从四面放射其光辉，与他人之光辉，连成无数并行交光之组织，而聚于金字塔之顶”②。

总之，唐君毅主张针对中国伦理文化在现代所暴露出来的种种偏弊，充分吸纳西方伦理文化的长处，建立纳方于圆的人格精神和文化精神，使自由、平等、博爱、信义、公正之伦理观念覆载于中国传统伦理文化精神之高明敦厚的德慧、度量中，并成为中华民族道德精神的内容和表现，以充实陶冶人们的人格、精神、生命。这些就是唐君毅所设想的返本开新的伦理现代化理论的基本内容。

4. 唐君毅伦理思想的历史地位

唐君毅是港台地区新儒学的一代宗师，他的伦理思想“宏大而辟，深闳而肆”，

---

① 唐君毅：《中国未来之文化创造》，见《中国哲学思想论集》现代篇 3，台湾牧童出版社 1978 年版，第 225 页。

② 唐君毅：《中国文化之精神价值》，台湾正中书局 1987 年版，第 493 页。

对中西伦理文化都有很深湛的研究，被弟子们誉为“对东方与西方的空前全面的综合”，他本人因此被称为“文化意识宇宙中之巨人”。

唐君毅是一位“赋性朴厚宽仁”的典型的儒家代表人物，他一生为学之情志乃在于“以仁心说大义”，他的伦理思想“在前不见古人，后不见来者之心境下，乃有一种莽莽苍苍的气象，高远博大的胸襟，其言皆真率厚重，力引千钧，足使人们仰苍穹而肃然，而凝神深思也”。① 唐君毅的伦理思想是在面对中国伦理文化因西方伦理文化的潮水冲击和国内激烈反传统运动的猛烈冲击而“花果飘零”的特殊情境下，对民族伦理文化出路的一种创造性探索，它真切地表现了唐君毅对民族伦理文化现实遭遇的深沉焦虑和对其的关注与瞻念，同时也反映了他要挽近百年来中国伦理文化狂澜于既倒的沉重的忧患意识和巨大的历史文化使命感、道德责任感。面对着“道术而为天下裂”，中国伦理文化“花果飘零”的状况，唐君毅无比悲怆，他决意发扬儒家“为天地立心，为生民立命，为往圣继绝学，为万世开太平”的远大理想和宏伟抱负，投身于复兴儒家伦理文化的战斗中。“唐先生……上承中国数千年历史文化之传统，外感世界文化思潮之流柱，亲身感受百年来中西若干人生文化观念上之冲突，而情感上有所不安不忍。既自觉此中问题所在，乃沉入其中，期于观念上勉为疏解，以祈向一和融贯通、分途展开之理想的人文世界。”②总之，唐君毅的伦理思想反映了现代新儒家强烈的伦理忧患意识和继往开来的抱负，集中地体现了现代新儒家对中国伦理文化的执着之情和深挚之爱。他关于中国伦理文化之本身“那是无数代的人，以其生命心血，一页一页地写成的”，“这中间有血，有汗，有泪，有笑，有一贯的理想与精神在贯注”，以及“敬意向前伸展增加一分，智慧的运用亦随之增加一分，了解亦随之增加一分”③的观点，浸润着对传统伦理文化的深切体悟和一往情深。如果我们承认近代以来欧风美雨袭击中国伦理文化园地使

---

① 曾昭旭：《唐君毅》，见《中国哲学思想论集》现代篇 3，台湾牧童出版社 1978 年版，第 171 页。

② 曾昭旭：《唐君毅》，见《中国哲学思想论集》现代篇 3，台湾牧童出版社 1978 年版，第 172 – 173 页。

③ 唐君毅等：《为中国文化敬告世界人士宣言》，见《当代新儒家》，生活 · 读书 · 新知三联书店 1989 年版，第 8 – 9 页。

之花果飘零的事实，那么我们便会承认唐君毅灵根自植的伦理重建说，他的道德责任感和历史使命感是难能可贵的，有值得肯定的一面。同时我们亦不难看到，他对中国伦理文化的阐幽发微以及对其深层价值的开掘，不仅具有伦理文化积累的“史”的意义，而且具有伦理文化重建的“论”的意义。

唐君毅的伦理思想面对近代以来道德价值的失落、存在的惶惑和终极信念的失落，以现代人探寻安身立命之道和寻求灵魂的安顿为要义，把重建儒家心性本体和道德形上学作为其主要内容，强调自觉地自己支配自己以超越现实的自我，成就道德的自我。在唐君毅看来，道德自我之根源即是形上的心之本体。心之本体“超临跨远在无穷的时空之上，无穷的时空中之事物，便都可以说为它所盖涵”，人一旦“纯粹能觉复依于一恒常的真实的心之本体”，就会蹈常处变，看现实世界的一切生灭变化就会觉得算不了什么，从而悠游超拔于俗世纷呈之上，“即世间而超世间”。唐君毅反求本心的道德自我论，一方面继承了梁漱溟、熊十力等现代新儒家的伦理价值学说，另一方面又广泛地吸取了近现代西方伦理学的成果，把康德的自律道德，黑格尔的精神现象学，格林、布拉德雷的自我实现论，居友、哈特曼的伦理学说融于孔子的仁和王阳明的良知思想之中，突出了道德良知的意义和人类道德心理的共同性，从心、身、物三者的关系推导出价值世界与现实世界的内外动态流通，进一步烘托出道德自我既超越又在现实世界的实践生活中，因而能够把真善美的价值圆融无碍地贯彻于现实生活中。唐君毅的“道德自我之建立”既可超越有限的形体而感受到人类道德心灵的共振，又可泯化形体毁灭所产生的恐惧而视死如归，进达天人合一的精神境界，因而有助于解除道德价值失落的危机，对于现代人重建精神和道德的家园，对于人性更加恢廓深弘，对于人类精神文明的发展，是有一定启示意义的。正因为如此，后人在评价唐君毅的伦理思想时才给予其“为弘扬中国伦理文化而殚精竭虑”，“为确立道德价值尊严而孤寂奋斗”的称誉。

唐君毅的伦理思想在现代新儒家的发展史上第一次系统地表述和阐发了返本开新的理论观点，并发扬了儒家伦理文化现代化的主张，昭示出伦理文化建设中继承与发展统一的关系。唐君毅认为，开新是为了更好地返本，返本亦是为了更好地开新。开拓不是说不要承继，承继不是说不要开拓。他以孟子“金声也者，始条理也，玉振之也者，终条理也”来说明开拓与承继的关系，认为孔子对以前的伦理文化而言为玉振，对我们今天的伦理文化而言则为金声，我们今天的玉振则在重振孔子之所玉振，以振出融自由平等公正于儒家伦理文化之中的现代化的儒家伦理，实现儒家伦理文化的现代化。在唐君毅看来，以孔子为代表的儒家伦理文化并不是一种守成的不思创造的文化，孔子本人就在一定程度上肯定过狂狷和进取的人生态度，他以发愤忘食、知其不可而为之的伦理实践强化了开拓创新的必要性，为中华民族确立起了一种自强不息、继往开来的伦理精神。儒家伦理文化是一种高扬道德主体意识和道德创造性的文化，既承天道以立人道，致广大而尽精微，又兼容并包以道中庸，厚德载物而言自强。因此只有儒家伦理文化才能够以自强不息的精神律己，以厚德载物的态度待人，只有儒家伦理文化才能以无比开放的襟怀对待外来伦理文化，扬弃百家以丰富自身。今天，我们就是要全面吸纳西方伦理文化以发展出新的儒家伦理文化。应该说，唐君毅的返本开新的伦理现代化学说不愧为现代新儒家伦理思潮的纲领性学说，它奠定了现代新儒家伦理思想的基本格调和发展趋向，对新儒家第三代伦理思想的形成起着某种思维定势、价值定位和理论预制的作用。

当然，唐君毅的伦理思想也有许多偏弊和错谬之处，他对马克思主义伦理观的攻击和对中国共产党的污蔑，带有明显的阶级的偏见和错误；他把五四新文化运动视作中国伦理文化花果飘零的祸首，是对五四新文化运动大方向的否定，也是对中国社会近代化进程的一种反动；他对中国伦理文化的过分推崇是基于伦理保守主义的立场，与传统儒学特别是宋明儒者心性之学相接续的，故此这种推崇早已超越了客观精神和科学研究的町畦，情感的投注变为宗教的虔诚，其主观性和盲目性是不言而喻的；他关于返本开新的伦理现代化主张亦有内在的矛盾，因为自由平等博爱的伦理开新是无法建基于儒家道统的基础之上的，要返归儒家道统之本体，势必很难开出自由民主的道德之新，而要开出自由平等的道德之新，又不得不否定返本的必要性，这在唐君毅的返本开新说那里可谓是一真正的“吊诡”。总之，唐君毅将中国伦理现代化看作是宋明儒学精神之一推开，孔孟精神之一倒转，表现了现代新儒家伦理思想的局限性，本质上未曾脱离中体西用论的窠臼，尽管它可以返归儒家道统之本，却未必能开出自由平等博爱的伦理之新。

唐君毅的伦理思想是在一种失去故国家园的“天涯流落儿”的特殊心态下问

世的，始终充满着一种悲怆而又无奈何的情调，它对道德自我的呼唤和对儒家伦理价值的眷顾，只不过是一种遥远而渺茫的希冀。他自己曾谈到："要使中华民族之人文精神，能真正存在于当今之世界，而成就其自身发展，并求有所贡献于世界文化问题之解决，实非常艰难，须历千辛万苦。个人于此所能尽之力，实微小不足道；亦常不免悲从中来，有无可奈何之感。"①但是，尽管如此，唐君毅并没有因悲怆而停止奋斗，而是怀着灵根自植的理想，为民族伦理文化建设而奔走呼喊，这种精神和态度的确是十分可敬的。也许一切真正关心世道人事、悲天悯人的伦理学家都免不了孤独与寂寞，但能在孤独和寂寞中为人类的文化理想与道德价值而奋斗，难道不是人格的磨炼和灵魂的锻铸吗?！也许，伦理学家的智慧所影响的人类道德力度比之人格影响的可能还要小些，这不是从一个侧面证明唐君毅等新儒家孤寂奋斗、不是用语言去写人类道德史而是用心力与精神去写人类道德史的价值吗?！

二、牟宗三的道德形而上学

牟宗三(1909—1995)，字离中，山东栖霞人。他是一位著述甚丰的港台地区新儒家的中坚人物。著有《道德的理想主义》《生命的学问》《心体与性体》《才性与玄理》《园善论》《历史哲学》等。牟宗三的伦理思想继承和发展了熊十力的伦理思想，注重终极关怀的玄学重建，进一步突出了宋明理学家所讲的性理之学，系统地阐释了儒家道德实践的内在根据，建立了儒家道德的形而上学的理论体系。

1. 两分的世界模式与三统说

20世纪20年代的科学和玄学论战使中国哲学沿着两条不同的道路向前发展：一条是所谓科学的、实证的道路；一条是所谓玄学的、形而上学的道路。科学

---

① 唐君毅：《中华人文与当今世界·自序》，台湾学生书局1976年版。

派力图把一切事物和现象包括人生问题、道德问题纳入科学的统一图式中来做科学的推论与思考;玄学派则力图区分科学与伦理学哲学,对世界作事实世界与价值世界的二重区分。所谓两分的世界模式也就是主张区分事实世界与价值世界,或称之为自然世界和应然世界,并在基础上界定科学与哲学伦理学的范围,使其独立发展、互不干涉。这种两分的世界模式和思维方法早在张君劢的人生观讲演中已初露端倪,熊十力的性智与量智之说将其纳入本体论的思考,发展到牟宗三则愈趋明朗。在牟宗三看来,科学的研究以必然的事实世界为对象,这只增加知识而并不具有意义和价值,它只问"是什么"而不问"应当是什么",这就显出了科学的限度与范围。在科学的限度与范围以外,还存在着一个与科学的事实世界相对应的人文的价值世界或意义世界,这一价值世界或意义世界不是科学的对象,而是道德、宗教和美学的对象。他说:"'大学之道,在明明德',这个'明明德'就是意义与价值的总根源,这不是科学所对的客观现象。……这个意义世界或价值世界决不能抹杀。真正懂得科学的人必懂得科学的限度与范围,必懂得这两个世界的不同而不能混一。"①牟宗三并不反对科学和科学研究,他反对的只是泛科学的态度和方法,并主张把科学与科学主义区分开来,指出:"一个人专心内在于科学本身、献身于科学研究,是高贵的,值得称赞的。但就是这种把科学的'理智分析性'与'事实一层性'从科学本身冒出来而成为科学一层论、理智一元论的态度,则须断然予以反对。"②牟宗三谈到,自科学和玄学论战以来几十年,真正献身于科学研究的人并不多,相反,浅尝辄止、跳出来用科学的人却很多,那些大谈科学主义的人其实并不真正懂科学,真正懂科学的人自会懂得科学的局限与范围,因此就会承认在科学的事实世界以外还存在着人文的价值世界。牟宗三认为,道德伦理的真理与境界是属于价值世界的,它们"既不是虚妄与迷信,也不是科学的",但确实又是具有价值的。从某种意义上说,价值世界对人来说比之事实世界具有更为关切和重要的意义,它寄托着人的人格理

---

① 牟宗三:《关于文化与中国文化》,《道德理想主义的重建》,中国广播电视出版社 1992 年版,第 77 - 78 页。

② 同上。

想和对生命意义的寻求,构成人的终极关怀和安身立命的根本。是人,总得关心自己的生命存在,追问生命的真谛及其价值,提出自己人生应有的目标,设立自我实现、自我完善乃至自我超越的范式,并进而孜孜以求。

从两分的世界模式及其对价值世界的肯定、强调出发,牟宗三比较了中西文化,认为中国文化的特质是对价值世界的关注与重视。"中国哲学特重主体性与内在道德性"①,儒家更赋予主体性以道德主体性的意义。所谓道德的主体性是说儒家始终以人为中心,坚持从人的角度看世界,把人理解为具有道德属性的道德行为主体。儒家"所说的生命,不是生物学研究的自然生命,而是道德实践中的生命","儒家的正视生命,重在道德的实践,丝毫不像西洋的英雄主义,只在生命强度的表现,全无道德的意味"②。与中国文化重视生命和价值世界的特殊性相比较,西方文化重视的则是知识和事实世界,它"不重主体性,而重客体性。它大体是以知识为中心而展开的"③。古希腊文化注重对自然宇宙的研究,并习惯从自然的角度来看待人,试图通过对自然的了解来了解人类自身。西方近代文化重视知识论和认识工具的研究,由对自然现象的研究转向对自然规律及其人的认识图式、认识能力的研究,大大地弘扬了理论理性和知性的价值与尊严。总之,西方文化见物不见人,片面地追求客观事物之真,而忽略了安身立命的大问题和人类道德之善。也许可以这样表述,西方文化重视的是科学及其与之相关的民主,中国文化重视的是道德及其与之相关的哲学,西方文化形成的是学统和政统,中国文化形成的则是道统。两种文化各有所长亦各有所短,彼此之间都有一个互相学习和借鉴的问题。为此,牟宗三提出了他的"三统说"。

"三统说"是牟宗三设计的中国文化现代化的模式,其实质是由儒家的内圣之学开出新的外王之功。三统说的主要内容为:"一、道统之肯定,此即肯定道德宗教之价值,护住孔孟所开辟之人生宇宙之本源;二、学说之开出,此即转出知性主体以融纳希腊传统,开出学术之独立性;三、政统之继续,此即由认识政体之发

---

① 牟宗三:《中国哲学的特质》,台湾学生书局 1984 年第 7 版,第 4 页。
② 牟宗三:《中国哲学的特质》,台湾学生书局 1984 年第 7 版,第 11 页。
③ 牟宗三:《中国哲学的特质》,台湾学生书局 1984 年第 7 版,第 4 页。

展而肯定民主政治为必然。”[1]在牟宗三看来,“道统”也就是民族文化和儒家伦理的传统,它是一种比科学知识“更高一层,更具纲维性、笼罩性的圣贤学问”[2],旨在提起人们对生命价值的关注、对人格理想的追求。若失去了道统,中国文化便失去了原动力,失去了生命方向。在这种情形之下,即使有了民主与科学,也已经不是“中国”的身份了,而且民主与科学也失去了精神的依托,成为没有根柢的飘浮之物。“学统”是重视科学技术和文化知识的西方化传统。中国文化和儒家伦理要获得自己的第三期发展,实现现代化,必须借助道统和良知来开发学统。关于如何使儒家道统转出知性主体以融纳希腊传统,开出学术之独立性,牟立三提出了“道德良知之自我坎陷说”,使理性之运用活转出架构表现。他说:“由动态的成德之道德理性转为静态的成知识之观解理性,这一步转,我们可以说是道德理性之自我坎陷(自我否定):经此坎陷,从动态转为静态,从无对转为有对,从践履上的直贯转为理解上的横列。”[3]这种道德良知的自我坎陷是说道德良知为了自身的丰富发展,主动让开一步,使科学、知识从道德的控制中分化出来,形成科学或学术的独立性。“政统”是体认和弘扬民主政治的西方化传统。牟三宗认为,秦汉以来中国历史上存在着历两千年不得解决的三大政治困局,一是朝代更替,二是君位继承,三是宰相地位,从而造成了中国历史治乱循环、宫廷残杀、士人政治无法突破限制的局面。而要消除这三大困局,就必须像西方社会那样把政道客观化、法制化,建立人民当家做主的民主政治。牟宗三说:中国近代化的国家政治法律不能建立起来,致使儒家所理想的社会、幸福的外王(王道)既不能真正实现,而内圣方面所显的仁义(道德理性)亦不能有真正地实现。因此,为了使儒家内圣之学所显现的仁义能够真正地实现,为了使儒家所理想的外王之道获得真正的实现,“我们必须了解民主政治之实现就是道德理性之客观的实现”[4],由认识政体之发展而肯定民主政治为必然。

总起来说,牟宗三认为,“三统”中“道统”是根本,是文化生命,“政统”和

---

① 牟宗三:《道德的理想主义》,台湾学生书局 1982 年第 5 版,第 152 页。

② 同上。

③ 牟宗三:《政道与治道》,台湾学生书局 1983 年 10 月版,第 58 页。

④ 牟宗三:《道德的理想主义》,台湾学生书局 1982 年第 5 版,第 155 页。

“学统”是为承续和发扬“道统”服务的。离开了“学统”和“政统”的“道统”是没有生机和活力的,“圣贤人格的实践很可能胶固窒息而转为非道德的”[①],从而影响“道统”的完整性和导向功能;反之,离开了“道统”的“学统”和“政统”亦会无所依傍而发挥不出自身的作用,就会像西方近代社会那样“见物不见人”,“步步下降,日趋堕落”。基于这种认识,牟宗三认为,中国文化和儒家伦理的现代化是在肯定“道统”基础上对“学统”和“政统”的重视,即“以西方文化之特质之足以补吾人之短者之吸纳与融摄”[②]。

2. 重建儒家的道德形而上学

道德形而上学是现代新儒家十分关切并在理论上孜孜以求的重大课题,从熊十力到牟宗三都把重建儒家的道德形而上学、为儒家伦理的现代化寻求理论基础当作自己最主要的工作。现代新儒家在半个多世纪的发展中最主要的成果就是在新的历史条件下重新肯定儒学作为内圣之学的意义和价值,而其中的主要之点就是吸收西方哲学的方法重建儒家的道德形而上学。重建儒家的道德形而上学这项工作由熊十力肇其始,至牟宗三而总其成。

首先,牟宗三明确区分了“道德底形上学”和“道德的形上学”,认为“前者是关于道德的一种形上学的研究,以形上地讨论道德本身之基本原理为主,其所研究的题材是道德,而不是‘形上学’本身,形上学是借用。后者则是以形上学本身为主(包括本体论与宇宙论),而从‘道德的进路入’,以由‘道德性当身’所见的本源(心性)渗透至宇宙之本源,……故曰:‘道德的形上学’”[③]。这就是说“道德底形上学”是狭义的形上学,它所研究的内容是道德本身及其基本原理,虽然从超越性研究道德,但不是研究超越性本身。道德的形上学不是指一种知性的道德哲学,而是标示一种建构形上学的进路和方法,是一种主张“自道德进路入”,通过道德实践达到形上本体的形而上学理论。道德的形上学不仅研究道

---

① 牟宗三:《道德的理想主义》,台湾学生书局 1982 年第 5 版,第 157 页。

② 牟宗三:《道德的理想主义》,台湾学生书局 1982 年第 5 版,第 3 页。

③ 牟宗三:《心体与性体》,台湾正中书局 1981 年版,第 140 页。

德,更研究超越性本身,研究使道德如何成为超越的宇宙本体。道德本体不能先验地自我呈现,必须通过实践理性才能充分地展开。因此“道德的形上学”也可称为“实践的形上学”。

其次,牟宗三是通过比较中西哲学与文化的异同来建立自己的道德形而上学体系的。在牟宗三看来,西方文化以“分解的尽理之精神”为特征,强调知性主体或理论理性,把对象外在化,形成主客对立;中国文化以“综合的尽理之精神”为特征,强调道德主体或实践理性,使“上下通彻,内外贯通”。因此,中国文化走的是一条与西方外在超越路径不同的内在超越道路。“它的着重点是生命与德性。它的出发点或进路是敬天爱民的道德实践,是践仁成圣的道德实践,是由这种实践注意到‘性命天道相贯通’而开出的。”①孔子强调为仁由己,孟子强调尽心尽性,他们突显了道德生命的价值和心性主体的价值。“这个心性一透露,人之所以为人的道德主体性完全壁立千仞地树起来,上面通天,下面通人。此即为天人合一之道。内而透精神价值之源,外而通事为礼节之文。这一个义理的骨干给周公所制之礼(文)以超越的安立。”②因此,中国的道德因其心性本体而呈现出“道德的形上学”意味,从而实现着本体论、认识论和伦理学的统一。在西方,虽然康德提出了自己道德形而上学的理论,但由于受西方文化“分解的尽理之精神”的影响,使得康德所建立起来的道德形而上学并不具有“道德的形上学”意味,仅仅只是“道德形上学的解析”,或者说是“道德之形上的描述”。因为康德的道德形而上学没有打通由道德进至本体论、宇宙论的进路,没有实现“当然”与“实然”的统一,没有从实践理性充分展现一具体的道德的形上学。康德为什么没有建立“道德的形上学”呢?牟宗三认为,康德割裂现象与本质、感性世界与本体世界,人为地在这两个世界之间划了一条不可逾越的鸿沟,使人感觉到现实的经验世界禁锢拘束人,理想的本体世界冷漠远离人,自由不存在于经验世界而仅仅存在于超经验的本体世界。康德没有用直贯的方法沟通这两个世界,因此没有形成“道德的形上学”,形成的只是“道德的神学”。在牟宗三看来,

---

① 牟宗三:《中国哲学的特质》,台湾学生书局 1984 年第 7 版,第 14 页。

② 牟宗三:《历史哲学》,第 166 页。

康德把私人幸福原则与道德情感俱视为经验原理，道德情感里只着眼于实然的层次，其出发点是人性的特殊构造，类似中国哲学史上由两汉气质之性出现的仁爱之情，而没有提至超越层面，因此不能像中国正宗儒家那样以道德实践体现性体，而只能体现于无上命令的道德法则上。

再次，牟宗三通过中外哲学与文化的比较把“道德的形上学”视为正宗儒家的独特贡献，倡导重建儒家道德的形上学。牟宗三认为，中国儒家思想的发展史就是一部“道德的形上学”发展史，每一位儒家代表人物对于儒家学说的贡献可视其对道德的形上学的贡献的大小而论。因为道德的形上学反映了儒家对于本体的认识和他们体认本体的特殊进路，正是这种认识和体认从根本上作为一种“道德宗教”的特性，决定了它的价值信念和终极关怀。儒家道德的形上学将原始宗教彻底地道德化，并将其收摄于道德实践之中，使人道与天道、主观与客观通而为一，既能通向客观方面成就他人，又同时通过超越世界——上达天德、默契天心、印证天道，而归于天人契合的境界。牟宗三指出：“天道高高在上，有超越的意义。天道贯注于人身之时，又内在于人而为人的性，这时天道又是内在的。……天道既超越又内在，此时可谓兼具宗教与道德的意味，宗教重超越义，而道德重内在意。在中国古代，由于特殊的文化背景，天道的观念于内在意义方面有辉煌煊赫的进展，故此儒家的道德观得以确立。”①牟宗三认为，要回应儒家思想在现时代所遇到的挑战，光大儒家道德，就必须重建儒家道德的形上学。那么究竟如何重建儒家道德的形上学呢？牟宗三指出，第一，必须充分肯定人的内在德性的真实，从德性实践的态度出发，以自己的生命本身为对象，重建道德实践所以可能之先验根据即心性本体；第二，承继儒家天人合一的精神传统，使内在道德性通于天道。性体作为道德实践的先天根据，不仅是人内在的德性真实，同时也是超越的宇宙实体。“不但直下是道德的，而且是本体宇宙论的。”性与天道是相贯通的，它来自天道同时也参与天道，它是既内在又超越的。从超越的层面讲，本心性体也就是宇宙真实。因此，仅仅肯定人有内在的德性真实是远远

① 牟宗三：《中国哲学的特质》，台湾学生书局 1984 年第 7 版，第 26 页。

不够的，还必须“因宇宙的情怀，而达至其形而上的意义”①。第三，把心性之学与工夫之学统一起来，以道德实践去实现内在超越。牟宗三认为：“人在其道德的实践以完成其德性人格底发展上是必然要肯定这性体心体之为定然地真实的，而且即在其实践的过程中步步证实其为真实为呈现。”②道德良知不是一种理智的假定而是真实的呈现，此所谓呈现是指一种与道德实践融为一体的体认、体证，“性体心体乃至意志自由就是这样在体证中，在真实化、充实化中而成为真实生命之系统里得到其本身的绝对必然性”③。只有这种使道德良知自我呈现的实践工夫，才能达到人生真理的最后立场。康德伦理学所缺少的，正是“自实践工夫以体现性体心体一义”④。

3. 道德的理想主义与人文主义

作为一名卓有建树的现代新儒家学者，牟宗三在致力于道德的形上学建构的同时亦致力于儒家道德理想主义的建构，从某种意义上说他之所以殚精竭虑地致力于道德的形上学的建构，其目的就是要在新的历史条件下为儒家道德理想主义的新生奠定形上基础。

牟宗三认为，所谓道德的理想主义，亦可称之为“理性的理想主义”或“理想的理性主义”，是指“生动活泼怵惕恻隐的仁心”的内涵。孔孟的文化生命与德慧生命所印证的仁心即是实践理性的理性，它在本质上是至善的，是人间一切理想、一切价值的根源。牟宗三承续了熊十力等现代新儒家的传统，要求把事物之真统一于伦理之善，这突出表现在他用传统儒学中充满了伦理意味和人格特征的仁的范畴来诠释本心，认为仁者为天地万物之本心，“仁不但是一切德之根源，而且亦是一切存在之根源，……仁固是仁道，亦是仁心。此仁心即是吾人不安、不忍、愤悱不容已之本心，触之即动，动之即觉，活泼泼地之本心，亦即吾人之真实生命。此仁心是普润遍摄一切而与物无对且有绝对普遍性之本体，亦是道德

---

① 牟宗三：《心体与性体》，台湾正中书局 1981 年版，第 117 页。
② 牟宗三：《心体与性体》，台湾正中书局 1981 年版，第 137 页。
③ 牟宗三：《心体与性体》，台湾正中书局 1981 年版，第 171 页。
④ 牟宗三：《心体与性体》，台湾正中书局 1981 年版，第 129 页。

创造之真几，故亦曰仁体。言至此，仁心、仁体即与'维天之命于穆不已'之天命流行之体合而为一。天命于穆不已是客观而超越地言之，仁心仁体则由当下不安不忍愤悱不容已而启悟，是主观而内在地言之。主客观合一，是之谓一本"①。仁是合天地万物为一体的活泼泼的之本心，是普遍性的本体，因而它是生命的本然状态，是道德创造的源泉。仁体不仅是内在的德性真实，而且是超越的宇宙实体。牟宗三指出，孔子以仁学启发了人之心性之全德，孟子发挥了怵惕恻隐的仁心以"尽性知天"，宋明儒学顺此路发展，建构起了本体论与道德论合一的道德的形上学，"吾人名此步开拓曰'由人性以通神性'，借以规定人类之理性。吾人亦名此曰普遍之理性，或主动之理性，由此遂成功理想主义之理性主义，或理性主义之理想主义"②。这就是说，怵惕恻隐的仁心是理性的、无条件的、普遍的，是抒发理想、指导吾人行为、令其革故生新的"普遍的理"，同时又是绝对的善，是道德实践的先验根据，又是道德实践的主体。

牟宗三认为，中国文化执着于实践理性故为仁的系统，为一种道德的理想主义。"中国文化生命之首先把握生命，而讲正德利用厚生以安顿生命，由之以点出仁义之心性，一方面客观地开而为礼乐型教化系统，一方面主观地开而为心性之学，综合起来名曰内圣外王，成为道德政教的文化系统，而以仁为最高原则，为笼罩者，故亦曰仁的系统。"③它与以智为笼罩者的西方文化形成了鲜明的对照。西方文化的精神表现为"以气尽理"，虽有生天生地、"一往顺之而不回顾"的气势，但其生命之强度与才情气之强度必有耗尽之时，绝不可能无限拉长。这种以气尽理的文化虽有可能多姿多彩，但也可能一朝断灭。中国文化的精神表现为"以理生气"，即以德性化才情气，引生真气，不致才穷、情尽、气竭。"心性之学最大之作用就是'以理生气'，此是文化不断之超越原则，亦是实践之超越原则。……根据此原则以观历史文化，是自我做主的态度，是把吾人的生命拉进历

① 牟宗三：《园教与园善》，《道德理想主义的重建》，中国广播电视出版社 1992 年版，第 584 页。

② 牟宗三：《道德的理想主义》，台湾学生书局 1982 年第 5 版，第 5 页。

③ 牟宗三：《道德的理想主义》，台湾学生书局 1982 年第 5 版，第 249 页。

史文化中直接承担起来的态度。”[1]中国文化创造的根源是理(即仁),中国民族生命、文化生命的发展所以能生生不息、悠久绵长,即是依赖于以理生气的原则。“理”是理想的和超越的,以理生气,文化生命纵不显丰富多样,然可以不舍昼夜,无穷发展。

牟宗三认为,西方以气尽理的智性文化发展到19世纪末20世纪初遇到了严重的危机,真实的个性与真实的人格丧失,科学的发展使得很多人只知科学而不知另有价值、德性的学问,于是有了尼采的上帝死亡之说、荷尔德林的上帝退隐之说以及海德格尔《论上帝隐退》一文,人们痛感精神无所寄托、理想破灭、道德堕落之苦。海德格尔、萨特等存在主义者虽然试图走一新的文化路向,但西方文化传统哲学没有给他们留下一个典范,故他们的摸索有许多未透处,不能遏止人类向外趋求的病痛。只有中国以理生气的仁的文化和道德的理想主义才可以担负起现代社会拨乱反正的任务,才有能力通过实践理性的道路矫正时风,使之上达天德,归于天人契合的境界。

通过对儒家道德理想主义的含义与作用的分析,牟宗三得出了儒家本质上是一种人文主义的结论。牟宗三认为,儒家始终不离人而言道德文化,总是把道德文化视作同人及其人格尊严相贯通的东西,强调人性、人的本质和人的价值。所谓儒家的人文主义,即儒家的历史文化之道对人性、人的本质与人格等的肯定:“古有人文化成之成语,此可为儒家人文主义之确界。人文化成者,以人性通神性所定之理性化成天下也。就个人言,以理性化成气质,所谓克己复礼天下归仁也。就社会言,则由理性之客观化而为历史文化以化成天下也。”[2]孔孟儒家十分关注从文化和道德的意义上来肯定人和提升人,使人成为名副其实的真正的人。因此,儒家的以人为中心或以人为本并不是以感性的人或自然的人为中心,而是以社会的人和文化的人为中心,叫人关注自身的发展与完善,率天载义以成就理想人格。今天,我们要使儒家的人文主义发扬光大,不仅需要弘扬文化和道德的价值,而且需要把文化、道德与科学、民主联系起来,从内圣中开出新外

---

① 牟宗三:《道德的理想主义》,台湾学生书局1982年第5版,第222页。

② 牟宗三:《道德的理想主义》,台湾学生书局1982年第5版,第6页。

王。牟宗三认为，中国历史上的文化有道统而无学统和政统，只完成了内圣的一面，外王却没有得到发展。儒家人文主义的现代化必须吸纳科学与民主的因素，使科学为人所用、造福于人类，使民主为人所用、巩固人的中心地位和个性发展。牟宗三说："我们现在的人文主义必须含有近代化的国家政治法律之建立这一义，即必须含有外王之重新讲这一义，这就构成今日儒家学术之第三期的发展这一使命。"①

4. 唐、牟新儒家伦理思想的特征

唐君毅、牟宗三是港台地区新儒家伦理思潮的杰出代表，他们在十分艰难的环境和条件下，动心忍性，为着儒家伦理思想的复兴与光大进行着孤寂而矢志不移的奋斗，终于使儒家伦理思想的研究与传播汇成一个高潮，并开始跨越中国本土的范围走向世界。他们的伦理思想表现出以下几个方面的基本特征。

(1)强烈的续统意识和道德至上的倾向。由于儒学复兴运动在中国大陆遭到失败以及漂流港台地区和海外所亲自感受到的西方文化对中国文化的包围与攻击，使得第二代新儒家带着一种深沉的忧患意识与孤寂的心态决意重振儒家伦理文化。他们在自己发表的《为中国文化敬告世界人士宣言》中强调必须肯定中国伦理文化之活的生命之存在，对中国伦理文化要抱着深刻的敬意与同情，把过去的伦理文化"当作是一客观的人类之精神生命之表现"。在唐、牟等人看来，中华民族伦理文化历史之所以能够既长且久，是因为在中国伦理思想中原有种种自觉的人生观念有一种一脉相传的常道或一本性，正是这种一本性或道统使中国伦理文化自成一个体系，从夏商周至秦汉隋唐以至宋元明清，虽在政治上有分有合，但在伦理文化上总是保持着自己一以贯之的民族文化精神和基本相同的价值取向。他们对近代以来中国伦理文化一本性或道统被破坏深感不安，指责五四新文化运动和中国共产党人"毁灭"传统文化、西方帝国主义摧残中国文化，誓志"为往圣继绝学"，将被打断的伦理文化的道统接续下来并传承至未

---

① 牟宗三：《中国文化的特质》，参见周阳山编《中国文化的危机与展望》，台湾时报文化出版事业有限公司 1971 年版，第 27 页。

来,以使中国伦理文化源远而流长,浩浩荡荡,以流向光辉灿烂的21世纪。

在强调儒家伦理文化一本性和为儒家伦理文化续统的过程中,唐、牟等第二代新儒家充分肯定儒家伦理文化的基本精神与基本价值,认为儒家伦理文化中注重内在超越和实践理性的价值取向,当下即是之精神与一切放下之襟抱,圆而神的智慧,温润而恻怛或悲怜之情怀,成圣成贤的心性义理之学,都具有穿透历史文化云层的永恒意义,不仅适用于古代,而且适用于近代和现代,甚至还会在后现代社会或未来世界中再展雄风。因此,中国伦理文化的现代化是在返本基础上的开新,或由内圣开出科学民主的新外王。在唐、牟等人看来,为了开科学、民主之新就必须返传统儒学之本,坚持儒家道德中心主义的基本立场和内圣为体、外王为用的伦理价值取向。无论是牟宗三的良知自我坎陷出科学与民主政治,还是唐君毅的道德自我之建立,把良知作为科学、历史、文化的价值标准,都强调儒家的伦理道德高于科学知识和民主政治,含有道德至上论的因素。

(2)突出心性之学的地位,力主重建儒家道德的形上学。唐君毅、牟宗三明确地提出心性之学是中国文化思想的核心,主张发掘儒家心性之学的精华,重建现代人的道德自我和心性本体,超越现实物欲的自我限制以求自我解放和自我实现。唐君毅以黑格尔的精神现象学展开了一个科学、文化、道德、宗教的人文精神体系,以良知主体的价值作为判断标准,倡导建立既超越现实又寓于现实之中的道德自我;牟宗三批判了康德的道德哲学,认为纯粹理性不能达到本体的体验,只有实践理性的道德良知才能沟通实然界与应然界(现象界与本体界),因此自我呈现的良知具有内在超越意义,它是既客观又主观的心体即性体。唐君毅、牟宗三所建立的道德形上学不仅把中国传统儒学的心性论和道德理性提到至高无上的地位,而且也把梁漱溟、熊十力心性本体论的创生性原则、理性主义原则进一步概括为道德形上学的原则,为他们宣扬中国文化的一本性、道德生命的永恒性以及内圣开出科学民主的新外王提供理论基础。对心性之学的极度关注,对道德形上学重建的关心,是唐君毅、牟宗三伦理思想的核心,研究唐君毅、牟宗三的伦理思想必须抓住心性本体论和道德形上学这个核心,才能够解开他们伦理思想体系的纽结,窥视其伦理思想体系的主要构成及其发展脉络。

(3)以儒家内圣外王的理论论证道德、科学、民主的关系,提出返本开新的伦理现代化纲领,注重为现代社会立德、立功。唐君毅、牟宗三等第二代新儒家不仅致力于阐发儒家心性本体论和重建儒家道德的形上学,而且致力于对科学、民主的现代化潮流和西风东渐的文化包围做出回应。他们之力图发掘儒家心性之学的精华、重建儒家道德的形而上学,不是为了发思古之幽情或出于对古代伦理文化的挚爱,而是对中国伦理文化"花果飘零"状况的高度关切和渴望中国伦理文化现代化的心灵表白,是对伦理文化趋向的一种现实性反映。他们不是只满足于做阐释儒家伦理文化的伦理思想史家,而是渴求做一个立根于中国伦理文化土壤进行现代化的民魂国魂再造的伦理思想家。他们对儒家伦理文化精华有深入的研究与了解,对其缺陷与偏弊之处亦有切肤的体悟与省察。于是他们决意以西方文化之长来济中国文化之短,力图创建出一个融会中西伦理文化优长之处并紧密结合中国现当代伦理文化建设的实际的新的伦理思想体系。虽然他们的返本开新论或内圣开出新外王并没有超脱自张之洞以来的中体西用思维方式的局限,但他们毕竟意识到了科学、民主与伦理重建的关系,看到了科学精神、民主政治在促使儒家伦理现代化过程中的地位和作用,牟宗三甚至提出了没有学统和政统的支持与开展,道统就会自我窒碍的观点,这表明他们并不是一些只知抱残守缺的伦理文化复古主义者,而是一些从对中国伦理文化命运与遭遇的忧患中生发出灵根自植、注重创造意识的伦理文化重建论者,是一些伦理文化创造潮流中的舍我其谁的自信自强者。他们的伦理观和研究伦理文化的动机既继承了孔孟栖栖惶惶、奔走救世的文化精神又发展了这种文化精神,含有救中国伦理文化同救中国社会、中华民族等量齐观的因素。

当然,唐君毅和牟宗三作为港台地区新儒家伦理思潮的两位巨擘,其伦理思想也有各自独特或迥异于他人的地方。唐君毅悲天悯人,温润而恻怛,属于仁者型的新儒家,牟宗三穷理致知、搔首问天、深沉思考,属于智者型的新儒家;唐君毅置重道德情感的推扩与沟通,牟宗三强调道德良知的自觉与坎陷;唐君毅继承并发挥了梁漱溟文化哲学的方法,力图建立一个哲学、道德、文化、宗教彼此交融互摄的文化伦理学体系,牟宗三继承并发展了熊十力体用不二的纯哲学方法,力图建立一个融科学、民主、文化于道德之中的道德哲学体系;唐君毅弥补了梁漱溟缺乏文化哲学理论基础的缺陷,牟宗三把熊十力的心体即性体扩张到中西文化哲学比较的新范围;唐君毅关心的是道德自我的建立,主张在实践中自觉地自己支配自己,以超越现实的自我,牟宗三突出的是道德本体的确立与展开,强调用反求本心直觉体证的实践理性沟通价值世界,进而沟通天道与人道,既超越现实自我又实现现实自我。

唐君毅、牟宗三等第二代新儒家伦理思想也存在许多困惑与吊诡,比如返本与开新之间的矛盾,伦理现代化与泛道德主义之间的矛盾,对中国伦理文化价值由衷的礼赞与对儒家伦理文化偏弊之处的深刻揭示之间的矛盾,以及超越自我与实现自我问题上的矛盾,如此等等,都说明了唐、牟等人所建构起来的新儒家伦理思想体系的缺陷与不足。美籍华裔学者傅伟勋先生指出:"牟先生使用'自我坎陷''有执'等等负面字眼来重建儒家知识论,仍有泛道德主义偏向之嫌,仍令人感到自我坎陷说的形成,还是由于当代新儒家为了应付尊重'知性探求'独立自主性的西方科学与哲学的强烈挑战,而被迫谋求儒家思想的自我转折与充实的思维结果,仍不过是张之洞以来带有华夏优越感的'中学为体、西学为用'这老论调的一种现代式翻版而已,仍突破不了泛道德主义的知识论框架而创造地发展合乎新时代需求的儒家知识论来。"①应该说,傅伟勋对牟宗三的这一批评是比较中肯的。唐、牟等人所持的中体西用论的文化立场和泛道德主义的思想倾向使他们不可能科学地解决道德与民主、科学等的关系,因而也就不可能从内圣中开出新外王、实现返本基础上的开新,这是现代新儒家伦理思潮第二代所无法解决的理论矛盾。

三、杜维明的新儒家伦理研究

杜维明(1940—),云南昆明人。现代新儒家第三代的著名代表,也是致力于

① [美]傅伟勋:《批判的继承与创造的发展》,台湾东大图书公司 1986 年版,第 32 页。

儒家伦理现代化研究、对东亚地区经济崛起进行伦理文化探秘的具有世界影响的伦理学家。他明确提出了“儒学的第三期发展”问题，并对儒学发展的前景做了颇有特色的预测性研究。他把儒学看成是哲学的人类学、伦理哲学，认为儒家伦理文化不仅是中华民族文化价值认同的基础，而且也是东亚工业文明的合理内核。随着中国与西方世界对儒学认识科学化、理性化的发展，儒家伦理文化的科学价值将会得到进一步的发展，形成一个世界性的复兴、重振儒家伦理文化的新潮流。

1. 儒家思想的二重区分

杜维明是以儒家思想的二重区分来展开儒家伦理的研究的。在他看来，中国近现代史上的西化派、马克思主义者都未能对儒家思想的主旨及其在历史上的演变形态做出有效的辨异厘清，因此往往把历代官方所宣扬的借以维护其政治统治的儒家同作为中华民族生活方式、精神传统的儒家混为一谈，从而在批判政治化的儒家的同时把儒家伦理也给否定掉了。现代新儒家的第一代第二代亦由于未能对儒家思想做出自己的条分缕析，故使自己对儒家伦理的宣扬或辩护显得苍白无力，或者说理不直气不壮。

杜维明认为，要弘扬和光大儒家伦理文化，就需要对儒家思想做出清晰的区分。其实，儒家思想有两个方面，一是政治化的儒家，一是儒家伦理。“政治化的儒家就是国家权力高于社会；政治高于经济；官僚政治高于个人的创造性。这种形式的儒学，作为一种政治意识形态，必须加以彻底批判，才能释放一个国家的活力。”①政治化的儒学使儒学成了政治统治的工具，变成了统治阶级控制人们精神生活、扼杀个性及其创造性的手段。杜维明指出，在高度政治化的儒家文化里，整个社会实际上便被一个不受大众尊崇的领导阶层所垄断。这样一个领导阶层做的事不是领导，而是控制。“中国历史上比较黑暗的年代里，政治领导人拼命追求由他们自己的权力而带来的利益。在这种时候，他们想要通过意识形

① 杜维明：《新加坡的挑战——新儒家伦理与企业精神》，生活·读书·新知三联书店1989年版，第116页。

态的控制以保证公众的绝对支持，作为政治领导人，他们自命为意识形态和道德二者的合二为一的领导人。当强制性的政治实体同时垄断了意识形态和道德控制的时候，其政治化对于社会和文化的创发力可能会造成极大的危害。"[①]政治化的儒学是同自给自足的自然经济和封建专制主义紧密联系在一起的，因此它与现代市场经济和民主的观念或者自由民主的观念是针锋相对的。"因此，我们必须唾弃它，把它拉下马来。"[②]基于这种认识，当有人问到"我知道您对儒家这玩意儿很有研究，如果我们的领导人突然决定提倡儒学，您会不会感到很高兴"时，杜维明立即答道"不"。"如果感兴趣的是在中国经受过如此彻底批判的儒学，那他提倡的便是一种政治化的意识形态。又如果这种意识形态强迫人们服从，其目的仅仅是为了保护极少数人的利益，这样的一种体系是强制性的，我会带头反对这样一个计划。"[③]

在反对政治化儒学的同时，杜维明主张弘扬和光大儒家伦理。他公开宣称，他是对儒家伦理持肯定态度的。儒家伦理是儒家思想中的积极面和光明面，"它注意自我约束、超越自我中心，积极参与集体的福利、教育、个人的进步、工作伦理和共同的努力"[④]。儒家伦理基本上是一种人道主义，它注重人与人之间关系的和谐，强调人与人之间的共同性。"儒家最关心的一个方面是我们如何学会做人。儒家思想坚持人道主义的方向，并且倡导一种人道主义的生活方式。"[⑤]"儒家既不把自我看作一个孤立的原子，也不是作为单一的分离的个体，而是把它看作人类关系中的一个实体（实际上，一个和其他人没有任何相互联系的自我是不

---

① 杜维明：《新加坡的挑战——新儒家伦理与企业精神》，生活·读书·新知三联书店1989年版，第40页。

② 杜维明：《新加坡的挑战——新儒家伦理与企业精神》，生活·读书·新知三联书店1989年版，第41页。

③ 杜维明：《新加坡的挑战——新儒家伦理与企业精神》，生活·读书·新知三联书店1989年版，第116页。

④ 杜维明：《新加坡的挑战——新儒家伦理与企业精神》，生活·读书·新知三联书店1989年版，第33－34页。

⑤ 杜维明：《新加坡的挑战——新儒家伦理与企业精神》，生活·读书·新知三联书店1989年版，第11页。

可想象的)。每一重关系都有助于自我的发展和全面的构成。自我,从这个意义上来说,是它的所有关系的总和。同时,它又被看作各种关系的一个中心,不能被归纳于这些关系本身。"①在儒家"如何学会做人"的整体关注中,自我不是一个封闭的体系,而是一个不断向着人类经验和人类关系的其他层次开放的体系,是一个在不断发展的人类关系网络里不断进行扩充的进程。"所以,我们必须献身于学做人的道德和精神历程,把学会做一个完人当作一项毕生的事业。"②在杜维明看来,儒家学做人的实践伦理包含自我修养、自我主宰和自我理解三项,而这三项合起来就是自我实现。儒家伦理强调自我实现。为了自我实现,个人必须加强自身的道德修养,尽心尽性,必须学会自我控制,做自己情感和欲念的主人,同时也要善于理解自我,使自我的各种潜能得到有效的发挥。自我实现与自我超越密不可分。"自身的实现,要求我们超越自我的局限。我们通过助人自立而立己。与他人的关系,作为一个完整的自我修身的进程,必须远远超越最起码的对他人的宽容。理解别人的存在的能力对于立己是至关重要的。……我们只有通过帮助别人去树立自己,才能够树立自己。"③因此儒家强调的自我实现是一种超越了小我的实现大我或者说小我与大我的统一。这种自我实现突显着做人的深刻性和道德修养的必要性,并通过"己欲立而立人,己欲达而达人","己所不欲,勿施于人"获得自身的表现方式。儒家伦理是东方文明对于世界的伟大贡献,它的价值并未随政治化的儒学地位的衰落而消减,相反它会以其独特的逻辑和人性的力量存续下来,构成今日或明日世界特别是中国和东亚现代化的重要内容。

2. 东亚经济的崛起与儒家伦理

儒家伦理是儒家思想中的核心价值和唯一能超越古代而走向近现代的合理

---

① 杜维明:《新加坡的挑战——新儒家伦理与企业精神》,生活·读书·新知三联书店 1989 年版,第 12 页。

② 同上。

③ 杜维明:《新加坡的挑战——新儒家伦理与企业精神》,生活·读书·新知三联书店 1989 年版,第 16 页。

因素,这是因为儒家始终把作为人类关系中心的自我的修养看作是一个不断的发展、一个全面的义务、一种整体性的探索,并把实现自我同自我中心或者自私自利区别开来,从而获得了超越和普遍性的意义。在杜维明看来,儒家伦理已经铸就了一种新的资本主义精神即现代资本主义或儒家资本主义,它与马克斯·韦伯所说的新教伦理与近代资本主义精神截然不同。杜维明指出:“韦伯所认定的资本主义精神,强调个人主义,主宰世界,市场结构,竞争,放任主义和对于知识的一种浮士德式的探索。这是一种模式。这种模式在资本主义的形成中无疑取得了很大的成功。”①但这种为了新的经验和知识而不惜出卖自己的良心和灵魂的浮士德精神是不是资本主义的唯一精神呢?是不是除了新教伦理以外再也没有任何一种伦理体系能够为资本主义的发展提供精神动力呢?杜维明为此展开了深刻的思索并进行了深入而长期的研究。他说:“对于我们中的一些人来说,现在的问题是:是不是还有另外一种途径的确凿的可能。尽管这种可能性牵涉到一系列的矛盾,我们却不漠然置之。”②作为一个致力于儒家伦理文化研究的知名学者,杜维明认定,东亚资本主义的现代崛起与为西方近代资本主义提供巨大动力的新教伦理并无内在的联系或直接的渊源关系,因此只能从深受儒家思想影响的东亚国家的精神文化内部去寻找促使东亚资本主义勃兴的奥秘。杜维明在谈到自己的研究体会时说:“我一想到儒学和现代化的精神可能很有联系就感到很兴奋。可是,我很希望对这个问题有更加成熟的探讨。由于在儒学研究之外,又受了西方社会科学的训练,我极希望见到对于这个课题的扎扎实实的实验性的研究。我既不想全盘接受这样一种联系的想法,也不想把这个问题束之高阁。我仍旧处在这一番探讨的初级阶段。”③

杜维明认为,儒家伦理对东亚的经营气质和资本主义形成产生了巨大的影

① 杜维明:《新加坡的挑战——新儒家伦理与企业精神》,生活·读书·新知三联书店1989年版,第103页。

② 杜维明:《新加坡的挑战——新儒家伦理与企业精神》,生活·读书·新知三联书店1989年版,第104页。

③ 杜维明:《新加坡的挑战——新儒家伦理与企业精神》,生活·读书·新知三联书店1989年版,第103页。

响，使东亚地区的资本主义具有了与英美资本主义完全不同的性质。“这种特殊类型的资本主义强调自我是各种关系的中心，义务感，自我约束，修身，取得一致意见和合作。它高度重视教育和礼仪。它注重信用社区和政府的领导，其经营的风格涉及既学习一整套实际技能又学习如何工作的一种程序和仪式。”①儒家伦理有突出表现的国家和地区有日本、韩国、新加坡以及中国台湾地区和香港地区。杜维明指出，儒家思想作为一种生活方式和道德学说，“对东亚的生活有巨大的影响，并且对东亚伟大文明的兴起做出了贡献”②。儒家伦理思想在朝鲜，尤其是在李朝，表现非常突出。实际上，大约从14世纪末开始，迨至20世纪，朝鲜文化在很大程度上受到了儒家伦理文化的陶冶。儒家伦理文化对日本的影响也是很突出的，特别是在德川时代。如果说朱熹的儒学思想对朝鲜历史和文化、民族精神和国民个性产生了深远的影响的话，那么王阳明的致良知学说“从17世纪直到如今，在日本占有主导地位”。“儒学，特别是良知的概念，对于独具一格的日本式儒家伦理的发展做出了贡献。这一点可以从日本人的家庭与社会的内聚力体现出来。它也从武士道精神、殉道的观念以及个人尊严的概念中体现出来。它是在高度重视对于一个完人的教育的范畴中成型的。根据日本人的理解，所要培养的不是个人主义，而是群体的参与；不是自我利益，而是诸如家庭、宗族、政府和国家之类更大的集团的利益。”③在台湾地区，儒家思想是受政府提倡的；在香港地区，儒家思想也颇有影响。新加坡是个多民族的社会，它在战后十分注意学习日本、韩国等的经验，弘扬和推行儒家伦理文化。新加坡的成功在很大程度上得益于儒家伦理文化的滋润。

总之，在杜维明看来，“儒家思想和世界上许多别的精神传统不同，它在很大程度上是东亚国家的公众的生活经验的一部分。它塑造了东亚的心灵，它的贡

---

① 杜维明：《新加坡的挑战——新儒家伦理与企业精神》，生活·读书·新知三联书店1989年版，第109页。

② 杜维明：《新加坡的挑战——新儒家伦理与企业精神》，生活·读书·新知三联书店1989年版，第19页。

③ 杜维明：《新加坡的挑战——新儒家伦理与企业精神》，生活·读书·新知三联书店1989年版，第133－134页。

献不仅在于个人人格的发展,而且也在社会政治组织的发展"①。儒家伦理的基本关切就是学习做人的道理。学做人就是学做有德之人,它不仅仅是掌握专业的技巧或寻求特殊的知识;它意味着对于一个人不断展开的人性的许多层次的一种整体的理解,并培养一种崇敬的意识。"我们应当学会崇敬我们自己的身体,把它看作神圣的器皿和得之于父母的礼物。我们要学会尊重自己的心灵和精神,尊重我们的各种基本的联系——我们的出生地、我们的父母、兄弟姊妹和其他的近亲。在一个扩展中的过程中,我们要学会超越习以为常的结构,尊重具有不同信仰和承担不同使命的人们。"②儒家伦理强调了认识和尊重差异的价值,使不同的人性或个性在共性的基础上汇合到一起,和而不同,实现百花齐放式的最佳和合。杜维明认为,儒家伦理与科学、民主的精神并不是彼此对立的,实际上在古老的儒家那里就常常仁智并举,并宣扬一种民贵君轻的思想。同时儒家伦理也并不同个人的主动性和创造性相冲突。杜维明说:"许多人担心儒家的道德影响可能扼杀个人的主动精神和创造性,可是,强调创造性包含着潜在的危险,因为:没有信念、纪律以及合理的学习程序,很少人能真有什么创造性。这种人大多只不过是些怪人而已。另一方面,真正的创造性牵涉到人类经验的许多层次。我以为:作为一种伦理学问的儒家思想,与真正的创造性不仅仅相容的,而且它实际上能够以有意义的方式支持那种我们大家谈论的创造性。"③儒家伦理倡导的不是一种个人主义和利己主义的伦理观,而是一种人我兼顾、己群诸重的整体主义伦理观。"这种伦理,和强调个人权利意识的新教伦理不同,它需要的是责任感。它重视的是社会团结,是在一个特殊的团体中对我们合适的位置的寻求。……它极为重视个人的自我修养和自我约束(特别是精神上和心理上的约束),它重视舆论一致的达成,但却不是通过把一种特殊的意志强加于

① 杜维明:《新加坡的挑战——新儒家伦理与企业精神》,生活·读书·新知三联书店 1989 年版,第 137 页。

② 杜维明:《新加坡的挑战——新儒家伦理与企业精神》,生活·读书·新知三联书店 1989 年版,第 131 页。

③ 杜维明:《新加坡的挑战——新儒家伦理与企业精神》,生活·读书·新知三联书店 1989 年版,第 49 - 50 页。

社会各阶层,而是通过一个共同磋商的渐进过程,让团体中的一大部分参与其间。这需要并且诱发了一种合作的精神。……这种特殊的伦理极为重视历史、文化和传统的意识。”①在杜维明看来,正是这种重视责任感和社会团结的儒家伦理,长期以来鼓舞启迪了东亚一代又一代人的心灵,促使东亚地区经济在第二次世界大战后的崛起。“若是把儒家伦理理解为一种把对东亚和新加坡的成功做出了贡献的重要价值和力量一笔勾销的新浪潮的话,那将是错误的,甚至会是灾难性的。儒家伦理确实对东亚的成功做出过重大贡献。”②

3. 人性的自我修养与儒家伦理的现代化

杜维明认为,儒家伦理是一种具有成熟的道德理性、浓厚的人文关切和强烈的入世精神的世俗伦理,儒家伦理的活力就在于仁与礼的创造性张力。“仁”主要是一个内在做决定的自觉过程,它既是内在精神的原则,又是自我修养和本体论的基础,既是道德修养所要达到的最高的人生境界,又是一种自我实现的道德心灵,或者说人生而固有的仁心。“礼”是“仁”在特殊社会条件下的外在表现,从原则上说明了“仁”的自我实现过程是怎样发生的。“仁”规定着“礼”,一个人如果没有感到与他人交流感情的需要,他就不能成为一个真正的人。如果他在人际关系环境中拒不表现自己的诚意,那么他就不能认识真实的自我。③ 从发生学的意义上说,“礼”是一个导向真实关系的动态过程,“礼”的基本含义就在于如何采取适当的步骤以便使自己适应社会生活的要求。在杜维明看来,在个人实现自我的具体过程中,他的人性中的“仁”—“恕”的原则被充分利用,只有在“恕”的精神指导下,个人进入了人际关系,人的真实性才能完全表达出来。这样“礼”就被视为自我转化的运动,成为更富人情的辩证道路。④ “仁”预设了

---

① 杜维明:《新加坡的挑战——新儒家伦理与企业精神》,生活 · 读书 · 新知三联书店 1989 年版,第 141 页。

② 杜维明:《新加坡的挑战——新儒家伦理与企业精神》,生活 · 读书 · 新知三联书店 1989 年版,第 141 – 142 页。

③ 杜维明:《人性与自我修养》,中国和平出版社 1988 年版,第 16 页。

④ 杜维明:《人性与自我修养》,中国和平出版社 1988 年版,第 26 页。

本体自足的主观性,“礼”预设了社会结构和人际关系的客观性。人而不仁是断然不可能产生“礼”的规范和举动的,但另一方面克己复礼也是“仁”的表现与确证。仁的内在精神与礼的外在要求之间存在着一种创造性的张力,这种创造性的张力意味着仁与礼之间的辩证统一,只有在动态过程中寻求仁与礼之间的统一与平衡,才能实现真正的人性。人因为具有“仁”的道德心灵决定了他具有实现自身存在的巨大潜力,而且他的创造的力量是自身的人性所固有的,因此人性的自我实现的最终基础存在于自身的性质之中。人因为具有“礼”的道德规范决定了他介入和创造人际关系和社会关系的必要性,使人超越有限的自我而成为真实存在的人。杜维明指出,一个人经过礼仪化的过程才能成为真正的人,这个礼仪化即是人性化。[①] 杜维明认为,儒家伦理把内在的仁心与外在的人伦之礼结合化为一个人性化的过程,从而把改造自我与改造社会、完善自我与推动社会进步有机地统一起来,实现从个人到家国天下的道德化,进而与天地合其德、与日月合其明。

在杜维明看来,儒家伦理置重仁与礼的动态平衡本质上是经得起现代化乃至后现代化的考验和挑战的。儒家伦理是人类历史中最古老、最持久的伦理体系,它不仅是中华民族文化认同的基础,而且也是东亚文明的体现。儒家伦理的现代化即是剔除政治化的儒学并使之与儒家伦理脱钩,同时与科学、民主的现代精神接轨。杜维明认为,当政治化的儒家之代表的“儒教中国”死亡之后,被厘清了的代表中国人文精神的儒家伦理将会获得新生,并使儒家有第三期发展的光明前景。

杜维明把儒学的第三期发展放在世界文化架构的一定位置上,从比较文化和文化认同的意义上来加以考查。他认为儒学的第一期发展是在公元前800年到公元前600年世界各地出现了光辉灿烂的精神文明的轴心时代,以孔、孟、荀为代表的儒学与中东的犹太教文化、印度文化、希腊文化都对人类社会产生了巨大的影响,而且有巨大的生命力。儒学的第二期发展是以朱熹、王阳明为代表的宋明理学。杜维明接受了岛田虔次的提法,把宋明理学不仅看作是中国的文明,

① 杜维明:《人性与自我修养》,中国和平出版社1988年版,第28页。

而且认为它是11至19世纪中国、日本、朝鲜、越南等国的共同文化,是整个东亚文明的集中体现。儒学的第三期发展则是对西方文化挑战做出的回应,是20世纪乃至21世纪人类文化发展的大潮流所决定的。“在最近十年或者二十年,即第二次世界大战后的这一段时期,儒家伦理出现一种新的局面、新的现实。一方面,它不同于作为一个整体的传统东亚社会中所见到的儒家价值的高度政治化的形式,另一方面,它试图在现代的范畴以内重建整个学习做人的观念。它是一股强大的力量。……尽管我们和儒家思想最丰富的精神源泉割断联系已经有几代人之久,我们目前却见到一种新的思想方式的出现,在这种方式里,儒家伦理又一次发挥了哲学再建设的焦点的作用。”①儒家伦理的现代化属于儒学第三期发展的主体内容,它应当在着眼于全球意识的基础上“体现于对我们的根的寻求,对我们的原始联系的理解,对我们自己的文化、语言、种族、甚至是我们的国土的了解”。“我们只有把全球性的参与和个人的文化认同这二者以更为成熟的方式结合到一起”②,才能够实现儒家伦理的现代化。杜维明断言:“儒学走纽约、巴黎、东京、北京这条路线不是完全没有道理的。”③

杜维明对儒学第三期发展前景的预测,表现出一种贯通中西的开放精神和文化认同意义上的多元文化论的特质。他根据文化本源和认同意义上的多元文化论,首先用“轴心时代”说明儒家文化源远流长,与犹太教、基督教、佛教一样具有强大生命力,然后从文化认同逐步扩展的意义上说明宋明理学不仅是对佛教的回应,有了新的创造性发展,而且被东亚一些国家及民族所认同,成为东亚文明,再推广到现代,预测儒学第三期的发展前景将有更大的世界性普遍意义。杜维明儒学第三期发展说令人想起梁漱溟的文化三路向说,虽然杜维明站在比梁漱溟更高的理论水平上,但亦未脱却对儒学发展主观情绪化的坚持。杜维明

---

① 杜维明:《新加坡的挑战——新儒家伦理与企业精神》,生活·读书·新知三联书店1989年版,第138页。

② 杜维明:《新加坡的挑战——新儒家伦理与企业精神》,生活·读书·新知三联书店1989年版,第139页。

③ 杜维明:《儒学第三期发展的前景问题》,台湾联经出版事业公司1998年版,第135页。

的伦理思想受到海内外一些学者的批评,他试图做出全面的系统的回答。杜维明的伦理思想仍处于探索和发展的过程中。

四、成中英的伦理现代化思想

成中英(1935—　　),原籍湖北阳新县,现为美国夏威夷大学哲学系教授,是致力于传播和介绍中国哲学和中国文化的知名学者,也是第三代新儒家伦理思潮的重要代表。著有《中国哲学与中国文化》《科学真理与人类价值》《文化·伦理与管理》等。

1. 天人合德的宇宙本体论

成中英认为,中国哲学不同于主知的西方哲学,它本质上是一种价值哲学,是对宇宙价值、人生价值、人类价值、社会价值深沉的肯定与体验,是基于对生命的会通、对生活的整体反省得来的。这样的哲学处处紧扣人生的中心价值和社会的中心价值来谈问题,形成了天人合德的宇宙本体哲学、内外合用的政治理想哲学、诚明能合的人生修养哲学、知行合体的社会实践哲学。与之迥然有别,西方哲学主知的理性主义所建构的是知识化的宇宙,没有解决如何安排人的意志及价值活动的问题。成中英指出:“中国哲学的问题与西方哲学的问题恰恰相反:西方哲学的问题则是如何在知识宇宙中安排价值;中国哲学的问题则是如何在价值宇宙中建立知识。”①成中英主张弘扬儒家天人合一的本体论哲学,力求把知识宇宙与价值宇宙统一起来。成中英认为,知识与价值合一的基础是人,人既具有理论理性又具有实践理性,人既可以以客体为本体看主观事物是什么,也可以以主体为本体去观察客体。本体是一个整体性的观念。从主客体的辩证统一来看,本体可以是主体,也可以是客体。能够作为一个整体来理解的一是宇

---

① [美]成中英:《知识与价值》,台湾联经出版事业公司1986年版,第12页。

宙,一是人。宇宙和人作为两大本体在本质上又是合一和相通的。天人可以合德,同是主客体统一的整体性和一致性的表现。宇宙本体包含了人这个本体从而使宇宙本体能够与人相互贯通、不断交流,人作为本体分有了宇宙本体的灵性从而能够为天地立心,与天对话。天人合一的本体论是一个双向沟通、不断交流反馈的过程。成中英认为,本体论所建构起来的是超越具象的形上学,“形上学,乃同时是宇宙的形上学,生命的形上学,道德的形上学”,因此,“道德哲学应融入于生命哲学之中,而生命哲学则融化于本体哲学之中”。①

在成中英看来,儒家伦理文化是建立在天人合德的本体论基础之上的,天人合德的本体论使儒家伦理文化拥有一形上学的理论基础,“此一基础深厚、广大、高明、中庸”,从而使得儒家伦理文化拓展出一个更深刻、精微的人生修养系统。康德的道德哲学乃至整个西方伦理文化“无法彰显儒家道德哲学中所蕴含的丰富的人性(人心)思考,以及对人的存在与本体了解”②,所以不能体悟宇宙人生的丰厚蕴意与深刻要义。康德的道德形而上学指的是自道德体验推演出来的并以实践道德为旨归的形而上学,因而是偏狭的没有从更广大的范围来认识人的道德形上学,这种道德形上学失之于高明、广大,实在是很正常的。“事实上,唯有采取一个多元的开放的形上学,亦即肯认形上学的多缘由,吾人才更能掌握道德经验与道德体验的丰富性与活泼性。因为唯有对人有更广大深入的了解,才能引发吾人对道德哲学更广大深入的了解。”③儒家天人合德的本体论是基于对人的了解而发生的,而这种对人的了解又是同对宇宙或天的了解联系在一起的。儒家追问人在天地宇宙中的地位及人与天地宇宙的关系,从而产生了本体的伦理学或本体境界的伦理学。“此项伦理学应导自社会伦理学与心性伦理学,代表道德意识转化为本体意识。兼具有目的性的个体人发展到理想的极致,不仅是社会的道德模范,也是配天匹地的人类生命的典型。”④儒家天人合德的本体论或道德形上学在《易传》和《中庸》中得到了生动的体现。《易·系辞传》云:“与

① [美]成中英:《文化·伦理与管理》,贵州人民出版社 1991 年版,第 74 页。
② [美]成中英:《文化·伦理与管理》,贵州人民出版社 1991 年版,第 73 页。
③ [美]成中英:《文化·伦理与管理》,贵州人民出版社 1991 年版,第 74 页。
④ [美]成中英:《文化·伦理与管理》,贵州人民出版社 1991 年版,第 91 页。

天地相似，故不违，知周乎万物，而道济天下，故不过。旁行而不流，乐天知命，故不忧。安土敦乎仁，故能爱。范围天地之化而不过，曲成万物而不遗。通乎昼夜之道而知。”《乾卦·文言传》云：“夫大人者，与天地合其德，与日月合其明，与四时合其序，与鬼神合其吉凶。先天而天弗违，后天而奉天时。天且弗违，而况于人乎？况于鬼神乎？亢之为言也，知进而不知退，知存而不知亡，知得而不知丧，其唯圣人乎？知进退存亡而不失其正者，其唯圣人乎。”对此，成中英解释道，圣人尽性至命，不只是完善自我而且也是完善他人与社会，“圣人与天地合德并非脱离了道德的内涵目的及责任，而是达到这一目的，转化为更广大的目的，而且达致了此一责任，转化意志的命令为生命的自然流行了。此一创造性的自然而然之境界也就像日月天地一般运行无阻，动静自然合节了”①。天人合德是说人通过尽心知性至命知天而与天合德，进而达到“保天心以立人极”，“存人道以配天地”，使人之德与天之德合而为一，人德即是天德，天德亦是人德。天人合德以创生性原则作用于创生性系统，充分展现出人的内在生命运动和宇宙人生的“生机平衡”原理，从而使儒家道德哲学获得了“致广大而尽精微，极高明而道中庸”的品格与特质，得以无愧地立于历史文化的天地之中。

2. 知识与价值合一的心性论

成中英从天人合德的本体论出发提出了知识与价值合一的心性论。在成中英看来，知识是人类理性活动的结果，价值则是人类意志行为的表现。“价值与理性同为生命存在的两个层面，也是完成生命的两大动力。”②一方面，价值是生命本身的一种实现，人生意义的来源是价值，人的行为以价值为主导，价值构成个人与社会的生活目标；另一方面，价值离不开知识与理性，价值问题需要理性来引导与解决，价值行为需要理性来规约与润饰。生命既需要知识与理性，又需要价值与意志，二者缺一不可。

成中英结合理性与意志的关系来谈论知识与价值，他说：“人的存在可区分

---

① [美]成中英：《文化·伦理与管理》，贵州人民出版社1991年版，第91页。

② [美]成中英：《知识与价值》，台湾联经出版事业公司1986年版，第15页。

为两个层面:一面是理性,一面是意志。”[①]理性就是一种追求精确知识的能力,“理是外在的道理,性是内在的思考能力”,人之所以为人就因为人有理性,能认识真假、明辨是非。理性以知为目标,因而产生知识化的宇宙以及科学的知识架构。意志是意向化的志愿或理想,意志以行动为目标,促使人实践理想与价值。成中英认为,如同理性可以区分为形上理性与分析理性、目标理性与工具理性一样,意志也可区分为生命意志、权力意志、道德意志与心理意志多种。意志本身尚可区分为情感与欲望两面,两者都注重行。但两者仍有迥异之处:情感注重精神、心灵的感受,欲望则偏向身体的需要与满足。成中英勾画了这样一幅生命存在的图像:生命包含了理性的成分与意志的成分,而意志的成分又包含了情感的活动与欲望的活动,分别实现知识、价值与行为。人的存在是知与行的合一,知行的完成需要透过理性与意志的交互影响才可能,也需要透过心灵与身体的交互影响而竟其功。理性与意志的交互影响,使得意志具有理性的成分,理性也具有意志的因素。成中英说:“就人心的构成而论,价值是意志的事,知识是理性的事,知识能帮助价值实现,也能建立价值,改变价值。也就是说,理性能帮助意志而实现其理想及决策目标。……理性与意志在生命本质上不应相反相抵,而应相辅相成,理性与意志应有其相对的、内在的独立性,但也应有其内在的、整体的相对性。换言之,理性是意志的理性,意志是理性的意志,这是肯定生命整体的内涵。”[②]生命整体包含着生命意识的自觉与体认,即“生命理性”的内容,生命理性是从本体论意义上所说的理性,它统摄与涵贯理论理性与实践理性,如果理论理性与实践理性一时产生冲突,可以透过对全体生命理性的自觉与认识,寻求和谐来解决。生命理性是理论理性与实践理性的统一,生命理性即是人之性,它具有整体性、本体性的意义。如果说理论理性主要表现为一种求知的认识和思辨能力的话,那么实践理性则表现为一种求善的行为和实践能力。理论理性与实践理性的关系即是理性与意志的关系,二者在生命理性的整体上统一起来。

---

① [美]成中英:《知识与价值》,台湾联经出版事业公司1986年版,第2-3页。

② [美]成中英:《知识与价值》,台湾联经出版事业公司1986年版,第13页。

生命本身要求理性与意志的统一,亦即要求知识与价值的统一。就知识对价值的重要性而言,知识能够增益对价值的把握和了解,而价值也需要不断地诠释与不断地认识,因此知识是价值实现的条件与基础。不仅如此,知识还具有改变价值的作用,透过知识对价值的反省与评估,我们可以改变或重建价值,把不切合生活的价值淘汰,把切合生活与生命世界的价值创造出来。就价值对知识的重要性而言,价值是生命本身的一种实现,是知识的动力和向导,知识如果离开价值的引导与规约就会变得于人生实际毫无助益,知识的有用性取决于价值的裁决与认可,因此为了知识的健康发展必须同时发展价值和肯定价值。

由知识与价值的关系进一步引申出科学与道德的关系,成中英认为,人类既需要科学也需要道德,需要科学认识自然与社会,需要道德改造社会与人自身。科学的发展使人明辨是非,进而献身真理,道德的进步使人善断正邪,进而胸怀正义。真理与正义同为生命整体所涵盖,从某种意义上说,“科学的本体即是道德的本体”。生命理性、形上智慧是真与善、科学与道德的合一。为了更好地拓展生命理性、弘扬形上智慧,成中英主张科学与道德应相互批评,进而相互引发相互激励,造成平行对应的提升与发展,最后达到“诚则明矣,明则诚矣”的诚明合一的至善境界。科学知识与道德价值能够相互批评相互激励,这是内在于智识(理)与道德(心性)中理性之事,由此可以把科学与道德看作理性之两面,因而基于理性的内在要求,科学可以批评及净化道德,使其成为严谨真实的道德。同时道德也可以批评与引导科学,使其成为合乎人性和生命本性的科学。成中英认为,理性的要求顺着生命及生活而来,这是生命之德的发挥与实现。只有在科学与道德相互支持及彼此推动下,生命的广大层面及高明面、精微面及中庸面,才能得以充分的发挥与实现。

3. 儒家伦理现代化的路径

成中英之所以在现代新儒家第三代学者中崭露头角,卓有建树,是因为他始终以开放的心灵对待人类伦理文化,注重中国伦理或儒家伦理现代化的探索。

在成中英看来,中国伦理或儒家伦理现代化应从两个方向上进行,一是向历史扎根,一是对未来探索。向历史扎根就是要开拓历史的土壤,发掘其中包含的丰富的文化宝藏。向未来探索就是要对目前人类社会需要和道德环境有所认识和掌握,并在此基础上建立一个伦理文化的理想,借以充实自身的能力,并且建立发展未来的方针,作为发展的强大动力。成中英认为:“面临中国当前的各种社会问题,伦理的现代化需建立于对中国优良传统精神的发挥之上,建立于对传统的人性论的反省之中。这样,伦理就能紧含中国历史、哲学传统,同时又能开拓人类新的生活内容。”①伦理的现代化虽然包蕴有超越传统和对传统伦理的批判的因素,但是对传统伦理采取一种批判的态度并不是说要把传统伦理彻底打倒和全部废弃。中国伦理的现代化要经过一个对传统伦理的批判反省与重新界定、重新发展的阶段,因而我们应该对传统伦理有一个新的认识。在成中英看来,传统与现代之间不应是对抗的,传统可以帮助现代,现代也可以帮助传统。传统不只是一种现代的资料,而且也可以成为现代发展的一个动力。“传统经过一个改革的过程可以变为向前推动、向前迈进的巨大力量。”②因此怎样对待传统伦理文化,使传统伦理文化的精华转化为现代化的一个动力,这是一个很重大的问题。与其把传统伦理文化理解为一个凝止不动的僵死的伦理文化体系,倒不如把传统伦理文化理解为一个绵延发展、不断膨胀的伦理文化之流。“这也就是说,应该这样来了解现代化,它是包含过去和未来的现代,是在改革、扬弃过去的基础上迈向未来的现代。这个重要性就在于我们不能割断历史。假如今天把现代与传统完全割裂开来,那么我们就没有起点。”③伦理文化的现代化应该肯定伦理文化本身有一个不断发展的历史,应该以延续、改革的眼光来看待传统伦理文化,从对传统伦理文化本身的反省与批评出发向前发展,从已经有的去发展更多更好的未有的东西。

基于这一现代与传统关系的理论,成中英从比较伦理学的角度审视和反省了中国的传统伦理文化,认为中国儒家伦理学既有别于古希腊亚里士多德的目的论伦理学,又不同于近代康德的责任论伦理学。他说:“基于亚氏和康氏两个

---

① [美]成中英:《文化·伦理与管理·自序》,贵州人民出版社 1991 年版,第 2 页。

② [美]成中英:《文化·伦理与管理》,贵州人民出版社 1991 年版,第 5 页。

③ [美]成中英:《文化·伦理与管理》,贵州人民出版社 1991 年版,第 4 页。

道德模型的相互批评以及基于两模型间互补性的认识,吾人当可举出中国儒家伦理学以为此二互补系统及其统一性的说明。质言之,儒家哲学实具亚、康两氏之长,而为其自然的综合。"[①]以孔孟为代表的儒家道德哲学在讨论德行的同时也关注人的道德责任和义务,在阐发"杀身成仁""舍生取义"要旨的过程中强调"求仁得仁""我欲仁,斯仁至矣",既有目的论的因素,又有责任论的因素。"就其多面看,它是包含了亚氏的目的论与康德的责任论而又超出之。就其整体看,它赋予亚氏目的论与康德责任论以一个辩证的统一以及应用的定位。首先,自儒家道德哲学的社会层次看,德行具有目的论的意义,因而与亚氏伦理学能够会通。自人的个体层次看,人的德行不但具有目的论的意义,也同时具有责任论的意义,此盖由于人之心性中意志的明显出现,赋予了德行以理性的普遍性与必然性。在这个关节上,自然可与康德相通。但儒家的心性论所显示的,……不是抽象的形式道德律则,而是具体的德行责任律则。这已包含了一种目的论与责任论的融合,故不同于亚氏与康德,并同时超越了亚氏与康德。"[②]儒家伦理学之所以包含了亚氏的目的论与康德的责任论而又超出之,是因为儒家建构了自己别具特色的心性论体系和天人合德的本体论体系。儒家的人性论所展现的统一的整体性、环节关联性及动态开拓性,以及儒家本体论所显露的人性本体与宇宙生命打成一片、人性与天性合二为一、展现无穷的活力等已经包含着超出亚氏和康氏的因素。在儒家伦理学那里,价值的形式与实质不可分,责任价值与目的价值不可分,实践理性之抽象与具体活动也不可分。因而,儒家伦理学是一种置重内外和谐、主客合一、人我诸重、天人合德的超越目的论与责任论对立之上的伦理学体系。成中英还认为,中国伦理学从总体上看是一种连续、贯穿的伦理学,它从涵容一切层次的伦理的大系统着眼,强调个人伦理到宇宙伦理的一体性、统一性与连续性。这种伦理使宇宙伦理成为个人伦理实现的最高目的,个人伦理的建立有赖于宇宙伦理的启发;这种伦理以个人伦理的完美为目的而依次经过家庭、社会、国家等伦理修养层次向宇宙伦理迈进,天人合一境界的实现即是个人

---

① [美]成中英:《文化·伦理与管理》,贵州人民出版社 1991 年版,第 72 页。
② [美]成中英:《文化·伦理与管理》,贵州人民出版社 1991 年版,第 94 页。

伦理的完善。这是一种目的性的德性伦理,与以知识而非单纯的主体的目的性为其成立条件的分辨性的责任伦理是大为不同的。

成中英认为,中国伦理文化或儒家道德哲学“具有强烈的目的性,也更能激励人性中的创发力量,展现人的道德勇气、智慧和活力以及为理想牺牲的精神。这是人的主体性的至高表现,且基于其与宇宙本体的连贯性,充满淋漓尽致的生命精神”①。但是这类伦理也有自身的缺陷,“它面临现代科技与经济分工的需要,却无法有效地动员协合众人的力量。这是由于德性伦理无法和责任伦理透过理性的立法,使社会产生共识与共同责任,要求每一个人都能理性地去实现社会的共同目标”②。故此,中国伦理文化有一个现代化的问题,亦即有一个“如何掌握知识和理性,适应现代社会的需要,建立责任与权利相互界定、律则与自由相互依持的功能社会秩序”③的问题,有一个“融合西方伦理体系中的理性化的知识化的责任伦理于中国伦理体系中的心性化的道德化的目的伦理之中”④的问题。成中英强调,在接纳、强化与引进西方伦理文化的个体性、外化性、一般立法性、离宗教独立性、离政治独立性等原则以建立一个个人、家庭、社会、国家、世界、宇宙相互区别并相对独立的伦理体系的同时,切不可“忘记人类建立伦理秩序之时有其积极的主动性与主体性的需求,又不可忘记中国伦理体系具有包含及融合的能力”⑤,“不能不关注人之为人的主体性与最高目的性的精神安顿与维护”⑥,这些中国伦埋体系的精华是不容忽视和漠然置之的,否则就会重蹈西方伦理文化工具化和人性物化的覆辙。成中英认为,中国伦理文化现代化的理想架构应当是一个“保存化及现代化两面兼具的架构”⑦,应当以个人伦理、家庭伦理、宇宙伦理为目的性的追求,以社会伦理、国家伦理和专业伦理为功能性的

---

① [美]成中英:《文化·伦理与管理》,贵州人民出版社 1991 年版,第 133 页。
② 同上。
③ 同上。
④ 同上。
⑤ [美]成中英:《文化·伦理与管理》,贵州人民出版社 1991 年版,第 135 页。
⑥ 同上。
⑦ 同上。

追求。“在此一架构中，德性与理性必须并重，智慧与组织必须兼顾，目的必须寓于生活，自由必须寓于责任。此一架构也可说融合了中西两个伦理传统体系，形成了一个新的伦理圈，解除了两者之内潜存的困境与危机，更为世界文化开拓了方向。”①中国伦理的现代化面临着如何整合人性个体和世界整体的问题，亦即在实现现代化的过程中考虑后现代化要求的问题。作为整合，即是对历史的回顾，也是向未来的探索，既要在自己的伦理传统上肯定现代，并寻求解决现代道德问题的方案，又要在现代的社会中，发掘传统伦理的宝藏，使现代的生活不致流于机械与空虚。理想的伦理现代化是“保存化及现代化两面兼具”，因而本质上是向历史扎根与向未来探索的辩证统一。

4. 第三代新儒家伦理思想的进境与局限

20 世纪 80 年代成长起来的第三代新儒家是活跃在当代学术思想领域的一代中青年骨干，他们大都有较好的国学根底，又受过西方文化的陶养，面对日本和亚洲四小龙——韩国、新加坡、中国台湾地区和香港地区的经济起飞，他们力图冲破欧洲文化中心论的束缚，探讨东亚经济崛起的伦理文化奥秘。他们考察了世界多元文化的历史根源和现实背景，分析了西方传统与现代化、中国传统与现代化的双重蕴意，期望在广阔的领域融合中西伦理文化及其哲学，把儒家生生不已的仁心与基督教的终极关怀结合起来，解决科技成果与人文价值的冲突，谋求价值理性与工具理性的平衡发展；他们关注中国伦理文化现代化的建设，试图针对现今时代所提出的伦理道德问题，发掘儒家伦理的精神价值并接纳、吸收西方伦理文化的合理因素，创造出一种新的融会中西、立根于传统又面向未来的伦理思想体系。虽然现代新儒家第三代的伦理思想尚未完全成熟，但从他们已经提出的一些伦理学说和思想观点来看，无疑包含了一些新的思想因素和理论火花。

第一，他们力图摆脱第一代新儒家对中国伦理文化不加分析的溢美与赞颂的理论缺陷和第二代新儒家返本开新说的理论缺陷，努力从更高的理论起点上

---

① ［美］成中英：《文化 · 伦理与管理》，贵州人民出版社 1991 年版，第 135 页。

来反省中国传统伦理文化，以更为开放的心灵、理智的态度对待西方伦理文化，试图把西方伦理文化与中国伦理文化辩证地统一起来，重建融合目的伦理与责任伦理的现代化伦理文化，为未来人类社会定位和定向。杜维明对政治化的儒学与儒家伦理的区分实则含有把儒家伦理文化中的社会规范部分与主体修养部分区别开来的因素，孕育着抛弃儒家伦理文化中纲常礼教的部分，弘扬其人道主义和关注自我实现的部分的胚胎，这就同第一代新儒家“物质上应当开新，道德上应当复旧”的伦理思想有了很大的不同。成中英关于知识与道德应当相互批评、相互为用的理论，主张建立科学知识与道德价值合一的伦理学说的观点，含有超越第二代新儒家固执于道统而言学统和政统的返本开新说的因素，也可避免内圣开出科学民主的新外王和良知本体自我坎陷出知性主体的理论缺陷。在以杜维明、成中英为代表的第三代新儒家那里，体用问题已经退居于较为次要的地位，因此中国伦理文化与西方伦理文化本身不存在一个高下优劣的问题或谁为本体谁为功用的问题，需要的倒是彼此之间的相互学习与相互批评，中国伦理文化应当学习西方伦理文化置重社会伦理和责任伦理的因素，西方伦理文化应当学习中国伦理文化置重个人伦理和目的伦理的因素。正如成中英所说，“一个是从东往西，一个是从西往东，这是世界发展的一个很自然的趋势。虽然它是多源头的，但最后总要统合在一起”。就中国伦理现代化来说，我们要发展中国伦理文化，那就必须学习和了解西方伦理文化。现代化本身包含着世界化，中国伦理文化的现代化也必须以世界化为目标，注重全球意识，才能对自我进一步发展有利；当然，现代化又不是与传统截然对立的，我们只有从自身的传统出发更好地反省和批评传统才能更有益于迈向现代。为了实现中国伦理的现代化，我们又必须向历史扎根，开拓历史的土壤，发掘其中包含的丰富的文化宝藏。应该说，第三代新儒家伦理思想的这些观点和主张，无疑是有很高的理论建树和认识价值的，是我们必须认真对待并加以批判审察的宝贵资料。

第二，把中国伦理文化的现代化与后现代化联系起来作一体化的考虑，讲究价值理性与工具理性的平衡发展，主张建构“保存化及现代化两面兼具”的伦理文化系统，以避免西方资本主义现代化的种种弊病，使个人伦理和社会伦理得到和谐而交融互渗的发展。他们目睹西方现代化过程中所造成的非人性化倾向、普遍商业化风气以及人生意义失落、道德沦丧等现状，希望中国的现代化能使人文精神的价值理性与知识技术的工具理性统一起来，克服西方资本主义社会的“现代病”。正是出于对东西方伦理现代化问题的理论分析，第三代新儒家竭力强调发掘儒家伦理文化的精神价值，主张在实现中国伦理文化的过程中“不能不关注人之为人的主体性与最高目的性的精神安顿和维护”，“不可忘记人类建立伦理秩序之时有其积极的主动性与主体性的需求，又不可忘记中国伦理体系具有包含及融合的能力，而包含及融合也原为人性个体与世界整体所必须”①。杜维明认为，儒家伦理的真精神即成圣成贤的自我修养，强烈的人文关切与入世精神，仁的内在精神与礼的外在要求之间的动态平衡原理，以及重视个人的自我约束与自我责任等，不仅不会随着政治化的儒家之代表的儒教中国而走向灭亡，而且会在现代化和后现代化的文化背景下获得新生，使儒学有第三期发展的光明前景。成中英也认为，具有“整合性”“内发性”“延伸性”“提升性”“连续性”五大特征的中国伦理文化不仅能够为现代整体人性个体和世界整体的难题提供有益的帮助，而且会在面对后现代化的要求中显示重要的意义。“理想的人类伦理体系也许就在于如何结合、融合中国伦理体系的五项特性与西方伦理体系的相反特性以形成一相辅相成、机体关联的大系统，不但为未来人类的个体定位，也为人类未来的社会定向。”②

第三，他们把儒家伦理文化的研究同探寻日本和东南亚的经济起飞联系起来，并利用工业东亚的模型反驳马克斯·韦伯那套欧洲文化中心论的新教伦理促进西方现代化而儒家伦理不能够产生资本主义的观点，宣扬现代化不等于西方化，现代化可以有多种方式的理论，不仅在西方学术界引起强烈反响，而且对工业东亚和中国也产生信念位移的效应，使人们重新审视儒家伦理文化。杜维明认为，在当今世界，现代化是一个多层次、多元素、多侧面的复杂过程，不仅文化是多元的，而且现代工业文明的发展形态也呈现出鲜明的多元化倾向。儒家伦理文化自14世纪以来传入日本和朝鲜，已经构成日本和韩国自身文化的源头

---

① [美]成中英:《文化·伦理与管理》，贵州人民出版社1991年版，第134页。

② [美]成中英:《文化·伦理与管理》，贵州人民出版社1991年版，第143页。

活水,在促进日本和韩国经济文化现代化过程中发挥了特有的价值认同和伦理导向的作用。因此工业东亚与儒家伦理之间存在着一种相互肯定的关系,故对马克斯·韦伯的观点提出了挑战。

第四,他们对五四新文化运动做出了比第二代新儒家更为公允和客观的评论,认为五四新文化运动对儒家传统进行学术文化的批判,其结果起到了对孔孟之道的精义不无厘清的积极作用;五四新文化运动批判的实际是政治化的儒学或儒教中国,客观上有助于儒家伦理文化的发展与传播,有利于儒家真精神的发扬。杜维明主张,“我们应该继承 1919 年伟大的五四运动以来杰出的中国学者的传统,继续批评和反思儒家思想的局限性”①,又说,“要进一步研究儒学,谈儒学,探索儒学前景,就应站在五四批判精神的基础上”②。同时他们还主张把继承五四精神与超越五四精神结合起来,力图站在一个比五四精神更高的水平上来反省和研究儒家伦理文化,这就说明第三代新儒家能够以更为开放的心灵,更加客观、理智地去思考一些历史和现实问题,超越前辈的局限,在思想上达到了新的境界。

当然,现代新儒家第三代在伦理思想方面亦有自身的缺陷与不足,具体表现在:一是尚未建构严谨深邃的伦理思想体系,“不但没有人能拿出像熊十力的新唯识论、冯友兰的新理学以及唐君毅、牟宗三晚期那样成熟的哲学体系,而且就是像工业东亚的兴起这样对他们极其有利的社会背景,也没有人作过全面深入的调查研究,用有力的证据说明这些国家和地区的经济发展,与儒家文化渊源有必然的联系,令人信服地给人类指示一条有儒家特色的现代化道路”③。二是关于儒学三期发展的理论带有主观臆想的倾向,同梁漱溟的文化三路向说一样缺少科学根据,包含着一些内在的逻辑矛盾。我们或许可以这样提问:既然未来的人类文化是多元化的,那么何以能证明在将来的多元文化体系中儒家文化会成为主流?而基督教文化、犹太教文化、佛教文化、伊斯兰教文化就没有可能呢?

---

① 杜维明:《新加坡的挑战——新儒家伦理与企业精神》,生活·读书·新知三联书店 1989 年版,第 11 页。

② 《杜维明教授谈儒学的发展前景问题》,《中国哲学史研究》,1987 年第 1 期。

③ 方克立:《现代新儒学的发展历程》(下),《南开学报》1990 年第 6 期。

儒家思想一定会比这些“轴心时代”产生又延续至今甚至到下一个世纪的宗教文化更优越吗？以基督教为传统的西方人肯定会普遍接受儒家伦理文化吗？还有深受儒家伦理文化影响的亚洲四小龙本该是儒学最巩固的地区,为什么要重新提倡儒学？西方后现代化出现的非人性化、意义失落的感受,勘天役物、竭泽而渔、拜金主义的弊病,能够靠儒家伦理治愈吗？凡此种种都说明了儒家伦理文化的三期发展说,以及以工业东亚提倡儒家资本主义和儒学复兴,缺乏令人信服的事实和有说服力的论证,含有现代新儒家第一代和第二代对儒家伦理文化过分推崇和美化的主观情绪化因素,正像杜维明所批评的西方人那种欧洲文化中心论和美国人把美国化等同于现代化一样,是脱离现实的。此外,他们批评马克斯·韦伯新教伦理促进资本主义发展的观点借以宣扬儒家资本主义,而其实质不过是借助于工业东亚宣扬儒家伦理的优越性,与马克斯·韦伯新教伦理促进西方现代化的观点异曲同工,都是在宣扬道德决定经济的泛道德主义思想。还有,第三代新儒家作为当代中国的道德理想主义者还是不能摆脱寂寞孤独的境遇,他们不能把儒家伦理全面推向社会,造成一个有群众基础的新儒学运动,他们的理论或学说并没有受到广泛的社会关注和深刻的善意理解,他们仍然是“寂寞的新儒家”。

第三代新儒家伦理思想仍然面临着一个突破自我、超迈前人和正视现实的问题,但是如果他们一旦突破和超迈并能对现实做出有力的回应,他们还是现代新儒家吗?

第六章

马克思主义伦理思潮(一)

在20世纪的中国伦理思想史上,没有任何一种伦理思潮能够像马克思主义伦理思想那样改变着中国人的道德心灵和中国社会的道德面貌,也没有任何一种伦理思潮能够像马克思主义伦理思想那样紧扣当代中国道德建设的实际,培育出一代又一代共产主义道德的先锋战士。与西化派伦理思潮置身十字街头的彷徨困境和现代新儒家伦理思潮躲进象牙之塔的悲怆孤寂相比,马克思主义伦理思想在中国获得了广泛的传播和大规模的发展,成为数亿人民共同信奉的伦理学说。只有马克思主义伦理思想才真正实现了它的实践理性特质,达到了化哲理为德性,不只在解释世界而重在改造世界的社会功用境界。马克思主义伦理思想因其同20世纪中国道德现状变革的特殊关系获得了蓬勃发展的生机与活力,从而成为20世纪中国伦理思潮的主旋律。

一、马克思主义伦理思潮概说

马克思主义伦理思想是西方资本主义社会的产物,同时又是作为对西方资本主义道德关系及其观念的批判者和对新社会道德关系、价值观念的确立者而出现于人类伦理思想的舞台的,它代表了一种既超越封建主义道德又超越资本主义道德的价值自觉和伦理努力。马克思主义伦理思想在中国的传播以及中国马克思主义伦理思潮的形成,是在中国封建道德已经解体、资本主义道德无力解救中国近代以来所发生的深刻的道德危机,而中国人民又迫切需要一种既能反帝又能反封建的伦理思想武器的历史文化条件下开始的。中国马克思主义伦理思潮的形成和发展,同中国现代的道德文化和道德现代化建设密切相关,它由一种伦理思潮最后发展成为占统治地位的伦理文化形态,是中国人民在长期的革命和战争年代对"中国伦理文化向何处去"的一种经过反复比较、鉴别而后做出的慎重选择,也是中国伦理文化发展的一种历史必然。

1. 中国马克思主义伦理思想的萌生与孕育

中国马克思主义伦理思想形成于十月革命后的五四运动及社会主义论战,但它的萌生与孕育则是中国近代以来学习西方伦理文明的结果,没有近代以来向西方学习、大力引进和介绍西方文化的运动,就不可能有马克思主义在中国的传播和马克思主义伦理思潮的形成。戊戌变法后的第二年,英国在华传教士李提摩太在上海广学会出版的《万国公报》第121至124期上,以《大同书》为篇名,节译了英国社会学家本杰明·颉德著的《社会演化》一书的前四章。其中第一章《今世景象》提到"其以百工领袖著名者,英人马克思也"①。第三章《相争相进之理》指出:"今世之争,恐将有更甚于古者,此非凭空揣测之词也。试稽近

① 这里将马克思误认为英人,《大同书》第三章后做了改正。

代学派，有讲求安民新学之一家，如德国之马客士（即马克思），主于资本者也。”第八章《今世养民策》中说：“德国讲求养民学者，名人有焉。一曰马克思，一曰恩格斯。”这是在中文刊物中第一次提到马克思、恩格斯的名字及他们的学说。颉德、李提摩太在这里把马克思的社会主义视为一种安民救世的政治伦理学说，并将其与中国传统的政治伦理学说——大同思想联系起来。

1901 年 1 月中国留日学生主办的《译书汇编》的一、二、三、六、八期，连载了日本人有贺长雄所写的《近世政治史》一书，其中提到“麦克司”（即马克思）和社会主义学说，并把马克思与社会主义联系起来，指出：“西国学者，悯贫富之不等，而为佣工者，往往受资本家之压制，遂有倡均贫富制恒产之说者，谓之社会主义。社会主义云者，盖谓统筹全局，非为一人一家计也。中国古世有井田之法，即所谓社会主义。”这里把马克思的社会主义视为一种均贫富的政治伦理学说，并与中国古代的井田制等量齐观。

1902 年 4 月，上海广智书店出版了日本社会主义研究会会长村井至著、罗大维翻译的《社会主义》一书，书中对马克思的社会主义做了比较系统的介绍，指出社会主义就是要“变资本之私有为共有”，把少数资本家所占巨大之利益，转而为多数劳动者之所共有，消灭贫富悬殊，消灭地主、资本家阶级。

1902 年 10 月 16 日，梁启超在《进化论革命者颉德之学说》一文中，简要介绍马克思的政治伦理学说，他说：“麦喀士（即马克思）日耳曼人，社会主义之泰斗也。”“今日之德国，有最占势力之二大思想，一曰麦喀士之社会主义；二曰尼志埃（即尼采）之个人主义。”“麦喀士谓：今日社会之弊，在多数之弱者为少数之强者所压伏。”①

1903 年 2 月，马君武发表了《社会主义与进化论比较》一文，认为社会主义“发源于法兰西人圣西门、佛礼儿（即傅立叶），中兴于法兰西人鲁意伯龙（即路易・勃朗）、布鲁东（即蒲鲁东），极盛于德意志人拉沙勒（即拉萨尔）、马克司（即马克思）”。社会主义学说同进化论学说颇多类似，马克思的阶级斗争理论与达

---

① 梁启超：《进化论革命者颉德之学说》，《新民丛报》第 18 号。

尔文的生存竞争思想异曲同工，故“凡热心图进步之国民，未有不欢迎社会主义者”①。

1905 年 11 月，朱执信（署名蛰伸）写的《德意志社会革命家小传》发表在同盟会的机关报《民报》第 2 号上，该文比较详细地介绍了马克思、恩格斯的生平活动，并节译了《共产党宣言》中的十项纲领，同时提到了《资本论》，认为马克思的社会主义旨在为多数人谋幸福。

资产阶级民主主义者孙中山先生亦十分推崇马克思的社会主义学说，他说马克思是“世界上社会主义最大的思想家”，在马克思以前讲社会主义的人都是乌托邦派，只有马克思“用他的聪明才智和学问经验”，对社会主义做了极透彻的研究，解决了古人所不知道和不可能解决的问题。孙中山认为，“马克思所著的书和所发明的学说，可说是集几千年来人类思想的大成。他的学说一出来之后，便举世风从，各国学者都是信仰他，都是跟着他走”②。孙中山把自己的社会主义称为民生主义，主张中国的社会主义者要采用欧洲的生产方式，使用机器和发展大工业，但要避免其种种弊病，通过节制资本和平均地权使工人农民不必经受资本家剥削、地主压迫的痛苦。

辛亥革命以后，国内一些报纸杂志陆续开始介绍马克思主义的著作和思想，《新世界》杂志不仅连载了恩格斯的《社会主义从空想到科学的发展》一文，而且还对《共产党宣言》《资本论》加以介绍和评述，认为《共产党宣言》“不啻是 20 世纪社会革命之引导线，大同太平新世界之原动力”。

19 世纪末 20 世纪初，伴随着中国向西方寻求救国救民真理而开始的对马克思的社会主义思想学说的介绍与传播，虽然还只是零星的、片断的甚至不乏曲解和比附，但是使马克思的名字和学说为中国人所了解，人们开始知道除封建主义和资本主义思想之外，还有马克思主义这种“异端邪说”的存在，这就不能不使人们的眼界有所开阔，思想有所打开，使更多的人也想从这种虽然零星、片断地介绍过来而又远非正确的马克思主义中找答案、寻出路，对它进行探讨和研究。

---

① 马君武：《社会主义与进化论比较》，《译书汇编》1903 年 2 月 15 日。

② 孙中山：《三民主义·民生主义第一讲》。

这就为后来马克思主义的广泛传播和中国马克思主义伦理思想的形成起过积极的研究定向和理论准备作用,或许可以说中国马克思主义伦理思想的孕育与萌生正脱胎于19世纪末20世纪初人们对马克思及其学说的介绍与评析之中,正是这一时期的介绍与评析成了马克思主义伦理思想形成的前奏。

需要指出,中国马克思主义伦理思想的萌生与孕育不仅与19世纪末20世纪初人们对马克思及其学说的介绍与评析密切相关,而且也与新文化运动中陈独秀、李大钊、鲁迅等人战斗的革命民主主义思想有着不可分割的联系。他们对封建复古主义的批判,对纲常名教的抨击,对传统伦理弊端的深刻揭露,对科学、民主、自由、人权、人道主义价值的推崇以及对新的人际关系和道德精神的向往,无疑洞开了通向马克思主义伦理思想体系的大门,为接续和传承马克思主义伦理学,形成中国的马克思主义伦理思想做了历史文化的铺垫,布下了某种特定的历史文化意识背景。战斗的革命民主主义者之所以能够实现向马克思主义的伟大转变,除了十月革命和马克思主义的传播等因素外,他们原有的革命民主主义精神以及深沉的救国救民意识,亦是不容忽视的因素。

2. 中国马克思主义伦理思想的形成与发展

十月革命一声炮响,给中国送来了马克思列宁主义。十月革命的成功,为中国先进的知识分子于中国传统和西方近代两种文化之外,选择一种更新的思想文化提供了可能。他们从十月革命中得到了巨大的鼓舞,看到了中华民族的新希望,开始用马克思主义来作为观察国家命运的工具,重新思考救国救民的问题。十月革命的成功以及第一次世界大战所暴露出来的西方近代文明的一系列弊端,加速了中国人民对马克思主义的选择过程,李大钊、陈独秀、瞿秋白、毛泽东、邓中夏、恽代英等一大批革命民主主义者开始向社会主义、共产主义转变。他们认为,中国传统的伦理道德不切于现实的生活需要,西方近代资本主义的伦理道德也未必尽是,“几多之部分,亦应与东方思想同时改造也”①。基于此种认

① 毛泽东:《致黎锦熙信》,《毛泽东早期文稿》,湖南出版社1990年版,第86页。

识,他们一方面同东方文化派和现代新儒家的伦理保守主义和儒学复兴说展开斗争,另一方面也开始清算过去对西方近代资本主义伦理文明的盲目崇拜,拿起批判的武器,运用马克思主义的唯物史观揭露资本主义伦理文明的缺陷和弊端。陈独秀认为,近几百年来,西洋物质的科学进步很快,而道德的进步却跟不上,充满着侵夺、争杀、贪婪、妒忌、虚伪、自私、利己等种种不道德的现象,而这是有经济和政治上的原因的。陈独秀将西方近代伦理文明所发生的一系列弊端归结为私有制,认为私有制起着助长人的恶德的作用,遂造成社会上悲惨不安的状态。陈独秀主张,一切由私有制所造成的旧道德都需要革新,东西洋自古到今的道德史,每页上都写满了利己、虚伪的字眼。"我们主张的新道德,正是要彻底发达人类本能上光明方面,彻底消灭本能上黑暗方面,来救济全社会悲惨不安的状态",我们要"抛弃私有制度之下的一个人一个阶级一国家利己主义的旧道德,开发那公有、互助、富于同情心、利他心的新道德"。[①] 李大钊运用马克思主义观点来揭示伦理道德的基础和根源,认为"孔子的学说之所以能支配中国人心有两千余年的缘故,……因他是适应中国两千余年来未曾变动的农业经济组织反映出来的产物,……因为经济上有他的基础"[②]。道德作为适应社会生活的要求的社会之本能,总是随着物质经济基础的变化而变化,"物质既需急于开新,道德亦必跟着开新"[③]。瞿秋白认为,中国的封建主义伦理文化和西方的资本主义伦理文化都已经过时了,"现时两种文化,代表过去时代的,都有危害的病态,一病资产阶级的市侩主义,一病东方式的死寂",只有新时代才能克服旧文化的病状。他向往俄国式的马克思主义的新的伦理文明,认为这是一种心物统一、身心并重的高度发达的伦理文明。中国马克思主义伦理思想自产生之日起就积极参与当时各种思想文化论战,其代表人物不仅投身于东西文化论战、科学与玄学论战,而且还对这两次论战做出了批判性的总结,既批评了东方文化派的伦理保守主义和玄学派的科学伦理二分说,又揭露全盘西化派和科学派的民族伦理虚无主义和以

① 陈独秀:《调和与旧道德》,载《新青年》第7卷第1号,1919年12月。

② 李大钊:《由经济上解释中国近代思想变动的原因》,载《新青年》第7卷第2号,1920年1月。

③ 李大钊:《物质变动与道德变动》,载《新潮》第2卷第2号,1919年12月。

真代善论，并以自己的方式在伦理文化领域中实现了一次真正的革命变革，从而奠定了马克思主义伦理思想的基干性地位。

五四运动和第一次国内革命战争时期的马克思主义伦理思想从总体上说还处在一种草创时期或初步阶段，突出表现在不仅理论研究缺乏深度和创见，而且也没有介入人们的道德生活，没有同中国革命的具体实践和道德实际相结合。事实上，马克思主义伦理思想同中国革命的具体实践和道德实际相结合，进而获得创造性的发展，是要经过一个漫长的探索过程的。这一过程，既要有一定的时间又要有自身的正反两方面经验的积累，还要有一批既精通马克思主义又熟悉中国具体情况和道德实际的理论家和革命家。如果说五四运动和第一次国内革命战争时期还不完全具备上述条件，那么第二次国内革命战争和抗日战争则使这种条件日趋成熟了。这就是中国的马克思主义伦理思想——毛泽东伦理思想的形成和发展。毛泽东伦理思想是中国化的马克思主义伦理思想，又是马克思主义化的中国伦理思想，它既是对马克思主义伦理学说的创造性发展，又是对中国传统伦理文化的批判性超越。这种创造和超越既在马克思主义伦理思想的发展史上赢得了独特的地位，使马克思主义伦理学说实现了从西方经由俄国到中国的转变，又在中国伦理文化的发展史上赢得了特殊的地位，揭示出中国伦理文化从传统到现代转变的一条光明路径。毛泽东伦理思想是中国马克思主义者在长期的革命斗争实践中，把马克思主义的历史唯物主义和道德基本理论，运用于考察中国的道德生活及人们的道德实践活动的结果，是马克思主义伦理思想的基本原理与中国革命的道德实际、与中国传统伦理文化的优秀因素相结合的产物。刘少奇、周恩来、朱德、董必武等老一辈无产阶级革命家对毛泽东伦理思想的形成与发展均做出了重要的贡献。

三四十年代，在传播和发展马克思主义伦理思想方面做过许多工作并取得一定成绩的还有王亚南、艾思奇、胡绳、李达等著名理论家。他们均著文批判西化派伦理思潮和新儒家伦理思潮，特别是梁漱溟的新孔学、冯友兰的新理学等。王亚南认为，每一个社会都有它自己的道德生活规则，“无论在封建社会，抑或在资本主义社会，都有适于它们自己要求的伦理情谊”[①]。因此，不只是中国才有道德文明，西方也有道德文明，只不过各个道德文明有所不同罢了。伦理道德是社会生活的产物，随社会生活的变化而变化。任何一种道德都不是超历史、超社会的，“任何形态的伦理情谊，都不是而且不能是架空的抽象，而是要表现在一定的社会形式中，表现在一定社会关系中的”[②]。明白了这一道理，我们就不能在伦理文化建设上期之于讲道德说仁义的空泛冗谈，而要期之于一种可能使较高伦理文化因以体现的较合理的社会关系和社会经济体制，期之于在经济方面努力和创造新型的社会关系。艾思奇、胡绳、李达等也运用马克思主义的唯物史观分析探讨了道德同社会生活、经济利益的关系，比较详细地阐发了道德的时代性、阶级性以及民族性等问题，对马克思主义伦理思想在中国的广泛传播与发展做出了自己的贡献。

新民主主义革命的胜利和中华人民共和国的成立，使中国的马克思主义伦理思想获得了极大的发展，共产主义道德建设也取得了很大的成就。但是新中国成立后，马克思主义伦理思想的发展也经历着特有的曲折。1952 年实行的高等院校系科调整和学科改造，伦理学被当作资产阶级的伪科学逐出学坛，从而使得中国的马克思主义伦理学研究被迫中断。20 世纪 60 年代初，马克思主义伦理学的研究一度有所恢复，李奇、周原冰、冯定、周辅成等运用马克思主义理论研究伦理道德问题，虽也取得了一定的成果，但被后来一次又一次的政治运动所淹溺。1966 年开始的“文化大革命”，对中国的学术文化、科学技术更是一次严重的摧残，伦理学再度折戟沉沙。“文化大革命”中，由于受“左”的思想的影响，竟把马克思主义与伦理学截然分割开来，认为马克思主义没有丝毫伦理学的意味。与在政治领域强化阶级斗争、路线斗争相适应，道德领域强调“狠斗私字一闪念”“灵魂深处闹革命”，使“斗私批修”“造反有理”成为一时风尚，结果造成了是非颠倒、善恶混淆和伦理文化虚无主义、非道德主义的局面。正当的个人利益

① 王亚南：《论东西文化与东西经济》，载《社会科学新论》中国经济科学出版社 1946 年版。

② 同上。

成了资产阶级个人主义，合理的生活享受被斥为资产阶级生活方式，按劳分配成了资产阶级法权；富成了极大的罪恶、耻辱的标记，“富则修”“穷光荣”“越穷越革命”成了天经地义，仿佛“穷”和社会主义有不解之缘，“富”和“资本主义”是孪生兄弟，人们谈富色变，畏富如虎，生产好一点，生活好一点，就是国家要改变颜色的兆头，就赶紧抓阶级斗争，好像折腾到大家都穷且愚才算坚持社会主义。这一切，现在看来也许难以想象，但它却是我们共和国历史上真实的一幕。

粉碎“四人帮”后，特别是十一届三中全会的召开，恢复和发展马克思主义伦理学的工作被提上了议事日程。社会生活需要伦理学，中国改革开放和现代化建设需要伦理学。十一届三中全会以后，马克思主义伦理学获得了新生。1978年，中国人民大学首先恢复了伦理学课程，该校20世纪60年代初组建的伦理学教研室也随之恢复起来，并开展了正常的教学科研活动。之后，北京大学、北京师范大学、华东师范大学、湖南师范大学等也陆续开设了伦理学课，建立了伦理学教研室。中国社会科学院哲学研究所也组建了伦理学研究室。1980年，全国伦理学第一次学术讨论会在江苏无锡召开，中国伦理学会正式成立。1982年，罗国杰教授主编的全国第一本《马克思主义伦理学》教材问世，八所高等师范院校合编的《马克思主义伦理学原理》也在同年出版。1984年，北京大学魏英敏、金可溪编著的《伦理学简明教程》，湖南师范大学唐凯麟主编的《简明马克思主义伦理学》等相继出版。之后，各种伦理学教材竞相面世，伦理思想史、职业伦理学、应用伦理学的研究也异常活跃，伦理学进入了蓬勃发展的新时期。

十一届三中全会以来，中国的马克思主义伦理学研究以及运用马克思主义伦理观批判继承中西方伦理思想的遗产，建设中国特色的马克思主义伦理思想体系，取得了以往三十年所不曾取得的成就。这主要表现在：(1)解放思想，突破禁区，以马克思主义伦理观为指导开展全方位、多维度、多层面的伦理学研究，在教学与研究的实践中阐发和深化马克思主义伦理学的基本原理；(2)面向世界，面向现代化，进行开放式的理论研究，将马克思主义伦理学的研究同借鉴吸取人类一切有价值的伦理文明成果结合起来，突破对马克思主义伦理学体系的教条化理解；(3)走出书斋，注重实践，开展对应用伦理学和职业伦理学的研究，正视我国改革开放所造成的人们价值观念的变革以及由此所产生的一系列新的伦理道德问题;(4)对建设中国特色的马克思主义伦理学体系,使马克思主义伦理学的基本原理与中国改革开放的建设实践相结合,实现马克思主义伦理学的中国化、现代化,进行了许多颇有成效的探索。

中国马克思主义伦理思想在十一届三中全会以后的振兴与发展令人鼓舞,它标志着中国人民经过艰难曲折的跋涉之后终于找到一条正确的社会主义精神文明建设的路径。在建设中国特色的社会主义伦理文明的过程中,邓小平同志做出了卓越的理论贡献。邓小平是中国共产党第一代领导的重要成员,又是第二代领导的核心,在民主革命时期和新中国成立初期,对毛泽东伦理思想的形成和发展做过许多有益的工作。十一届三中全会以后,他在新的历史条件下又贡献给马克思主义伦理思想宝库许多新的内容。邓小平同志的伦理思想是他建设中国特色的社会主义理论的重要组成部分,是中国马克思主义伦理思想发展的一个重要阶段,体现着中国人民在新的历史时期坚持和发展马克思主义伦理科学的集体智慧和民族精神。邓小平根据新的历史时期的特点和任务,提出培养有理想、有道德、有文化、有纪律的社会主义四有新人的目标,强调建设高度的社会主义精神文明和道德文明;根据社会主义初级阶段的实际情况和我国的具体国情,阐发了允许一部分地区和一部分人通过诚实劳动和合法经营先富起来,然后带动大家共同富裕,进而消灭贫穷的功利主义思想,主张通过经济体制改革把国家利益、企业利益和个人利益较好地结合起来;同时邓小平提出了以是否有利于提高和改善人民生活,最后实现共同富裕作为判断真假社会主义的标准,突显了社会主义初级阶段道德建设的现实性。在强调物质利益原则、承认和关心个人利益的基础上,邓小平还强调弘扬共产主义道德,发扬集体主义和爱国主义精神,教育全党重视党风和社会风气的建设,提出要纠正被林彪、“四人帮”严重损害的社会道德风气,建立适合现代化建设需要的新的社会主义道德风尚。以江泽民为代表的党的第三代领导集体在20世纪90年代一方面高举邓小平理论的伟大旗帜,坚持邓小平伦理思想的基本原理,另一方面又结合发生了重大变化的国际国内形势和社会主义市场经济建设的新要求,创造性地提出了弘扬主旋律、加强社会主义道德建设,建构既立足现实又面向未来,既有民族特色又有时代价值的新型伦理文化体系的许多设想,极大地丰富和发展了邓小平伦理思想。

在20世纪80年代建设和发展马克思主义伦理科学的过程中,李奇、周原冰、罗国杰等伦理学家做出了重大的理论贡献。李奇于20世纪70年代末出版了《道德科学初学集》之后,着力研究共产主义道德与政治、经济、科学、文化的关系,探寻道德的本质及其特殊性,于20世纪80年代中期出版了《道德与社会生活》的学术专著。之后,她又主编了我国第一部大型的关于道德理论的著作《道德学说》,对古今中外各种不同类型的道德学说做了比较全面系统的介绍,并重点论述了马克思主义伦理学说的发生发展及其伟大的革命变革。周原冰自50年代起就开始从事共产主义道德的宣传介绍工作,在60年代出版了《道德问题论集》一书,对道德的阶级性与全民性、道德遗产的批判继承以及道德科学的研究对象、任务与方法诸问题做了有益的探讨。粉碎"四人帮"后,他以极大的热情投身于创建马克思主义道德科学的工作,先后出版了《道德问题丛论》和《共产主义道德通论》等著作,对共产主义道德的发生发展及其主要内容、共产主义道德与现时代的改革开放以及共产主义道德教育与修养等进行了全面深入的论证,促进和丰富了中国现当代道德科学的研究。罗国杰是中国当代马克思主义伦理学的开创者之一,60年代起就致力于马克思主义伦理学科的建设,"文革"结束以后,他在中国人民大学着手恢复和重建伦理学教研室,并举办了全国第一、二、三期伦理学教师进修班。1982年,他主编了全国第一本《马克思主义伦理学》教材,将马克思主义伦理学区分为基本理论部分、道德规范部分和道德实践部分三大部分,认为道德是人类社会生活中所特有的,由经济关系决定的,依靠人们的内心信念和特殊社会手段维系的,并以善恶进行评价的原则规范、心理意识和行为活动的总和,伦理学的基本问题就是道德和利益的关系问题,共产主义道德的规范体系是由一个基本原则(集体主义原则)、五个行为规范(全心全意为人民,共产主义劳动态度,爱护公共财物,热爱科学坚持真理,爱国主义和国际主义)、四个范畴(义务、良心、荣誉、幸福)和两个特殊方面(爱情婚姻家庭道德、职业道德)的要求构成的。1984年以后,他又主编了《伦理学教程》和《伦理学》,对《马克思主义伦理学》做了修订、补充和适时的发展。

此外,张岱年、朱伯崑、周辅成等老一辈学者,刘启林、魏英敏、许启贤、宋希仁、唐凯麟、温克勤、朱贻庭、陈瑛、甘葆露、章海山、徐惟诚、臧乐源、李光耀、徐少锦、张善诚、陈楚佳、王兴洲、唐能赋、王伟、万俊人、夏伟东、焦国成、刘湘溶、樊和平、郭广银、王小锡、乔法容等一大批中青年学者也对马克思主义伦理学科的建设做出了一定的贡献,推动和促进着中国马克思主义伦理学的进步、发展和繁荣。

3. 中国马克思主义伦理思想的基本特征

马克思主义是西方近代文明的重要组成部分。马克思主义运用自己创立的唯物史观研究社会的道德现象,认为道德是由一定经济基础所决定的特殊的社会意识形态,是人们以实践精神把握世界的一种特殊方式。道德的基础是人类主体精神的自律。在阶级社会里,道德始终是阶级的道德,"它或者为统治阶级的统治和利益辩护,或者当被压迫阶级变得足够强大时,代表被压迫者对这个统治的反抗和他们的未来利益"①。道德受着社会经济关系的直接制约,社会经济结构的性质直接决定各种道德体系的性质,社会经济关系所表现出来的利益直接决定着道德的基本原则和主要规范,社会经济关系的变化必然引起道德领域的变化。"一切以往的道德论归根到底都是当时的社会经济状况的产物","人们自觉地或不自觉地,归根到底总是从他们阶级地位所依据的实际关系中——从他们进行生产和交换的经济关系中,获得自己的道德观念"。② 马克思主义在伦理价值观上,"既不拿利己主义来反对自我牺牲,也不拿自我牺牲来反对利己主义,理论上既不是从那情感的形式,也不是从那夸张的思想形式去领会这个对立,而是在于揭示这个对立的物质根源"③。并由此提出了一种个人利益和集体利益相统一的无产阶级的集体主义,认为个人只有在"真实的集体"中才能获得自身的全面发展,"真实的集体"又是无数全面发展的个人的聚合并为着个人的

---

① 恩格斯:《反杜林论》,《马克思恩格斯选集》第 3 卷,人民出版社 1995 年版,第 435 页。

② 恩格斯:《反杜林论》,《马克思恩格斯选集》第 3 卷,人民出版社 1995 年版,第 435、434 页。

③ 马克思、恩格斯:《德意志意识形态》,《马克思恩格斯全集》第 3 卷,人民出版社 1965 年版,第 275 页。

全面发展创造条件。马克思主义伦理思想一方面反对那种不顾个人利益的整体主义或国家主义,另一方面也反对那种不顾社会集体利益和他人利益的个人主义和利己主义,认为个人利益和社会集体利益本质上是统一的,主张尊重个人的正当利益,维护社会整体利益,并认为能够给大多数人带来幸福的人本身也是最幸福的人,因而提出"为全人类谋福利"的价值目标。马克思主义伦理思潮的产生是人类伦理思想史上的伟大革命变革。这种革命变革表现在:改变了伦理学研究的出发点,首次揭示了道德的社会根源和道德的本质特征;改变了伦理学的阶级性质和服务方向,把伦理学变成了无产阶级和广大劳动人民争取解放斗争的强大思想武器;改变了伦理学和实践的关系,使伦理学实现了理论和实践的高度统一。

中国的马克思主义伦理思想是作为西方伦理文明杰出代表的马克思主义伦理思想与中国现代伦理建设以及具体的道德文化实际相结合的产物。中国马克思主义伦理思想的发展大体上经历了初步传播、深化理解、主导地位、曲折发展及当代繁荣几个阶段,毛泽东、邓小平、江泽民、胡锦涛、习近平等马克思主义者为发展中国特色的马克思主义伦理思想体系做出了独创性的贡献。在中国马克思主义者看来,中国需要马克思主义,但必须是在中国这块特殊的土壤上接受马克思主义,马克思主义必须与中国革命和建设的具体实际相结合。就伦理文化建设而言,马克思主义伦理思想也必须与中国革命和建设的道德实践相结合,与中国传统道德的优秀因素相结合。因此,在对待马克思主义伦理思想方面,总的原则是要坚持马克思主义伦理思想的指导地位,坚持马克思主义伦理思想的基本立场、观点和方法,一切背离马克思主义伦理思想,否定马克思主义伦理思想的思想和行为都是必须予以反对的;同时又要在坚持的基础上加以发展,不能死守马克思主义伦理思想的条条框框,不能把马克思主义伦理思想变成僵死的教条,一切本本主义、教条主义都是有悖于马克思主义伦理思潮的基本原则和基本精神的。就对中国革命和建设的道德实际的把握与分析而言,中国的马克思主义者主张,只有运用马克思主义伦理思想的基本原理来予以分析、把握,才能在错综复杂的情境中抓纲治本、理出头绪,才能对症下药,有所依循,才能避免经验主义和事务主义的诸多缺陷。就对中国传统道德的清理总结而言,中国的马克思思主义者认为,只有运用马克思主义历史分析和阶级分析相结合的方法、批判继承与超越创新相统一的方法,才有可能对中国传统道德做出科学的系统的清理与全面的深入的总结,也才有可能对之做出客观公允的评价。中国的马克思主义者主张用马克思主义伦理思想的基本精神来对待马克思主义伦理思想,这本身就是创造性地发展马克思主义和科学地坚持马克思主义伦理思想的生动表现,是中国马克思主义伦理思想的一个基本特征。同时,中国马克思主义伦理思想主张使马克思主义伦理思想与中国革命和建设的具体道德实际相结合,主张使马克思主义伦理思想与中国传统道德文化的优秀因素相结合,这种使马克思主义伦理思想中国化和使中国伦理文化马克思主义化的双重效应构成中国马克思主义伦理思想最为本质的特征。

中国马克思主义伦理思想是超越中国传统伦理文化和西方近现代伦理文化的产物,这就决定了它与德国本土的马克思主义伦理文化的一些不同。马克思主义伦理文化在德国和西欧虽也有超越基督教道德文化和近代资本主义道德文化的功用,但由于德国和西欧当时的历史发展并没有提出超越近代资本主义道德文化的实际需要,因而马克思主义伦理文化在它的产生地和发源地并没有被视作一种救国救民的真理和伦理现代化建设的武器。西方近现代伦理文明对与它发展主流不相一致的马克思主义伦理思想所表现出的认可赞同性是非常有限的。反之,在中国,东西伦理文化的比较以及当时中国特定的伦理建设实际,决定了马克思主义伦理文化是被当作超越并先进于中国传统伦理文化,同时又超越并优秀于西方近现代伦理文化的第三种伦理文化来看待的,这就容易将马克思主义伦理文化上升到人类伦理文化的最高成果来认识,进而自觉地把马克思主义伦理文化当作改造旧道德建设新道德的价值方针和行动指南。

与奠基于德国和西欧伦理文化背景上的马克思主义不同,中国马克思主义伦理思想有着鲜明的中国特色,它既不是马克思主义伦理文化在中国的简单移植,也不是中国传统伦理在马克思主义新框架中的修正延续,它在根本性质上是马克思主义的,在表达方式和精神风格上却是中国的,具有中国作风和中国气派。因此,它既非原封不动的马克思主义伦理思想,也不是背离马克思主义伦理文化实质的非马克思主义伦理思想,它是马克思主义伦理思想在现当代中国的科学运用和创造性发展。其突出的表现则是毛泽东伦理思想和中国特色社会主义伦理思想的创立。毛泽东伦理思想是马克思主义伦理学原理与中国伦理文化相结合的产物。当毛泽东在马克思主义伦理文化体系中来思考中国现实的道德课题时,他那意识深处的传统伦理文化智慧和伦理涵养往往得到淋漓尽致的发挥;当他怀着伟大的民族感情决意要在中国社会移风易俗、重建新型伦理文化体系时,他确实又在自觉地同某些传统的伦理价值观念实行决裂,并一意尊奉马克思主义提供的价值目标和伦理学说。毛泽东使马克思主义伦理文化中国化大致有这样几个方面的创造,一是通过民族伦理形式来实现马克思主义伦理文化,赋予其普遍原理一种新鲜活泼的并为中国老百姓喜闻乐见的中国作风和中国气派;二是把中国历史和现实中的一些特殊伦理规律上升到马克思主义伦理学普遍原理的高度来加以阐释和发挥;三是在马克思主义伦理文化和中国传统伦理文化的交合作用下,总结出一套关于中国道德问题的现实与未来及其改造途径的理论体系和实践形态。包含邓小平伦理思想、"三个代表"伦理思想以及科学发展观伦理思想、中华民族伟大复兴中国梦伦理思想在内的中国特色社会主义伦理思想也是如此。它从总体精神上看是坚持马克思主义伦理思想的产物,但又处处反映着中国现当代道德建设的实际及其本质要求,因而是发展马克思主义伦理思想的典型代表。

具体来说,中国马克思主义伦理思想的基本特征表现在:

第一,在道德原则和价值目标上既反对封建主义的人身依附、等级服从的群体主义道德原则,也反对资产阶级自我中心、个人至上的个人主义和利己主义道德原则,强调坚持以个人同社会和谐发展为价值目标的集体主义道德原则,既坚持集体利益的道德权威性,又肯定个人利益的合理性,"提倡以集体利益和个人利益相结合的原则为一切言论行动的标准的社会主义精神"①。集体主义道德原则是中国马克思主义伦理思想中诸多代表人物都坚持认定并做出过深入探讨的道德原则。20世纪80年代以来,围绕坚持集体主义的价值导向,反对利己主义和个人主义,许多马克思主义伦理学工作者均发表了自己的看法,一时蔚成

① 《毛泽东著作选读》(甲种本下册),第446页。

热潮。

第二,在价值评价标准和道德价值观念方面,中国马克思主义伦理学工作者既不赞同贵义贱利的道义论,也不赞同贵利贱义的功利论,主张超越道义论与功利论的对立,坚持功利与道义的辩证统一、有机结合亦即义利并重、义利统一。与此相适应,在道德评价的根据问题上,既反对一味地强调动机否认效果的唯动机论,也反对一味地强调效果否认动机的唯效果论,倡导一种辩证唯物主义的动机和效果的统一论,主张联系效果来看动机,通过动机去看效果,在考察动机时,注意分析动机的客观性;在考察效果时,注意估量效果的全面性;在考察动机和效果的联系时,注重它的过程性。毛泽东、邓小平提出革命的功利主义,主张以人民群众的根本利益和长远利益作为观察一切善恶是非的标准。革命的功利主义本质上蕴含着革命的道义论,体现了中国马克思主义者在伦理价值上的基本立场。

第三,在对待伦理文化遗产上,既反对全盘西化派的民族伦理虚无主义和盲目崇外倾向,又反对现代新儒家的民族伦理保守主义,主张对中西伦理文化遗产给以科学的清理与总结,批判地吸收其民主性的精华,抛弃其封建性的糟粕,“古为今用”,“洋为中用”,建立起一种立足本国而又面向世界的、既有民族特色又合乎世界伦理文化潮流的社会主义新伦理。

第四,在中国伦理文化出路和中国伦理文化走向何处等问题上,既反对西化派的现代化就是西方化的观点,也反对新儒家的返本开新说,认为“只有社会主义才能救中国”,因此把建设中国特色的社会主义伦理文明作为中国伦理现代化的唯一出路,并认为社会主义与马克思主义、集体主义有一种内在的亲缘关系或不可分割的密切联系。坚持马克思主义就是要坚持社会主义,坚持集体主义。同理,坚持社会主义也必然要求坚持马克思主义和集体主义。

毋庸讳言,中国的马克思主义伦理思想也有自己特有的发展过程。由于对马克思主义伦理思潮理解和把握上的问题及对中国革命和建设的道德实际研究、分析上的问题,使得中国马克思主义伦理思想的发展也充满着曲折。再加之马克思主义伦理思想成为中国占统治地位的伦理思想之后,人们唯恐犯错误而对许多本该深入探讨的伦理道德问题未能给予有效的研究,致使马克思主义伦理思想在20世纪后半叶的发展甚有许多不能令人满意的地方，相当一部分伦理学人实际上仅仅做了马克思主义伦理思想的宣传与阐释或注解工作而已，而很少有人运用马克思主义伦理思想的基本原理创造性地研究新情况、解决新问题。当然，这种情况自20世纪80年代以来得到了一定程度的矫正。但与火热的改革开放大业和经济建设相比，发展和繁荣马克思主义伦理思想的任务还很艰巨，路程还很漫长。

二、李大钊伦理思想

李大钊(1889—1927)是中国早期马克思主义伦理思潮的杰出代表，是最早运用唯物史观分析和研究道德现象的理论先驱。十月革命后，他以极大的热情宣传和介绍马克思主义，并用马克思主义伦理观批判各式各样错误的伦理思想，为马克思主义伦理思想的形成和中国共产党的产生做出了重要贡献。李大钊的唯物主义伦理观是中国马克思主义伦理思想形成时期的主要成果之一。

1. 冲决封建伦理之网罗

新文化运动时期，作为革命民主主义者的李大钊就针对辛亥革命以来复古派、国粹派及东方文化派的尊孔保教观点展开了猛烈的批判，他响亮地喊出了“冲决过去历史之网罗，破坏陈腐学说之囹圄”的时代呼声，号召人们“冲决历史之桎梏，涤荡历史之积秽”①，主张从历史积秽的重压下解放出来，勇敢地拿起科学与民主的武器，投身反对封建复古主义、拯救祖国的斗争。

在成为马克思主义者以后，李大钊运用马克思主义的社会存在理论和阶级分析方法来开展对传统伦理道德的批判。指出孔门伦理是以农业为基础的大家族制度的产物。中国自古以来就是以农业立国，大家族制度在中国特别发达。

---

① 李大钊:《青春》,《李大钊选集》,人民出版社1959年版,第75页。

中国两千年来社会的"基础构造"就是大家族制度,"一切政治、法度、伦理、道德、学术、思想、风俗、习惯,都建筑在大家族制度上作他的表层构造"①,中国的一切伦理、风俗等都以大家族制度为基础,"而以孔子主义为其全结晶体"②。孔门伦理之所以支配中国社会和人心达两千年之久,"因他是适应中国二千余年来未曾变动的农业经济组织反映出来的产物,因他是中国大家族制度上的表层构造,因为经济上有他的基础"③。孔门伦理以农业经济为基础,以大家族制度为中心,强调宗法等级关系和纲常礼教,把所有社会成员都禁锢在大家族中,"中国的社会只是一群家族的集团,个人的个性、权利、自由都束缚禁锢在家族之中,断不许他有表现的机会"④。在家庭关系上,家长统治以父纲子、以夫纲妻,子对父只用一个孝字,妻于夫只有顺从和贞节。在社会关系特别是君臣关系上只用一个忠字,使臣的一方完全牺牲于君,而忠又完全是孝的放大体,在家做孝子,出门做忠臣,且君臣关系常以父子关系论,故"君主专制制度完全是父权中心的大家族制度的发达体"⑤。李大钊尖锐地揭露道:"看那二千余年来支配中国人精神的孔门伦理,所谓纲常,所谓名教,所谓道德,所谓礼义,哪一样不是损卑下以奉尊长?哪一样不是牺牲被治者的个性以事治者?哪一样不是本着大家族制下子弟对于亲长的精神?"⑥在封建道德的压制下,臣、子、妻、卑、幼完全成了君、父、夫、尊、长的附属品和奴隶,个人没有了人格和尊严,唯有牺牲自己幸福和个性的

---

① 李大钊:《由经济上解释中国近代思想变动的原因》,《李大钊选集》,人民出版社1959年版,第296页。

② 李大钊:《由经济上解释中国近代思想变动的原因》,《李大钊选集》,人民出版社1959年版,第300页。

③ 李大钊:《由经济上解释中国近代思想变动的原因》,《李大钊选集》,人民出版社1959年版,第297页。

④ 李大钊:《由经济上解释中国近代思想变动的原因》,《李大钊选集》,人民出版社1959年版,第300页。

⑤ 李大钊:《由经济上解释中国近代思想变动的原因》,《李大钊选集》,人民出版社1959年版,第296页。

⑥ 李大钊:《由经济上解释中国近代思想变动的原因》,《李大钊选集》,人民出版社1959年版,第297页。

本务。“孔门的伦理是使子弟完全牺牲他自己以奉其尊上的伦理；孔门的道德是与治者以绝对的权力，责被治者以片面的义务的道德”①，因而是一种恃强欺弱、以尊御卑、以富侮贫的不平等道德，同时也是一种吃人的道德！孔门伦理，“对于劳动的阶级，总是把他们放在被治者的地位，作治者阶级的牺牲”②，孔门伦理总是奉行“贵劳心者，贱劳力者；贵君子，贱野人；贵阀阅，贱平民”③，故造成了无数的人间悲剧和冤屈鬼魂。

基于对孔门伦理的批判，李大钊清醒地意识到了以孔门伦理为轴心而建立起来的纲常名教的反动性，他痛斥封建纲常名教是“畜大盗”的腐朽制度，是封建主义的历史网罗。纲常名教与孔门伦理互相勾结，交为狼狈，鱼肉百姓，无恶不作，致使民命不堪，国势日衰。历代反动统治者借纲常名教和孔门伦理以“障蔽民彝”，摧残民智，使人们“锢蔽其聪明，夭阏其思想，消沉其志气，桎梏其灵能，示以株守之途，绝其迈进之路”④，从而造成近代中国气息奄奄，神州陆沉的悲惨性后果。而反动统治者“尽倾其秽恶之心血，以污其幅帙”，“致其流毒终古，附着于吾民族之历史而莫可涤濯”⑤。在纲常名教和孔门伦理的“积尘重压”下，四千余年历史“即其四千余年历史之足病者”⑥，“而此长久之历史，积尘重压，以桎梏其生命而臻于衰敝者，又宁容讳？”⑦由于反动统治阶级借纲常名教与孔门伦理来维护其反动统治，使中国历史充满了秽恶与积尘而成为封闭、焚毁、陈腐、白首和应葬诸坟墓的历史。李大钊主张在冲决封建伦理的网罗中焚毁旧历史，创造新历史。他说：“唯有秘契先民创造之灵，而以创造新国民之新历史，

---

① 李大钊：《由经济上解释中国近代思想变动的原因》，《李大钊选集》，人民出版社 1959 年版，第 301 页。

② 李大钊：《由经济上解释中国近代思想变动的原因》，《李大钊选集》，人民出版社 1959 年版，第 303 页。

③ 李大钊：《由纵的组织向横的组织》，《李大钊选集》，人民出版社 1959 年版，第 303 页。

④ 李大钊：《民彝与政治》，《李大钊选集》，人民出版社 1959 年版，第 44 页。

⑤ 李大钊：《民彝与政治》，《李大钊选集》，人民出版社 1959 年版，第 46 页。

⑥ 李大钊：《民彝与政治》，《李大钊选集》，人民出版社 1959 年版，第 43 页。

⑦ 李大钊：《青春》，《李大钊选集》，人民出版社 1959 年版，第 71 页。

庶以无愧于先民。”“若徒震于先民之功德，局于古人之成规，堕其自我之本能，蔽其秉彝之资性”[①]，则是先民之罪人。他坚决反对封建复古主义，指出“复古之潮流，遂更为黠狯奸雄所利用”，成为复辟派“以历史之陈死人，制服社会之活心理”[②]的工具。

李大钊对纲常名教和孔门伦理的批判既鞭辟入里、一针见血，又击中要害，不啻是冲破封建主义云层的一声春雷，起了思想启蒙、道德解放的积极作用。正如林伯渠同志在为《李大钊选集》所题诗句所云：“登高一呼群山应，从此神州不陆沉。大智若愚能解惑，微言如闪首传真。”

2. 古今之道德各异

李大钊是马克思主义伦理思潮中第一个用唯物史观分析道德现象的人，他在反对孔门伦理道德，揭露孔门伦理道德的社会影响与历史作用的斗争中即已涉及道德基础与根源问题，并且较为成功地运用了经济分析的方法。李大钊认为，以孔孟为代表的儒家伦理之所以能支配中国人心长达两千年之久，是因为它适应两千多年未曾变动的农业经济发展的需要，是为巩固和维护自给自足的自然经济和封建地主经济服务的。随着中国封建主义的农业经济和家庭手工业的解体与衰落，“孔门伦理的基础就根本上动摇了”[③]。在农业经济趋于解体与衰落的情况下，人们的伦理关系及其性质也必然要起变化，不但子弟向父长要求解放，就是父长也渐要解放子弟了；不但妇女向男子要求解放，就是男子也渐要解放妇女了。因为经济上困难的结果，家长也要为减轻他自己的担负，听他们去自己活动，自立生活了。“从前农业经济时代，把他们包容在一个大家族里，于经济上很有益处，现在不但无益，抑且视为重累了。”[④]“现在因为经济上的压迫，大家

---

① 李大钊：《民彝与政治》，《李大钊选集》，人民出版社 1959 年版，第 46 页。

② 同上。

③ 李大钊：《由经济上解释中国近代思想变动的原因》，《李大钊选集》，人民出版社 1959 年版，第 297 页。

④ 李大钊：《由经济上解释中国近代思想变动的原因》，《李大钊选集》，人民出版社 1959 年版，第 301 页。

族制的本身已经不能维持。而随着新经济势力输入的自由主义、个性主义，又复冲入家庭的领土。”①因此，孔门伦理的崩颓破灭实在是不能逃避的运数。

在李大钊看来：“道德这个东西不是超自然的东西，不是超物质以上的东西，不是凭空从天上掉下来的东西。他的本原不在天神的宠赐，也不在圣贤的经传，实在我们人间的动物的地上的生活之中。他的基础就是自然，就是物质，就是生活的要求。”②李大钊坚决反对以“个人的经验”“求快乐、求幸福的念望”“精练的利己心”“对于他人的同情心”“超自然的灵界”“天神的宠赐”等等来说明道德的起源与本质，批判了把伦理道德看作是“神秘主宰之惠与物”“古昔圣招之遗留品”“信为伦理之渊源而超乎自然之上”唯心主义的伦理观，主张从物质生活来探讨道德的起源和本质。所谓物质生活实指社会的经济生活。他依据马克思主义的唯物史观指出，人类社会一切精神的构造都是表层构造，只有物质的经济的构造才是这些表层构造的基础构造。“所以思想、主义、哲学、宗教、道德、法制等等不能限制经济变化物质变化，而物质和经济可以决定思想、主义、哲学、宗教、道德、法制等等。”③道德作为上层建筑和表层的精神构造，它的基础是物质和经济，即是由经济关系所决定的并为一定经济关系服务的。社会经济生活和物质的变化必将引起道德生活的变化。李大钊以贞操为例来论道德随物质的变动而变动。他说：在男子狩猎女子耕作的时期，女子的地位高于男子，女子生理上性欲的要求强于男子，所以贞操问题绝不发生，而且有一妻多夫的风俗。到了畜牧、农业为男子独占职业的时期，女子的地位低降下去，女子靠着男子生活，男子就由弱者地位转到强者地位，女子的贞操问题从而发生，且是绝对的、强制的、片面的。又因农业经济需要人口，一夫多妻之风盛行。到了工业时期，人口愈增，人类的欲望愈加复杂，虽因生产技术的进步、生产的数量增加，而资本主义的

① 李大钊：《由经济上解释中国近代思想变动的原因》，《李大钊选集》，人民出版社 1959 年版，第 301 页。

② 李大钊：《物质变动与道德变动》，《李大钊选集》，人民出版社 1959 年版，第 260 页。

③ 李大钊：《物质变动与道德变动》，《李大钊选集》，人民出版社 1959 年版，第 261 页。

产业组织分配的方法极不平均,故造成了很多的无产阶级。贫困迫人日益加甚,女子非出来工作不可。男子若不解放女子,使她们出来在社会上和男子一样工作,就不能养赡她们。女子的贞操就由绝对的变为相对的,由片面的变为双方的,由强制的变为自由的。从前重从一而终,现在可以离婚了;从前重守节殉死,现在夫死可以再嫁了。将来资本主义崩坏之后,生产的方法由私据的变为公有的,分配的方法由独占的变为公平的,男女的关系也必日趋于自由平等的境界,贞操的内容也必大有变动了。[①] 贞操问题是这样,其他亦然。李大钊认为,道德作为社会物质生活的要求和经济关系的反映,必然会与社会物质生活和经济关系的发展保持相应的关系,并且随社会物质生活和经济关系的变化而变化。因此,没有什么永恒不变的道德观念与道德行为样式。"一代圣贤的经训格言,断断不是万世不变的法则。什么圣道,什么王法,什么纲常,什么名教,都可以随着生活的变动、社会的要求而有所变革,且是必然的变革。因为生活状态、社会要求既经变动,人类社会的本能自然也要变动。拿陈死人的经训抗拒活人类之社会的本能,是绝对不可能的事。"[②]

道德既然是变化的,是随物质生活的发展而发展的,那么"物质上应当开新,道德上应当复旧"的论调就是毫无道理且十分荒谬的。李大钊尖锐地批驳了道德复旧论,指出:"道德既是因时因地而常有变动,那么道德就也有新旧的问题发生。适应从前的生活和社会而发生的道德,到了那种生活和社会有了变动的时候,自然就失去了他的运命和价值,那就成了旧道德了。这新发生的新生活新社会必然要求一种适应他的新道德出来,新道德的发生就是社会的本能的变化,断断不能遏抑。"[③]"新道德既是随着生活的状态和社会的要求发生的,——就是随着物质的变动而有变动的,——那么物质若是开新,道德亦必跟着开新,物质若

① 李大钊:《物质变动与道德变动》,《李大钊选集》,人民出版社 1959 年版,第 268 – 269 页。

② 李大钊:《物质变动与道德变动》,《李大钊选集》,人民出版社 1959 年版,第 272 页。

③ 李大钊:《物质变动与道德变动》,《李大钊选集》,人民出版社 1959 年版,第 272 – 273 页。

是复旧,道德亦必跟着复旧。因为物质与精神原是一体,断无自相矛盾、自相背驰的道理。可是宇宙进化的大路,只是一个健行不息的长流,只有前进,没有反顾;只有开新,没有复旧;有时旧的毁灭,新的再兴。这只是重生,只是再造,也断断不能说是复旧。物质上、道德上均没有复旧的道理!”①在李大钊看来,道德是一种特殊的上层建筑和社会意识形态,是社会物质生活和经济关系的反映,物质生活和经济关系既不能复旧,道德断无单独复旧的道理,物质既须急于开新,道德亦必跟着开新,何况宇宙进化的大路是只有开新没有复旧。李大钊认为,宇宙就像一条奔腾前进的大河,刻刻流转,时时运动,宇宙的这种永远奔流不息的品格决定了世界上的事物也是不断发展变化的,旧事物不断死亡,新事物不断产生,新生事物最终必定要战胜旧事物。就道德来说,私营的道德,占据的道德,宗教的道德,等级的道德等都是一些已经过时了的旧道德,而真正的新道德应当是“人的道德,美化的道德,实用的道德,大同的道德,互助的道德,创造的道德”②。李大钊号召青年勇敢地告别旧道德建设新道德,创造青春中华和青春自我。

3. 以青春之我,创建青春之人类

李大钊从宇宙进化论和事物的新陈代谢论出发,论述了“以青春之我,创建青春之人类”的革命人生观。李大钊的革命人生观气势磅礴,生机勃发,积极进取,奔放豪迈,充满着革命的乐观主义精神和新生事物不可战胜的气概,这是李大钊伦理思想中一个极为重要的组成部分。

首先,李大钊目睹着国家山河破碎、人民痛苦不堪的现状,提出了创建“青春中华”的理想目标,并以此作为救国救民的重要内容。1840 年,大英帝国用鸦片点燃的那场罪恶战争,使中国一步一步陷入灾难的深渊。灾难深重的中华民族面对着内忧外患的祖国掀起了一次又一次痛苦的抗争,然而却一次又一次地失败了。这使得一些曾经进行过抗争的人产生了一种悲观失望的情绪,有些甚至

---

① 李大钊:《物质变动与道德变动》,《李大钊选集》,人民出版社 1959 年版,第 273 页。

② 同上。

遁入空门,隐居深山,发出了无可奈何的感叹。李大钊则与此不同,他运用马克思主义的宇宙观和人生观作为观察自己国家和民族命运的工具,认为中国正处在一个新旧交替的伟大变革时期,白发的中华行将死灭,青春的中华正在诞生,“试看未来的环球,必是赤旗的世界”。中国人民必定会从苏联十月革命中受到启发,联合全世界的同胞,打倒全世界的资产阶级,并“拿他们最大、最强的抵抗力,创造一自由乡土”,建立自己的“青春中华”。李大钊对中国的前途充满了必胜的信心,对青春中华的伟大理想,充满了热烈的期望。李大钊兴奋地说,新世纪的曙光已经照耀到中国了,“我们在这黑暗的中国,死寂的北京,也仿佛分得那曙光的一线,好比在沉沉深夜中得一个小小的明星,照见新人生的道路”①。

其次,李大钊从近代中国革命的曲折艰难中深刻地意识到“青春中华”的理想是美好的,但创建“青春中华”的任务是艰巨的,道路是不平坦的,他号召革命青年,要为创造“青春中华”,“勇往奋进以赴之”“断头流血以从之”,要勇敢地担当起历史赋予我们的重任,“与境遇奋斗,与时代奋斗”②,对于反动势力的反抗与破坏,要高揭“反抗之旗”,对其宣战,与其格斗。李大钊指出,我们要求国家在20世纪强大起来,并非陈腐中华之不死,而在创建光明美好的青春中华;不求白发中华之保存,而在青春中华之创造;无须惜恋奄奄就木之中华,而在迎来“呱呱坠地之中华”。在李大钊看来,创建“青春中华”是时代的要求,也是当代青年责无旁贷的历史使命。他号召革命青年,以回天再造之精神,拔山盖世之气概,“急起直追,勇往奋进”,“以青春中华之创造为唯一之使命”③,“以青春之我,创建……青春之人类,青春之地球”,“为世界进文明,为人类造幸福”④。在李大钊看来,人生的价值在于“为世界进文明,为人类造幸福”,“人生本务,在随实在之进行,为后人造大功德,供永远的‘我’享受,扩张,传袭,至无穷极”⑤。李大钊非常鄙视个人主义和利己主义的人生观,认为个人主义和利己主义的人生观是一

---

① 李大钊:《新纪元》,《李大钊选集》,人民出版社1959年版,第124页。
② 李大钊:《〈晨钟〉之使命》,《李大钊选集》,人民出版社1959年版,第60页。
③ 李大钊:《〈晨钟〉之使命》,《李大钊选集》,人民出版社1959年版,第63页。
④ 李大钊:《青春》,《李大钊选集》,人民出版社1959年版,第75页。
⑤ 李大钊:《今》,《李大钊选集》,人民出版社1959年版,第96页。

种腐朽没落的剥削阶级人生观，这种人生观将自己的幸福建筑在别人痛苦的基础上，“一方蒙厥幸福，一方即被厥灾殃，一方引为福利，一方即指为祸患”①。持这种个人主义和利己主义人生观的人不仅人生没有什么价值，而且也绝不可能拥有真正的幸福与快乐。个人主义和利己主义人生观最突出的表现是崇拜黄金和崇拜权力，一些人甚至把黄金和权力视作人生幸福的唯一内容，看作人生最大的意义和价值。李大钊认为，“黄金和权利”“不足福人”，一味地追求黄金和权力绝不可能给人带来幸福，相反只会带来痛苦和烦恼。追求黄金与权力的人如蚁之就膻，蛾之扑火，其他皆无所顾忌，必“以孑然之身，强负黄金与权势之重荷以趋，几何不为所重压而僵毙耶”②？实际上，权富与青春是相对立的，以权富为人生的内容必然失却青春的心灵与精神，欲保青春的心灵与精神必然蔑视权富，这就是“优于权富即其短于青春者也”③的道理。李大钊告诫青年千万不要被剥削阶级黄金权力的人生观所迷惑，应当树立“为人类造幸福”的革命人生观，永葆革命之青春。

再次，李大钊提出了青春的人生观是创造的人生观和勇于牺牲的人生观。他号召革命青年做历史和环境的主人，不要被困难和环境所束缚。人生必然会遇到各种各样的挫折与困难，对待挫折与困难的态度不应是消极畏缩、失望悲观，而应是积极向上、乐观豪迈，一千次摔倒，一千零一次地站起来，勇于迎战人生的困难与坎坷，愈挫愈奋，愈战愈强。他说：“青春之字典，无困难之字；青年之口头，无障碍之语；唯知跃进，唯知雄飞，唯知本其自由之精神，奇僻之思想，敏锐之直觉，活泼之生命，以创造环境，征服历史。”④青年们不应该惧怕困难和挫折，而应该以堂堂七尺之躯克服困难，战胜挫折；不应做环境的奴隶，而要做环境的主人；不应做历史的奴隶，而要做历史的主人。“务使其环境听命于我，不使其我

---

① 李大钊：《Pan……ism 之失败与 Democracy 之胜利》，《李大钊选集》，人民出版社 1959 年版，第 106 页。

② 李大钊：《青春》，《李大钊选集》，人民出版社 1959 年版，第 75 页。

③ 同上。

④ 李大钊：《晨钟之使命》，《李大钊选集》，人民出版社 1959 年版，第 60 页。

奴隶于环境。”[①]创造与奋斗应当成为青年人生的主旋律，一息尚存就应奋斗不息，创造不止。人类在奋斗中进化，社会在创造中发展。“夫国家之成，由人创造，宇宙之大，自我主宰，宇宙之间，而容有我，同类之人，而克造国。我则何独不然？”[②]创造与奋斗也是人生的价值与意义之所在，创造即价值，奋斗即意义，创造愈多，价值愈高，奋斗不息，意义愈显。李大钊指出：“国家之亡，非人亡我，我自亡之；亡国之罪，无与于人，我自尸之。少年锐志，而亦若此，是亡国之少年，非兴国之少年也。”[③]创造与奋斗是青春人生观的集中表现。青春人生观要求人们“冲决历史之桎梏，涤荡历史之积秽，新造民族之生命，挽回民族之青春”[④]，强调的是创造与奋斗的价值。为了创造，为了奋斗，人们应当珍惜时间，置重现在。李大钊认为，人的生命和青春同无限的宇宙青春相比是有限的易逝的，“顾人之生也，苟不能窥见宇宙有无尽之青春，则自呱呱堕地，迄于老死，觉其间之春光，迅于电波石火，不可淹留”[⑤]，因此必须珍惜青春和生命，使有限的青春能够流光溢彩，为人类的进步、宇宙的进化做出更大的贡献。时间就是生命，就是价值，往者不可谏，来者犹可追。“吾人在世，不可厌‘今’而徒回思‘过去’，梦想‘将来’，以耗误‘现在’的努力。又不可以‘今’境自足，毫不拿出‘现在’的努力，谋‘将来’的发展。宜善用‘今’，以努力为‘将来’之创造。”[⑥]“现在”是无限“过去”的积累、流入和归宿，“将来”是“现在”的目标与发展，“过去”与“将来”中间，全仗“现在”以成其连续，以成其永久。李大钊强调抓住现在以创造美好的将来。不仅如此，李大钊还谈到了生死的意义与价值，主张生为创造，死亦为创造，这样生才有意义，死才有价值。李大钊反对轻生厌世的自杀行为，认为自杀

---

① 李大钊：《民彝与政治》，《李大钊选集》，人民出版社 1959 年版，第 55 页。

② 李大钊：《厌世心与自觉心》，《李大钊选集》，人民出版社 1959 年版，第 29 页。

③ 李大钊：《厌世心与自觉心》，《李大钊选集》，人民出版社 1959 年版，第 32 页。

④ 李大钊《青春》，《李大钊选集》，人民出版社 1959 年版，第 71 页。

⑤ 李大钊《青春》，《李大钊选集》，人民出版社 1959 年版，第 73 页。

⑥ 李大钊：《今》，《李大钊选集》，人民出版社 1959 年版，第 96 页。

本质上是对青春的践踏、生命的戕残，是一种精神失常，意志薄弱的行为，即便是出于国耻，激愤而自杀者，其行为也是不足取的。李大钊强调，自杀是毫无意义和价值的，真正的勇士必然正视痛苦的生命，孜孜以求创造和发展。只要我们民族有一线希望，一息尚存，就断不许绝望自杀，而应唤起民族觉醒，奋起救国。李大钊反对无意义的自杀，但却提倡为革命和真理而牺牲，认为为创建青春中华而死，为国家的独立、民族的振兴而死，就是死得有价值，就是重于泰山。他说："人生的目的，在发展自己的生命，可是也有为发展生命必须牺牲生命的时候。因为平凡的发展，有时不如壮烈的牺牲足以延长生命的音响和光华。绝美的风景，多在奇险的山川。绝壮的音乐，多是悲凉的韵调。高尚的生活，常在壮烈的牺牲中。"①这种革命生死观是对马克思主义人生哲学理论的发展，同时也为他后来的视死如归、英勇就义行为所证实。

4. 李大钊伦理思想的评价与小结

"铁肩担道义，妙手著文章。"李大钊是中国最早的马克思主义者，他最先完成了从革命民主主义者向马克思主义者的转变，并奠定了中国马克思主义伦理思潮的基本格调和发展方向。李大钊伦理思想从对纲常名教和孔门伦理的批判出发，深入探讨了道德的起源和本质，批判了道德起源和本质问题上的种种唯心论观点，开辟了用马克思主义的唯物史观来分析和研究道德问题的新领域，并科学地阐发和论述了革命人生观即共产主义人生观的主要内容，揭示了马克思主义为人类谋福利的人生哲学理论。李大钊在20世纪初中国伦理文化的茫茫原野和崎岖山岭中，披荆斩棘，不畏艰险，开辟了马克思主义伦理思想之路，从而使中国近代以来伦理思想的基本架构发生了根本性的变化，即在中西古今之争的文化架构中添进了马克思主义的新因素。马克思主义作为一完整科学的理论形态总体上虽属于西方文化的范畴，但它同近代西方资产阶级以个人主义利己主义为核心，以金钱作为衡量人生价值的唯一标准的伦理文化则是大异其趣的，同西方原有的制造天国与尘世对立、崇拜和信仰上帝并带有浓厚的禁欲主义色彩

① 李大钊：《牺牲》，《李大钊选集》，人民出版社1959年版，第247页。

的基督教伦理文化也迥然有别，它是一种立足于人类社会发展的大趋势，代表全世界被压迫被剥削的无产阶级和广大劳动人民利益的新型的伦理文化，因而是一种既反对封建主义道德又反对资本主义道德的社会主义和共产主义道德文化。显然，马克思主义伦理文化具有超越西方古典或传统文化的性质和特点，以至在某种程度上具有超越西方和东方文化的代表全人类未来利益的世界伦理文化的性质和特点。马克思主义伦理文化主张在摧毁封建等级特权道德的同时摒除资产阶级的金钱万能和利己主义道德，它在人类伦理文化史上第一次提出了人的全面、自由、和谐发展的原则和世界大同的道德理想和社会理想，渴望建立一个没有剥削没有压迫的人人自由平等的新社会，倡导人在做自然的主人的同时做社会的主人和自身命运的主人。因此，马克思主义的伦理文化反映的不只是西方世界受剥削受压迫的无产阶级和广大劳动人民的利益和要求，而且也反映了东方世界受剥削受压迫的无产阶级和广大劳动人民的利益和要求，马克思主义伦理文化通过李大钊等人的介绍传播，成为20世纪中国伦理文化园地中既有别于胡适等人的西化派伦理思潮（即西方近现代资产阶级伦理文化），又有别于梁漱溟等人的新儒家伦理思潮（即以中国传统儒家伦理文化回应西方伦理文化的挑战）的第三大伦理思潮。马克思主义伦理思想成为20世纪中国伦理思潮中与西化派、新儒家鼎足而立的一种伦理思潮并在后来获得充分的发展，成为中国占主导地位的伦理思想，这是与李大钊等人的努力密不可分的。李大钊第一个在中国介绍和传播了马克思主义伦理观，把中国人民从沉睡中唤醒，其历史功绩终当永远被人们铭记。

李大钊不仅在中国介绍和传播了马克思主义伦理观，而且开创了把马克思主义伦理学原理与中国现阶段的道德建设实际联系起来，以马克思主义伦理学去分析、研究现实的道德现象和伦理问题的新风尚。李大钊的伦理思想紧扣中国革命的具体实际和建设“青春中华”的时代要求，把树立共产主义的人生观与道德观提到了关系革命能否成功的高度来认识，较好地论述了革命道德在革命事业中的地位和作用。李大钊的青春人生观始终执着于“青春中华”的创建和对革命的满腔热忱，不只是对青年一代的希冀，而且也寄托着对一切献身革命的人士的期望。青春，在李大钊的伦理思潮中主要是指革命精神和为真理、正义献身的气概。“老当益壮者,固在吾人敬佩之列,少年颓丧者,乃在吾人诟病之列矣。”①青年固然可以发挥青春力量,老年也同样可以焕发革命青春。李大钊所寄希望的,实际就是具有青春精神的社会革命力量。李大钊的青春人生观是中国马克思主义伦理思想中别开生面的新篇章,同时也是对马克思主义伦理思想的发展。李大钊的伦理思想与胡适的全盘西化伦理思想根本不同的地方在于它一开始就置重于马克思主义伦理思想的中国化,试图用马克思主义伦理学原理寻求中国革命及其道德问题的根本解决,坚持把马克思主义的伦理科学同中国革命的道德建设实际有机地结合起来,为建立和发展中国特色的马克思主义伦理思想体系服务。李大钊伦理思想的这一创造性努力后来为毛泽东等人所继承。

由于李大钊是中国马克思主义伦理思潮的开创者,因而他的伦理思想也不免具有早期共产主义者的一些特点,正如鲁迅先生所说的,李大钊的思想是“先驱者的遗产,革命史上的丰碑”,然而,“他的理论,在现在看起来,当然未尽精当的”②。李大钊的伦理思想和任何伟大人物一样不可能完全摆脱历史时代的局限,仍残留着一些非马克思主义思想的痕迹,比如他把道德视作一种社会本能的思想,并没有超越达尔文主义的界线,他关于“青春中华”的理想,还显得有些抽象模糊,他对孔门伦理的批判也带有某种情绪化的倾向,并没有科学地区分精华与糟粕,凡此等等都说明了李大钊伦理思想的缺陷与不足。但是,从总体上看,瑕不掩瑜,李大钊伦理思想的贡献是第一位的,缺陷是第二位的。他的伦理思想所释放出来的“青春之气”自会“万古长青”。

---

① 李大钊:《〈晨钟〉之使命》,《李大钊选集》,人民出版社 1959 年版,第 63 页。

② 鲁迅:《鲁迅全集》第 4 卷,人民文学出版社 1957 年版,第 402 页。

三、毛泽东伦理思想

毛泽东(1893—1976)伦理思想是毛泽东思想的重要组成部分,是中国共产党集体智慧的结晶,是中国马克思主义伦理思想发展的杰出成果。毛泽东伦理思想是马克思主义伦理思想基本原理与中国革命的道德建设实际和中国伦理文化中优秀传统的结合,它既总结和概括了中国革命中道德建设的一系列独创性经验,又批判地借鉴和吸收了近代以来道德革命的积极成果,既丰富和发展了马克思主义伦理思想,又使马克思主义伦理思想中国化。

1. 毛泽东伦理思想的主要内容

毛泽东伦理思想博大精深,蕴藉宏富,包含着十分广泛的内容,涉及道德的本质与特征、道德发展的规律、共产主义道德原则规范、道德评价和道德修养等问题。其主要内容可以概括为如下几个方面:

(1)无产阶级的人性论。人性问题是中外伦理思想史上的一个长期争论不休的问题,是被弄得混乱不堪、莫衷一是的理论问题。在马克思主义以前,地主阶级、资产阶级的人性论尽管五花八门,多种多样,但他们大都宣扬抽象的超阶级的人性论。延安时期,有一些知识分子宣扬地主、资产阶级人性论和所谓人类的爱,主张以人性论作为文学理论的基础。毛泽东为了澄清模糊思想,批判了抽象的人性论,阐发了具体的人性论。首先,毛泽东指出人性是具体的,在阶级社会里人性带有阶级性。他说:“有没有人性这种东西?当然有的。但是只有具体的人性,没有抽象的人性。在阶级社会里就是只有带着阶级性的人性,而没有什么超阶级的人性。”①在阶级社会里,每个人都在一定的阶级地位中生活,人性必

① 毛泽东:《在延安文艺座谈会上的讲话》,《毛泽东选集》第3卷,人民出版社1991年版,第870页。

然要打上阶级的烙印。其次,毛泽东指出抽象的人性论实质上是地主资产阶级的人性论,地主资产阶级鼓吹的超阶级、超时代的人性实质上是把他们本阶级的人性冒充为全人类的人性。“而地主资产阶级则主张地主资产阶级的人性,不过他们口头上不这样说,却说成为唯一的人性。”①这就深入揭露了抽象人性论的阶级本质。再次,毛泽东指出抽象人性论的实质不是资产阶级个人主义,他说:“有些小资产阶级知识分子所鼓吹的人性,也是脱离人民大众或者反对人民大众的,他们的所谓人性实质上不过是资产阶级的个人主义,因此在他们眼中,无产阶级的人性就不合于人性。”②最后,毛泽东肯定无产阶级也讲人性,主张无产阶级的人性论。“我们主张无产阶级的人性,人民大众的人性。”③无产阶级的人性就是要解放个性,为人民大众的解放和幸福而奋斗。解放个性发展个性,造就人的全面自由而和谐的发展,是无产阶级人性的要求和主要内容。无产阶级的人性是同反帝反封建的民族民主革命和社会主义共产主义事业联系在一起的,讲无产阶级的人性就应奋不顾身地为共产主义事业而奋斗。

(2)道德遗产的批判继承。毛泽东运用辩证唯物论和历史唯物论的基本原理论述新民主主义的新文化建设,科学地阐发了文化遗产和道德遗产的批判继承问题。在毛泽东看来,新文化在观念形态上反映了新民主主义的新政治和新经济,是为新政治新经济服务的。但新文化不是凭空产生的,而是吸取中国古代文化的精华,剔除糟粕发展而来的。毛泽东强调不能割断历史,认为今天的中国是昨天的中国发展而来的,“从孔夫子到孙中山,我们应当给以总结,承继这一份珍贵的遗产”④。中国历史文化悠久,中国数千年的封建社会创造了灿烂的古代文化,也创造了优秀的道德传统。中华民族有哪些优秀道德传统呢?毛泽东概括总结为下列几方面:第一,刻苦耐劳。中华民族以刻苦耐劳著称,以自己世世

---

① 毛泽东:《在延安文艺座谈会上的讲话》,《毛泽东选集》第3卷,人民出版社1991年版,第870页。

② 同上。

③ 同上。

④ 毛泽东:《中国共产党在民族战争中的地位》,《毛泽东选集》第2卷,人民出版社1991年版,第534页。

代代的辛勤劳动创造了古代发达的文明。第二,聪明睿智。中华民族聪明、有智慧、创造力强,发明了火药、印刷术、造纸术、指南针等,为人类文明发展做出了杰出的贡献。第三,酷爱自由,富于革命传统。"中华民族不但以刻苦耐劳著称于世,同时又是酷爱自由、富于革命传统的民族。"①在中华民族几千年历史上有过数百次农民起义以反抗地主阶级的统治,说明中国人民不甘忍受黑暗势力的压迫,具有追求自由和革命的传统。第四,具有强烈的民族自尊心和民族自信心,勇于反抗外来民族的侵略。中华民族有同自己的敌人血战到底的气概,有光复旧物的决心,有自立于世界民族之林的能力。中国人民不屈不挠的斗争和反抗,使得帝国主义不仅不能灭亡中国而且永远不能灭亡中国。第五,历史上的民族英雄和先进人物的忧国忧民、以天下为己任的崇高品质,勇于坚持真理、在逆境中奋发有为的精神,等等。对于这些中华民族的优秀道德传统,毛泽东主张给以批判的继承与发展。毋庸否认,中国数千年的道德文化遗产,也包含不少封建性的糟粕,对此我们必须予以深入的批判。道德遗产的批判继承的方针一是古为今用,二是洋为中用。向外国人学习是为了今天的中国人,向古人学习是为了现在的活人。对于批判继承的过程,毛泽东非常形象地用人对食物的消化吸收过程来加以比喻。他讲到对于一切道德文化遗产,"如同我们对于食物一样,必须经过自己的口腔咀嚼和胃肠运动,送进唾液胃液肠液,把它分解为精华和糟粕两部分,然后排泄其糟粕,吸收其精华,才能对我们的身体有益,决不能生吞活剥地毫无批判地吸收"②。对待道德文化遗产的正确态度是引导群众向前看,而不是向后看,决不能厚古薄今,崇洋媚外,应当自始至终着眼于我们今天的新民主主义道德文化的建设。

(3)革命功利主义。毛泽东认为唯物主义者并不一般地反对功利主义,但反对超阶级的功利主义,主张阶级的功利主义。他说:"世界上没有什么超功利主

① 毛泽东:《中国革命和中国共产党》,《毛泽东选集》第 2 卷,人民出版社 1991 年版,第 623 页。

② 毛泽东:《新民主主义论》,《毛泽东选集》第 2 卷,人民出版社 1991 年版,第 707 页。

义，在阶级社会里，不是这一阶级的功利主义，就是那一阶级的功利主义。”[①]剥削阶级宣扬的超阶级的功利主义实质上是为其本阶级利益服务的功利主义。封建地主阶级、小资产阶级往往口头上反对功利主义，实际上抱着本阶级的最自私最短视的功利主义。毛泽东尖锐地批判了封建地主阶级、资产阶级的功利主义，认为这种功利主义是为少数剥削阶级服务的，是同劳动人民和广大人民群众的利益根本对立的。无产阶级“反对封建阶级的、资产阶级的、小资产阶级的功利主义，反对那种口头上反对功利主义、实际上抱着最自私最短视的功利主义的伪善者”[②]。但却提倡无产阶级的革命的功利主义，这种无产阶级功利主义以广大人民群众长远利益为目标，以广大人民群众目前利益和长远利益统一为出发点。毛泽东说：“我们是无产阶级革命的功利主义者，我们是以占全人口百分之九十以上的最广大群众的目前利益和将来利益的统一为出发点的，所以我们是以最广和最远为目标的革命的功利主义者，而不是只看到局部和目前的狭隘的功利主义者。”[③]无产阶级的革命的功利主义基于无产阶级解放全人类的历史使命，基于无产阶级政党为人民群众的最大利益而奋斗的宗旨，主张把广大群众的目前利益和将来利益统一起来，既考察照顾群众的目前利益，也不能损害群众的未来利益，必须给人民以看得见的物质福利，使人民群众得到真实的利益。

(4)为人民服务。为人民服务是共产党的一贯宗旨，也是从事各行各业工作的人们对社会应尽的职责。在为人民服务的过程中，人人是服务者，又是被服务者；人人都对社会负有义务，同时又有从社会得到福利的权利。毛泽东在领导中国人民进行反帝、反封建的革命斗争中从革命的性质和目的出发，系统地阐述了为人民服务的道德原则。毛泽东指出，为人民服务就是要使我们的一切言论行动“必须以合乎最广大人民群众的最大利益、为最广大人民群众所拥护为最高标

---

① 毛泽东：《在延安文艺座谈会上的讲话》，《毛泽东选集》第3卷，人民出版社1991年版，第864页。

② 同上。

③ 同上。

准"[①];就是要密切联系群众,与群众打成一片,"一刻也不脱离群众,一切从人民的利益出发,而不是从个人或小集团的利益出发"[②];就是要勇于为人民的利益而献身,冲锋在前,享受在后;就是要"以革命利益为第一生命,以个人利益服从革命利益,……关心党和群众比关心个人为重,关心他人比关心自己为重"[③]。为人民服务应当成为共产党人和一切革命战士的行为准则和人生座右铭。毛泽东认为,人只有把自己的生死荣辱紧紧地和人民利益、人民的解放事业结合在一起,人生才有价值和意义。毛泽东说:"人总是要死的,但死的意义有不同。中国古时候有个文学家叫作司马迁的说过:'人固有一死,或重于泰山,或轻于鸿毛。'为人民利益而死,就比泰山还重;替法西斯卖力,替剥削人民和压迫人民的人去死,就比鸿毛还轻。"[④]"要奋斗就会有牺牲,死人的事是经常发生的。但是我们想到人民的利益,想到大多数人民的痛苦,我们为人民而死,就是死得其所。"[⑤]只有做到生为人民利益而奋斗,死为人民利益而献身,才是"生的伟大,死的光荣",这样的死,"虽死犹荣"。

(5)动机和效果统一论。在进行道德评价时究竟看一个人的行为动机还是看行为的效果?关于这个问题,在中外伦理学史上存在着不同的看法,有的主张动机论,有的主张效果论,有的试图把二者调和起来,毛泽东从辩证唯物主义观点出发,论述了动机与效果之间的关系。他说:"唯心论者是强调动机否认效果的,机械唯物论者是强调效果否认动机的,我们和这两者相反,我们是辩证唯物

---

① 毛泽东:《论联合政府》,《毛泽东选集》第3卷,人民出版社1991年版,第1096页。

② 毛泽东:《论联合政府》,《毛泽东选集》第3卷,人民出版社1991年版,第1094－1095页。

③ 毛泽东:《反对自由主义》,《毛泽东选集》第2卷,人民出版社1991年版,第332页。

④ 毛泽东:《为人民服务》,《毛泽东选集》第3卷,人民出版社1991年版,第1004页。

⑤ 毛泽东:《为人民服务》,《毛泽东选集》第3卷,人民出版社1991年版,第1005页。

主义的动机和效果的统一论者。”①毛泽东批评了动机和效果关系问题上的错误观点——动机论和效果论，指出动机论是一般唯心论，其错误在于否认动机和效果的统一，只看到动机而否认效果；效果论即机械唯物论，其错误在于强调效果否认动机。毛泽东主张动机和效果的辩证统一，认为在道德评价上既要看动机又要看效果，要联系效果去看动机，结合动机去看效果，并且认为动机和效果统一于为人民大众谋利益的基础之上，必须使为大众的动机与被大众欢迎的效果统一起来。他说：“为大众的动机和被大众欢迎的效果，是分不开的，必须使二者统一起来。为个人的和狭隘集团的动机是不好的，有为大众的动机但无被大众欢迎、对大众有益的效果，也是不好的。”②毛泽东主张的动机和效果统一论，一方面坚持了马克思主义认识论的实践第一的观点，认为“社会实践及其效果是检验主观愿望或动机的标准”③，这就与唯心主义的动机论划清了界限；另一方面又把动机和效果的统一看作在实践基础上的一个辩证发展过程，强调“真正的好心，必须顾及后果，总结经验，研究方法”④，使好的动机收到好的效果，这就与不顾动机的机械唯物论根本区别开来。

(6)共产党人的品质。结合民主革命的伟大实践，毛泽东对共产党人的品质进行了概括和总结。毛泽东说：“一个共产党员，应该是襟怀坦白，忠实，积极，以革命利益为第一生命，以个人利益服从革命利益；无论何时何地，坚持正确的原则，同一切不正确的思想和行为作不疲倦的斗争，用以巩固党的集体生活，巩固党和群众的联系。”⑤又说：共产党员在八路军和新四军中，“应该成为英勇作战的模范，执行命令的模范，遵守纪律的模范，政治工作的模范和内部团结统一的

---

① 毛泽东：《在延安文艺座谈会上的讲话》，《毛泽东选集》第3卷，人民出版社1991年版，第868页。

② 同上。

③ 同上。

④ 毛泽东：《在延安文艺座谈会上的讲话》，《毛泽东选集》第3卷，人民出版社1991年版，第874页。

⑤ 毛泽东：《反对自由主义》，《毛泽东选集》第2卷，人民出版社1991年版，第361页。

模范。共产党员在和友党友军发生关系的时候,应该坚持团结抗日的立场,坚持统一战线的纲领,成为实行抗战任务的模范;应该言必信,行必果,不傲慢,诚心诚意地和友党友军商量问题,协同工作,成为统一战线中各党相互关系的模范。共产党员在政府工作中,应该是十分廉洁、不用私人、多做工作、少取报酬的模范。共产党员在民众运动中,应该是民众的朋友,而不是民众的上司,是诲人不倦的教师,而不是官僚主义的政客。共产党员无论何时何地都不应以个人利益放在第一位,而应以个人利益服从于民族的和人民群众的利益。因此,自私自利,消极怠工,贪污腐化,风头主义等等,是最可鄙的;而大公无私,积极努力,克己奉公,埋头苦干的精神,才是可尊敬的"①。共产党人的品质包括大公无私、忠诚积极、埋头苦干、谦虚谨慎、团结合作、信用诚实、正直勇敢、艰苦奋斗等等,而这是革命胜利的必要保证。

毛泽东伦理思想除了上述六个方面的主要内容以外,还有对爱国主义和国际主义的阐述,对共产主义道德修养的论述,对革命人道主义的论述,以及关于培养德智体全面发展的一代新人的论述,这些内容共同组成毛泽东伦理思想的体系结构,成为毛泽东伦理思想体系中不可或缺的组成部分。

2. 毛泽东伦理思想的基本特点

毛泽东伦理思想是马克思主义伦理思想与中国革命的具体道德实践及中国伦理文化的优秀传统的密切结合,是中国化的马克思主义伦理思想或马克思主义伦理思想的中国化,这是毛泽东伦理思想最为根本的特点。毛泽东之成为毛泽东就在于他特别善于把其主体的社会理想同社会运动的实践统一起来,他通晓中国的历史文化,深谙传统中国社会的内部结构以及各个阶级的处境,尤其是对占中国人口百分之九十以上的农民阶级的心理和愿望有深入的把握,且具有非凡的务实能力和创造智慧,这就使得他能将异域的马克思主义同中国革命的实际需要、同中国传统文化灵活地结合起来,使马克思主义思想转化为连村野百

① 毛泽东:《中国共产党在民族战争中的地位》,《毛泽东选集》第 2 卷,人民出版社 1991 年版,第 522 页。

姓也喜闻乐见的民族化的思维方法和语言形式，这是那些言称共产国际而把理论搞得貌似深奥、实质只能照搬马克思主义教条的自诩为“百分之百的布尔什维克”们所远远不能比拟的。在中国共产党内，有些人懂马克思主义却不懂中国的历史文化和中国革命的具体实际，有些人懂中国的历史文化和中国革命的具体实际却不懂马克思主义，只有毛泽东实现了两者的结合。他不仅能提纲挈领、总体把握并自如地运用马克思主义的基本原理，而且也能如鱼得水、灵活轻松地在浩瀚的中国文化传统中漫游。“当毛泽东在马克思主义范畴中思考现实课题时，他那意识深处的传统智慧和行为方式往往得到淋漓尽致的发挥；当他怀着伟大的民族感情一意要在尽可能短的时间内改造中国社会使之强大起来时，他确实又在自觉地同某些传统的价值观念实行决裂，并一意尊奉马克思主义提供的思想武器和社会目标。”①毛泽东把马克思主义中国化并不是把马克思主义和中国传统文化简单地相加，我们既不能把毛泽东所信仰主张的马克思主义当作是一种被他简化或外在工具化的东西，从而掩盖他对中国文化传统主线的深沉而持久的信仰，也不能简单地说他只深深扎根于马克思主义思想土壤，并仅仅用他对马克思主义的理论方法、价值观念的公开宣传和信仰来解释他的行为和思想特征。毛泽东把马克思主义中国化有他自身的特点，一是通过民族形式来实现马克思主义，赋予马克思主义普遍原理一种新鲜活泼的并为中国老百姓所接受的中国作风和中国气派，比如毛泽东全心全意为人民服务伦理思想的提出就是对马克思主义为人类谋福利思想的中国化改造；二是把中国历史和现实中的一些道德范畴和道德现象上升到马克思主义普遍原理的高度来说明和发挥，比如他在给张闻天的信中就肯定孔儒思想中也有一些真理性的因素，主张以马克思主义对之进行改造。他谈到孔子提出的智、仁、勇三达德时，便说：“智是理论，是思想，是计划、方案、政策，仁勇是拿理论、政策等见之实践时应取的一二种态度，仁像现在说的‘亲爱团结’，勇像现在说的‘克服困难’，但还有别的更重要的态度

① 陈晋：《毛泽东的文化性格》，中国青年出版社1991年版，第166－167页。

如像‘忠实’，如果做事不忠实，那‘知’只是言而不信，仁只是假仁，勇只是白勇。”[1]在1939年4月29日做的关于国民精神总动员的号召的讲话中，毛泽东说，对国家尽忠，对民族尽孝，我们赞成，这是古代封建道德，我们要改变它，发扬它，就是要特别忠于大多数人民，孝于大多数人民，而不是忠于少数人。对大多数人有益处的叫作仁，对大多数人利益有关的事情，处理得当，叫义。对农民的土地问题，工人的吃饭问题，处理得当，就是真正的行义者。[2] 毛泽东改造了孔孟儒家的仁义道德，主张爱人民恨敌人，认为对敌人的仁慈就是对人民的残忍，号召人民向鲁迅学习，“横眉冷对千夫指，俯首甘为孺子牛”。讲到气节，毛泽东在《别了，司徒雷登》一文中主张弘扬中华民族的骨气，但他对唐朝韩愈写的《伯夷颂》不以为然，认为韩愈颂的是一个对自己的国家民族不负责任、反对周武王讨伐殷朝、饿死于首阳山的伯夷，那是颂错了。我们应当写闻一多颂，朱自清颂，“闻一多拍案而起，横眉怒对国民党的手枪，宁可倒下去，不愿屈服。朱自清一身重病，宁可饿死，不领美国的救济粮”，“他们表现了我们民族的英雄气概”[3]。总之，毛泽东伦理思想既非原封不动的马克思主义，亦非儒家伦理文化的简单复归，它是一种对马克思主义伦理思想的创造性发展，这种创造既在马克思主义伦理思想的发展史上赢得了特殊地位，使马克思主义伦理思想实现了从西方到中国的转变，又在中国伦理文化的发展史上赢得了特殊地位，揭示出了中国伦理文化从传统到现代转变的一条有效途径。

具体来说，毛泽东伦理思想的基本特征还可从以下几个方面来认识：第一，理想主义与现实主义的统一。早在青年时代，毛泽东就提出了寓精神之个人主义于现实主义之中的自我实现论，强调把理想与现实结合起来。青年毛泽东崇拜的理想人格是像曾国藩那样既“传教”又“办事”的“圣人”，向往既立德又建功

---

① 毛泽东：《关于〈孔子的哲学思想〉一文给张闻天的信》，《毛泽东文集》第2卷，人民出版社1993年版，第163页。

② 中央档案馆编：《中共中央文件选集》第12册，中共中央党校出版社1991年版，第58－59页。

③ 毛泽东：《别了，司徒雷登》，《毛泽东选集》第4卷，人民出版社1991年版，第1495页。

的德业俱全。他曾说过:“要做马克思加秦始皇。”①渴望设立正确的理想目标与在实践中贯彻实施正确的理想目标的统一。在成为马克思主义者以后,毛泽东始终不曾改变浪漫情怀与务实能力相统一的个性。毛泽东具有党内一般的实干家所不具备的理想主义精神,在任何艰难困苦的场合都不会失去对未来的希望与信心。井冈山革命斗争时期当有人灰心失望,怀疑“红旗到底能打多久”时,毛泽东却坚信革命的高潮将再次出现,并用诗的笔调描绘了它的诱人景象:“它是站在海岸遥望海中已经看得见桅杆尖头了的一只航船,它是立于高山之巅远看东方已见光芒四射喷薄欲出的一轮朝月,它是躁动于母腹中的快要成熟了的一个婴儿。”②长征途中,毛泽东躺在担架上或骑在马上,想到的是“今日长缨在手,何时缚住苍龙”,是“安得倚天抽宝剑”,进而实现太平世界的“环球同此凉热”。抗日战争时期,毛泽东在延安的窑洞里写作《论持久战》,坚信中国是在为永久和平而战,最后胜利一定属于中国。毛泽东不仅是理想主义者而且也是现实主义者,他致力于中国现实的改造,强调实行,是一个特别能领会现实的内涵,懂得实践的作用的人。1919 年他在上海黄浦江边送别第一批去法国的朋友时说,要有人到外国去看些新东西学些新知识,好贡献给自己的国家;同时也要有人留在本国,好好研究中国的实际问题,读中国这本大书。他说他对中国问题还未能充分了解,愿意留在本国更好地做些研究。他十分重视从实际出发,强调要踏着人生社会的实际说话,主张做深入细致的调查研究工作。他在 1920 年 12 月给蔡和森的信中提出“理想固要紧,现实尤其要紧”的命题,认为无产阶级的当务之急是进行革命改变现实,而并非是停留在对理想的向往之上。井冈山革命斗争时期,毛泽东写下了《反对本本主义》的文章,提出“马克思主义不是教条而是行动的指南”和从实际出发、理论联系实际的观点,他说,“共产党的正确而不动摇的斗争策略,绝不是少数人坐在房子里能够产生的,它是要在群众的斗争过程中才能产生的,这就是说要在实际经验中才能产生。因此,我们需要时时了

---

① 陈登才:《毛泽东的领导艺术》,军事科学出版社 1989 年版,第 28 页。

② 毛泽东:《星星之火,可以燎原》,《毛泽东选集》第 1 卷,人民出版社 1991 年版,第 106 页。

解社会情况,时时进行实际调查”[①]。认为调查就像十月怀胎,解决问题就像一朝分娩,调查就是为了解决问题。

第二,阶级性与人民性的统一。毛泽东的伦理思想首先强调道德的阶级性,认为在阶级社会中,每一个人都在一定的阶级地位中生活,各种思想无不打上阶级的烙印。毛泽东指出:“世上绝没有无缘无故的爱,也没有无缘无故的恨。至于所谓‘人类之爱’,自从人类分化成为阶级以后,就没有过这种统一的爱。过去的一切统治阶级喜欢提倡这个东西,许多所谓圣人贤人也喜欢提倡这个东西,但是无论谁都没有真正实行过,因为它在阶级社会里是不可能实行的。”[②]阶级社会里只有阶级的爱而无超阶级的爱。毛泽东强调区分敌和友,指出我们的革命要有不领错路和一定成功的把握,不可不注意团结我们真正的朋友,以攻击我们真正的敌人。他主张对人民以爱,对敌人以恨,我们不能爱敌人,不能爱社会的丑恶现象,我们的目的是消灭这些东西。马克思主义基本原理中对毛泽东影响最大的是阶级斗争观念和阶级分析方法,毛泽东运用得最自如和最多的也是马克思主义的阶级斗争学说。毛泽东伦理思想,除带有鲜明的阶级性以外,还有突出的人民性。毛泽东把为人民服务视作共产主义道德的基本原则的集中体现,指出共产党人的一切言论行动,必须以合乎最广大人民群众的最大利益,为最广大人民群众所拥护为最高标准,强调共产党的责任是向人民负责,每句话,每个行动,每项政策都要适合人民的利益,为人民谋福利。毛泽东伦理思想的人民性集中地体现在他对农民问题的了解与关注上。由于农民而不是资产阶级成为革命的主体力量,这就决定了中国革命必须依靠和挖掘农民身上的革命潜力,调动农民群众的革命积极性。毛泽东对农民阶级的心理和愿望有一种异乎寻常的了解,他理解农民,了解农民。农民作为一种支柱、一股力量深深处于叱咤风云、气吞山河的毛泽东的心灵深处。在感情上,在气质上,他与中国的农民有一种割舍不断的联系,诸如他相信“农民的眼睛,全然没有错的”,“农民的举动,完

① 毛泽东:《反对本本主义》,《毛泽东选集》第 1 卷,人民出版社 1991 年版,第 115 页。

② 毛泽东:《在延安文艺座谈会上的讲话》,《毛泽东选集》第 3 卷,人民出版社 1991 年版,第 827 – 828 页。

全是对的”，认为中国革命必须团结和依靠绝大多数农民，以解决农民的土地问题及其他问题为主要内容。毛泽东在相信农民、肯定农民、了解农民的基础上发展起了其思想中最有特色的部分——群众史观和群众路线，提出“历史是人民创造的”和“一切从人民的利益出发”“从群众中来，到群众中去”的著名论断，充分显示了毛泽东伦理思想的人民性。

第三，爱国主义与国际主义的统一。无产阶级所具有的历史使命，在各国生产力及相应的其他社会生活条件尚未趋于一致之前，在各民族间隔离和对立状况尚未消失之前，无产阶级还只能是民族的，以本民族为主要活动场所反对和推翻本国资产阶级。但另一方面，资本是一种国际力量，各国无产阶级的状况又是国际性的，在这样的条件下，无产阶级不能不要求本阶级的成员及其领导下的本族人民，在处理个人和祖国整体的利益关系中，在自己民族、国家与其他民族、国家的利益关系中采取正确的态度和合宜的行为。爱国主义和国际主义就是这种环境及其客观要求的反映和表现。毛泽东指出：“国际主义者的共产党员，是否可以同时又是一个爱国主义者呢？我们认为不但是可以的，而且是应该的。……中国共产党人必须将爱国主义和国际主义结合起来。我们是国际主义者，我们又是爱国主义者，我们的口号是为保卫祖国反对侵略者而战，……因为只有为着保卫祖国而战才能打败侵略者，使民族得到解放。只有民族得到解放，才有使无产阶级和劳动人民得到解放的可能。中国胜利了，侵略中国的帝国主义者被打倒了，同时也就是帮助了外国的人民。因此，爱国主义就是国际主义在民族解放战争中的实施。”①毛泽东的伦理思想，一方面主张弘扬中华民族在悠久历史文化基础上产生和发展起来的爱国主义精神，主张“为保卫祖国流最后一滴血”，倡导共产党人做爱国主义的模范，另一方面又从共产主义事业出发，主张把爱国主义与国际主义统一起来，反对狭隘的民族主义，号召大家向国际主义战士白求恩学习，做国际主义的模范。“我们要和一切资本主义国家的无产阶级联合起来，要和日本的、英国的、美国的、德国的、意大利的以及一切资本主义国家

① 毛泽东：《中国共产党在民族战争中的地位》，《毛泽东选集》第 2 卷，人民出版社 1991 年版，第 520 – 521 页。

的无产阶级联合起来，才能打倒帝国主义，解放我们的民族和人民，解放世界的民族和人民。”①毛泽东在他一生的奋斗中，始终用爱国主义和国际主义相统一的道德观点教育中国人民，倡导既立足本国又放眼世界，以爱国主义实现国际主义的伦理要求，以国际主义生发爱国主义的伦理行为，使爱国主义和国际主义在新的起点和基础上统一起来。

3. 毛泽东伦理思想的历史地位

毛泽东伦理思想是毛泽东思想一个十分重要的组成部分，毛泽东伦理思想是马克思主义伦理思想的中国化，它的形成发展在中国土地上实现了从西方传来的马克思主义伦理文化与中国革命的道德实践及中国伦理文化优秀传统的结合，不仅使马克思主义伦理思想获得了新的发展，成为马克思主义伦理思想发展史上的一种新的提升，而且使中国伦理文化发生了根本性的革命变革，形成中国伦理思想史上拔地而起的一座高峰，架通了由传统伦理向现代化的伦理过渡的现实的桥梁。毛泽东伦理思想在人类伦理发展史上具有极其重要的历史地位和历史意义。

毛泽东伦理思想的独特贡献是实现了马克思主义伦理学的一般原理与中国革命的道德实践及中国伦理文化优秀传统的结合。这种结合不是对马克思主义伦理思想的简单移植，也不是马克思主义伦理思想与中国传统的伦理思想的糅合或混合，而是在完整准确地把握马克思主义伦理思想基本精神的基础上的一种卓越的创造。即以马克思主义伦理文化为指导来审视和重估中国伦理文化，对中国伦理文化做出辩证唯物主义的理解与分析进而扬长避短；同时以马克思主义伦理文化的基本精神来指导中国革命过程中的道德建设，既注重保持民族道德的特色又将其纳入共产主义道德的轨道。这种创造性的结合使毛泽东伦理思想获得了理论与实践相统一、历史和现实相统一的品格，从而揭开了中国乃至世界伦理文化史上空前辉煌的一页。古今中外的历史上，没有一个人的伦理思

① 毛泽东：《纪念白求恩》，《毛泽东选集》第 2 卷，人民出版社 1991 年版，第 659 页。

想能像毛泽东伦理思想那样拥有如此多的信奉者和实践者,它在影响几代人、十几亿人口道德生活方式的同时使其自身获得了超时空的力量,因此毛泽东伦理思想不再是一个单独的人的伦理思想,毛泽东的意志“不再是他青年时代苦苦呼唤的巨大伟人的意志,不再是他青年时代大力提倡的圣贤精神,不再是如红日孤悬在浩渺天际中透射出来的神秘的本源力量,而是象征着一个民族的智慧、冲动和毅力,象征着一个国家的历史、现实和理想。是博大精深的民族精神养育了他,创造了他,是20世纪前半叶苦难的中国召唤着他”①。毛泽东伦理思想是中华民族伦理精神的卓绝代表,是东方伦理思维和伦理智慧的象征,它的精义已化为炎黄子孙的行动信念,转为龙的传人的价值追求。毛泽东伦理思想将继续指导中国人民的道德实践和中国现阶段的伦理建设,成为中国人民建设新的伦理文化的推动力量。

也许,同毛泽东的政治思想、经济思想、军事思想和文化思想相比,毛泽东伦理思想更会有它独特的精神魅力和相对永恒的意义。这其中的原因不仅在于它深入地洞见了人生的真义,发现了人生的真精神,而且在于它将人类伦理关系的思考纳入全新的价值框架,赋予至善至美的精神品性,从而照彻了伦理建设的漫漫通途。或许我们可以说,游击战运动战会随着现代军事科学和战争技术的发展而成为历史,但是“人总是要有一点精神”和“为人民服务”的伦理信念却永远不会也不应该成为历史。如果毛泽东伦理思想连同它的价值内核真的完全成为历史,那既是我们民族的不幸也是人类的不幸。随着社会现代化进程的加快,伦理高于经济、高于政治的伦理化色彩自会减弱,但这丝毫不意味着人类不需要伦理甚至不需要自己的精神生活和人格。从人类文明发展的总流程上看,越是社会的现代化就越需要人格的现代化和伦理的现代化。健康的精神生活和新型合理的伦理道德始终是人类抵御物质化和工具化的有效武器。不管人类的物质文明发展到何种程度,人类总有肯认公正、平等、仁爱的价值的必要,而不至于去讴歌奢侈、浪费进而反对勤劳,反对进取,反对创造。就此一意义上讲,毛泽东伦理思想自会与中国人民的道德生活同在,永垂不朽!

---

① 陈晋:《毛泽东的文化性格》,第222页。

毛泽东伦理思想是中国革命的宝贵财产，是整整一代中国人精神生活的横断面。毛泽东伦理思想的滋润催开了井冈山的精神之花和延安的精神之花，形成了名闻遐迩的井冈山精神和延安精神。井冈山革命斗争时期，红军战士吃红米饭、喝南瓜汤、睡门板、盖稻草，却精神振奋、斗志昂扬。当时流行一首歌谣，“红米饭，南瓜汤，秋茄子，味好香，餐餐吃得精光；干稻草，软又黄，金丝被儿盖身上；不怕北风和大雪，暖暖和和入梦乡”，形象地描绘了红军战士以苦为荣、以苦为乐的革命乐观主义精神和英雄气概。延安时期，由于共产党人和八路军战士大公无私，勇于为民请命，保家卫国，使延安迅速成为一代青年向往、崇拜的革命圣地。艾青曾写诗描绘延安的精神风貌：“在这些山沟里有什么秘密，把它们向世界宣布吧——我们的政府不进行财政的偷窃，没有购买外汇的官吏，没有侵吞公款的职员，没有私带金条乘飞机到外国去的人，没有因大家消瘦而肥胖起来的家伙。……一切为了反对法西斯主义，为了几万万人民的自由与幸福，为了这个古老的国家的独立与解放，……所有的人们团结在信仰的周围，一切的技术组织在共同的目的里，人人获得了自由、博爱与平等。”[①]在毛泽东伦理思想的指引与哺育下，中国共产党内涌现出一大批杀身成仁、舍生取义的民族英雄：张思德、刘胡兰、董存瑞、江竹筠……他们正是为了“东风浩荡人欢笑”，面对着千重艰险不辞难，“正为了祖国解放红日照大地，愿将这满腔热血染山川”，“不贪慕荣华富贵，不留恋安乐温暖，威武不屈贫贱不移，百折不挠志如山”，“一生战斗为革命，不觉辛苦只觉甜”。[②] 从某种意义上说，中国革命的伟大胜利是毛泽东伦理思想的伟大胜利，是毛泽东伦理思想孕育出来的革命精神和共产主义道德的伟大胜利。

总之，毛泽东伦理思想是马克思主义伦理思想发展史上的一朵璀璨夺目的奇葩，是中国马克思主义伦理思想发展的关键性环节和核心点，也是中国马克思主义者对世界伦理做出的伟大贡献。

---

① 艾青：《艾青诗选》，人民文学出版社 1955 年版，第 195 - 197 页。

② 参阅歌剧：《江姐》“我为共产主义把青春献”一段歌词。

四、邓小平伦理思想

邓小平(1904—1997)伦理思想是邓小平中国特色社会主义理论的重要组成部分,是社会主义初级阶段党、国家和人民伦理实践经验的科学总结和集体智慧的结晶。它具有极为丰富而又深刻的内涵,是马克思主义伦理学原理与中国当代改革开放的道德实践有机地结合起来并获得新的发展的产物。如果说毛泽东伦理思想实现了马克思主义伦理观念与中国革命的道德实践的有机结合,那么邓小平伦理思想则实现了马克思主义伦理学的基本原理与社会主义建设的道德实践的有机结合。邓小平伦理思想从宏观上揭示了中国社会主义初级阶段伦理活动和伦理建设的发展规律,它为马克思主义伦理思想的发展注入了新的活力,已经成为并将继续成为中国社会主义伦理文化建设的理论指南。

1. 改革创新性道德观

邓小平作为中国改革开放的总设计师,他比其他人更了解中国特别是传统计划经济模式对中国经济文化发展所造成的弊端,他身受几次"左"倾错误的冲击也使他比其他人更能深刻认识"左"倾错误路线所造成的危害。因此,1977 年他再度复出后不失时机地向全党全国人民提出了改革的任务,将发展社会生产力、建设现代化强国的目标提到了全党全国人民面前。在邓小平看来,改革是解放生产力,是对社会主义的完善,不是对社会主义制度的否定。新中国成立后 30 年正反两方面的经验教训使邓小平意识到贫穷不是社会主义,相反,社会主义就是要消灭贫穷,取得比资本主义更快更高的劳动生产率和社会效益。邓小平指出:不坚持改革开放,不发展经济,不改善人民生活,是没有出路的。一个真正的马克思主义政党在执政后的根本任务即是要改变同生产力发展不相适应的生产关系和上层建筑,改变一切阻碍生产力发展的管理方式、活动方式和思想方式,解放和发展社会生产力。改革是社会发展的必然结果,改革包括经济体制和政治体制及其他思想文化观念的改革。

在邓小平看来,从某种程度上说,要不要改革,敢不敢改革,本身不仅是一个经济问题、政治问题,而且也是一个伦理道德问题。处在社会主义初级阶段的中国人民应主动投身于改革的时代洪流,向一切妨碍社会生产力发展的旧体制、旧方式、旧观念勇敢地挑战。中国改革开放是在解放思想、实事求是的思想上拨乱反正中起程的,同时也是在解放思想、更新观念中进行的。解放思想,更新观念贯穿中国改革开放的全过程,制约和影响着改革的方方面面。它是一种崭新的道德观念,也是一种非凡的道德行为和道德实践。

邓小平的改革创新性道德观从其具体内容来看大致包含以下几个方面:

(1)贫穷不是社会主义。邓小平认为,社会主义如果长期贫穷而且贫穷日益普遍化,那么它不仅没有优越性,而且一切死灰复燃的东西如旧的习俗、旧的道德会把社会主义毁灭掉。改革以前,人们在"左"倾思潮的影响下,把贫穷当作革命的标志、光荣的象征,把富裕视为反动的标志、耻辱的象征。因此"越穷越革命""富则变修"的谬论甚嚣尘上,贫穷被道德神圣化了。这种被扭曲了的荣誉观使整个民族都失去了发展经济、脱贫致富的动力和热情。邓小平复出之后,在人们思想还没有普遍解放的条件下,以马克思主义理论家的气魄,向全党全国人民呐喊:贫穷不是社会主义。邓小平指出:"我们的政治路线就是搞社会主义现代化建设。'四人帮'提出宁要穷的社会主义,不要富的资本主义,社会主义如果老是穷,它就站不住。"①1984 年 6 月,他在会见第二次中日民间人士会议日方委员会代表团时发表谈话:"社会主义要消灭贫穷。贫穷不是社会主义更不是共产主义。"②社会主义的优越性就是要逐步发展生产力,逐步改善人民的物质、文化生活。1985 年 4 月,他在会见坦桑尼亚姆维尼时又说:"社会主义的首要任务是发展生产力,逐步提高人民的物质和文化生活水平。从一九五八年到一九七八年这二十年的经验告诉我们:贫穷不是社会主义,社会主义要消灭贫穷。不发

---

① 邓小平:《思想路线政治路线的实现要靠组织路线来保证》,《邓小平文选》第 2 卷,人民出版社 1994 年版,第 191 页。

② 邓小平:《建设有中国特色的社会主义》,《邓小平文选》第 3 卷,人民出版社 1993 年版,第 63 - 64 页。

展生产力,不提高人民的生活水平,不能说是符合社会主义要求的。”[①]这里,他已把消灭贫穷看作是社会主义的使命。1987年4月30日,在会见西班牙副首相格拉时,邓小平又进一步指出,“文革”十年中,“许多怪东西都出来了,要人们安于贫困落后,说什么宁要贫困的社会主义和共产主义,不要富裕的资本主义。这就是‘四人帮’搞的那一套。哪有什么贫困的社会主义、共产主义!马克思主义的理想是实现共产主义。……马克思主义讲的共产主义是物质产品极大丰富的社会”[②]。邓小平的“贫穷不是社会主义”完整地论述了贫穷与社会主义的本质不相容,世界上没有贫穷的社会主义;社会主义虽然诞生在相对贫穷、落后的国家,但社会主义本身并不包含贫穷,因此社会主义必须尽快摆脱贫穷,加大发展生产力的步伐。

(2)反对平均主义,主张一部分地区、一部分人通过合法经营、诚实劳动先富起来。平均主义是中国传统的道德观念。邓小平认为,改革就是要破除平均主义的束缚,不打破平均主义,就不能解放生产力,调动起人们的生产积极性、主动性和创造性。他说:“不能搞平均主义,不能吃大锅饭。在一个研究所里,好的研究员的工资可以比所长高。在一个学校里,好的教授的工资可以比校长高。这样才能鼓励上进,才能出人才。”[③]在现实生活中,我们要打破平均,鼓励冒尖,不能为了照顾上下左右平衡,人才与非人才、贡献大的与贡献小的一样拉平,毫无区别。为了打破平均主义,邓小平多次强调指出,要“允许一部分地区、一部分企业、一部分工人农民由于辛勤努力成绩大而收入先多一些,生活先好起来”,并认为,一部分地区和一部分人先富起来,“就必然产生极大的示范力量,影响左邻右

---

① 邓小平:《政治上发展民主,经济上实行改革》,《邓小平文选》第3卷,人民出版社1993年版,第116页。

② 邓小平:《吸取历史经验,防止错误倾向》,《邓小平文选》第3卷,人民出版社1993年版,第227－228页。

③ 邓小平:《高级干部要带头发扬党的优良传统》,《邓小平文选》第2卷,人民出版社1994年版,第224页。

舍,带动其他地区、其他单位的人们向他们学习。”①如果硬要大家一同富,那只能压抑一部分人的生产积极性,助长大多数人的依赖思想和懒惰思想,最后导致普遍的贫穷。

(3)提倡竞争和敢冒风险、奋力开拓、勇于创造的精神。在邓小平看来,竞争和敢冒风险是具有民族自尊心、自信心和自强不息精神的体现,中国人应当满怀信心地参与世界范围内的经济文化竞争,自立于世界民族之林,把自己的国家建设成世界经济文化强国;竞争和敢冒风险也是推动社会向富强、民主、文明方向发展的动力,通过竞争可以促使人们努力降低成本、革新技术、改革创新、创造出充裕的物质财富和新鲜活泼的社会风尚;竞争和敢冒风险还能促使国家、社会和个人的智力开发,促使人们形成以事业为中心的新型关系,产生和诱发出进取开拓的文明道德。邓小平要求当代中国人“勇于思考、勇于探索、勇于创新”,在激烈的国际经济文化竞争中大显身手,充分发挥自己的聪明才智和独创性,用自己的竞争意识和敢冒风险的精神结出有益于社会和人民的丰硕之果。

(4)尊重知识、尊重人才。知识和人才是人类社会文明的重要标志和成果。邓小平多次强调,全党全社会都要真正尊重知识,真正发挥知识分子的作用。“一定要在党内造成一种空气:尊重知识,尊重人才。”②邓小平认为,科学技术是第一生产力,知识和人才是最宝贵的社会财富。只有尊重知识、尊重人才,才能实现科学技术的现代化进而实现工业、农业和国防的现代化,才能促进社会生产力的发展,繁荣我国的经济和文化建设。尊重人才不仅要从政治上尊重他们,把他们视作工人阶级的一部分和国家的主人,而且要从思想感情和精神上尊重他们,把他们当作国宝、财富,尊重他们的劳动成果和人格,同时还要从工作条件和物质利益上关心他们。正是在邓小平尊重知识、尊重人才思想的指引下,中华大地逐渐形成了尊重知识、尊重人才的浓厚风气,从而极大地调动了成千上万人才的创造性和积极性,为中国的社会主义现代化建设做出了举世瞩目的贡献。

---

① 邓小平:《解放思想,实事求是,团结一致向前看》,《邓小平文选》第2卷,人民出版社1994年版,第152页。

② 邓小平:《尊重知识,尊重人才》,《邓小平文选》第2卷,人民出版社1994年版,第41页。

(5)职、权、责、利一体化。邓小平认为,改革就是要实现职、责、权、利四者的有机结合,有什么职、责、权就享受什么待遇、利益、报酬。要根据人们工作成绩的大小、好坏,有赏有罚,有升有降。有什么劳动能力就安排什么职务,有什么职务就分配什么权力,有什么职权就负什么责任,真正做到有职有权有责,并将其同利密切联系起来。

邓小平改革创新性道德观,除了上述五个方面外,还有既重效率亦重公平等等。这些道德观念的提出和在社会生活中的施行,强有力地冲击着传统的道德观念,使中国人民的道德观念正在发生着深刻的革命变革。

2. 社会主义伦理学说

邓小平中国特色社会主义理论内在地包含着中国特色的社会主义伦理学说。建设中国特色的社会主义伦理文化的理论是邓小平伦理思想的核心内容,也是邓小平对马克思主义伦理思想的卓越贡献。

长期以来,在对待社会主义与资本主义本质的界定上,人们有过无数的争论,甚至把本不属于社会主义本质的东西一律视为社会主义的本质,把本不属于资本主义本质的东西一律视为资本主义的本质,陷入了姓"社"姓"资"的"戈尔迪之结"中,"剪不断,理还乱"。姓"社"姓"资"的争论使中国人民浪费了许多宝贵的时间,丧失了许多绝好的机会。人们谈资色变,畏首畏尾,以致长期处于落后状况,被时代大潮远远地抛在了后边。正是在历史的关节点上,邓小平以他非凡的马克思主义理论气概和无产阶级革命家、战略家的勇气和胆识,解开了姓社姓资的"戈尔迪之结",捅破了市场经济与计划经济之间隔着的一层"窗户纸",指出市场不等于资本主义,计划不等于社会主义,资本主义也有计划经济,社会主义理应有市场经济。计划和市场都只是经济运行的手段,是资源配置、组合的方式。建设中国特色的社会主义需要正确认识社会主义的本质,正确认识资本主义与社会主义的辩证关系,不要被一些抽象的姓社姓资的争论束缚了自己的手脚。在邓小平看来,判断姓社姓资的标准是看是否有利于发展生产力,是否有利于提高综合国力,是否有利于人民生活水平的提高。社会主义的本质是发展生产力,消灭贫穷,最终实现共同富裕。

邓小平的社会主义伦理学说包含以下基本点：

(1)社会主义初级阶段的伦理道德建设理论。在社会主义发展阶段上，邓小平指出我国还处在社会主义初级阶段，生产力不发达，经济文化较为落后。如果说社会主义初级阶段还存在着以公有制为主体的多种经济成分，以按劳分配为主要形式的多种分配形式，那么反映在人们的精神生活和道德生活中就必然出现一个多层次、多形式、多取向的复杂的状态，形成一种多种道德并存、社会主义道德在斗争中逐步取代其他旧道德观的多元动态的网络型社会道德结构。因此社会主义初级阶段的伦理道德建设一定要从实际出发，鼓励先进，照顾多数，把先进性的要求同广泛性的要求结合起来，形成凝聚亿万人民的强大精神力量。邓小平指出，社会主义的伦理道德建设，既要注意针对不同道德觉悟的人们提出不同的行为要求，又要注意鼓励他们向更高的道德层次努力攀登；既要肯定人们在分配方面的合理差别，反对小生产者的平均主义道德观念，又要鼓励人们发扬国家利益、集体利益、个人利益相结合的社会主义集体主义精神，发扬顾全大局、诚实守信、互助友爱和扶贫济困的精神。在全社会形成一个以共产主义道德为指导，以社会主义道德为主体，坚决抵制和清除封建主义道德、资本主义道德影响的社会主义道德教育内容的系列体系。

(2)社会主义功利主义理论。邓小平指出："革命精神是非常宝贵的，没有革命精神就没有革命行动。但是，革命是在物质利益的基础上产生的，如果只讲牺牲精神，不讲物质利益，那就是唯心论。"①人们奋斗所争取的一切，都同他们的利益相关。道德原则一旦离开物质利益就会使自己出丑。邓小平直截了当地肯定了社会主义的物质利益原则，明确地指出了在社会主义历史时期，国家要讲物质利益，追求国富，人民群众要讲物质利益，追求民富。因此，"不讲多劳多得，不重视物质利益，对少数先进分子可以，对广大群众不行"②。1980 年 8 月，邓小平在回答意大利记者奥琳埃娜·法拉奇关于共产主义是否也承认个人利益的问

① 邓小平：《解放思想，实事求是，团结一致向前看》，《邓小平文选》第 2 卷，人民出版社 1994 年版，第 146 页。

② 同上。

题时，做了肯定的回答“承认”。并且认为共产主义“将更多地承认个人利益，满足个人的需要”[①]。同时，邓小平又主张克服狭隘的功利主义，反对任何形式的利己主义和个人主义。邓小平指出：“我们提倡按劳分配，承认物质利益，是要为全体人民的物质利益而奋斗。每个人都应该有他一定的物质利益，但是这绝不是提倡各人抛开国家、集体和别人，专门为自己的物质利益而奋斗，绝不是提倡各人都向‘钱’看。”[②]社会主义功利主义要兼顾全中国人民的物质利益，着眼于绝大多数人的最大幸福。邓小平要求中国人民正确认识和解决社会整体利益与个人利益的关系，指出：“在社会主义制度下，个人利益要服从集体利益，局部利益要服从整体利益，暂时利益要服从长远利益，或者叫作小局服从大局，小道理服从大道理。我们提倡和实行这些原则，绝不是说可以不注意个人利益，不注意局部利益，不注意暂时利益，而是因为在社会主义制度下，归根结底，个人利益和集体利益是统一的，局部利益和整体利益是统一的，暂时利益和长远利益是统一的，我们必须按照统筹兼顾的原则来调节各种利益的相互关系。如果相反，违反集体利益而追求个人利益，违反整体利益而追求局部利益，违反长远利益而追求暂时利益，那末，结果势必两头都受损失。”[③]从总体上讲，个人利益和集体利益是统一的，但从一定时期和一定阶段上看，个人利益和集体利益又是存在矛盾的。这是因为个人利益和集体利益是社会主义利益体系内部一组既相互联系又互相独立、存在着矛盾的利益形式。当个人利益与集体利益发生矛盾的时候，个人利益要自觉地服从国家和集体的利益，而不是违反集体利益而追求个人利益。邓小平还认为，当个人利益与集体、国家利益发生矛盾时，不仅要讲服从，还要讲兼顾，要按照统筹兼顾的原则来调节各种利益的相互关系，使出让利益的一方损失减少到最低限度，保证个人利益随集体、国家利益的增长而增长，切不可把服

---

① 邓小平：《答意大利记者奥琳埃娜·法拉奇问》，《邓小平文选》第 2 卷，人民出版社 1994 年版，第 351 – 352 页。

② 邓小平：《党和国家领导制度的改革》，《邓小平文选》第 2 卷，人民出版社 1994 年版，第 337 页。

③ 邓小平：《坚持四项基本原则》，《邓小平文选》第 2 卷，人民出版社 1994 年版，第 175 – 176 页。

从当作一种无限制的盲目行为,不能使个人利益因服从集体利益和国家利益而受到严重或不必要的损害。

(3)社会主义人道主义理论。邓小平认为,人道主义各式各样,我们应当进行马克思主义的分析,宣传和实行社会主义的人道主义,批评资产阶级的人道主义。社会主义人道主义是社会主义社会生活中处理人与人之间关系的一项伦理原则和道德规范,是社会主义国家、社会主义社会对人民的权利、利益、人格的尊重和关心,以及绝大多数人对共同利益的共同关心和人民群众之间的相互尊重。社会主义人道主义要求尊重每个普通人的价值与尊严,关心每个人的生存、生活、成长与发展,并且要求爱人民、恨敌人,同危害人民群众利益和国家整体利益的现象和行为进行坚决的斗争。在邓小平看来,社会主义社会中人与人之间的关系是平等互助的,任何人在与他人的关系上都不能享有特权,我们的各级领导干部都是人民的勤务员,领导的本质就是为人民服务,因此我们必须反对各种形式的官僚主义,反对以强凌弱、以大欺小、以壮欺老的不人道主义行为。邓小平认为,只有同那些危害人民利益的不人道现象做斗争,才能更好地坚持和贯彻社会主义人道主义。

(4)社会主义国民公德理论。邓小平认为,社会主义社会的国民公德是"爱祖国,爱人民,爱劳动,爱科学,爱护公共财物"。这"五爱"是每一个中国公民都必须遵守的行为准则,是全中国各行各业人们的共同道德规范。邓小平把"爱祖国"列为最主要的国民公德,他在许多文献、讲话中都明确要求人们热爱祖国、热爱社会主义新中国,要求人们用爱国主义来规范自己的行为,尊重自己的国家和民族,诚心诚意拥护祖国,把我国建设成为现代化的伟大的社会主义强国,绝不做任何有损国格和人格的事。爱人民是爱祖国的重要表现,也是社会主义时期最基本的道德规范。只有深深地热爱人民,才能够更好地践行社会主义道德。爱人民就是要尊重人民的意志、愿望和人格,关心人民的利益和疾苦,虚心听取人民群众的意见和呼声,勇于同一切危害人民的邪恶现象做斗争。爱劳动就是要热爱并努力做好自己的本职工作,尽快提高自己的劳动素质和劳动技术,在劳动实践中充分发挥自己的主动性和创造性,并自觉地遵守劳动纪律,勇于参加社会主义劳动竞赛。爱科学不仅要求有为我国的四化建设而学习科学文化知识、掌握科学技术的热切愿望，而且要求刻苦钻研科学技术，以顽强的毅力奋发努力锐意进取，并把自己所学的科学知识和技术无条件地运用到四化建设的实践中去，努力为人民造福。爱护公共财物要求人们廉洁奉公、艰苦节约，珍惜公共财物，反对铺张浪费，反对损公肥私，同一切损害和破坏公共财产的坏人坏事做斗争。

邓小平的社会主义伦理学说，内容十分丰富深刻，是我们建设中国特色的社会主义精神文明和伦理文明的重要理论指南，同时也是对马克思主义、毛泽东思想的一个大发展。

3.“四有”新人与“三个面向”

邓小平根据社会主义初级阶段的历史任务及其战略目标，创造性地提出了培养“四有”新人的理论并以此作为社会道德教育和人们道德修养的目标。所谓“四有”新人是指适应建设社会主义现代化强国的需要，培养“有理想、有文化、有道德、有纪律”的一代社会主义新人。“四有”新人是现阶段全国各族人民都应努力追求的理想人格，它具有全面发展的理论蕴意与时代品格。

在邓小平看来，理想是人生的精神支柱，是人们对未来社会及人自身的发展的向往和追求。理想是人们以现实的可能性为内在根据的关于美好未来的构思或设计，包括社会理想和人格理想两个方面。理想特别是科学的理想是人的社会本质和主体性的确证，人作为能动的社会存在物首先通过理想表现出来，理想是人们不甘于现状并立志改变现状的心理基础，是人生的航标和指路明灯。理想一经确立，它就可以使人方向明确、精神振奋，不论前进的道路如何曲折、斗争环境如何复杂，它都可以使人透过乌云和阴霾，看到未来的希望和曙光，永不迷失自己的方向。邓小平认为，有理想主要是指有建设社会主义、实现共产主义的理想，他说，有理想就是“有马克思主义信念，有共产主义信念。我们干的是社会主义事业，最终目的是实现共产主义”①。共产主义的理想是我们的精神支柱。

① 邓小平：《一靠理想二靠纪律才能团结起来》，《邓小平文选》第 3 卷，人民出版社 1993 年版，第 110 页。

我们不仅要用共产主义的理想教育人民,更要用共产主义理想教育下一代,使他们树立共产主义的远大理想,这是社会主义建设事业必然要胜利的根本保证。

有文化是指在建设社会主义的伟大实践中要求人们认真学习马克思主义、毛泽东思想,学习各类社会科学人文科学知识,努力钻研现代科学技术,使人民成为有高度文化素养并能用人类创造的全部知识财富来丰富自己头脑的人。邓小平认为,现代科学文化知识是我们建设四个现代化的强大力量。没有文化的军队是愚蠢的军队,没有文化的人民是愚蠢的人民,而愚蠢的人民是不能完成建设社会主义现代化强国的历史任务的。他在全国科学技术工作会议上的讲话中指出,科学技术是生产力,“我很高兴,现在连山洞里的农民都知道科学技术是生产力”①。农民把科技人员看作是帮助自己脱贫致富的亲兄弟。他对“文化大革命”中林彪、“四人帮”批判“白专路线”、鼓吹“宁要社会主义的草,不要资本主义的苗”不以为然,认为那是愚昧的象征、反动的标志。如果一个国家的人民都是文盲加白痴,何谈建设社会主义的“红”?“红”如果不与“专”结合起来,又何能呈现?!那样的“红”于国于民有何助益?!在邓小平看来,只有不断地提高中华民族的科学文化素质,掌握社会主义建设所需要的文化知识和科学技术,才能实现建设现代化的社会主义强国的总目标和总任务,才能振兴我们的民族和国家。

有道德是指在建设社会主义现代化强国的伟大实践中,人们能够按照社会主义道德和共产主义道德的标准来要求自己,正确处理人与人、人与社会之间的各种利益关系,做一个思想纯正、品德崇高的社会主义新人。道德是调整人与人之间、个人与集体、个人与国家以及集体与集体之间关系的心理意识、原则规范和行为活动的总和。道德规范着人们行为,是评判人们的行为品质、道德人格的标尺,它具有强大的权威和力量。道德,是富有的物质财富所替代不了的,它具有恒常的功能,无量的价值。邓小平主张“用共产主义道德约束共产党员和先进分子的言行”,在全社会普遍推行和实践社会主义道德,深入批判并坚决摒弃“自私自利的利己主义”道德观,“批判和反对资产阶级损人利己、唯利是图,‘一

---

① 邓小平:《改革科技体制是为了解放生产力》,《邓小平文选》第3卷,人民出版社1993年版,第107页。

切向前看'的腐朽思想”。邓小平认为,“没有共产主义道德,怎么能建设社会主义?”在当代建设社会主义物质文明的伟大征途中,“党员尤其是党的高级负责干部,就愈要高度重视、愈要身体力行共产主义思想和共产主义道德”①。

有纪律是有道德的直接表现。纪律是指一定的社会组织所制定和要求该组织的成员必须共同遵守的行为规则,是维护该组织的存在和发展的必要条件。有纪律要求我们每一个中国人都必须遵守社会主义的经济纪律、政治纪律、组织纪律、劳动纪律。邓小平认为,遵守纪律的最高标准,是真正维护和坚决执行党的政策、国家的政策。党的政策是党的路线、方针的具体化,是党和人民的根本利益所在。为了维护党和人民的利益,我们必须遵守纪律。革命的纪律是实现理想,讲究道德的保证。遵守革命纪律是具有社会主义理想和道德的表现。有纪律的人才能自完其身,做一个人格高尚的人。

邓小平的“四有”是一个相互联系、相互补充、有机联系的整体,它们共同体现了社会主义新人的完整内涵。四有新人理论的提出,是对马克思主义伦理学的重大贡献,对激励中国人民更好地进行自我教育和自我修养,更好地建设中国特色的社会主义,无疑具有重大的理论意义和现实意义。

不仅如此,邓小平还主张在造就社会主义四有新人的实践中要认真贯彻“面向世界、面向未来、面向四个现代化”的方针。在邓小平看来,当代科学技术的迅猛发展,传播工具的现代化,使得国际间的交流日趋活跃,任何一个国家关起门来搞建设的历史已经过去;当今一个世界、一个市场、两种制度并存和竞争的新格局,也使我们必须把目光投向世界。我们要在面向世界、面向未来、面向四个现代化的起点上来设计我们的人格理想,大胆地吸收和借鉴人类创造的一切伦理文化成果,真正使自己成为具有开放意识,符合时代要求的跨世纪的复合型人才。

---

① 邓小平:《贯彻调整方针,保证安定团结》,《邓小平文选》第2卷,人民出版社1994年版,第367页。

4. 邓小平伦理思想的独特风格

江泽民在中国共产党第十四次全国代表大会上的报告中高度评价了邓小平作为中国特色社会主义设计师的地位和作用，指出邓小平同志表现出了开辟社会主义建设新道路的巨大政治勇气和开拓马克思主义新境界的巨大理论勇气，对建设中国特色社会主义理论的创立做出了历史性的贡献。党的十四大将邓小平中国特色社会主义理论确立为中国改革开放的指导思想，它将与党的七大确立毛泽东思想的领导地位一样对中国的发展产生巨大影响。

邓小平伦理思想是继毛泽东伦理思想之后，对中国社会的道德实际发生了巨大作用并深刻地改变了人们的道德面貌和道德品格的伦理思想。邓小平伦理思想具有自己独特的风格和个性，它表现在：(1)继承历史道德精华与提出体现时代精神的伦理观的统一。邓小平伦理思想强调现代化与民族化的有机结合，既反对伦理文化上的民族虚无主义和全盘西化论，又反对伦理文化上的复古主义和国粹主义，主张继承和发扬中华民族的优良伦理传统，努力寻找传统和现实的结合点，结合我国社会主义道德建设的实际进行新的创造，创造出一种既适应时代前进步伐又不失民族伦理文化特质的、既优于和高于资本主义伦理文明又适应现代伦理文明发展趋势的、既立足本国而又面向世界的高度文明的社会主义伦理文化体系。(2)追求崇高的共产主义远大理想与立足现实、正视现阶段道德环境与道德状况的统一。邓小平伦理思想强调用共产主义理想武装人们的头脑，坚持共产主义的信仰，执着地为共产主义事业而奋斗，同时又脚踏实地，主张正视现阶段道德建设的实际情况，注意道德建设的层次性，从实际出发，鼓励先进，照顾多数，把先进性的要求同广泛性的要求结合起来，连结和引导不同觉悟程度的人们一起向上，形成凝聚亿万人民的强大精神力量。(3)重视革命的道义精神与坚持社会主义功利主义的统一。邓小平伦理思想强调发扬革命的道义精神，倡导用“大公无私”“毫不利己专门利人”“一不怕苦二不怕死”的精神来教育我们的人民和青年，使广大人民群众树立起以他人利益和国家利益为重的道德观，勇于牺牲，乐于奉献，立志振兴我们的民族和国家，同时又指出“革命是在物质利益的基础上产生的，如果只讲牺牲精神不讲物质利益那就是唯心论”，主张坚持社会主义功利主义原则,最大限度地满足每一个个人的物质利益,使人民享受到改革开放所带来的实实在在的好处。邓小平伦理思想既主张尽快让一部分地区和一部分人通过改善管理、合法经营和诚实劳动首先富裕起来,同时又主张使全国各族人民都能比较快地富裕起来,要求一部分先富裕的人帮助没有富裕的人共同富裕,要扶持老小边穷地区的人们尽快地脱贫致富,关心和帮助那些丧失劳动能力和自卫能力的老弱病残者,使他们也能过上幸福美满的生活。

邓小平一贯坚持以实事求是的理论指导中国的社会主义伦理道德建设,注意从左和右两个方面抵制各种错误思想的侵袭,他不固守定势成格,不拘泥陈规旧习,坚决解放思想,正本清源,纠偏改错。他的伦理思想为我们建设中国特色的社会主义伦理文化体系提供了强有力的理论指导,并将不断转化为中国人民的真正的道德行为实践。

五、"三个代表"伦理思想

十三届四中全会以来,以江泽民为总书记的党中央在关注改革、稳定和发展的同时,在建立和健全社会主义市场经济体制,确保经济和社会全面进步的同时,也十分关注社会主义精神文明建设和社会主义道德建设,一方面高举邓小平建设中国特色社会主义理论的伟大旗帜,另一方面结合新的时代特征、形势和道德建设的实际对邓小平中国特色社会主义伦理道德建设理论做了新的发展,提出了许多富有建设性和创造性的社会主义道德建设的新观点、新思想和新举措,初步形成了既继承邓小平伦理思想又发展邓小平伦理思想的"三个代表"伦理思想。"三个代表"伦理思想十分注重把毛泽东伦理思想和邓小平伦理思想同社会主义市场经济条件下道德生活的实际有机地结合起来,它站在时代的高度,着眼世界、着眼未来、着眼发展,体现出积极有力、奋斗向上的特征,对90年代以来的社会主义道德建设产生了重大而深刻的影响。

1. 弘扬爱国主义、集体主义、社会主义的时代主旋律

1994 年 1 月 24 日，江泽民在全国宣传思想工作会议上的讲话中指出，社会主义精神文明建设和道德建设应弘扬主旋律，并对弘扬主旋律做了科学的解释。“弘扬主旋律，就是要在建设有中国特色社会主义的理论和党的基本路线指导下，大力倡导一切有利于发扬爱国主义、集体主义、社会主义的思想和精神，大力倡导一切有利于改革开放和现代化建设的思想和精神，大力倡导一切有利于民族团结、社会进步、人民幸福的思想和精神，大力倡导一切用诚实劳动争取美好生活的思想和精神。弘扬主旋律，使我们的精神产品符合人民的利益，促进社会的进步，不断满足人民群众日益增长的精神文化需求，这是发展宣传文化事业，繁荣社会主义文化市场的主题。”①大力倡导一切有利于爱国主义、集体主义、社会主义的思想和精神，是弘扬时代主旋律的首要任务。江泽民认为，建设社会主义精神文明和道德文明，首先应该在人民群众特别是青少年中加强以爱国主义、集体主义、社会主义为核心内容的思想道德教育。1996 年 9 月 26 日，江泽民在视察人民日报社时的讲话中指出，不管在什么时候什么情况下，都要在思想上政治上同党中央保持高度一致，“弘扬爱国主义、集体主义、社会主义的主旋律”。

(1)爱国主义是动员和鼓舞人民团结奋斗的一面旗帜

爱国主义教育是建设社会主义精神文明的基础性工程。1990 年 5 月 3 日，江泽民在首都青年纪念五四报告会上的讲话，专门谈到了在新的历史条件下继承和发扬爱国主义传统的问题。1996 年 10 月 10 日，江泽民在中共十四届六中全会闭幕会上的讲话，又专门谈到了关于加强爱国主义教育的问题。在江泽民看来，我们的祖国是一个统一的多民族的伟大国家。五千多年来，中华民族在这块土地上劳动和生活，创造了光辉灿烂的中华文明。中华文明不仅对东方产生了深远的影响，而且为整个人类文明做出了不可磨灭的贡献。在中国历史上，爱国主义从来就是动员和鼓舞人民团结奋斗的一面旗帜，是各族人民共同的精神

---

① 江泽民：《在全国宣传思想工作会议上的讲话》，《十四大以来重要文献选编》(上)，人民出版社 1996 年版，第 656 页。

支柱,在维护祖国统一和民族团结、抵御外来侵略和推动社会进步中,发挥了十分重大的作用。在爱国主义精神的激励和鼓舞下,我们的国家和民族自强不息,具有伟大的凝聚力和生命力。我们的祖国和民族在近代曾经长期遭受外国列强或西方资本主义的侵略和欺凌。许多爱国志士和全国各族人民为了救亡图存,为了祖国的独立和民族的解放,进行了艰苦卓绝的、可歌可泣的斗争。中国共产党的成立,成为这种斗争从失败转向胜利的历史性标志。"我们党继承和发扬中华民族的优秀传统,在争取民族独立、维护国家主权的斗争中,付出了最大的牺牲,做出了最大的贡献,赢得了全国各族人民的衷心爱戴和拥护。中国共产党人,是最坚定、最彻底的爱国者。中国共产党的爱国主义,是中华民族、中国人民爱国主义的最高风范。"①中华人民共和国成立以后,全国各族人民团结奋斗,在很短的时间内迅速地荡涤了旧社会的污泥浊水,治理好战争的创伤,建立起了独立的现代工业和国民经济体系,创造了旧中国不可想象的人间奇迹。在改革开放的新的历史时期,我们沿着邓小平建设中国特色社会主义的道路胜利前进,国民经济和各项事业取得了举世瞩目的巨大成就。

江泽民在论述了爱国主义是一个历史范畴后,着重对爱国主义的内容做出了论述。他说:"我们所讲的爱国主义,作为一种体现人民群众对自己祖国深厚感情的崇高精神,是同促进历史发展密切联系在一起的,是同维护国家独立和广大人民的根本利益密切联系在一起的。在新民主主义革命时期,爱国主义主要表现为致力于推翻帝国主义、封建主义和官僚资本主义反动统治的斗争,把黑暗的旧中国改造成为光明的新中国。在现阶段,爱国主义主要表现为献身于建设和保卫社会主义现代化的事业,献身于促进祖国统一事业。"②或者如同邓小平同志所说的加紧社会主义现代化建设,争取实现包括台湾地区在内的祖国统一,反对霸权主义,维护世界和平。在对现阶段爱国主义的主要内容做出界定之后,江泽民对我国现阶段爱国主义的主要特征做出了较为科学的概括。首先,他认

---

① 江泽民:《在中国共产党第十四届六中全会闭幕会上的讲话》,《中国教育报》,1997 年 5 月 12 日。

② 江泽民:《爱国主义和我国知识分子的使命》(1990 年 5 月 3 日),《江泽民文选》第 1 卷,人民出版社 2006 年版,第 121 页。

为,在当代中国,爱国主义与社会主义本质上是统一的。社会主义是中国人民的历史选择,是中国走向现代化的必由之路。今天,绝大多数中国人越来越深刻而自觉地意识到,只有社会主义才能救中国,只有社会主义才能够发展中国。其次,爱国主义与人民民主即社会主义民主,本质上也是统一的。在共产党领导下,人民当家做主,建设和管理自己的国家,这是社会主义民主的核心内容。维护和发展社会主义民主,是爱国主义的内在要求和重要体现。再次,爱国主义同学习和吸收世界各国人民创造的优秀文明成果是统一的。江泽民指出:"我们所提倡的爱国主义,绝不是狭隘的民族主义。中国的发展和进步,离不开世界各国的文明成果。我们的社会主义现代化建设,需要继承和发扬中华民族优秀文化传统,也需要学习和吸收世界各国人民包括在资本主义制度下创造的优秀文明成果。这种学习,应该立足于中国的实际,立足于增强中华民族自力更生的能力。只有这样,中国人民才能和各国人民一道,在促进世界的和平与发展方面,充分发挥自己的作用。"①

此外,江泽民还就在新的历史时期如何继承和发扬爱国主义传统做了深刻的论述。他主张一方面要认真学习和了解祖国的历史尤其是近代以来的历史,认为一部中国近现代史,就是一部中国人民爱国主义的斗争史、创业史,另一方面要树立高度的民族自尊、自信、自强精神,勇于同破坏国家统一、损害民族团结、危害社会主义事业的行为进行坚决的斗争。

(2)集体主义是社会主义道德的基本原则

弘扬集体主义原则,是社会主义基本制度的客观要求。社会主义基本制度充分保障社会成员的个人利益,同时又决定着社会成员有着共同的利益,必然要求社会成员坚持集体主义原则。在社会主义社会中,国家利益、集体利益和个人利益在根本上是一致的。坚持集体主义原则,要正确地处理国家、集体和个人三者利益的关系。当个人利益同国家利益、集体利益发生矛盾时,个人要顾全大局,以国家、集体利益为重,使个人利益服从国家利益和集体利益。1993 年 3 月

---

① 江泽民:《爱国主义和我国知识分子的使命》(1990 年 5 月 3 日),《江泽民文选》第 1 卷,人民出版社 2006 年版,第 121 页。

7日，江泽民在党的十四届三中全会上的讲话中指出，我们搞社会主义市场经济，当然要讲效益和盈利，重视个人利益。但我们更要在集体主义原则的指导下实现全体人民的共同富裕。个人利益要在国家、社会利益的发展中得到实现。个人利益的实现，不能损害国家、集体和他人的利益。必须严肃指出，我们的党和人民，决不允许那种损人利己、唯利是图、金钱至上、尔虞我诈等错误思想在社会生活中泛滥，决不允许给各种腐朽思想提供阵地。1993年1月，在全国宣传部长座谈会上的讲话中，江泽民指出："我们重视个人的利益，同时必须通过宣传教育，让群众尤其是青年懂得个人利益必须服从集体利益、国家利益的道理。自古以来，就有'淡泊明志'的警言，不能把个人利益、个人价值看得太重了，看得高于一切，共产党员和各级干部尤其要注意这一点，要经得起金钱、权力、美色的考验。如果一个民族、一个国家，人们只讲个人利益、个人奋斗，而不讲国家利益、社会贡献，那末，这样的民族和国家就不能自立于世界民族之林。"①在江泽民看来，社会主义的集体主义，强调集体利益高于个人利益，提倡在集体利益与个人利益发生矛盾时，个人要顾全大局，以集体利益为重，在必要的情况下，个人应当为集体利益而放弃个人利益，甚至为集体利益而献身。社会主义的集体主义在强调集体利益高于个人利益的同时，强调集体必须尽力保障个人正当利益得到满足，促进个人价值的实现，并力求使个人的个性和才能得到最好的发展。重视个人的正当利益，维护个人的尊严和价值，并使每个人的个性能够充分发展，是集体主义的一个重要方面。集体主义强调个人利益与集体利益的辩证统一。社会主义集体是代表着每一个社会成员个人利益的集体，而集体中每一个社会成员，又都是把维护集体的利益作为首要的前提。没有集体利益的发展和实现，也就不可能有个人利益的实现。同样，只有集体中每个成员的个人的活力和能动性的发挥，集体才能成为坚强有力、富有朝气和充满活力的集体。个人利益、集体利益和国家利益的辩证统一，赋予了社会主义集体主义无比的生命力。在改革开放和发展社会主义市场经济的条件下，尤其需要大力弘扬社会主义集

---

① 江泽民：《宣传思想战线是我们党的一条极其重要的战线》，《求是》1993年第5期。

体主义精神。

(3)正确认识和坚持社会主义

20世纪80年代末90年代初发生的苏联解体、东欧剧变,使世界社会主义运动遭受巨大挫折。西方一些敌对势力乘机断言:这标志着马克思主义的"大失败",社会主义的"历史终结"。以江泽民为核心的中国共产党人在世界社会主义处于低潮的历史情势下,高举邓小平建设中国特色社会主义理论的伟大旗帜,顶住重重压力和困难,不断丰富发展邓小平理论,使社会主义中国显现出越来越强大的生命力和优越性。江泽民认为,我们党领导的中国特色社会主义事业,是社会主义物质文明和精神文明的有机统一。同时,在整个社会主义现代化的建设过程中,都必须毫不动摇地坚持两手抓的战略方针。他说:"社会主义的优越性不仅表现在经济政治方面,表现在能够创造出高度的物质文明上,而且表现在思想文化方面,表现在能够创造出高度的精神文明上。贫穷不是社会主义;精神生活空虚,社会风气败坏,也不是社会主义。现代化建设的实践告诉我们,越是集中力量发展经济,越是加快改革开放的步伐,就越是需要社会主义精神文明提供强大的精神动力和智力支持,以保证物质文明建设的顺利进行。必须充分认识到,两个文明建设缺少任何一个方面的发展,都不成其为有中国特色的社会主义。"①因此,在改革开放和现代化建设的过程中,要始终如一地坚持两手抓、两手都要硬的方针。江泽民强调,在当代,对广大人民尤其是青年学生进行坚持社会主义道路的教育至关重要。青少年成长与国家的前途命运息息相关,因而,什么是社会主义,为什么要坚持社会主义,如何建设社会主义,始终是他们关心和思考的深层次问题。要有针对性地对青少年深入进行坚持中国特色社会主义道路的教育。正确认识社会主义事业的艰巨性、曲折性,不能因为世界社会主义运动遭受巨大挫折而得出社会主义"历史终结"的结论。正确认识社会发展的客观规律,不能因为发展中的社会主义国家经济暂时相对落后便陷入"社会主义不如

① 江泽民:《发挥我军的政治优势,大力加强军队的精神文明建设》(1993年12月18日),《社会主义精神文明建设文献选编》,中央文献出版社1996年版,第473-474页。

资本主义”“由社会主义过渡到资本主义”的误区。同时,正确认识社会主义的光明前途,不能因为巩固和发展社会主义需要经历一个漫长的发展过程而动摇走建设中国特色社会主义道路的决心和信心。反观东欧剧变、苏联解体的教训,归根结底问题还是出自内部,是自己打败了自己。只要社会主义国家把自己的事情办好了,把根基打牢了,西方敌对势力“分化”“西化”我国社会主义的图谋就不会得逞。

江泽民认为,爱国主义、集体主义和社会主义在当代中国是一个辩证统一的整体,当代中国社会所需要弘扬的爱国主义是社会主义爱国主义,是同集体主义密切相关的爱国主义,所提倡的集体主义是社会主义集体主义,是必然表现为社会主义爱国主义的集体主义。社会主义同爱国主义、集体主义的有机结合,构成了当今时代的主旋律,社会主义道德建设就是要唱响主旋律,打好主动仗,将建设中国特色的社会主义事业全面推向新世纪和新的更高的水平。

2. 构建与市场经济相适应的社会主义道德体系

社会主义市场经济体制被确立后,我国社会生活的道德面貌发生了深刻而巨大的变化,人们的伦理观价值观和人生观也处在转型和碰撞的过程中发生着种种以前所不曾碰到的新情况新问题,一些领域道德失范,拜金主义、享乐主义和极端个人主义滋长蔓延,封建迷信活动和黄赌毒等丑恶现象沉渣泛起,假冒伪劣、欺诈活动成为社会公害,危害青少年身心健康的东西屡禁不止,腐败现象加剧,党风、政风受到很大损害,凡此等等,都说明了在建设社会主义市场经济体制的过程中加强社会主义道德建设的紧迫性、复杂性和艰巨性。以江泽民为核心的党的第三代领导集体十分关心社会主义市场经济条件下的精神文明建设和道德建设,党的十四届六中全会专门通过了《中共中央关于加强社会主义精神文明建设若干重要问题的决议》,制定了跨世纪社会主义精神文明建设的行动纲领。江泽民同志在全会上做了重要讲话,对加强社会主义市场经济体制条件下的精神文明和道德建设做了精辟的论述和部署。之后江泽民在许多讲话和报告中专门讲到社会主义市场经济条件下的精神文明建设和道德建设问题,形成了党的第三代领导集体关于构建与社会主义市场经济相适应的社会主义道德体系的理论，从而大大丰富和发展了邓小平建设中国特色社会主义伦理道德体系的思想。江泽民所提出的市场经济条件下的社会主义道德体系，是以为人民服务为核心、集体主义为原则，以自律的方式不断提高人们的思想道德素质和精神境界，发展良好的社会风气。

关于社会主义道德建设要以为人民服务为核心，是以江泽民为代表的党的第三代领导核心对社会主义市场经济条件下的道德建设的一贯认识和正确主张，也是江泽民提出的“三个代表”理论的重要内容。1991 年 7 月 1 日，江泽民在庆祝中国共产党成立七十周年大会上的讲话中指出，建设中国特色社会主义的文化，必须坚持为人民服务、为社会主义服务的方向，充分体现人民的利益和愿望，满足人民不同层次的、多方面的、丰富的、健康的精神需要，激发人民建设社会主义的积极性。在江泽民看来，全心全意为人民服务是我们党的根本宗旨和优良作风。在新民主主义革命的战争年代，中国共产党之所以能够赢得人民群众的衷心拥护，就在于中国共产党以自己的实际行动表明，它是为人民的利益而斗争的。新中国成立以后，中国共产党成了执政党，获得了更好地为人民服务的条件，同时也增加了脱离群众甚至腐败变质的危险。江泽民指出，在改革开放和发展商品经济的社会条件下，这种危险会变得更大，如果放松警惕，带来的后果会更加严重。“现在有些党员干部滋长了严重的官僚主义，有些干部为了本地区、本部门、本单位的利益乃至个人利益，而不惜损害国家和人民的全局利益，少数人以权谋私、行贿受贿、贪污腐化。这些现象败坏党的声誉，损害党群关系，同党的宗旨是根本不相容的。党风是关系到党的生死存亡的问题，如果听任腐败现象发展下去，党就会走向自我毁灭。”①江泽民从党的建设的高度、从改善党同人民群众关系的角度强调指出，必须努力提高全党同志为人民服务的自觉性，坚持人民的利益高于一切，坚决反对个人主义、本位主义和一切向钱看的思想和行为。发展社会主义商品经济，在经济领域必须重视和运用价值规律，讲等价交换，但决不能把商品交换的原则引入党内政治生活。1993 年 1 月 15 日，江泽民

---

① 江泽民：《在庆祝中国共产党成立七十周年大会上的讲话》，《十三大以来重要文献选编》（下），人民出版社 1993 年版。

在全国宣传部长座谈会上发表讲话，指出："古人说：'与民共其乐者，人必忧其忧'。意思就是与群众同甘共苦的人，一定会受到人民的支持和爱护。我们的干部包括宣传思想战线的干部，一定要与人民群众呼吸相通，血肉相连，休戚与共，诚心诚意做人民的公仆。"在江泽民看来，中国共产党是为广大人民群众谋利益的无产阶级政党。党的路线方针政策和一切言论行动，都要以符合最广大人民群众的最大利益为最高准则。我们所从事的一切事业，都是人民群众自己的事业。因此我们的一切工作就应为人民服务，在中国共产党第十五次全国代表大会上所做的《高举邓小平理论伟大旗帜，把建设有中国特色社会主义事业全面推向21世纪》的报告中，江泽民从社会主义文化建设和新世纪党的建设等多个角度强调了为人民服务的问题，指出加强党的作用，根本的是坚持全心全意为人民服务的宗旨，充分发挥党密切联系群众的优势。他说："我们党来自人民，植根于人民，服务于人民。建设有中国特色社会主义全部工作的出发点和落脚点，就是全心全意为人民谋利益。""一切为了群众，一切相信群众，一切依靠群众，我们党就能获得取之不尽的力量源泉。"①之后，江泽民将为人民服务的思想熔入"三个代表"思想的洪炉，深入系统地阐述了为人民服务与建设一个组织严密、行动一致、团结有力、朝气蓬勃的工人阶级政党的关系，在新的历史时期继承和发展了邓小平建设中国特色社会主义的理论。在江泽民看来，以为人民服务为核心进行社会主义道德建设，是社会主义市场经济健康发展的要求，也有利于社会主义市场经济的健康发展。在发展社会主义市场经济中，加强以为人民服务为核心的道德建设，大力倡导把国家和人民利益放在首位而又充分尊重人民个人合法利益的社会主义义利观，有利于引导人们正确处理竞争与协作、自主与监督、效率与公平、先富与共富、经济效益和社会效益等关系，反对见利忘义、唯利是图，形成健康有序的经济和社会生活规范。同时坚持以为人民服务为核心进行社会主义道德建设，可以更好地实现先进性要求与广泛性要求的有机结合。为

① 江泽民：《高举邓小平理论伟大旗帜，把建设有中国特色社会主义事业全面推向二十一世纪》（1997年9月12日），《江泽民文选》第2卷，人民出版社2006年版，第45页。

人民服务既伟大又平凡,可以通过不同层次、不同形式表现出来。毫不利己、专门利人、无私奉献是为人民服务,同志间互相关心、互相爱护、互相帮助也是为人民服务;热心公益、扶贫济困、见义勇为是为人民服务,爱岗敬业、做好本职工作也是为人民服务;尊老爱幼、关心邻里是为人民服务,诚实劳动、合法经营也是为人民服务。为人民服务作为一种多层次、多形式的道德要求,是指向社会生活中每一个人的,在社会主义社会里人人都能够而且应当实践为人民服务的道德。共产党员和先进分子尤其应当全心全意为人民服务,为全社会做出表率。

集体主义是社会主义道德的基本原则,它是为人民服务的基本精神的必然要求,为人民服务必然要求忠于人民群众的整体利益并为人民群众的整体利益而奋斗,而忠于和维护人民群众的整体利益即是集体主义的有机内涵。社会主义集体主义不同于封建时代的整体主义和资本主义时代的国家主义或民族主义,关键在于它是人民群众整体利益和根本利益的体现,是从为人民服务的精神出发并走向为人民服务的目标的。人民的整体利益和根本利益即是社会主义的集体利益和国家利益。以集体主义为原则进行社会主义道德建设,是社会主义基本制度的客观要求。1998 年 9 月 28 日,江泽民在全国抗洪抢险总结表彰大会上的讲话中指出,这次抗洪胜利再一次说明,我国的社会主义制度具有巨大的优越性,能够集中力量办大事,动员和组织全国人民不断创造伟大的业绩。在这次抗洪抢险的斗争中,全国各地区各部门发扬“一方有难、八方支援”和“全国一盘棋”的大团结大协作精神,做到了局部利益服从整体利益、眼前利益服从长远利益,集聚了气势磅礴的力量。“全国人民心系灾区,情系灾区,发扬中华民族团结友爱、互助互济的优良传统,无私地大力支持第一线军民。从白发苍苍的老人到系着红领巾的孩子,从工人、农民、知识分子到各级干部,十二亿人民团结得像一个人。中国大地上涌动起全民族同心同德、团结战斗的澎湃热潮,展现出全民族万众一心战胜洪涝灾害的壮丽画卷。”①发扬抗洪精神,即是要发扬社会主义的集体主义精神。社会主义集体主义精神是我们民族的精神支柱,也是我们民族

---

① 江泽民:《在全国抗洪抢险总结表彰大会上的讲话》(1998 年 9 月 28 日),《江泽民文选》第 2 卷,人民出版社 2006 年版,第 226 页。

具有强大凝聚力的内在源泉。

加强以为人民服务为核心、集体主义为原则的社会主义道德建设，就是要从社会主义初级阶段的具体实际出发，鼓励先进、团结多数，把先进性的要求与广泛性的要求统一起来，引导亿万人民积极向上。我们要在全社会认真提倡社会主义道德和共产主义道德的同时，鼓励和支持一切有利于解放和发展社会主义社会生产力的思想道德，一切有利于国家统一、民族团结、社会进步的思想道德，一切有利于追求真善美、抵制假恶丑、弘扬正气的思想道德，一切有利于履行公民权利和义务、用诚实劳动争取美好生活的思想美德。加强以为人民服务为核心、集体主义为原则的社会主义道德建设，要以爱祖国、爱人民、爱劳动、爱科学、爱社会主义为基本要求，深入持久地开展社会公德、职业道德和家庭美德教育，引导人们树立建设中国特色社会主义的共同理想和正确的世界观、人生观、价值观，在全社会形成良好的道德风尚。

以自律的方式不断提高人们的思想道德素质和精神境界，突显的是社会主义道德建设主体方面的要求，说明了社会主义道德建设关键应当落实到社会主义新人的培养上。江泽民在许多讲话和报告中强调指出，社会主义思想道德建设的根本任务，是培养一代又一代有理想、有道德、有文化、有纪律的公民，提高全民族的思想道德和科学文化素质，促进人的全面发展。江泽民认为，加强社会主义道德建设，必须重视道德教育和道德修养的作用，提高全体社会成员的道德觉悟，激励人们的道德情感，强化人们的道德意志，增强人们的道德责任感，使人们从内心深处形成道德行为的内在动因。论及党员干部的道德修养和拒腐防变，江泽民提出了“四自五慎”的个体道德教育和道德修养理论。“四自”即“自重、自省、自警、自励”，“五慎”即慎初、慎微、慎欲、慎独、慎终。自重即自己尊重或敬重自己，指对自己人格、尊严和品行的尊重，含有爱护自己的形象、珍惜自己的荣誉和严格要求自己等内容。自重的人能正确认识和评价自己，有一定思想觉悟和良好的道德品质。党员干部应时刻珍惜自己作为共产党员的光荣称号和领导干部作为社会表率的崇高形象，他的价值和尊严体现在为党和人民事业的奋斗和献身中。俯下身子为人民作牛马的人，人们会永远记住他。自省即开展积极的自我思想斗争，自己反省自己的言行，对照党章政纪进行检查，自我认识，自我剖析,以提高党性修养和共产主义觉悟水平。自我反省是自我教育中不可缺少的教育力量。反省的标准和原则是自己必须站在立党为公、执政为民的立场上,不能有私心和偏袒自己的情绪,只有这样,才能发挥自我教育的作用。“人非圣贤,孰能无过”,通过自我反省,找出自己思想上的缺失和行为上的差距,决心改过自新,就能取得更大的进步。自警,即主体自身自觉的自我警惕和自我防范,自己为自己敲警钟,不能因为以前没犯错误就忘乎所以,不能因为曾经有过贡献就居功自傲,要始终认识到“学如逆水行舟,不进则退”的道理,认识到“千里之堤,溃于蚁穴”和“堡垒最容易从内部攻破”的道理,自己警戒和提醒自己防患于未然,在大是大非面前保持清醒的头脑。自励即自我勉励或自我激励,它同自强、自立等密切相关,要求党员干部对自己所从事的工作有充分的认识和信心,不断去克服前进道路上的障碍,以达到理想的目的。在反腐倡廉的过程中实行有效的自我激励,不贪不淫,“信念上防动摇,思想上防污染,生活上防腐化,关系上防庸俗,纪律上防松弛”,真正做到抗得住诱惑,耐得住寂寞,顶得住歪理,管得住小节,筑起一道拒腐防变的钢铁长城。“五慎”是对“四自”的进一步补充和完善。慎即谨慎小心,严于律己,严格要求和管束自己。慎初是指从入党参政之日起就格外谨慎小心,纯化净化自己的入党动机和从政理念,在心理上树立起违犯党规政纪的口子一次也不能开,不能有任何侥幸和蒙混过关的意图,杜绝下不为例的观念,一开始就应保持健全的心理和人格。俗话说,“万事开头难”。一个人一开始就能严格要求自己,凡事讲原则、讲党性、讲政纪,他就一定能在未来的生活中做出成绩,成为一名合格的党员和干部。慎微是指对生活小节和琐屑小事亦能格外谨慎,防微杜渐,坚持从小事做起,从点滴做起,注重小节,勿以善小而不为,勿以恶小而为之。要知道大的过失总是由无数小的过失积累而成,懂得见微知著、一叶落而知秋的道理,腐败的事再小也不能干。慎欲是指对自己的欲望做到小心谨慎,凡事问一个该不该,当不当,千万不能随心所欲,胡作非为。江泽民同志指出:“古往今来,一切有志有识有为之士,都能够把握自己,以不沉醉于权力、金钱和美色为戒,而凡是沉迷于声色犬马,没有不玩物丧志的。这方面的古训很多,值得重视。”[①]把握自己是相对于各种各样的诱惑而言的。面对诱惑如果不能把握自己,就会私欲膨胀,干出违法犯罪的事来,成为党和人民的罪人。慎欲是对党员干部意志力的考验,也是一种基本的自我教育和自我修养。慎独就是在个人独处、无人监督时,也要自觉遵守党纪国法,不做对不起党和政府的事,不做有负于人民的事,做到台下台上一个样,人前人后一个样,保持自己党性的纯粹性、人品的完整性。慎终是指活到老,学到老,改造到老,一辈子做好事,不做坏事,保持革命晚节。在反腐败过程中,有一种“59 岁现象”值得人们深思,这是指一些快要离退休的党员干部放松了自己的思想改造,产生了“趁机捞一把”的心理,以权谋私,进而走上腐化堕落的道路。“59 岁现象”即是不能慎终的表现,教训十分深刻。

3. 面向世界和未来,推动伦理道德观念的现代化

江泽民在论述发展社会主义文化和思想道德时多次强调指出,必须继承和发扬一切优秀的伦理文化,必须充分体现时代精神和创造精神,必须具有世界眼光,具有感召力。中华民族的优秀伦理道德传统,党和人民从五四运动以来形成的革命道德传统,人类社会所创造的一切先进的伦理文明成果,我们都要给以积极的继承和发扬,同时必须结合新的社会实践和时代的要求,结合人民群众道德生活的需要,积极进行伦理文化上的创新,努力推动和繁荣先进的伦理文化。

江泽民认为,新伦理的建设离不开对民族优秀伦理道德遗产的继承和弘扬。中华民族历史悠久,我们的祖先在这块土地上创造了灿烂的物质文明和精神文明,形成了具有民族特色的文化传统,为人类文明做出了卓越的贡献。在伦理道德方面,“我们的民族历来有勤俭节约的好风尚好传统”[②],有艰苦奋斗、艰苦朴素的好传统,更有公忠体国、忧国忧民、崇尚气节和人格的好传统。1991 年 12 月 19 日,江泽民在与厦门大学师生座谈时发表讲话,对中华民族的伦理传统做

---

① 江泽民:《在中央纪律检查委员会第五次全体会议上的讲话》,《毛泽东邓小平江泽民论世界观人生观价值观》,人民出版社 1997 年版,第 593 页。

② 《毛泽东邓小平江泽民论世界观人生观价值观》,人民出版社 1997 年版,第 530 页。

过分析,指出,中国的历史文化,其中有糟粕,但也有许多精华。古往今来,这些民族文化的精华,一直教育着人民。我们的老一辈革命家就很注重对这些精华的继承和应用。刘少奇同志在《论共产党员的修养》里就引用过孟子“富贵不能淫,贫贱不能移,威武不能屈”的话语以教育我们的党员干部和人民。岳飞的《满江红》对于激励人们的爱国热忱也是很有作用的。“还有文天祥的‘人生自古谁无死,留取丹心照汗青’,林则徐的‘苟利国家生死以,岂因祸福避趋之’,以及‘谁知盘中餐,粒粒皆辛苦’,‘一粥一饭,当思来之不易’,‘少壮不努力,老大徒伤悲’,‘只要功夫深,铁棒磨成针’,‘三人行,必有吾师’,‘学而时习之,不亦说乎’,等等。应该说这些都是我们民族文化中富有哲理,教人勤奋、正直、忠贞、有抱负、不断进取的名言。学习和掌握它们,对于自己的立身行事,为国家为人民建功立业,会受用不浅的。”①在《讲学习,讲政治,讲正气》一文中,江泽民指出:“讲正气,是中华民族也是我们党的一个优良传统。古语所说的‘我善养吾浩然之气’,‘一点浩然气,千里快哉风’,等等,都是讲一个人必须树立正气,必须有正义感。有了一腔浩然正气,才能无所畏惧地前进,才能不屈不挠地为国家为社会建功立业。文天祥专门写过一篇《正气歌》,他在《过零丁洋》中写下的‘人生自古谁无死,留取丹心照汗青’以及顾炎武的‘天下兴亡、匹夫有责’,等等,为什么会成为千古传颂的名句,就是因为充满着高昂激越的爱国正气。我们党的宗旨是全心全意为人民服务,这就是全党同志首先是各级领导干部,必须坚持树立和发扬的最大的正气。”②江泽民认为,中国民族在自己发展的长河中,形成了优良的历史文化传统,其中包括统一的传统、独立自主的传统、爱好和平的传统、自强不息的传统,并认为这些传统,随着时代变迁和社会进步获得扬弃和发展,对今天中国人的价值观念、生活方式和中国的发展道路,具有深远的影响。江泽民不仅主张继承中华五千年传统文明的优良传统,而且特别强调继承和发展五四运动以来党和人民形成的革命道德传统。他在为《中国传统道德》丛书题

---

① 《毛泽东邓小平江泽民论青少年和青少年工作》,中央文献出版社 2000 年版,第 264 - 265 页。

② 《毛泽东邓小平江泽民论世界观人生观价值观》,人民出版社 1997 年版,第 530 页。

词中写道:"弘扬中国古代优良道德传统和革命道德传统,吸取人类一切优秀道德成就,努力创建人类先进的精神文明。"针对现代一些年轻人对于我们国家和民族争取独立和解放的斗争历史不了解、不熟悉,一些年纪大的人也渐渐淡忘了这一段斗争历史的状况,江泽民力主加强中国近现代史和国情教育,加强革命传统道德教育。1990 年 7 月,在参观《中国革命史陈列》结束时,江泽民发表讲话,指出中国人民经历了一百多年的奋斗,付出了巨大的民族牺牲,才终于在中国共产党领导下,推翻了三座大山,取得了民主革命和社会主义革命的胜利,从此真正站起来了。革命的成果来之十分不易。"革命先辈,前仆后继,在外国侵略者面前从来没有放弃过反抗和斗争。许多革命烈士,面对敌人的屠刀,视死如归,表现了为国捐躯的浩然正气。""不少革命烈士的遗书,今天读起来仍催人泪下。"因此我们要大力加强革命传统和革命道德教育。1991 年 9 月 24 日,在纪念鲁迅诞生 110 周年纪念大会上,江泽民发表重要讲话,号召全党全国人民进一步学习和发扬鲁迅的爱国主义精神和坚韧的战斗精神,进一步学习和发扬鲁迅博采众长、勇于创新的精神。他说:"鲁迅从青年时代起,就立下了'我以我血荐轩辕'的宏伟志向。他成为共产主义者之后,便更加自觉地把自己的一切献给民族解放和社会解放事业。他对敌人毫不留情,对祖国和人民怀着真挚的爱。'横眉冷对千夫指,俯首甘为孺子牛'这一广为传诵的名句,正是他的爱国主义精神和崇高人格的生动写照。为了使祖国摆脱凌辱、人民得到解放,他一生毫不懈怠地进行战斗,一直站在时代潮流的最前列。……中国知识分子的'富贵不能淫、贫贱不能移、威武不能屈'的崇高气节,中国人民决不甘受外人凌辱、为维护民族尊严而进行英勇斗争的光荣传统,在鲁迅身上得到集中体现,后来又由于共产主义世界观的指导而得到升华,获得了全新的性质和时代内容。"①江泽民盛赞鲁迅无私无畏,骨头最硬,斗争最坚决,吃进去的是草,挤出来的是奶,鲁迅是冲锋陷阵的模范,是全心全意为人民服务的模范。从鲁迅先生的身上,我们可以清楚地看到什么是马克思主义的大智大勇,什么是真正的革命者应该具有的高风亮

---

① 《毛泽东邓小平江泽民论世界观人生观价值观》,人民出版社 1997 年版,第 467 – 468 页。

节,什么是中华民族的筋骨和脊梁。我们要用鲁迅的光辉典范教育广大干部群众和青少年,铭记祖国备受欺凌的耻辱历史和一代又一代革命者英勇斗争的光荣历史,懂得祖国的今天来之不易,坚定社会主义信念,以贡献全部力量推进社会主义现代化建设为最大光荣,以损害社会主义祖国的利益、尊严和荣誉为最大耻辱。在纪念红军长征六十周年大会上的讲话中,江泽民肯定了长征精神的巨大意义和价值,指出伟大的长征给党和人民留下了伟大的长征精神,并将长征精神概括为"把全国人民和中华民族的根本利益看得高于一切,坚定革命的理想和信念,坚信正义事业必然胜利的精神","为了救国救民,不怕任何艰难险阻,不惜付出一切牺牲的精神","坚持独立自主、实事求是,一切从实际出发的精神","顾全大局、严守纪律、紧密团结的精神","紧紧依靠人民群众,同人民群众生死相依、患难与共,艰苦奋斗的精神"。[①] 长征精神是中华民族百折不挠、自强不息的民族精神的最高体现,是保证我们革命和建设事业从胜利走向胜利的强大精神力量。今天,我们要把长征精神作为加强社会主义精神文明建设的重要动力,作为在全体人民特别是青少年中进行理想信念和思想道德教育的重要内容,使长征精神一代一代地传下去,在建设中国特色社会主义的新长征道路上不断夺取新的胜利。

同时,新伦理的建设也离不开对人类一切优秀道德成果的借鉴与吸收,江泽民反对全盘西化和民族伦理虚无主义,也对伦理文化观上的保守主义倾向和盲目排外倾向持否定态度,主张批判继承人类社会包括西方资本主义社会所创造的一切先进的伦理文明成果。1992 年 5 月 20 日,江泽民在首都应届高校毕业生代表座谈会上的讲话中指出,实行改革开放的一个重要目的和内容就是要把外国包括资本主义国家的一切好的先进的东西学过来,用来改进、提高和发扬中国的东西,创造有中国特色的新东西。"我们在学习和利用西方国家的一切有用的东西时,思想要更解放一些,胆子要更大一些,步子要更快一些,不要被'姓社还是姓资'问题的抽象争论所束缚而迈不开步子。因为学习和利用这些有用的不

① 江泽民:《把长征精神一代一代传下去》,《江泽民文选》第 1 卷,人民出版社 2006 年版,第 590 页。

西,不存在‘姓社姓资’的问题,它们是人类的共同文明成果,资本主义社会可以用,社会主义社会也可以用。”“我们应当有一个明确的认识,不管是哪种社会制度下创造的文化成果,只要是进步的优秀的东西,都应当积极学习和运用。当然糟粕的东西应当剔除,不能学。”①1997 年 11 月 1 日,在美国哈佛大学的演讲中,江泽民既向美国人介绍了中华五千年悠久文明的历史和伦理文化传统,又肯定每个国家、每个民族都有自己的历史文化传统,都有自己的长处和优势,应该相互尊重,相互学习,取长补短,共同进步。他说:“中国人民一向钦佩美国人民的求实精神和创造精神。昨天,我参观了国际商用机器公司、美国电话电报公司和贝尔实验室,领略了当代科技发展的前沿成就。科学技术的突飞猛进,越来越深刻地影响着世界政治经济的格局和人们的社会生活。坚持变革创新,理想就会变为现实。我们在扩大开放、实现现代化的进程中,重视学习和吸收美国人民创造的一切优秀文化成果。”②批判地借鉴和吸收外国包括西方资本主义的一切先进的文化成果,理所当然地包含伦理文化的因素在内。

中国特色社会主义伦理文化的建设,必须继承发扬民族优秀伦理文化传统而又充分体现社会主义的时代伦理精神,立足本国而又充分吸收世界伦理文化优秀成果,既同伦理文化上的民族虚无主义倾向做斗争,又坚决反对闭关自守和不思进取的国粹主义。江泽民特别主张伦理文化观念和思想上的创新,认为创新是一个民族的灵魂和生命力之所在,伦理文化建设同样需要创新。伟大的创业实践需要伟大的创业精神来支持和鼓舞。并将创业精神概括为解放思想、实事求是,积极探索、勇于创新,艰苦奋斗、知难而进,学习外国、自强不息,谦虚谨慎、不骄不躁,同心同德、顾全大局,勤俭节约、清正廉洁,励精图治、无私奉献 64 字,指出:“这些都应该成为新时期我们推进现代化建设,所要大力倡导和发扬的

---

① 《毛泽东邓小平江泽民论青少年和青少年工作》,中央文献出版社 2000 年版,第 273 – 274 页。

② 江泽民:《增进相互理解,加强友好合作》,《江泽民文选》第 2 卷,人民出版社 2006 年版,第 64 页。

创业精神。”[①]这64字创业精神的核心和精髓，就是邓小平同志所一再倡导和论述的解放思想、实事求是。江泽民要求全体共产党员尤其是党的领导干部要做解放思想、实事求是的模范，做艰苦奋斗、无私奉献、全心全意为人民服务的模范，做脚踏实地、勤奋工作、忠于职守的模范。他在谈到学习《邓小平文选》第3卷时指出，小平同志尊重实践，思想敏锐，善于把握时代发展的脉搏和契机，既继承前人又突破陈规，既借鉴世界经验又不照搬别国模式，总是从中国的现实和当代世界发展的特点出发，去总结新经验、创造新办法、寻找新路子。全党同志一定要认真学习小平同志务实创新的精神，使我们的党和国家永远保持旺盛的战斗力和创造力。在庆祝北京大学建校一百周年大会上的讲话中，江泽民讲到，北大在长期发展和斗争历程中形成的爱国、进步、民主、科学的光荣传统，显示的不断钻研、求实、创新、向上的优良学风，生动地体现了中国人民自强不息、开拓进取的民族精神，也是北大永葆生机的重要努力。这种优良传统和精神动力，要永远发扬光大。江泽民殷切勉励北京大学和所有高等院校的同学把树立远大理想和艰苦创业有机地结合起来，指出：“广大青年一定要深刻认识我们的国情，要有坚韧不拔的充分思想准备，取得成绩时不盲目乐观，遇到困难时不气馁悲观。创业维艰，奋斗以成。历史的胜利与成功，永远属于具有崇高理想、坚定信念的艰苦奋斗的人们。”[②]2000年江泽民在西北五省区党建工作和西部开发座谈会上发表讲话，指出创新是一个民族的灵魂，是一个国家兴旺发达的不竭动力，也是一个政党永葆生机的源泉。创新包括理论创新、体制创新、科技创新及其他创新。改革开放以来，中国共产党领导人民进行社会主义现代化建设所取得的伟大成就，都是与不断地进行理论创新、体制创新、科技创新等分不开的。中国特色社会主义伦理文化建设，同样需要理论创新、体制创新和其他创新。创新是一种十分宝贵的伦理品质和道德精神。只有不断地与时俱进，开拓创新，才能真正开创中华民族经济文化建设的新局面，迎来一个民族复兴的伟大时期，也才能将建设

---

① 《毛泽东邓小平江泽民论世界观人生观价值观》，人民出版社1997年版，第490页。

② 江泽民：《继承和发扬五四运动的光荣传统》，《江泽民文选》第2卷，人民出版社2006年版，第125页。

中国特色社会主义伦理文化的事业推向更新的阶段和更高的水平。

4.“三个代表”伦理思想对邓小平伦理思想的发展与贡献

“三个代表”伦理思想,涉及社会主义伦理道德建设的方方面面,尤其以弘扬主旋律、服务于改革开放和社会主义现代化建设的大局为重,体现着面向世界、面向未来和面向四个现代化的开阔视野。

“三个代表”伦理思想对邓小平建设中国特色社会主义伦理道德思想的继承和贡献,概括说来主要表现在以下几个方面:第一,深化了对中国特色社会主义伦理道德体系的认识,较为完整地论述了社会主义伦理道德体系的主要内容。认为中国特色的社会主义伦理道德是一个以为人民服务为核心,以集体主义为基本原则,以爱祖国、爱人民、爱劳动、爱科学、爱社会主义为基本规范的科学体系,将爱国主义、集体主义、社会主义提升为时代的主旋律,主张唱响主旋律,以科学的理论武装人,以正确的舆论引导人,使人们树立马克思主义的世界观、人生观和价值观,在全社会形成普遍认同和自觉遵守的行为规范以及健康文明的人际关系,强调全党和全社会一定要下决心抓社会主义精神文明建设和道德建设,彻底解决邓小平同志所讲的“一手硬、一手软”的状况,并在多次讲话和报告中突出了社会主义伦理道德建设的战略位置。

第二,对社会主义市场经济条件下道德建设的紧迫性、必要性和长期性认识更为深刻,强调对社会主义道德建设的长期性、复杂性要有足够的思想准备,道德建设必须常抓不懈。江泽民伦理思想正视中国现阶段道德建设的具体国情和实际情况,即立足于现实又着眼于未来,主张在以经济建设为中心的前提下使物质文明建设和道德建设相互促进协调发展,防止和克服一手硬一手软的状况;主张在深化改革、建立社会主义市场经济体制的条件下,形成有利于社会主义现代化建设的共同理想、价值观念和道德规范,防止和遏制腐朽思想和丑恶现象的滋长蔓延;主张在扩大对外开放、迎接世界新科技革命挑战的情况下,吸收外国伦理文明的优秀成果,弘扬祖国优秀伦理传统精华,防止和消除伦理文化垃圾的传播,抵御西方敌对势力对我国实施“西化”和“分化”的图谋。针对现阶段我国社会公德心缺乏,行业不正之风泛滥以及家庭暴力、亲情丧失等状况,江泽民力主加大社会公德、职业道德和家庭美德建设。针对干部道德滑坡和青少年道德危机等状况,他强调社会主义思想道德建设的重点对象是领导干部和青少年,并认为领导干部道德建设事关我国政权的稳固,青少年道德建设事关我国民族的前途和未来。

第三,"三个代表"伦理思想强调既高举邓小平理论的伟大旗帜,又要解放思想,实事求是,研究新情况,解决新问题,创造新经验,正确理解改革创新与继承优良传统的关系,正确处理对外开放中吸收国外伦理文明优秀成果和抵制其不良影响的关系。在江泽民看来,我们搞对外开放,绝不是不加分析地把外国伦理道德方面的东西照搬照抄过来,而是也只能是引进先进的东西,借鉴有益的东西。对不适合我国国情的东西,对一切错误的腐朽的东西,不但不能引进来,而且要进行抵制,有时还要进行坚决的斗争。如果我们在思想道德方面不设防,任凭西方各种错误的伦理观念腐朽的生活习惯污染我们的社会和人民,那就违背了我们对外开放的目的和要求。江泽民强调,对外开放的方针我们必须长期地坚持下去,使之做得更有成效,同时也应当做到在对外开放中大胆吸收一切先进的、对我们有用的伦理文明成果,坚持抵制那些错误的、腐朽的道德观念和行为习惯。

第四,江泽民阐述了在高科技革命和经济全球化、政治多极化时代的许多新的伦理道德问题,形成了自己颇具特色的经济伦理思想、政治伦理思想、科技伦理思想和国际关系伦理思想,其中的某些论述或观点还为当代应用伦理学的研究和发展指明了方向。比如,江泽民在多次谈话中谈到了科技伦理问题,既肯定科技革命带来的人类伦理观念的大变迁,高度评价科技革命造成的人类道德进步,同时又主张科学技术应当接受伦理道德的指导和规约,应当使科技成果造福于人类社会而不是危害人类社会。在政治伦理思想方面,江泽民提出了"三讲"和"三个代表"的理论,尤其对在新的历史时期如何加强党的建设,如何推进党风廉政建设和反腐败斗争,做了深刻和系统的论述。

进入新世纪,江泽民又在全国宣传部长会议上提出了以德治国的思想,指出:"我们在建设有中国特色社会主义,发展社会主义市场经济的过程中,要坚持不懈地加强社会主义法制建设,依法治国,同时也要坚持不懈地加强社会主义道德建设，以德治国，对一个国家的治理来说，法治和德治，从来都是相辅相成、相互促进的。二者缺一不可，也不可偏废。……我们要把法制建设与道德建设紧密结合起来，把依法治国与以德治国紧密结合起来。”①以德治国思想的提出，是以江泽民为代表的党的第三代领导集体对社会主义道德建设整个战略思想的高度概括，是在深刻总结古今中外治国经验基础上做出的科学论断，也是对马列主义、毛泽东思想和邓小平理论的重大发展。在庆祝中国共产党成立 80 周年大会上的讲话中，江泽民在系统阐述“三个代表”思想的同时强调了加强社会主义思想道德建设是发展先进文化的重要内容和中心环节，认为思想道德文化体现着生产关系的性质，决定着整个文化的性质和方向，统率着整个文化的发展，影响着社会经济政治的进步，是整个文化的主要代表和标志。论及社会主义思想道德建设，江泽民主张要在全社会大力倡导爱国主义、集体主义和社会主义的思想，反对和抵制拜金主义、享乐主义、极端个人主义等腐朽思想，增强全国人民的民族自尊心、自信心、自豪感，增强自立意识、竞争意识、效率意识、民主法制意识和开拓创新精神，激励他们为振兴中华而不懈奋斗。江泽民还谈到，我们建设中国特色社会主义的各项事业，既要着眼于人民现实的物质文化生活需要，又要着眼于促进人民素质的提高，促进人的全面发展，并强调指出不断提高全国人民的思想道德素质和科学文化素质，充分发挥他们的积极性主动性创造性，始终是我们党代表先进生产力发展要求必须履行的第一要务。

“三个代表”伦理思想始终同建设中国特色社会主义伦理道德体系密切相关，同我国各族人民加强社会主义市场经济条件下的道德建设密切相关，它既来源于实践又指导着我国人民的道德实践，对于克服市场经济的负面效应，推动我国经济、政治和文化的全面进步，造就一代有理想、有道德、有文化、有纪律的社会主义四有新人，已经发挥并将继续发挥其特有的作用，成为全国人民同心同德地建设中国特色社会主义的伟大事业的行为指南，成为实现中华民族伟大复兴的伦理动因！

---

① 江泽民：《大力弘扬不懈奋斗的精神》，《江泽民文选》第 3 卷，人民出版社 2006 年版，第 200 页。

第七章

马克思主义伦理思潮(二)

中国马克思主义伦理思潮的形成与发展,不仅得益于中国共产党领袖人物的科学创造和艰辛探索,而且也得益于马克思主义理论工作者的阐幽探微与深入研究。在传播、发展和完善中国化的马克思主义伦理学说的过程中,张岱年、周原冰、李奇、罗国杰等做出了重要的贡献,他们的伦理思想构成中国马克思主义伦理思潮发展过程中一个有机的组成部分和不可缺少的环节。深入全面地把握马克思主义伦理学在中国的发生与发展,还必须研究中国马克思主义理论工作者的伦理思想。

一、张岱年的唯物主义伦理学说

张岱年(1909—2004),中国现代哲学家、伦理学家。字季同,别署宇同,河北省献县人。著有《品德论》《宇宙观与人生观》《中国哲学大纲》《中国伦理思想发展规律的初步研究》《中国伦理思想研究》等。

1. 运用唯物史观研究中国伦理文化

张岱年早期欣赏英国分析派哲学的逻辑分析方法,20 世纪 30 年代开始阅读马克思、恩格斯的著作,深为辩证唯物主义和历史唯物主义的真理所吸引,并著文介绍马克思主义的唯物论。20 世纪 30 年代中期他以马克思主义的唯物辩证法为指导参与中西文化的讨论,既反对全盘欧化又反对读经复古,主张一种文化创造主义即兼综东西文化之长、综合为一而创造出一种新的有中国特色的马克思主义文化。在《关于"新唯物论"》这篇文章中,张岱年提出"新的综合"的观点,主张以辩证唯物论为基础而兼综 20 世纪若干派哲学之长以扩展唯物论。在《哲学上一个可能的综合》中,张岱年把新的综合表述得更为清晰,他主张以辩证唯物主义为基础综合理想论、逻辑解析法创造一个致广大而尽精微的唯物主义理论体系。此后,张岱年便以此来进行对中国哲学、伦理学的研究。

在 1935—1937 年写成的《中国哲学大纲——中国哲学问题史》一书中,张岱年以马克思主义的方法论为指导,对中国哲学问题包括伦理学问题进行了深入的研究。在张岱年看来,哲学、伦理思想是一定历史时期生产方式和阶级矛盾错综复杂的产物。"要研究一个哲人的阶级立场,固然要考察他的家庭出身与社会地位,但更重要的是考察他在当时的阶级斗争中所处的地位,他对于当时各阶级所持的态度。对于当时相互斗争的各集团,他赞助那一方面,反对那一方面?……这中间往往有微妙曲折的情况,我们要进行科学的阶级分析,最需要的是对于具体材料进行具体分析。”①运用阶级分析和具体材料具体分析的方法，张岱年详细地考察和精研了中国古代的伦理道德范畴与问题。张岱年认为，人生论是中国哲学之中心部分，其发生也较早。中国哲学的创始者孔子及继起者墨子都是谈论人生问题，而未尝成立宇宙论系统。孔子所以是中国哲学的开端，乃因为他是第一个提出一个人生论系统的人。以后的思想家如孟子、荀子也都不注意宇宙的研究，他们所讨论的问题，主要是关于人生的。中国哲学中的人生论可以分为天人关系论、人性论、人生理想论、人生问题论四大部分。天人关系论是中国古代人生论的起点，它追问的是人在宇宙中的地位及其价值问题。人性论是中国伦理哲学的重大问题，对人性的认识构成中国古代道德修养的前提。中国历史上的人性学说纷繁复杂，张岱年将其区分为性善论和性恶论、性无善恶论、性超善恶论、性有善有恶论、性三品论、性一元论、性二元论，并对其做了条分缕析的剖判研究。人生理想论是中国古代伦理哲学的中心部分。人生理想论即是关于人生最高准则的理论。张岱年认为，第一个提出人生理想的是儒家的创始人孔子。孔子提出的仁的人生理想既所涵甚广而本旨甚约，又境界极高而平实简易，这是一个宏大而切近的生活准则。继孔子提出以仁作为人生理想的学说后，墨家提出了兼爱的人生理想学说，老庄道家提出了无为的人生理想论，宋明理学家提出了与理为一的人生理想论。这些人生理想论各有自己的优劣长短，对之，张岱年做了鞭辟入里、敦厚分明的分析论证。人生问题论是关于人生各方面问题的讨论，张岱年通过对中国伦理思想史上各家各派人生问题论的纵横考察，将其概括为义与利、命与非命、兼与独、自然与人为、损与益、动与静、欲与理、情与无情、人死与不朽等问题。张岱年在《中国哲学大纲》中运用马克思主义的唯物史观对中国古代伦理哲学的许多重要理论、重要范畴、重要问题做了颇有成效的研究。该书第二篇更可谓中国伦理范畴史和伦理问题史。

1956 年张岱年用马克思主义唯物史观写出了《中国伦理思想发展规律的初步研究》一书，深入考察了中国历史上伦理学说范围内进步思想与保守或反动思想的界线，以及伦理学说范围内的思想斗争与宇宙观认识论方面的唯物主义与

① 张岱年：《中国哲学大纲》，中国社会科学出版社 1982 年版，第 9 页。

唯心主义斗争的联系。在该书中,张岱年认为只有马克思主义才能对道德现象给以科学的解释,只有马克思主义的唯物史观和阶级分析方法才能为我们研究中国古代伦理思想提供科学的世界观和方法论的指导。依据马克思主义方法论考察中国古代伦理思想,张岱年将中国古代伦理思想概括为四个阶段五大类型。四个阶段探讨了中国古代伦理思想从形成到没落的演变过程:第一个阶段是古代伦理胚胎与形成的时期,这就是春秋战国时代;第二个阶段是封建伦理宗教化的时期,自汉代起到唐末五代止;第三个阶段是封建伦理定型化的时期,从北宋到明代的中期;第四个阶段是封建伦理动摇的时期,从明代中期开始到清代的中期。五种类型即:(1)为封建地主阶级根本利益作辩护的伦理思想,包括先秦时代的儒家伦理思想,汉魏南北朝隋唐时代的宗教道德思想,以及宋明时代的泛理主义的伦理思想与主观唯心主义的伦理思想;(2)春秋战国时代部分反映小生产者要求的伦理思想,包括先秦的道家和墨家的伦理思想;(3)秦汉以后对于封建地主阶级道德提出批评的解释的伦理思想,包括王充、范缜、张载、邓牧、王夫之、颜元、戴震等先进思想家的伦理学说;(4)秦汉以后反对封建地主阶级道德的伦理思想,包括《抱朴子·诘鲍篇》所叙述的鲍敬言,唐末的《无能子》,明末的李贽等的伦理思想;(5)表现了反道德主义的腐朽的伦理思想,比如豪强权贵的伦理思想,《列子·杨朱篇》中的伦理思想。张岱年认为,在中国过去的伦理思想的范围内,基本上是两种伦理思想在那里斗争,一种是辩护性的蒙昧性的,表现为保守或反动的伦理思想;一种是批评性的启蒙性的,表现为进步或革命的伦理思想,这两种伦理思想的斗争在一定条件下表现为宗教道德观念与人本主义思想的对立。张岱年还认为,在伦理思想中保守与进步的对立,与宇宙观中的唯心主义与唯物主义的对立,基本上是相应的。宇宙观方面的唯物主义者在伦理学说方面宣扬进步的观念,宇宙观方面的唯心主义者大多在伦理思想方面宣扬了保守的观点,当然这只是就一般和普遍而言,不能绝对地认为唯心主义者在伦理思想方面必定和总是保守的。张岱年的《中国伦理思想发展规律的初步研究》虽然是粗线条的,也还有一些值得商榷的地方,但它却树立了用马克思主义的唯物史观研究中国古代伦理文化的范例,体现着马克思主义的基本观点和基本立场,为我们建构马克思主义的中国伦理思想史学科奠定了基础。

20世纪80年代后，年届耄耋的张岱年壮心不已，写出了《中国伦理思想研究》一书，对中国伦理思想进行了马克思主义的理论阐释。在该书中，他深入研究了中国古代伦理思想变迁的基本形势，中国古代伦理思想的基本特点，并具体分析了中国伦理思想史上的人性学说、仁爱学说、义利之辨与理欲之辨、道德修养与理想人格诸理论。张岱年的《中国伦理思想研究》在中国马克思主义伦理思潮中占据重要地位，是一部以马克思主义世界观和方法论为指导、研究和清理中国古代伦理文化的颇具代表性的著作。

2. 系统阐发辩证唯物论的人生哲学

张岱年不仅是一位极深研几、功力深厚的马克思主义伦理学史家，更是一位实事求是、富于独创性的马克思主义伦理学家。早在20世纪30年代，他就执着于人生哲学诸理论问题的探讨，试图用辩证唯物论为指导建立起颇具特色的中国化的马克思主义人生哲学体系。他先后发表了《辩证法与生活》《辩证唯物论的人生哲学》《生活理想之四原则》《宇宙观与人生观》，系统阐发了辩证唯物论的人生哲学。20世纪40年代，他又写出了论人生目的、人生意义、人生价值等诸多文章，集成《认识·实在·理想》。20世纪80年代以来，张岱年自强不息，奋发不已，写出了《简评中国哲学史上关于人的价值的学说》《中国哲学关于人生价值的思想》《人伦与人格独立》等文，对人生哲学问题做了精湛而独到的理论思考，提出了一系列发人深省的理论化命题与学说。

张岱年认为："马克思、恩格斯的学说是蕴含着一个伟大的人生哲学的。"①马克思、恩格斯的人生哲学是以前一切人生哲学所不能比拟的科学的革命的人生哲学。它的最主要的出发点是把人视作社会的人和现实的人，它十分重视人与环境的相互作用，既强调人是环境的产物，又强调人能变革和改造环境。马克思主义的人生哲学把社会革命视作是改善社会和人群的唯一道路，认为"革命乃旧生活之破坏，新生活之创建。革命是文化中最高的创造活动，能影响人的生活

---

① 张岱年：《辩证唯物论的人生哲学》，《张岱年文集》第1卷，清华大学出版社1989年版，第33页。

之各方面”①。张岱年阐发了马克思主义重视社会革命的理论价值，指出：“经过革命，乃可有人之再造，使人们有新的行为型式，新的心理状态。经过革命，才能改变社会之整个的民俗习惯，使人成为全然不同的人类。”②在现今的时代，不废除资本主义和帝国主义，不消灭人剥削人的腐朽统治和私有制，就不可能有人的幸福与自由，更不可能有人的发展。因此，“欲求良好的生活，只有进行社会主义革命，把劳苦大众从资本主义的锁链中解放出来，把弱小民族从帝国主义的宰割下解放出来，把人类从不平等、同类自残中解放出来，使人类能够过真正幸福的生活”③。因此，人们欲求恢复自然的兄弟姊妹情谊，欲成为社会组织的主人和自身命运的主人，非经过社会主义革命不可。革命是改造世界的重要途径，革命也是改造人生，充实和光大人生的重要途径。

辩证唯物论的人生哲学在根本特点上“既是快乐主义的，又是理性主义的。它在根本上是赞成满足大众之欲望，而反对少数人之穷奢极欲。它希望全体人的生活得到提高，尤其企求被压迫群众得到解放”④。运用辩证唯物论观察人生，才可能正确地认识人生道路上的种种矛盾，迎战人生道路上的种种困难，才可能知道困难终必消失，并深悟到苦境即是佳境的道理。一个人只要树立了辩证唯物论的人生观就能在人生的道路上不忧、不惑、不惧。“处处是活路，故不忧；能了解现实一切变化并能推测以后将出现的变化，故不惑；知目前之困难终有消灭之日，故无惧。”⑤因此，唯物辩证法能使人们充满着革命的乐观主义精神，使人们在困难中看到光明，在痛苦中看到希望和快乐，坚信“不合理的现实是

---

① 张岱年：《辩证唯物论的人生哲学》，《张岱年文集》第1卷，清华大学出版社1989年版，第40页。

② 同上。

③ 同上。

④ 张岱年：《辩证法与生活》，《张岱年文集》第1卷，清华大学出版社1989年版，第57页。

⑤ 张岱年：《辩证法与生活》，《张岱年文集》第1卷，清华大学出版社1989年版，第56页。

可以变革的，一切阻挠自己前进的东西皆终有克服之一日”①。并在生活中坚持斗争，自强不息，奋发图强，面迎艰苦而克服之，不断地提高生活，使自己的人生闪闪发光。

在深入阐发辩证唯物论人生哲学根本特点的基础上，张岱年创造性地提出了“生理合一”“与群为一”“义命合一”“动的天人合一”的人生哲学的根本纲领。“生理合一”，这是张岱年提出的生活理想的第一个原则。在张岱年看来，所谓生即是生命、生活，所谓理即是当然的准则或道德的规律。他既反对将生与理绝对对立起来、单纯讲理而不重生的纯理想主义，也反对将生与理视作无差别的同一、只讲生而不重理的自然主义，主张把生与理有机统一起来既重生亦重理的生理合一论。张岱年认为：“理只是生之理，离开了生就无所谓理；生也必须受理的裁制，好的生活即是合理的生活。理离开生，便是空洞的，生离开理，必至于鲁莽灭裂。”②生理合一首先要求注重生，注意生活的实际，其实理只是求生之充实、生之圆满所应遵循的规律；实际上设法使人群的生活更美满些，便是实践理。倘若不顾生命的存在、生活的实际，只讲空洞的应该不应该，结果所谓应该未必是真实的应该，结果必然与真实的理相背离。其次，生理合一的原则要求生活必须受道德规律的指导与裁制。单纯地只讲生、不讲理，结果必至于毁坏了生。张岱年认为，人的生命与生活是包含了矛盾的，生与生相冲突是生活本身的现实。他说：“欲求生活之圆满，是必须克服生之矛盾的。要克服生之矛盾，便必须以理来裁制生。如不克服生之矛盾。任生与生相冲突下去，结果必至于达到生之破灭。所以，求生之圆满，就必须有生之裁制；求生之提高，就必须使生受理的支配，生之扩大与生之裁制，可以说是相反，但正是相成的，理正是所以完成生。”③坚持生理合一的原则，要求人们一方面要培养生命力，发展生命力，充实生活，扩

---

① 张岱年：《辩证法与生活》，《张岱年文集》第 1 卷，清华大学出版社 1989 年版，第 57 页。

② 张岱年：《生活理想之四原则》，《张岱年文集》第 1 卷，清华大学出版社 1989 年版，第 195 页。

③ 张岱年：《生活理想之四原则》，《张岱年文集》第 1 卷，清华大学出版社 1989 年版，第 195 – 196 页。

大生活，一方面要实践理义，以理裁制生活，使生活遵循理。生的圆满即是理的实现，理的实现就是生的圆满。张岱年“生理合一”命题的提出，既克服了中国传统人生哲学重理轻生的弊端，又矫正了现代西方人生哲学重生轻理的偏差，具有很高的理论价值和理论意义。

“与群为一”，这是张岱年提出的人生理想的第二个原则。在张岱年看来，人是社会的产物，人本质上是不能离开他人、群体而存在的。“与群为一，便是与社会、国家为一体，即觉得群已合为一体，社会、国家与个人融合之间，群即是我，我即是群。群的利益即是我的利益，群的生命即是我的生命。把整个的精神心思都注入于群，为群而工作，为群而努力。”①个人之所以应该与群为一，是因为个人与群体本为一体。个人生活于群体之中，一刻也不能脱离群体。张岱年认为，个人生活不能单独地获得圆满，只有在好的社会中，才能有好的个人生活。同时，一个人也只有在为社会群体谋福利的过程中才能使自己的人格得到确立并获得发展。个人为社会国家的生存，必要时应牺牲个人的生存。“在为社会国家而捐生舍身之时，个人的生命即获得无上的提高，而得到不朽的永生。尤其群的生存受威胁的时候，我们更应与群为一，群存与存，群亡与亡?”②与群为一，落实到现实生活中则是应当为中国人民谋利益，救中国脱苦难。“现在中国人之最大职任，即在拼其身命以维护中国之生存。我们应该与中国为一。”③在张岱年看来：“我们应当救中国，不只是为了中国是我们的祖国；而且，为全人类，为理，为义，应当救中国。救中国，乃是绝对的应当。”④从直接的理论渊源分析，张岱年与群为一的思想既是对中国古代墨子兼爱学说的批判性改造，亦是对马克思为全人类谋福利思想的运用与阐发。

---

① 张岱年：《生活理想之四原则》，《张岱年文集》第1卷，清华大学出版社1989年版，第197–198页。

② 张岱年：《生活理想之四原则》，《张岱年文集》第1卷，清华大学出版社1989年版，第198页。

③ 张岱年：《生活理想之四原则》，《张岱年文集》第1卷，清华大学出版社1989年版，第199页。

④ 张岱年：《生活理想之四原则》，《张岱年文集》第1卷，清华大学出版社1989年版，第198–199页。

“义命合一”,这是张岱年提出的生活理想的第三个原则。义是应当,命是自然的限制,义是理想的当然,命是现实的必然。人的理想要适应现实,又必须克服现实。人的生活一方面必须适应环境,不适应环境则不能生活,另一方面又必须改造环境,不改造环境则不能很好地生活,因此,义须顺应命,又要改变命。张岱年认为,理想必须以现实为根据,它要根据现实发展的客观需要而确定,但理想又必须以变革现实为主,认识现实正是为了以理想同现实斗争。理想是有伟大的作用的,它能使人做出无理想的人所不能做的事。义命合一强调义须顺应命,理想的确立应以现实为基础,另一方面不要因命忘义,而当以义易命,认识自然的限制,打破自然的束缚。人不能因为现实之一时的限制就放弃当然应尽的努力。“务使命之所归,即是义之所宜,这就是义命合一。”①

“动的天人合一”②,这是张岱年提出的人生理想的第四个原则。动的天人合一是相对于静的天人合一而言的,“静的天人合一是在内心的修养上达到与天为一的境界;动的天人合一则是以行动实践来改造天然,使天成为适合于人的,而人亦适应天然,不失掉天然的乐趣。静的天人合一是个人的,是由精神的修养而达到一种神秘的宁静的谐和;动的天人合一则是社会的,是由物质的改造而达到一种实际的活动的协调”。动的天人合一,一方面强调以物质的力量改造物质的天,使合于人的理想,另一方面强调天人之间的和谐,即实现戡天与乐天的统一。戡天是人类文化之基本,不能戡天,不会有文化。但有戡天之外,也还需要乐天,在宰制自然之外,也还需要享受自然。张岱年认为,“我们要改造自然,但不要毁伤自然,不要破坏自然原有之美,使人生仍保持自然的乐趣。宰制自然之目的,本在于享受自然。正当的戡天,本不是毁坏自然,而是改善自然,使自然更合于美善的理想”③。人生的价值,即在于能自觉地加入自然创造历程中而做自觉的改造,调整自然,参赞化育。人改造自然即是自然的自我改善,人克服天人

① 张岱年:《生活理想之四原则》,《张岱年文集》第1卷,清华大学出版社1989年版,第201页。

② 同上。

③ 张岱年:《生活理想之四原则》,《张岱年文集》第1卷,清华大学出版社1989年版,第202页。

矛盾使天人相互适合，即是天自己克服自身的矛盾而获得和谐。张岱年动的天人合一思想将中国哲学传统中荀子制天的观念与《易传》天人协调的观念合为一体，并给予马克思主义的批判性改造，从而发展了马克思主义的实践唯物主义，使人与自然的理论获得了科学合理的丰富内涵。

张岱年生活理想四原则的提出，标志着他运用马克思主义的立场和方法独立思考人生的诸问题、寻求合理化人生答案的思想已进入到一个较高的水平，也标志着他的辩证唯物论人生哲学体系的正式形成。

20 世纪 40 年代以后，张岱年对自己的辩证唯物论人生哲学体系做了进一步的发展，使之更具有中国特色和马克思主义的理论个性。张岱年的辩证唯物论人生哲学体系丰富了马克思主义人生哲学的内容，对中国马克思主义伦理思潮的传播与发展具有不可忽视的积极意义。

3. 唯物史观的道德学说

张岱年是中国较早用马克思主义唯物史观分析研究道德问题的伦理学家。早在 20 世纪 30 年代他写的《辩证唯物论的人生哲学》《道德之变与常》等文章中就指出，道德是人类社会生活需要的产物，源于一定的社会需要和一定的社会关系。道德的本质是基于社会的生活条件而产生的行为规范。在社会生活中，为满足群体之需要，各分了的行动必受一定的制约，这种制约被人们尊崇为具有普遍约束力的东西，这就是道德。一切道德都要受到社会关系和历史条件的制约，并随社会关系和历史条件的变化而变化。因此，一切道德观念、道德范畴都具有历史性和相对性。在阶级社会里，道德具有鲜明的阶级性，它或者为统治阶级的统治及其利益而辩护，或者当被压迫阶级充分有力之时代表被压迫阶级的将来利益。在张岱年看来，只要有阶级存在，便绝对不可能有超阶级的道德，“忽略了道德之阶级性而鼓吹超然的道德，只是欺骗。唯心论者想蔽盖道德的阶级性，乃出于一定的阶级企图”①。张岱年对否认道德阶级性的观点不以为然，并

① 张岱年：《辩证唯物论的人生哲学》，《张岱年文集》第 1 卷，清华大学出版社 1989 年版，第 38 页。

对之做了深刻的揭露与批判。他说:“道德之阶级性,实本彰然显著,但在支配阶级的思想家,以其所属阶级之关系,常对此熟视而无睹。旧道德最注重在下阶级对于支配阶级之服从;在下阶级之自由,便是大逆不道,而在下阶级为支配阶级致命献身,乃是最高之道德行为。道德常迫人使死,迫人使处极苦之境而不敢萌解放之想,萌解放之想便是非分妄想,其结果遂成为残酷的。旧道德本以禁欲为尚,强人禁欲,结果自易入于残忍。残忍乃道德所非,而道德中竟含有残忍的成分,亦即含有非道德的成分,则此道德即非真实道德。”①剥削阶级的道德是为维护剥削阶级的利益服务的,然而它却强迫被剥削阶级放弃自身的利益,甘愿接受剥削阶级的残酷剥削,这就使剥削阶级的道德常常以牺牲被剥削阶级的利益为道德,从而使其道德体现出了非道德性或反道德性。剥削阶级的道德在道德的名义下从事着反道德的实际性行为,这就是剥削阶级道德的真实本质。根据对剥削阶级道德真实本质的分析,张岱年谈到了道德的作用问题,认为剥削阶级道德从总体上是反动的、腐朽的,对社会进步和历史发展起着阻碍的、消极的作用。在张岱年看来,只有代表先进生产力的要求和社会进步趋势的革命道德才是科学的合理的道德。张岱年盛赞劳动阶级和无产阶级道德的作用,指出劳动阶级和无产阶级道德是为破坏旧社会建设新社会服务的,并在肯定社会革命的道德意义的基础上肯定道德革命的必要性,强调没有革命道德,革命必然难于成功。

20 世纪 40 年代,张岱年进一步探讨了道德的实质与特征,认为道德乃理之一种,是行为的品值之行为,有道德的品值之行为即善的行为。道德即人类为生活的需要而制定的行为准则。为群体之存在与发展,个人之行为必须遵守一定之规律,个人自觉遵守此规律,即是道德。道德起源于人类社会生活的需要。人类社会生活各种利益矛盾需要有一调解矛盾的社会形式。“如此,为群体的生存与强盛,群体内部的分子须消弭其各自间的冲突,而遵守一定的约束。这种约束,便是道德的起源。”②张岱年将道德这种复杂的社会现象区分为共性和形态

① 张岱年:《道德之变与常》,《张岱年文集》第 1 卷,清华大学出版社 1989 年版,第 78 页。

② 张岱年:《真与善的探索》,山东齐鲁书社 1988 年版,第 285 页。

两个方面。他所谓的道德共性是指一切道德的共同本质,是寓于道德变迁之中的常理;道德形态则是指道德的现象。就道德形态而言,不同的时代有不同的道德,生活的变迁导致了道德的变迁。张岱年认为,从最一般的意义上讲,道德的行为即是能够有利于他人和社会群体的行为。他说:“求自己饮食男女之满足,此为生之必然;求众人饮食男女之满足,此乃德之基本。然而道德不仅在于求众人饮食男女之满足而已,乃更在于求众人之所以贵于禽兽者之扩充,亦即不惟求人人身体需要之满足,而更求人人精神需要之满足。”①因此,道德的真义在于为公利人。于社会他人之有利的行为即是道德的行为,于自己有利而于社会他人有害的行为,即是不道德的行为。道德要求人们视人如己,以群为己,即不以小我为我,而以大我为我。真正的道德能够将小我融入大我之中,好吾之生而亦好他人之生,恶吾之死而亦恶他人之死,乐吾之乐而亦乐人之乐,进而为他人之生与乐而忘自己之生与乐。故而可见,“道德之基本原则为公。道德之端,以己推人。道德之至,与群为一。以己之所欲推人之所欲,道德之始;兼善天下,而以人群为一体,道德之极”②。张岱年结合道德的特征谈到了现代中国所需要的新道德问题。在张岱年看来,现代(即40年代)中国正处在一个大转变时期,在这个时期,中国既有亡国灭种的危险,也有强国富民的希望。为了使中国免于亡国灭种的危险而有强国富民的希望,现代中国确实需要一种新道德。这种新道德既注重于民族生存的战斗,又注重于社会改造的工作,并把有利于民族再兴和社会改造的行为视为道德行为的判据。张岱年说:“我们现在所需要的道德,是促进为民族为理想而战斗的事业的道德,是进取的战斗的牺牲的道德。现在全国人之最重要的职任,即在于忘一己之私利私益,而以全力为民族解放社会改善而奋斗。”③现代中国所需要的这种新道德,具体来说包括以下五个方面:(1)公忠:爱群不贰。人类生活之第一真理,是人群在个人之上。无群体则无个人,个人对于群体应竭其力致其身,应当为群体之大利而牺牲一己之身命。忠字本义为对人

① 张岱年:《真与善的探索》,山东齐鲁书社1988年版,第354页。
② 张岱年:《真与善的探索》,山东齐鲁书社1988年版,第217页。
③ 张岱年:《真与善的探索》,山东齐鲁书社1988年版,第288页。

尽心,并非必忠于君。今天我们讲忠,就是忠于国家,忠于民族。(2)任恤:尽心负责,助人为乐。社会生活的最需要者,为其分子之尽责能任。我们既然生活在群体中,就应当将群体的事业担在自己肩上,把群体的事看作自己的事而尽力为之。"为现代的中国人,应尽心为社会服务,效命于民族。任字取诸孟子'伊尹圣之任者也'之任。浅言之即必为社会尽其所能,尽心于其职务,深言之,则以天下国家之事为己任。恤即对人有同情心,勉力助人。"①(3)自立:独立不倚。当今的中国尤其需要人们自力更生、发奋图强,需要人们团结起来自己救自己,做自己命运的主人。(4)廉洁:取与有辨。群体健康的一个主要条件是每一个成员都能以义为重,取用有节,并且能够多与少取。(5)勇毅:敢于有为。当今的中国人应当勇于为真理和正义而奋斗,为民族解放而献身,敢为天下先,敢于伸张正义,抵制恶势力,为民请命。除此之外,张岱年还认为,我们所需要的新道德应当贯彻"进""生""力""群""平""创""知""克"的精神,以进步观念取代循环观念,以贵生思想取代约束生力之思想,以力之观念取代虚浮思想,以群体思想取代个人或家族思想,己人平等思想取代等级思想,以创造观念取代复古或占有观念,以崇智观念取代薄知思想,以克服观念取代屈服或因循思想。只有这样,才能振奋民族的道德精神,使其趋时更新,革故鼎新,创建一番宏伟的事业。

20世纪50年代以后,张岱年对道德的起源、道德的阶级性、道德的本质及其作用做了进一步的探讨,特别是对道德进步的标准问题做了颇为深入的研究。他反对道德观上的相对主义和无标准论,认为可以有一个客观的标准用来判断不同阶级的不同道德的优劣,这个标准就是社会发展的利益。社会发展的利益是判断一切道德优劣的标准。依据社会发展的利益,我们可以判断哪个阶级的道德是进步的,哪个阶级的道德是保守的或反动的,即凡是适合于社会发展的利益、推动整个社会向前发展的道德就是进步的,反之则是反动的。依据判断道德进步与否的客观标准,张岱年具体考察了人类道德进步的历史状况。他指出,在人类社会的发展过程中,生产力不断发展,生产关系也不断改变,道德也有一定程度的进步。原始社会的道德是淳朴的,然而原始道德亦有其残酷、野蛮及落后

① 张岱年:《真与善的探索》,山东齐鲁书社1988年版,第288页。

的一面，比如杀死俘虏、氏族复仇、血缘群婚。奴隶社会道德相对于原始纯朴道德来讲，固然有其退步的方面，但也有其进步的一面，即对血缘群婚的限制，把俘虏转变为奴隶。到了封建社会，封建统治阶级的道德不允许随意杀害农民，这比奴隶社会又进了一步，但是封建社会中的农奴还受着惨重的超经济剥削，还有很严重的人身依附。在资本主义社会中，劳动者在形式上摆脱人身依附，获得了形式上的平等，从这点说来也是一个进步。"在阶级社会的演变进程中，生产关系的每一种新的形式都标志着劳动人民在反奴役、反压迫的斗争中向前进了一步，因而在道德方面就向前进了一步。但是，在阶级社会中，道德的进步常常是片面的、曲折的，在道德的进步之中，包含了道德的堕落。"①阶级社会中的道德进步与堕落交互错综的情况说明道德进步是一个通过善和恶的矛盾斗争而实现的螺旋式上升过程，道德发展的总趋势是不断进步的，但发展途径却是曲折迂回的。统治阶级道德在它发展的上升时期可能表现相对的独立性，但到了没落时期就接近破产了。道德堕落是一切剥削阶级在其衰落时期的特点。在阶级社会中，劳动人民和其他先进阶级反对腐朽势力的斗争是道德进步的动力，劳动人民道德是道德进步的主流。

张岱年的道德学说内容十分丰富，涉及道德的起源与本质、道德的演变与特征、道德的功能与作用、道德进步的客观规律性诸重大理论问题。在对上述道德理论问题的探讨与研究中，张岱年一方面坚持马克思主义的立场、观点和方法，另一方面密切联系中国特有的道德建设实际，将马克思主义的一般原理与中国特有的道德问题、道德实际结合起来，从而既发展了马克思主义伦理思想，又促进了中国伦理文化的革命性变革。这是张岱年对中国马克思主义伦理思潮所做出的贡献。张岱年的伦理学说为建构中国特色的马克思主义伦理学体系提供了许多可资借鉴的因素。

---

① 张岱年:《道德的阶级性与继承性》,《张岱年文集》第 4 卷,清华大学出版社 1989 年版,第 479 页。

二、周原冰的共产主义道德学说

周原冰(1915—1991),中国现代马克思主义宣传家、伦理学家。笔名石粱人,安徽省天长县人。20世纪40年代末起开始从事青少年修养与道德问题研究,对推动中国马克思主义伦理学科的形成与发展,做出了一定贡献。著有《道德问题论集》《道德问题丛论》《共产主义道德通论》等。

1. 对道德基本理论问题的探讨

与张岱年先生从哲学体系中关注伦理道德问题不同,周原冰可以说是一个比较纯粹的道德学家,他一生以道德问题研究为务,其著述和文章基本上未离伦理道德问题。如果说20世纪40—50年代周原冰研究的重点在青年的品德修养与道德教育的话,那么20世纪60年代的研究重点则转到了道德基本理论问题的研究上。20世纪80年代以后,周原冰将大部精力投入共产主义道德理论问题的研究。

20世纪60年代,周原冰连续在《学术月刊》和《新建设》上发表了《道德和道德科学》《试论马克思主义道德科学研究的对象、范围和方法》《试论道德的阶级性》《阶级性是不是阶级社会道德的共性》《道德对社会存在的反作用》等文章,后收集整理为《道德问题论集》,对道德的一系列基本理论问题做了比较深刻系统的论述。

(1)关于道德的定义。周原冰认为,道德是一种特定的社会意识形态,是属于社会上层建筑的现象,"是通过在一定经济基础上产生和形成的社会舆论、人们的内心信念和传统习惯,对人们在处理人与人之间及个人与社会之间关系的态度和行为所做出的社会评价,以及通过这种评价来调整人们对社会和人们相互之间关系的各种观念、规范、原则、标准的总和"[①]。这一定义,首先将道德视为一种特殊的上层建筑和社会意识形态,指出了道德的最一般特征;其次把道德视作调整人们对社会和人们相互之间关系的各种观念、规范、原则、标准的总和,认为道德不只是一种单一的社会现象,而有着复杂的结构,包含着多方面的内容,它是总和而不是某一方面;再次把道德视作是对人们处理人与人之间及个人与社会之间关系的态度和行为所做出的社会评价,突显了道德的评价调节功能,并指出这种评价所借助的力量是社会舆论、传统习惯和人们的内心信念;最后认为道德评价的力量或方式是在一定的经济基础上产生和形成的,社会舆论、传统习惯和人们的内心信念并不是凭空产生的,它离不开社会的经济基础并受制于社会的经济基础。周原冰的道德定义比较全面而又包容甚广,在 20 世纪 60 年代受到人们的普遍认同,即便是 20 世纪 80 年代以后人们也充分肯定这一定义的合理可取之处。

(2)阶级性是阶级社会中道德的共性。周原冰认为,人的社会存在决定了人的社会性,这是一切社会一切人的共性。道德,正是人类所独有的社会性的一种表现,没有人的社会性也就根本不可能有什么道德。[②] 人的社会性在阶级社会中主要表现为阶级性,人类的道德也就不能不具有阶级性。在阶级社会中,道德的阶级性具体表现为三个方面:第一,一切道德都反映着和代表着一定阶级的阶级利益和阶级意志;第二,一切道德评价都主要是一定阶级的评价;第三,一切道德都是阶级斗争的工具。周原冰以道德的阶级性为阶级社会里道德的共性的观点虽然值得商榷,但却不失为一家之言,在 20 世纪 60 年代关于道德阶级性与继承性的大论战中颇有影响。

(3)道德对社会存在的反作用。周原冰认为,道德不只是消极地反映人们的社会存在,它一旦形成以后就积极地反作用于人们的社会存在,这种反作用具体表现为或者对社会的发展起促进作用,或者对社会的发展起阻滞作用。道德之

---

① 周原冰:《道德问题论集》,上海人民出版社 1980 年 3 月增订版,第 29 – 30 页。

② 周原冰:《道德问题论集》,上海人民出版社 1980 年 3 月增订版,第 98 页。

所以对社会存在具有反作用，是因为它存在于人们的社会中并反映着人们的社会存在。一定的社会之所以需要有一定的道德，是因为一定的道德可以为一定的社会服务。“因此，任何道德观念、道德规范，不仅是适应一定的社会经济基础和一定的社会阶级的需要而产生的，而且在其产生和形成以后，就一定要反过来积极地为产生它的那种社会经济基础和那个社会阶级服务，否则它就失去了作为社会上层建筑的意义。”①道德可以区分为反动的或保守的道德和革命的或先进的道德。反动的或保守的道德反映社会中已经过时和走向死亡的东西，反映的是旧的社会秩序的要求，因此它总是要用舆论和习惯的力量为社会中已经过时了的东西服务，就对社会发展所起的作用而言，它起的是一种阻碍或促退的作用。革命的或先进的道德则不然，它是作为适应社会物质生活条件发展的需要在人们意识中的反映而产生出来的，反映着新的生产力要求，代表着新兴阶级或阶层的利益和愿望，“它之所以出现就是为了形成一种新的舆论力量，以利于打破旧的舆论的束缚，帮助新的阶级解决社会发展中已经成熟了的任务，因而它一经产生和形成以后就积极地对社会发展起着促进作用”②。周原冰还具体地论证了道德对社会存在反作用的表现。在他看来，道德对社会存在的反作用首先表现在它以本身特有的职能来为产生它的经济基础和阶级服务，维护这些经济基础和阶级的利益，其次表现在道德指导和制约着人们的行动。人们的道德意识、道德观念和道德面貌影响着人们的劳动动机和人生目的，进而影响着他们生产的积极性和创造性，影响着他们在社会生产中所起的作用。

除以上三个问题以外，周原冰还探讨了道德产生、形成和发展的社会根源，道德的阶级性和继承性的关系，道德的内容和形式在历史上的发展变化诸问题，从而初步形成了自己的道德学说的理论框架。

2. 对共产主义道德的系统论述

周原冰对中国马克思主义伦理思想的贡献还在于他对共产主义道德做了较

---

① 周原冰：《道德问题论集》，上海人民出版社 1980 年 3 月增订版，第 115－116 页。

② 同上。

为系统的阐发和论述。20 世纪 50 年代他就写了《培养青年的共产主义道德》一书,20 世纪 80 年代他又写出了《共产主义道德通论》一书,并发表了许多论共产主义道德的论文。特别是《共产主义道德通论》一书集作者 30 年思考钻研之大成,其中确有不少理论建树和学术创新之处。

(1)关于道德的外部联系与内部结构问题的论述。周原冰在《共产主义道德通论》中坚持用恩格斯晚年合力论的思想去考察道德的社会制约性与社会功能的问题。认为研究道德的社会制约性问题,不仅要看到它具有的客观基础,还要看到它受其他上层建筑意识形态的影响,比如说政治、法律、宗教、文艺等的影响。研究道德的社会功能和反作用,也必须看到道德不是单独地孤立地发挥其功能与作用,而是同政治、法律等密切相关地联系在一起去发挥它所特有的功能与作用。关于道德的内部结构问题,该著将其区分为道德意识、道德选择、道德实践三个方面,并认为一定的道德意识制约着人们的道德选择,而道德选择又构成道德实践的起点,道德就是一个由道德意识经过道德选择而至道德实践的系统,其中道德选择是连接道德意识与道德实践的中介环节。

(2)关于共产主义道德的实质及其发展阶段的问题。周原冰认为,共产主义道德是相对于人类历史上其他道德类型(如封建主义道德、资产阶级道德)而言的一种新型的社会道德体系。共产主义道德不仅有着一般道德的共同性质,而且有着自己特有的性质。具体来说表现在:首先,共产主义道德是以在资本主义社会就已形成的工人阶级道德为基础,用马克思主义的科学共产主义理论武装起来,通过工人阶级自己的政党——共产党的领导和教育,通过所有为共产主义事业而牺牲奋斗的先进人物的示范作用,而逐步丰富、完善和发展起来的;其次,共产主义道德是共产主义事业的一个组成部分,又是实现共产主义事业每一斗争过程所不可缺少的精神武器,因而它始终都随着共产主义事业的发展而发展;再次,共产主义道德的基本任务就是要树立新的科学的道德评价的标准并以此去调节人民内部的各种关系,鼓舞人们为共产主义事业而奋斗。

关于共产主义道德发展的阶段问题,周原冰认为,共产主义道德体系,不只是迄今为止人类道德发展的最高阶段,而且,它本身在其形成以后也还在不断发展,有着自己特殊的产生、形成和发展的过程。共产主义道德的发展,大体上可以分成三个基本的阶段,这三个基本的阶段是:①作为被统治阶级道德时期的共产主义道德,是共产主义道德产生、形成和作为无产阶级革命精神武器和行为规范的阶段。这时共产主义道德的基本战略任务,是为推翻剥削阶级的统治、建立无产阶级专政的社会主义国家政权服务;②作为统治阶级或领导阶级时期的共产主义道德,是共产主义道德得以普遍发展,并且逐步在全社会取得领导和支配地位的阶段。这时共产主义道德获得了国家政权的支持,在全社会获得了公开、合法的宣传和教育阵地;③作为未来的全社会最广大的成员都能自觉遵守、成为共同行为准则时期的共产主义道德。这时的共产主义道德已逐步摆脱了阶级道德的性质,成为全社会进步人类共同的道德。周原冰指出,这三个基本阶段的共产主义道德,就其本质属性和基本原则方面来说,从头到尾都是一以贯之的,否则它就不能构成为一种完整的道德体系。从作用和影响的范围来讲,一个阶段比一个阶段更深广。周原冰关于共产主义道德经历三个基本发展阶段的思想,从理论上澄清了人们对共产主义道德的种种误解,具有深化人们对共产主义道德认识、强化共产主义道德教育的作用,这是他对中国马克思主义伦理学发展所做出的一个重要的贡献。

(3)关于共产主义道德的基本原则问题。周原冰认为,共产主义道德特有的实质决定了共产主义道德所特有的基本原则。共产主义道德的基本原则的确立应当反映调节人们与共产主义事业的关系的要求,应当反映调节人们与社会集体关系的要求,应当反映调节人们与生产劳动关系的要求,反映人们立身行世、律己待人的要求。据此,周原冰提出四条共产主义道德的基本原则:①人们的行为必须服从共产主义事业的客观要求,忠于共产主义事业是共产主义道德最根本的原则。从共产主义事业发展的阶段来说,不同时期有不同的要求,共产主义道德便也以这种不同的要求作为评价人们行为是非的首要标准。人们的行为必须服从共产主义事业的客观要求这一共产主义道德原则,表现在对祖国和对世界进步人类的关系上,就是爱国主义和国际主义高度地结合。②共产主义道德要求人们的行为符合集体主义原则。集体主义原则是共产主义道德和一切非共产主义道德区别的根本标志。共产主义事业本身就是关系亿万人民根本利益的集体事业,而共产主义事业的每一步进展都一刻也不能离开人民群众的集体力量。所以,真正的共产主义者必定同时是集体主义者。周原冰指出,集体主义原则的第一个要求,就是必须正确对待个人和集体的关系、小集体和大集体的关系。集体主义原则并不排斥个人或小集体的利益,而是把个人利益和集体利益、小集体和大集体的利益都看作矛盾的统一体。集体主义原则的第一个要求:个人利益和集体利益的统一、局部利益和整体利益的统一,而把集体利益和整体利益放在首位,实行个人服从集体、局部服从整体;集体主义原则的第二个要求,就是必须关心人民群众的生活,全心全意为人民服务;集体主义原则的第三个要求,就是尊重人民的民主权利;集体主义原则的第四个要求,就是实行革命的人道主义。③共产主义道德的第三条基本原则就是热爱劳动,要求以崭新的共产主义劳动态度对待工作,自觉地为创造高度的劳动生产率而斗争。在周原冰看来,靠劳动还是靠剥削为生?是劳动者道德同剥削者道德的分界线。共产主义劳动态度,从根本上说,就是要自觉地为创造新的高度的劳动生产率而斗争,具体说即是以社会主人翁的主动负责精神对待劳动;把劳动和提高劳动生产率看作共产主义事业的物质基础;培养善于思考、大胆革新的主动创造精神;高度自觉地遵守劳动纪律和社会秩序,等等。④共产主义道德的另一基本原则,就是以实事求是为基础的忠诚老实。周原冰认为,是忠诚老实还是虚伪奸诈,历来是劳动人民同剥削阶级在道德品质上的分野之一。作为共产主义道德原则的忠诚老实,是历来劳动人民这一优良传统的继承和高度发展,它包含着两个基本的要素:第一,它不是出于个人的得失观念或只是对某些个人的感恩报德,而是出于对人民、对祖国、对整个共产主义事业以及领导广大人民为建设社会主义祖国和为整个共产主义事业而奋斗的革命政党的关心和热爱;第二,它不是根据某种先定的道德训条,而是根据事实、根据实践的经验、根据由此而得到的客观真理。因此作为共产主义道德原则之一的忠诚老实,超出了个人和集团私利的局限,有着严肃的原则态度和坚定的革命立场,是不能随心所欲的。

周原冰关于共产主义道德基本原则的理论是他关于共产主义道德理论研究中一个十分重要的组成部分。他自己也认为,真正能够代表他对共产主义道德研究的基本思想的,是关于共产主义道德发展三阶段说和关于共产主义道德基本原则的理论。应该说,周原冰关于共产主义道德基本原则的理论,既不同于苏联施什金和季塔连科的观点,又同国内对共产主义道德基本原则的一些理论颇有区别,具有自己的独到特色。

3. 关于马克思主义道德科学的党性原则

周原冰是中国马克思主义伦理思潮中斗争性很强的一位学者,他自始至终坚持以马克思主义的唯物史观和阶级分析方法来分析伦理道德问题,强调和突显了道德的阶级性和社会性,肯定了马克思主义道德科学的党性。

(1)关于马克思主义道德科学的基本特点。周原冰认为,伦理、道德学说的发展同阶级斗争的发展密不可分。马克思主义的道德科学同样是阶级斗争的产物,是为无产阶级的阶级斗争利益服务的。马克思主义的道德科学,根本不同于过去历史上的任何伦理、道德学说,它有着自己的鲜明特点。第一,它公开宣布自己是从无产阶级的阶级斗争中引申出来并为无产阶级的阶级斗争利益服务的,摒弃那种超阶级的伦理学说,揭露他们的欺骗性,并且公开说明它是无产阶级斗争的工具,是无产阶级争取彻底解放的强大思想武器。第二,它充满着永不衰竭的革命精神。这一特点是和无产阶级的阶级特性密切地联系在一起的。无产阶级的历史使命决定了无产阶级必须不断革命,不能把夺取政权当作目的,不能停止在夺取政权的水平上,“而且要达到消灭一切阶级差别所产生的一切生产关系,达到消灭和这些生产关系相适应的一切社会关系,达到改变由这些社会关系产生出来的一切观念”①。并且无产阶级革命所要建立的社会主义、共产主义的社会制度是一个不断向前发展的社会制度,它永远也不可能有一个终极的目标或发展的顶点。因此,马克思主义的道德科学作为无产阶级的道德理论就不能不反映无产阶级这种不断革命的精神,从而能使自己永葆青春活力,显示出蓬勃发展的前景。第三,它具备着科学性和实践性的高度结合。马克思主义道德科学以其先进的世界观和科学的方法论来考察一切道德现象,从中发现道德发生、发展的规律,因而能够帮助人们科学地认识道德现象,更有效地去进行道德选择,展开道德活动。此外,马克思主义的道德科学不仅是人们阶级斗争的实践

---

① 周原冰:《道德问题论集》,上海人民出版社 1980 年 3 月增订版,第 17 页。

经验的总结，而且也强调道德学说只有转化为人们的道德实践才能发挥其理论功用。因此，科学性和实践性高度结合是马克思主义道德科学的显著特点。周原冰指出，马克思主义道德科学的三个基本特点，是一个有机的系统。“离开了这三个特点，或者把这三个特点互相割裂开来，任何关于道德问题的论述，就决不能是真正的马克思列宁主义的道德科学。因而，这同时又是我们鉴别真假马克思列宁主义道德科学基本的标尺。”①

(2)关于马克思主义道德科学的研究任务与方法。周原冰认为，马克思主义的道德科学是以共产主义道德为其研究对象的科学。这一特定对象同时也规定了它研究的特殊任务。它的首要任务就是要对共产主义道德进行系统的总结和阐明，“科学地论证它的合理性和正义性，粉碎一切敌人的恶意诽谤，揭穿他们那种混淆视听搞乱人们思想的卑鄙手段；就是要从道德领域里来帮助人们改造精神世界，以便从旧道德的精神罗网下解放出来，用共产主义道德武装起来，精神振奋，百折不挠地为实现共产主义的伟大理想而奋斗到底”②。在周原冰看来，共产主义道德并不是凭空产生和发展的。如果共产主义道德不为无产阶级所进行的各种斗争服务，它就不可能是真正的共产主义道德；如果它不能从无产阶级的阶级斗争中总结经验教训，吸取新鲜的养料，那么它就不可能得到充分的发展。他说：“我们研究马克思列宁主义的道德科学就是要从无产阶级进行阶级斗争的经验教训中，总结无产阶级道德如何为社会主义和共产主义事业服务的规律，总结它如何去破除一切剥削阶级道德影响和批判地继承一切优良的劳动人民道德传统的规律，总结它如何通过无产阶级的各种革命斗争，通过同一切非无产阶级道德的斗争中求得自身发展的规律。我认为，这些就是今天我们研究马克思列宁主义道德科学的目的和任务。”③

关于马克思主义道德科学研究的方法，周原冰认为最基本的莫过于理论联系实际的方法。他说：“理论和实际的紧密联系，是马克思列宁主义的基本特征

① 周原冰：《道德问题论集》，上海人民出版社 1980 年 3 月增订版，第 19 页。
② 周原冰：《道德问题论集》，上海人民出版社 1980 年 3 月增订版，第 24 页。
③ 周原冰：《道德问题论集》，上海人民出版社 1980 年 3 月增订版，第 28 页。

之一，也是研究马克思列宁主义道德的最基本的方法。”①在周原冰看来，马克思主义道德科学本身是理论联系实际的产物，它的科学性总是建立在实践性的基础之上并以实践性为旨归，它的实践性孕育着科学性的因素并检测着科学性的程度，周原冰从四个方面论述了马克思主义道德科学理论联系实际的特征。首先，它是在概括人们的社会生活的实践活动中尤其是在概括无产阶级的革命实践活动的基础上形成和发展起来的。其次，它以推动无产阶级改造世界的革命事业的发展为目的，它在研究一切道德现象和道德问题的时候，处处都要从对无产阶级所进行的改造世界的斗争实践是否有利出发。再次，它是在批判资产阶级和封建地主阶级的伦理学说的斗争中发展起来的。最后，它只有经过从实践到认识、再从认识到实践的多次反复才能不断地发展、不断地完善。周原冰认为，我们研究马克思主义的道德科学就是要坚持理论联系实际的方法。这就要求我们在马克思主义的思想指导下，认真地去总结无产阶级革命运动和今天社会主义建设中大批革命先烈和先进人物的共产主义道德行为实践及其品质是怎样形成、怎样发挥作用的，总结一切与道德问题有关的实际经验，以此来丰富和发展马克思主义的道德科学。同时，要把我们对于有关共产主义道德问题的一些认识，运用到道德生活的实践中去加以反复的考察和检验。因此研究马克思主义的道德科学不能只是坐而论道，而应该走出书斋，投身到无产阶级所进行的伟大的道德实践活动中去。

(3)坚持马克思主义道德科学的党性原则。在周原冰看来，道德学说有着鲜明的阶级性，马克思主义的道德科学也不例外。坚持马克思主义道德科学的党性原则，一方面要求人们坚决抵制和清除封建主义道德和资产阶级道德学说的流毒和影响，另一方面要求人们始终保持清醒的头脑，捍卫马克思主义道德科学的纯洁性，使共产主义道德发扬光大。周原冰指出，在当前伦理学发展的大好形势下，除了要防止那种粗制滥造、辗转抄袭和把通俗化变为庸俗化的歪风邪气以外，“还更要注意防止把马克思主义道德科学倒退到西方的道德哲学或我国古代一般伦理学说的水平，必须坚持马克思主义道德科学的党性原则，十分警惕我国

① 周原冰：《道德问题论集》，上海人民出版社 1980 年 3 月增订版，第 44 页。

古代的什么宋明理学、西方的什么存在主义和所谓行为科学等等,也被用来补充而实际上是顶替马克思主义的道德科学,扰乱人们的思想"①。

那么,怎样才能坚持马克思主义道德科学的党性原则呢?在周原冰看来,首先必须坚持马克思主义道德科学区别于其他伦理、道德学说的根本特性,坚持马克思主义道德科学最根本的立场、观点和方法,并以此去分析历史和现实生活中的道德问题和道德现象。坚持马克思主义道德科学的党性原则,当然不是说拒绝借鉴历史上的和当今的任何伦理、道德学说,也不是说对这些伦理、道德学说中的合理内核无分析地一概排斥,而是要用马克思主义道德科学的基本原理和方法加以批判性地审视,抛弃其糟粕,吸收其精华。其次,坚持马克思主义道德科学的党性原则决不意味着墨守成规,满足于已有的结论,不能提出新的创见,恰恰相反就是要针对现实生活中所提出的道德领域的新问题进行深入的解剖,在力求准确的讲究科学性的前提下进行新的探索,不断得出新的理论认识和理论观点。再次,坚持马克思主义道德科学的党性原则,就是要坚持道德和道德科学为社会主义事业和共产主义事业服务。周原冰指出,道德科学的党性就是道德阶级性的集中表现,这种集中表现当然同时是这个阶级的根本利益和政治要求的反映。最后,坚持马克思主义道德科学的党性原则,就是要坚持它的实践性和科学性。马克思主义道德科学的基本特点之一就是实践性与科学性的高度结合。"因此,马克思主义道德科学的研究和宣传,就必须紧密地结合社会主义思想建设的实际,扎扎实实地开展。一方面,思想必须解放,不仅要摆脱一切封建主义和资本主义伦理学说中陈词滥调的束缚,还要冲破那种为实践证明是错误了的或者过时了的条条框框的束缚,从而有所前进、有所提高、有所发展;另一方面,同时又必须十分坚定地立足于实事求是的科学态度的基础上,凡属抛弃了这种科学态度,一味追新猎奇、哗众取宠,甚至迎合低级趣味以追求所谓票房价值的,不管打不打马克思主义的招牌,都是不符合马克思主义道德科学的党性原则

---

① 周原冰:《坚持马克思主义道德科学党性原则》,载《江淮论坛》1984 年第 2 期。

的。"[①]总之,周原冰认为,坚持马克思主义道德科学的党性原则,既是在道德学说领域里抵制和清除精神污染的关键,又是充分发挥马克思主义道德科学社会作用的关键,也是促使马克思主义道德科学健康发展的关键。

周原冰的道德学说因其具有鲜明的论战色彩,在60年代和80年代的马克思主义伦理思想发展史中影响颇大,对推动马克思主义道德科学的发展确曾起过一定的积极作用。他坚持以唯物史观和阶级分析的方法来分析和研究历史和现实生活中的道德现象,较为充分地论证了共产主义道德的合理性,并建构了一个共产主义道德学说的理论体系,这是应该充分肯定的。但也应该看到,由于其道德学说主要是在论战的形式中阐发的,有的地方又不免带有一些情绪化的色彩,例如,他对道德的阶级性和道德学说的阶级性的阐发和论证就有些失之偏颇,含有把道德的阶级性和全民性绝对对立起来乃至根本否认道德全民性因素存在的倾向。他没有深入地区分并说明历史上的道德学说与剥削阶级道德的复杂关系,因而对共产主义道德的某些论述也不同程度地存在一些过于简单、不够深入、甚至失之片面的倾向。当然,这些缺失的存在并不能影响他在马克思主义伦理思想发展史上的应有地位。

三、李奇的马克思主义伦理观

李奇(1913—2009),中国现代马克思主义伦理学家。女,笔名李之畦,河北省饶阳县人。20世纪50年代末致力于马克思主义伦理学研究,先后在《光明日报》《哲学研究》《新建设》《文汇报》《学术月刊》等报刊发表伦理学论文多篇,成为新中国马克思主义伦理学的最早研究者之一。20世纪80年代以后,当马克思主义伦理学形成一个初步的理论体系之后,她又写出了《道德与社会生活》等著

---

① 周原冰:《坚持马克思主义道德科学党性原则》,载《江淮论坛》1984年第2期。

作和文章,探索道德与经济、政治、文化、教育、科学等各种关系,研究道德如何在各个社会生活领域发挥作用。20 世纪 80 年代末她主持撰写了《道德学说》,该书以史论结合的方式,深入系统地论述了马克思主义伦理学,为马克思主义道德学说的发展做出了较大的贡献。

1. 论马克思主义对伦理学的革命变革

李奇认为,伦理学史上曾经有过两次大的革命变革。一次发生在 17—18 世纪,它使中世纪的神学伦理学转变为人学伦理学。当时新兴的资产阶级思想家们以人道对抗神道,使道德观念从神学中解放出来,使人们的行为准则由神的支配变为由人自己支配。这次变革在历史上曾起过非常革命的作用,推进了伦理学的发展。但是,这次变革终因时代的限制,没有使伦理学真正成为一门科学。资产阶级的伦理思想家们主张把伦理学建立在人的自然本性或先验理性的基础上,没有能摆脱唯心主义和形而上学的束缚,更没有也不可能揭示出伦理道德发展的规律性,因此这次革命变革是很不彻底的。第二次伟大的革命变革发生在 19 世纪中叶,这就是马克思主义伦理学的创立,它使抽象的人学伦理学变为具体的社会关系伦理学。"由于唯物辩证法在历史领域里的运用,道德的科学实质才被揭示出来,这就使伦理学的理论基础由唯心主义形而上学的抽象人性论变为科学的历史唯物论。由此伦理学便由各种假说或臆测所缀成的道德哲学变为真正的道德科学,成为无产阶级解放斗争的思想武器。这次变革为伦理科学的发展奠定了真正的科学基础。"①马克思主义伦理学的创立是人类伦理思想史上最深刻最伟大的革命变革,这种深刻而伟大的革命变革具体表现在以下三个方面:

第一,改变了伦理学研究的出发点,首次揭示了道德的社会根源。李奇认为,17—18 世纪新兴的资产阶级伦理思想家为了推翻王权神授的专制制度以及神启论的道德学说,竞相主张寻找支配人类社会生活的永恒不变的客观原因。他们认为从神的启示去说明世界和道德的出发点是不科学的,应该到"自然界"

---

① 李奇:《道德科学初学集》,上海人民出版社 1984 年版,第 10－11 页。

本身或人的自然本性中去寻找真实的根据或道德的基础。在17—18世纪的资产阶级伦理思家看来,人是自然界的一部分,人的本性即是自然的本性,我们应当像对待其他自然界的事物一样,去了解人的自然的真实面目,从人的自然本性或情欲或理性中去寻找道德的真正起源。爱尔维修主张像建立一种实验物理学一样来建立一种道德学,并且主张从人的趋乐避苦的自然本性中去研究道德的真正秘密。霍尔巴赫明确指出适合于人的道德学应当建立在人的自然本性上,并且认为人的自然本性是人类历史发展和道德进步的动力,任何人都是不折不扣地服从人的自然本性的规律的。

李奇指出,近代资产阶级伦理学的出发点是人的自然本性,无论是从人的感觉出发还是从人的纯粹理性出发,他们都是把人作为生物界的一个"类",这个"类"的特殊属性也只能是生理机能上的属性。他们把符合人类自然本性的生活视作是符合道德的生活。这种思想在当时曾起了推动社会变革的作用,把伦理学的出发点从神性改变为人性,不能不说是一个进步。然而,它毕竟不是科学的伦理学理论。"从神到人是对的,然而把人看作自然界的一个类,从而以人的自然本性作为说明社会现象的出发点则是不对的。按照人的自然本性所设想的人道主义原则,当然不能不是错误。"①马克思主义伦理学的革命变革首先表现在对伦理学出发点的科学改造上。马克思恩格斯在对旧的哲学、伦理学进行革命改造的时候,着重地研究了人及人的本性问题。马克思主义认为,人虽然是自然界的一部分,但是由于人依靠自己的生产劳动和社会实践创造了自己的特殊生活规律,从而使自己脱离了自然的动物界,有了区别于动物的社会本质。马克思在《关于费尔巴哈的提纲》中指出:"人的本质不是单个人所固有的抽象物,在其现实性上,它是一切社会关系的总和。""旧唯物主义的立脚点是市民社会,新唯物主义的立脚点则是人类社会或社会的人类。"②马克思主义根据对于人类特有的社会实际生活的研究,认为人不是与世隔绝的孤立的抽象的自然人,而是在一

① 李奇:《道德科学初学集》,上海人民出版社1984年版,第14页。

② [德]马克思:《关于费尔巴哈的提纲》,《马克思恩格斯选集》第1卷,人民出版社1995年版,第56－57页。

定社会关系中的现实的可以通过经验观察到的人,人并不是栖居在社会以外的东西,人就是人的世界,就是社会、集团和国家,人的本质是一切社会关系的总和。马克思主义是从人的社会本质或社会化的人出发来研究社会历史和伦理道德问题,从而使过去作为伦理学理论基础的人性论的唯心史观,被科学的唯物史观所代替。这就是说,人的本性是由人们的社会关系所决定的,人们的各种观念包括道德观念都是由人们的社会关系所决定的,归根到底人们总是从当时的社会经济关系中吸取自己的道德观念,所以道德总是随着社会经济关系的变化而变化的社会意识形态,是建立在社会经济基础之上的特殊的上层建筑。这种出发点的转变在伦理思想史上第一次科学地揭示了道德的本质和它伴随着社会物质生活条件而发生、发展的规律,从而宣告了一切旧伦理学把道德看成超自然的超社会存在的唯心主义伦理观的破产,使伦理学第一次真正成为科学。

第二,革新了伦理学的研究方法,以唯物辩证法和阶级分析法指导伦理学的研究,实现了伦理学研究方法论上的革命变革。李奇认为,近代资产阶级伦理学从抽象的人或人的自然本性出发,把人的生理机能活动当作伦理学的研究对象,因而主张以自然科学的方法去研究人的道德问题,他们所谓自然科学的方法就是把人当作孤立的静止的自然物去进行物理的和心理的剖析,这实际上就是非科学的方法。近代资产阶级伦理学家,大部分是以追求什么是最高的善作为主要目的,以道德判断为中心,对个人行为进行孤立的抽象的心理历程的分析。从这种分析中引申出他们所认定的最高的善的概念,然后根据善的概念推论出一些道德律和修养方法。沿着这一线索求得的善的概念和道德律,就是普遍的永恒的真理。18 世纪法国唯物论、英国功利主义十分推崇用自然科学的方法来研究伦理学。爱尔维修指出:“我以为我们研究道德,必须如研究一切其他的科学那样,并且立一种道德也必须像实验的物理学那样。”①他从人的自然本性出发,把“自利”、“自爱”心当作人类一切行为的动因,并引申出了个人利益是判断一切事物准绳的结论。边沁和费尔巴哈基本上接受了爱尔维修的趋乐避苦的“自利说”,在伦理学的研究方法上同样是采用自然科学的方法对人类的行为进行生

① [法]爱尔维修:《精神论》,1993 年杨伯凯译本,第 44 页。

理和心理的分析。李奇指出:“马克思主义以前的资产阶级伦理学,由自然人的观点出发,用形而上学的方法研究人的道德行为的心理过程,所求得的关于道德实质的答案,不可能是别的,只能是抽象人性——理性或欲望。这种抽象的理性或欲望是人人都有的自然属性,它是普遍的永恒不变的;是支配社会生活的主观意识。因此,旧伦理学的思想体系不仅存在许多自相矛盾的地方,而且它所得出的结论也是不符合事实的。”①

马克思主义伦理学反对把人视作抽象的人自然的人,认为人是具体的人社会的人,因而在伦理学的方法上主张运用历史唯物主义的社会科学的研究方法,即用唯物辩证法和阶级分析法取代自然科学的方法。马克思主义伦理学从社会的现实情况出发,以道德现象为对象,从它的发生、发展过程中去探求道德的本质及其发展规律,然后根据客观规律发挥道德的社会作用以改造世界。因此,“马克思主义伦理学的主要目的不在于说明什么是善的概念,而在于发现善恶观念的发生、发展的客观规律进而改造客观世界”②。马克思主义伦理学认为,道德是人类社会生活的产物,社会生活的复杂性和辩证性决定了我们只有运用唯物辩证法和阶级分析的方法才能真正认识道德的本质和特性,才能动态而辩证地把握道德标准和道德评价。李奇说:“马克思主义伦理学的研究方法,不是用形而上学的自然科学的方法,而是用历史唯物主义的社会科学的研究方法;它的研究线索不是引向抽象行为的心理历程,而是向产生这种行为准则和规范的社会物质生活中去探索道德的根源和实质、道德和社会物质生活的辩证关系以及道德的发展规律。”③人们的道德意识是和人们的社会物质生活条件紧密相连的社会现象,而不是脱离社会的纯自然现象,因此,只有用唯物辩证的方法才能揭示出道德的本质、根源以及发展演变的规律性。在对道德的研究上,自然的研究方法不是也不应该是唯一正确的研究方法,它只能作为唯物辩证的方法的补充,并在其指导下发挥作用。正是因为马克思主义伦理学用以揭示道德根源和本质

---

① 李奇:《道德科学初学集》,上海人民出版社 1979 年版,第 20 页。
② 同上。
③ 李奇:《道德科学初学集》,上海人民出版社 1979 年版,第 21 – 22 页。

的方法是唯一科学的方法，所以才使得其关于道德认识的结论成为符合道德实际的结论，从而使伦理学发生了根本性的革命变革。

第三，确立起了崭新的道德原则，实现了伦理学内容的根本变革。李奇认为，马克思主义以前的资产阶级伦理学家，由于观察道德问题的出发点不正确，研究方法不科学，所以他们所提出的道德原则，便不可避免地存在许多不可克服的矛盾和颠倒事实的错误。正如恩格斯 1886 年谈到费尔巴哈利己主义道德原则论的错误时所指出的，追求个人利益和幸福的欲望受到双重的矫正。“第一，受到我们的行为的自然后果的矫正：酒醉之后必定头痛，放荡成习，必生疾病。第二，受到我们的行为的社会后果的矫正：要是我们不尊重他人追求幸福的同样的欲望，那么他们就会反抗，妨碍我们自己追求幸福的欲望。由此可见：我们要满足我们的这种欲望，就必须能够正确地估量我们的行为的后果，同时还必须承认他人的相应的欲望的平等权利。”①资产阶级伦理学家虽然也强调个人利益和公共利益的结合，甚至提出过“最大多数人的最大幸福”的口号，但是由于他们的阶级本性和时代局限决定了他们不可能把公共利益或普遍利益置于个人利益之上。在他们那里，个人利益始终处于首要和优先的地位，爱别人只是为了实现自己幸福的手段，社会利益无非是组成社会的“若干成员的利益的总和”②。李奇指出，资产阶级伦理思想家以个人为本位强调个人利益的至上性，总是把个人利益放在第一位，他们所提出的道德原则始终是个人主义和利己主义的。

马克思主义伦理学彻底抛弃了资产阶级的利己主义和个人主义道德原则，提出了个人利益和社会利益协调发展的无产阶级集体主义道德原则。马克思主义创始人不是从概念、范畴去探讨个人利益和社会公共利益的关系，而是从现实社会生活中去分析概括个人利益和社会利益之间的内在联系，既发现它们之间的矛盾，又看到它们之间的统一。在马克思主义看来，随着社会分工的发展，产生了个人利益与社会共同利益之间的矛盾，“这种共同的利益不是仅仅作为一种

---

① 李奇：《道德科学初学集》，上海人民出版社 1979 年版，第 21 – 22 页。

② ［英］边沁：《道德和立法原理导论》第一章，时殷弘译，商务印书馆 2000 年版，第 58 页。

'普遍的东西'存在于观念之中,而且首先是作为彼此分工的个人之间的相互依存关系存在于现实之中"[①]。在阶级社会里,个人利益和公共利益的矛盾是十分突出的。"正是由于私人利益和公共利益之间的这种矛盾,公共利益才以国家的姿态而采取一种和实际利益(不论是单个的还是共同的)脱离的独立形式,也就是说采取一种虚幻的共同体的形式。"[②]尽管如此,个人利益与公共利益还是有一定的联系的。人们作为一定阶级的成员处于社会关系之中,个人的利益同社会的公共利益总不免发生这样或那样的联系。如果说剥削阶级的个人利益只和虚幻的共同利益相联系,本质上并不反映社会的公共利益,那么劳动人民的个人利益和社会发展的利益却常常是相一致的。马克思主义从这种社会发展的历史中得出结论说,共产主义理论家,他们的突出的地方正在于,"只有他们才发现了'共同利益'在历史上任何时候都是由作为私人的个人造成的。他们知道,这种对立只是表面的,因为这种对立的一面即所谓普遍的一面总是不断地由另一面即私人利益的一面产生的,它绝不是作为一种具有独立历史的独立力量而与私人利益相对抗,所以这种对立在实践中总是产生了消灭,消灭了又产生"[③]。当阶级社会的一定阶级发展到没落阶段,个人利益与社会共同利益的矛盾会日益加剧,变得不可调和,于是革命阶级发动社会革命,消灭旧的对立,建立新的个人利益和社会利益的统一。但是这种新的统一之中仍然包含着新的对立,它发展到一定阶段又被更新的统一所代替。只有到无产阶级那里,阶级的利益不仅与社会共同的利益相一致,而且与个人利益相吻合。无产阶级道德的基本原则根本不同于资产阶级的个人主义和利己主义,它是一种建立在个人利益和集体利益相结合基础之上的集体主义。无产阶级的集体主义原则不仅肯定集体利益和社会共同利益的道德权威性,同时也充分肯定个人利益的合理性,强调个人利益和社会集体利益的结合性或协调性,认为在个人利益与集体利益、社会共同利益

---

① [德]马克思、恩格斯:《德意志意识形态》,《马克思恩格斯全集》第3卷,人民出版社1960年版,第37－38页。

② [德]马克思、恩格斯:《德意志意识形态》,《马克思恩格斯全集》第3卷,人民出版社1960年版,第275页。

③ 同上。

发生矛盾的时候,个人利益应做必要的节制和自我牺牲。无产阶级道德的集体主义原则、揭示了个人和社会集体之间的真实关系,解决了资产阶级伦理学家所不能解决的矛盾。

由上可见,马克思主义伦理学的创立是人类伦理思想史上最深刻最伟大的革命性变革,它使伦理学第一次真正成为一门科学,解决了伦理思想史上一系列长期争论不休的问题,有效地推动了人民群众的道德实践活动的发展,显示了它的强大的科学威力。

2. 对道德与社会生活关系的探讨

李奇在自己所著的《道德与社会生活》的学术专著中,深入地分析和探讨了道德与社会生活的关系,科学地揭示了道德的本质及其社会作用,并对道德与经济的关系,道德与政治、法律的关系,道德与科学、教育和文艺的关系以及道德与宗教的关系做了深入细致的理论分析。

在李奇看来,道德是人类社会生活所特有的产物。社会生活需要用道德的准则和行为规范来调整人们的诸种社会关系,因此,道德这种社会行为规范和价值准则必然渗透到社会生活的各个方面中去,形成与社会生活密不可分的社会联系。她说:“在人类社会的政治、经济、文化生活中,无不反映出和道德的密切关系,无不反映出道德在社会生活中的地位和作用。在无阶级的社会里,道德是维护社会秩序的唯一手段;在阶级统治的社会里,道德成为剥削阶级统治人民的有效工具之一。对于人类社会进步来说,道德又是社会精神文明的重要内容和标志之一。”[①]探讨道德与社会生活的关系,对于我们科学地理解道德的本质及其基本特征具有十分重大的理论意义和现实意义。

李奇认为,道德的本质表现为它是由一定社会经济关系所决定并以其所特有的善恶评价方式反作用于经济基础的社会上层建筑和意识形态。离开了同一定社会物质生活条件和经济基础的关系,道德的本质就不能得到科学的论证和说明。道德的本质决定了道德与社会生活的关系是极为密切的。道德和社会生

① 李奇:《道德与社会生活》,上海人民出版社 1984 年版,第 1 页。

活的关系包括两个方面的问题:一方面是道德和其他意识形态同经济生活的关系,另一方面是道德和其他社会意识形态及上层建筑之间的关系。道德和社会的经济生活之间存在着辩证统一的关系。经济生活包括生产关系和消费生活方面的内容,但对道德起决定作用的则是社会的生产关系。社会经济关系的性质不仅直接决定各种道德体系的性质,而且直接决定着道德的基本原则和主要规范,同时,社会经济关系的变化必然引起道德的变化。当然,道德作为一种特殊的社会意识形态也有自身的相对独立性,亦即道德的变化和社会经济关系的变化并不是完全一致的,道德具有自己相对独立的历史发展过程。当社会的经济关系发生变革之后,人们的道德观念并不会立即自动改变。道德的相对独立性决定了道德必然对社会的经济生活产生一定的反作用。一般地说,反映新的经济关系和先进阶级利益的道德对社会的发展起促进的、推动的作用;代表旧的经济关系和没落阶级利益的道德对社会的发展起保守的、阻碍的作用。马克思主义在论及道德与经济关系的关系时既强调经济关系对道德的决定作用,又强调道德对经济关系的反作用。

李奇认为,道德不仅对于社会经济生活有能动的反作用,而且和政治、法律、文艺、宗教等其他上层建筑和社会意识形态之间也有着相互影响、相互作用的关系。道德和政治、法律、文艺、宗教等其他社会意识形态都是社会存在的反映,都是植根于当时社会经济条件之中的。道德的发展既受到社会物质生活条件和经济关系的制约,也要程度不同地受到其他社会意识形态的作用或影响。同时,只有在它们的相互影响、相互作用中,社会生活才能顺利地进行和健康地向前发展。就政治对道德的制约与影响来说,政治不仅影响到道德的生成与发展,而且也直接影响到道德的具体内容及其原则,影响到个人道德品质和道德观念的形成。法律不仅是道德的权力支柱,而且也是保障道德运行和有效地发挥道德作用的社会工具,没有法律作后盾的道德绝对不可能发挥它干预和协调社会生活的作用。文艺对人们的道德品质和道德观念的形成和发展有着极大的教育感化作用,是积极地促进一定的社会道德舆论形成的重要工具,也是人们进行道德情操和道德品质的修养的重要手段。科学对于人类社会的改造发生着巨大的影响,是人类道德进步的重要基础;科学本身就是一种革命的精神力量,是精神解放和道德进步的有力武器。科学上的每一次巨大飞跃,都在一定程度上触及了人们的伦理道德思想,从而引起人们道德观念的进步。当然,道德对其他社会意识形态的巩固和发展也有着同样的积极作用。在阶级社会里,统治阶级的道德往往作为一种传统以阻碍新兴政治势力的发展;而当旧的道德观念被冲垮、新的道德观念被群众所接受时,这种新的道德观念又会促进新兴政治运动的壮大,并成为克服困难取得胜利的鼓舞力量。当一种新的政治制度建立起来以后,与之相适应的道德则以其特有的方式去论证这一政治制度的道义性,并为之提供强有力的舆论支持。道德对法律的影响也是这样。道德是法律的精神支柱,良好的道德风貌是实现社会主义法制的基础,在一个道德败坏的社会里,法律的权威是很难树立起来的。历史和现实生活中的无数事例都充分地证明,违法犯罪总是从缺乏道德开始的,从无知、缺德到违法犯罪,中间并没有不可逾越的鸿沟。因此,加强人们的道德教育对建立社会主义法制有着积极的意义。道德对文艺也有着深刻而具体的影响。道德关系和道德行为是人类社会生活的基本内容之一,也是文艺必须反映的社会现象。同时,文艺作品必须刻画具有高尚道德情操的或者揭露具有丑恶灵魂的人物形象,才能有感染人的最大魅力。从某种道德关系和道德情操中可以表现出现实社会生活的最深刻的本质。道德对文艺的影响还表现在作家的人生观、道德观决定着他的创作动机,决定着文艺作品的倾向性。道德对科学的发展也有重大的影响。进步的道德促进科学的发展,腐朽的道德则阻碍科学的发展。道德通过一系列调节和反映功能,干预科技发展的目的和手段,促使科学技术朝着符合全人类生存和根本利益、造福于子孙万代的方向发展;道德通过对价值目标和价值层次模型的制定,影响着科技项目的确立与选择,制约着科学技术的发展。此外,道德以对全人类根本利益和子孙后代负责的良心义务机制,影响从事科学技术工作的个人,以此来激励或抑制某项科技事业的发展。李奇指出:"科学的道路是不平坦的,许多新的科学成果的取得,是经过科学家的英勇顽强的战斗才实现的。因此,我们说科学的发展一方面受到旧道德观念的阻碍,另一方面又会受到新的更高尚的道德观念的支持和鼓舞。或者说,任何一种有价值的科学成就,其中都包含有一种崇高的道德精神因素。凡是有创造的科学家都有坚强的意志和诚实认真、不怕难、不怕苦的优秀品质。”①

总之,道德与社会生活的其他意识形态之间有着相互影响、相互制约的作用。李奇认为,如果能够充分认识并且正确处理它们的关系和作用,不仅可以使道德的社会作用充分发挥,而且整个社会意识形态和上层建筑都可以更好地发挥为社会经济基础服务的作用。道德和社会生活各方面的关系如果都能够协调一致、平衡有序地发展,那么,整个社会生活就将是进步的、向上的,它对人本身的发展所起的作用当会更大。

3. 建构科学道德学说的理论体系

李奇主持编写的《道德学说》用史论结合的方法,从中西方的古代直到近代道德学说的发展历史中,揭示了道德学说的发展规律,指出了马克思主义道德学说产生的必然性。在阐述了马克思主义道德学说基本内容之后,叙述了它在批判现代西方资产阶级道德学说,在共产主义运动的实践中的成长和发展。本书的目的旨在探讨道德理论如何逐步走向科学化的进程,论述马克思主义道德学说的思想体系,促进马克思主义道德学说进一步的完善和发展。

(1)关于道德学说的中心问题。李奇认为,道德的根源所涉及的道德意识和社会存在的关系,是道德学说作为哲学的一个分支学科的最根本的中心问题。道德作为一种社会意识形态,产生的根源是什么,这从哲学上来说,关系道德的本源问题,也就是道德意识和社会存在的关系问题。道德意识的本源是超自然超现实的“天”或上帝,还是现实世俗的社会存在或其他意识?道德意识的本源是先验的本性还是后天的经验?回答这一问题是道德学说的思想路线和出发点问题,制约着它对一系列理论问题的解决,任何阶级和社会的道德学家都不能回避这一问题。“各种道德学说的理论分歧,主要就是从这里开始的。”②在李奇看来,社会存在与社会意识的关系问题是社会历史观或历史唯物主义的基本问题。社会历史观作为道德学说的理论基础,其基本问题也制约和规定着道德学说的

① 李奇:《道德与社会生活》,上海人民出版社 1984 年版,第 193 - 194 页。

② 李奇主编:《道德学说》,中国社会科学出版社 1986 年版,第 10 页。

中心问题。社会历史观中的社会存在与社会意识的关系和个人与社会的关系是紧密联系在一起的,二者的结合便是具有道德理论特性的道德学说的中心问题。“因为社会历史观的基本问题是社会存在和社会意识谁决定谁的问题,而社会存在中包含着经济关系和经济关系所决定的个人与社会的关系。那么,道德这一社会意识形态,便是由社会经济关系所决定的个人与社会关系的直接反映;表现在道德的社会作用上,就是调整个人与社会(包括他人)之间的利益关系。所以个人与社会之间的关系正是社会存在这一概念的深入一层的具体内涵;是社会经济关系与道德这一社会意识形态之间的中介环节。个人与社会的关系作为道德学说的中心问题,不但可以显示出道德理论问题的特殊性,而且它还要贯穿在道德根源与本质,道德准则和规范,道德品质、修养和价值观念等一系列的道德理论问题中。”①道德是调整人与人之间、个人与社会之间的关系的社会意识形态和上层建筑,道德的这种基本特质及其社会职能反映着道德学说的中心问题。李奇对道德学说中心问题的概括与论证,是紧密联系历史唯物主义学说来进行的,体现了她以唯物史观为指导来探讨道德学说中心问题的基本思路。

(2)关于个人与社会的相互关系问题。个人与社会的关系问题既然是构成道德学说的中心问题的主要方面,因此揭示个人与社会的本质以及两者的相互辩证关系就成为马克思主义道德学说的理论起点。马克思主义把人的本质概括为一切社会关系的总和,揭示了人的现实性与实践性、社会的本质及其与个人的辩证关系,从而科学地解决了伦理思想史上长期争论而不得其解的关于个人与社会的理论问题。马克思主义认为个人与社会是同时诞生的,人是在社会劳动中形成的,社会是在许多人的合作劳动生产中产生的,社会是人们交互作用的产物,是许多人按一定方式的合作,而不是孤立的个人集合体。李奇指出,马克思主义在揭示了个人与社会的本质的基础上科学地解决了个人与社会的相互关系,认为个人与社会的关系是一种社会内在的有机联系,个人是社会的个人,社会是由无数个人所组成的社会,个人生活在一定的社会形态中,一定的社会形态构成个人生存的基本事实和基本起点。“个人怎样表现自己的生活,他们自己也

① 李奇主编:《道德学说》,中国社会科学出版社1986年版,第13-14页。

就怎样。因此,他们是什么样的,这同他们的生产是一致的——既和他们生产什么一致,又和他们怎样生产一致。因而,个人是什么样的,这取决于他们进行生产的物质条件。”①个人是一定的社会关系的体现,是在社会实践中产生和发展的,同时社会又是个人在劳动生产活动中彼此相互交往和相互作用的产物。个人与社会相比较,社会起着主导的决定的作用。个人一生下来就被历史地注定在一定的社会中生活着,他不可能超越历史而自由地选择社会,他只能在既定的社会中进行生产活动和过自己的生活。当然,个人在社会中具有能动的创造性的作用,但是这种能动的创造性的作用又必须在一定的客观的社会物质条件的制约下才能实现,所以个人总是社会的存在物。个人与社会之间的关系本质上是相互依存、相互影响的关系。“个人体现出一定的社会性质,而社会的一定经济关系决定着和制约着个人的生活和精神面貌。但是,这并不否定个人对社会历史的能动作用以及个人意识的多样性存在。”②社会并不是一种抽象的和个人相对立的东西,社会是具体的现实的,它的内容就存在于个人的存在和一切活动关系之中。从个人与社会辩证统一关系的原理出发,李奇对个人意识与社会意识的关系以及个人利益与社会利益的关系做了辩证唯物主义的阐释与论述,丰富和发展了马克思主义的道德学说。

(3)关于道德进步及其发展的规律性问题。李奇认为,人类社会是不断发展的,道德作为人类社会一种特殊的精神现象也和人类社会的其他现象一样,总的来说是有过进步的。道德进步的含义主要是指道德发展的历史过程中从道德体系来看,后一个社会的道德体系要比前一个社会形态的道德体系先进些,包含着更多的较长久的因素。道德进步的标准亦即道德的历史作用标准,是指推动社会发展、促进人类进步的道德即是进步的,阻碍社会发展和人类进步的道德即是落后的或反动的。道德进步具体表现在以下几个方面:①由自发地形成的道德习惯进步到自觉地根据经济关系的需要而提出的道德准则和规范。随着社会的

---

① [德]马克思、恩格斯:《德意志意识形态》,《马克思恩格斯全集》第3卷,人民出版社1960年版,第24页。

② 李奇主编:《道德学说》,中国社会科学出版社1986年版,第347页。

发展和人们道德认识能力的提高、自我道德意识的觉醒，人们逐渐由自发地遵奉道德规定发展到自觉地履行道德义务，由道德的他律性发展到道德的自律性，愈来愈自觉地制定适应经济关系需要的道德准则和规范要求。②随着社会的发展，个人地位和个人利益在道德准则体系中逐步上升，个人自由活动的范围也日益扩大。李奇指出，原始社会个人在氏族部落中的地位虽然是平等的，个人利益和氏族群体利益是浑然一体的，这就在实际上使个人的地位受到极大限制，个人利益被天然地融合在氏族群体利益之中。私有制产生以后，个人利益和自由活动范围确实比过去提高和扩大了。封建时代虽也有轻视人的尊严和个人利益的一面，但在道德准则和规范体系中所规定的义务，则提到了人们相互之间各有道德要求。资产阶级的道德体系，从理论上说，个人的地位和利益比封建时代又大大地提高了，这无疑标志着道德的进步。③道德准则适用的范围日益广泛，道德意识渗透到各种社会实践里去。李奇指出，奴隶社会和封建社会道德适用的范围主要局限于宗法关系和家族人伦方面，资本主义则使道德日趋社会化了，所涉及的范围和领域更加广泛。李奇把道德进步的总过程概括为三个大的发展阶段，由原始的无阶级局限的自发的低级的全民道德，发展到自觉的阶级道德，最后发展到无阶级限制的高级的全民道德。道德的发展和进步的规律性主要表现在：第一，道德是在人类社会的劳动生产过程中产生的，并且随着生产方式的发展变革而发展；第二，道德是随着阶级斗争的发展而发展的；第三，道德是在善与恶的矛盾运动中发展的；第四，道德的发展也随着科学文化的发展而发展，在文明和粗野的斗争过程中前进。

除此以外，李奇的《道德学说》还探讨了道德的本质及其社会作用、道德意识的结构和内容、道德认识的过程及其规律、道德评价及其依据、道德继承的途径和方法等问题，深入阐发了马克思主义道德学说的性质、特征与主要内容，建构了一个颇有中国特色的马克思主义道德学说理论体系。

李奇是中国当代著名的伦理学家、马克思主义伦理学的开拓者和中国伦理学会的创始人之一。几十年来，她有着坚定的共产主义信念，把党的事业和学术生涯看作自己的生命，执着奋发地研究马克思主义伦理学，为马克思主义伦理学在中国的发展做出了重要贡献。罗国杰在祝贺李奇同志八十诞辰暨道德建设研讨会上的讲话中,充分肯定了李奇对马克思主义伦理学的开拓性贡献,并认为她是做学问和做人的模范,她一生所研究的理论、原则,就是她行动所依据的准则,她说的和做的完全一致,是道德理论和道德实践统一的体现。李奇的道德学说在坚持马克思主义伦理学基本原理的前提下,注重将其与中国固有的道德文化和社会主义道德建设的实际有机地结合起来,为建设有中国特色的马克思主义伦理学提供了有益的启示。

四、罗国杰的马克思主义伦理学

罗国杰(1928—2015),中国当代著名的马克思主义伦理学家,河南内乡人。自20世纪60年代以来从事马克思主义伦理学、中国伦理学史的教学与研究工作。著有《马克思主义伦理学》《伦理学教程》《伦理学》《西方伦理思想史》等,发表伦理学方面的学术论文数十篇。

1. 马克思主义伦理学体系结构论

罗国杰在其主编的《马克思主义伦理学》《伦理学教程》《伦理学》中,运用唯物史观研究道德现象,并紧密联系中外伦理思想史的发展以及我国现阶段道德建设的实际,深入地探讨了一系列马克思主义伦理学的重大理论和现实问题,建构了一个较为完整且逻辑谨严的马克思主义伦理学学科体系,从而使中国马克思主义伦理学的研究告别了分散、孤立和不系统的研究状况,走上了体系化、理论化的时代。

罗国杰认为,马克思主义伦理学是一门全面研究道德现象的哲学理论科学。所谓道德现象就是指人类现实生活中由经济关系所决定,用善恶标准去评价,依靠社会舆论、内心信念和传统习惯来维系的一类社会现象。道德现象包含的内容很多,大体上可以区分为道德意识现象、道德规范现象和道德活动现象三大类。道德意识现象是人们在道德实践基础上形成的道德情感、意志、信念和观点，以及各种道德思想和理论体系。道德规范现象是指人们在社会实践中形成的应当怎样或不应当怎样的行为原则和规范，是调整人与人、人与社会诸利益关系的伦理要求或道德准则。道德活动现象是指人类生活中涉及个人同他人、同社会的利益而进行的可以用善恶观念评价的群体活动和个体行为，如道德实践、道德选择、道德评价、道德修养等。道德现象的这三大部分是密切联系而不可分割的。罗国杰指出："道德活动是形成一定道德意识的基础，并能使已经形成的道德意识得以巩固、深化和提高。道德意识一经形成，对人们的道德活动具有指导和制约作用。道德意识作为心理活动过程来看，这种心理活动自身就是道德活动的一个方面。道德规范是人们在一定的道德活动和道德意识的基础上形成和概括的，同时，作为一种特殊的社会规范，又约束和制约着人们的道德意识和道德活动，集中地体现着道德意识和道德活动的统一。"[①]在罗国杰看来，只有全面地分析、深入地研究道德的各类现象，才能使伦理学具有完整的科学体系。

与伦理学研究对象即道德现象的三个方面相适应，马克思主义伦理学的体系结构亦应由道德基本理论、共产主义道德规范体系和共产主义道德活动体系三大部分构成。道德基本理论部分包括道德的定义、本质、特征、根源、功能、作用、结构、历史演变及发展规律性诸问题，这一部分的探讨，实质上构成伦理学的理论伦理学或哲学伦理学部分。罗国杰认为，马克思主义伦理学是一门哲学理论科学，应当全面地考察人类历史上各种道德类型的演变，揭示出道德发生发展的社会根源、社会本质与社会作用，探索出道德发展变化的规律性。道德的本质表现在道德是由一定社会的物质生活条件特别是经济关系所决定的上层建筑和社会意识形态。社会经济关系的性质直接决定各种道德体系的性质，有什么样的社会经济关系就相应地有什么样的社会道德；社会经济关系所表现出来的利益，直接决定着道德的基本原则和主要规范；社会经济关系的变化必然引起道德的变化。当然，道德一经产生和形成之后，也对社会物质生活条件的发展起着巨大的反作用，具有自己的相对独立性。道德对社会发展而言，并不是一种纯粹被动的消极的力量，而是一种能动的积极的因素，它有着自己本身发展的历史过

① 罗国杰主编：《伦理学》，人民出版社1989年版，第9页。

程，它也对其他社会因素发生这样或那样的联系和影响。道德作为一种社会意识形态不仅具有特殊的规范性、独特的多层性、更大的稳定性、广泛的社会性等特征，而且具有自己独特的发展过程，经历了一个从原始的全民道德到阶级道德，再到高级阶段的全民道德的发展演变过程。罗国杰指出："从原始的氏族道德过渡到阶级社会的阶级道德，再从阶级社会的阶级道德过渡到社会主义社会和共产主义社会的共产主义道德，这是人类道德发展的三个历史阶段，也是人类道德曲折进步的辩证过程。"①在阶级社会里，道德的进步是在阶级对立中实现的；剥削阶级道德本质上是奉行利己主义原则的，相对原始纯朴道德来说是一个历史的倒退；但是阶级社会也有道德的进步和高涨，这主要表现为历代劳动人民相继发展着的健康的进步的道德。在阶级社会里，劳动人民的道德是人类道德进步的力量源泉。

道德规范部分包括道德的原则、规范、范畴等方面的内容，这一部分是伦理学的核心内容，也可称之为伦理学的规范伦理学或准则伦理学部分。罗国杰认为，伦理学是一门理论科学，但它又十分强调道德原则规范在伦理学中的重要地位。从一定意义上说，伦理学即是一门特殊的规范科学。离开了对道德原则规范体系的论述，也就不可能建立起科学的伦理学。"在道德原则和道德规范中，个人利益同整体利益之间的关系，究竟是个人利益应当服从整体利益，还是整体利益应当服从个人利益，是个人利益至上，还是集体利益至上，乃是伦理学研究所必须回答的问题。"②在其主编的《马克思主义伦理学》中，罗国杰将共产主义道德规范体系概括为一个基本原则、五个主要行为规范、四个范畴和两个特殊方面的要求。所谓一个基本原则即忠于共产主义事业的集体主义原则。集体主义原则的基本内容包括：(1)从无产阶级和劳动人民的根本利益出发，坚持集体利益高于个人利益；(2)在个人利益与集体利益发生矛盾时，个人利益应当自觉地服从集体利益；(3)在保证集体利益的前提下，把集体利益和个人利益结合起来。集体主义道德原则集中体现了大公无私的优秀品质和为人类解放而奋斗牺

① 罗国杰主编：《马克思主义伦理学》，人民出版社 1982 年版，第 161 页。

② 罗国杰主编：《伦理学》，人民出版社 1989 年版，第 22－23 页。

牲的精神,集中体现了共产主义道德的本质,是共产主义道德论区别于一切旧道德论的基本特征。五个主要行为规范是指全心全意为人民服务,共产主义劳动态度,爱护公共财物,热爱科学坚持真理,实行爱国主义和国际主义的统一。这些规范从不同方面体现着共产主义道德的集体主义原则,表明社会成员对于整体及其利益、事业和活动等应有的态度。四个范畴是指义务、良心、荣誉和幸福,这四个范畴是一定道德原则和道德规范所包含的道德要求的概括和总结,体现着人们对各种道德关系认识发展的阶段。两个特殊方面是指爱情婚姻家庭道德方面和职业道德方面。需要指出的是,在《伦理学》中,罗国杰对社会主义道德规范体系及其层次性做了较以前更为深刻且富于现实意义的论述。罗国杰认为,社会主义道德规范体系可以区分为以下几个层次结构:社会主义社会公共生活领域的一般道德规范,这是全体居民都应共同遵循的最简单、最起码的公共生活准则,包括社会公德和社会主义人道主义;社会主义社会家庭生活领域、职业生活领域的特殊道德规范,包括家庭道德规范和职业道德规范;社会主义社会的基本道德规范,它是社会主义国家每个个人处理个人对国家、对人民、对劳动、对科学、对社会主义关系时必须遵循的行为准则,包括爱祖国、爱人民、爱劳动、爱科学、爱社会主义;社会主义社会最高道德规范,它要求人们树立共产主义远大理想和共产主义劳动态度,毫不利己专门利人,全心全意为人民服务,为了共产主义事业,随时准备牺牲自己的一切。

道德活动部分包括道德行为、道德选择、道德评价、道德品质及道德修养、人生观与道德理想诸问题,它是伦理学的实践伦理学或品行伦理学部分。罗国杰认为,伦理学作为一门关于调整人和人之间关系的一种特殊规范的科学,它的最终目的就是要把有关伦理道德的科学认识,深入到人们的意识之中,转化为人们的道德实践。伦理学既是一门理论科学,又是一门有关人们的品质、行为和修养,使人们具有崇高人格和道德理想的实践科学。“要想使伦理学的研究能够不断发展并受到社会重视,就必须要依据一定阶级或阶层的要求,用特定的原则和规范,采用必要的教育和修养方法,来陶冶人们的品性,改变人们的气质,以培养一定社会所需要的人才。"[①]道德活动是道德意识形成的基础,是个人道德品质形成的现实途径,是使道德原则和道德规范发挥社会作用的道德实践行动。道德行为是人类社会生活中最基本的道德活动现象。所谓道德行为就是在一定的道德意识支配下表现出来的有利或有害于他人和社会的行为,包括道德的行为和不道德的行为。道德行为和道德品质是密切联系的,道德行为是道德品质的表现,而一定的道德品质又是道德行为发展和积累的结果。所谓道德品质即是人们在一系列的道德行为中所表现出来的比较稳定的特征和一贯的倾向,是一定社会的道德原则和规范在个人思想和行为中的体现。道德行为和道德品质构成了道德评价的两大对象。道德评价也是人类道德活动现象的重要组成部分,它根据一定社会或阶级的道德规范准则体系,对人们的道德行为和道德品质做出善或恶、道德或不道德的价值判断,进而褒善贬恶、扬善抑恶。道德评价是对人们进行道德教育的主要杠杆,它能够激起人们道德修养的热情,使人们通过舆论的谴责和赞许,自觉地对照检查自己的行为,进行自觉的自我改造、自我陶冶、自我锻炼和自我培养,借以达到一种道德上较高的精神境界,树立起共产主义的人生观和道德理想。

总之,马克思主义伦理学的体系结构即是由道德的基本理论部分、共产主义道德规范部分、道德活动部分有机构成的科学的理论体系,是理论伦理学、规范伦理学、实践伦理学三者的有机统一。罗国杰认为,伦理学不仅是一门哲学理论科学,而且是一门特殊的规范科学和实践科学,因此对道德基本理论的阐述应当注意到道德原则规范的导向意义;对道德原则规范的概括叙述应当尽量使其上升到理论的高度进行辩证的分析;同时,要高度重视道德实践活动,不仅使其有正确的理论指导,而且能真正践行道德原则规范。

2. 伦理学的基本问题论

道德是一种特殊的社会意识形态和社会现象,道德关系是人类社会的一种特殊社会关系。它之所以特殊,就在于它包含着与经济、政治、法律、宗教等关系

---

① 罗国杰主编:《伦理学》,人民出版社 1989 年版,第 24 页。

不同的特殊矛盾,具有特殊的规范调节方式。罗国杰在其主编的《伦理学》中认为,道德不同于其他社会意识的根本特征,就在它的特殊的规范性。首先,道德规范是一种非制度化的规范,不是被颁布、制订或规定出来的,而是处于同一社会或同一生活环境的人们在长期的共同生活过程中逐渐积累形成的要求、秩序和理想,它表现在人们的视听言行之上,深藏于人们的意向、习性和品格之中;其次,道德规范是一种非强制性的规范,它主要是借助于社会舆论、传统习俗和内心信念来实现的教育、宣传,大众传播媒介等等也常常是道德规范转化为人们实际行动的重要手段。再次,道德规范也是一种内化的规范。道德规范只有在为人们真心诚意地接受,并转化为人的情感、意志和信念时,才能得到实施。罗国杰指出:"道德关系中的矛盾的特殊性就在于,它是以体现整体利益的原则和规范为善恶标准、以必要的自我牺牲为前提来调节的个人利益和社会整体利益的矛盾;或者说,它是强调用节制或牺牲个人利益的原则和规范来调解的个人利益和社会整体利益的矛盾。"①罗国杰的这一段关于道德调解特征的论述,在很大程度上体现了他的道德观,反映了他对道德本质特性的深入认识。罗国杰不仅揭示了道德调解手段的特殊性,道德调解目的的特殊性,并且在此基础上进一步揭示了道德关系矛盾的特殊性,指出了道德维护的是社会整体利益,要求个人做出必要的自我牺牲。就此意义来看,罗国杰同普列汉诺夫一样均认为,道德的基础不是对个人幸福的追求,而是对部落、民族、阶级、人类的幸福的追求。真正的道德无疑具有利他性和利群性的特点,总是要以或多或少的自我牺牲为前提。罗国杰在道德调解特殊性的论述中已经昭示出他的道德观的轮廓与特征,即他反对利己主义和个人主义的道德观,肯定利他主义和集体主义的道德观。他对社会主义集体主义道德原则和集体主义价值导向的一再强调和反复论证,是同他对道德调解特殊性的论述密切联系在一起的。

依据道德关系的特殊矛盾,罗国杰阐发了伦理学的基本问题。在罗国杰看来,伦理学的基本问题就是道德和利益的关系问题。这一基本问题包括相互联系的两个方面,一方面是经济利益和道德的关系问题,它所追问的是经济利益与

---

① 罗国杰主编:《伦理学》,人民出版社 1989 年版,第 11 页。

道德谁主谁从,亦即是经济利益决定道德还是道德决定经济利益,以及作为从属的一方对为主的一方有无反作用的问题。对这一方面问题的不同回答,决定着对道德的起源、本质、作用和发展规律等一系列问题的不同解决,也决定着伦理学上唯物主义和唯心主义的分野,还决定着马克思主义伦理学与旧唯物主义伦理学的根本区别。另一方面是个人利益和社会整体利益的关系问题,即是个人利益服从社会整体利益,还是社会整体利益从属于个人利益的问题。对这一方面问题的不同回答,决定着各种道德体系的性质、道德原则的内容,也决定着各种道德活动的标准、方向和方法。为什么说利益与道德的关系是伦理学的基本问题,罗国杰认为,伦理学的一切问题都是围绕着利益与道德的关系问题而展开的,同时也是在解决利益与道德的关系问题的过程中前进的。利益与道德的关系问题反映了人类道德生活领域中的最简单、最普遍、最根本、最经常存在着的事实,提炼和概括了伦理学的基本内容,成为伦理思想体系中最基本的范畴,构成一切伦理认识的起点和基础。同时,道德和利益的关系问题也是任何阶级或学派的伦理思想家都无法避免的问题,他们必然这样或那样地回答这个基本问题,同时也以它们如何回答这个基本问题而决定着它们的分野。

20世纪80年代以来,中国大陆伦理学家对伦理学基本问题的探讨颇为活跃:有的提出了社会历史条件与道德的关系问题是伦理学的基本问题,有的提出了善与恶的关系问题是伦理学的基本问题,有的提出了现有与应有的关系问题是伦理学的基本问题,还有的提出了人的存在发展要求和个体对他人、对社会应尽责任义务的关系问题是伦理学的基本问题。但从总体上看,罗国杰关于伦理学基本问题的观点无疑是影响最大并获得较广泛认同的一种观点,其他关于伦理学基本问题的观点或者是受罗国杰关于伦理学基本问题的启发而发,或者是用另外的术语和名词来表达罗国杰提出的伦理学的基本问题,或者是对罗国杰提出的基本问题予以修正和补充,本质上并未逾越罗国杰提出的伦理学基本问题的视野,这从一方面反映了罗国杰伦理思想影响的深刻性和广泛性。

罗国杰还以自己的伦理学基本问题理论来研究西方伦理思想史,他在和宋希仁合著的《西方伦理思想史》导言中指出,马克思主义以前欧洲伦理思想的发展虽然在内容和形式上是极其复杂和多样的,但从道德思想和伦理学研究的主导线索来看,无疑是围绕着伦理学的基本问题而展开的,同时也是在试图解决道德与利益的关系这一基本问题的过程中发展的。各派伦理学不论是自觉还是不自觉的,都必然在他们的伦理思想中包含着对伦理学基本问题的回答,同时也以他们如何回答这个基本问题,决定他们所属的哲学路线和伦理学派。“西方伦理学史上的所谓唯物主义和唯心主义、经验主义和理性主义、利己主义和利他主义、幸福主义和理想主义、享乐主义和禁欲主义等等,都是从不同的观点和方法回答伦理学基本问题而表现出来的伦理思想体系的性质和特征。”[①]虽然马克思主义以前的西方伦理思想家不可能科学地认识经济利益和社会整体利益,因而也不可能科学地解决伦理学的基本问题,但是他们在不同的历史时代和社会条件中,以其特有的理论形式试图回答着伦理学的基本问题,并为之不断增添着新的思想内容,提供或完善着解决问题的方法。罗国杰谈到,近代资本主义的伦理思想或伦理学说,不论是自觉的或不自觉的,都力求对伦理学的基本问题做出自己的回答,并根据资本主义的经济、政治实践经验,提出解决道德和利益的关系以及个人利益和社会利益关系的基本道德原则。他们或者认为个人利益是道德的基础,因而主张利己主义和个人主义的道德观;或者认定国家整体利益是道德的基础,因而提出整体主义和利群主义的道德观。总的来说,马克思主义以前欧洲伦理思想的发展,是一个围绕着伦理学基本问题而展开的不断扬弃的辩证发展过程,其中交织着唯物主义和唯心主义、辩证法和形而上学、自然主义和禁欲主义、利己主义和仁爱主义等伦理思想的矛盾和斗争,伴随着形形色色的思潮、学说和学派的消长,并且同社会上革新与保守、进步与反动的经济变革和政治斗争有着密切的联系。罗国杰对西方伦理思想史发展过程的这一揭示与论述,反过来又大大深化了他对伦理学基本问题的认识,确证着利益与道德的关系问题之为伦理学基本问题的历史合理性。

---

① 罗国杰、宋希仁:《西方伦理思想史》上册,中国人民大学出版社 1985 年版,第 3 页。

3. 社会主义现阶段的道德建设论

罗国杰在《伦理学》序言及其他文章中指出，社会主义道德建设是我国现阶段精神文明建设的一项重要任务。我国现在正处在社会主义的初级阶段。从经济上来说，我们正处于从一个落后、贫困的国家向小康水平过渡的时期；从政治上来说，我们正处于从一种不完善的民主制向较为完善的民主制过渡的时期；从文化上来说，我们正处于从一种长期封闭的文化向开放性的、吸收世界文化优秀成果以丰富中国文化的新时期。随着经济、政治、文化的变化，人们的道德观念、价值取向、人生目的也在发生急剧的变化。因此，加强社会主义的道德价值导向尤为必要。

在罗国杰看来，加强社会主义的道德价值导向和社会主义的道德建设，必须一方面彻底清洗和深入批判封建主义道德的残余影响，另一方面也必须坚决抵制和不断批判资本主义道德的侵袭。罗国杰指出："长期的封建主义道德关系这一巨大的'因袭的重担'，直到今天还沉重地压在我们很多人肩上，使我们在道德生活的大道上步履维艰，难以大步地向前迈进。我们越是想改革，越是想在道德生活中向前迈出一步，就越会痛切地感到封建的道德教条，封建的重义贬利、忽视个人正当利益的道德观念，封建的道德意识，封建的裙带关系，封建的等级意识，封建的帮派体系，封建的愚忠愚孝，封建的哥们义气，封建的父贵子荣，封建的嫡长遗传，封建的宗族关系，封建的按资排辈，封建的荣辱网络体系等等，还像一具埋掉的死尸，不断发散着腐烂的、令人窒息的臭味；像一个巨大的道德幽灵，盘桓在中国的上空；像一张穿不透的网，笼罩于中国社会主义初级阶段人际关系中间——这一切都显示出令人难以置信的魔力，不断地扭曲我国社会中的政治关系和伦理关系。"①为了清除封建道德的遗毒，消除封建道德的影响，以便更好地建设社会主义的道德文明，罗国杰主张重视个人正当的利益，注意正确处理好个人利益同社会整体利益的关系，主张冲破等级制度的樊篱，公正平等地尊重每一个社会成员的个人利益和个人价值，主张保护自我意识的发展和个性的

① 罗国杰主编：《伦理学》序言，人民出版社 1989 年版，第 2 页。

发挥，注意到在社会生活中的人格尊严、道德理想和道德自律，注意到道德的自我选择和道德的自我完善，强调伦理学研究的目的就是为了使人们在更广泛、更全面的意义上完善自我、完善他人和完善社会。

在主张下大力气去反对封建道德教条和一切不适应当前社会发展的封建道德意识的同时，罗国杰主张对资产阶级的伦理价值取向和道德观念保持必要的警惕和防范，抵御资产阶级道德观念的侵袭。1980 年以来实行的对外开放打开了中国的大门，使人们的思路开阔了，见识增长了，外国先进的科学技术和经营管理经验成为中国人建设四个现代化必要的借鉴，但同时西方资产阶级的道德理论、价值观念和人生目的也通过各种渠道展现在中国人的面前，并为相当一部分人所推崇。罗国杰指出："金钱至上、拜金主义、一切向钱看的腐朽的资产阶级思想，最近几年在我国社会中有愈来愈滋长蔓延的趋势，这是值得我们警惕的。这种思想对金钱盲目崇拜和竭力追求，认为世界上没有一样东西不是为了金钱而存在的，人活着就是为了赚钱，除了快快发财之外不知道还有别的幸福，除了金钱的损失之外也不知道还有别的痛苦。在这种思想支配下，人们就会单纯追求赢利，只重视经济效益而不顾社会效益，以金钱决定人的尊严和价值，甚至把同志关系、朋友关系、夫妇关系都完全转化为经济关系，认为在人和人之间，除了金钱关系外，不存在其他任何联系。这种思想，不但严重地破坏着我国的精神文明建设，最终也必将会越来越明显地破坏和阻碍我国物质文明建设的进程。"①

加强社会主义的道德价值导向和道德建设，除了彻底抛弃和深入批判封建主义道德，坚决抵制资产阶级道德影响外，还必须从时代的要求出发，对当前道德的实然和应然做出科学的概括，有一个正确的认识。罗国杰认为，正视和研究我国的具体道德状况，既需要理智地认定我国还处于社会主义的初级阶段，因此必须从我国当前的实际国情出发，从人民的实际道德水平出发，反对过去的"左"倾错误，肯定人们在分配方面的合理差别，决不能把平均主义当作我们社会主义的道德准则，反对否认个人正当利益和物质生活的各种形式的苦行僧主义和禁欲主义；又要科学地认识到我们的初级阶段是社会主义发展的一个阶段，

---

① 罗国杰主编：《伦理学》序言，人民出版社 1989 年版，第 3－4 页。

并且是向共产主义社会过渡的一个阶段,因此我们决不能也不应当再走资本主义走过的路或者回到资本主义社会去。社会主义道德要求反对一切损人利己主义、损公肥私、金钱至上、以权谋私、欺诈勒索的思想和行为,坚持集体主义的价值导向。在罗国杰看来,集体主义原则是在社会主义整个历史运动中逐渐发展和完善起来的。社会主义与集体主义的关系,是一种血肉不可分离的关系。从集体主义与社会主义不可分离的这个意义上讲,集体主义无疑是社会主义的政治、经济及思想文化学说的最核心的思想,代表着社会主义的本质。诋毁和攻击集体主义,实质是对社会主义的责难和背离。我们必须旗帜鲜明地坚持集体主义的道德价值导向,同形形色色的个人主义、利己主义进行不调和的斗争,才能卓有成效地推进社会主义的经济文化建设,实现国家的振兴和民族的富强。在中国,解决和满足个人正当的物质文化欲望,不能寄希望"人对人像狼一样"的利己主义与个人主义,"只能靠集体主义的理论与实践本身"①。坚持集体主义的道德原则和价值导向,不但不是压制个人正当利益的,而且是最大程度地实现个人正当利益的基础和条件。"个人的价值,个人的利益,个人的个性只要在个人利益服从集体利益的原则下,它本身就是集体主义的应有之义。"②

总之,加强社会主义的道德建设,既需要反对否认物质生活的禁欲主义的精神型,又要反对忽视理想、忽视精神情操而只重视生活享受的物质型。"我们既不能脱离实际地要求人们不注意物质生活水平,同时又要注意不断地提高人们为人类的理想社会而奋斗的情操。"③

罗国杰的马克思主义伦理学研究在20世纪80—90年代的中国占据着重要的地位,影响较为深远。他对推动马克思主义伦理学的科学化、正规化建设做出了较为突出的贡献。20世纪80—90年代中国大陆的马克思主义伦理学迅速发展以及各种教科书的大量问世,都这样那样地受到罗国杰思想的影响,或者说是以罗国杰的马克思主义伦理学研究作为起点并在此基础上开拓前进的。

---

① 罗国杰:《十年来伦理学的回顾与发展》,见《改革开放与道德导向》,吉林人民出版社1991年版,第30页。

② 同上。

③ 罗国杰主编:《伦理学》,人民出版社1989年版,第8页。

五、中青年学人马克思主义伦理学研究成果

党的十一届三中全会的春风,吹绿了中国的科学文化园地,也使马克思主义伦理学获得了新生。1978年中国人民大学率先开设伦理学课程之后,中国社会科学院、北京大学、华东师范大学、湖南师范大学、武汉大学、山东大学、北京师范大学等相继组建伦理学研究室或教研室,陆续开设了马克思主义伦理学课程。1980年全国伦理学会正式成立,并先后召开了多次伦理学学术讨论会,使中国的马克思主义伦理学研究呈现出一派蓬勃兴旺的景象。此外,马克思主义伦理学教学科研队伍经由各种伦理学师资培训班、讲习班及正规的硕士研究生、博士研究生的培养而得到了有力的保证,基本上形成了一支阵容壮观、结构合理的伦理学教学和研究队伍。改革开放十余年来,广大伦理学工作者紧紧围绕建设中国特色的社会主义的时代课题,把坚持马克思主义与发展马克思主义结合起来,探讨新问题,研究新情况,开拓新领域,编写并出版了一大批伦理学教科书、专著和工具书,发表各类伦理学论文共达万余篇,翻译、整理了外国和中国许多伦理学名著及研究资料,在中外伦理思想史、道德史、比较伦理学及应用伦理学、职业伦理学诸方面均有大量著作和论文问世,使伦理学的学科体系不断完善而深刻,基本理论日趋精进而富有时代气息,伦理学的分支学科日渐独立而迅速发展,与相邻学科的差距日益缩小并呈现出越迈众多人文科学和社会科学,引领人类精神文化潮头的势头。

1. 伦理学学科体系日臻完善

1978年以来,适应伦理学教学和教材建设的需要,一些伦理学教学和研究工作者在批判地吸取中外历史上伦理学原理或教材合理因素的基础上,结合中国现阶段社会主义精神文明建设和道德建设的实际,开拓探索当代马克思主义伦理学的学科体系,撰写并出版了数十种伦理学教科书。除罗国杰主编的《马克

思主义伦理学》《伦理学教程》《伦理学》以外,还有八所高等师范院校编著的《马克思主义伦理学原理》,魏英敏主编的《伦理学简明教程》《新伦理学教程》,唐凯麟主编的《简明马克思主义伦理学》《伦理学基础》及编著的《伦理学教程》,张善城编著的《伦理学基础》,张培强、陈楚佳主编的《伦理学概论》,王兴洲撰写的《伦理学》,魏道履主编的《伦理学》及张应杭撰写的《伦理学》等。其中有些学者在伦理学学科体系上孜孜求索、不断创新,表现了敢于同传统的学科体系挑战、敢于超越自我的优秀品质和高贵精神。

唐凯麟在20世纪80年代初主编的《简明马克思主义伦理学》一书中,最先将马克思主义伦理学的体系结构明确地区分为"理论篇""规范篇""实践篇"三大篇,认为马克思主义伦理学是理论伦理学、规范伦理学、实践伦理学的有机统一,并从对道德的本质和特殊性入手展开全书的篇章结构。随着研究的不断深入,他在自己编著的《伦理学教程》特别是后来修订再版的《伦理学》(全国研究生教学用书)中试图从人和社会的关系的逻辑起点出发,通过分析人存在的二重性和人的道德的两个方面,推出了"社会道德—个体道德—社会道德和个体道德的统一"的马克思主义伦理学体系结构论,对社会道德和个体道德的本质特征、发展阶段、运行的宏观和微观机制以及社会主义道德原则规范和社会主义市场经济条件下的道德建设诸问题做了自己比较独到且深刻全面的研究。

魏英敏与金可溪合著的《伦理学简明教程》,在马克思主义伦理学的学科体系建构上注重历史、理论和实践的结合,坚持由史入论、以史带论、论从史出,突出的表现在于不仅每一理论的提出都由史的根据来支撑,而且辟三章重点介绍中国、西方及马克思主义伦理思想发展的情况,并把伦理学的归宿定在人生观和理想上。这种体系结构无疑有自己的特色和独到之处。但是,随着社会的发展和伦理学研究领域的拓宽,随着自己对伦理学学科体系认识的深入,魏英敏敢于超越原有教科书的理论框架,重新编写伦理学教科书。在《新伦理学教程》一书中,魏英敏对伦理学的学科体系做了新的探索。该书从对伦理学的类型分析起步,总结和介绍中外规范伦理学及马克思主义新规范伦理学的发展状况、研究的内容及基本特征,进而探讨了社会道德和个人道德的诸多理论和实践问题,最后归结到人生的不朽与至善。该书对商品经济与道德进步的关系,社会主义初级阶段的道德建设以及时年道德、闲暇道德、伦理学的发展前景与未来等问题均做了颇有说服力的分析与论证。

张应杭编著的《伦理学》也是一本颇有特色和新意的教科书。该书的绪论部分探讨了伦理学的研究对象、任务和方法，认为伦理学是研究道德现象的哲学，并把道德划分为宗教道德、自然道德、个体道德、社会道德四大类。第一编分两章从逻辑上考察了中西伦理思想的发展及基本内容。第二编共八章依次探讨了道德的起源、本质、伦理学的基本问题、道德的善恶意识、道德实践中的行为选择等问题。该书把“理想人格”视作全部伦理学理论和实践的归宿。

此外，李春秋、吴正春主编的《简明伦理学》，李秀筠主编的《新编伦理学》，王小锡、郭广银主编的《伦理学通论》，骆祖望等编的《伦理学新编》等在伦理学的学科体系建设上也做出了可贵的探索与贡献。

2. 伦理学基本理论的研究日趋深入

自 20 世纪 80 年代至 90 年代，中国的伦理学工作者就道德的本质与特殊性、伦理学的基本问题、社会主义初级阶段道德建设、商品经济与道德进步、科技革命与人的素质现代化以及幸福与道德诸问题展开了热烈的讨论与深入的研究，取得了丰硕的成果。唐凯麟的《从旧道德到新道德》《个体道德论》，万俊人的《伦理学新论》，魏英敏的《伦理道德问题再认识》，许启贤主编的《新时代的伦理沉思——伦理现代化探微》，夏伟东的《道德本质论》，姚新中的《道德活动论》，唐能赋的《道德范畴论》，曾钊新的《道德心理论》，臧乐源的《道德与精神文明》等著作，均以其特有的方式从不同的方面深化了伦理学基本理论问题的研究，拓宽着伦理学基本理论问题研究的新路子。

万俊人的《伦理学新论》深入地考察了中国现代伦理的生长背景、发展过程、理论困惑等问题，评述了当代人建构现代伦理的诸种尝试，并提出了自己关于建设现代化的中国伦理文化的基本设想。在该著中，万俊人认为，建设现代化的中国伦理文化必须以社会现代化的新秩序为价值坐标，重新确立新的道德价值观念；必须以现实改革为背景，审视一切原有的道德理论，以积极的姿态投入到现代化实践中去；必须面向世界、面向未来，打破封闭性，确立开放性思维取向；必须重新解释一系列重大的伦理学理论问题，以澄清长期积郁在人们心理上的道德疑难；必须树立新的具有现代化文化意识和价值取向的人格理想或范型，以承担起建设新型社会与新型人格的价值设计使命等。现代化的伦理学至少包括五个基本层次：伦理学的本体理论（道德价值原理、道德主体性原理、道德理论的方法原理）、伦理学的实践理论（道德规范系统）、道德理想理论（伦理学的超越性系统）、伦理学的文化——心理原理或系统以及伦理学评价理论。该书对当代伦理学的诸多问题及社会主义经济改革与道德建设的关系等做出了全新的探索。

许启贤主编的《新时代的伦理沉思——伦理现代化探微》，认真总结分析了新中国成立三十多年来伦理学研究和道德建设方面的经验教训，并对当前伦理学和道德建设中提出的一些重要理论问题和实际问题进行了研究和探讨。该书一方面，在阐明我国发展社会主义商品经济中道德的重要作用的同时，就改革开放中较为敏感的道德问题，对金钱、竞争与道德的关系问题，对当前道德失衡和错位现象问题，婚姻家庭道德问题做了剖析，提出了变革生活方式，改善社会风气，强化社会主义商品经济的道德环境，并且从传统的道德行为方式和传统国民性的角度对当前社会主义道德现象进行了反思；另一方面，以马克思主义为指导，在吸收西方伦理学术思想的基础上，对一些重要思想，如个体道德问题、社会主义道德人格问题、道德和文化的关系问题以及生态伦理学问题等等，都进行了深入的论述，为现实的道德建设和伦理学学科建设做出了有价值的探索。

魏英敏的《伦理道德问题再认识》和后来修订再版的《当代中国伦理与道德》二书深入地探讨了伦理学的研究方法，道德的结构和伦理学的类型，伦理学的基本问题，社会主义初级阶段的伦理道德建设，马克思主义人性观与社会主义人道主义，经济改革与道德，职业道德建设的理论与实践，家庭伦理及其道德建设，中国传统文化与国民伦理教育等问题。在此二著中，魏英敏把伦理学的基本问题界定为善恶关系问题。并认为道德的特殊性在于它是客观性与主观性的统一，他律与自律的统一，阶级性与全民性的统一，历史的暂时性与相对的永恒性的统一，现实性与理想性的统一，协调性与进取性的统一。此外，他还就社会主义初级阶段道德规范体系做出了自己的论证，认为社会主义初级阶段的道德体系可以概括为两级结构，三个层次。所谓两级结构，一是社会主义道德，二是共产主义道德。所谓三个层次,从低级到高级依次是:社会公共生活中的道德规范、社会主义道德和共产主义道德。在魏英敏看来,社会主义道德基本原则不只是集体主义,而是由爱社会主义、集体主义、人道主义、公正、诚实守信等多个道德原则组合起来的体系。社会主义道德规范可以概括为爱祖国、爱人民、爱劳动、爱科学、爱生存环境五个规范。社会主义初级阶段道德建设必须体现中国传统文化自强不息、厚德载物的基本精神,必须体现商品经济快速发展、新技术革命突飞猛进、中外文化相互交流融合的时代精神,必须体现社会主义初级阶段的具体特点。在该著中,魏英敏还对社会主义人道主义的本质特征和主要内容、社会主义职业道德建设的宗旨和机制诸问题做了颇具独创性的探论。

唐凯麟在与龙兴海合著的《个体道德论》一书中全面地探讨了个体道德的本质、结构和功能、发生和发展,个体道德的内在价值形态,个体道德行为及其模式,个体道德的社会调控以及个体道德的自我修养及其人格完善诸问题,该书是一部系统地研究个体道德的学术专著,填补了伦理学原理研究中的空白。该书认为,个体道德的研究是走向21世纪伦理学的重要使命。研究和阐明个体道德诸基本理论和实践问题是改革开放的时代需要,也是伦理学自身发展的内在逻辑使然。因为走向21世纪绝不只是单纯的时间上的跨度,而是具有深沉社会内涵的历史超越,它意味着一个现代化新时代的构建和一代新人的塑造。继《个体道德论》一书之后,唐凯麟推出了《伦理大思路——当代中国道德和伦理学发展的理论审视》一书,对中国特色社会主义道德建设和伦理学发展的许多重大理论和实践问题做出了比较全面系统的科学回答与论证。该书宏观与微观相结合,观点与材料相统一,理性的分析与情感的关注相得益彰,是一部以理论伦理学为基础,以规范伦理学为主导,以应用伦理学为目标和旨归的将功利论与道义论作有机整合的当代马克思主义伦理学的专论性著作。

夏伟东的《道德本质论》一书从历史与现实的宏大背景上,通过对道德的社会历史本质、道德的规范本质、道德的主体本质以及道德本质与集体主义的相互关系等核心问题的探讨与阐述,把道德本质的理论研究推向一个新的层面,提出了一些有独创的见解。作者认为,马克思主义伦理学依循两条线索来追寻道德本质的答案。一条线索是道德与利益的关系,另一条线索是个人利益与集体利益的关系。马克思主义伦理学对道德本质的理解,大体可以归结为三个方面:第一,道德的本质在于它的社会历史性。道德的这种社会历史本质,主要揭示了道德的外在根据。第二,道德的本质在于它的特殊的规范性。道德的这种规范本质表明了道德在发挥自己的特殊功能时所显示出来的规范特征。第三,道德的本质在于它的特殊的主体性。道德的这种主体本质表现的是道德作为一种人类行为规范同别的行为规范的同异关系。如果说道德的规范本质直接与人的道德行为、道德价值目标和道德理性联系在一起,那么道德的主体本质则同道德的非制度化、道德的自律性及道德的"实践精神"特征联系在一起。道德的本质问题,是伦理学领域中一个十分重大且影响甚广的理论问题。夏伟东的《道德本质论》一书为关心道德本质问题的人们拓出了一条新的思维路径。

唐能赋在其《道德范畴论》一书中指出:"处于社会主义初级阶段的中国,究竟如何来构建适应社会主义市场经济发展的道德范畴体系,据个人一孔之见,既不是欧美模式,也不是苏联模式,而应该是具有中国特色的自己的模式。"[①]就是在这一思想的指导下,《道德范畴论》以经济利益关系与社会道德范畴的辩证关系为起点,展开了对善与恶、道德义务与道德权利、良心与恶意、智慧与愚昧、勇敢与怯懦、公正与偏私、诚实与虚伪、荣誉与耻辱、幸福与不幸、气节与变节等道德范畴的广泛而深入的论述,并力图把历史和逻辑统一起来,通过对古今中外的大量的思想资料的对比分析,揭示这些范畴的历史演变,及其在社会主义道德体系中的新的特质和伦理内涵,为建立社会主义道德范畴体系做了有益的尝试。

曾钊新一直从事道德心理学研究,他先后撰著了《道德与心理》《道德心理论》,并和李建华合作主编了《德性的心灵奥秘——道德心理学引论》等著作。后一著作是他研究道德心理学的体系化的概括成果。该书认为:"道德心理学是以道德和心理的关系为研究对象,揭示道德产生、发展的心理基地、道德知行的心理机制、心理过程和心理状况,以及心理失衡中的道德调节等一般规律的学

---

① 唐能赋:《道德范畴论》,重庆出版社 1994 年版,第 2 页。

问。”[1]在“总论篇”中，作者除了论述了中国和西方的心理思想史外，着重论述了道德心理学的研究对象和方法，指出道德心理学是伦理学与心理学、教育学、社会学、认识论的交叉学科。在“心理基地篇”中，作者分别论述了道德认知、道德情感、道德思维、道德意志、道德追求、道德培养和道德反省等问题，详细地分析了心理因素和心理活动在这些道德现象、道德活动中的表现和作用。在“道德运行篇”中，作者把伦理学和社会心理学结合起来，研究了道德范例、道德传播、社会角色的道德跟踪、心理失衡中的道德矫治、犯罪心理的道德冲突、家庭生活中的道德层面等问题，角度新颖，富有创见。曾钊新关于道德心理学的研究，带有拓荒的性质，推动了这一研究领域的开展。

此外，姚新中的《道德活动论》，高兆明的《道德生活论》，李建华的《道德情感论》，江畅的《理论伦理学》和《伦理学启示录》，朱贻庭等著的《当代中国道德价值导向》，王海明的《伦理学》，黄万盛主编的《道德的理论和实践》，以及全国伦理学会编的几次会议论文集，如《道德与道德教育》《道德与改革》《道德与价值导向》等，在伦理学基本理论的研究方面都取得了一定的成果。

3. 应用伦理学研究成果迭出

十一届三中全会以来，广大伦理学工作者以面向世界、面向未来和面向四个现代化的学术抱负，在坚持马克思主义伦理学基本原理的前提下，积极探索改革开放和现代科技革命中出现的应用性道德问题，使应用伦理学、职业伦理学的发展出现了前所未有的势头，取得了丰硕的成果。周纪兰的《应用伦理学》，余谋昌的《科技伦理学》，阎昭武等的《职业伦理学》，邱仁宗的《生命伦理学》，何兆武的《医学伦理学》，唐凯麟的《人口伦理学》，刘湘溶的《生态伦理学》，王昕杰、乔法容的《劳动伦理学》，王小锡的《中国经济伦理学》和主编的《现代经济伦理学》，陆晓禾的《当代经济伦理学漫话》和陈泽环的《现代经济伦理导论》，杨丙安等著的《政治伦理学》，孟晓主编的《政治伦理学》，史焕章等著的《司法伦理学》，

---

① 曾钊新、李建华主编：《德性的心灵奥秘——道德心理学引论》，辽宁人民出版社 1992 年版，第 3 页。

徐少锦主编的《科技伦理学》，王育殊主编的《科学伦理学》，王伟、高玉兰的《性伦理学》，阎保辅主编的《青年学生伦理学》，斐烽等的《妇女伦理学》，龚群等的《爱情伦理学》，温克勤主编的《管理伦理学》，仓道来的《律师伦理学》，等等，即是应用伦理学研究成果迭出的例证。

邱仁宗著的《生命伦理学》是中国第一部全面系统地论述生命伦理的学术专著，对性别选择、人工授精、代理母亲、无性生殖、重组 DNA、基因工程、器官移植、安乐死等问题做了深入的研究与论证，向国内伦理学界介绍了西方诸国在生命伦理学研究方面所取得的重大成果。在邱仁宗看来，生命伦理学是应用规范伦理学的一个分支学科。生命伦理学是将伦理学应用于解决生物医学技术引起的难题和挑战的，旨在帮助医生、科学家、卫生决策者等人员做出正确的合乎道德的决断。生命伦理学的兴起反映了对新技术的使用要进行社会控制的要求。基因工程、无性生殖、体外受精、人工流产、安乐死、器官移植等伦理学问题，其核心是人们对人体、人心、生命质量控制技术的关心。邱仁宗指出："生命伦理学就是要帮助人们决定在影响出生、死亡、人性、生命质量等生物医学领域中应如何行动，这在许多方面涉及社会和国家的政策。所以，生命伦理学是涉及人类生命领域的决策的理论基础。"①

刘湘溶的《生态伦理学》亦是一部重要的应用伦理学著作。该著深入系统地探讨了自然道德的基础、特征与功能、自然道德评价以及自然道德规范诸问题，认为生态伦理学研究的是人类与自然之间的道德关系，它立足于地球自然，把地球自然看成是一个有机的系统整体，追求人类与自然的和谐。针对当代世界范围内的生态危机，该著强调自然的权利，认为维护野生生物的存在权利具有重大意义。并指出在中国现阶段开展生态伦理学的研究不仅是我国社会主义现代化建设的需要使然，而且也是社会主义精神文明建设的需要使然。刘湘溶的《生态伦理学》，诚如罗国杰在序言中所说的："坚持以马克思主义为指导，史论结合，对每一个论点的阐述，都引用了国内外大量的实际材料，同时还提出了一个生态伦理学的体系框架。这个框架尽管还比较粗糙，有些理论问题还值得进一步探

---

① 邱仁宗：《生命伦理学》，上海人民出版社 1987 年版，第 24 页。

讨，有待于通过争论而深化我们的认识，但无论如何，这本书是我国有关生态伦理学研究的可喜成果。”

唐凯麟、龙肖合著的《超越危机的选择——人口道德》一书从现代人在人口生产中面临的道德挑战的分析起步，比较深入地考察了人口道德的历史嬗变及其在现代的应有发展，全面地论述了人口生产中道德价值的坐标系统、人口控制中的道德视角、控制人口增长的特殊伦理问题、人口优化生育的道德审度诸问题，并对现代人在人口生产中人格形象的应有转变、对待妇女生育和合理调控人口结构的道德机制等问题也做了有益的探讨。该著认为，构建人口伦理学、研究科学的人口道德观，促进全社会形成一种适应现代社会发展要求的科学的人口道德的共识，是马克思主义伦理学工作者责无旁贷的历史使命。人口伦理学是一门研究生育行为道德价值生成的机制、选择和评价生育行为的道德价值标准、阐发合乎当代社会发展客观需要的关于人口生产的特殊道德规范的科学。人口伦理学不仅要揭示人口道德的本质及其历史嬗变的客观规律，并据此为调整当代人口问题所包含的三大矛盾确立社会主义的人口道德规范体系，而且还要研究如何把这些道德规范转化为人们的道德理性，使其深入到人们的义务、良心、荣誉、幸福等道德意识中去的规律。该书对指导中国的人口控制、计划生育、优生优育具有重要的理论意义和现实意义。

徐少锦主编的《科技伦理学》是科技伦理研究领域的一部有代表性的著作。该书结合科学技术发展的历史，特别是现代科学技术发展的有关最新成就，分析了科技伦理学的对象、任务和方法，提出了科技道德的基本原则和主要规范，论述了科技评价与科技道德评价的关系，概括了科技人员的理想人格，探讨了科技道德的教育和科技道德修养等问题。作者认为科学技术研究的最终目的，是要造福人类，使自然界能够为人类的幸福服务。在这个过程中，必然发生个人与他人、个人与社会以及人类和大自然之间的矛盾。为了更好地协调一致地利用与控制自然界，就必须有相应的行为规范来调整这些矛盾，科技伦理学正是适应这一客观要求而产生的。同时，人们在利用、改造和控制自然的同时，还有一个如何对待自然才会有利于人类自身、有利于子孙后代的问题，协调人与自然的关系，归根到底，也还是为了协调人与人之间的关系。

王伟、高玉兰合著的《性伦理学》亦是中国当代应用伦理学研究的一部力作。该书认为,性冲动是人的天性的根本部分,性关系是人类文明的重要尺度,性伦理是把握世界的特殊方式。性伦理学的基本问题包括两个层次的内容及其相互关系:第一个层次是指人类的性在本质上具有社会属性和自然属性,两种属性相互区别相互补充,并在此基础上构成人类特有的丰富多彩的性道德现象;第二个层次是指人类的性具有社会方面的内涵和私人方面的内涵,不仅涉及私人间的性关系及其伦理价值,而且涉及性问题对社会或他人的影响及其伦理价值。性伦理学的基本原则包括禁规原则、生育原则、婚姻原则、性爱原则、私事原则、审美原则。该著还论述了马克思主义关于两性关系的理论同资产阶级的性解放理论的本质区别,较为全面地阐发了社会主义性道德的基本特点。该著的问世,标志着性伦理学的正式形成。

此外,温克勤主编的《管理伦理学》,李春秋主编的《教育伦理学概论》,仓道来撰写的《律师伦理学》,王伟、夏伟东主编的《军人伦理学新编》,张婉如、王福霖主编的《财经伦理学概论》,刘光明撰写的《商业伦理学》,李建华主编的《教师伦理学》等等,都对中国应用伦理学和职业伦理学的当代发展做出了自己的贡献。

4. 中外伦理思想研究硕果累累

十一届三中全会以来,广大伦理学工作者在积极研究伦理学基本理论和现实道德问题的同时亦致力于对中外伦理思想的研究,写出了许多颇有分量的伦理思想著作。就中国伦理思想通史及断代史、人物思想研究而言,所取得的成果尤其引人注目。可以说,当代是中国伦理思想史研究空前活跃的时代。陈瑛、刘启林等编撰的《中国伦理思想史》,沈善洪、王凤贤合著的《中国伦理学说史》,朱贻庭主编的《中国传统伦理思想史》,张锡勤等编撰的《中国伦理思想通史》,姜法曾著的《中国伦理学史略》,张殿奎等主编的《中国传统伦理思想纵横》,李书有主编的《中国儒家伦理发展史》,朱伯崑著的《先秦伦理学概论》,唐凯麟著的《走向近代的先声——中国早期启蒙伦理思想研究》和主编的“中国传统伦理道德精粹丛书”,张锡勤等编撰的《中国近现代伦理思想史》,樊浩著的《中国伦理精神的历史建构》,张鸿翼著的《儒家经济伦理》,焦国成著的《中国古代人我关系论》和《中国伦理学通论》,唐凯麟、张怀承合著的《六经责我开生面——王船山伦理思想研究》,王泽应著的《现代新儒家伦理思想研究》,陈谷嘉、朱汉民主编的《中国德育思想史研究》,魏英敏主编的《毛泽东伦理思想新论》,刘广东编撰的《毛泽东伦理思想概论》等,代表了新时期中国伦理思想史研究的成果与水平。

陈瑛、刘启林等编撰的《中国伦理思想史》是新中国成立以后第一部用马克思主义的世界观和方法论撰写的中国伦理学通史。该书从原始社会一直写到五四新文化运动,着重论述了中国伦理思想发展的几次高峰和转折,即战国时期、宋明时期、明清之际以及近代的伦理思想,揭示其发展规律。该书对各个历史时期的伦理思潮、主要流派及代表人物的伦理思都做了详细的论述,史料翔实,脉络清楚,观点鲜明,对新中国成立后中国伦理思想史的研究,起了开启的作用。朱贻庭主编的《中国传统伦理思想史》是一部简明扼要且颇有理论深度的中国伦理学史的通史著作。该著认为,中国传统伦量思想具有六个特点:第一,由人道精神屈从于宗法等级关系而产生的"亲亲有术,尊贤有等";第二,由天道直接引出人道并以人道去配天道的天人合一;第三,人性论上的德性主义;第四,重义轻利的伦理价值观;第五,道德与政治一体化;第六,重视道德教育和道德修养。

樊浩著的《中国伦理精神的历史建构》是一部研究中国伦理精神的特质及其建构的学术专著,分上中下三篇,依次探讨了中国伦理精神的孕育与展开、中国伦理精神的抽象性发展以及中国伦理精神的辩证综合。该著认为,伦理精神是社会内在生命秩序的体系,它体现人们如何安顿人生,如何调节人的内在生命秩序。伦理精神是民族伦理的深层结构,是民族伦理的内聚力与外张力的表现。伦理精神是人伦精神与人格精神的统一,从社会来看它是一种人伦精神,从个体来看它是一种人格精神。中国伦理精神是儒家德性、道家道心、释家佛性的有机统一。在这个统一体中,德性是主干,它集中体现了血缘、情理、入世的文化方向特征。道心是中国文化自身产生的调节与补充的机制,佛性则是中国文化融合外来文化,同化、改造外来文化而产生的调节与完善的机制。"这种有机统一,一方面使伦理政治或礼的人伦关系得到建构与实现,另一方面使人性得到提升与升华,达到心、性、命、天、理的具体历史的统一,从而止于天人合一的中庸境界,形成完整的目的性德性伦理精神。”①

唐凯麟的《走向近代的先声——中国早期启蒙伦理思想研究》是一部完整系统地研究明清之际伦理思想的学术专著。该书认为明代中期以来从地主阶级内部分化出来的在野的开明知识分子,为了改革当时的封建弊政,挽救社会和民族危机,而对传统封建道德及其伦理思想展开了一场大规模的自我反省与自我批判运动,从而形成了一种“破块启蒙”的思想倾向。何心隐、李贽、顾炎武、黄宗羲、王夫之、唐甄、颜元、戴震等竞相将批判的锋芒指向封建专制伦理思想的蒙昧主义与禁欲主义,他们憧憬某种新的道德关系和人格模式,表现出一定的伦理觉醒,客观上曲折地反映了广大农民求生存的要求和正在形成的新兴市民阶层争取平等权利、自由发展商品经济的愿望,具有走向近代伦理思想的意义。早期启蒙伦理思潮的基本内容包括从群体价值取向到个体和群体双向价值取向的蜕变,从家族本位向社会本位的演化,从超验的理性原则到现实的感性生活的转换,从民本主义到民主主义突破的尝试。该书不仅较为系统而深入地评析了何心隐、李贽、顾炎武、黄宗羲、王夫之、颜元、戴震的伦理思想,而且深入探讨和分析了中国早期启蒙伦理思潮的性质、特点、历史命运及兴起和深寂的历史启示,对中国民族在伦理启蒙上所走过的曲折历程做了唯物辩证的揭示。

在西方伦理思想研究中,章海山著的《西方伦理思想史》,宋希仁主编的《当代外国伦理思想》,罗国杰、宋希仁合著的《西方伦理思想史》,黄伟合著的《欧洲传统伦理思想史》,刘伏海著的《西方伦理思想主要学派概论》,周中之等著的《西方伦理文化大传统》,冯俊科著的《西方幸福论》,石毓彬、杨远合著的《20世纪西方伦理学》,万俊人著的《现代西方伦理学史》《萨特伦理思想研究》,李莉著的《当代西方伦理学流派》,周辅成主编的《西方著名伦理学家评传》,包利民著的《生命与逻各斯——希腊伦理思想史论》,张志伟著的《康德的道德世界观》,何怀宏著的《契约伦理与社会正义——罗尔斯伦理思想研究》等,反映了中国大陆学者对西方伦理学发展研究蓬勃展开。

---

① 樊浩:《中国伦理精神的历史建构》,江苏人民出版社 1992 年版,第 49 页。

章海山撰写的《西方伦理思想史》是我国首部用马克思主义观点写成的西方古典伦理思想史，系统地论述了从古希腊至马克思主义产生以前西方伦理思想的发生发展及基本内容。该著把西方伦理思想区分为感性主义和理性主义两大派，认为感性主义的伦理伦理思想强调人生的感觉欲望、趋乐避苦和现实功利，常常导向一种快乐主义和利己主义；理性主义的思想强调人的精神追求和理想人格，总是呈现出德性主义和整体主义。如果说感性主义的伦理思想实质上表现为一种功利论伦理学，那么理性主义伦理思想则同道义论伦理学密切相关。罗国杰、宋希仁合著的《西方伦理思想史》是一部全面系统地论述马克思主义伦理思想产生前西方伦理思想发展史的专著，全书分上、下两卷共计一百多万字。作者认为，贯穿西方伦理思想史的基本线索是道德与利益的关系以及个人利益与社会利益的关系问题。从古希腊到近代资产阶级伦理学的发展史，就是围绕这个基本线索发展的。随着伦理学家们对“利益”的认识以及对个人利益与他人利益的关系的理解，这个基本线索的贯彻日益自觉。黑格尔关于法与福利的关系的辩证概括，实质上就是对这个基本线索的比较自觉的总结。所以马克思主义以前的欧洲伦理思想的发展，实质上是一个围绕着伦理学基本问题展开的不断扬弃的辩证发展过程，其中交织着唯物主义和唯心主义、辩证法和形而上学、自然主义和禁欲主义、利己主义和仁爱主义等伦理思想的矛盾和斗争，伴随着形形色色的思潮、学说和学派的消长，并且同社会上革新与保守、进步与反动有着密切的联系。伦理思想的发展同其他社会意识形态的发展一样，一方面受社会经济关系和政治斗争的制约，同时又有自己相对独立的发展史，其中包含着人们对道德现象的各个部分或方面认识的不断深化和扩展。每一个特定时代的伦理思想，只有与前一代伦理思想联系才能理解。罗国杰、宋希仁的《西方伦理思想史》着眼于对伦理思想发展规律的探讨，可视为上述他们所构建的马克思主义伦理学的学科体系的历史地展开，具有特殊的学术价值。

万俊人的《现代西方伦理学史》是一部全面系统介绍、论述自19世纪中叶至20世纪70—80年代现代西方伦理学各种思潮和流派的发展脉络、主要观点及其基本特征的学术专著。在这部逾百万字五编二十余章的著作中，作者论述了西方伦理学的古典终结与现代转折，探讨了现代西方伦理学形成与发展的历史条件与背景、现代西方伦理学的流变及特征，并深入研究了人本主义伦理思潮、科学主义伦理思潮和现代宗教伦理思潮，分析评述了诸如直觉主义、情感主义、存在主义、实用主义、弗洛伊德主义、新托马斯主义以及新功利主义、新正教伦理等流派及人物的伦理思想。该著文笔清新、材料丰富、论述严谨，它在使完整的系统与充实的史料融为一体的基础上实现了宏观总体与微观具体、本真理解与意义阐释的辩证统一，具有较高的理论价值和学科建设价值。

冯俊科的《西方幸福论》是一部追溯和考察西方伦理思想史上幸福理论发生和发展问题的学术专著，主要论及了古希腊罗马时期的幸福论，中世纪前期和文艺复兴时期的幸福论，17 世纪西方的各种幸福论，18 世纪法国的各种幸福论、英国功利主义者的幸福论，德国古典哲学家的幸福论等。该著认为，西方的幸福论是整个人类伦理思想宝库中十分重要的内容之一，其中不仅凝结着欧洲各民族伦理思想发展中的经验教训，而且也凝结着他们对幸福的实质及认识这种实质的规律性等丰富的思想成果。尤为重要的是，西方是马克思主义的故乡，西方的幸福论对马克思主义的幸福论产生了重大的影响。研究西方幸福论对于我们了解西方伦理学家的幸福观特别是马克思主义幸福观的形成，无疑具有十分重大的意义。

在东方伦理和苏联伦理思想的研究中也取得了一定的成绩。史洋撰写的《苏联伦理学发展概况》（见《现代世界伦理学》一书，贵州人民出版社 1981 年版）对苏联伦理学的发展概况、研究范围和主要内容进行了较为全面的阐释和介绍。金可溪撰写的《苏联伦理学的病点与生长点》（载《理论信息报》，1988 年 11 月 7 日）及后来撰成的《苏俄伦理道德观》的专著，则客观地分析了苏联当代伦理学研究的成就与不足，为人们深入研究苏联伦理学、把握其伦理学研究的动态与走向提供了可资借鉴的资料和成果。王中田撰写的《当代日本伦理学》一书重点介绍和评述了金子武藏的实存主义伦理学、柳田谦十郎的马克思主义伦理学、小仓志祥的人格主义伦理学、高桥进的东方人伦思想、式部久的人道主义伦理学等学说，对于了解日本伦理学的发展和现状具有重要的参考价值。朱明忠的《论甘地的伦理道德思想》一文则比较全面地介绍了被印度人民尊称为“国父”的甘地的伦理道德思想，并对之做了客观公允的评价论说。李萍的《东方伦理思想简史》一书则比较全面地探讨了日本、印度、中东等国家和地区的伦理思想，并对其发展阶段、主要内容和基本特征做出了深入的论述，是我国学者研究东方伦理思想的代表性著作。

与此同时，在东西文化比较的热潮中，一些伦理学工作者也开始了中外伦理思想的比较研究，取得了一定的成果。朱贻庭、黄伟合在《论中西传统伦理思想之差异》（载《宝鸡师范学院》，1998 年第 3 期）一文中认为，人际关系上的家族主义、义利观上的道义论、人性观上的德性主义是中国传统伦理思想的基本特征。与此相别，人际观上的个人主义和利己主义、义利观上的功利主义、人性观上的自然主义则构成了西方传统伦理思想的基本特征。王泽应的《船山伦理与西方近代伦理比论》一书立意于中国伦理现代化的时代使命和向历史扎根、向未来探索的价值目标，着眼于全球意识与民族意识的结合，在以船山伦理为主坐标和红线的背景下，择取与船山伦理学说某一部分相关或可比的西方近代思想家的伦理学说即以康德的人论、斯宾诺莎的道德论、弗兰西斯·培根的品德论、帕斯卡尔的人生论、洛克的理想人格论分别与船山的人论、道德论、品德论、人生论和理想人格论进行比较，并在展开这种具体的内容比较之前，从总体上比较了船山伦理与西方近代伦理，论述了船山伦理思想的基本特征，最后又从评价与总结的意义上论述了船山伦理思想在人类或世界伦理思想发展史上的地位。该著认为，在人类由中古走向近代的历史路径中，王船山是一个具有世界意义的伟大思想家，他对中国传统伦理所做出的批判性总结及其所建立的别开生面的伦理学体系，使得他完全有资格和能力同世界上最杰出的思想家进行交谈和对话。他的伦理学说具有集诸贤之长、熔百家之胜于一体的特殊风格和博大之处。此外，江万秀的《仁爱与博爱比较论》（载《宝鸡师院学报》，1988 年第 3 期）、罗祖基的《中西中庸观之异同》等，都对中外伦理思想的异同做了颇具开拓性的比较研究。

总之，改革开放以来，中国伦理学工作者以马克思主义为指导，积极投入伦理学各个领域、各类问题的研究，取得了令人瞩目的成果。在短短的时间内，就使伦理学科得以恢复并得到迅速发展，从而大大缩短了与相邻学科的差距，为繁荣整个人文科学、社会科学研究，推进改革开放和各项建设事业做出了贡献。

时代在前进，社会在发展。“道德哲学在开放之时代尤要”（毛泽东语）。中国改革开放的深入发展必将要求马克思主义伦理学壮大发展。当代科学技术的迅速发展、人类文明的突飞猛进必然要求马克思主义者开拓新视野,发展新观念,要求破除对马克思主义伦理学的教条式的理解和附加到马克思主义伦理学名下的错误观点,要求根据新的实践发展马克思主义伦理学科,并把坚持马克思主义伦理学的基本立场、观点和方法同繁荣和发展马克思伦理学有机地统一起来。中国伦理现代化的一个大趋势是马克思主义伦理学必须大发展!

第八章

当代中国马克思主义伦理思想的新发展

进入新世纪以来，中国马克思主义伦理思想在应对新形势、迎接新挑战、担纲新使命中继续向前发展。以胡锦涛、习近平为代表的中国共产党人接过历史的接力棒，深度思考中国特色社会主义现代化建设问题，提出了一系列新思想、新命题、新观点，极大地继承和发展了中国马克思主义伦理思想，将马克思主义伦理思想中国化推进到一个新的阶段。广大理论工作者竞相解放思想、实事求是、与时俱进，积极主动地研究当代中国和世界的伦理道德问题，并用马克思主义的基本原理、立场、观点和方法予以分析，从而助推着中国马克思主义伦理思想的新发展，形成着当代中国特有的伦理精神和伦理文化软实力。

一、科学发展观伦理思想

科学发展观伦理思想立足于我国基本国情,深刻总结和借鉴了国外片面追求经济发展、忽视人的发展和社会进步的经验教训,旗帜鲜明地提出"以人为本"的理念和原则,把全面协调可持续视为发展的基本路径和要求,主张和谐发展、和平发展,在生态文明发展战略指引下实现人的全面发展和经济社会的健康永续发展。

1. 科学发展观伦理思想的形成和发展

党的十六大以来,以胡锦涛为总书记的党中央针对新世纪新阶段我国经济社会发展的新情况,紧密结合中国特色社会主义的伟大实践,吸收人类文明进步的新成果,站在历史和时代的高度,坚持用马克思主义的观点指导新的实践,创造性地提出科学发展观这一重大战略思想,深刻而系统地回答了"什么是发展、为什么发展、怎样发展"等一系列重大理论和实践问题,极大地推动了马克思主义在中国的当代发展。

面对新世纪新阶段后的新形势,以胡锦涛为总书记的党中央深深感到,十一届三中全会以来,虽然我国的发展已经取得举世瞩目的成就,但要完成十六大提出的奋斗目标,可能遇到的困难和挑战还会很多。与此同时,国际国内环境的新变化,经济社会发展的新情况,迫切要求中国共产党进一步回答"实现什么样的发展、怎样发展"这一重大理论和实践问题。

2002 年党的十六大到 2003 年党的十六届三中全会,是科学发展观伦理思想的最初提出阶段。2002 年 12 月,党的十六大闭会不久,胡锦涛和中央书记处的同志到西柏坡考察,重温毛泽东在七届二中全会提出的"两个务必",提出必须长期坚持艰苦奋斗,始终坚持马克思主义政党的本色和宗旨,始终不渝地为最广大人民谋利益,要求党的领导干部时刻把人民群众的安危、冷暖放在心上,做到权为民所用,情为民所系,利为民所谋,初步突显了社会主义现代化建设应当坚持"以人为本"的思想。2003 年 2 月,在党的十六届二中全会上,胡锦涛汇报了新的中央领导集体就任三个多月的主要工作,强调发展是第一要务,主张统筹城乡经济社会发展,实现物质文明、政治文明、精神文明协调发展,并提出要加强与民生相关的社会建设。同年春天,我国部分地区遭遇了"非典"疫情,在疫情蔓延期间,胡锦涛到广东考察工作,提出要坚持全面的发展观,努力促进社会主义物质文明、政治文明和精神文明协调发展。要坚持执政为民,切实做好关心群众生产生活等各方面的工作。2003 年 7 月 28 日,在全国防治非典工作会议上,胡锦涛提出更好地坚持全面发展、协调发展、可持续发展的发展观。同年 10 月,党的十六届三中全会通过《中共中央关于完善社会主义市场经济体制若干问题的决定》,强调要"坚持以人为本,树立全面、协调、可持续的发展观,促进经济社会和人的全面发展"。

从党的十六届三中全会到党的十七大,是科学发展观伦理思想正式形成和系统论证阶段。2004 年 2 月,党中央主办了省部级主要领导干部"树立和落实科学发展观"专题研究班,深入学习研究科学发展观的理论基础、精神实质、指导意义和实践要求。温家宝在结业式上发表了《提高认识,统一思想,牢固树立和认真落实科学发展观》的讲话,指出科学发展观是我们党对社会主义现代化建设规律认识的进一步深化,是全面建设小康社会和实现现代化的根本指针,实质是要实现经济社会更快更好的发展。2004 年 3 月 10 日,胡锦涛在中央人口资源环境工作座谈会上发表重要讲话,指出坚持以人为本、全面协调可持续的发展观,是从新世纪新阶段党和国家事业发展全局提出的重大战略思想,反映了党对发展问题的新认识。2004 年 9 月,胡锦涛在党的十六届四中全会的报告中再次阐明科学发展观的定位和基本内涵,并提出了构建社会主义和谐社会的重大战略任务。2004 年 12 月,在党的十六届四中全会闭幕不久召开的中央经济工作会议上,胡锦涛指出:"从当前来看,积极扩大就业,努力完善社会保障体系,逐步理顺分配关系,加快社会事业发展,是维护群众利益、促进社会公平、构建社会主义和谐社会的重要任务。"2005 年 2 月,在中央党校举办的省部级主要领导干部提高构建社会主义和谐社会能力专题研讨班会上,胡锦涛强调指出,我们所要构建的社会主义和谐社会，应该是民主法制、公平正义、诚信友爱、充满活力、安定有序、人与自然和谐相处的社会，并主张在加强经济建设、政治建设、文化建设的同时加强社会建设。2005 年 10 月，党的十六届五中全会通过的《中共中央关于制定国民经济和社会发展第十一个五年规划的建议》明确要求以科学发展观统领经济社会发展全局，强调发展必须是科学发展，要坚持以人为本，转变发展观念，创新发展模式，提高发展质量，落实五个统筹，把经济社会发展切实转入全面协调可持续发展的轨道。2007 年 10 月，在党的十七大报告中，胡锦涛全面系统地阐述了科学发展观的基本内涵、主要特征以及贯彻落实科学发展观的要求，指出科学发展观第一要义是发展，核心是以人为本，基本要求是全面协调可持续，根本方法是统筹兼顾。十七大报告就推动社会主义文化大发展大繁荣做出了战略部署，主张建设社会主义核心价值体系，增强社会主义意识形态的吸引力和凝聚力，主张用马克思主义中国化最新成果武装全党、教育人民，用中国特色社会主义共同理想凝聚力量，用以爱国主义为核心的民族精神和以改革创新为核心的时代精神鼓舞斗志，用社会主义荣辱观引领风尚，大力弘扬爱国主义、集体主义、社会主义思想，以增强诚实守信意识为重点，加强社会公德、职业道德、家庭美德、个人品德建设，引导人们自觉履行法定义务、社会责任、家庭责任，建设中华民族共有精神家园，建设社会主义和谐文化。

从党的十七大到 2012 年，是科学发展观伦理思想不断发展完善和深化的阶段。2008 年 9 月 14 日，中共中央下发了《关于在全党开展深入学习实践科学发展观活动的意见》，强调用一年半左右的时间，在全党分批开展深入学习实践科学发展观的活动，并对其重大意义和现实紧迫性、指导思想和目标要求、要把握的主要原则和解决的重大问题以及批次安排和具体步骤等做出了全面部署。9 月 19 日，胡锦涛在全党深入学习实践科学发展观活动动员大会暨省部级主要领导干部专题研讨班上发表重要讲话，强调深入学习实践科学发展观，是在深刻变化的国际环境中推动我国发展的迫切需要，是落实实现全面建设小康社会奋斗目标新要求的迫切需要，是以改革创新精神全面推进党的建设新的伟大工程的迫切需要。2008 年 12 月 18 日，在纪念党的十一届三中全会召开 30 周年大会上，胡锦涛发表了重要讲话，对 30 年改革开放所积累的经验进行总结，强调必须把坚持马克思主义基本原理同推进马克思主义中国化结合起来，把坚持四项基本原则同坚持改革开放结合起来，把尊重人民首创精神同加强和改善党的领导结合起来，把坚持社会主义基本制度同发展市场经济结合起来，把推动经济基础变革同推动上层建筑改革结合起来，把发展社会生产力同提高全民族文明素质结合起来，把提高效率同促进社会公平结合起来，把坚持独立自主同参与经济全球化结合起来，把促进改革发展同保持社会稳定结合起来，把推进中国特色社会主义伟大事业同推进党的建设新的伟大工程结合起来。这十个结合是改革开放三十年所积累的宝贵的历史经验，全党同志要倍加珍惜和自觉运用这些宝贵经验。2011 年 7 月 1 日，在庆祝中国共产党成立 90 周年大会上，胡锦涛发表重要讲话，全面总结中国共产党成立 90 年走过的光辉历程和取得的辉煌成就，并对新时期如何加强社会主义现代化建设和党的建设做出了新的战略部署。中国共产党 90 年的历史证明，只有以马克思主义这个科学理论为指导，才能把中国的事情办好。90 年来，正是由于中国共产党把马克思主义与中国实际相结合，创立了马克思主义中国化的两大理论成果即毛泽东思想和中国特色社会主义理论体系，才引导中国革命、建设、改革走向胜利。中国共产党 90 年的历史证明，只有依靠人民，关心群众利益，始终保持同人民群众的血肉联系，才能把中国的事情办好。中国共产党立党的目的就是救国救民，让老百姓过上幸福的好日子。人民群众是历史的主人，忘记了群众，脱离了群众，不依靠群众，就不可能把事情办好。中国共产党 90 年的历史证明，只有永远保持自身的先进性和纯洁性，才能把中国的事情办好。中国共产党是在中国众多政党中被历史选择的政党，之所以被历史选择，被人民选择，就因为它具有先进性和纯洁性。胡锦涛强调指出，未来 10 年是我国发展的重要战略机遇期，我们必须横下一条心，排除一切干扰，紧紧抓住经济建设这个中心不动摇，不折腾，不懈怠，聚精会神搞建设、一心一意谋发展，不断夯实社会全面进步和人的全面发展的物质基础。坚定不移走科学发展之路，就是要以科学发展为主题，以加快转变经济发展方式为主线，更加注重以人为本，在经济不断发展的基础上，让发展的成果惠及全体人民，逐步实现全体人民的共同富裕。同时既满足当代人又考虑后代人发展需要，既考虑眼前利益又考虑长远利益，既考虑局部利益又考虑全局利益，保证一代接一代地永续发展。

2012 年 11 月,在中国共产党第十八次全国代表大会上,胡锦涛做了《坚定不移沿着中国特色社会主义道路前进,为全面建成小康社会而奋斗》的报告。报告总结了十七大以来 5 年的工作和党的十六大以来的奋斗历程及取得的历史性成就,确立了科学发展观的历史地位,提出了夺取中国特色社会主义新胜利的基本要求,确定了全面建成小康社会和全面深化改革开放的目标,对在新的时代条件下推进中国特色社会主义事业做出了全面部署。报告在许多方面进一步丰富发展了科学发展观伦理思想,强调必须坚持维护社会公平正义,坚持走共同富裕道路,坚持促进社会和谐,坚持和平发展,提出建设社会主义文化强国,加强社会主义核心价值体系建设,积极培育和践行社会主义核心价值观,全面提高公民道德素质,大力推进生态文明建设,努力建设美丽中国,实现中华民族永续发展。十八大报告,标志着科学发展观伦理思想进入到一个成熟、圆润和体系化的阶段。

2. 科学发展观伦理思想的主要内容

科学发展观伦理思想,是以马克思主义世界观、方法论为指导,在深刻总结和借鉴国外发展实践的经验教训的基础上,针对我国经济社会发展的现实所提出来的一种以科学发展、和谐发展、全面协调可持续发展为主要内容的发展伦理思想。科学发展观伦理思想讲的发展不仅突显出以经济建设为中心,不断解放和发展生产力的内涵,也是同以人为本、全面协调可持续发展密切联系在一起的,实质上是一种既重视经济发展又重视人的发展和社会进步的科学而崇高的发展伦理。

(1)以人为本是科学发展观伦理思想的核心和本质。

“以人为本”具有丰富而深刻的伦理内涵,可从“人是什么”“为什么以人为本”“以什么人为本”“以人的什么为本”“如何以人为本”等方面来界定和认识。其中“人是什么”是根源论意义上的以人为本,“为什么以人为本”是目的论意义上的以人为本,“以什么人为本”是主体论意义上的以人为本,“以人的什么为本”是途径论意义上的以人为本,“如何以人为本”是保障论意义上的以人为本。

第一,根源论意义上的以人为本。

根源论意义上的以人为本是指以人为本具有归根到底和终极意义的含义,现实的人及其活动是人类得以生存和发展的首要前提及深刻基础,社会历史,实际上就是人类谋求生存与发展的历史,社会发展规律则是人的活动规律。离开了人和人的活动,就没有人类历史和人类文明。以胡锦涛为总书记的新一届党中央在新的历史时期强调和肯定"以人为本",既坚持和发展了马克思主义关于人民群众是创造历史的真正动力的观点,又剔除中西方现代化过程中产生的重物轻人、人为物化的弊端,彰显了人是经济社会发展的基础和根源的意义。在胡锦涛看来,以人为本是经济社会和人类历史发展的基础和根本。如果现代化发展使人异化、奴化或边缘化,那就是现代化的悲哀,更是人类社会和历史的不幸。所以,必须扭转重物轻人的物本主义,理直气壮地坚持以人为本,使物质的现代化造福于人的现代化。因此,全面建设小康社会必须在坚持以人为本的基础上来推行,借助以人为本来实现。坚持以人为本,包含了尊重劳动、尊重知识、尊重人才、尊重创造,包含了努力营造人们干事业、支持人们干成事业的社会氛围,放手让一切劳动、知识、技术、管理的活力竞相迸发,让一切创造社会财富的源泉充分涌流,以造福于人民。

第二,目的论意义上的以人为本。

目的论意义上的以人为本主要是回答为什么要以人为本的问题。为什么要以人为本呢?其理由很简单,因为对于人来说,人才是根本目的,人的全面而自由发展才是发展的最高追求和最高价值,经济社会发展则只是人的发展的手段。"人是目的"是康德在《道德形而上学原理》一书中所提出的道德法则,"每个有理性的东西都必须服从这样的规律,不论是谁在任何时候都不应把自己和他人仅仅当作工具,而应该永远看作自身目的"。这一命题从本体论的意义看,强调了人为整个宇宙的最后目的,与人相比较,万事万物不过是实现这种最后目的的手段。从伦理学的意义看,强调了人应该是最高目的,每个人都应将人,既将自己也将他人当作目的,而不是把人仅仅当作实现自己目的的手段。在这两种意义中,前者是为后者做铺垫论证,后者才是康德所要表达的伦理要求。马克思主义认为,以人为本具有目的论意义,它应当成为人类社会生活和历史发展的目的,这种意义上的以人为本是同人的自由而全面发展密切联系在一起的。以胡锦涛为代表的当代中国共产党人继承并发展了马克思主义的思想,强调发展为了人民,发展服务人民,发展经济文化就是为了人民过上幸福美好的新生活,并将以人为本与关注民生、改善民生与提升人民幸福生活指数有机地联系起来,强调始终把最广大人民群众的根本利益作为党和国家一切工作的根本出发点和落脚点,在经济发展的基础上不断满足人民群众日益增长的物质文化需求,并认为群众利益无小事,我们必须带着感情、带着责任,认认真真地为人民谋利益,促进人的全面发展。

第三,主体论意义上的以人为本。

主体论意义上的以人为本,其实是要回答谁是发展的主体,也即以什么人为本,"谁以人为本"的问题。何谓主体?主体一般是指实践活动中的人。马克思在谈到人类历史的产生问题时就曾明确地指出过"主体是人",是现实生活中的活生生的人。

发展应以什么样的人为本呢?发展应以劳动人民为本。因为劳动者是劳动的主体,也是经济过程的主体。生产和交换的各产业、行业、部门、企业,都是由具有一定技能的劳动者以其个体劳动集合成社会总体经济活动。只是在剥削阶级统治的社会里,不劳动者的统治者以其对交往关系中的控制(通过暴力、法律和意识欺骗)而成为经济活动的支配者,操纵劳动者的意志和行为,并将劳动者的劳动与物质资料相互"配置",迫使劳动者提供剩余劳动,进而无偿地占有这部分剩余劳动创造的产品或服务。由此可见以人为本的思想虽然早有萌芽,甚至有类似精确的表达,但真正的以人为本只有在消灭剥削的社会才能实现。科学发展观主体意义上的以人为本强调"发展依靠人民",其主体即劳动人民。

第四,途径论意义上的以人为本。

途径论意义上的以人为本只能是以人的能力为本。因为人是发展的主体,而人的能力才是发展的决定因素。发展何以必须以人的能力为本呢?其一,从人与自然资源的关系看,人是认识与评价、更新改造自然的主体,只有人才会对自然资源是否满足人的需要进行认识与评价,自然资源则是适应人的需要基于自然本身的属性而由人创造的客体。经济发展的根本矛盾不是资源的稀缺与人的欲望无限的矛盾,而是人的无限欲望与实现欲望的能力的矛盾,“引起人类需要永远无法满足的根源就在于人的能力与欲望之间矛盾,亦即人力资源的稀缺性”,因而解决稀缺性矛盾的根本点应放在发展人,即通过人的能力提升使资源节约使用、高效使用上。其二,从人与人的关系看,人与人的关系归根到底是一种利益关系,而人与人的利益关系与人们的生产关系密切相关。生产关系的形成,要以劳动者素质技能及其表现的生产力为基础,劳动者素质、技能的提高,不仅发展了生产力,驱动劳动者争取更多的经济权利与政治权利,而且从根本上促进生产关系的发展。发展必须以人的能力为本也是对真实自由的科学揭示。因为所谓真实的自由即有能力实现的自由。人类真实自由的实现是一个历史过程,因为作为其基础的人类能力是一个历史的发展过程。

第五,保障论意义的以人为本。

保障论意义的以人为本实际上是回答如何以人为本的问题。如何保障以人为本呢？以人为本的基本保障就是建设公正的社会制度。制度本身含有某种伦理原则和价值诉求,其首要的价值便是公正。政府应该通过制度公正以确保社会公正的最终实现。另一方面,理念意义上的社会公正只有物化为具体的制度才具有现实的意义。人类之所以需要公正制度的作用,根本原因是由于世俗的人们并非每个人都自愿承担起责任,公正法则是确保社会和平与和谐的必要而充分的条件,因为完全地贯彻了这个法则,大量的个人意志,包括个人的功利意志就能在人们的自由行动中实现完美的和谐。

总之,以人为本意义深刻,内涵丰富,集根源论、目的论、主体论、途径论、保障论诸方面的蕴含于一身,有一种“致广大而尽精微,极高明而道中庸”的学理和价值特质,代表着当代马克思主义对人的本质、价值、意义和尊严认识的最高成果。“以人为本”与“以物为本”“以钱为本”“以官为本”“以己为本”,乃至与“以虚假的共同体为本”相对立,突出了在社会历史发展中人民群众是历史的创造者、人民群众是社会发展的价值主体,也突出了对人民群众包括每个个人的人文关怀和价值关怀。以人为本,以实现人的全面发展为目标,从人民群众的根本利益出发谋发展、促发展,不断满足人民群众日益增长的物质文化需要,切实保障人民群众的经济、政治和文化权益,让发展的成果惠及全体人民。“以人为本”是对“以物为本”或“以神为本”的传统发展观的批判和超越,代表着社会主义先进伦理道德的发展要求,突显着中国特色社会主义的发展理念、执政理念和价值观念。

(2)全面发展、协调发展、可持续发展是科学发展观伦理的基石和特点。

全面协调可持续是科学发展观的基本要求,也是科学发展观伦理思想的重要构成。其所以要坚持全面发展、协调发展和可持续发展的发展方向和要求,是在理性总结国内外发展观经验教训基础上所提出来的,代表了一种超越传统发展模式和发展观局限的新的发展方向和努力,也是对我国改革开放以来实践的经验总结和全面建设小康社会的迫切要求。

全面协调可持续作为一种道德观念,认为人类社会的发展绝不是单一的经济运行过程,而是诸种要素交互作用的过程,以单纯的经济增长为目标的发展观在现实生活中造成了一系列消极的后果,不仅使人成为经济增长的手段和工具,而且造成了社会关系的全面紧张和社会道德的滑坡与沉沦。要解决日趋深重的道德危机诸如杀鸡取卵、竭泽而渔的短期行为,就必须注重经济社会、人与自然的协调发展和可持续发展,牢固树立人与自然相和谐的观念,并把科技含量高、经济效益好、资源消耗低、环境污染少、人力资源优势得到充分发挥作为新型工业化道路的本质内涵,推动整个社会走上生产发展、生活富裕、生态良好的文明发展道路。

所谓全面发展,就是要以经济建设为中心,全面推进经济、政治、文化、社会、生态建设,实现经济发展和社会全面进步,不可偏废其中任何一个方面;所谓协调发展,就是要统筹城乡发展、统筹区域发展、统筹经济社会发展、统筹人与自然和谐发展,统筹国内发展和对外开放,推进经济、政治、文化建设的各个环节、各个方面相协调,使之相互衔接、相互促进、良性互动;所谓可持续发展,就是既要考虑当前发展的需要,满足当代人的基本需求,又要考虑未来发展的需要,为子孙后代着想。就是要促进人与自然的和谐,实现经济发展与人口、资源、环境相协调,坚持走生产发展、生活富裕、生态良好的文明发展道路,以保证永续发展。

全面发展、协调发展、可持续发展是中国特色社会主义发展伦理的基石和特点。这种发展伦理主张破除重物轻人、片面追求经济增长的观念,坚持以人为本的伦理原则,实现经济发展与人口、资源、环境相协调,坚持走生产发展、生活富裕、生态良好的文明发展道路,以保证永续发展。

(3)统筹兼顾是科学发展观伦理思想的根本方法。

科学发展观的根本方法是统筹兼顾。“统筹”就是统一筹划;“兼顾”就是全面照顾。“统筹兼顾”就是统揽与筹划大局,兼顾与协调各方关系。统筹城乡发展、统筹区域发展、统筹经济社会发展、统筹人与自然和谐发展、统筹国内发展和对外开放,坚持社会主义市场经济的改革方向,注重制度建设和体制创新。坚持尊重群众的首创精神,充分发挥中央和地方两个积极性。坚持正确处理改革、发展、稳定的关系,有重点、有步骤地推进改革。坚持统筹兼顾,协调好改革进程中的各种利益关系。

统筹体现的是整体、全局,统筹是兼顾的基础、前提。没有统筹就谈不上兼顾。没有全局观念,把握不住整体,就会被枝节所困扰。统领全局的问题是关键、是起着支配作用的方面,离开整体布局的筹划,就会失去方向。统筹兼顾本质上是“两点论”与“重点论”的有机统一,在具体工作中既要突出重点,又要照顾其他,主次配合,协调一致,使各方面工作有重点、有秩序地向前发展。统筹兼顾作为科学发展观的“根本方法”,它既是实现中国特色社会主义总体目标的最重要的方法,也是最重要的手段和途径,既具有很高的抽象性,又具有很强的可操作性。统筹兼顾也是一种社会主义的伦理理念。从各级领导者到每个社会成员,都应当树立大局意识、全局观念,学会自觉地处理整体与局部、中央与地方、社会与个人、集体与个体、眼前利益与长远利益的关系。作为领导者应当以广大人民群众的根本利益、全局利益、长远利益为关注点,善于倾听群众的呼声,千方百计地解除百姓的疾苦;而不能为了所谓短期政绩而牺牲根本、全局和长远利益。这是一种政治道德问题,是作为执政者政治品德高尚还是卑劣的问题。作为企业和公民应当关心国家、集体的利益,自觉地承担社会责任,遵守国家的法纪和有关全局的部署,善于处理在根本利益一致基础上的人民内部矛盾。

统筹兼顾的核心和关键是协调好各种利益关系。适应我国社会结构和利益格局的发展变化,形成科学有效的利益协调机制、诉求表达机制、矛盾调处机制、权益保障机制。坚持把改善人民生活作为正确处理改革发展稳定关系的结合点,正确把握最广大人民的根本利益、现阶段群众的共同利益和不同群体的特殊利益的关系,统筹兼顾各方面群众的关切。在我国改革发展的关键阶段,经济体制深刻变革,社会结构深刻变动,利益格局深刻调整,思想观念深刻变化。在这样的情况下,我们要推动科学发展、促进社会和谐,必须更加自觉地运用统筹兼顾的根本方法,正确反映和兼顾不同方面的利益。胡锦涛在《努力实现“十一五”时期发展目标,推动经济社会又快又好发展》中强调指出:“要加强统筹协调,提高处理利益关系的能力。要深入分析研究改革发展中出现的利益关系和利益格局调整,正确处理中央和地方、地方和地方、部门和地方、部门和部门之间的关系,正确处理局部和全局、当前和长远的关系,正确处理不同群众之间的关系,全面把握和妥善解决来自各方面的利益诉求,把最广大人民群众的根本利益实现好、维护好、发展好,把各方面的积极性引导好、保护好、发挥好。”建立健全社会利益协调机制,妥善协调各方利益关系,事关中国特色社会主义事业发展全局。改革开放三十年来,社会经济的发展和进步导致了社会分化,打破了传统社会结构,也带来了社会成员的利益。

3. 科学发展观伦理思想是当代发展观伦理思想的最新成果

科学发展观伦理思想立足于我国基本国情,深刻总结和借鉴了国外片面追求经济发展、忽视人的发展和社会进步的经验教训,旗帜鲜明地提出“以人为本”的理念和原则,强调全面协调可持续发展,主张统筹兼顾,做好各方面的利益协调和利益整合,实现包容性增长。科学发展观伦理思想,代表着当代发展伦理思想的最新成果和最高水平,是马克思主义伦理思想中国化最新成果不可或缺的组成部分,反映了当代伦理思想发展的大趋势和要求,是对马克思主义伦理思想的重大发展。

发展是科学发展观的主题和首要内涵,也是发展伦理的研究对象和主题。以发展为第一要义,深刻反映了当今世界的时代主题和当代中国的实践主题,是对我国改革开放以来重要经验的概括总结,也是面对新形势新任务提出的新要求,具有深刻的道德进步性和伦理合理性。20 世纪 80 年代以来,以“国际发展伦理学协会”(The International Development Ethics Association,简称 IDEA)的成立为形式标志,以美国圣母大学教授德尼·古莱的《发展伦理学的任务与方法》等论著的发表为学理标志,发展伦理学正式成为一个影响日渐广泛的新兴交叉学科。古莱被认为是西方“学理型”发展伦理学的代表。他侧重于发展伦理学的学理建构,先后推出了《残酷的选择:发展理念与伦理价值》《发展伦理学》等著作。在《发展伦理学》这部著作中,古莱对发展伦理学的学科属性、发展伦理的价值内容等进行了系统阐述。古莱指出,“发展伦理学的重要任务是使得发展保持人道”,“提升一切个人和一切社会的全面人性”。近代以来,西方国家的工业化和现代化发展实际上使发展走上了一条过度重视经济增长而忽视人自身发展的道路,致使经济、社会、政治与技术领域出现了全面的异化,“以物为中心”使发展成为脱离人性、人道的“伪发展”“反发展”。古莱的发展伦理学认为,在人性层面,发展的目的是克服异化、实现人道。发展的真正任务是取消经济、社会、政治和技术中的异化。在理性层面,发展的目的是实现技术理性、政治理性、伦理理性的有机统一。从具体价值内容看,发展的目的是“美好生活”,即“最大限度的生存、尊重与自由”。这些目标是普遍性的,反映了所有文化实体、所有时代人类的基本需要。从社会实在内容看,理想的发展是“整体真正发展”,也就是人与自然之间,不同文化之间的和谐共处,以及传统文化与现代生活、未来发展之间的良好传承。可思波(Des Gasper)在《发展伦理学》一书中坚持认为,“发展伦理问题”是双向的,一方面,发展伦理问题表现为片面的经济发展、以效率为中心的经济学的片面市场信条对人性的挤压问题;另一方面,发展伦理问题也是人性潜力还没有得到全面实现的问题,即伦理学的原则还没有得到真正揭示与普遍接受的问题。因此,他主张用标准的、全面的伦理学发展原则对片面的经济学发展原则进行改造,主张运用经过澄清的伦理学原则对现实人性进行伦理学训练,以使“伦理原则成为哲学家、创业家、经济学家、社会学家和政治家们识别、鉴别自身作用的内在律令”。以阿玛蒂亚·森的“功能伦理观”为基础,特瑞(Donald Terry)和罗思(Orlando Reos)等人认为,应该从发展伦理的角度对纯粹的经济发展模式、对市场和民主的作用等问题进行更加深刻全面的反思,以建立一个更加全面的、以伦理为内在支撑的发展模式。

在我国,发展伦理学伴随改革开放和发展社会主义市场经济而逐步发展成形,至今已成为伦理学研究中一道独特的风景和研究热点。与传统伦理和生态伦理相比,发展伦理从一种广义的价值维度看待发展问题,以当代人类发展实践提出的伦理问题为研究对象,通过对发展目标、发展模式、发展手段、发展路径、发展评价等的深刻反思,为人类发展寻找伦理价值的尺度,并使发展朝向合乎伦理的方向永续发展。

科学发展观伦理思想,是以马克思主义世界观方法论为指导,在深刻总结和借鉴国外发展实践的经验教训的基础上,针对我国经济社会发展的现实所提出来的一种以科学发展、和谐发展、全面协调可持续发展为主要内容的发展伦理思想。科学发展观伦理思想,可谓当代发展伦理思想的要旨,又反映了当代经济伦理思想与生态伦理思想的发展趋势和要求,无疑是对中国特色社会主义伦理文化的重大发展,代表马克思主义伦理思想中国化的最新成果。

科学发展观伦理思想立足于我国基本国情,深刻总结和借鉴了国外片面追求经济发展、忽视人的发展和社会进步的经验教训,旗帜鲜明地提出"以人为本"的理念和原则,认为人既是发展的主体,发展要依靠人;又是发展的目的,发展应当为了人。当代伦理生活呼唤对人的主体地位的重视,彰显对人的需要和价值的尊重,并以尊重人、依靠人、为了人和提升人作为自身的主旋律。以人为本是马克思主义的基本理论主张,是党全心全意为人民服务的宗旨和群众路线的集中表现,也是当代伦理精神和伦理价值取向的生动反映。

科学发展观伦理思想是对现代伦理生活基本旋律的科学把握,又深含着走向未来的伦理思考,其所提出的和谐共生的伦理观念,生态文明的发展战略,无不彰显出前瞻性的伦理智慧和超越性的道德意识。它强调的发展不仅是当代人的发展,而且是子孙后代的发展,是社会经济因素与生态环境之间的联系与协调,是一种在良性和动态的情境中追求生态、经济与伦理的和谐。它主张超越人类中心主义和非人类中心主义的局限,在和谐与发展有机统一的基础上实现以人为本与以自然为友的结合。

科学发展观伦理思想的深刻理论意义,从根本上讲,就是要实现人与自然、人与社会、人与人自身的协调发展与和谐共存,就是要实现人与自然、社会和人自身的矛盾和问题的真正解决,这是社会主义的本质要求。科学发展观伦理思想坚持把人以及人类自身的生存、发展和解放摆在最重要的发展目标位置上,始终坚持一切发展都是为了人民、一切发展都必须依靠人民、一切发展成果都必须让人民来共享和分享。科学发展观伦理思想是当代发展伦理学的最新和最高成果,它提出了"以人为本""民生幸福"以及和谐共生等核心命题和观点。科学发展观伦理思想从"发展为了谁、发展依靠谁、发展惠及谁"等方面创造性地回答了"实现什么样的发展、怎样发展"的问题,将发展的合规律性与合目的性有机地统一起来,从而区别于其他一切"非科学",甚至"不科学"的发展观。

科学发展观伦理思想深刻回答了新世纪新阶段中国面临的"为什么发展""为谁发展""靠谁发展"和"怎样发展"等一系列重大发展伦理问题,深刻揭示了中国现代化建设的发展道路、发展模式、发展战略、发展目标和发展手段等,赋予马克思主义关于发展伦理思想以新的时代内涵和实践要求,进一步丰富了中国特色社会主义伦理思想理论,构建了一种全新的马克思主义的发展伦理思想。

科学发展观伦理思想继承前人又超越前人的地方就在于,它强调发展的全面性,将发展从经济领域扩展到社会的各个领域,从量的扩展发展到质与量的统一,克服了以往某些方面存在的重经济指标、轻社会进步,重物质财富、轻精神财富,重当前利益、轻长远利益的偏差。它强化了发展的人本性、协调性、持续性,突显了统筹兼顾的伦理意义,赋予马克思主义关于发展伦理思想以新的时代内涵和实践要求,构建了一种全新的马克思主义的发展伦理思想,是继邓小平伦理思想和"三个代表"伦理思想之后中国当代马克思主义伦理思想发展的最新成果,已经成为并将继续成为指导新世纪新阶段我国发展先进伦理文化和社会主义道德建设的理论基础和行动指南。

二、中华民族伟大复兴中国梦伦理思想

党的十八大以来,以习近平为总书记的党中央提出了中华民族伟大复兴之中国梦的伦理思想。中国梦深刻回答了"树立什么样的理想、怎样实现理想"

“实现什么样的目标、怎么实现目标”这一关乎党和国家命运的根本理论与实践问题,把国家民族的理想与公民个人的理想有机地结合起来,强调中国梦不仅是国家的梦、民族的梦,也是每一个中国人的梦,既突显了个体的责任和价值对于民族的意义,“只有每个人都为美好梦想而奋斗,才能汇聚起实现中国梦的磅礴力量”,又活化了民族的责任和价值对于个人的意义。民族梦的实现,最终必须要落实到个体幸福美好的生活之中,否则,谈不上民族梦的真正实现。民族梦与个人梦不是彼此孤立的,而是一个相互联系、有机统一的梦想,统一于中国特色社会主义伟大实践之中。

1. 中国梦是中华民族伟大复兴的形象表达和价值集结

党的十八大以来,以习近平为总书记的党中央致力于全面推进中国特色社会主义现代化建设进程,提出并论述了中华民族伟大复兴的中国梦的战略构想,深化发展了中华民族伟大复兴的理论和实践。在2012年11月15日履新就职与中外记者见面时习近平就提出:我们的责任,就是要团结带领全党全国各族人民,接过历史的接力棒,继续为实现中华民族伟大复兴而努力奋斗,使中华民族更加坚强有力地自立于世界民族之林,为人类做出新的更大的贡献。当月29日参观《复兴之路》展览时,他将这个历史重任定位为“中国梦”。在2013年12月26日纪念毛泽东诞辰120周年讲话中,习近平说:我们党领导的革命、建设、改革伟大实践,是一个继续奋斗的历史过程,是一项救国、兴国、强国,进而实现中华民族伟大复兴的完整事业。“党的十八大以来,我们所做的一切工作,就是要团结带领全党全国各族人民坚持党的十一届三中全会以来的理论和路线方针政策,把以毛泽东为核心的党的第一代中央领导集体、以邓小平为核心的党的第二代中央领导集体、以江泽民为核心的党的第三代中央领导集体、以胡锦涛同志为总书记的党中央开创和发展的伟大事业坚持好、发展好。”这个伟大事业,一言以蔽之,就是实现中华民族伟大复兴,即中华民族近代以来最伟大的梦想——“中国梦”。

立于新世纪新阶段,我们党制定了实现两个一百年的战略目标,即到建党一百年时建成惠及十几亿人口的全面小康社会,实现“小康梦”;到新中国成立一百年时,基本实现中国现代化建设的目标,实现“现代梦”。两个一百年,形象而具体地展现了中国梦的发展篇章。当然,在新中国成立一百年后,中华民族还将向着更高的目标前进,由中等发达国家向着高度发达国家迈进,中国梦的未来蓝图会更加催人奋进。实现中国梦,关键是民族复兴。民族复兴是国家富强的根本标志,是人民幸福的重要保障。中国共产党领导人民奋斗的九十年,是为民族解放、国家富强和人民幸福而不断艰苦奋斗、奋发图强的九十年,书写了实现中国梦的历史篇章。

2. 中华民族伟大复兴中国梦伦理思想的丰富内涵

中国梦有着十分深刻的丰富内涵,这就是要实现国家富强、民族振兴和人民幸福。

中国梦是中华民族伟大的复兴梦。复兴意味着光复旧物,重拾旧日的光荣,同时也意味着在新的历史条件下的新的攀越以及对原有高峰的跨越,因此它不只是面向历史的崛起,更是面向未来的新的腾飞。再创的辉煌对原有的辉煌已经在不同的时间节点上显现出全新的气象。中华民族伟大复兴是近代开启、当代正在进行着的伟大事业,既可以与中国古代辉煌相媲美,同时也以全新的内容、全新的气象、全新格局和境界承继并超越着古代的辉煌,书写着中华民族在当代建树的新篇章。历史学家金冲及在《二十世纪中国史纲》中说:“实现中华民族的伟大复兴,在整个二十世纪一直是中国无数志士仁人顽强追求的目标,一直是时代潮流中的突出主题。中国的革命也好,建设也好,改革也好,归根到底是为了实现这个目标。这可以说是贯穿二十世纪中国历史的基本线索。”中国梦不是重塑汉代雄风、大唐伟业,也不是再造康乾盛世;中国梦,不是复兴封建帝国的旧梦,也不是食洋不化的他国梦。实现中华民族复兴的中国梦,是基于中华民族从传统向现代转型实践的现代梦。中华民族伟大复兴是全体中国人和海内外炎黄子孙集体的价值目标和理想追求,是承载着无数革命先烈、建设功臣追梦之精神、圆梦之期待的价值体系,也是一代又一代中国人夙兴夜寐、孜孜以求的社会理想和人生理想的精神确证。

中国梦是人民共和国的强国梦。国家富强主要体现在物质文明极大丰富,经济实力和人均水平赶上发达国家水平,在世界上占据领先地位,拥有较高的国际影响力,国防和军队建设与国家综合实力更加匹配,国家安全更有保障。建设不受侵略、不受欺凌的强大国家,平等地参与世界各种公共事务,以此推动世界向着共建共享的和谐世界发展,是全体中华儿女的价值期盼和共同愿望。强国梦意味着人民共和国有能力保卫自己的领土、主权和国家尊严,有条件制止一切挑战性和侵略性行为在自己的国土和近邻发生,同时也有实力去促进地区和平和世界和平的实现。强国梦是人民共和国综合国力包括硬实力和软实力的普遍提升并在世界范围内达到比较高的程度和水平。只有国家强盛,民族复兴才有坚实基础,人民幸福才有根本保证。

中国梦也是全体人民的富裕梦和幸福梦。我们的人民是伟大的人民。在漫长的文明传承和历史发展进程中,中国人民依靠自己的勤劳、勇敢和智慧,建设美好家园,培育优秀文化,为人类社会做出过巨大贡献。在全面建成小康社会进程中,人民群众期盼有更好的教育、更稳定的工作、更满意的收入、更可靠的社会保障、更高水平的医疗卫生服务、更舒适的居住条件、更优美的环境,期盼孩子们能成长得更好、工作得更好、生活得更好。正如习近平同志指出,中国梦必须紧紧依靠人民来实现,必须不断为人民造福;生活在我们伟大祖国和伟大时代的中国人民,共同享有人生出彩的机会,共同享有梦想成真的机会,共同享有同祖国和时代一起成长与进步的机会。这三个“共同享有”,阐明了民族的责任和价值对于个体的意义,表达了在新的历史起点上实现个人梦与民族梦的一致性。中国梦的实现需要以保障和改善民生为重点,不断实现好、维护好、发展好最广大人民的根本利益,使发展成果更多更公平地惠及全体人民;中国梦的实现需要多谋民生之利,多解民生之忧,解决好人民最关心最直接最现实的利益问题,在学有所教、劳有所得、病有所医、老有所养、住有所居上持续取得新进展。虽然相对于中国梦来说,每一位国人自己的梦想可能显得过于渺小,但实现每一位国人虽小但珍贵的梦想却正是中国梦的根本要求。中国梦把人民幸福指数纳入了内涵概括,是中国梦的核心价值所在,也是中国梦最富有生命力的构成,体现了马克思主义的经济社会发展与人的全面发展相统一,体现了党的根本宗旨与民心归依相统一,体现了外在的物质环境建设与内在的社会大众感受相统一,充满了浓浓的亲切感、现实感。这既是我们党和政府的重大责任，也是中国梦这棵大树枝繁叶茂的营养土壤。以民生为本，顺应民心，尊重民意，凝聚民智，让人民群众过上美好幸福生活，这样的国家富强才有精神寄托，这样的民族复兴才有根本希望。物质和文化生活全面小康，在学有所教、劳有所得、病有所医、老有所养、住有所居基础上进一步提升生活质量，每一个人都能过上体面而有尊严的幸福生活，过上具有好品质的优雅生活，人们摆脱以劳动仅仅为谋生手段的困惑与局限，劳动和学习成为发展人自身和完善人自身的有益事情，成为快乐的化身和自由舒适的象征，人们的理想、信念和情操向着崇高、卓越、完善的目标迈进，这是令全体中华儿女精神振奋、意气风发的伟大目标，也是中国现代化建设所要着力实现的具体内容。中国梦不仅表现为国家富强、民族复兴，更表现为人民幸福。实现中国梦，目的是人民幸福。

实现中国梦，需要坚定理想信念。重视运用理想信念的力量凝聚人心、鼓舞力量，始终是中国共产党人的追求。习近平针对现实中一些党员干部理想信念迷茫的问题，重申“革命理想高于天”，形象地把理想信念比作共产党人精神上的“钙”，认为没有理想信念，理想信念不坚定，精神上就会“缺钙”、得“软骨病”，明确要求加强党员领导干部的理想信念教育，切实解决好世界观、人生观、价值观这个“总开关”问题。他主张将共产主义远大理想、中国特色社会主义共同理想与中华民族的历史命运结合起来。

实现中国梦需要培育践行社会主义核心价值观。核心价值观承载着民族、国家的精神追求。核心价值观，其实就是一种德，既是个人的德，也是一种大德，就是国家的德、社会的德。国无德不兴，人无德不立。习近平在政治局第十三次学习时提出，核心价值观是文化软实力的灵魂、文化软实力建设的重点，培育和弘扬核心价值观，有效整合社会意识，是社会系统得以正常运转、社会秩序得以有效维护的重要途径，构建具有强大感召力的核心价值观，关系社会的和谐稳定和国家的长治久安。因此，要把培育和弘扬社会主义核心价值观作为凝魂聚气强基固本的基础工程，使得培育和践行社会主义核心价值观成为当前思想政治教育的重要理论和现实问题。

实现中国梦需要弘扬中华传统美德。近年来一些历史虚无主义者否定中华传统文化的价值,主张借鉴西方的所谓普世价值观。对此,习近平强调中华传统文化在培育和践行社会主义核心价值观中的作用,提出"要认真汲取中华优秀传统文化的思想精华和道德精髓,大力弘扬以爱国主义为核心的民族精神和以改革创新为核心的时代精神,深入挖掘和阐发中华优秀传统文化讲仁爱、重民本、守诚信、崇正义、尚和合、求大同的时代价值,使中华优秀传统文化成为涵养社会主义核心价值观的重要源泉"。在习近平看来,中华传统美德是中华优秀文化的精髓,包含着许多值得我们批判继承的合理因素,比如古人所说的"先天下之忧而忧,后天下之乐而乐"的政治抱负,"位卑未敢忘忧国""苟利国家生死以,岂因祸福避趋之"的报国情怀,"富贵不能淫,贫贱不能移,威武不能屈"的浩然正气,"人生自古谁无死,留取丹心照汗青""鞠躬尽瘁,死而后已"的献身精神等,都体现了中华民族的优秀传统文化和民族精神,我们都应该继承和发扬。中华传统美德源远流长,孕育了中华民族的宝贵精神品格,培育了中国人民的崇高价值追求。自强不息、厚德载物的思想,支撑着中华民族生生不息、薪火相传,今天依然是我们推进改革开放和社会主义现代化建设的强大精神力量。

实现中国梦需要弘扬社会主义道德。习近平重视社会主义新阶段的道德建设问题,提出把讲道德、尊道德、守道德有机地结合起来,积极引导人们追求高尚的道德理想,不断夯实中国特色社会主义的思想道德基础。他强调把弘扬中华民族传统美德、加强社会主义思想道德建设作为极为重要的战略任务来抓,推进社会公德、职业道德、家庭美德、个人品德教育,倡导爱国、敬业、诚信、友善等基本道德规范,培育知荣辱、讲正气、做奉献、促和谐的良好风尚,为实现中华民族伟大复兴的中国梦提供强大的精神力量和有力的道德支撑。肯定道德在国家建设和社会治理中的价值和功效。他明确在实施依法治国方略时不能忘记德治的力量,把法治建设和道德建设、把他律和自律紧密结合,做到法治和德治相辅相成、相互促进。他特别要求党员领导干部务必把加强道德修养作为重要的人生必修课,自觉从中华优秀传统文化中汲取营养,见贤思齐,以严格标准加强自律、接受他律,努力以道德的力量赢得人心、赢得事业成就。在颁发中国人民抗日战争胜利 70 周年纪念章仪式上,习近平总书记说,一个有希望的民族不能没有英雄,一个有前途的国家不能没有先锋,包括抗战英雄在内的一切民族英雄,都是中华民族的脊梁。毫无疑问,他们也是当代国人学习的道德典范。实现中华民族伟大复兴的中国梦,必须推进新时期的道德建设,建立一个同现代社会相匹配的公民道德规范体系,其意义已远远超出道德领域。公民道德素质的提高既是建设现代文明的重要条件,又是现代文明的主要内容;崇高的道德既是社会进步的精神引领,又是人生幸福的重要内容。在习近平的论述中,道德不仅是“立人”的根本,也是兴国的基础和良策。国家兴旺发达需要道德的支撑和引领,人生幸福平安也离不开道德的规范与化育。习近平指出,伟大时代呼唤伟大精神,崇高事业需要榜样引领,并强调要高度重视和切实加强道德建设,推进道德教育,倡导基本道德规范,培育良好风尚。

3. 中国梦伦理思想对中华民族伟大复兴的意义

中国梦既建筑在中华民族近代以来致力于伟大复兴的历史基础之上,又是改革开放三十多年中国特色社会主义现代化建设所努力追求之价值目标的集中呈现,更是激励全党全国各族人民实现国家富强、人民富裕和民族复兴之伟大目标的价值凝聚,具有建基既往、立足现实、朝向未来的精神特质,以及反映国家意志、民族愿望和人民期盼的伦理品质,是一个融历史的事实性、现实的必然性和理想的感召性于一体的精神观念、价值系统、目标指向的有机体系。

中国梦是在认真总结改革开放以来中国社会主义现代化建设成就基础上提出来的,以实现两个一百年奋斗目标为具体内容,以致力于中华民族伟大复兴为旨归,以激起人们社会主义现代化建设热情、攻坚克难、再创辉煌为实践特色的当代命题和理论。中国梦的实质告诉我们:中国特色社会主义理论体系是开放的不断发展的体系,在实践的基础上不断与时俱进推进中国特色社会主义现代化建设,不断开拓中国特色社会主义现代化发展的新局面,是中国马克思主义的基本信念和胸怀。中国梦在运用马克思主义基本原理对中国国情和时代特征进行深刻把握和科学分析的基础上,对世界社会主义五百年的发展趋势与规律、中国特色社会主义道路、中国特色社会主义理论体系、全面改革和扩大开放、法治国家法治政府法治社会一体化建设、决不能放弃我们的正当权益和决不能牺牲国家核心利益、推动建设全球发展伙伴关系、构建大国新型关系、强化执政根基、提高执政能力等重大问题做出了系统阐述,已经初步形成一个比较完整的理论构架。中国梦的提出时间虽然不长,但是它积淀深厚,意境高悬,内涵丰富,目标明确,涉及中国道路、中国精神、中国力量诸方面,是中国特色社会主义道路的有机构成和中国特色社会主义理论的组成部分,同时也是凝聚中国力量的价值枢纽和核心动能。

实现中华民族伟大复兴,是近代以来中国人民最伟大的梦想。这个梦想,凝聚了几代中国人的夙愿,体现了中华民族和中国人民的整体利益,代表了每一个有良知的中华儿女的热切期盼,具有强大的凝聚力和感召力,是当代中国的时代旋律和精神旗帜。

中国梦与美国梦有着根本区别。个人主义是美国梦的思想基础和灵魂。中国梦则不然。中国梦的核心是实现集体或整体的价值,即通过全体中华儿女的共同奋斗实现中华民族共同的理想,个人梦想是中国梦这一共同理想的具体表现和组成部分。美国梦是一种个人主义梦想,它片面强调个人的重要性和个人成就,严重忽略个人的社会责任和集体奋斗。与美国梦不同,中国梦兼有个体性和集体性,它是中华儿女的个人梦想和民族梦想相互交融、相互贯通、相辅相成、相得益彰的一种梦想。中国梦以突出中华儿女的个人幸福和中华民族的伟大复兴为主旋律,但它对其他国家的民族梦想持包容的态度。与此相反,美国梦具有鲜明的美国中心主义特征。中国梦是一种理想追求,也是一种实践活动,它体现的是理想性和实践性的统一。它要求中华儿女在追求中国梦的理想中超越自身,同时要求中华儿女在脚踏实地的社会实践中为中国梦的实现努力奋斗。

中国梦生动而深刻地回答了中华民族在新的历史条件下进一步推进社会主义现代化建设的发展目标和发展方向的问题,是对关乎党和国家命运的根本理论与实践问题的科学回答,明确了在全面建成小康社会的决定性阶段推进改革发展和社会主义现代化建设的新要求、新任务和新目标。中国梦这一中国特色社会主义重大思想理论成果对于指导中国人民推进全面建成小康社会、对于基本实现现代化具有深远的理论意义和实践价值。

三、当代中国马克思主义伦理思想的创造性研究

新世纪以来,我国学术界以马克思主义为指导,对新形势、新阶段的伦理道德问题展开了全面系统的研究,不断促进着马克思主义伦理思想在中国的发展,开创了马克思主义伦理思想中国化的新局面。

1. 马克思主义发展伦理学的创造性研究

发展伦理学是在对当代社会出现的人类生存危机进行反思的基础上提出来的、以解决这些危机为目的的新伦理学。它是可持续发展观的伦理支点。刘福森在《论发展伦理学》一文中认为,发展伦理学的伦理对象是当代社会发展新出现的各种伦理问题,它的基本问题是“能”与“应当”的关系问题。发展伦理学仍然是一种以人道主义为基础的伦理学,但它的理论基础不是传统的人道主义,而是一种新人道主义。在他看来,近代理性主义的主体性哲学扭曲了人与自然的关系,把人变成无伦理约束的绝对主体,把物变成失去本体论根基的“为我之物”。传统的人道主义也阻塞了通向自然的伦理之路,否定了对人的改造自然的行为进行规范和约束的必要。发展伦理学从回答当代人类的生存问题出发,在“天道”“人道”和“物道”的关系中重新考察人与自然的关系。坚持认为人的实践行为和发展有其自身特有的限度,并以此作为实现人与自然和谐的理论根据。邱耕田认为,发展伦理学以发展善为主要研究对象,而发展伦理学视野中的发展善包含两层含义:一是发展价值;二是发展道德,因而发展伦理学实际上是研究发展价值和发展道德及其相互关系问题的科学。构建发展伦理学的出发点和落脚点,是追求社会发展人本性价值目标的实现和对人的发展行为的有效伦理约束。

真正的发展伦理学离不开普通人的理想、希望和激情。真正的发展只能以人为中心,它应该以人类潜能的实现、社会和经济福利的提高为目标。它应该致

力于获得人类自身察觉到的社会和经济利益。陈忠在《发展伦理研究》(北京师范大学出版社 2013 年版)一书中对发展伦理学的范式与理论进行了别开生面的探讨。该书认为发展伦理学主要从两个向度展开:一是范式与理论研究,对发展伦理学的范式与基本理论问题进行哲学反思,力图呈现、拓展发展伦理学的主要范式、基本构架、基本视阈等的构成特点及创新可能;二是现实与问题反思,以经过反思的发展伦理学为视阈,对一些重大现实与理论问题进行哲学反思,力图呈现、拓展发展伦理学关注现实、反思现实、切入现实的可能张力。该书较为深入地探讨了发展伦理学的范式转换与建构问题,并对发展伦理学的思想资源问题、基础创新问题、价值基点问题等做出了深入的论证与阐释,同时对当代发展及和谐世界构建的重大基础问题进行发展伦理反思,包括对资本与风险问题、空间与城市问题、现代性价值基点和全球发展公正性等现实问题的发展伦理予以深刻反思。该著的一个显著特点是在对发展伦理学进行系统研究的同时,比较自觉地选择了一种问题式、问题导向的进路,希望把系统研究具体化为对重要问题、核心问题、基础问题等的系列性、开放性反思。

林春逸认为,发展伦理学就是要倡导"有灵魂的发展",并强调这是当代中国发展的关键选择。所谓"有灵魂的发展",就是有伦理观、价值观引领的发展。就当代中国而言,就是要用发展伦理引领和规范当代中国的发展。有了发展伦理的引领和规范,当代中国的发展才可能是全面协调可持续的发展,才可能是公平正义的发展,才可能是共生共赢共享的发展,才可能是和谐共荣的发展。他的《发展伦理初探》(社会科学文献出版社 2007 年版)梳理了发展伦理的产生、流变和当代形态,阐述了发展伦理的基本问题和特殊使命,探讨了发展伦理的现实依据和理论基础,论述了发展伦理的价值理念,探讨了在当代中国"发展伦理何以必要"、"如何可能"的问题。

朱步楼专门撰文对可持续发展伦理问题予以探讨。他的《可持续发展伦理研究》(江苏人民出版社 2006 年版)认为可持续发展观在全球范围内达成共识和付诸实施,反映了世界各国对解决目前威胁人类生存的环境问题的迫切愿望,标志着人类对发展问题的认识不断走向深入。作为一种理性的发展模式,要保持其科学性、合理性和持续性,不仅要在实践中确立政策的基本导向,更要建立起自我评价、自我约束、自我反省、自我规范的机制。实现可持续发展必须而且应当诉诸伦理信念,建立相应的伦理机制。只有以伦理信念为基础,以伦理机制为保障,可持续发展战略的实施才能从幼稚走向成熟,从肤浅走向深沉。该著从传统伦理学和生态伦理学的基本观点和方法入手,以可持续发展战略和政策的制定与实施为依据,力图从理论和实践相结合的角度,讨论可持续发展伦理观确立的重要性和必要性,尝试对可持续发展伦理的本质、内涵和手段进行分析,初步确立起一个有关可持续发展伦理体系的框架模式。

2. 社会主义和谐伦理学的开创性研究

新世纪以来,我国学术界围绕建设社会主义和谐社会开展了富有创造性的研究,提出并论证了建设社会主义和谐伦理学的构想,推出了一批研究成果。苏宝梅、刘宗贤、刘长明共同完成的《和谐伦理学宣言——为了所有生物和非生物存在的和谐发展》提出了一种新的伦理观——和谐伦理观,并对和谐伦理学做出了初步的定义,认为“所谓和谐伦理学,就是关于调节人与人之间、人与其他生物之间、人与所有存在之间以及所有存在相互之间关系并使之和谐相处、互动共生的行为准则的学问”。苏宝梅在《我的和谐伦理观》一文中对她们三人发表的和谐伦理学宣言做出了进一步论证和阐释,坚持认为和谐伦理学的产生意味着人类的伦理视野发生了新的变化,是一种把道德关怀扩展到人之外的各种非人类存在对象上的伦理学说,其道德关系从单纯的人与人之间拓展到人与其他生物之间、人与所有存在之间以及所有存在相互之间。这可以说是对传统伦理学的一次超越或革命。但这种超越并不意味着对传统的否定或脱离,而是在传统基础上的更高层次的升华和突破。从表面看,传统伦理学所研究的人与人之间的道德,旨在规范人的行为准则,但从深层次看,它却是从形而上的意义上来关照人类的生存,赋予人类进行价值评价的权利和尺度,使人类在善与恶的抉择中实现人性的升华。

相当一些学者致力于对社会主义和谐社会伦理的研究,认为社会主义和谐社会既是社会发展的一种理想目标,也是一种社会发展的价值取向,更是一种渗透着伦理精神的道德化的社会。社会主义和谐社会包含丰富的伦理道德内容,民主法治、公平正义、诚信友爱、充满活力、安定有序、人与自然和谐相处是社会主义和谐伦理的集中体现。和谐伦理是人们依据一定的伦理目标和价值判断所形成的以建构和谐关系为主体从而建设和谐社会、和谐世界的道德意识、道德规范和伦理品质等的总和。它以人的社会存在为基础,着眼于人自身的和谐发展,要求建构起与人相关、使人幸福的和谐关系,以促进人自身和人的各种关系的健康永续发展。和谐伦理肯定和谐对于人自身和人类社会的重大价值,主张以和为贵。梅萍、林更茂编写的《建构社会主义和谐社会伦理秩序研究》(中国社会科学出版社 2011 年版)从我国的实际出发,结合我国经济社会发展的现实和新世纪构建和谐社会的要求,就建构社会主义和谐社会伦理秩序问题做了深入、系统的研究,分析了我国建构社会主义和谐社会伦理秩序过程中的问题及其原因,提出目标建议和政策建议,主要内容包括构建社会主义和谐社会伦理秩序的历史渊源、现实困境、理论难题、价值目标、主要内容和运行机制等。该著认为,和谐社会既是一种制度期待,也是一种伦理期待。和谐社会包含着对公平正义良好社会秩序的制度期待,包含着对每个社会成员精神心灵秩序和谐的伦理期待,蕴含着制度伦理与德性伦理的高度融合,并分析了和谐伦理的基本特质,强调指出人与自然的和谐旨在确立和谐共生的价值目标,人与社会的和谐旨在确立和谐共进的价值目标,人与人的和谐旨在确立和谐共处的价值目标,人与自身的和谐旨在确立身心和谐的价值目标。

很多学者围绕社会主义和谐伦理的基本内容和特征展开思考,推出了一批研究成果。大家认为,和谐伦理推崇公平正义,并坚持认为“公正即和谐,和谐须公正”。公平正义,就是社会各方面的利益关系得到妥善协调,人民内部矛盾和其他社会矛盾得到正确处理,社会公平和正义得到切实维护和实现。创造公平正义的社会环境,是构建社会主义和谐社会的重要保证之一。对于每个社会成员来说,社会公平正义首先表现为权利平等,即社会为每一位成员提供在教育、就业、改变身份等方面的平等机会,为“每个人的自由发展”提供可能,为“每个人的自由发展”创造条件。其次,社会公平正义表现在利益分配方面。社会主义和谐社会,应当建立一种合理的、相对均衡的利益分配结构,即建立与市场经济体制相适应、以按劳分配为主体的多种分配方式并存,激励性、效率性、保障性收入分配有机结合,社会保障制度健全的利益分配格局,保证社会成员利益分配相对均衡。正义的基本含义就是每一个社会成员都应得其所应得,罚其所应罚。分配正义对和谐社会之所以重要,不仅在于它的手段性——直接影响人们建设和谐社会的积极性,而且还在于它的目的性——分配正义是人类世代向往的理想目标,是人类美好生活的基础,也是和谐社会的基本目标。

和谐伦理肯定诚信友爱的价值。诚信友爱,就是全社会互帮互助、诚实守信,全体人民平等友爱、融洽相处。诚信友爱的人际关系,是构建社会主义和谐社会的基础,因为,社会和谐首先应该是人与人之间关系的和谐。诚信友爱的人际关系,就是和谐的人际关系。诚信友爱可以最大限度地减少社会生活中的各种内耗和摩擦,减少社会生活的风险和代价,使社会运行的成本大大降低。人与人之间的互信互爱可以构筑良好的人际关系,从而有利于个体的身心健康和事业的成功。人们只有彼此信任,相互帮助,才能够平等相处、合作共事,不仅保证个人利益的实现,还会使社会整体的利益最大化。诚信友爱不仅可以给社会带来物质成果,而且也具有极高的精神价值。诚信友爱有利于增加人们对社会价值的认同感和凝聚力,使人们在彼此信任和相互关爱中,感受做人的价值和尊严,体验生活的美好和人生的幸福,激发生命的创造力。社会和谐的深层基础在于全社会之间拥有一种普遍的认同,人与人之间要有一种相互诚实和信任。没有诚信,就没有相互的合作,就没有社会的团结,就不能形成普遍的认同,也就没有社会的和谐。诚信的深层内涵是外不欺人与内不欺己的协调统一,相信他人与相信自己的协调统一,外在世界与内心世界的和谐一致。

和谐伦理推崇人与自然的和谐相处。人是从属于自然界的,自然界是人类生存与发展的基础,自然的存在状况制约着人的发展状况。另一方面,人又具有主观能动性,能够开发自然和利用自然,这是人比自然界其他一切生物的优越之处,也是人类的一项基本权利。然而,从权利的角度说,权利又是与义务相辅相成的。一般说来,享受一定的权利必须尽相应的义务,在尽义务的同时也包含着将享受相应的权利。人对自然的权利和义务主要包括三个方面的内容:其一,人类有在适宜的自然环境中生存的权利,同时负有保护和改善自然环境的义务;其二,人类具有发展的权利,同时负有可持续发展的义务;其三,人类享有开发和利用自然资源的权利，同时负有保障自然资源合理开发利用的义务。人与自然和谐相处并不意味着人类不为自然做出自己的贡献，也不意味着自然不为人类做出任何牺牲。建立和维护人与自然相对平衡的关系，从人与自然是一个有机整体的视角理解人类生存，强调了人与自然关系上的双向价值关照：保护自然与保护人类、建设自然与造福人类的一致性。

社会主义和谐伦理概念的提出是在党中央提出构建社会主义和谐社会之后的必然产物。建设社会主义和谐社会必然涉及和谐文化以及和谐伦理的建设问题。追求和谐正义的社会伦理秩序是构建和谐社会的基本目标。根据历史唯物主义的基本观点，和谐社会的构建既要重视经济与物质因素的基础性地位，也要充分发挥政治、文化等非经济、非物质因素的影响和作用。就后者而言，它不仅涵盖了民主制度的构建、法治社会的确立等方面的要求，同时也强调要充分发挥道德、伦理在构建和谐社会中的作用。当下，中国社会的伦理焦点正在从单纯不平等问题转向对社会不正义的关注。同时，还面临着生态伦理严重失序、个体道德责任意识普遍缺失的困境。这就要求我们必须坚持马克思主义伦理精神，深化各项改革，坚持时代性与传统性、本土性与全球性结合的原则，建构符合时代特征的社会主义和谐伦理，促进社会主义和谐社会的发展。社会主义和谐社会是一种能使人与人、人与社会、人与自然都处于和谐有序发展状态的社会。这种理想的社会状态，既具有社会政治、经济、文化的特定内涵，又显示了社会伦理的特征。

此外，周作伟的《新和谐之道：决定和谐的组织伦理与制度》（中国社会科学出版社 2007 年版），赵晨贵、苗贵山所著的《和谐社会的伦理意蕴》（中国社会科学出版社 2013 年版）及其他学者关于和谐文化、和合学的研究成果也对和谐伦理做出了颇有个性化的论证与阐释，促进着当代中国和谐伦理学的发展与完善。

3. 社会主义核心价值体系和核心价值观的探讨

社会主义核心价值体系是社会主义意识形态的本质和灵魂，是当代中国的立国之本和兴国之魂，决定着中国特色社会主义的发展方向。2006 年 10 月，党的十六届六中全会通过的《中共中央关于构建社会主义和谐社会若干重大问题的决定》,第一次明确提出了“建设社会主义核心价值体系”这个重大命题和战略任务。2007 年,胡锦涛在“6·25”重要讲话中强调,要大力建设社会主义核心价值体系,巩固全党全国人民团结奋斗的共同思想基础。社会主义核心价值体系包括四个方面的基本内容,即马克思主义指导思想、中国特色社会主义共同理想、以爱国主义为核心的民族精神和以改革创新为核心的时代精神、社会主义荣辱观。

韩震主编的《社会主义核心价值体系研究》(人民出版社 2007 年版)梳理了社会主义核心价值体系的基本概念,对其提出的时代背景、发展历史及理论根据进行了深入阐述;概述了社会主义核心价值体系的结构,并专题论述了社会主义核心价值体系的灵魂、主题、精髓、基础;阐述了社会主义核心价值体系的建设途径等。该著对马克思主义何以是社会主义核心价值体系的灵魂,中国特色社会主义共同理想何以是社会主义核心价值体系的主题,民族精神和时代精神何以是社会主义核心价值体系的精髓,社会主义荣辱观何以是社会主义核心价值体系的基础等一系列重大理论问题做出了深刻的论证和阐释,认为中国是共产党领导的社会主义国家,马克思主义是立党立国的根本指导思想,是社会主义意识形态的旗帜,所以坚持马克思主义的指导地位事关党和国家的性质和发展前途,也决定着社会主义核心价值体系的方向。中国特色社会主义共同理想,就是在中国共产党的领导下,走中国特色社会主义道路,实现中华民族的伟大复兴,所以它构成社会主义核心价值体系的主题。民族精神和时代精神是一个民族赖以生存和发展的精神支撑。在五千年历史演进中,中华民族形成了以爱国主义为核心的团结统一、爱好和平、勤劳勇敢、自强不息的伟大民族精神;在改革开放新时期,中华民族形成了勇于改革、敢于创新的时代精神。二者相辅相成、相互交融,已深深熔铸在中华民族的生命力、创造力和凝聚力之中,共同构成中华民族自立自强的精神品格,成为推动中华民族伟大复兴的精神动力。社会主义荣辱观是社会主义核心价值体系的基础。一个社会是否和谐,一个国家能否实现长治久安,很大程度上取决于全体社会成员的思想道德素质。只有分清荣辱,明辨善恶,一个人才能形成正确的价值判断,一个社会才能形成良好的道德风尚。沈壮海主编的《兴国之魂——社会主义核心价值体系释讲》(湖北教育出版社 2015

年版）紧扣社会主义核心价值体系，从其理论之基、探求之路、文化之源、价值之核、时代之境、践行之思等方面深入浅出地阐述相关重要问题，细腻挖掘了社会主义核心价值体系的理论与文化渊源，梳理了社会主义运动和中国共产党追求、践行自己核心价值的历程，分析了当前我国核心价值体系建设面临的时代境遇、现实课题，探讨了推进社会主义核心价值体系建设、培育和践行社会主义核心价值观的实践路径，并着眼未来，努力对有关重要理论问题进行了前瞻性的理论探索。杨胜礼著的《中国特色社会主义核心价值体系研究》（中央党校出版社 2014 年版）一书对中国特色社会主义核心价值体系的多重背景、中国特色社会主义核心价值体系的本质规定、中国特色社会主义核心价值体系的功能作用、社会主义核心价值思想的历史考察、空想社会主义的核心价值思想、科学社会主义的核心价值思想、中国特色社会主义核心价值思想的历史发展、中国特色社会主义核心价值体系的历史发展、中国特色社会主义核心价值体系与传统文化等重大理论问题做出了比较系统的考察与研究。

此外，罗国杰的《社会主义和谐社会核心价值体系研究》（中国人民大学出版社 2012 年版），江必新、刘伟著的《国家治理现代化与社会主义核心价值体系》（中国法制出版社 2016 年版）及一大批社会主义核心价值体系的辅导读物或普及读物也对社会主义核心价值体系的内容、特点及建设路径等做出了论述，极大地促进了社会主义核心价值体系研究的深入。

建设社会主义核心价值体系，向世人展现了我们党思想上、精神上的一面旗帜，也是巩固全党全国人民团结奋斗的共同思想基础的需要。共同的思想基础，是一个党、一个国家、一个民族赖以存在和发展的根本前提。没有共同的思想基础，党就会瓦解、社会就会动荡、国家就会分裂。建设社会主义核心价值体系，有利于引导全社会在思想道德上共同进步。社会主义核心价值体系，既体现了思想道德建设上的先进性要求，又体现了思想道德建设上的广泛性要求；既坚持了先进文化的前进方向，又兼顾了不同层次群众的思想状况；既体现了一致的愿望和追求，又涵盖了不同的群体和阶层，具有广泛的适用性和包容性，具有强大的整合力和引领力，是联结各民族、各阶层的精神纽带。

社会主义核心价值观是社会主义核心价值体系最深层的精神内核，是现阶段全国人民对社会主义核心价值观具体内容的最大公约数的表述，具有强大的感召力、凝聚力和引导力。党的十八大报告提出，倡导富强、民主、文明、和谐，倡导自由、平等、公正、法治，倡导爱国、敬业、诚信、友善，积极培育和践行社会主义核心价值观。富强、民主、文明、和谐是国家层面的价值目标，是从价值目标层面对社会主义核心价值观基本理念的凝练，在社会主义核心价值观中居于最高层次，对其他层次的价值理念具有统领作用。自由、平等、公正、法治是社会层面的价值取向或对美好社会的生动表述，也是从社会层面对社会主义核心价值观基本理念的凝练。它反映了中国特色社会主义的基本属性，是我们党矢志不渝、长期实践的核心价值理念。爱国、敬业、诚信、友善是公民个人层面的价值准则，是从个人行为层面对社会主义核心价值观基本理念的凝练。它覆盖社会道德生活的各个领域，是公民必须恪守的基本道德准则，也是评价公民道德行为选择的基本价值标准。

戴木才撰写的《兴国之魂：积极培育和践行社会主义核心价值观十讲》（湖南教育出版社 2013 年版）系统、深入、生动地解读和阐释了积极培育和践行社会主义核心价值观的重大意义，中国共产党积极培育和践行社会主义核心价值观的发展历程，倡导富强民主文明和谐、倡导自由平等公正法治、倡导爱国敬业诚信友善的科学内涵与发展图景，积极培育和践行社会主义核心价值观的有效机制和践行途径，并对如何站在人类价值共识的制高点，如何继承中华民族优秀传统核心价值观，如何吸收西方近现代价值文化的合理因素发表了很好的看法。郭建宁主编的《社会主义核心价值观基本内容释义》（人民出版社 2014 年版）一书，回顾了社会主义核心价值观提出的背景和过程，阐述了践行和培育社会主义核心价值观的重大意义和具体途径，分章节阐释了“富强、民主、文明、和谐，自由、平等、公正、法治，爱国、敬业、诚信、友善”这 24 个字的基本含义，并分别对其价值意义、原因现状、实现途径等做了深刻解析。张学森著的《核心价值观的历史演进与当代构建》（人民出版社 2013 年版）运用马克思社会形态理论，以价值观念与社会进步之间的重要关系为切入点，从历史视域，通过对“价值”“价值观”和“核心价值”三大基本概念界定的基础上，考察和梳理了中国封建主义社会、资本主义社会以及社会主义社会核心价值观的发展与变迁，试图寻找出核心价值观生成、发展、变化和转型的内在规律，为社会主义核心价值观的研究和建设提供了一个“以史为鉴”的思路，并对苏联社会主义核心价值观与中国社会主义核心价值观建设经验教训进行归纳和总结，提出了中国特色社会主义核心价值观的建设思路和发展预期。廖小平编著的《价值观变迁与核心价值体系的解构和建构》（中国社会科学出版社 2013 年版）一书透过改革开放以来中国社会价值观的变迁这面棱镜，对中国社会核心价值的解构和建构逻辑进行学术探究和理论考量，揭示和阐释改革开放以来中国社会价值观的变迁与社会主义核心价值体系之间的内在逻辑关联。该著以改革开放前 30 年中国社会之价值观状况为历史前提，以改革开放和社会转型为背景，揭示改革开放以来中国社会价值观变迁的总体图景、主要机制和基本特征，剖析这种变迁对社会主义核心价值体系的深刻影响，以及在社会主义核心价值体系建设中如何回应和引导这种变迁，从而为加强社会主义核心价值体系建设提供有益的借鉴和参考思路。

社会主义核心价值体系与社会主义核心价值观，既有内在联系，又各有侧重，相互区别。社会主义核心价值体系是社会主义核心价值观的基础和前提，是社会主义核心价值观形成和发展的必要条件；社会主义核心价值观是社会主义核心价值体系的内核和最高抽象，体现社会主义的价值本质，决定社会主义核心价值体系的基本特征和基本方向，引领社会主义核心价值体系的建构。社会主义核心价值观渗透于社会主义核心价值体系之中，通过社会主义核心价值体系表现出来。社会主义核心价值观是社会主义核心价值体系的内核，体现社会主义核心价值体系的根本性质和基本特征，反映社会主义核心价值体系的丰富内涵和实践要求，是社会主义核心价值体系的高度凝练和集中表达。党的十八大以来国内关于社会主义核心价值观的研究不仅对社会主义核心价值观的含义及其与社会主义核心价值体系的关系、“三个倡导”的层次属性及其之间的关系做出比较系统全面的研究，而且对培育和践行社会主义核心价值观的重要意义及凝练成“三个倡导”的内在理由和根据，对培育和践行社会主义核心价值观的路径也做出了富有成效的探讨。核心价值观其实就是一种国家民族的大德，研究社会主义核心价值观有助于陶铸和培养当代中国的国家民族之大德。

4. 中国梦、中国精神和中华道德文化的系统研究

中国梦是中华民族伟大复兴的梦想,其基本内涵是国家富强、民族振兴、人民幸福,因此中国梦是一个集体梦、民族梦、国家梦。中国梦既体现了中国特色社会主义共同理想,也融会了亿万群众的个人理想,具有强大的“指南针”“黏合剂”“凝聚剂”功能。关于中国梦的研究,学术界的研究早于领导人的肯定和倡导。正因为如此,习近平总书记才在讲话中谈到,现在大家都在谈论中国梦。

国防大学刘明福教授是在习近平总书记论述中国梦之前比较自觉地研究中国梦的军中学人。他多年来致力于中国梦的研究,先后著有《中国梦》(中国友谊出版公司2010年版)和《中国梦:中国政府的成功与中国执政党的魅力》(中国文史出版社2013年版)等,并发表学术论文多篇。他著的《中国梦》2010年一出版即引发了中外媒体、学者专家、网络论坛的热烈讨论,路透社、BBC、《纽约时报》、《每日电讯报》竞相报道。2011年美国前国务卿亨利·基辛格高度关注,并在其新作《论中国》纵论《中国梦》。该著认为,中国梦是一个伟大民族、伟大国家的进取之梦,是千千万万个中国普通家庭的幸福之梦,是十三亿中国平民百姓同享民族复兴红利的人生之梦。百年奋斗中国梦,是中华民族的一次百年长征。该著从孙中山、毛泽东的强国梦,到邓小平韬光养晦的大智慧;从中国性格的魅力,到中国道路的自信;从国际关系的重新定位,到中国崛起的大目标、大战略,都做出了史论结合、史思诸重式的探讨与论述。其中关于中华性格的魅力指出中华民族热爱和平而不黩武,国力强大而不征服,资源紧张而不扩张,自卫防御而不先发,文明包容而不冲突,王道立国而不霸道,并认为中华性格造就“中国现象”,亦即中国崛起是和谐崛起、和平崛起,中国梦是与美国梦比翼齐飞,与这个星球上各个国家和地区人民追求和平、发展、幸福的美好梦想“比翼群飞”的家国梦。在《中国梦:中国政府的成功与中国执政党的魅力》一书中,刘明福强调指出中国古代有“四大发明”,即火药、指南针、造纸术、印刷术,这是古代中国能够长期领先世界的重要因素。新中国能够自立于世界民族之林,能够在和平发展的道路上持续崛起,能够在实现伟大复兴的历程中披荆斩棘,是因为有新的“四大发明”,这就是:一个先进的领导核心——中国共产党;一个有效的行政系

统——各级人民政府；一支光荣的人民军队——解放军；一条正确的发展道路——中国特色社会主义道路。这新的四大发明，是新中国的四大战略优势，是实现“中国梦”的战略支撑和战略保证。在刘明福看来，中国政府的成功，是与中国执政党的魅力紧密联系在一起的。现代政治是政党政治，执政党的质量决定政府治国理政的质量。放眼全球，中国共产党是全球最优秀的执政党，正是这个最优秀的执政党，塑造了全球最有作为的政府。所以，中国政府的成功，说明了政府本身的努力，更展现了中国执政党的魅力。

赵阳、林园编著的《中国梦研究》（中国海洋大学出版社 2015 年版）一书，对中国梦思想的理论主题，即什么是中华民族伟大复兴，怎样实现中华民族伟大复兴做出了比较全面的阐释，认为中国梦思想丰富和发展了中国特色社会主义理论体系、丰富和发展了集体主义价值取向、丰富和发展了党的十八大精神，中国梦思想是中国文化孕育的成果，是中华民族强大生命力的反映，实现国家富强是中国梦的标志、实现民族振兴是中国梦的主题、实现人民幸福是中国梦的目的。马拥军著的《马克思主义与中国梦》（天津人民出版社 2015 年版）一书考察了从“天下大同”到“全球一体”的科学发展历程，认为在中国由“天下”之“中”变为“世界”之一隅后，中国共产党人几经求索，成功开辟了中国特色社会主义道路。天朝梦的破碎与中国梦的新生为我们继续追求世界梦提供了起承转合的时代契机，由世界之一隅重新崛起为世界之“中”，中国人民追求富强的脚步从未停止，且愈发坚定、自信。该著超越单纯的意识形态，从经济、哲学角度解答了令当代中国人困扰的世界观、价值观、人生观难题。江畅、张媛媛所著的《中国梦与中国价值》（武汉出版社 2016 年版）认为中国梦是中国核心价值观的凝练表达，集中体现了当代中国人民的核心价值追求。该书通过历史演进的纵向考察和与以美国梦为代表的西方价值观的横向比较，以通俗易懂的语言解读中国人寻求社会价值终极目标的艰难历程，阐述了中国梦与中国价值的精神内涵，对于在国际社会传播好中国声音有积极作用，具有强烈的现实意义和理论价值。

此外，学者们还发表了一大批关于中国梦的研究论文，出版了关于中国梦的多种宣传读本和普及读物，对中国梦的内涵、特质以及实现路径做出了全面系统的揭示与论证。

中国精神是实现中国梦的强大精神支柱。“伟大的事业需要并将产生崇高的精神,崇高的精神支撑和推动着伟大的事业。”以爱国主义为核心的民族精神和以改革创新为核心的时代精神有机结合的“中国精神”是实现中华民族伟大复兴的精神支撑和动力源泉。董振华主编的《中国梦与中国精神》(人民出版社2015年版)从中国的古代、近代、现代、新时代的历史中探索中国精神,从人物精神中探索中国精神,从多个维度探索出中国精神的深刻内涵。集中论述了民族精神是实现中国梦的有力支撑,时代精神是实现中国梦的强大动力。郑师渠致力于民族精神研究,先后著有《中华民族精神研究》《历史视野下的中华民族精神》(广东人民出版社2014年版)等,从历史与现实、理论与实践多方面探讨中华民族精神的发生发展及演变过程。在他看来,民族精神,是一个民族在其漫长的历史发展过程中逐渐形成的、为本民族绝大多数成员所认同和追求的价值取向、道德规范和审美情趣,是一个民族共同的心理、德性与特质的集中反映。民族精神集中体现了一个民族及其文化的个性与特质,并成为本民族赖以凝聚与发展的强大精神支柱。他的《历史视野下的中华民族精神》对中华民族精神的形成发展、基本内涵和特点做出了深刻的揭示,具有较高的史料价值和学术价值。卞敏著的《中华民族精神研究》(光明日报出版社2008年版)深度探讨了中华民族精神的文化渊源、哲学精神与文化传统、周易思想与民族精神、儒家哲学与民族精神、道家哲学与民族精神、国民性格与民族精神等理论问题,并对中华民族精神的现代化进程做出了深刻的探讨。迟成勇著的《中华民族精神的文化观照与历史嬗变》(南京大学出版社2013年版)在诠释民族、中华民族精神与民族精神等基本概念的基础上,着力从性质与内容结构、主要载体与基本特质、科学内涵与价值诉求等方面对中华民族精神的基本理论问题做了多维度的阐释,重点探讨了中华文化与中华民族精神的互动关系。该著遵循中华文化演变逻辑,比较系统地阐述了中华民族精神随着中华文化的发展轨迹即中华原始文化与中华原典、儒道释为主干的中华传统文化、中国近现代文化及当代中国社会主义先进文化的发展轨迹而不断发展创新的历史嬗变过程。徐东升编著的《中华民族精神研究》(山东人民出版社2014年版)主要侧重中华民族精神在不同历史时期的具体表现形式和表现形态进行研究,对五四精神、井冈山精神、长征精神、延安精神、抗大精神、红岩精神、西柏坡精神、好八连精神、红旗渠精神、北大荒精神、沂蒙精神、大庆精神、雷锋精神、焦裕禄精神、孔繁森精神、两弹一星精神、抗击非典精神、载人航天精神、北京奥运精神等做出了比较全面系统的阐释论证，认为这些精神是中国共产党人在革命、建设和改革开放的历史进程中培育和发展起来的，既是民族精神的集中体现，又反映着时代精神的要义。孙秀民编著的《中国革命精神及其当代价值研究》（北京师范大学出版社 2014 年版）一书阐释了中国革命精神的内涵，梳理了中国革命精神特别是中国共产党的革命精神的传承和发展，着重考察了中国共产党在领导中国革命、建设和改革的历史进程中，结合不同时期共产党人的历史使命和实践内容，所培育出的独具特色的革命精神，论述了中国革命精神的本质、核心，以及继承和发扬中国革命精神的现实价值。相当一批学人的文章对中国精神的功能作用做出了深刻论述，认为中国精神是催人奋进的思想力量，是贯通中国力量的软实力。中国精神是中华民族在长期的历史发展中逐步形成、巩固、发展和丰富的共同精神，是民族传统、文化、心理、素质的集中体现。中国精神扎根于民族的连绵不断的文明历史之中，是各族人民共同培育、共同坚守的理想信念。中国精神由社会先进阶级及其政党所倡导，由广大中国人民所认同和践行，与世界文明相融合。中国精神为中华儿女构建了永久的精神家园，为各族同胞提供了牢固的价值认同，为每个国人注入了强烈的家国情怀，是中华民族团结统一的精神纽带。

围绕中国梦、中国精神，学术界还对如何弘扬中华道德文化展开了研究。肖群忠、王泽应等撰文认为，中华传统美德是中华文化精髓，蕴含着丰富的思想道德资源。中华民族传统美德内容丰富、博大精深，包含了个人处世美德、家庭生活美德、职业生活美德、社会公共生活美德、国家政治生活美德以及对外交往美德等。唐凯麟、彭柏林、李彬著的《中华传统美德十二讲》（学习出版社 2009 年版）对中华传统美德予以全面系统研究，分别探讨了勤劳勇敢、厚德载物，勇于探索、务实求真，胸怀天下、公忠为国，民族和睦、四海一家，酷爱自由、勇于斗争，励精图治、济世安民，廉洁奉公、清正严明等传统美德的形成发展、主要内容及对后世的影响。戴木才著的《中国人的美德与核心价值观》（中国人民大学出版社 2015 年版）分别对中华传统美德中的相关内容进行了介绍和评析，并分析社会主义核心价值观与它的继承和创新关系。强调指出,建立与中华传统美德相承接的社会主义思想道德体系,是建设中国特色社会主义、培育和践行社会主义核心价值观的一个重大课题。加强社会主义思想道德建设,培育和践行社会主义核心价值体系,很重要的是要立足于中华传统文化这片广袤的土地,深入挖掘传统美德规范,使之成为全社会共同遵循的行为标准,引导人们向往和追求讲道德、守道德的生活,形成向上、向善的力量。相当一批学术论文探讨了弘扬中华道德文化对于弘扬社会主义核心价值观,对于弘扬中国精神具有的重要意义和价值,从而使得中华道德文化、中华美德与核心价值观、中国精神辩证地统一起来,极大地推动了马克思主义伦理思想基本原理与中华优秀伦理文化的有机结合。此外,学术界还在伦理学基础理论、中外伦理思想史、应用伦理学以及思想道德修养与教育等方面做出了富有成效的研究,有力地推进着中国马克思主义伦理学的发展与繁荣。

第九章

建设具有中国特色社会主义伦理文化

20世纪的中国伦理思想有着十分丰厚的历史文化沉积，同时又有着韵味无穷的思辨求新精神。它留给人们无数壮怀激烈的感动，更留给人们几多仍须理性梳理的慨叹和几多仍须科学总结的评说。人类科学史和文化史发展的规律有力地证明了对既往认识成果的清理与总结、对科学创新和文化变革的巨大作用。从某种意义上说，清理是为了更好地前进，总结是为了更好地发展。为了建设新世纪中国特色社会主义的现代伦理文化，需要也应当对20世纪中国伦理思潮进行历史的反省和文化的思索。也许新世纪的伦理建设在向未来探索的行程中内在地包含着向历史扎根的因素，在探索世界精神文明建设总趋势的路径中必然地涵盖着挖掘民族自身伦理遗产的内容。

一、三大伦理思潮的整体性反思

伴随着探索中国伦理文化现代化和解决古今中西之争的文化建设课题的历史运行,三大伦理思潮在20世纪中国特殊的经济、政治、文化的土壤里孕育、生成和发展,走着各自不同的发展路径并时有冲突、对撞乃至融合,共同编织着20世纪中国伦理文化的认识之网。它们各自以其特有的经验教训充实和丰富着20世纪的中国伦理文化,构成了我们建设新世纪的中国伦理文化的现实原点和历史之镜。

1.自由主义西化派伦理思潮的教训与启示

形成于戊戌维新、兴盛于五四新文化运动并在日后走着曲折道路的自由主义伦理思潮,鉴于近代以来中国传统伦理文化在与西方伦理文化的较量中日见衰颓和消沉的历史文化际遇,以其不能自已的道德激愤批判和声讨着中国传统伦理,将其视为旧道德的典型和使中国积贫积弱的魁首,因而竞相把关注的视野投向西方,主张向西方学习,全盘接受西方伦理文化,认为现代化即是西方化,西方化是人类伦理文化发展的必由之路,并在主张全盘西化的同时讴歌推动西方社会进步、科学文化昌明的个人主义与功利主义,坚持个人主义和利己主义的道德导向,以此作为他们反观传统伦理文化和重估传统伦理文化价值的参照系。

自由主义伦理思潮在20世纪的中国虽也走着艰难曲折的道路,却能一直维系存续下来并不时掀起轩然大波,这不是一件纯粹偶然的事情,其中除了中国社会正经历着由传统社会向现代社会转型、过渡的特定历史际遇所提出的种种超越传统伦理的要求外,当然也包含着自由主义伦理思潮本身所内具的某种合理性,即对科学精神和民主意识的崇奉,对个性解放的执着以及对新型人际关系的向往。正是这些,支撑着自由主义伦理思潮从萌生之日起就受到一部分关心社会变革人士的青睐,为一部分痛恨传统伦理文化所造成的恶果而急切渴盼建构新型的能促进国富民强的伦理文化人士所拥戴与认同，使其历经曲折而未彻底倒下，越过重重险阻仍顽强地存活下来。需要指出，科学精神、民主意识、追求个性解放、崇尚平等和谐的新型人际关系，虽然从一般的意义上讲可归功于西方伦理文化的伟大创造，但它并非西方伦理文化的专利，各个民族在由传统向现代迈进的历史路径中，都曾经这样或那样地孕育和催生着这些观念与精神。事实上，即使没有西方异质文化的介入，中国在缓慢地发展资本主义因素的过程中也会逐渐地发展出这些观念与精神，这一点只要我们回顾一下中国明清之际的思想的蜕变就可以得到足够的证明①，只不过西方异质文化的介入使人们更为清醒、更加自觉地意识到这些观念与精神的价值，因此加快了它们的传播、加大了它们的影响而已。退一步说，即便我们肯定科学精神、民主意识、个性解放等是西方伦理文化的创造，但它们被创造出来之后也会因其特定的价值合理性和工具合理性获得超越西方伦理文化的品格，成为世界化和全人类共同的精神文化财富。因此，可以说，崇尚科学、民主与个性解放，是文化世界化的内容。而世界化也许同西方化有某种历史的契合关系，但它绝不仅仅等于西方化。世界化是东方化与西方化的同时展开，又是东方化与西方化的渗透融合。世界化并不排斥民族化，从某种意义上说，只有民族的才是世界的。任何伦理文化的现代化都有一个把世界化与民族化统一起来，在世界化过程中增强民族化，在民族化的基础上推进世界化的问题。

然而，20 世纪中国自由主义伦理思潮的失足恰恰在于它把世界化和现代化都简单地归结于西方化，因而置重外来伦理文化的移植和灌输，忽视民族自身伦理现代化的创造，忽视中国特有的伦理道德文化背景和国情。自由主义者所倡导的伦理文化全盘西化论不仅严重地脱离了中国特有的伦理道德国情，而且严重地缺乏对西方近现代伦理文化的批判性分析与辩证理解，严重地缺乏鼓动民族实行自己的道德革命和道德建设的热情。它对传统伦理文化所采取的民族虚无主义的态度与对西方伦理文化所采取的顶礼膜拜、盲目崇拜的立场，既违背了

① 参见唐凯麟：《走向近代的先声——中国早期启蒙伦理思想研究》第一章和第十章，湖南教育出版社 1993 年版。

伦理文化世界化与民族化统一的历史发展趋势,也不利于中国伦理文化的现代化建设和唤起人们从事道德创造的勇气,本质上是一种数典忘宗、醉心于欧风美雨而又不思创造、幻想坐享其成的懒惰主义伦理观。

科学或理性地看,自由主义伦理思潮对待中国传统伦理文化的态度是既不科学又不理性的,这与其崇尚科学的价值取向大异其趣。事实上,传统伦理文化绝非他们激愤的批判言辞就能一下子批倒的,而全盘否定自己民族伦理文化的传统更不是明智和科学的态度。每一个民族都有自己的伦理文化传统,割裂自己的民族伦理传统不仅不利于新型伦理文化建设,相反还会导致无从创造、无法创造的灾难性后果。正如毛泽东所指出的,我们不应当割断历史,我们应当懂得尊重自己的历史。今天的中国是昨天的中国发展而来的,只有了解中国的昨天才能了解中国的今天。因此,轻视传统是愚蠢的,我们应该正视传统并努力去批判地继承优良传统,才能超越旧传统。当然,继承优良传统以及借鉴外国一切有价值的文化成果,目的不是为了守成而是为了更好地进行创造。因此,只有把批判继承与超越创新有机地结合起来,继承和借鉴才有它积极的现实的意义和价值。

从总体上看,自由主义伦理思潮并不适应中国伦理文化发展的大趋势,它对西方伦理文化的盲目崇拜与对中国传统伦理文化的全盘否定,既不是基于理性的省察,也不是出于科学的态度,这就造成了自由主义伦理思潮所特有的内在矛盾或困境,即崇拜科学精神与伦理文化上的反科学态度、科学主义的出发点与非科学主义的伦理结论之间的矛盾。这一矛盾是自由主义伦理思潮所无法解决的难题,它决定了自由主义伦理思潮的发展前景势必是暗淡而又凄婉的。同时,自由主义伦理思潮试图以个人本位主义或利已主义来致力于中华民族的救亡图存,恰恰是选择了最不适合救亡图存目的的“救亡图存”手段,所导致的结局已被历史证明是极不理想的。按照救亡图存的内在要求,需要的不是个人本位主义或利已主义的价值导向,而是集体主义和民族团结的伦理精神;按照个人本位主义的逻辑理由,它关注的是个体成员的一已利益和幸福,这并不必然地导致关心国家的前途和民族的命运的认识和实践。个人本位主义是对集体本位主义的一种反动,在20世纪救亡图存成为压倒一切的时代课题的历史前提下,一味地推崇个人本位主义势必导致对救亡图存的背离，削弱民族的凝聚力。可以说，自由主义伦理思潮一直是作为中国历史文化的不谐音符寄存于20世纪的中国伦理文化乐谱之中的，20世纪中国历史文化的特定任务及其发展路径，决定了自由主义伦理思潮的悲剧性的命运。

2. 现代新儒家伦理思潮的困惑与出路

现代新儒家伦理思潮是作为自由主义伦理思潮的对立面而出现，试图从中国传统儒家伦理文化寻找现代化"灵根"的一种伦理文化思潮。面对着近代以来儒家伦理文化所遭受的空前厄运，新儒家伦理思潮的代表人物心忧如焚，他们试图在区别儒家伦理文化与封建主义道德体系的基础上挖掘儒家伦理学说的"真精神"，希望以弘扬儒家伦理学说来对全盘性反传统伦理的思想与文化运动做出直接的回应。在他们看来，伦理文化的现代化是不能脱离民族化和自身特有的伦理传统的，"无源的水，不能成江河"。如果说伦理现代化是所谓的开新，那么这种开新必须有自己的根，必须以返本为基础。返本即是返回儒家伦理的"真精神"上去，继承儒家一脉相传的道统，努力用儒家道统来凝聚人心。基于对返本的强调，他们极力推崇儒家伦理文化，甚至认为儒家伦理文化"本是中国文化之精英，其价值原自有光芒万丈，举世非之而不减，举世誉之而不增"①。他们对儒家伦理文化的基本价值予以高度肯定，认为世界伦理文化发展的未来之路就是"走孔家的路"，21世纪的人类伦理文化必将是儒家伦理文化占支配地位并光华四射的时代。现代新儒家伦理思潮的代表人物，大多具有强烈的复兴民族伦理文化的使命感，伦理文化中的民族主义意识十分坚执，他们在非常困难的境况下动心忍性、孤寂奋斗，表现了一种挽伦理文化狂澜于既倒的灵根自植气节与抱负，有许多值得我们肯定的地方。应该看到，一般地讲，现代新儒家伦理思潮不同于伦理文化中的复古主义思潮，它也主张科学地吸收、继承人类伦理文化包括西方伦理文化的一切优秀成果，给以创造性地转换与消化，并认定要在学习、吸

---

① 唐君毅:《花果飘零与灵根自植》,《文化意识宇宙的探索》,中国广播电视出版社,第456页。

取西方伦理文化优秀成果的过程中避免西方伦理文化所暴露出来的种种矛盾和严重缺点。就此而论，它对于我们建设中国特色的社会主义新的伦理文化，反对伦理复古主义和全盘西化论，无疑是有一定的积极意义的。它能够启迪我们立足于民族伦理的现实，培养起民族自尊心和民族自信心，以开放的心灵去迎接西方伦理文化的挑战，吸纳西方伦理文化的长处，建构既充分反映时代精神和世界潮流又具有鲜明的民族特色的社会主义新的伦理文化。

但是，现代新儒家伦理思潮毕竟是一种以继承儒家道统自居、执着于返本归宗并以复兴儒家伦理文化为己任的思潮，存在着许多理论上的困惑或严重缺陷。这集中地体现在其返本开新或由内圣开出新外王的理论纲领上。它之所谓返本，实质是返回到儒家道统的基地上。儒家道统即是以大一统为常道的文化伦理传统，在伦理生活中的具体表现则是以“三纲”为核心的等级依附的伦理原则和道德规范。这样，要恪守这样的伦理原则和道德规范，势必就很难开出科学、民主的新道德的“花果”来；而要开出科学、民主的新道德的“花果”来，又不得不否定返本的必要性，这在现代新儒家那里可谓是一种真正的吊诡。同时，现代新儒家是在对儒家伦理文化价值高度执着的基础上来谈伦理开新的，既然对儒家伦理文化一切价值都要予以肯定，那么伦理开新的依据到底在哪里？还有什么必要来开新?！总之，现代新儒家的“返本开新”说并未脱离中学为体、西学为用的窠臼，反而充斥着浓厚的保守的伦理本位主义和伦理至上主义气息。在新儒家的心灵深处，还是认为中道高于西器，没有道德作根基的科学、民主是无本之末，只有以伦理为本、科技为末才能结出现代化之果。如果没有伦理之本的统率与把持，科学、民主之末就会酿成一系列社会混乱，带来不可设想的弊端与祸害，现代西方社会即是明证。他们主张，西方社会欲摆脱危机与混乱，就必须向中国伦理文化学习；中国固然应该吸纳西方文化中的科学、民主等思想，但必须以中国伦理文化为土壤，肯定中国伦理精神的完美性和至上性。现代新儒家在尚未实现现代化的中国这一特殊国度，却用现代化以至后现代化社会的种种弊端为设定前提来反衬儒家伦理文化的优越性和完美性，实在是离开了中国伦理现代化的主旨，未免给人一种中国伦理无须现代化，现代化倒还不好的错觉，而这在某种程度上又是同其所谓伦理开新说背道而驰的。现代新儒家的返本开新说集中地表征出他们理性上向往未来、情感却眷恋过去的矛盾,反映出他们在前瞻式的吸纳中具有浓厚的恋旧情结和保守心态。实质上,他们对“返本”的强调远在对“开新”的强调之上,强调“返本”是他们的真心诚意,而强调“开新”只是为了应付挑战和为“返本”寻找深层理由的手段。

我们认为,继承包括儒家伦理文化在内的中国传统伦理文化的优秀遗产是必要的,但绝对地肯定儒家道统、一味地强调返本就并非是必要而合理的。批判地继承儒家伦理文化的优秀传统必然地包含着抛弃儒家伦理文化中的封建性糟粕。儒家伦理文化虽不全然等于封建主义道德体系,但它作为中国封建社会占统治地位的文化形态,却这样那样地同封建主义道德体系难分难解地搅和在一起,因此很难说它同封建主义道德体系就没有本质联系。从科学的意义上讲,儒家伦理文化是建立在农耕经济和宗法等级关系上的伦理文化形态,它以维护宗法关系、协调等级服从为旨归。儒家之所以能成为封建社会占统治地位的思想意识形态,说明它比先秦其他诸家更适合维护自给自足的农耕自然经济和宗法等级关系的需要。早在汉初就有人指出,儒家伦理不富于创新,而见长于守成。它既造就了中华民族的许多优良道德品格,也给我国民族性格带来了不少消极的沉疴。因此,儒家伦理文化既有民主性的精华,又有封建性的糟粕,既是财富又是包袱。对儒家伦理文化既不能全盘肯定,也不能一概否定,而是需要在理性的精神和科学的方法指导下进行分析、筛选、清理和全面系统的总结,吸收其民主性的精华,抛弃其封建性的糟粕。对其民主性的精华也必须用时代的精神加以改造,重新熔铸,使之得以升华,在这里同样不能生吞活剥。而恰恰在这一点上,现代新儒家缺乏应有的自觉,做得极为肤浅和不够,这就造就了现代新儒家伦理思潮的致命弱点,使它面临着严重的挑战,甚至几临倾覆的厄运。第三代新儒家试图用儒家伦理的创造性转化来代替返本开新说,表明了他们试图在对儒家伦理文化有所批判分析的基础上来寻求重建新的儒家伦理文化体系的意向,这无疑是对现代新儒家伦理思潮困境的一种超脱,是对现代新儒家伦理出路的一种新的探寻,但究竟结果如何,还有待于人们进一步的观察和评价。

3. 马克思主义伦理思潮与社会发展趋势

中国马克思主义伦理思潮实质是在儒家伦理文化无力于救亡图存、锻造出国富民强的国魂、民魂，而西方近现代伦理文化又因第一次世界大战而暴露出种种弊端的情势下产生的，它代表了先进的中国人对如何走出中世纪、实现现代化的一种崭新思索。十月革命一声炮响，给中国人民送来了马克思主义。五四新文化运动后的中国人民，在对中国传统文化的批评之后又带来了对西方近现代文化的失望，这一特定的历史文化际遇使中国人民从心灵深处加速了对马克思主义的选择过程。正如毛泽东所指出的，中国固有的伦理文化不切于现实的道德生活，西方近现代的伦理文化亦未必尽是，几多之部分亦应与东方思想同时改造也。只有产生于资本主义社会又对资本主义的伦理文化做过批评、抨击，并对人类一切有价值的伦理文化成果予以批判继承、创造发展的马克思主义伦理学说，才最适合于20世纪中国的反帝反封建的民族民主革命，适于无产阶级领导的以工农联盟为基础的民族民主革命。在中国马克思主义看来，解决中国革命和建设的道德问题，铸造适于世界之潮流的新型人格乃至铸造能够改变中国贫穷落后的面貌、使中国繁荣富强的国魂和民魂，非马克思主义伦理观及其现实化的共产主义道德莫能担当。先进的中国人选择和传播马克思主义及其伦理学说，不仅因为马克思主义伦理学说是人类历史上一种科学而先进的伦理思想体系，而且因为借助于马克思主义伦理学说，可以较好地实现中国伦理文化的现代转型，可以创造出一种新的救国救民的伦理文化。

中国马克思主义伦理思潮在自己的传播与发展、壮大的历程中，曾经历了同教条主义和经验主义的深刻斗争，最后在毛泽东、邓小平等人那里才开辟了马克思主义伦理学说中国化的广阔道路。毛泽东在对马克思主义伦理思想科学领悟和系统把握的基础上，将其创造性地运用于中国的新民主主义革命和社会主义建设的道德实践，在新民主主义革命和社会主义建设的道德实践中发展马克思主义伦理学说。马克思主义伦理学说对毛泽东等中国马克思主义者而言，不是金科玉律式的教条，而是中国革命和建设的价值目标和行动指南，是团结全国各族人民同心同德地进行反帝反封建的革命和建设社会主义新中国的伦理武器和价值动因。毛泽东在将马克思主义伦理学说同中国优良的伦理文化传统以及中国革命和建设的道德实践有机地结合起来的同时,即致力于马克思主义伦理学说的中国化和中国伦理文化的马克思主义化,形成了卓尔不群的中国马克思主义伦理学说——毛泽东伦理思想。毛泽东伦理思想是中国化的马克思主义伦理思想,又是马克思主义化的中国伦理思想,这是毛泽东伦理思想既区别于马克思主义经典作家(德国的和苏联的)的伦理思想的卓绝之处,也是其迥异于20世纪中国诸种伦理学说的优长所在。毛泽东伦理思想是马克思主义伦理学说与中国固有的伦理文化的优秀传统结合的产物,从其理论个性上讲,它既是对马克思主义伦理学说的创造性发展,又是对中国传统伦理文化的批判性超越。这种创造和超越既在马克思主义伦理思想的发展史上赢得了特殊的地位,使马克思主义伦理学说实现了从西方经由俄国到中国的转变,又在中国伦理文化的发展史上赢得了特殊的地位,揭示出了中国伦理文化从传统到现代转变的一条光明路径。邓小平伦理思想亦是如此,他把坚持马克思主义伦理学说与发展马克思主义伦理学说结合起来,认为马克思主义伦理学说是不断创造和发展的伦理学说。随着对社会主义的再认识的扩展和深化,必然要求我们抛弃马克思主义伦理学说中的个别论述和结论,破除对马克思主义伦理学说的教条化理解,但这并不意味着放弃马克思主义的基本立场、基本精神和基本方法。对于马克思主义伦理学说的基本原则和价值目标,我们必须予以坚持并在实践中予以发展。邓小平建设中国特色的社会主义理论,内在地包含着建设中国特色的社会主义伦理文化的内涵。邓小平伦理思想是马克思主义伦理学说的基本精神同中国改革开放、实现四个现代化的道德实践相结合的产物,是邓小平对马克思主义伦理学说包括对毛泽东伦理思想的创造性发展和卓越贡献。

以毛泽东为代表的中国马克思主义者一贯倡导对待人类文化遗产的“古为今用,洋为中用”法,正是这种广阔胸怀和文化视域,使马克思主义伦理学说经过他们的创造性努力,已不再是异域的某种伦理文化成果,而是融入中国伦理文化长河中的激流,它变成了中国人民的伟大道德实践和道德观念,同中国现当代的伦理文化运动水乳交融、浑然一体了。它使马克思主义伦理学说中国化,使中国伦理文化马克思主义化,从而为创建一种既有批判继承又有超越创新、既有世界性又有民族性的、熔铸中西伦理文化的优秀成果和积极成分于一炉的新型的伦理文化。它在把马克思主义伦理学说与中国革命和建设的道德实际，与中国伦理文化优秀传统结合起来的同时也使自己获得了一种新的质的规定性，具有了一种别开生面的性质。因为结合本身就是一种继承基础上的发展，就是一种在新的历史条件下的创造。

与自由主义西化派伦理思潮对西方近现代伦理文化的盲目崇拜和简单移植相比，与现代新儒家伦理思潮对中国传统儒家伦理学说的高度赞誉和一味肯定相比，中国马克思主义伦理思潮对人类伦理思想文化采取了一种十分严谨而科学的态度，无论是对待西方近现代伦理文化还是对待中国传统伦理文化，它都主张给以科学的批判和系统的总结，反对不加批判分析的全盘肯定或一概否定。更为重要的是，中国马克思主义伦理思潮注重批判继承基础之上的超越创新，始终把马克思主义伦理学说当作既要坚持又要发展的伦理学说，因而充满着与时俱新、日新不已的理论上的创造，一大批中青年马克思主义伦理学学者的茁壮成长，充分地显示出这种生机和活力。马克思主义伦理学说必将随着中国改革开放的深入发展获得空前的繁荣与大发展。这就是 20 世纪中国伦理文化发展的最为壮观的历史画卷。

二、建设具有中国特色社会主义伦理文化的基本前提

人类已经迈入 21 世纪。在新世纪新阶段，整个世界包括中国都已发生了深刻的变化。建设中国特色社会主义必然从逻辑和历史相统一的角度提出建设中国特色社会主义伦理文化和道德文明的问题，目前的中国是一个已经取得一定伦理文化建设成就并呼唤更高更新的伦理文明出现的时代。社会、历史、时代均一再向中国人民拓展出了建设新世纪中国特色社会主义伦理文化的紧迫性与必要性。

那么，究竟该如何来建设新世纪中国特色社会主义伦理文化呢？我们认为，

这是一个需要全社会高度关注并着力用功的伟大工程,是一个需要从理论上深入探讨、实践上奋力践履的复合立体项目。从价值运思和目标设计的程序上讲,既需要弄清建设新世纪中国特色社会主义伦理文化的基本前提,又需要确立建设新世纪中国特色社会主义伦理文化的应有视角,同时还要对新世纪中国特色社会主义伦理文化的价值体系做出理论预设或构想。

建设新世纪中国特色社会主义伦理文化的基本前提,实质是建设新世纪中国特色社会主义伦理文化的内在要求,是同中国伦理文化建设的基本国情及20世纪伦理思想发展演变的规律、趋势密切联系在一起的。具体来说,主要体现在以下四个方面:

1. 必须坚持马克思主义的指导和主导地位

中国人民在20世纪之所以选择马克思主义并最终使其成为自己伦理建设的指导思想,不是少部分人的头脑发热或历史进化的偶然,不是某些知识分子的价值偏好和个人的"心性"所致,而是中国伦理文化发展的内在规律使然,是20世纪各种伦理思潮反复比较、多次斗争的产物。通过对20世纪中国三大伦理思潮的总体性巡视与省察,不难发现中国人民选择马克思主义并将其视作自己道德建设的行动指南和价值目标,完全是因为马克思主义是人类文明的杰出代表,是指导无产阶级和广大劳动人民改造旧世界、建设新社会的精神武器。马克思主义能够有效地满足中国人民进行反帝反封建的民族民主革命和社会主义现代化建设的需要,反映着中国人民洗刷自鸦片战争以来的民族屈辱、振兴自己的民族和国家的强烈意愿和希望。诚如毛泽东在《论人民民主专政》一文中所指出的,自从1840年鸦片战争失败那时起,先进的中国人从洪秀全、康有为、严复到孙中山都孜孜不倦地向西方寻找救国救民的真理,可是先后都失败了。帝国主义的侵略打破了中国人学西方的迷梦。因为帝国主义侵略中国的目的绝不是要使中国发展资本主义,建立资产阶级的民主共和国,而是要使中国变成它们的殖民地或半殖民地。帝国主义入侵中国也并不是要帮助中国人民反对封建主义,而是为了自身的利益同封建主义相勾结残酷地奴役和剥削中国人民。"十月革命一声炮响,给我们送来了马克思列宁主义。十月革命帮助了全世界的也帮助了中国的先进分子,用无产阶级的宇宙观作为观察国家命运的工具,重新考虑自己的问题。""中国人找到了马克思列宁主义这个放之四海而皆准的普遍真理,中国的面目就起了变化。"①可以说,中国革命的伟大胜利就是马克思主义和毛泽东思想的伟大胜利,中国社会主义建设的伟大胜利,亦是如此。

马克思主义既是一种科学的理论体系,也是一种崇高的文化价值体系。在它看来,人们在社会实践中,客观上必然具有一定的任务、使命和规定,当解决这些任务、使命的条件已经形成时,任务的解决就变成了人的责任,变成了人的行为的"应当"。而科学理论的功能就在于能帮助人们通过对历史条件的分析,揭示社会发展的必然性,认清自己的责任,从而立志去承担它,义无反顾地去实现它,并在这个过程中改造自身,改造自身的关系,造就一个新的世界和一代新人。马克思主义这种建立在科学基础上的广泛而深刻的文化价值观,集中地表现在这么几个方面:第一,面向未来,对未来负责。马克思说:"十九世纪的社会革命不能从过去,而只能从未来吸取自己的诗情。"②正是这种向前看的未来观,使作为文化价值体系的马克思主义十分重视对客观世界发展的必然趋势的认识、预测和把握,十分重视人们在现实中积极能动地开辟道路,合乎规律地创造未来,并且十分强调不为眼前的局部利益所限制,在当前的实践中始终坚持从现实去发展未来。第二,着眼于全人类的命运,以解放全人类为己任。马克思说:"只有解放全人类,才能最后解放无产阶级自己。"这种深刻而广泛的责任观,使作为文化价值体系的马克思主义始终把自己的目标指向消灭一切形式的剥削、奴役和异化,以真正无愧于人的本性的方式建立起人和人、人和社会、人和自然的关系,最终实现全人类的彻底解放。第三,追求人的全面发展,造就出一个个人自由全面发展能够成为使他人自由全面发展的理想社会,造就出一代代能够为实现这一伟大理想而斗争的新人。马克思曾经明确宣称:"工人们在自己的共产主义宣

---

① 毛泽东:《论人民民主专政》,《毛泽东选集》第4卷,人民出版社1991年版,第1470-1471页。

② [德]马克思、恩格斯:《马克思恩格斯选集》第1卷,人民出版社1995年版,第606页。

传中说:任何人的职责、使命、任务就是全面地发展自己的一切能力。”[①]恩格斯在1847年回答“共产主义者的目的是什么”这个问题时也说:“把社会组成这样:使社会的每一个成员都能完全自由地发展和发挥他的全部才能和力量。”[②]由此,在作为一种文化价值体系的马克思主义看来,主体的能力既是承担客观责任所必须的条件,同时也是一种责任客体;人不仅要对改造客观自然负责,而且要对改造主体自然负责,要把发展自身的能力作为一项任务、一项责任提出,并为此而做出自己的不懈努力。所以,以马克思主义为指导的科学社会主义不仅要大规模地高速地发展社会生产力,不断地增加社会财富,而且是要超越资本主义的文明,造就一个个人全面自由发展并使他人自由全面发展的社会,造就一代代自由全面发展的新人。我国现阶段的社会主义现代化建设就是以此为最高价值旨归而进行的一个实践步骤和一场伟大的社会实践。

这就充分说明,在当代中国,要适应建设中国特色社会主义现代化国家的实践需要,建设新世纪中国特色社会主义伦理文化,就必须坚持马克思主义的指导地位。只有马克思主义伦理思想才真正科学地揭示出人类伦理文化发展的大趋势,也只有马克思主义伦理思想才能真正成为团结我国各族人民同心同德地建设社会主义四个现代化的精神动力和价值源泉。实践证明,在当代中国,能够把人们的意志、信念和动机真正引向有利于中国的繁荣与富强、民族的振兴与腾飞的康庄大道,能够真正成为建设新世纪中国特色社会主义伦理文化的一面旗帜的,只能是马克思主义伦理思想,而不会是其他任何伦理思想!确实,中国正处在社会主义初级阶段,面临着一个历史的转折关头,我们的面前充满着许多困难、险阻,正可谓挑战与机遇并存,困难与希望同在。马克思主义及其伦理思想也必须在实践中发展。但是,解决中国现阶段面临的种种问题,克服前进道路上的种种困难,把握机遇,迎接挑战,都需要我们有一种坚强而有力的精神武装,有一种科学而合理的价值指导,而这只有马克思主义及其伦理思想才能担当或胜

---

① [德]马克思、恩格斯:《马克思恩格斯全集》第3卷,人民出版社1960年版,第330页。

② [德]马克思、恩格斯:《马克思恩格斯全集》第42卷,人民出版社1979年版,第373页。

任。马克思主义伦理思想是无产阶级和广大劳动人民认识社会道德现象、改造旧道德和建设新道德的价值指南，特别是中国化的马克思主义伦理思想——毛泽东伦理思想和中国特色社会主义伦理思想，更是指导中国人民建设中国特色的社会主义伦理文化，建设高度发达的社会主义道德文明的精神武器。只要我们坚持马克思主义伦理思想的指导地位，我们就一定能够解决因改革开放、社会转型所生发的种种伦理道德问题，建立起新型的伦理关系和道德规范体系，将社会主义道德建设推进到一个崭新的发展阶段。

当然，坚持马克思主义伦理思想的指导地位，并不意味着马克思主义伦理思想是包医百病的灵丹，而是不需要随社会生活实践一同前进的僵死的道德教条。马克思主义伦理思想同整个马克思主义科学体系一样，本质上是批判的、革命的，它的不断发展的、无限开放的理论品格，同人们的道德生活实践密切相关，充满着蓬勃的生机与活力。马克思主义伦理思想必然要求随人们的道德生活的发展而发展。因此，坚持马克思主义伦理思想的指导地位与在实践中发展马克思主义伦理思想是辩证的统一。而从其内在机理上说，坚持是为了更好地发展，发展需要坚持并得益于坚持。

2. 全面清理和发掘以儒家为主干的传统伦理文化

新世纪中国特色社会主义伦理文化的建构离不开对中华民族传统伦理文化的创造性扬弃，它必须以实现中国传统伦理文化的创造性转型为历史前提和先决条件。中国传统伦理文化是一种以儒家伦理为主体的注重人伦和谐与精神境界、推崇民族大义和整体观念、讲究人格操守和道德理想的伦理文化，这种伦理文化曾广泛辐射到异国他乡，为世界精神文明的建设和伦理文化宝库的丰富和发展，做出了巨大的贡献。可是近代以来，中国传统伦理文化遭遇到空前的批判、冷落与疏忽，人们似乎认为只有抛弃传统伦理才能重建现代伦理，因之对传统伦理的清理、发掘与研究极为缺乏。然而，历史告诉我们，否定儒家伦理文化不仅没有导致新伦理的建成和社会道德水平的提高，相反带来的却是崇洋媚外的西化及整个社会范围内伦理道德的衰退。法国16世纪一位名叫米凯莱·戴蒙·泰湟的人说过："中国的历史告诉我们，世界该是多么辽阔而变化无穷，无论是我们的前人，还是我们自己都没有彻底了解它。”在马克思主义看来，现代化的伦理文化的建立，必须立足于民族自身伦理文化传统的基础之上，任何断然分割现代化与传统伦理文化联系的企图无异于发动一场灾变，是注定要失败的。只有植根于民族伦理文化深厚的土壤又广为汲取外来伦理文化的营养，才有可能生长出一种与现代化相适应而又切合本国国情的伦理思想体系。如果我们能在马克思主义伦理学说的指导下，以审慎的科学的精神去追溯儒家传统伦理文化的发展踪迹，并深入其堂奥，辨析其优长与缺失，审度其弃取与抑扬，无疑将有助于我们“冲决历史之桎梏，涤荡历史之积秽，新造民族之生命，挽回民族之青春”[①]，将有助于我们加速建构现代化的新的中国伦理文化，为整个人类的文明和进步做出自己应有的贡献。

儒家伦理文化在数千年的演化、发展中凝聚了不少志士仁人的精神慧命，有些已形成中华民族的伦理道德精神，有些经过千百年无数崇道贵德之士的行为实践，已构成中华民族道德传统的重要内容。中华民族自强不息、厚德载物的进取精神和博大胸怀；“先天下之忧而忧，后天下之乐而乐”“天下兴亡匹夫有责”的社会责任感和道德使命感；“天下为公”“贵和乐群”的行为价值取向；“杀身成仁”“舍生取义”的道德理想追求；以及“富贵不能淫、贫贱不能移、威武不能屈”的人格操守，等等，都是与儒家伦理文化的影响密不可分的。儒家伦理文化重视人的现世生活与人伦日用关系，主张把人当人看，“己欲立而立人、己欲达而达人”，“己所不欲，勿施于人”，提倡“博施于民，而能济众”，等等。这些伦理思想虽然在阶级社会里很难获得真正的实现，但在社会主义条件下经过批判改造则有可能成为新型道德文明建设的组成因素。此外，儒家伦理文化注重道德教育和道德修养，强调道德修养过程中的学、问、思、辨、行并重的修养方法，强调道德教育应使用因材施教、启发诱导的原则，以及重视家教、整肃门风等思想，只要给予批判的继承，对我们的社会主义道德建设亦大有裨益。即便是儒家伦理文化重义轻利、存理灭欲的义利理欲论，只要我们抛却“轻利”、“灭欲”的陈腐观念，赋予重义、存理以新的社会内容，仍然可以对建设新世纪中国特色社会主义伦理

---

① 李大钊：《李大钊选集》，人民出版社 1959 年版，第 71 页。

文化有所帮助。

当然,建设新世纪中国特色社会主义伦理文化,不仅需要继承儒家伦理文化中的优良传统和合理因素,而且也需要认清儒家伦理文化的负面价值,清除其对当代道德建设的消极影响。儒家伦理文化中强调尊卑贵贱、远近亲疏,因而主张爱有等差的思想,以及重群体而忽视个体、重义务而不讲权利等观念,对我国的现代化建设起着严重的阻碍作用,对此我们决不可掉以轻心。儒家伦理文化的“负面价值”,直到今天还在生发着消极的作用,使我们在道德生活的大道上步履艰难,难以大步地向前迈进。因此,为了建构新世纪中国特色社会主义伦理文化,我们必须下大力气去反对、抵制和清除儒家伦理文化中消极因素的影响,这正是我们今天要实现观念更新的重要内容和不可忽视的任务。

总之,在对待包括儒家伦理文化在内的中国传统伦理文化问题上,我们的总的出发点和基本的价值取向应该是:立足现在,面向未来,服务于建构中国特色的社会主义现代化的新的伦理文化。社会主义现代化的伦理文化是人类伦理文化发展的一种崭新的伦理文化类型,绝不是以往伦理文化的简单的延续。没有伦理文化思想的变革,不能突破旧的传统文化观念的束缚,社会主义现代化的新伦理文化的建构是不可想象的。不能设想一个民族还纠缠于小生产甚至封建宗法关系传统的噩梦之中却能够迈出现代化的坚实步伐。传统和传统伦理文化是人创造的,它既是前代人同后代人的文化传承上的中介,又要靠后代人根据时代的需要进行自觉的选择,才能得以传承和发展。包括儒家伦理文化在内的传统和传统文化并没有超历史的绝对的合理性,它们的合理性存在于人类的不断选择、不断创造历史的发展之中。我们之所以主张批判地继承和弘扬包括儒家伦理文化优良成分在内的我们民族的优良文化传统,只是因为我们民族传统文化中的精华部分、构成我们民族的民族精神的部分,凝聚着我们民族的智慧和力量,能够唤起我们民族的历史责任感和使命,是我们迎接新的时代挑战,创造社会主义现代化的新文化、新伦理的历史前提和内在动力。离开了创造社会主义现代化的新伦理这个目标指向,包括儒家伦理文化的优良成分在内的我们民族的优良传统文化,就会失去其合理性的现实依据,就不可能得到真正的继承和发扬。相反地,它们中那些糟粕性的东西就可能泛滥成灾,结果是真正科学意义上继承不能，创新不可，这只能使传统文化中的优良成分因此而萎缩，失去其生命力。现代新儒家在伦理问题上之所以陷入理性上向往未来、情感上却眷恋过去的矛盾之中，形成那种前瞻式的吸纳和保守的恋旧心理交织的怪圈，其重要的原因之一，正在如此。

当然，我们在对待包括儒家伦理文化在内的我们民族传统文化所持的上述立场，同自由主义西化派的观点也是大相径庭的。实践表明，传统和传统文化又表现为一种历史的不可摆脱性。对于一个民族伦理文化直至整个文化建构来说，传统是“根”，新伦理文化、新文明的创造离不开这个“根”，根深才能叶茂；只有具有深厚历史渊源的“新”，才是真正的新。我们建设中国特色社会主义新伦理文化，中心任务是实现社会主义伦理文化的现代化。广而论之，19 世纪以来的所有国家现代化的历史表明，无论是社会的现代化还是文化的现代化，都不能自一个社会外部向内部做直接的嫁接和移入。西方的现代先进技术、实业科学和文化，自有其深刻的历史文化渊源，它是在西方传统文化背景上合乎规律地生长出来的，是按照西方资本主义精神批判继承其传统文化的结果。中国的社会现代化和伦理文化的现代化，也应当从自身文化传统背景的创造性的转型中有机地、合乎规律地生长出来。这必须是一个按照时代精神对中国传统文化进行批判继承的过程。因此在伦理文化建设上，我们也应当回溯我们民族包括儒家伦理文化中的积极的合理的成分在内的优良传统，立足于这个深厚的根基之上，努力寻求其向现代化创造性转型的契机和条件。为此，就必须立足于现在和未来，既批判地继承传统文化中的精华，使之内化为我们民族的主体意识，又从时代的课题出发，赋予它以现代的意义，使之同时代精神相融合，努力创造中国特色的社会主义新的现代伦理文化。自由主义西化派伦理思潮却不懂得这个道理。它所持的对西方伦理文化的盲目崇拜和对中国传统伦理文化的全盘否定的立场，自然会使它陷入既崇拜科学精神又对伦理文化采取反科学的态度，既试图以科学主义为其出发点又桎梏于非科学主义的伦理结论这一不可解脱的矛盾之中。

综上所述，我们之所以把全面清理和发掘儒家伦理文化视为建构新世纪新的中国伦理文化的基本前提之一，是因为儒家伦理文化乃是中国伦理文化的主干,而传统伦理文化又是整个传统文化的载体;是因为建构新世纪新的中国伦理文化始终有一个如何正确对待我们民族的传统文化的问题。在这个不可回避的问题上,我们必须采取科学的理性的态度,尊重文化传承和发展的规律,这个规律就是文化自身发展的客观延续性和文化主体自觉选择的具体的、历史的统一。正是这个规律决定了我们在对待包括儒家伦理文化在内的民族传统文化上,必须把批判继承和超越创新这两者辩证地统一起来。在这里,批判继承是超越创新的基础性步骤,没有批判继承,所谓超越创新只能是一句空话;超越创新又构成批判继承的目标指向,不能实现超越创新,所谓批判继承就毫无意义。而这两者相辅相成、辩证统一的现实基础,乃是我们所进行的建设中国特色社会主义现代化的伟大实践。我们正是在这一伟大实践的基础上,在尊重规律、弘扬科学的理性精神的意义上,来谈论和认识全面清理和发掘儒家伦理文化,建构新世纪中国特色社会主义新型伦理文化的。

3. 科学汲纳和借鉴近现代西方伦理文化

近现代西方伦理文化是西方民族走出中世纪、进入现代化进而走向后现代化的伦理思维的反映和伦理智慧的表征,它包含着十分丰富的内容。其中不仅有个人主义和利己主义的伦理原则和价值观念,而且也有对自由、平等、博爱、人权等的深刻阐发,对公平、正义、勤勉、守时、诚信等的深入探讨,对个性解放与道德关系完善的系统论证,以及对道德语言逻辑、个体道德人格和心理、人的道德存在境况和道德选择等诸多问题的全面系统研究。现代以来,一些明智的资产阶级伦理思想家在对西方社会做全面反省的基础上,对资本主义社会的道德危机及其弊端也展开了批判,其中不乏真知灼见。所有这些,对探讨新型道德文明和建构新世纪的新的中国伦理文化,都不无启迪作用。

建设新世纪中国特色社会主义伦理文化,需要也应当对近现代西方伦理文化进行深入的研究,认真地借鉴。我们必须正视所面临的西方伦理文化环境,这种伦理文化自16世纪以来就在介入、影响中国文化,强迫我们做出认识和回应。近代史上,先进的中国人,为了寻求救国救民的真理,主动地向西方学习,“洪秀全、康有为、严复和孙中山,代表了中国共产党出世以前向西方寻找真理的一派人物”[①]。近代中西文化的交汇既有相互排斥或差异，也有相互融合与渗透。人类近代伦理文化的发展成果之一就是将所有民族的伦理文化聚合成一个开放性的文化系统，使任何一种伦理文化都处于和异质文化的接触、交往之中，使伦理文化的开放性成为伦理文化建设的重要条件之一。因此，任何封闭自守、盲目排斥的做法都会损伤乃至毁灭自身文化的发展。伦理文化的建设亦是如此。20世纪70—80年代以来，随着冷战的结束和新技术革命的迅猛发展、传播工具的现代化，打破了旧的时空界限，冲击着传统的封闭圈子，使中外文化交流、开放的过程日益加快，使中国伦理文化建设日益离不开对世界其他伦理文化的批判性汲纳和借鉴。在当代，一个民族文化的生命力就在于既能保持其文化的优良传统又能充分吸收各种适应时代要求的外来文化的积极成果，当代的文化发展和文化建设，只能是也应当是“全球意识”与“民族意识”的有机结合，是世界化与民族化的辩证统一。一方面，没有深厚的民族文化传统就不可能充分地吸收外来的先进文化，没有强烈的民族意识就不可能创造出自己民族有特色的文化，而没有民族特色的文化对人类文化的发展是不会有什么贡献的；另一方面，“如果没有全球意识就不可能站在全世界的高度来看文化的发展，也就不可能反映这个时代的要求，从而必然要游离于当代人类文化发展的轨道之外，这样的文化是不可能有生命力的”[②]。从中国现代伦理文化的建设来说，全面清理和发掘儒家伦理文化体现着民族意识，科学汲纳和借鉴西方近现代伦理文化则从一定意义上体现着全球意识。我们只有从西方近现代伦理文化中摄取有益的成分来充实中华民族的道德文化观念，为其输入新鲜的活力，才能使中国传统的伦理道德文化发生创造性的转化，获得实质性的开展。

20世纪40年代，贺麟先生在《儒家思想的新开展》一文中曾指出，假如儒家思想能够把握、吸收、融会、转化西洋文化，以充实自身，儒家思想则能够生存、复活而有新的发展。“这个问题的关键，在于中国人是否能够真正彻底、原原本本

---

① 毛泽东：《论人民民主专政》，《毛泽东选集》第4卷，人民出版社1991年版，第1469页。

② 汤一介：《序〈港台海外中国文化论丛〉》，《当代新儒家》，生活·读书·新知三联书店1989年版，第3－4页。

地了解并把握西洋文化。因为认识就是超越，理解就是征服。真正认识了西洋文化便能超越西洋文化。能够理解西洋文化，自能吸收、转化、利用、陶熔西洋文化形成新的儒家思想、新的民族文化。儒家思想的新开展，不是建立在排斥西洋文化上面，而是建立在彻底把握西洋文化上面。”①贺麟先生的这一论断，如果撇开他当时所持的新儒家的立场，应该说是有一定的见地的。现在的问题是如何理解吸收、转化、利用、陶熔西洋文化？

我们之所以主张实现文化的世界化和民族化的辩证统一，是基于这样一种认识，即不同民族和国家文化的交流和吸收、冲突和融合是文化发展的一条客观规律；也是基于这样一个总的出发点和基本的价值取向，即从时代的课题出发，立足于现在，面向未来，建构中国特色的社会主义现代化的新伦理文化。因此，对于西方近现代化伦理文化的吸收、转化、利用和陶熔的过程就不能不是一个深入分析、区别借鉴、取舍改造的过程，一个辩证扬弃的过程。事实上任何一个民族和国家的伦理文化的产生和发展，都具有历史性和阶段性，在整体上都不是也不可能是超时空的。西方近现代伦理文化是西方以私有制为基础的资本主义商品生产和市场经济在文化价值观念上的反映和延伸，在它的早期曾经是西方资产阶级反封建束缚的武器，资产阶级革命胜利后，它又是维护资产阶级统治，为资本家榨取工人的剩余价值进行伦理辩护的工具。我们上面所提到的那些西方近现代伦理文化中的合理成分和积极因素，从总体上讲，都是同资产阶级的利己主义、个人主义的价值体系密不可分的，它们充其量不过是淹埋在这种陈腐观念垃圾中的珍珠，这就形成了近现代西方伦理文化所特有的两面性的特点和不可避免的差异性、矛盾性。因此，它要求我们坚持历史主义的原则，运用阶级分析的方法，认真地进行分析，否则，所谓“真正彻底地、原原本本地了解和把握西洋文化”就是一句空话，就会与真正科学的态度背道而驰。

分析是揭示事物的特点，弄清事物的本来面目的一种基本的认识方法。在批判分析的基础上还必须进行鉴别，因为西方近现代伦理文化本身的特点和面

---

① 贺麟：《儒家思想的新开展》，《文化与人生》，商务印书馆 1988 年版，第 7 页。

貌,它的差异性和矛盾性,是历史的事实存在,并不等于就是优点和缺点。鉴别就是评价,做出价值判断,这是与认识事物特点、做出事实判断有着密切联系但又不同的一种重要的认识方法。要评价首先就必须正确地确定评价的主体。这个主体不能是个人及其好恶和私利,而应该是建设中国特色社会主义现代化的当代中国社会群体。而作为评价者,则必须严格从当代中国社会主义现代化的需要出发,来评价近现代西方伦理文化。其次还必须有正确的标准。这个标准不能就近现代西方伦理文化而论近现代西方伦理文化,也不能是其他别的什么东西,而应该是中国社会发展本身的客观需要。具体说来,对于近现代西方伦理文化的价值鉴别,一是要看它在历史上是否曾经有利于社会的发展;二是要看其是否有利于当代中国现代化建设。这后一点尤为重要。再次明确评价的对象也是十分重要的。评价事物可以是事物的整体,也可以是组成事物整体的内部构件,还可以是事物的内容或形式。近现代西方伦理文化从整体上讲,乃是一种资产阶级的意识形态,它正在随着资产阶级的没落而走向危机和衰败,但是这种意识形态又毕竟是人类伦理文化发展的一个合乎规律的历史阶段,在这个历史阶段上它确实积累了人类文明发展的某些认识成果,这些文明成果反映了近现代科技—工业—市场发展的某些客观需要和一般规律,因而常常具有某种超时空的意义,这是我们在评价中应该特别注意的。总之,只有搞清上述三个问题,才有可能科学地区分近现代西方伦理文化中哪些是积极的、合理的成分,哪些是腐朽的、消极的东西,慎重地进行选择和取舍,摈弃和抵制其腐朽的、消极的东西,吸取合理的、积极的成分。只有在这个意义上,所谓吸取、利用西洋文化才是正确的。

那么,对于近现代西方伦理文化中的合理的、积极的成分的吸取和利用,是否就意味着可以直接沿用、兼收并蓄呢?如果做出这样的理解,显然也是不正确的。因为即使是近现代西方伦理文化中的合理的、积极的成分也必须进行改造。这里讲的改造,就是根据我国无产阶级和人民群众的利益,社会主义现代化的需要,通过社会主义现代化建设的实践,将其重新熔铸,使其转化、升华为社会主义新的伦理文化的构成因素,这就是毛泽东讲的要“经过自己的口腔的咀嚼”,“决不能生吞活剥地毫无批判地吸收”。[①] 为了达到这个目的,就一刻也不能离开我们自己的社会主义现代化建设的实践。实践是认识的基础,也是正确地对待近现代西方伦理文化,科学地汲纳和借鉴其合理的、积极的成分的基础,改造的过程只能是一个社会主义现代化建设和道德建设实践的过程。

正是在上述意义上也只能在上述意义上,我们说新世纪中国特色社会主义伦理文化的建设,只有深入地认识和理解西方近现代伦理文化,才能吸收、转化、利用西方近现代伦理文化,进而超越西方近现代伦理文化。

4. 深入研究和总结当代中国道德变革的实践

十一届三中全会以来的30多年,继社会主义革命取得成功之后我国发生了第二次历史性飞跃,在这短暂的岁月中,我国的经济、政治、文化及社会生活均发生了举世瞩目的变化。30多年来,我国经济建设上了一个大台阶,人民生活上了一个大台阶,综合国力上了一个大台阶。据统计,改革开放以来的30多年,国民经济以9%的速度持续增长,人民群众经济收入迅速增长,综合国力从1962年的第10位上升为第2位。30多年的改革开放,是是非非,风风雨雨,对耶?错耶?成功乎?失败乎?中国的巨大变化就是最好的回答。现在,每一个中国人都能体会到“不坚持社会主义,不改革开放,不发展经济,不改善人民生活,只能是死路一条”的个中蕴意和内在意义。改革开放日益深入人心,成为全党全国各族人民的共识。中国的希望在于改革开放。党的十四大报告指出,社会主义改革的经济目标就是要建立和完善社会主义市场经济体系。这是党在思想认识上的根本性转变和飞跃。只要沿着社会主义市场经济的道路前进,中国不仅将从根本上医治自己的贫穷落后,而且会较快地实现百余年来无数志士仁人梦寐以求的富国强民的理想目标,成为亚洲一条最大的龙和世界经济强国,使21世纪真正成为“中国人的世纪”。

伴随着中国当代改革开放和建立社会主义市场经济的深入进行,中国人民

---

① 毛泽东:《新民主主义论》,《毛泽东选集》第2卷,人民出版社1991年版,第707页。

的道德观念和行为模式均发生了巨大的变化。中国人民对30多年改革开放感受最深的即是观念的变化。有人如此形容,“观念一新,万两黄金”,并认为换脑筋让历史涌动起新潮流,只有换,才有变;大换,大变;小换,小变;不换,不变。传统伦理文化有精华,但也有几千年沉淀下来的陈腐观念,它们像无形的幽灵禁锢着人们的心灵和行为,使其麻木,因循守旧,缺乏接受新事物的精神状态,不敢挑战,也不敢应战。传统旧观念使人干什么都祈求老天保佑平平安安、稳稳当当过日子,缺乏一种汤因比所说的在危险、艰辛、挫折中磨炼成长的“逆境的美德”。很多人怕变求稳,没有敢闯、敢干、敢冒风险的意识和精神。同时,人们注重分配的绝对平均而不关注生产的效率速度,于是“不患寡而患不均”的现象盛行,人们的因循守旧、抱残守缺、苟且偷安的心理和行为随处可见,如此等等,不一而足。它们严重阻碍着中国社会的进步和伦理道德的建设,成为我们前进道路的拦路虎和绊脚石。十一届三中全会以来所进行的全社会范围内的改革开放,为克服旧传统、旧道德、旧观念提供了极为有利的客观的物质条件。30多年来的改革开放,不仅使传统的绝对平均主义的平等观遭到了否定,使传统的循规蹈矩、安分守己地做人的标准发生了动摇,而且也强有力地冲击着传统的贵义贱利、存理灭欲、安贫乐道的伦理价值观,涤荡着怕变求稳、不思进取的陈规陋习,使中国社会的道德行为和道德观念正在发生着深刻的革命变革。

30多年来的改革开放不仅冲击着旧的道德观念和道德传统,而且也创造着新的道德关系和道德品质,促进着社会主义道德意识的加强和更新。人民群众有无限的创造力,他们凭借自己的聪明才智和勤劳勇敢精神在创造高度物质文明的同时也在创造着高度的道德文明。随着改革开放的全面发展和深入进行,人们已经并正在形成着新的劳动观念、价值观念、时效观念和人格观念。改革开放强化着人的平等、自由、公正和人权意识,推动着人的主体能动性的增强;改革开放也激化着人的进取精神,促进着人的自主意识、独立人格的形成,拓展出人的道德品质和道德追求的新领域。改革开放使人们形成着“时间就是生命,效率就是金钱”和尊重知识、尊重人才、优质服务、质量至上等观念,使人们的深层意识经历着深刻的革命变革。30多年来的改革开放,涌现出了一批又一批勇于创造和开拓,致力于振兴经济、繁荣文化,使我们的国家早日跻身于世界强国之林的改革勇士、开放先锋,他们以自己自强不息、发奋图强、白手起家、在逆境中奋起的精神,谱写了一曲又一曲激昂亢奋的创业之歌和道德之歌,形成着当代“中国的脊梁”。我们要建设新世纪中国特色社会主义伦理文化,必须研究和总结当代改革者的道德行为和道德品质,探求当代中国的道德变革。新世纪中国特色社会主义伦理文化应是当代中国道德变革和改革开放道德实践的科学总结的产物,它来源于改革开放的道德实践,同时又会反过来指导和服务改革开放的道德实践,在改革开放的道德实践中受到检验,不断丰富和发展。

总之,建设新世纪中国特色社会主义伦理文化必须从我国的具体国情出发,坚持马克思主义的指导地位,全面清理和发掘传统伦理思想遗产特别是儒家伦理文化遗产,科学汲纳和借鉴近现代西方伦理文化的合理因素,深入研究和总结当代中国的道德变革。只有这样才能建构起一种既立足本国又面向世界,熔伦理文化的民族性与世界性、时代性于一炉的,既适应时代前进步伐又不失其民族文化特质和民族精神,既优于和高于西方伦理文明又适应当代科技—工业—市场文化要求的社会主义的新的伦理文化。

三、建设具有中国特色社会主义伦理文化的应有视阈

如果说,建设新世纪中国特色社会主义伦理文化的基本前提,是我们回顾和省思20世纪中国伦理思潮所必然引申出来的结论,那么当我们把注意力转移到这种新的中国伦理文化建构的本身时,首先确定这种建构的应有视阈就是十分重要的。

马克思主义伦理学同整个马克思主义体系一样,它十分强调科学的因素和价值的因素的统一,它把深邃的历史意识和冷静的现实眼光汇于一身,始终坚持在对现存事物的肯定的理解中包含着否定的理解,十分重视对现实世界发展的必然趋势的认识、预测和把握。既然我们所讲的新世纪中国特色社会主义伦理文化指的是适应当代中国建设中国特色社会主义现代化需要而不断发展和完善

的马克思主义伦理文化，那么它的理论视阈和致思取向就应该是立足现实，面向未来。为此，它必须勇敢地迎接当代全球性的新技术革命的挑战，必须努力培植适应我国社会主义市场经济需要的文化价值精神，必须正确认识现阶段我国人民社会生活特别是精神生活所存在的矛盾。

1. 勇敢地迎接当代全球性的新技术革命的挑战

任何一个时代的伦理，都是那个时代关于人的生活意义和人生价值的认识的表现，都是时代精神的曲折反映。当代世界发展的一个重要的特点，就是新技术革命的兴起和蓬勃发展。这一革命的发展表明，人的体力劳动将越来越被先进的科技装置所替代，人们将越来越不必直接参与生产过程，我们的时代正在发生一种从解放人的体力进而到开发人的脑力的伟大转折。这种被西方学者称之为“智力革命”的转折，已经使衡量社会财富的尺度不再是劳动的耗费即劳动时间的数量，而是组成为社会的人的发展程度；现在社会的进步在很大程度上越来越取决于人自身的全面发展和精神完善化的进程。当代新技术革命发展所造成的精神生产和物质生产日益接近的趋势，人的精神生活日益增长和日益加强的趋势，科学技术迅速发展和人的精神生活相互作用日益国际化的趋势，等等，就是这一历史性转折的具体表现。

马克思、恩格斯曾经尖锐地揭露了所谓资本主义文明的实质，指出资本主义“总是把生产看成人的目的，又把财富看作生产的目的”。与此相反，他们强调：“工人们在自己的共产主义宣传中说：任何人的职责、使命、任务就是全面地发展自己的一切能力。”①长期以来，人们总是讳言人的全面发展和精神完善化是社会主义的目的，然而，如果把人的本质如实地理解为“一切社会关系的总和”，肯定个人的解放同社会的解放的不可分割性，那么人的全面发展和精神完善化不正是意味着旧的经济关系的变革和旧的人际社会关系的改造吗？马克思说：“所谓财富，倘使剥去资产阶级鄙陋的形式，除去那在普遍交往里创造出来的普遍个

---

① ［德］马克思、恩格斯：《马克思恩格斯全集》第3卷，人民出版社1960年版，第330页。

人欲望、才能、娱乐、生产力等等,还有什么呢?不就是无限地发掘人类的创造天才,全面地发挥,也就是说要发挥人类一切方面的能力,发展到不能拿任何一种旧有尺度衡量的那种地步么?不就是不在某个特殊方面再生产人,而要生产完整的人么?"[①]可见,那种片面地理解当代新技术革命所显示的社会内涵,人为地把尽快地提高社会生产力同人的全面发展和精神完善化对立起来,是没有根据的。为了适应当代新技术革命的发展,人的全面发展和精神完善化,应当成为建构新世纪中国特色社会主义伦理文化的主题。我们社会主义经济改革的实践就证明,提高全民族的素质,造就一代"四有"新人,是何等重要!

人的全面发展和精神完善化是一个历史的过程,在不同的社会历史条件下具有不同的内容,它的进程和量度总是同人的社会责任的扩大紧密相连的。历史的发展就是这样:人类每一次实践活动的重大飞跃都表现为人自由选择的范围和能力的扩大,从而人的社会责任也随之扩大。在当代新技术革命条件下,人的社会责任问题变得比以往任何时候都更加突出和更加尖锐。现在西方流行着一句话,说当代的科学技术"既是上帝,又是魔鬼"。的确,当代科学技术的巨大进步,既造成了前所未有的创造力,也造成了前所未有的破坏力;它为社会的进步和人的发展开辟了新的巨大的可能性,但同时也可能带来人控制不了的破坏整个人类生存基础的严重后果。当代核能的开发利用和核威胁的同时存在;遗传工程技术的发展既为人类定向地创造新生物,战胜各种疾病创造了条件,但它同时有可能用来创造一种被西方称之为"人类末日的武器"的"基因武器",且因其盲目使用而导致"生态爆炸",危及整个人类的生存,等等,就是证明。因此可以说,在当代新技术革命的条件下,人类的明天取决于人们自己做出什么样的选择,怎样使用自己的能力和手段,这就无怪乎一些西方学者也认为,"责任范畴的不断扩大"乃是新技术革命时代的一个重大的"理论主题"。已故的罗马俱乐部总裁雷利奥·佩西指出,在新技术革命条件下,"人类从全球规模面向未来,这还是第一次……我们正处在一种与以往不同的新地位,负有各种前所未有的责任;

---

① 马克思:《政治经济学批判大纲》(草稿)第 3 分册,人民出版社 1963 年版,第 104 - 105 页。

如果我们无知、目光短浅和愚蠢，那么我们就会给自己造成一个灾难性的未来”[①]。佩西的话揭示了当代这样一个重大而深刻的社会课题，这就是人们必须面向未来，对全人类的命运负责，培养和造就出一种能够自觉地使自己的生命活动服从于全人类共同的崇高目的和理想的全面发展的新型的人。当代新技术革命的发展，无论从劳动方式的变化，产品对象化方式的变化，还是从消费方式的变化来看，都必须造就出这种新型的人来。

所以，如果说人的全面发展和精神完善化应该是建构跨世纪新的中国伦理文化的主题，那么，培养和造就出这种人来则是它责无旁贷的理论使命。古往今来，一些伦理学家总是热衷于所谓“道德形上学”的探讨，和对人的“终极价值的关怀”，又总是求助于理性的思辨构建或心性的“灵根再植”。他们不知道人即是人的社会本身，因为只有社会才是人存在和发展的特殊形式，“社会本身，即是处于社会关系中的人本身”[②]。因此“道德形上学”只能到人的社会存在中去开掘，对人的“终极价值的关怀”也只有在实现社会发展的客观历史使命中去追求和确定。既然当代新技术革命的发展空前地扩大了人的社会责任，要求人们努力增强自身全面发展和精神完善化的能力，把自己造就成为上述新型的人，反过来又成为人们适应新技术革命发展的要求，推动新技术革命沿着造福于人类的方向发展的责任。因为主体的能力既是承担客观责任所必须的条件，同时也是一种责任客体。这就是说，在当代人们不仅要对改造客观自然负责，同时也要对改造主体自身负责，要把发展人的能力、实现人的全面发展和精神完善作为一项任务、一种责任提到人们的面前。如果说新世纪中国特色社会主义伦理文化也有自己的“道德形上学”的话，那么这便是它所应该追求的“道德本体”和价值理性，也是它所应注重的对人的“终极价值的关怀”。它必须围绕这一历史使命和客观责任，来展开自己的理论思索和建构，真正依据人类道德生活发展的历史经验和客观规律，阐明道德在提高人的能力、实现人的全面发展和精神完善化中的

---

① 《未来一百页——罗马俱乐部总裁的报告》，第 8 -9 页。

② [德]马克思、恩格斯：《马克思恩格斯全集》第 46 卷，人民出版社 1979 年版，第 226 页。

地位和作用,揭示提高人的能力,实现人的全面发展和精神完善化的伦理机制和道德价值目标。

2. 努力培植社会主义市场经济发展需要的伦理价值精神

如果说重视当代全球性新技术革命所造成的社会生活的深刻变化和对人的发展所提出的客观要求,是建设新世纪中国特色社会主义伦理文化所应有的宏观视阈,那么,当我们把视线从全球转向中国来时,致力于社会主义现代化建设,努力培植一种能够适应和推动社会主义商品生产和市场经济发展的科学的人文精神和价值理性,则是它所应有的中观视阈。

世界近现代历史发展表明,任何一种发达的商品生产和市场经济的生产与发展,都是以一种人文意识和价值理性为精神基础的。马克斯·韦伯在其《新教伦理与资本主义精神》一书中就指出,在古代世界各文明起源最早的国家,如中国、埃及、印度、巴比伦等,都曾经有过商品经济的发展,都产生了商业资本、金融资本、掠夺型资本和投资性资本,但这些资本都因其没有形成一种相应的人文精神和价值理性的支持而未能发展起来,都走了一条掠夺投机—暴发挥霍—衰亡崩溃的悲剧性的历史道路。人类历史上发达的商品生产和市场经济最初是在西欧以资本主义形式出现的,而西欧资本主义经济的蓬勃发展则同新教伦理及其世俗化的过程有着不可分割的联系。正是后者的产生于基督教禁欲主义的“以天职思想为基础的合理行为”的文化价值观念,不仅为资本家获取财富、发展经济提供了一种光荣奉献的精神动因,而且也使其经济生活有了一种行为的正当原则和节俭的精神自律,它所形成的以个人为本位的资本主义的文化精神和伦理价值体系,便成了西欧资本主义商品生产和市场经济得以蓬勃发展的精神核心。20世纪60年代日本及亚洲“四小龙”的经济腾飞又显示出了另一种文化精神和伦理价值根源。这种被美国学者彼得·伯格称之为“亚洲资本主义精神”的文化精神和伦理体系,其核心就是“集团利益优于个人利益的集团中心主义”。伦敦经济学杂志编辑的《惊人的日本》一书曾写道,日本人以“对集团忠诚”为中心的对事物的看法及劳资关系，“成为提高日本企业生产率的源泉”①。可见在近现代，无论是东方还是西方，资本主义商品生产和市场经济发展的历史都证明：没有一种文化意识和价值理性作为其精神动因、价值规范和定向定位机制，商品生产和市场经济的发展是不可想象的；而不同的国家和地区由于其历史文化背景的差异，国情的不同，其发展商品生产和市场经济的文化精神和价值理性是各不相同的，日本及亚洲“四小龙”经济发展所依凭的就是一种有别于西欧近代文化的非个人主义类型的文化精神和价值理性。

这里就提出了一个问题，既然我国在实现现代化的过程中，所要大力发展的不是资本主义的商品生产和市场经济，而是社会主义的商品生产和市场经济，社会主义的商品生产和市场经济是建立在以公有制为主体的经济基础上的，是以社会主义社会人与人之间同志式的互助合作的社会关系为依据的，因此很显然，它的发展也就必须有一种符合它自身本性的文化精神和价值理性，这种文化精神和价值理性就不应该是西方新教伦理和个人本位主义的文化价值体系，也不可能是日本及亚洲“四小龙”从传统家庭模式中引申出来的“集团中心主义”的文化价值体系。因此这两种文化价值体系虽然其产生的历史文化背景不同，表现形式各异，但就其本质来讲都是私有制经济关系的反映。无论是以“个人”为本位还是以“集团”为中心的文化价值体系，都不过是私有制经济在现代商品生产和市场经济发展中的一种文化价值上的延伸，它们在本质上都是个“私”字，它的价值指向都是个人的财富和幸福，它在实际中的表现则是人剥削人、人压迫人的社会对抗，只不过它们的社会表现形式和实现手段有所不同而已。那么，发展社会主义的商品生产和市场经济所需要的文化精神和价值理性是什么呢？建构新世纪中国特色社会主义伦理文化就必须面对这个问题，对其做出深入的探讨和科学的解答。

实践表明，任何一种文化精神和价值体系都不可能是纯主观的构建而是社会存在的反映，是人们对一定社会关系的客观必然性的自觉的文化升华和价值

① 日本经济新闻社编，王革凡等译：《东洋奇迹——日本经济奥秘剖析》，经济日报出版社 1993 年版，第 556 页。

把握。因此,要建设一种真正能够适用和推动社会主义商品生产和市场经济发展的文化精神和价值体系,就必须到社会主义商品生产和市场经济本身去寻找它的源头活水,在这里,任何外在的强加或拉郎配式的嫁接,都是无济于事的。这也就不难看出,要建构新世纪中国特色社会主义伦理文化,就必须对社会主义商品生产和市场经济的本性做出科学的剖析和文化的反思,除此别无他途。为此,首先搞清什么是商品生产,它本身包含着什么伦理内涵是十分重要的。

所谓商品生产,简单地说,就是不是为自己使用,而是为交换而进行的产品生产。商品生产区别于自然经济条件下的产品生产的地方就在于,它是一种为满足他人或社会需要(通过市场交换)而进行的生产。如果一种产品不是为了用于交换,以满足他人或社会对产品的使用价值的需要,而是用于生产者自己的消费,或者这种产品是为了无代价地转交给他人的消费,而不考虑其自身交换价值的实现,那么这种产品就不成其为商品,这种产品的生产也不是商品生产。商品生产作为一种经济形式,它的这种特定的规定性决定了它首先是一种为他性生产、服务性生产,所以马克思说:“要生产商品,他不仅要生产使用价值,而且要为别人生产使用价值,即生产社会的使用价值。”①那么,商品生产者为什么要进行这种为他性、服务性的生产呢?显然,其目的是为了实现其商品的价值,获得他们所追求的利润。这就是说,商品生产同时又是一种为己性的生产、谋利性的生产。可见商品生产作为一种经济形式,同时具有为他性、服务性和为己件、谋利性的二重属性,是这二重属性的对立统一。伦理学是研究道德价值的。所谓道德,乃是一种处理和调整个人同他人、同社会的利益关系的心理意识、行为活动和原则规范。凡是存在着这种需要处理和调整的利益关系的地方,就会有道德的存在,也会有其相应的伦理属性。因此如果从伦理学上来考虑,我们也可以把商品生产的上述二重属性称之为伦理二重性。

应该肯定,一般地说,商品生产的这种二重伦理属性是既对立又统一的。它们的统一就表现在:商品生产者、经营者只有在其产品具有为他性、服务性,能够

---

① [德]马克思、恩格斯:《马克思恩格斯全集》第23卷,人民出版社1972年版,第54页。

满足他人和社会对其产品的使用价值的需要的条件下,才能达到其为己性、谋利性的目的,实现其产品的交换价值,谋得其所追求的利润;反过来,商品生产者、经营者的产品的为己性、谋利性的实现又能转化成为一种动力,推动他们继续进行和扩大这种产品的生产,并促进其为他性、服务性的品格的提升。但是商品生产伦理二重性的这种统一,又是一种对立的统一,它的对立的方面则表现在:从商品生产者、经营者本身来看,他们生产商品的动机和目的首先是为了谋取利润,达到能够满足自身的特殊利益的效果,而满足他人或社会的需要则是为了实现这种目的的一种手段。这里便存在着动机和效果、目的和手段的对立。从商品生产运行的过程来看,它必然通过交换,以市场为中介,因此,不论是它的为己性、谋利性还是它的为他性、服务性能否实现,实现到什么程度,都始终要受到通行于市场的价值规律、供求关系、竞争机制的制约。这就不能不常常造成两者的不一致和对立。商品生产的伦理二重性的这种对立统一的关系,是深深地植根于马克思所揭示的商品生产的劳动二重性和商品内在的二因素的对立统一关系之中的,正是这种对立统一关系才决定了商品生产的二重伦理属性对立统一的关系。

商品生产为什么会具有这种为他性、服务性和为己性、谋利性的二重伦理属性呢?根源就在马克思所说的商品"不断交换的必要性和作为全面媒介的交换价值上"①。正是由于商品交换和交换价值,使个人生产的特殊产品也都采取了为每个人而存在的普遍形式,即交换价值的形式。这就是说,从生产商品的劳动及其交换的关系来看,这种劳动既是为己的劳动又是为他人、为社会的劳动。同时,商品简单流通的过程还表明,每个人的生产都是依赖于其他一切人的消费。因为只有这样,他才能进行生产,他的产品也才能转化为货币,获得利润,因而取得他购买自己所需的生活资料的手段。这样,谋利性的生产同时也就成了服务性的生产。马克思曾经把这种由于商品交换和交换价值的客观必然性而造成的人们不能不互通有无、相互依赖而结成的特定的社会关系,概括为"他为别人而

① [德]马克思、恩格斯:《马克思恩格斯全集》第42卷,人民出版社1979年版,第122页。

存在和别人为他的存在”，并认为这是任何商品经济条件下的“现实的生活要素”①。商品生产的伦理二重性正是这种“现实生活要素”的伦理表现。

需要指出的是，我们说商品生产作为一种经济形式具有为他性、服务性和为己性、谋利性辩证统一的二重伦理属性，并不等于说这就是任何商品经济条件下现实生活中的实际的伦理关系。因为所谓伦理关系，乃是人们依据一定的伦理原则和善恶观念而形成的、并在实际行为中所表现出来的相互对待的关系，它是人与人的社会关系的客观必然性和人们的主观认识相统一的产物。因此，一般商品生产的二重伦理属性的客观存在是一回事，人们能否正确地认识它，内化为相应的伦理原则和善恶观念，并形成相应的实际的伦理关系，则又是另一回事。因为人们总是而且只能是从自己的实际存在和现实的经济关系中吸收和形成自己的伦理观念和道德准则的，而我们上面所讲的商品生产的伦理二重性只是对商品经济的一般特性所做的一种抽象的分析的结果。一般的商品经济作为一种经济形式，只有在其与一定的生产方式结合在一起时，才是现实的具体的东西，或者说在现实中只是以一定的生产方式为基础的具体的商品经济。因此，人们如何认识和把握商品经济的二重伦理属性，将其内化成什么样的伦理原则和善恶观念，并形成相应的实际的伦理关系，这并不决定于作为一般经济形式的商品生产，而始终是决定于与这种经济形式相结合、并成为其存在和发展的现实基础的具体生产方式。内容决定形式，有什么样的生产方式就会有什么样的现实的具体的商品经济，因而也就会有什么样实际的伦理关系和道德观念。在这里，作为一般形式的商品经济及其二重伦理属性，只是提供了一种使它能够容纳不同的甚至根本对立的伦理关系和道德观念的形式基础的可能性，而要把这种可能性变成现实性，则决定于与之相结合的生产方式，特别是其中的所有制关系。

恩格斯指出，商品经济存在了7000多年，只是到了原始社会末期，随着生产力的发展，私有制的产生，商品经济的内在伦理二重性才随之发生了分裂和对抗。这种分裂和对抗就具体地表现在：由于私有制把人分解成为一个个单个的

---

① ［德］马克思、恩格斯：《马克思恩格斯全集》第42卷，人民出版社1979年版，第122页。

私有者,使私有利益成为每个人一切行为的出发点和归宿点,这就极大地强化了商品生产为己性和谋利性,而使它的为他性、服务性实际上被消解在它的为己性、谋利性之中,成为一种纯粹社会的虚设和伦理的假定。前面所述的西方的新教伦理和以个人本位主义为核心的所谓"资本主义精神",和日本的以"集团中心主义"为特征的所谓"亚洲资本主义精神",就是这种分裂和对抗在文化精神上的具体反映,它们的实质都是利己主义,只不过后者更注意以商品经济的为他性、服务性作为其形式的装饰而已。

社会主义公有制的确立,是对私有制的否定,但绝不是对商品经济的否定,而只是使商品经济发展成为一种新的形态——社会主义商品经济。社会主义商品经济是一种建立在公有制基础上的商品经济。我们知道,生产资料所有制决定着人们在生产中的相互关系的性质。建立在公有制基础上的社会主义商品经济所体现出的人与人的关系已不再是资本主义商品经济中剥削和被剥削的关系,也不再是自然经济条件下简单商品经济中的私人小生产者之间的关系,而是社会主义劳动者作为生产资料的共同主人和联合劳动的关系。正是这种关系决定了社会主义商品经济生产目的、运行机制和分配方式等方面都根本不同于以私有制为基础的商品经济。它的生产目的乃是为了全体人民的共同富裕和幸福;它不但可能而且必须由代表全体劳动人民利益的国家进行计划控制,形成政府依据价值规律调控市场、市场引导企业的经济运行的模式;它所实行的是对劳动者的个人消费有利的按劳分配制度。所有这些,不但为消除作为一般经济形式的商品经济的伦理二重性的分裂和对抗开辟了道路,而且也使其伦理二重性的相互关系发生了重大的变化。这就是:其为他性、服务性被突现出来,成了矛盾的主要方面,并在这个前提下,为实现其为他性和为己性、服务性和谋利性的辩证统一提供了客观的必然性和现实的可能性。应该说,这是商品经济发展的一种历史性的变化。

因此,适应这一变化,调整自身的理论视阈和思维取向,深入地揭示社会主义商品生产和市场经济的上述伦理底蕴,阐明其发生发展的客观规律和具体条件,为培养一种真正适用发展社会主义商品生产、建立社会主义市场经济新秩序的文化精神和价值理性服务,并努力使其实际地成为推动社会主义商品生产和市场经济发展的精神动因、价值规范和定向定位机制，就不能不是建构新世纪中国特色社会主义伦理文化的一个必须解决的重大理论课题。

3. 正确认识现阶段我国人民精神生活的矛盾

建构新世纪中国特色社会主义中国伦理文化，是对当代新技术革命挑战的积极回应，也是对发展社会主义商品生产和市场经济客观需要的自觉把握，而这一切又必须立足于现阶段我国现代化实践的现实。伦理学是研究道德的科学，道德是人类精神的自律，因此，认真分析和正确认识我国现阶段社会生活特别是人们精神生活的矛盾，切实为促进这些矛盾向着社会主义国家方向发展创造伦理文化条件，提供价值导向，也是建构新世纪中国特色社会主义伦理文化的一个应有的视阈和不可忽视的方面，否则我们的伦理建设就不可能落到实处，发挥它应有的功能。

人的精神生活作为人类的一种特有的生活内容，是以人的物质生活为基础的，是社会存在的反映。当然，它并不是对物质生活的机械的复印或简单的延伸，而是对物质生活的一种能动地反映、把握和升华。在这里，人的需要乃是一个中介。需要既是人的精神生活的重要内容，又是从物质生活到精神生活转化的机制。因此，考察和研究人的精神生活不能离开一定的物质生活条件，也不能离开基于社会实践而造成的人的需要。马克思指出："他们的需要即他们的本性。"[①]这说明人的需要乃是人的极为丰富多彩的属性中最基本、最一般的属性，是人的各种质的规定中最原始、最简单的规定，因此它也是我们考察和研究人的精神生活的基本出发点。

人作为一定社会关系的承担者，任何时候都既是一个"个体的存在"物，"同时又是一个社会的存在"[②]，即社会成员的存在。人就是把这两个矛盾的方面内在地具于一身的矛盾体，人的这种二重性或矛盾性决定了人的需要也具有二重

---

① ［德］马克思、恩格斯：《德意志意识形态》，《马克思恩格斯全集》第3卷，人民出版社1960年版，第514页。

② 马克思：《1844年经济学—哲学手稿》，人民出版社1979年版，第72页。

性或矛盾性:作为一种个体的存在物,每个人都有维持自己的生存和发展的需要,这就是我们平常所讲的个人利益;但同时作为一种社会的存在物即社会成员的存在,每个人又都有维持社会共同体的存在和发展的需要,这就是我们平常讲的社会共同利益。人的这种二重需要或利益,不管人们自觉与否,都是客观存在的,必然的。所以马克思指出,人的需要表现为两种形式:一是“自然主体的那种需要”;一是“表现为社会需要的个人需要”。与此相适应,人的需要的满足也有两条途径:一是直接满足个人的需要;一是满足“表现为社会需要的共同需要”。这就使人的需要或利益呈现出个体性和整体性的二重特点。正是这种特点,决定了任何人都有一个如何处理自身需要或利益的个体性和整体性的关系问题,这个问题便构成了人类精神生活得以展开的纽结。

在社会主义社会,人的二重性具体表现为劳动者的二重身份,一方面,社会主义制度的建立,使广大劳动者变成了国家的主人,因而也成了自己生活的主人。这一基本事实决定了献身四化,振兴中华,并在这个伟大斗争实践中不断地发展和完善自身,成了我国各族人民的内在需要和根本利益;另一方面,劳动者又是他自己、他的家庭的行为的主体。由于社会主义商品经济也是以商品生产者、经营者在利益上的深刻差别和需求上的内在联系为前提的,是受价值规律支配和竞争机制驱动的,也由于劳动仍然是人们谋利的手段,因此就劳动者这一重身份而言,又使得个人需要的满足成为劳动者的切身利益,具有更实际的感召力和更大的驱动力。社会主义社会劳动者的这二重身份及其二重需要和利益,在根本上是一致的,但又有对立的方面,正是这种对立统一便构成了现阶段我国人民精神生活的主要矛盾。社会主义道德就是在这种对立统一的矛盾运动的基础上存在和发展着的。因此,要建构新世纪中国特色社会主义中国伦理文化,就必须依据我国现阶段社会主义的发展现状和实际进程,来揭示这个矛盾,分析这个矛盾,指明这个矛盾运动的客观规律和必然发展趋势,并在此基础上概括出社会主义道德的思维方式、行动准则和价值评价的标准,以完善和发展社会主义的文化价值体系。

我国人民精神生活中的主要矛盾,从根本上讲,是社会主义初级阶段的主要矛盾,即人民群众日益增长的物质文化需要同落后的社会生产的矛盾在精神领域里的反映。但它又是在当代国际国内社会发展的大环境中展开的,上述当代新技术革命所造成的社会发展四种趋势都将直接或间接地影响和制约我国人民的精神生活的发展。不仅如此,我国的精神生活的主要矛盾还是在源远流长、根深蒂固的中华民族传统的文化心理结构的背景上展开的。如前所述,我国历史上长期以来存在的单一小农经济的孤立、分散、自给自足的状况,以及大一统的集权的国家政体和儒家思想的统治,一方面使中华民族具有凝聚力强、崇尚群体、刻苦耐劳、朴实宽厚、和谐谦逊、注重精神价值等优点;另一方面又养成了因循守旧、不思进取、消极依赖、追求绝对同一、不提倡个性、排斥创新的传统心理结构和旧的习惯势力,这些也都将成为我国人民精神生活中的有利和不利的条件。因此,在社会主义初级阶段,我国人民精神生活的矛盾发展将不能不呈现出一幅复杂的多维的图景。

鉴于上述,我国人民精神生活的主要矛盾往往比较集中地通过人们的日常意识和社会主义意识、消费意识和创造意识、个体精神和民族精神的矛盾表现出来。在我国现阶段,社会主义制度的逐步完善,马克思主义的理论指导和社会主义意识形态的主导地位,是确保我国人民社会主义意识发展的重要条件。然而,社会生产的落后状况,政治体制的不完善,民主生活的不健全,加之中西文化的碰撞,特别是东欧的剧变、苏联的解体,国际范围内社会主义受到严重的挫折,处于暂时的低潮等等,又将削弱这种意识,甚至产生某种离心的倾向。人们的日常意识总是通过个人利益的多棱镜来反映现实的。改革开放的发展和深化,人们的个人利益得到了极大的关注,合理满足个人需要的可能性在日益增长,这将极大地增强人们对马克思主义的信念,提高人们的社会主义觉悟。但是人们的日常意识又容易停留在某些暂时的、偶然的东西上面,而使本质的、规律性的东西得不到相应的反映。改革中的暂时曲折和个别失误,生活中的实际困难和麻烦,党内和社会上的官僚主义、家长制、特权思想和不正之风,社会主义同资本主义在生产发展和生活水平上的较大反差,又都可能使人们产生某种逆反心理,因而造成人们的社会主义意识和日常意识的冲突和矛盾,并反映到人们的道德生活中来。同时,社会主义现代化的发展,必然唤起人们的创造热情和消费意识的增长,但这两者又并不是在任何情况下都能同向发展的。在正常情况下,人们消费能力的提高,是个性形成和发展的重要条件,它将有利于人们按照道德准则的要求提高对自身欲望的自我控制和自我调节能力,因而成为发展人们的创造意识的机制。但是剥削阶级旧思想、旧道德的影响,资本主义消费主义的侵袭,以及在文化素质普遍较低的情况下的物质生活的迅速改善甚至超常的提高,又可能把某些人引向玩物丧志、成为物的奴隶的地步,因而阻碍着人们创造意识的发挥,泯灭人们的进取精神,使人们消费意识和创造意识的发挥处于矛盾之中。至于随着社会主义商品生产和市场经济的发展所必然造成人们的"个人感"的增强、个性的发展,无疑是对不倡个性的封建传统影响的冲击,是个人精神解放和能动性发挥的重要条件。我国社会主义的民族精神同人们的个性发展本质上是一致的。民族精神作为一种群体意识,是由个体的独创性活动推动的,社会主义社会应当强化人们的个性追求,促进主体内在尺度对象化的进程。没有人们的个性发展,就不可能有改革、开放、创新的社会主义民族精神的弘扬。但是在社会主义初级阶段的条件下,个体意识又可能被扭曲,成为个人主义、无政府主义的衍生物。总之,如果说社会主义初级阶段社会生产力还不发达,存在着以公有制为主体的多种经济成分和以按劳分配为主要形式的多种分配形式,那么反映在人们的精神生活和道德生活中,就必然出现一个多层次、多形式、多取向的复杂状态。这里有两种道德观的斗争,又存在着基于现实矛盾的各种必然的道德冲突,从总体上说,它们是属于人民内部矛盾的范畴。

为此,新世纪中国特色社会主义伦理文化的建设就必须面对这个现实。它要肩负起促进人们全面发展和精神完善化,培植发展社会主义商品生产和市场经济的文化精神和价值理性的历史使命,就不仅要批判对西方伦理道德亦步亦趋的种种倾向,而且也必须摈弃对社会主义道德的形式主义和教条主义的理解。它所阐发的一切伦理原则和道德要求,必须始终把目标指向个人利益和社会利益的统一、个人同社会的和谐发展。并且努力引导人民群众坚持从这个观点出发去分析和评价社会现象,主动地发现和处理社会精神生活中的各种矛盾,坚持用社会主义文化价值观念造成先进的社会舆论,形成有利于调动和发挥人民群众社会主义积极性和首创精神,推动人民群众自觉地参与各种社会矛盾的解决过程的氛围,成为解决这些矛盾,实现社会主义现代化的不可缺少的道义力量。

四、建设具有中国特色社会主义伦理文化价值观的构想

改革旧的体系,建立和完善社会主义市场经济,建设中国特色社会主义现代化,是我国人民迈向21世纪的惊人一跃,也是我国人民对当代新技术革命挑战的积极回应,还是解决现阶段我国人民精神生活所存在的矛盾,促进这些矛盾朝着社会主义方向转化的重要的社会前提和物质基础。因此,新世纪中国特色社会主义伦理文化价值观的构想,必须坚持在马克思主义和中国特色社会主义理论指导下,围绕着这一中心来运思,在这个过程中还必须十分注意继承和发扬以儒家为主干的中国传统伦理文化的优良成分及其所积淀的我们民族所特有的民族精神,也必须科学地汲纳和借鉴近现代西方发达国家伦理文化的合理因素,使新世纪中国特色社会主义伦理文化价值观既是现代的又是中国特色的真正社会主义的伦理文化价值观。只有这样的伦理文化价值观才能为我国人民提供一种具有广泛现实可行性和实际操作性,能够充分反映当代时代精神和社会发展大趋势的科学的道德价值观念、思维方式和行为评价标准的范导。

1. 新世纪中国特色社会主义伦理文化建设的总体思路和坐标

市场经济不仅是一种以市场作为资源配置的基础性的方式和主要手段的经济,不仅是一种商品生产发达到社会化大生产阶段客观必须的资源的合理配置和优化组合,而且是一种注重秩序和公平的法制经济,也是一种必须有一定文化价值精神依托的伦理经济。因为市场经济也是一种人的活动,一方面它固然表现为一种物的交换和运转,但其中也必然蕴含着一种属人的东西;另一方面人的活动固然要受到市场法则的制约,但也有他自身的价值观念的参与。这就无怪乎一些西方学者也提出“管理即伦理”的命题,并宣称现代化的管理即在于从价值上去激励人,从道德上去感染人。亚洲的日本及“四小龙”等经济最早起飞的国家和地区更是一直把伦理文化价值作为其发展市场经济的重要杠杆。所以,

调节市场经济的种种关系和解决市场经济发展中的种种问题,不能仅仅依赖于市场经济本身,也不能把法律手段绝对化,还必须依赖于市场关系的伦理和市场主体的道德,依赖于与市场相适应的文化精神和伦理价值规范。建立和健全社会主义市场经济体制,一方面呼唤着新的伦理文化价值为其提供精神动力、价值规范和定向定位机制,另一方面也催生和孕育着一种新的伦理文化价值与之相适应。这种新的伦理文化价值观是整个新世纪中国特色社会主义伦理文化价值体系的一个重要组成部分。新世纪中国特色社会主义伦理文化价值体系应该是一个面向世界、面向未来、面向现代化的开放系统,是一个反映不断发展的社会的经济生活、政治生活和文化生活的道德要求和价值目标的复合系统,是一个在理论上取得重大突破、实践上取得重大成果的理论推动实践、实践丰富理论的互动系统,这就从根本上决定了新世纪中国特色社会主义伦理文化价值观的总的特征。

从伦理学的科学性质上讲,新世纪中国特色社会主义伦理文化是一种以马克思主义理论伦理学为指导,服务于中国的社会主义道德建设和道德实践的,能够凝聚全国各族人民的意志、振奋中华民族的民族精神的规范伦理学。它立足于社会主义现代化建设的实践和道德生活的现实,着眼于分析和论述社会道德现象及其发展规律,并进而为人们确立行为的价值目标和生活理想,给人们以实际的指导和帮助。它不仅要描述和总结以往及现在的道德生活经验,而且要分析和研究社会的道德现象及其发展演变的规律,同时还要为人们的道德实践确立价值目标,做出规范的要求和精神的激励,以使人变得更美好,使社会变得更进步、完善。因此,新世纪中国特色社会主义伦理学是集理论伦理学、规范伦理学、应用伦理学(也即实践伦理学)于一身的伦理学,其中理论伦理学是基础与指导,规范伦理学是主体与实质,实践伦理学或应用伦理学是目的与源泉,这三者相互联系、相互制约、相互影响、相辅相成,形成一种优化结构的和谐整体。

从伦理学的价值指向和学科特征上考察,新世纪中国特色社会主义伦理文化既不应是只重利益、效果或个人幸福、快乐的功利论伦理学或快乐主义伦理学,也不应是只重道义、动机或个人德性、精神完善的义务论伦理学或克己主义伦理学,它是一种主张把功利与道义、效果与动机、个人幸福与自我精神完善统一起来的超越功利论和道义论、动机论与效果论、快乐论与完善论对立之上的新的伦理学。这种伦理学一方面肯定工具合理性的可取之处,肯定责任伦理和功利伦理的现实作用;另一方面又认为一个社会、一个民族或一个人,光讲工具合理性、以利益言道德是远远不够的,如果这样就会使其道德发生质的退化或堕落,最后使得功利主义的道德既不能造就真正的道德亦不能实现合理的功利的可怕性结局。这种伦理学同时也肯定价值合理性的可取之处,肯定神圣伦理和道义伦理的现实意义,但又认为如果一个社会、一个民族或个人离开现实的功利、社会的效用而空谈道德至上、精神万能,那也是非常有害的。新世纪新的中国伦理学坚持真正的合理性即既不是单方面的工具合理性也不是单方面的价值合理性,而是也应该是工具合理性与价值合理性的有机统一。伦理作为合理性的现实化表现,其科学的含义也绝不仅仅只是道义伦理或功利伦理,神圣伦理或责任伦理,而无疑应该是道义伦理与功利伦理、神圣伦理与责任伦理的互相补充、互相结合。因此,它的文化价值观在道义与功利的关系问题上的价值指向不是重义轻利、贵义贱利甚或“存理灭欲”、“道德即幸福”式的道义论,也不是重利轻义、贵利贱义或“我欲故我在”、“幸福即道德”式的功利论,它应当也只能是义利并重、义利统一,是道义价值与功利价值、内在价值与外在价值、目的价值与手段价值、道德和幸福的有机统一。

从个人与社会的关系上考察,新世纪中国特色社会主义伦理文化应该坚持社会主义的集体主义的道德原则和价值导向,既反对那种忽视个人和个人正当权益、要求,一味地服从社会群体的传统整体主义,也反对那种把个人与社会集体对立起来,主张个人本位、个人中心的个人主义。社会主义的集体主义道德原则与价值导向是一种把个人利益与社会集体利益有机结合起来,以实现个人同社会和谐发展为价值目标的道德原则与价值导向。它在承认集体利益的道德权威性的基础上充分地肯定个人利益的合理性,坚持个人利益与集体利益的结合性或协调性。在个人利益与社会集体利益发生矛盾时,它一方面要求个人顾全大局,自觉地维护社会集体利益,从而对个人利益做出必要的节制和自我牺牲,但同时又强调对二者的矛盾做出具体的分析。如果集体利益确实妨碍或有损于大多数个人的正当利益,那就应该对集体利益做出必要的调整,以保障个人正当利益的合理满足,实现集体利益同个人利益的协调发展。集体主义道德原则和价值导向虽然早在马克思、恩格斯那里就得以确立和阐发,在我国多年来也一直受到推崇和强调,但集体主义道德原则和价值导向也有一个如何适应我国社会主义初级阶段的现实状况和人们的道德觉悟水平的问题,有一个随社会生活实践的发展而发展的问题。因此,作为建设新世纪中国特色社会主义伦理文化的核心的社会主义集体主义道德原则,也有一个进一步弘扬集体主义精神并使之更加完善的任务。所以它必然要吸纳变化了的社会生活的新内容,借以充实和丰富自己。从某种意义上说,应当使在传统计划经济时代调节各种利益关系的集体主义道德原则,经过自身的扩充与发展,转化为社会主义市场经济时代调节各种利益关系的道德原则,这样才能更好地引导和促进社会主义市场经济体系的建立和健全。这种扩充与发展既要正确地认识正当的个人利益的伦理意义,划清正当的个人利益同个人欲望、自私自利的界限,又要努力找到集体利益同个人利益的最佳结合点,制定具有操作性的、切实可行的集体维护个人利益和个人维护集体利益的具体行为规范。这种扩充与发展要求在集体利益与个人利益之间建立起一种义务的双向关系,实现两者在真正意义上的有机统一。这就是说,个人有义务按照集体的规则要求行事,自觉地维护集体利益,同时个人又有权利要求集体能运用集体的优势和力量来保障和维护个人利益,使个人自觉自愿地把自己纳入集体之中而并不因此消融、失落自己的个性。集体有权利要求个人维护集体的存在与发展,要求个人服从一定的集体规则,限制个人利己主义的膨胀或假公济私行为的蔓延;同时集体也有义务满足个人的利益需求,把个人利益满足视为自己的责任,实现各个个人自由的、和谐的、全面的发展。集体主义只有使自己成为每个社会成员发展自我、完善自我的最完美形式,否则就不是真正的社会主义的集体主义。

此外,新世纪中国特色社会主义伦理价值观还内在地包含着民主、法制、科学与伦理的和谐发展,包含着公正、平等、信用、诚实、俭约等传统美德在现时代的创造性继承和升华。

2. 并重功利与道义的价值取向

道义与功利的关系是中国传统伦理文化的一个基本问题,也是建设新世纪中国特色社会主义伦理文化的重要问题。马克思指出:“财产的任何一种社会形式都有各自的‘道德’与之相适应。”①各种不同的道德都是以一定的利益为其实在内容的。可以说,社会经济关系所表现出来的利益,从根本上决定着道德的基本原则和主要规范。人们奋斗所为之争取的一切,都同他们的利益相关。没有同利益全然无关的纯粹道德。但是,人的社会本性又决定了道德产生和形成之后便具有相对独立的存在价值,在一定历史时期内,它代表着一定的社会或阶级的整体利益,并在实践中积淀成稳定的价值信仰,调节着人们的社会关系。因此,一般地说,社会和个人都既有利益的需要又有道德的需要。人既是他现在是的那种人,又是他向往应当成为的那样的人,是一种集现有与应有于一身的理性存在物。人既需要以物质利益来延续自然机体的生存,又需要以理想道德来充实精神世界,使自身不断发展和完善起来。

在历史上,由于社会和个人的生存、发展均带有极大的限制性,常常使得人们的一种需要的满足必然以牺牲或放弃另一种需要为代价,使得一部分人(往往是极少数)的需要的满足必须以压抑或剥夺另一部人的需要的满足为条件,这就造成了封建主义的重义轻利和资本主义的重利轻义的价值模式。封建社会由于满足人们利益需要的有限性,作为维系宗法等级关系为目的的封建道德势必要求人们做出轻利或贱利的选择,于是“重义轻利”“贵义贱利”“以义斥利”就成了封建道德的价值模式。所谓“正其义不谋其利,明其道不计其功”,就是这种价值模式的典型概括,而封建主义的道义论则是这种道德价值模式的理论表现。中国传统重义轻利价值模式本质上是宗法制度和君主专制的产物。在宗法制度和君主专制的统治下,个人利益对于群体利益(其最高代表即是封建君主)是既依附又对立的。个人在封建的宗法制度和君主专制的压迫下既没有独立自主的

① [德]马克思、恩格斯:《马克思恩格斯全集》第17卷,人民出版社1963年版,第610页。

经济权利,也没有超越家庭和国家利益去发展自己个人利益的政治权利,从而形成了个人利益必须绝对服从和从属于家庭、国家利益的要求。这种利益关系和要求反映到伦理价值观上就是上述的所谓“正其义不谋其利,明其道不计其功”。资本主义社会是一个商品社会,它以追逐剩余价值和超额利润为生产目的,不断掠取剩余价值和超额利润是资本存在和增值的条件。资本家作为资本的人格化,必然把对功利的追求置于至高无上的地位。如果说在封建社会地主阶级所要维护的是封建等级制度和特权,那么在资本主义社会,资产阶级所要维护的就是个人私利和金钱的特权。恩格斯曾经深刻地指出:“在资产阶级看来,世界上没有一样东西不是为了金钱而存在的,连他们本身也不例外,因为他们活着就是为了赚钱,除了快快发财,他们不知道还有别的幸福,除了金钱的损失,也不知道还有别的痛苦。”[①]为了谋求个人私利,赚钱发财,他们不惜采取投机倒把、虚伪欺诈、坑蒙拐骗、贪污盗窃等卑劣手段。只要能逃过法律、合同、契约的约束和惩罚,只要能钻到法律、合同、契约的漏洞,就会被誉为有才有德,甚至为了追求利润铤而走险,践踏一切人间法律,甘冒绞首的危险。在资产阶级看来,谁有钱谁就有德。“货币是最高的善。”[②]贵贱、美丑、荣辱、良心等都要以货币的占有为标准,“高尚”“尊严”也须放在金钱的天平上来掂量。这样的经济形式和社会状况必然使重利轻义、见利忘义成为资产阶级的道德价值模式。资产阶级狭隘的功利论就是这种道德价值模式的理论表现。

我们所要建立和健全的社会主义市场经济,既不同于以自给自足的自然经济占主导地位的封建主义经济形态,也不同于“使人和人之间除了赤裸裸的利害关系,除了冷酷无情的‘现金交易’,就再也没有任何别的联系”[③]的资本主义市场经济,它是社会主义性质的市场经济,它要通过以市场为资源的主要配置者、

① [德]马克思、恩格斯:《马克思恩格斯全集》第2卷,人民出版社1957年版,第564页。

② [德]马克思:《1844年经济学—哲学手稿》《马克思恩格斯全集》第42卷,人民出版社1979年版,第153页。

③ [德]马克思、恩格斯:《共产党宣言》,《马克思恩格斯选集》第1卷,人民出版社1995年版,第275页。

以市场为激励经济活动的主要调节者的经济运行模式来发展社会主义，其目标指向却是为了解放生产力，提高我国的综合国力，消除两极分化，最终达到共同富裕。因此在价值观上既强调国家、集体利益的首要性和权威性，又充分肯定个人正当利益的必要性和合理性，既要求重视功利，又要求重视道义，这种价值模式的指向是要把功利与道义结合起来，以道义来实现功利、以功利来推进道义，从而实现义利的统一或义利的并重。当今越是发展物质生活，就越要重视发展精神生活；越是强调经济效益和利润，就越要强调远大理想和道德。马克思主义认为，每一个社会的经济关系首先通过利益表现出来，道德原则一旦离开利益就会使自己出丑。因此利益是道德的基础。不重视人民群众的物质利益要求，就不可能激发起人们改天换地的热情；不尊重市场主体的利益追求与利益效应，就不可能激发他们为繁荣和发展市场经济的动机，故而重视功利有着不容忽视的现实必然性和社会合理性。但是如果仅仅只重视人们的利益观念和利益需求，不对其加以理想和道德的教育，不重视人们的道德需求和精神发展，就不能使人们适应市场经济发展的要求，相反地就可能使人们的利益观念和利益需求迷失方向，走到邪路上去，故而重视道义又是十分必要的。从某种意义上说，公平的竞争、诚实的劳动、优质的服务、信用的交往等现代道义不仅有利于建立和完善社会主义的市场经济体系，而且有助于保证社会主义市场经济沿着健康、积极、正确的方向持续发展。义利并重或义利统一是社会主义物质文明建设和精神文明建设的本质要求，是合规律性与合目的性的有机统一。在当代中国，使个人和集体获得和谐发展的精神能源，只能是义利并重、义利统一的社会主义价值模式，而不会是也不可能是任何其他什么。

3. 兼顾效率和公平的伦理要求

建立和健全社会主义市场经济体系，内在地包含着兼顾效率与公平的价值要求。如果说市场经济作为一种资源配置的经济形式必将强化和突显效率的观念与意识，那么社会主义作为一种消除两极分化、致力共同富裕的社会制度必然提出和催生公平的原则和规范。兼顾效率与公平是社会主义市场经济的本质要求，也是保证社会主义市场经济健康发展和合理运行的重要的价值基础或价值尺度。效率与公平是衡量社会发展的两个重要尺度。效率尺度是衡量社会在发展生产力、提高人民群众的生活水平和生活质量方面所具有的经济发展速度以及由此所达到的经济效益。公平尺度实质是从人类具有某种共同点这一基本事实出发衡量社会在满足人的基本权利和需求、实现人的共同发展所达到的水平。

在效率与公平的关系问题上,西方发达国家的许多思想家提出了效率优先的理论,主张把经济发展的效率放在首要的位置,通过经济发展的效率来实现公平。罗伯茨、艾哈德、吉尔德、拉尔等人均认为,资源配置的高效率无疑具有比公平更为根本和重要的意义。在市场经济体制下,追求利润最大化是企业行为的目标,个人也努力获得最高的报酬,这种收入刺激产生了内部高效率,而追求利润最大化、获取最高的收入又成为人们发展经济的内在动力。高效率的获得为推行公平提供了先决条件,因此,没有效率就谈不上公平。在效率优先论者看来,如果把公平置于优先的地位,就会造成低效率进而严重妨碍经济增长。从伦理上说,政府采取的公平分配措施势必产生过分的安全感和偷懒心理,导致道德危机。艾哈德指出:"市场经济秩序中如果排除了私人企业精神、深远的目光以及责任心,甚至在个人还无法表现这类优良品德时,就会矛盾百出。""如果社会政策的目的对于每一个人从一出生就给他全部安全,保护他绝不冒任何风险,那就不可能希望他的才能、智力、企业雄心以及其他人类品德充分发展。"①财富的公平分配实质上是为人们购买了一份保险单,使人们的经济活动失去了自由竞争、甘冒风险和勇于开拓、积极进取的能力,从而必将导致道德的萎缩与沦丧。

一些发展中国家鉴于自己国家发展经济的特殊条件,或人口过多,自由竞争的机会较少,市场体系不完善,则提出了公平优先的理论。在他们看来,在当代世界,无论是市场体制还是计划体制都不是完美无缺的,即便是资源最优配置的市场体制也并不能自动解决市场的一切问题,产生所谓的高效率。在市场经济的竞争中,并非每个人都能获得平等的参加机会、获胜机会和被挑选的机会,这不仅表现在参加竞争的人的起点是不公平的、某些维持高水平收入的行业具有垄断因素、很多有能力参与竞争的人由于受竞争机会的限制找不到竞争对手故

① [德]艾哈德:《来自竞争的繁荣》,商务印书馆1986年版,第178－179页。

被排除在“竞赛场”之外，而且表现在市场势力倾向扩大竞争者相互之间加上销售者和购买者之间的获利不均等、财富的力量使市场的力量服务于财富的占有者。正是由于市场经济中存在的种种不平等，所以才需要推行公平优先、政府调节市场的措施。在他们看来，如果没有政府的公平分配，那么市场竞争对于许多人来说就是极大的不公平和极大的不自由。这种对许多人来说不公平的竞争怎么能够获致真正的高效率呢?!

我们要建立和健全的社会主义市场经济，在价值观的导向上既不应该是牺牲效率以求公平的公平优先论，也不应当是轻视公平置重效率的效率至上论，而应当是在效率优先的基础上兼顾公平进而将效率与公平有机地结合起来的效率公平统一论。具体来说，一是以公平来追求效率和发展效率，二是以效率来促进公平和维系公平，三是使公平与效率同步增长，做到兼顾效率与公平而不顾此失彼。社会主义公平关注的不只是机会均等，同时还有规则均等和竞争过程的平等，它涉及经济、政治、伦理三个方面。从经济上说是指参与经济竞争的机会平等、运用社会稀缺资源的权利平等、劳动价值的平等以及收入分配的平等。从政治上说是指政治权利的平等、规则的平等即法律面前人人平等。从伦理上说是指道义的平等和人格的平等，无论个人的经济状况如何、政治地位如何，个人的尊严和价值是平等的，每个人都有权在这个地球上生存下去并获得发展。在社会生活的不同层次上贯彻这三种不同意义的公平原则不仅能促进每个人的生产积极性和工作热情，而且能促进国民经济的高效、稳定、平衡发展。按照市场经济的规则，按照社会的法律规范和伦理道德要求，合乎理性地组织劳动、发展生产，是有效地从事经济活动的必要前提，也是使资源达到最优配置的必要前提。在一个没有公平的社会条件下，最多只会产生某些个体成员经济活动的效率，而不会导致综合国力的增长。同时，社会主义公平原则的贯彻落实又离不开经济效率的提高与综合国力的增长，没有国民经济的高效发展和综合国力的持续增长，公平原则不仅会受到极大限制而且本身并不一定真正代表公平。在传统的计划经济模式下，人们可以自由选择的机会微乎其微，提倡机会均等又有什么意义？因此，我们必须反对那种以牺牲效率来求公平的所谓公平优先论，必须警惕借强调公平之名行传统的绝对平均主义之实的做法。总之，发展社会主义市场经济,要求我们兼顾效率与公平,使二者同步增长、相互补充、相互充实、相互促进,决不能借口提高效率而忽视公平,也不能为了贯彻公平而损伤效率。我们应该努力建立公平的社会经济秩序,以公平促效率;我们也应该致力于建设高效率的经济运行机制,以效率来促进公平的贯彻与实现。

4. 坚持与发展集体主义的道德原则

集体主义是社会主义道德的基本原则。并重道义与功利,兼顾公平与效率,本质上是社会主义集体主义道德原则的具体表现与必然要求。同时,并重功利与道义,兼顾效率与公平也只有在坚持集体主义道德原则和价值导向的基础上才能够获得充分的体现和自身科学的规定性,才能够成为建立和完善社会主义市场经济的新的伦理价值观。

集体主义道德原则虽然是在资本主义社会的无产阶级道德的基础上形成和发展起来的,但只有在社会主义才成为占统治地位的道德原则。新中国成立以后,我们在坚持和贯彻集体主义道德原则的过程中,既有一些成功的经验,也有一些失误的教训,以致从总体上讲,并未真正科学地把握集体主义的真精神,扭曲或严重误解了集体主义。不容否认,以往实施的集体主义道德原则,往往掺杂着许多假冒的集体主义的货色,在人们的道德生活中发生过这样那样的道德悲剧,严重损害了集体主义的声誉。今天,在新的社会历史条件下亦即在建立和健全社会主义市场经济的条件下坚持和发展社会主义的集体主义道德原则,一方面要求我们不仅要从理论上正确认识集体主义,区分集体主义与封建时代的整体主义和资本主义时代的团队主义的界限,正确认识集体主义的崇高价值,确定集体主义的坚定道德信念,正确认识集体主义不但不是压制个人正当利益的,而是最大程度地实现个人正当利益的基础和保证;集体主义不但不是敌视个人、压制个人和反个人的,而且只有在集体主义的指导下,才能真正重视发挥每个人的活力,重视个人的价值,保障个人的正当利益。个人的价值、个人的利益、个人的个性,只要在不违背集体利益和伤害他人利益的前提下,本身就是集体主义的题中应有之义。同时集体主义强调要从实际出发,充分考虑大多数人的觉悟水平,正确地把握贯彻集体主义原则的实际操作方针,划清正当的个人利益同个人欲望、自私自利的界限,努力探寻集体利益同个人利益的最佳结合点,亦即个人和集体都能接受的“度”,制订切实可行的集体尊重个人利益和个人维护集体利益的具体行为规范。另一方面要求我们在坚持不断地扫清封建道德的残余影响的同时,旗帜鲜明地反对个人主义,努力抵制资产阶级利己主义的腐蚀侵袭。在形式各异的道德原则中,直接与集体主义道德原则相对立的是资产阶级个人主义道德原则。个人主义是一种以个人为中心,一切从个人出发,以达到个人目的为最高指向的资产阶级思想体系和价值观念。尽管个人主义往往把自己同利己主义区别开来,声明自己在强调个人中心、个人至上的时候,仅仅强调个人在价值、尊严、自由、平等等方面的本位性和独立性,与利己主义没有联系,但从本质上看个人主义与利己主义并没有什么区别,个人主义的本质就是一种利己主义或者说个人主义必然导致利己主义。既然个人主义理论的根基在于信奉个人至上、个人中心,那么它在总的价值目标上就很难与利己主义严格区分开来。托克维尔在阐发个人主义时就直言不讳地承认个人主义是一种温和的利己主义,说明他在阐释个人主义时一开始就意识到个人主义与利己主义的亲缘关系。利己主义在总的价值目标上同个人主义一样,也坚持个人中心,强调个人至上,但在表现形式上则更加露骨地强调一己私利的至上性,把一己私利的得失视为道德上善恶与否的唯一标准,不惜损害他人利益和社会利益。个人主义和利己主义只有形式和侧重点的不同,而并无实质性的差别。同时,个人主义和利己主义都是以“人的本性是自私的”为理论基础的,也都是把个人利益作为判断人的行为善恶与否的根本价值尺度的。个人主义和利己主义作为一种价值观和价值导向原则,总是以个人欲望的满足为出发点和归宿,总是要诱发人们的私欲不断膨胀,造成个人同集体、同社会的疏远和分裂,淡化人们的社会责任意识和历史使命感,最后导致精神危机和道德崩溃。我们要坚持和发展社会主义集体主义的价值导向,必须理直气壮地反对和批判资产阶级个人主义和利己主义,引导人民抵制其腐蚀,肃清其影响,只有这样,才能为建立和健全社会主义市场经济提供良好的道德氛围和舆论支持。

建立和健全社会主义市场经济体系就是要使个人利益和社会利益得到和谐的协调与发展,推动个人的全面发展与社会的文明进步。社会主义集体主义的道德原则和价值导向就其根本性质上讲就是以个人同社会和谐发展为价值目标的道德原则,它的最基本内容就是在承认集体利益权威性和个人利益合理性的基础上实现个人利益和社会集体利益的结合。在社会集体利益和个人利益发生矛盾的时候,集体主义首先要求个人顾全大局,做出必要的自我牺牲,以维护集体利益,但同时它又强调对二者的矛盾要作具体的分析,如果集体利益确实妨碍或有损于大多数个人的正当利益,就应该对集体利益做出必要的调整,以保障个人正当利益的合理满足,实现集体利益同个人利益的协调发展。这就是说,社会主义集体主义的道德原则是以义务的双向性为特征的,一方面社会主义的集体主义要求个人树立集体利益的道德权威性,自觉地坚持集体利益高于个人利益的原则,使个人利益服从、服务于社会集体利益,必要时为集体利益而献身;另一方面社会主义的集体主义强调,要最大限度地使集体利益能够全面、真实、公正地代表所有集体成员的利益,尊重和维护正当的个人利益,不一味地甚或无条件地要求个人利益绝对地服从集体利益。如果集体利益不能全面、公正地反映和代表社会成员的个人利益,造成损害个人正当利益的后果,那就应当对集体利益做出必要的调整,并对因失误造成的损害个人正当利益的做法与后果承担责任,予以适当的补偿。

总之,只有用社会主义集体主义来凝聚中国人民的智慧与精神,坚持社会主义集体主义的道德原则和价值导向,才能凝聚中华民族的意志和精神,形成群体的合力和新时代的融民族精神与时代精神于一体的伦理精神,才能卓有成效地推进社会主义市场经济的建立和健全,加快中国特色社会主义的建设步伐,迎来和实现中华民族的伟大复兴!

主要参考文献

（一）

［德］马克思:《青年在选择职业时的考虑》,《马克思恩格斯全集》第 1 卷,北京:人民出版社 1995 年版。

［德］马克思、恩格斯:《德意志意识形态》,《马克思恩格斯全集》第 3 卷,北京:人民出版社 1960 年版。

［德］马克思、恩格斯:《神圣家族》,《马克思恩格斯选集》第 1 卷,北京:人民出版社 1995 年版。

［德］马克思、恩格斯:《共产党宣言》,《马克思恩格斯选集》第 2 卷,北京:人民出版社 1995 年版。

［德］恩格斯:《反杜林论》,《马克思恩格斯选集》第 3 卷,北京:人民出版社 1995 年版。

［苏联］列宁:《伟大的创举》,《列宁专题文集》(论社会主义),北京:人民出版社 2009 年版。

[苏联]列宁:《青年团的任务》,《列宁专题文集》(论无产阶级政党),北京:人民出版社 2009 年版。

[苏联]列宁:《怎么办?》,《列宁专题文集》(论无产阶级政党),北京:人民出版社 2009 年版。

[苏联]斯大林:《论列宁》,《斯大林选集》上卷,北京:人民出版社 1979 年版。

[苏联]斯大林:《和英国作家赫·乔·威尔斯的谈话》,《斯大林选集》上卷,北京:人民出版社 1979 年版。

毛泽东:《中国共产党在民族战争中的地位》,《毛泽东选集》第 2 卷,北京:人民出版社 1991 年版。

毛泽东:《中国革命和中国共产党》,《毛泽东选集》第 2 卷,北京:人民出版社 1991 年版。

毛泽东:《为人民服务》,《毛泽东选集》第 3 卷,北京:人民出版社 1991 年版。

毛泽东:《纪念白求恩》,《毛泽东选集》第 3 卷,北京:人民出版社 1991 年版。

毛泽东:《在延安文艺座谈会上的讲话》,《毛泽东选集》第 3 卷,北京:人民出版社 1991 年版。

毛泽东:《在抗大应当学习什么?》,《毛泽东文集》第 2 卷,北京:人民出版社 1993 年版。

毛泽东:《关于〈孔子的哲学思想〉一文给张闻天的信》,《毛泽东文集》第 2 卷,北京:人民出版社 1993 年版。

毛泽东:《毛泽东早期文稿》,长沙:湖南出版社 1990 年版。

刘少奇:《论共产党员的修养》,《刘少奇选集》上卷,北京:人民出版社 1982 年版。

邓小平:《解放思想,实事求是,团结一致向前看》,《邓小平文选》第 2 卷,北京:人民出版社 1994 年版。

邓小平:《坚持四项基本原则》,《邓小平文选》第 2 卷,北京:人民出版社

1994 年版。

邓小平:《目前的形势和任务》,《邓小平文选》第 2 卷,北京:人民出版社 1994 年版。

邓小平:《一靠理想二靠纪律才能团结起来》,《邓小平文选》第 3 卷,北京:人民出版社 1993 年版。

邓小平:《在武昌、深圳、珠海、上海等地的谈话要点》,《邓小平文选》第 3 卷,北京:人民出版社 1993 年版。

江泽民:《论“三个代表”》,北京:中央文献出版社 2001 年版。

江泽民:《中国人历来是讲民族气节的》,《江泽民文选》第 1 卷,北京:人民出版社 2006 年版。

江泽民:《爱国主义和我国知识分子的使命》,《江泽民文选》第 1 卷,北京:人民出版社 2006 年版。

江泽民:《努力开创社会主义精神文明建设的新局面》,《江泽民文选》第 1 卷,北京:人民出版社 2006 年版。

胡锦涛:《发扬伟大的爱国主义精神,为建设有中国特色社会主义努力奋斗——在“五四”运动八十周年纪念大会上的讲话》,《人民日报》,1999 年 5 月 5 日。

胡锦涛:《牢固树立社会主义荣辱观》,《十六大以来重要文献选编》(下),北京:中央文献出版社 2008 年版。

习近平:《实现中华民族伟大复兴是中华民族近代以来最伟大的梦想》,《习近平谈治国理政》,北京:外文出版社 2014 年版。

习近平:《实现中华民族伟大复兴是海内外中华儿女共同的梦》,《习近平谈治国理政》,北京:外文出版社 2014 年版。

习近平:《实现中国梦不仅造福中国人民,而且造福世界人民》,《习近平谈治国理政》,北京:外文出版社 2014 年版。

习近平:《共圆中华民族伟大复兴的中国梦》,《习近平谈治国理政》,北京:外文出版社 2014 年版。

习近平:《大力弘扬伟大爱国主义精神》,《人民日报》,2015 年 12 月 31 日。

李大钊:《由经济上解释中国近代思想变动的原因》,《李大钊文集》(下),北京:人民出版社1984年版。

李大钊:《民彝与政治》,《李大钊文集》(上),北京:人民出版社1984年版。

李大钊:《青春》,《李大钊文集》(上),北京:人民出版社1984年版。

李大钊:《东西文明根本之异点》,《李大钊文集》(上),北京:人民出版社1984年版。

李大钊:《物质变动与道德变动》,《李大钊文集》(下),北京:人民出版社1984年版。

陈独秀:《道德之概念及其学说之派别》,《陈独秀文章选编》(上),北京:生活·读书·新知三联书店1984年版。

陈独秀:《调和论与旧道德》,《陈独秀文章选编》(上),北京:生活·读书·新知三联书店1984年版。

陈独秀:《吾人最后之觉悟》,《陈独秀文章选编》(上),北京:生活·读书·新知三联书店1984年版。

陈独秀:《敬告青年》,《陈独秀文章选编》(上),北京:生活·读书·新知三联书店1984年版。

陈独秀:《质问东方杂志记者》,《陈独秀文章选编》(上),北京:生活·读书·新知三联书店1984年版。

陈独秀:《独秀文存》,合肥:安徽人民出版社1987年版。

瞿秋白:《社会哲学概论》,上海:复旦大学出版社1984年版。

瞿秋白:《现代社会学》,见《上海大学史料》,上海:复旦大学出版社1984年版。

李达:《李达文集》,北京:人民出版社1981年版。

张岱年:《中国伦理思想发展规律的初步研究》,北京:科学出版社1957年版。

张岱年:《中国哲学大纲》,北京:中国社会科学出版社1982年版。

张岱年:《真与善的探索》,上海:上海人民出版社1988年版。

张岱年:《中国伦理思想研究》,上海:上海人民出版社1989年版。

张岱年:《张岱年文集》(1—4 卷),北京:清华大学出版社 1989—1993 年出版。

周原冰:《道德问题论集》,上海:上海人民出版社 1964 年版。

周原冰:《共产主义道德通论》,上海:上海人民出版社 1979 年版。

周原冰:《道德问题丛论》,上海:华东师范大学出版社 1982 年版。

李奇:《道德科学初学集》,上海:上海人民出版社 1979 年版。

李奇:《道德和社会生活》,上海:上海人民出版社 1984 年版。

李奇主编:《道德学说》,北京:中国社会科学出版社 1989 年版。

罗国杰主编:《马克思主义伦理学》,北京:人民出版社 1982 年版。

罗国杰主编:《伦理学》,北京:人民出版社 1989 年版。

罗国杰、宋希仁:《西方伦理思想史》(上、下卷),北京:中国人民大学出版社 1985 年、1988 年版。

罗国杰:《罗国杰文集》(上、下卷),保定:河北大学出版社 2000 年版。

唐凯麟主编:《简明马克思主义伦理学》,武汉:湖北人民出版社 1984 年版。

唐凯麟编著:《伦理学教程》,长沙:湖南师范大学出版社 1992 年版。

唐凯麟:《伦理大思路——当代中国道德和伦理学的理论审视》,长沙:湖南人民出版社 2000 年版。

唐凯麟:《伦理学》,北京:高等教育出版社 2001 年版。

魏英敏:《伦理道德问题再认识》,北京:北京大学出版社 1990 年版。

魏英敏主编:《新伦理学教程》,北京:北京大学出版社 1993 年版。

魏英敏:《当代中国伦理与道德》,北京:昆仑出版社 2001 年版。

万俊人:《伦理学新论》,北京:中国青年出版社 1994 年版。

胡适:《胡适文集》,北京:北京大学出版社 1998 年版。

胡适:《胡适论学近著》,北京:商务印书馆 1935 年版。

丁文江:《玄学与科学——答张君劢》,载《努力周报》,1923 年,第 54、55 期。

张君劢:《人生观之论战》,上海:泰东图书局 1923 年版。

张东荪:《道德哲学》,《民国丛书》第 2 编第 9 集,上海:上海书店 1990 年版。

殷海光:《自由的伦理基础》,台北文星书店 1965 年版。

殷海光:《中国文化的展望》,北京:中国和平出版社 1988 年版。

项维新、刘福增主编:《中国哲学思想论集》(现代篇 1—3),台湾牧童出版社 1978 年版。

韦政通:《中国的智慧》,北京:中国和平出版社 1988 年版。

韦政通:《伦理思想的突破》,成都:四川人民出版社 1988 年版。

韦政通:《儒家与现代中国》,上海:上海人民出版社 1990 年版。

林毓生:《中国意识的危机》,贵阳:贵州人民出版社 1987 年版。

林毓生:《中国传统的创造性变化》,北京:生活·读书·新知三联书店 1988 年版。

李泽厚:《中国现代思想史论》,北京:东方出版社 1987 年版。

李泽厚:《批判哲学的批判》,北京:人民出版社 1981 年修订版。

梁漱溟:《东西文化及其哲学》,北京:商务印书馆 1922 年版。

梁漱溟:《民族自救运动之最后觉悟》,北京:中华书局 1933 年版。

梁漱溟:《人生与人心》,上海:学林出版社 1985 年版。

熊十力:《新唯识论》,上海:商务印书馆 1944 年版。

冯友兰:《新理学》,上海:商务印书馆 1939 年版。

冯友兰:《新原人》,上海:商务印书馆 1945 年版。

冯友兰:《新知言》,上海:商务印书馆 1946 年版。

冯友兰:《三松堂学术文集》,北京:北京大学出版社 1985 年版。

冯友兰:《新原道》,上海:商务印书馆 1945 年版。

贺麟:《文化与人生》,上海:商务印书馆 1947 年版。

贺麟:《哲学与哲学史论文集》,北京:商务印书馆 1990 年版。

唐君毅:《中国文化之精神价值》,台湾正中书局 1976 年版。

唐君毅:《人文精神之重建》,台湾学生书局 1988 年版。

唐君毅:《道德自我之建立》,台湾学生书局 1985 年版。

唐君毅:《生命存在与心灵境界》,台湾学生书局 1986 年版。

牟宗三:《生命的学问》,台湾三民书局 1970 年版。

牟宗三:《道德的理想主义》,台湾学生书局1985年版。

牟宗三:《政道与治道》,台湾学生书局1983年版。

杜维明:《人性与自我修养》,北京:中国和平出版社1988年版。

杜维明:《新加坡的挑战——新儒家伦理与企业精神》,北京:生活·读书·新知三联书店1992年版。

杜维明:《儒家第三期发展的前景问题》,台湾联经出版事业公司1989年版。

成中英:《文化·伦理与管理》,贵阳:贵州人民出版社1991年版。

成中英:《世纪之交的抉择》,上海:上海知识出版社1991年版。

张祥浩编:《文化意识宇宙的探索——唐君毅新儒家论著辑要》,北京:中国广播电视出版社1993年版。

郑家栋编:《道德理想主义的重建——牟宗三新儒学论著辑要》,北京:中国广播电视出版社1992年版。

岳华编:《儒家传统的现代转化——杜维明新儒学论著辑要》,北京:中国广播电视出版社1993年版。

(二)

张锡勤:《中国近现代伦理思想史》,哈尔滨:黑龙江人民出版社1984年版。

冯契:《中国近代哲学的革命历程》,上海:上海人民出版社1989年版。

李振霞、傅云龙主编:《中国现代哲学人物评传》(上、下卷),北京:中央党校出版社1991年版。

宋志明:《现代中国哲学思潮》,北京:中国人民大学出版社1992年版。

樊瑞平:《中国当代哲学》,北京:石油大学出版社1990年版。

胡伟希、高瑞泉、张利民:《十字街头与塔——中国近代自由主义思潮研究》,上海:上海人民出版社1991年版。

刘桂生主编:《时代的错位与理论的选择》,北京:清华大学出版社1989

年版。

颜振吾编:《胡适研究丛录》,北京:生活·读书·新知三联书店 1989 年版。

宋志明:《现代新儒家研究》,北京:中国人民大学出版社 1991 年版。

胡伟希:《传统与人文——对港台新儒家的考察》,北京:中华书局 1992 年版。

郑家栋:《现代新儒学概论》,南宁:广西人民出版社 1991 年版。

韩强:《现代新儒学心性理论评述》,沈阳:辽宁大学出版社 1992 年版。

方克立主编:《现代新儒学论集》(一、二),北京:中国社会科学出版社 1991、1993 年版。

王鉴平:《冯友兰哲学思想研究》,成都:四川人民出版社 1987 年版。

庄福龄主编:《中国马克思主义哲学传播史》,北京:中国人民大学出版社 1988 年版。

曾乐山:《马克思主义哲学的中国化及其历程》,上海:华东师范大学出版社 1991 年版。

萧延中:《巨人诞生》北京:国际文化出版公司 1988 年版。

刘广东:《毛泽东伦理思想简论》,济南:山东人民出版社 1987 年版。

陈晋:《毛泽东的文化性格》,北京:中国青年出版社 1991 年版。

魏英敏主编:《毛泽东伦理思想新论》,北京:北京大学出版社 1993 年版。

陈玉金:《邓小平伦理思想研究》,南京:南京出版社 1990 年版。

范学德:《综合与创造——论张岱年的哲学思想》,北京:教育科学出版社 1989 年版。

陈瑛、廖申白主编:《现代伦理学》,重庆:重庆出版社 1990 年版。

王泽应:《现代新儒家伦理思想研究》,长沙:湖南师范大学出版社 1997 年版。

王泽应:《新中国伦理学 50 年的回溯与前瞻》,北京:光明日报出版社 2003 年版。

王泽应:《20 世纪中国马克思主义伦理思想研究》,北京:人民出版社 2008 年版。

张甲坤:《中国哲学——人类精神的起源与归宿》,北京:中国社会科学出版社 1991 年版。

[日]池田大作、[德]狄尔鲍拉夫:《走向 21 世纪的人与哲学》,北京:北京大学出版社 1992 年版。

[日]山本新、秀村新二编:《中国文明与世界》,北京:东方出版社 1988 年版。

(三)

Thomas A. Metzger, Escape from Predicament: Neo - Confucianism and China's Evolving Political Culture, Columbia University Press, 1977.

Joseph R. Levenson, Confucian China and Its Modern Fate, University of Califonia Press, 1968.

A. F. Wright, The Confucian Persuasion, Stanford University Press, 1960.

Theodore de Bary, Self and Society in Ming Thought, Columbia University Press, 1970 .

Lin Yu - Sheng, The Origin and Implication of Modern Chinese Scientism in Early Repulican China, 1984.

Richard Boum, China´s Four Modernization: The New Technological Revolution, Westview Press, 1980.

Lowell Ditlmer, Ethics and Rhetoric of Chinese Cultural Revolution, Studies in Chinese Terminology, No. 19, Berkeley, 1981.

Richard Madsen, Morality and Power in a Chinese Village, University of Califonia Press, 1984.

Stuart R. Schram, Ideology and Policy in China since the Third Plenum, 1978 - 1984, London, 1984.

Luther Binkley, Contemporary Ethical Theories, New York, 1961.
Roger N. Hancock, Twentieth Century Ethics, Columbia University, 1974.

后　　记

呈献在读者面前的这本书，是我对我所承担的国家社科规划课题“中国传统伦理的当代价值研究”中的一个子课题“历史篇”的初步研究所得，虽然还是十分粗浅的，但当作者终于能够提起笔写这篇后记时，就像一个经受难忍阵痛的母亲听到婴儿的第一声啼哭时的情感一样，闪现在脑子中的首先是：这孩子既然如此艰难地来到这个世界上，那么她将来的命运又会如何呢？

记得那还是课题立项前的两年，承河南一家出版社的一位热心的编辑不弃，约我写一本这样的书。当时我对明清时期的伦理思想的学习和研究正好告一段落，也怀有一种把自己的研究方向下移到近现代的冲动，于是便贸然答应了。后来我才知道那时我是多么轻率，多么自不量力！以致我不得不一再请求推迟已约定的交稿时间，最后竟完全辜负了这位热心的编辑的信任。至今，我对此仍然深怀愧疚，也十分感激这位热心的编辑对我的宽容。

造成我失信于人的原因是多方面的，我可讲出不少条来以求得到谅解。但是坦率地说，真正深层的原因是：当我一开始着手这项工作时，我才意识到自己陷入了一种难以解脱的矛盾冲突之中，这就是我所面对的是一个如此严肃而又复杂的对象，而我的才力和精力又如此有限。这两者之间的巨大反差经常使我迟疑、徘徊和苦恼，很长时间内我几乎无法清理出一个头绪来，只得在一大堆资料中饱受望洋兴叹的煎熬。人就是这么怪，越是吃不到的果子就越觉得它甜，这大概是人们常讲的人性的弱点吧。就是这个弱点居然成了一种力量,驱使我不断地思索,时而有所心得,时而又陷入了绝境。在将近两年的时间内,我就是在这种难忍的煎熬中挣扎着。

这本书最终之所以能够写成问世,我首先要感谢湖南教育出版社副编审龙育群先生。当他知道我的上述苦恼和侈求后,不仅给我极大的鼓励,还给我提供有关的参考资料,支持我把这个苦果啃下去,并表示书稿不受时间的限制,什么时候写成便什么时候交稿。有了他的鼓励、支持和鞭策,我的后顾之忧没有了,我成了一个过河的卒子,只好硬着头皮往前冲。回想起近两年多来如果没有龙育群先生经常的鼓励、支持和鞭策,这本书恐怕现在还是一个“潜在心中项”,我真感到幸运,我遇到的都是一些充满了敬业精神的编辑。如果说,我对河南那位热心的编辑先生的感谢之情掺和着深深的愧疚的话,那么我对龙育群先生的感谢之情则充满了诚挚的敬意,是他们两位的玉成,这本书才得以写成问世。当然,对于国家社科基金评审组的专家的鼓励和社会规划办的资助,我也是深怀感谢之情的。

我这里还要特别说明的是,本书的写成还得力于我的合作者王泽应教授。虽然拙著的总体思路是由我敲定的,写作提纲是我们共同商议提出来的,但王泽应教授完成了拙著的全部初稿的写作,从这个意义上看,拙著应该说主要是王泽应教授辛勤劳动的产物。当然,我这么说并不是想推卸我对拙著所应负的责任,因为王泽应教授在初稿写作过程中,总是不厌其烦地根据我的意见修改原稿,调整全书的结构,我还对全书做了最后的统纂,并改写了个别章节。因此本书如果还有一些可取之处,那首先应该归功于王泽应教授,而如果存在什么问题与缺失,则首先应该由我来负责任。

读者可以看出,作者在本书中并没有侈望要对本世纪来辛勤耕耘在伦理学领域的前辈学者和时贤做出什么盖棺之论,本书写作主要是出于这样一种认识:走向21世纪,对于跨世纪的当代中国人来说,绝不只是单纯的时间上的跨度,而是具有深沉社会内涵的历史超越,它意味着一种新的伦理精神的建构和一代新人的塑造。因此,全面地省思即将逝去的世纪在伦理学领域里众多前辈学者和时贤所做的各种努力及其得失,这对于我们更加理性地、充满信心地迎接新世纪的到来,似乎是不无意义的。因为正如未来是现实的发展一样,无论是一种新的伦理精神的建构,还是一代新人的塑造,都只能合理地理解为是现实的必然性的一种历史的延伸、拓展和飞跃。如果说正确地认识过去是科学地对待现在的前提,那么正确地认识过去和现在则是我们更好地迎接未来赖以立足的基地。正是基于这样一种认识,本书的写作旨在对即将逝去的世纪在伦理学领域里所出现的一些主要思潮做一番初步的清理,梳理出它们同生共长而又相互联系、各自消长的历史轨迹,探寻出它们继续进行的历史走向和必然趋势,以便给热心于这个时代课题的读者提供一个可供进一步思索与研究的参照坐标和一些必要的资料。也正是基于这种初衷,本书在写作中,作者在主观上要求自己尽量做到客观冷静,言出有据,资料翔实,并尽量能够反映出这方面的已有的研究成果,书后所附录的本书写作的主要参考书目,就是出于这样的目的。书目还开列了作者在写作中所参考或援用的前辈学者和时贤的一些研究成果的专著,至于论文由于篇幅有限,未能一一注明,在此特表谢忱。

当我们充满信心地迎接未来,走向21世纪的时候,作者对在即将逝去的整整一个世纪中,在伦理学这块园地里辛勤耕耘、艰苦探索的前辈学者和时贤深怀敬意。遗憾的是,对于他们所进行的卓越的劳作和所取得的充满智慧的成果,由于作者根柢的浅薄和本书篇幅的限制,不能做出全面的反映,就是本书所涉及的方面也未必准确和精到,这是作者深为不安的。好在作者以为这是一个需要更多时贤的共同努力才能完成的课题,本书充其量不过是一块引玉之砖,因此,书中纰缪疏漏之处,恳望时贤赐教和读者指正。

唐凯麟

1996年11月12日于岳麓山下

补　　记

本书自1998年5月由湖南教育出版社出版后，受到了伦理学界众多专家学人的肯定和好评，作者深以为感动。在湖南师范大学伦理学研究所近三届博、硕士研究生的使用中，我们也获得了对“20世纪中国伦理思潮”这门课程和本书的许多珍贵意见。2002年本书经教育部研究生工作办公室组织有关专家通讯评审，并最后由国务院学位委员会各学科评议组召集会议讨论通过，确定为全国研究生教学用书，这对我们是莫大的鞭策与鼓舞。此次由高等教育出版社重新出版，我们在尊重原稿的基础上做了部分文字的修改，对注释做了一次全面的校对和核实。由于出版时间急迫，我们本想补写一些新的内容和章节，也只能作罢。恳望使用本书的各位研究生朋友和学界同仁，对本书多提批评意见，以裨在修订再版时参考借鉴，我们特致以衷心的感谢！

唐凯麟

2003年1月8日

修订版后记

我与恩师唐凯麟教授合著的《20 世纪中国伦理思潮》,是我在唐凯麟教授悉心指导下共同完成的。该著第一稿完成于20 世纪 90 年代初,并于 1996 年由湖南教育出版社出版。2002 年 5 月,该书获湖南省第六届社会科学优秀成果评奖著作一等奖,同年经教育部组织专家评审入选全国研究生教学用书,2003 年由高等教育出版社出版。2016 年安徽文艺出版社将唐凯麟老师的《伦理学》以及与我合著的《20 世纪中国伦理思潮》列为"当代学术名家精品典藏"书系。出版社领导及责任编辑建议将《20 世纪中国伦理思潮》书名改为《中国现当代伦理思潮》,同时对有关内容做出相应修改,并增补新世纪以来中国马克思主义伦理思想发展的新成果,以使该书内容更加与时俱进,富有时代气息。我在经历了数十年伦理学教学与研究之后,特别是鉴于新世纪以来中国马克思主义伦理思想研究开拓的新领域、取得的新成就,深觉出版社领导和责任编辑的建议是非常中肯且颇具学术高见的。其实该书在入选全国研究生教学用书时,我们就想修改。只是由于当时出版急迫,而未能增加相应内容。现在,书名已有变化,修改当在情理之中。此次修改,除了对一些提法、注释和参考文献做出全面订正外,还特别增加了一章内容,主要对新世纪以来中国马克思主义伦理思想的新发展做出了比较全面的介绍与阐释,涉及科学发展观伦理思想和中华民族伟大复兴中国梦伦理思想以及当代中国马克思主义伦理思想的创新性研究。这一章内容的增加凸显了中国马克思主义伦理思想的当代发展，而且与实现两个一百年的奋斗目标之时代主题密切相关，也使本书超越了原书仅仅只论20世纪伦理思想史的狭隘性而有了更加宽阔的时代视野和价值情怀。

虽然，当代中国正处在价值多元化的时期，但是与20世纪相当长一段时间诸种伦理思潮的对垒、斗争和竞雄相比，当代中国诸种伦理思潮日益呈现出相互吸收、相互融合的发展态势。习近平总书记在全国哲学社会科学工作座谈会上的讲话明确指出，加快构建以马克思主义为指导的哲学社会科学要善于融通古今中外各种资源，特别是要把握好马克思主义的资源，中华优秀传统文化的资源和国外哲学社会科学的资源这三大资源，坚持古为今用，洋为中用，不断推进知识创新和理论创新。建设具有中国特色的马克思主义伦理学和当代中国社会主义伦理学，需要我们始终坚持以马克思主义为指导，继续推进马克思主义伦理思想中国化、时代化、大众化，继续发展21世纪马克思主义伦理思想和当代中国马克思主义伦理思想。同时也需要继承、弘扬中华民族优秀伦理思想传统，增强中华民族伦理思想的自信、自觉和自强，使中华民族优秀伦理思想传统与当代伦理文化相适应、与现代社会相协调，大力弘扬其跨越时空、超越国界、富有永恒魅力和具有当代价值的中华伦理文化精神，让中华伦理文明同各国人民创造的多彩伦理文明一道，为身处全球化、信息化和多元化时代的人们提供正确精神指引和价值支撑。建设以马克思主义为指导具有中国特色的伦理文明，需要也离不开对世界各国包括西方资本主义国家所创造的伦理文明成果的批判吸收。总之，建设具有中国特色的马克思主义伦理学，发展当代中国社会主义伦理思想和伦理文明，本质上要求会通古今中西，既学习和吸收现代新儒家和自由主义伦理思想的积极成果，又抵制其错误思想和价值主张，同时把眼光投向更加广阔的思想领域，兼收并蓄，博采众家之长，辩证吸纳，使多种成果有机交融，坚持不忘本来、吸收外来、面向未来的多维视野朝向，把向内看、向外看、向后看、向前看、向深看、向高看有机地整合起来，“尊德性而道问学，致广大而尽精微，极高明而道中庸”，真正建构起一种气势恢宏、兼容并包，既具科学性，更具人民性和实践性的中国马克思主义伦理思想，以造福于伟大的国家和人民！

时代在飞速地发展，社会在不断地进步，伦理思想的建构和伦理学的研究应当把“密涅瓦的猫头鹰”之反思、批判、怀疑之功能和“高卢的雄鸡”之报晓、预警和敦勉之功能有机地结合起来，立时代之潮头，通古今之变化，融中外于一体，在批判中创新，在传承中超越。中华民族优秀伦理思想的复兴，中国马克思主义伦理思想的振兴以及当代中国社会主义伦理文明的创造性发展，必将给中国、给世界贡献精湛深幽而高明博厚的伦理智慧。这是一个拥有五千年伦理文明的古老国度且又实现了马克思主义伦理思想中国化的新兴大国应有的价值作为和精神建构，也是正在进行着人类历史上最为宏大而又独特的理论和实践创新的东方大国应有的伦理气质和圣贤气象。

“待到山花烂漫时，它在丛中笑”……

王泽应

2016 年 12 月 28 日于湖南省长沙岳麓山下景德楼